地方电厂岗位运行培训教材

第二版

电 厂 化 学

辽宁省电力工业局 组编 初立杰 主编

中国电力出版社
CHINA ELECTRIC POWER PRESS

内容提要

近 10 多年来，全国有一大批地方电厂、企业自备电厂和热电厂的 6～100MW 火力发电机组相继投产，运行岗位新职工和生产人员迅速增加。为了搞好运行生产人员岗位技术培训和技能鉴定，按照部颁《国家职业技能鉴定规范·电力行业》、《电力工人技术等级标准》和《火力发电厂运行岗位规范》以及运行规程的要求，突出岗位重点、注重操作技能、便于考核培训等，组织专家对 1995 年出版的第一版内容进行了全面修订和出版了《地方电厂岗位运行培训教材》（第二版），分为锅炉运行、汽轮机运行、电气运行、热工控制与运行、燃料运行和电厂化学 6 册。

本书是《地方电厂岗位运行培训教材（第二版）》（电厂化学），共分五篇 28 章，主要内容有：第一篇化学基础知识，介绍化学反应、溶液和有机化学基础知识；第二篇分析化学，介绍水质分析基本知识、重量分析法、容量分析法、比色及分光光度分析、电导及电位分析；第三篇电厂水处理，介绍火力发电厂用水概述特征、水预处理、水离子交换处理、水其他除盐方式、冷却水处理、热力设备腐蚀与结垢及防止、蒸汽污染及防止、汽包锅炉水汽质量监督、锅炉化学清洗；第四篇电力用油，介绍电力用油分类和质量标准、油品物理性质及测量、油品化学性质及测定、绝缘油电气性质及测定、废油再生；第五篇电厂燃料，介绍煤在火力发电厂中的作用、煤组成、分析项目及成分表达符号、分析基准、煤样采制、煤工业分析、燃料发热量测定、煤元素分析方法等。最后各章均有复习思考题。

本书适用于全国地方电厂、企业自备电厂和热电厂 6～100MW 火力发电机组、具有高中及以上文化程度的电厂化学运行的生产人员、工人、技术人员、管理干部以及有关电厂化学专业师生等的岗位技能和技能鉴定的培训教材。

图书在版编目（CIP）数据

电厂化学/初立杰主编；辽宁省电力工业局组编. 2
版. —北京：中国电力出版社，2006.6（2021.5 重印）
地方电厂岗位运行培训教材
ISBN 978-7-5083-4167-5

Ⅰ. 电... Ⅱ.①初... ②辽... Ⅲ. 电厂化学-技术
培训-教材 Ⅳ. TM621.8

中国版本图书馆 CIP 数据核字（2006）第 015590 号

中国电力出版社出版、发行
（北京市东城区北京站西街 19 号 100005 http://www.cepp.sgcc.com.cn）
三河市航远印刷有限公司印刷
各地新华书店经售

*

1995 年 3 月第一版
2006 年 6 月第二版 2021 年 5 月北京第二十三次印刷
787 毫米×1092 毫米 16 开本 23.5 印张 634 千字
印数 73211—74210 册 定价 **98.00** 元

电力工业部水电开发与农村电气化司
关于推荐《地方电厂岗位运行培训教材》
一 书 的 通 知

（办农电 ［1993］ 155 号）

各省、市、自治区电力局（农电局）：

    近些年来，一大批小型供热发电机组相继投产，运行岗位新人员迅速增加。尽快提高运行人员技术素质，是确保地方电厂和电网安全经济运行的当务之急。

    为了搞好运行人员技术培训，按部颁《国家职业技能鉴定规范·电力行业》、《电力工人技术等级标准》（火力发电部分）和《火力发电厂运行岗位规范》的要求，我司委托辽宁省电力工业局，组织有较深造诣和现场经验丰富的技术人员，经过三年多的时间，编写出一套《地方电厂岗位运行培训教材》，分锅炉、汽轮机、电气、热工、化学等五个专业分册。本教材在收集近年来许多电厂运行资料的基础上，结合地方电厂运行人员的实际水平，在理论上由浅入深，在实际上注重可操作性，是小型火力发电厂运行人员岗位培训和技能鉴定的理想教材。本教材将配有初、中、高三个技术等级的考核题库，可作为认定和晋升技术等级的考核依据。

1993 年 6 月 2 日

前 言

　　近 10 多年来，有一大批地方电厂、企业自备电厂和小型供热发电厂的发电机组相继投产，运行岗位新职工和生产人员迅速增加。尽快提高运行人员的技术水平，是确保地方电厂和电网安全经济运行的当务之急。

　　为了搞好运行人员技术培训和技能鉴定，参照部颁《国家职业技能鉴定规范·电力行业》、《电力工人技术等级标准》（火力发电部分）和《火力发电厂运行岗位规范》的要求，1993 年受电力工业部水电开发和农村电气化司委托，辽宁省电力工业局组织大连电力学校和一些地方电厂具有丰富现场运行经验和教学经验的工程技术人员和教师，经过三年多的时间，于 1995 年 4 月编写并由中国电力出版社出版了本套《地方电厂岗位运行培训教材（第一版）》，本次是对第一版进行全面修订，并将本套教材分为锅炉运行、汽轮机运行、电气运行、热工控制与运行和电厂化学五个分册。

　　本套教材根据地方电厂发电设备运行的实际情况和运行人员的特点，从实用性出发，在系统、全面的基础上，依据规范标准，理论突出重点，实践注重技能操作，便于自学、培训和考核，对地方电厂运行工人和生产人员掌握应知专业理论知识和应会操作技能将起很大作用。

　　本套教材作为从事 6～100MW 火力发电机组运行工作、具有高中文化程度的运行人员培训教材，也可作为电力中等职业学校和技工学校的教材。

　　为配合本套教材的教学、考核命题以及运行生产人员平时带着问题自学的需要，我们还将对 1996 年底与《地方电厂岗位运行培训教材（第一版）》相配套编写出版的一套《地方电厂运行人员技术等级考核题库（第一版）》进行全面修订，也分为锅炉运行、汽轮机运行、电气运行、热工控制与运行和电厂化学五个分册，并与本套教材的第二版相配套，以满足培训和考核需要。

　　《地方电厂岗位运行培训教材（第二版）》（电厂化学）是根据部颁《国家职业技能鉴定规范·电力行业》、《电力工人技术等级标准》（火力发电部分）和《火力发电厂运行岗位规范》的要求，结合地方电厂现状进行编写的，是作为地方电厂、企业自备电厂和热电厂 6～100MW 火力发电机组电厂化学运行岗位技能和技能鉴定的培训教材。

　　《地方电厂岗位运行培训教材（第二版）》（电厂化学）由大连电力学校初立杰担任主编，并改编了第一篇、第二篇、第三篇内容，张慧改编了第四篇、第五篇内容。本书第一版由安德轩主编，于振安、崔艳编写第一篇，金昌、初立杰编写第二篇，安德轩、陈淑娟、张式展编写第三篇，马奎雄、关立杰编写第四篇，马奎雄、张春华编写第五篇。本书由大连电力学校于振安和阜新热电厂王守业审稿，最后由辽宁省电力工业局张进儒审定。

　　由于编者水平和经历有限，书中难免存在不妥之处，希望读者批评指正。

编 者

2006 年 2 月

目 录

前言

第一篇 化 学 基 础 知 识

第二篇 分 析 化 学

第四篇　电　力　用　油

第一篇

化 学 基 础 知 识

第一章　化 学 反 应

第一节　化学反应速度和化学平衡

化学反应有成千上万种，往往都需要在一定条件下进行。例如，用氢气和氮气合成氨气时的反应，就要在高温、高压和有催化剂存在的条件下进行。为什么一个反应的进行需要这样或那样的条件呢？这就要从以下两个方面来认识：一个是反应进行的快慢，即化学反应速度问题；另一个是反应进行的程度，即化学平衡问题。因此，本章就化学反应速度和化学平衡问题作一些初步介绍。

一、化学反应速度

各种化学反应的进行有快有慢，如氢、氧爆鸣气的爆炸反应、酸碱中和反应等瞬时就能完成；而许多有机反应往往需要数个小时，甚至数日才能完成；自然界中石油的形成，则长达数十年至数十万年。这里所说的快慢，是指在一定条件下进行的化学反应。在化学反应中，随着反应的进行，反应物的浓度不断减小，生成物的浓度不断增大，通常用单位时间内生成物或反应物浓度的变化来表示化学反应速度，即

化学反应速度 $$v = \frac{\text{浓度变化（mol/L）}}{\text{变化所需时间（s 或 min）}}$$

化学反应速度单位为 mol/（L·s），或 mol/（L·min）。例如，在一定条件下的某反应为

$$A + 3B \rightleftharpoons 2C$$

则　　　　　　　　　　　　A　　3B　　2C
起 始 浓 度　　　　　　　1.0　2.0　　0
2s 后的浓度　　　　　　　0.8　1.4　0.4

若以 A 的浓度减小来表示反应速度（v_A），则

$$v_A = \frac{1.0 - 0.8}{2} = 0.1 \ [\text{mol/（L·s）}]$$

若以 B 的浓度减小来表示反应速度（v_B），则

$$v_B = \frac{2.0 - 1.4}{2} = 0.3 \ [\text{mol/（L·s）}]$$

若以 C 的浓度增加来表示反应速度（v_C），则

$$v_C = \frac{0.4}{2} = 0.2 \ [\text{mol/（L·s）}]$$

由此看出：用 A、B 浓度的减小或 C 浓度的增加来表示该反应的反应速度，其数值是不同的。但是，$v_A : v_B : v_C = 1 : 3 : 2$，它们的比值恰好是化学反应方程式中各物质分子式前面的系数。因此，无论用哪种物质的浓度变化来表示化学反应的反应速度，其意义都是一样的。

二、影响化学反应速度的因素

化学反应的快慢不仅是由反应物本性决定的，而且也是受外界因素影响的。对同一化学反应，外界条件（如温度、浓度、压力、催化剂等）不同，反应速度也不同。

1. 浓度对化学反应速度的影响

我们知道：硫在空气中缓慢燃烧会产生微弱的淡蓝色火焰，而硫在纯氧气中则迅速燃烧并发出明亮的蓝紫色火焰。这是因为在纯氧气中，氧分子的浓度比空气中氧分子浓度大的缘故。因此，反应速度随着反应物浓度的增大而加快。

实验证明，对于 $mA+nB=pC+qD$ 这类一步完成的简单反应，其化学反应速度与各反应物浓度的适当次方的乘积成正比。这一规律叫做质量作用定律。其数学表达式为

$$v=K〔A〕^m〔B〕^n$$

式中，K 是一个常数，叫做反应速度常数。它只与温度有关，温度升高，K 值增大。

2. 压力对反应速度的影响

当温度一定时，一定量气体的体积与其所承受的压强成反比。例如，将反应 $N_2+3H_2 \rightleftharpoons 2NH_3$ 的系统压强增大一倍，其反应速度变化如下。

令压强改变前，$〔N_2〕=m$，$〔H_2〕=n$，则

$$v=Kmn^3$$

当温度不变时，压强增大一倍，体积减小为原来的一半，浓度增大到原来的 2 倍，则

$$v'=K〔N_2〕\cdot〔H_2〕^3$$
$$=K2m\cdot(2n)^3=16Kmn^3=16v$$

可见，压强增加一倍，反应速度增大到原来的 16 倍。

3. 温度对反应速度的影响

温度对化学反应影响很大。升高温度，反应速度加快；降低温度，反应速度减慢。一般情况下，温度每升高 $10℃$，反应速度大约增加 $1\sim3$ 倍。这是因为温度升高，分子热运动加快，反应物分子之间有效碰撞机会增大。因此，在反应过程中，常常用提高或降低反应温度的办法来控制反应速度。

4. 催化剂对反应速度的影响

某些物质在参加化学反应前后，自身的组成和质量不发生改变，但能改变化学反应速度，我们称这种物质为催化剂。例如，在氧气的实验室制法中，常用二氧化锰来加速氯酸钾的分解。其反应式为

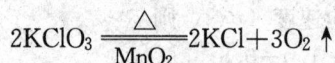

$$2KClO_3 \xrightarrow[MnO_2]{\triangle} 2KCl+3O_2\uparrow$$

在这个反应中，MnO_2 是催化剂，它的作用是加速反应速度，常称种作用为催化作用。像这种有催化剂参加的反应，叫做催化反应。

除了有能加快反应速度的催化剂（称为正催化剂）之外，还有能延缓某些反应进行的催化剂（称为负催化剂）。催化剂也有一定的选择性，一种催化剂只能对某一个反应起催化作用，并且只能在一定温度范围内发生作用。

总之，影响化学反应速度的因素很多，除了温度、浓度、压强（有气体参加的反应）、催化剂以外，还有光、超声波、激光、放射线、电磁波、反应物颗粒的大小、扩散速度和溶剂等。对某些反应来说，这些因素都是影响反应速度的一些重要条件。例如，煤粉的燃烧就比煤块快得多；溴化银见到光很快分解等。

三、化学平衡

化学反应有两种情况，一种是反应物能完全转化为生成物。如酸碱中和反应

$$NaOH + HCl = NaCl + H_2O$$

像这样只能向一个方向进行到底的反应，叫做不可逆反应。

另一种情况是，在同一条件下，某一个反应既能向某一个方向进行，又能向相反方向进行，这种反应叫做可逆反应。可逆反应常用可逆号"$\rightleftharpoons$"表示。通常把化学反应方程式中向右进行的反应叫做正反应；向左进行的反应叫做逆反应。例如

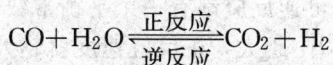

$$CO + H_2O \frac{\text{正反应}}{\text{逆反应}} CO_2 + H_2$$

可逆反应是不能进行到底的，即反应物不能完全转化为生成物。绝大多数反应都是可逆反应，只不过是可逆程度不同而已。那么可逆反应有什么特点呢？现以工业上用氢气和氮气合成氨气的反应来进行讨论

$$N_2 + 3H_2 \rightleftharpoons 2NH_3$$

在反应开始时，氮气和氢气的浓度较大，正反应速度快，逆反应速度为零。然而，一旦有氨气生成，逆反应立即发生。随着反应的进行，氮气和氢气的浓度逐渐减小，氨气的浓度逐渐增大；正反应速度逐渐减小，逆反应速度逐渐增大。当正、逆反应速度相等时，也就是说，单位时间内，由氢气和氮气合成氨气的分子数等于单位时间内分解为氮气和氢气的氨气的分子数，这时各物质的浓度不再发生变化，正、逆反应速度相等。此时的状态叫做化学平衡。

化学平衡的特征是：①平衡时 $v_a = v_n$；②反应物、生成物的浓度保持不变；③是有条件的动态平衡。

化学平衡是在一定条件下建立的，当外界条件发生改变时，平衡就会被破坏，就会在新的条件下建立起新的平衡。

四、平衡常数

现以一氧化碳和水蒸气在高温时进行反应生成二氧化碳和氢气为例，来讨论化学平衡的性质

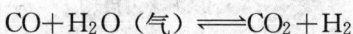

$$CO + H_2O \text{（气）} \rightleftharpoons CO_2 + H_2$$

根据质量作用定律，得

$$v_a = K_a \text{〔CO〕〔H}_2\text{O〕}$$

$$v_n = K_n \text{〔CO}_2\text{〕〔H}_2\text{〕}$$

平衡时，$v_a = v_n$，即

$$K_a \text{〔CO〕〔H}_2\text{O〕} = K_n \text{〔CO}_2\text{〕〔H}_2\text{〕}$$

因此

$$\frac{K_a}{K_n} = \frac{\text{〔CO}_2\text{〕〔H}_2\text{〕}}{\text{〔CO〕〔H}_2\text{O〕}}$$

K_a 与 K_n 是只随温度变化而与浓度无关的常数，则 $\frac{K_a}{K_n}$ 也必是一个常数，用 K_c 表示

$$K_c = \frac{\text{〔CO}_2\text{〕〔H}_2\text{〕}}{\text{〔CO〕〔H}_2\text{O〕}}$$

式中，〔CO_2〕、〔H_2〕、〔H_2O〕、〔CO〕是平衡时各物质的浓度，单位为 mol/L；K_c 叫做可逆反应平衡常数。

推广到一般的可逆反应，则

$$mA + nB \rightleftharpoons pC + qD$$

$$K_c = \frac{\text{〔C〕}^p \text{〔D〕}^q}{\text{〔A〕}^m \text{〔B〕}^n}$$

上式为平衡常数表达式，其中〔A〕、〔B〕为反应物的浓度；〔C〕、〔D〕为生成物的浓度；m、n、p、q 分别为反应物和生成物的系数。书写平衡常数表达式时应注意：固体和水不列入，但水蒸气浓度要列入。因为在一定温度下固体和水的浓度是一定值，可并入平衡常数中，所以化学上规定不列入表达式中。例如

$$C（固）+H_2O（气）\rightleftharpoons CO+H_2$$

$$K_c=\frac{〔CO〕〔H_2〕}{〔H_2O（气）〕}$$

因此，在一定温度下，每一个可逆反应都有一个平衡常数，平衡常数是可逆反应的特征常数，它表示可逆反应进行的程度。K_c 越大，正反应速度就越大，转化为生成物的量也就越多；反之，K_c 越小，转化为生成物的量也就越少。

因此，只要测定各反应物和生成物在平衡状态时的浓度，就可以算出这个反应在实验温度下的平衡常数。

【例 1-1】 在某一温度下，把 0.01mol 的 CO_2 和 0.01mol 的 H_2 放在 1L 的密闭容器里，加热到 1200℃，在生成 0.006mol 的 CO 和 0.006mol 的水蒸气的时候，反应达到平衡。试求这时该反应的化学平衡常数。

解

	CO_2	+	H_2	$\rightleftharpoons$	CO	+	H_2O（气）
起始浓度 (mol/L)	0.01		0.01		0		0
平衡浓度 (mol/L)	(0.01−0.006)		(0.01−0.006)		0.006		0.006

因为在 1L 的容器里，所以平衡时各参加反应物质的浓度分别是

〔CO〕=0.006mol/L，〔H_2O〕=0.006mol/L，

〔CO_2〕= 0.004mol/L，〔H_2〕=0.004mol/L，所以

$$K_c=\frac{〔CO〕〔H_2O（气）〕}{〔CO_2〕〔H_2〕}$$

$$=\frac{0.006\times0.006}{0.004\times0.004}=2.25$$

答 在 1200℃时，这个反应的平衡常数是 2.25。

五、化学平衡的移动

化学平衡是相对的、暂时的、有条件的。当外界条件发生变化时，化学平衡就要被破坏，反应物与生成物的浓度随之也要改变，从而建立起新的平衡。此时，使化学反应由原来的平衡状态转变到新的平衡状态的过程，叫做化学平衡的移动。

影响化学平衡的因素有浓度、压力、温度等。

1. 浓度对化学平衡的影响

当一个化学反应达到平衡时，其他条件不变，只改变其中任何一种反应物或生成物的浓度，就会改变正反应或逆反应的反应速度，使它们不再相等，从而使平衡发生移动。

例如，在一个试管里混合 0.1mol/L 的 $FeCl_3$ 和 KSCN 溶液，溶液立即变成红色。其反应如下

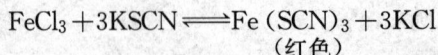

$$FeCl_3+3KSCN\rightleftharpoons Fe(SCN)_3+3KCl$$
$$（红色）$$

把血红色溶液分成三份，分别放入三个试管中，在第一个试管中加入少量的 $FeCl_3$ 溶液，在第二个试管中加入少量的 KSCN 溶液，与第三个试管比较。结果可见，第一个和第二个试管所

盛溶液的颜色都加深。这说明增大任一反应物的浓度，平衡都向正反应方向移动，生成更多的硫氰化铁。

由此可得，在其他条件不变的情况下，增大反应物的浓度（或减小生成物的浓度），平衡向正反应方向移动；增大生成物的浓度（或减小反应物的浓度），平衡向逆反应方向移动。

2. 压力对化学平衡的影响

对于可逆反应，在一定温度下，压力改变，气态物质的浓度都要发生改变。这样正逆反应速度不再相等，而引起化学平衡移动。

增加压力，气态反应物和气态生成物的浓度都增加，因此 v_a 和 v_n 都增大，但增大的倍数不一定相同。例如

$$2NO+O_2 \rightleftharpoons 2NO_2$$

左边气体分子总数为3，右边气体分子总数为2。当压力增大到原来的2倍时，由质量作用定律得，v_a 增大到原来的8倍，而 v_n 增为原来的4倍。结果，使 $v_a > v_n$，平衡向右移动；即向分子数减小的方向移动。最后在新的条件下重新达到平衡。

因此，对气体反应物和气体生成物分子数不等的可逆反应来说，其他条件不变时，增大压力使平衡向分子数减小方向移动；减小压力，平衡向分子数增大方向移动。如果反应前后气体的分子数相等，例如

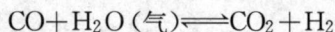

$$CO+H_2O（气）\rightleftharpoons CO_2+H_2$$

则压力改变不会引起化学平衡的移动。

3. 温度对化学平衡的影响

化学反应总是伴随着热量的变化。对于可逆反应来说，若正反应放热，逆反应必然是吸热。温度的变化对正逆反应速度都有一定的影响。但影响的程度不同，因而引起化学平衡的移动。升温，吸热反应速度增长倍数大，平衡向吸热反应方向移动；降温，吸热反应降低的倍数多，平衡向放热反应方向移动。例如

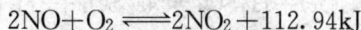

$$2NO+O_2 \rightleftharpoons 2NO_2+112.94kJ$$

升高温度，平衡向吸热方向移动，即向左移动；降温，平衡向放热反应方向移动，即向右移动。

催化剂能够同等程度地增加正逆反应速度，因此它不能使化学平衡移动。但使用催化剂能够大大缩短反应达到平衡所需的时间。

综合浓度、压力、温度对化学平衡的影响，可以概括成一个原理（平衡移动原理）：如果改变平衡体系的条件之一（如浓度、温度或压力），平衡就向能减弱这个改变的方向移动。这个原理称为吕·查德里原理。

第二节 化学反应主要类型

一、中和反应

1. 中和反应的实质

一般把酸和碱作用生成盐和水的反应称为中和反应。通常把在水中能电离出氢离子的化合物叫做酸；而把在水中能电离出氢氧根离子的化合物叫做碱。按照这个定义，我们知道如 HCl、HNO_3、H_2SO_4、HAl、HF 等都是酸；而 NaOH、Ca（OH）$_2$、Ba（OH）$_2$、Fe（OH）$_2$ 等都是碱。例如

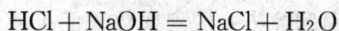

$$HCl+NaOH=NaCl+H_2O$$

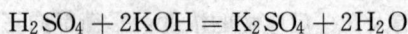

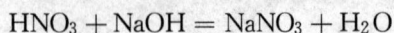

$$H_2SO_4 + 2KOH = K_2SO_4 + 2H_2O$$
$$HNO_3 + NaOH = NaNO_3 + H_2O$$

从上述反应方程式可看出，尽管反应物不同，但实质上都是 H^+ 和 OH^- 间的反应。因为 HCl、NaOH、H_2SO_4、KOH、HNO_3、NaCl、K_2SO_4、$NaNO_3$ 都是强电解质，在水溶液中全部电离，因此它们在溶液中都是以离子形式存在的。Na^+、Cl^-、K^+、SO_4^{2-}、NO_3^- 在反应前后没有变化，酸碱中和反应的实质就是 H^+ 离子和 OH^- 离子化合生成水的反应。

上述三个反应可用一个离子方程式表示

$$H^+ + OH^- = H_2O$$

或者写成

$$H_3^+O + OH^- = 2H_2O$$

其他有关酸碱反应，都可以认为是 H^+ 离子和 OH^- 离子的反应，如酸与金属氧化物如氧化亚铁的反应

$$2H^+ + FeO = Fe^{2+} + H_2O$$

碱与铵盐的反应

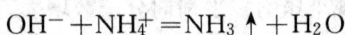

$$OH^- + NH_4^+ = NH_3\uparrow + H_2O$$

酸和碳酸钠的反应

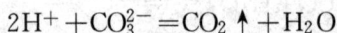

$$2H^+ + CO_3^{2-} = CO_2\uparrow + H_2O$$

强酸与强碱中和时生成 1mol 的水所放出的热量，叫做中和热，即

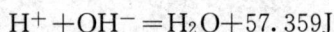

$$H^+ + OH^- = H_2O + 57.359J$$

2. 电厂化学中常见的中和反应

在电厂实验室中配制 NaOH 溶液时，常用标准硫酸溶液滴定 NaOH 溶液。这个滴定反应是典型的中和反应

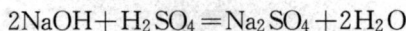

$$2NaOH + H_2SO_4 = Na_2SO_4 + 2H_2O$$

测定锅炉水碱度的滴定反应，也是中和反应

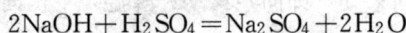

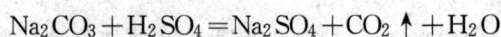

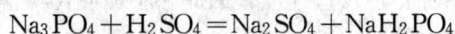

$$2NaOH + H_2SO_4 = Na_2SO_4 + 2H_2O$$
$$Na_2CO_3 + H_2SO_4 = Na_2SO_4 + CO_2\uparrow + H_2O$$
$$Na_3PO_4 + H_2SO_4 = Na_2SO_4 + NaH_2PO_4$$

用硫酸法处理冷却循环水时，也是利用中和反应。其反应方程式为

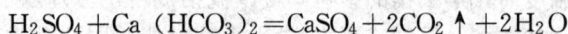

$$H_2SO_4 + Ca(HCO_3)_2 = CaSO_4 + 2CO_2\uparrow + 2H_2O$$

二、沉淀反应

在科学实验和化工生产中经常要用沉淀反应来制取难溶化合物，进行离子分离，除去溶液中的杂质以及作重量分析等。怎样判断沉淀是否发生，沉淀能否溶解；如何使沉淀更加完全；如果溶液中有几种不同离子，又如何创造条件使指定的那种离子沉淀等。这些都是在实际工作中常常遇到的问题。本节对这些问题加以讨论。

（一）溶度积原理

1. 溶度积常数

任何"难溶"的电解质在水中总是或多或少地溶解，绝对不溶的物质是不存在的。像 $BaSO_4$ 这种难溶的电解质，其溶解的部分是完全电离的。所以称作难溶强电解质。

难溶电解质在水中的溶解情况怎样呢？以 $BaSO_4$ 为例来说明。取 $BaSO_4$ 固体于水中，固体中的 Ba^{2+} 和 SO_4^{2-} 受水分子的吸引和撞击，脱离固体表面扩散到水中，成为能自由运动的离子，

这个过程称为溶解；与此同时已溶解的 Ba^{2+} 和 SO_4^{2-} 在溶液中不停地运动，当碰到未溶解的固体时，又被吸引到固体表面重新析出，这个过程叫沉淀。但在一定温度下，当溶解的速度等于沉淀的速度时，未溶解的固体与离子之间便达到了动态平衡，溶液中的 Ba^{2+} 和 SO_4^{2-} 均已饱和，浓度不再改变，即

根据化学平衡原理，平衡常数 K 为

$$K = \frac{[Ba^{2+}][SO_4^{2-}]}{[BaSO_4（固）]}$$

由于固体物质的浓度不计入平衡常数表达式中，所以上式写成

$$K_{sp} = [Ba^{2+}][SO_4^{2-}]$$

式中，$[Ba^{2+}]$、$[SO_4^{2-}]$ 分别是饱和溶液中 Ba^{2+} 和 SO_4^{2-} 的浓度，单位为 mol/L；K_{sp} 为难溶电解质的溶度积常数，称溶度积，它反映了难溶电解质在水中的溶解能力。

如难溶电解质 Ag_2CrO_4

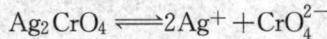

则

$$K_{sp} = [Ag^+]^2[CrO_4^{2-}]$$

式中，$[Ag^+]$ 和 $[CrO_4^{2-}]$ 的指数分别等于它们在溶解平衡方程式中的系数。

难溶电解质写作一般形式时为

$$A_mB_n \rightleftharpoons mA^{n+} + nB^{m+}$$

$$K_{sp} = [A^{n+}]^m[B^{m-}]^n$$

它反映了物质的溶解能力。对于同类型的难溶电解质，如 AgCl 与 AgBr、$BaSO_4$ 与 $BaCO_3$ 等，在相同温度下，K_{sp} 越大，溶解度越大；K_{sp} 越小，溶解度也越小。但对于不同类型的难溶电解质，不能用 K_{sp} 来比较它们的溶解能力，而采用溶解度的大小来判断。常见的难溶电解质的溶度积（常温），如表 1-1 所示。

表 1-1 一些难溶电解质的 K_{sp}

化 合 物	K_{sp}	化 合 物	K_{sp}
AgCl	1.6×10^{-10}	CuS	8.5×10^{-45}
AgBr	5.0×10^{-13}	$Cu(OH)_2$	5.6×10^{-20}
AgI	8.5×10^{-17}	FeS	3.7×10^{-19}
Ag_2CrO_4	9×10^{-12}	$Fe(OH)_2$	1.64×10^{-14}
Ag_2S	1.6×10^{-49}	$Fe(OH)_3$	1.1×10^{-36}
$BaCO_3$	8.1×10^{-9}	$Mg(OH)_2$	1.2×10^{-11}
$BaSO_4$	1.08×10^{-10}	$MgCO_3$	2.6×10^{-5}
$BaCrO_4$	1.6×10^{-10}	PbS	3.4×10^{-28}
$CaCO_3$	8.7×10^{-9}	ZnS	1.2×10^{-28}
CaF_2	3.4×10^{-11}	$Zn(OH)_2$	1.8×10^{-14}

由于物质的溶解度与温度有关，所以对同一种物质来说，在不同温度下，K_{sp} 也有所不同，通常提到的 K_{sp} 数值，是指在室温下的溶度积。

2. 沉淀的生成和溶解条件

难溶电解质的沉淀与溶解平衡是一个动态平衡，是有条件的、暂时的，如果外界条件发生变化，平衡就会被破坏，就会使沉淀继续溶解，或使离子生成沉淀，从溶液中析出。

对一给定的难溶电解质来说，在一定条件下沉淀能否生成或溶解，可以从溶度积概念来判断。当溶液中某难溶电解质的离子浓度的乘积大于其溶度积时，就会产生沉淀。此时，由于沉淀析出，离子的浓度减小，直到离子浓度的乘积等于其溶度积为止。如溶液中离子浓度乘积等于溶度积，则溶液是饱和的。若溶液中的离子浓度乘积小于其溶度积，就没有沉淀生成，这就是溶度积规则。

当溶液中 $[A^{n+}]^m [B^{m-}]^n < K_{sp}$ 时，溶液未饱和，无沉淀析出；

$[A^{n+}]^m [B^{m-}]^n = K_{sp}$ 时，溶液达到饱和，仍无沉淀析出；

$[A^{n+}]^m [B^{m-}]^n > K_{sp}$ 时，有 A_nB_m 沉淀析出，溶液为过饱和溶液。

向含有难溶电解质沉淀的饱和溶液中（此时离子浓度的乘积等于其溶度积），加入某种物质使该难溶电解质离子浓度乘积小于其溶度积，则沉淀就会溶解，以碳酸钙饱和溶液为例来说明。

向碳酸钙的饱和溶液中加入稀盐酸，由于 H^+ 离子和 CO_3^{2-} 离子结合成难电离的 HCO_3^- 离子降低了 CO_3^{2-} 离子浓度。H^+ 离子继续与 HCO_3^- 离子结合成 H_2CO_3 分子，H_2CO_3 不稳定，易分解放出 CO_2 气体。使得 $[Ca^{2+}][CO_3^{2-}] < K_{sp}$，碳酸钙溶解。

溶解平衡为

$$CaCO_3（固）\Longrightarrow Ca^{2+} + CO_3^{2-}$$
$$HCl \longrightarrow Cl^- + \overset{+}{H^+}$$
$$HCO_3^- + H^+ \Longrightarrow H_2CO_3 \Longrightarrow CO_2 \uparrow + H_2O$$

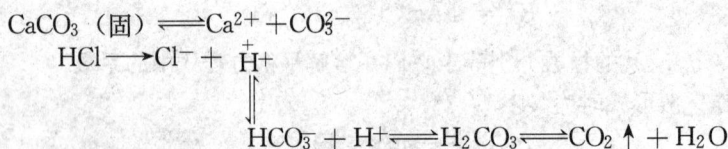

结果平衡向右移动，固体 $CaCO_3$ 逐渐溶解。离子方程式为

$$CaCO_3（固）+ 2H^+ = Ca^{2+} + CO_2 \uparrow + H_2O$$

如果在 $CaCO_3$ 的饱和溶液中加入 Na_2CO_3 溶液，由于 CO_3^{2-} 离子浓度增大，Ca^{2+} 与 CO_3^{2-} 离子浓度乘积大于 $CaCO_3$ 的溶度积 K_{sp}，结果平衡向生成 $CaCO_3$ 沉淀方向移动，直到溶液中离子浓度乘积等于 K_{sp} 为止。当达到新平衡时，溶液中的 Ca^{2+} 浓度减小了，而 CO_3^{2-} 离子的浓度相应增大。结果降低了 $CaCO_3$ 的溶解度。

3. 难溶电解质溶液的计算

【例 1-2】 已知 $BaSO_4$ 的 $K_{sp} = 1.08 \times 10^{-10}$，若将等体积的 $0.01mol/L$ 的 $BaCl_2$ 溶液和 $0.01mol/L Na_2SO_4$ 溶液混合，是否产生 $BaSO_4$ 沉淀？

解 两溶液等体积混合，Ba^{2+} 和 SO_4^{2-} 的浓度都降低为原来的一半，即

$$[Ba^{2+}] = 0.01 \times \frac{1}{2} = 0.005 \ (mol/L)$$

$$[SO_4^{2-}] = 0.01 \times \frac{1}{2} = 0.005 \ (mol/L)$$

则 $[Ba^{2+}][SO_4^{2-}] = (0.005)^2 = 2.5 \times 10^{-5} \gg 1.08 \times 10^{-10} = K_{sp}$，所以有 $BaSO_4$ 沉淀生成。

【例 1-3】 在 $25°C$ 时，$1L$ 的 $AgCl$ 饱和溶液中含有 1.78×10^{-3} g$AgCl$，计算 $K_{sp\,AgCl}$。

解 先算出 $AgCl$ 饱和溶液的摩尔浓度为

$AgCl$ 的相对分子质量为 143.4

$AgCl$ 的浓度 $= \dfrac{1.78 \times 10^{-3}}{143.4} = 1.25 \times 10^{-5} \ (mol/L)$

因为　溶解的 AgCl 完全电离

$$[Ag^+] = [Cl^-] = 1.25 \times 10^{-5} \ (mol/L)$$

故

$$K_{sp} = [Ag^+][Cl^-]$$
$$= (1.25 \times 10^{-5})^2$$
$$= 1.56 \times 10^{-10}$$

答　AgCl 的溶度积为 1.56×10^{-10}。

（二）电厂化学中常见的沉淀反应

电厂化学中常见的沉淀反应，多发生在水的预处理等过程中。例如，石灰软化法：石灰乳 $[Ca(OH)_2]$ 加入水中后，便与水中某些溶解物质如 $Ca[HCO_3]_2$、$Mg(HCO_3)_2$ 等发生一系列沉淀反应，生成碳酸钙和氢氧化镁等沉淀物。

石灰处理中利用沉淀反应可以除去水中的重碳酸盐、镁硬、铁化合物、游离二氧化碳和部分硅酸等。

汽、水分析监督工作中，许多分析方法需要利用沉淀反应。如测定水样中的硫酸盐，就是利用 SO_4^{2-} 与 Ba^{2+} 作用生成 $BaSO_4$ 的沉淀实现的，即

$$SO_4^{2-} + Ba^{2+} = BaSO_4 \downarrow$$

水垢中铁、铝和钙等成份测定，也是利用沉淀反应来完成

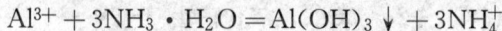

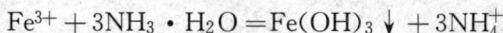

$$Al^{3+} + 3NH_3 \cdot H_2O = Al(OH)_3 \downarrow + 3NH_4^+$$

$$Ca^{2+} + C_2O_4^{2-} = CaC_2O_4 \downarrow$$

$$Fe^{3+} + 3NH_3 \cdot H_2O = Fe(OH)_3 \downarrow + 3NH_4^+$$

三、氧化—还原反应

根据反应前后元素的氧化数是否发生改变，把无机化学反应分为两类。

（1）反应前后所有元素的氧化数都没有发生变化的反应，叫做非氧化还原反应，如

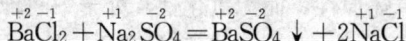

$$\overset{+2\ -1}{BaCl_2} + \overset{+1\ +6\ -2}{Na_2SO_4} = \overset{+2\ +6\ -2}{BaSO_4} \downarrow + 2\overset{+1\ -1}{NaCl}$$

（2）反应前后元素的氧化数发生改变的反应，叫做氧化还原反应。

（一）氧化还原反应的实质

元素的氧化数是判断氧化还原反应与非氧化还原反应的依据，它是指化合物分子中，各原子形式上或外观上所带的电荷数。如离子化合物 MgO 分子中，镁的氧化数为 $+2$，氧的氧化数为 -2；共价化合物 H_2O 分子中，氧的氧化数为 -2，氢的氧化数为 $+1$。而整个分子中各原子的氧化数代数和为零。

1. 氧化还原反应的实质

观察下面反应

$$\overset{0}{Zn} + \overset{+2\ -2}{CuSO_4} = \overset{+2\ -2}{ZnSO_4} + \overset{0}{Cu}$$

反应前后铜元素和锌元素的氧化数发生改变，属于氧化还原反应。铜元素的氧化数由 $+2$ 降到 0；锌元素的氧化数由 0 升到 $+2$。因此，氧化还原反应的实质是反应物之间发生了电子转移，而氧化数的改变只是外观形式。所以在化学上，把有电子转移的化学反应叫氧化还原反应。失去电子的过程叫氧化；得到电子的过程叫还原。在上述反应中，Zn 失去电子被氧化，Cu^{2+} 得到电子被还原。Zn 把电子转移给了 Cu^{2+}。该反应中电子转移的方向和数目表示为

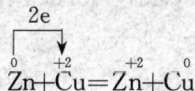

$$\overset{\overset{\displaystyle 2e}{\overbrace{\qquad\qquad}}}{\overset{0}{Zn} + \overset{+2}{Cu} = \overset{+2}{Zn} + \overset{0}{Cu}}$$

在一个化学反应中，一种元素失去电子，必然有另一种元素得到电子，就是说氧化、还原反应同时发生，某一物质被氧化，同时必有另一种物质被还原，而且在反应中得失电子总数必然相等。

2. 氧化剂和还原剂

在氧化还原反应中，失去电子的物质叫还原剂，得到电子的物质叫氧化剂。在反应中，氧化剂把还原剂氧化而本身被还原，还原剂把氧化剂还原而本身被氧化。在 Zn 与 $CuSO_4$ 的反应中，Zn 是还原剂，$CuSO_4$ 是氧化剂，Zn 失去电子被氧化成 Zn^{2+}，$CuSO_4$ 中的 Cu^{2+} 得到电子被还原成 Cu。

又如下列反应

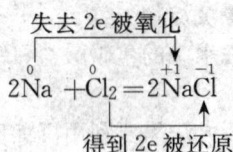

$$\overset{失去2e被氧化}{\overset{0}{2Na} + \overset{0}{Cl_2} = \overset{+1}{2Na}\overset{-1}{Cl}}$$
得到2e被还原

钠是还原剂，本身被氧化，即

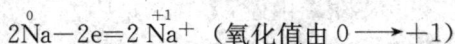

$$\overset{0}{2Na} - 2e = 2\overset{+1}{Na}{}^+ \quad （氧化值由 0 \longrightarrow +1）$$

Cl_2 是氧化剂，本身被还原，即

$$\overset{0}{Cl_2} + 2e = 2\overset{-1}{Cl}{}^- \quad （氧化值由 0 \longrightarrow -1）$$

口决：失电子氧化，得电子还原；还原剂氧化，氧化剂还原。

3. 氧化性和还原性

物质具有获得电子的能力叫氧化性。某物质越易获得电子，其氧化性越强，是较强的氧化剂；物质具有失去电子的能力叫做还原性，越易给出电子，其还原性越强，是较强的还原剂。根据元素氧化数的高低可以判断其是否具有氧化性或还原性。最高价态的物质只有氧化性，而无还原性；处于最低价态的物质只有还原性，而无氧化性；处于中间价态的物质，既具有氧化性又具有还原性。铁有三种氧化值：0、+2、+3，金属铁只有还原性，Fe^{3+} 只有氧化性，Fe^{2+} 既有氧化性又有还原性。

常用的氧化剂有活泼的非金属（如卤素）、$KMnO_4$、$K_2Cr_2O_7$、浓 H_2SO_4 等，它们在反应中都比较易得电子，所以具有氧化性；在卤素原子中最外层都有 7 个电子，都易得到一个外来的电子成为 -1 价阴离子，所以 Cl_2、Br_2、I_2 是常用的氧化剂。根据得到电子的能力强弱，氧化能力 $Cl_2 > Br_2 > I_2$，I_2 是较弱的氧化剂，它们被还原的产物一般为 -1 价的阴离子

$$Cl_2 + 2NaBr = 2NaCl + Br_2$$

$$Br_2 + 2NaI = 2NaBr + I_2$$

常用的还原剂有活泼的金属如 K、Na、Mg、Al。它们在化学反应中都比较容易失去电子，所以具有还原性。在金属的还原剂中，金属钠的还原能力最强，这些金属被氧化的产物都为相应的金属阳离子

$$Na - e \longrightarrow Na^+ \qquad Al - 3e \longrightarrow Al^{3+}$$

4. 氧化还原反应的类型

（1）分子间的氧化还原反应。如

$$2Al + 3CuCl_2 = 2AlCl_3 + 3Cu$$

电子的转移在不同物质的不同原子间进行。此反应中电子由 Al 转移给了 $CuCl_2$ 中的 Cu^{2+}。

（2）分子内的氧化还原反应。反应中电子的转移是在同种分子内，不同原子或离子间进行

的。例如

$$2KClO_3 \xrightarrow[MnO_2]{\triangle} 2KCl + 3O_2\uparrow$$

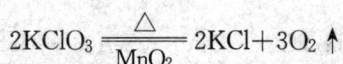

电子转移发生在同一 $KClO_3$ 分子内的氧原子和氯原子之间。

（3）歧化反应（自身氧化还原反应）。电子的转移在同种分子的同种原子之间进行，使同种原子有的价态降低，有的价态升高，这样的反应叫歧化反应，例如

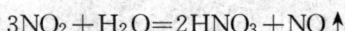

$$Br_2 + 2NaOH = NaBr + NaBrO + H_2O$$

$$3NO_2 + H_2O = 2HNO_3 + NO\uparrow$$

电子转移在 $Br \xrightarrow{+e} Br^-$、$Br \xrightarrow{-e} Br^+$；$N^{4+} \xrightarrow{-e} N^{5+}$、$N^{4+} \xrightarrow{+2e} N^{2+}$。

（4）多种元素间的氧化还原反应。在反应中不只一种元素被氧化或不只一种元素被还原，这样的反应叫多种元素间的氧化还原反应。例如

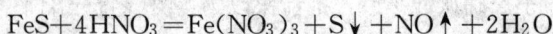

$$FeS + 4HNO_3 = Fe(NO_3)_3 + S\downarrow + NO\uparrow + 2H_2O$$

在反应中，HNO_3 是氧化剂，FeS 分子中 Fe^{2+}、S^{2-} 同时被氧化，是一种多元素的还原剂。

（二）氧化还原反应的配平

对于一些简单的氧化还原反应，我们可以用观察法进行配平，如 $CuO + H_2 = Cu + H_2O$。但是对于比较复杂的氧化还原反应，如硝酸跟金属或非金属的反应等，就不易用观察法来配平。那么，这些复杂的化学反应式怎样配平呢？

人们知道，氧化还原反应实质是参加反应的原子间的电子转移，原子间的电子转移可以用元素的氧化数升降来表示。因此，氧化还原反应的化学反应式可以通过分析电子转移或氧化数升降来配平。在配平的过程中可选用不同的方法，这里只介绍氧化数法。该法的配平原则：一是得电子数等于失电子数；二是两边原子的个数必须相等。

【例1-4】 试配平下面化学反应式

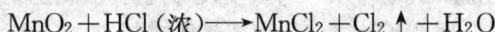

$$MnO_2 + HCl（浓）\longrightarrow MnCl_2 + Cl_2\uparrow + H_2O$$

解 （1）正确地找出氧化数发生改变的元素，找出氧化剂和还原剂

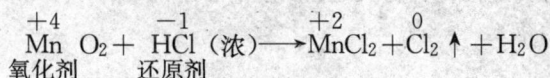

$$\overset{+4}{Mn}O_2 + \overset{-1}{H}Cl（浓）\longrightarrow \overset{+2}{Mn}Cl_2 + \overset{0}{Cl_2}\uparrow + H_2O$$
$$\quad\ 氧化剂\qquad 还原剂$$

（2）计算出氧化数中原子的氧化数降低数值和还原剂中原子氧化数升高数值

$$Mn^{4+} + 2e \longrightarrow Mn^{2+}$$

$$Cl^- - e \longrightarrow Cl^0$$

（3）找最小公倍数，使氧化数降低总数与升高总数相等，即得失电子数相等

$$\begin{array}{r|l} 1\times & Mn^{4+} + 2e \longrightarrow Mn^{2+} \\ 2\times & Cl^- - e \longrightarrow Cl^0 \end{array}$$

然后将相应的数值写在有关物质的分子式前面，得

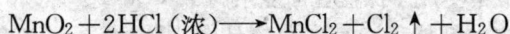

$$MnO_2 + 2HCl（浓）\longrightarrow MnCl_2 + Cl_2\uparrow + H_2O$$

这时反应式两边，发生氧化值改变的元素已经配平，得失电子数相等。

（4）配平氧化数没发生改变的元素原子。上式中右边有 2 个氧化数没改变的 Cl^-，所以左边应再加 2 个 HCl 分子，然后配平氢原子、氧原子个数，配平后把箭头改为等号

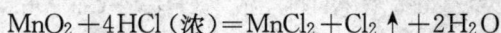

$$MnO_2 + 4HCl（浓）= MnCl_2 + Cl_2\uparrow + 2H_2O$$

【例1-5】 试配平如下化学反应式

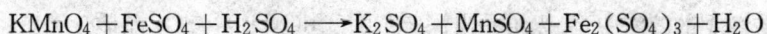

$$KMnO_4 + FeSO_4 + H_2SO_4 \longrightarrow K_2SO_4 + MnSO_4 + Fe_2(SO_4)_3 + H_2O$$

解 （1）找出氧化数改变元素

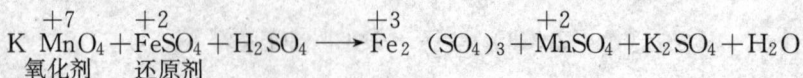

$$\overset{+7}{K\,Mn}O_4+\overset{+2}{Fe}SO_4+H_2SO_4\longrightarrow \overset{+3}{Fe_2}(SO_4)_3+\overset{+2}{Mn}SO_4+K_2SO_4+H_2O$$
$$\text{氧化剂}\qquad\text{还原剂}$$

（2）计算出氧化数升高数与降低数

$$Mn^{7+}+5e\longrightarrow Mn^{2+}$$
$$2Fe^{2+}-2e\longrightarrow 2Fe^{3+}$$

（3）找最小公倍数，使氧化数升高总数与降低总数相等，即得失电子数相等

$$2\times\left|\,Mn^{7+}+5e\longrightarrow Mn^{2+}\right.$$
$$5\times\left|\,2Fe^{2+}-2e\longrightarrow 2Fe^{3+}\right.$$

$$2KMnO_4+10FeSO_4+H_2SO_4\longrightarrow 5Fe_2(SO_4)_3+2MnSO_4+K_2SO_4+H_2O$$

发生氧化数改变的元素已配平，得失电子数相等。

（4）配平其他元素原子。确认配平后，把箭头改为等号。首先配平钾原子，然后配平 SO_4^{2-} 原子和氯原子

$$2KMnO_4+10FeSO_4+8H_2SO_4=K_2SO_4+2MnSO_4+5Fe_2(SO_4)_3+8H_2O$$

综上所述，配平氧化还原反应式的关键是根据电子得失相等的原则，正确地确定氧化剂、还原剂、氧化产物、还原产物等各分子式前面的系数。

（三）电厂化学中常见的氧化还原反应

在配制高锰酸钾溶液时，用高锰酸钾（$KMnO_4$）与草酸钠（$Na_2C_2O_4$）的氧化还原反应来标定 $KMnO_4$ 的浓度。其反应式如下

$$2KMnO_4+5Na_2C_2O_4+8H_2SO_4=5Na_2SO_4+K_2SO_4+2MnSO_4+10CO_2\uparrow+8H_2O$$

此外水分析中的许多分析方法都是采用氧化还原反应。

四、配位反应

配位化合物在人们的周围广泛地存在。绝大多数的化合物都是以配位化合物的形式存在的。在水溶液中根本不存在简单金属离子。过渡元素容易形成配位化合物，过渡元素的水合离子一般带有颜色。本节将讨论有关配位化合物及配位反应的若干问题。

（一）配位化合物的命名

1. 配位反应及配位化合物

取三份 $CuSO_4$ 溶液，一份加入少量的 $NaOH$ 溶液，另一份加入少量的 $BaCl_2$ 溶液，于是分别得到蓝色 $Cu(OH)_2$ 沉淀和白色的 $BaSO_4$ 沉淀。这证明在硫酸铜溶液中存在着 Cu^{2+} 和 SO_4^{2-}。在第三份 $CuSO_4$ 溶液中加入过量的浓氨水，则得到深蓝色溶液。将此溶液再分成两份，一份中加入少量的 $BaCl_2$ 溶液，仍得白色的 $BaSO_4$ 沉淀，这说明溶液中仍有 SO_4^{2-} 离子存在；另一份加入少量 $NaOH$ 溶液，并无氢氧化铜沉淀产生，这说明溶液中 Cu^{2+} 离子已大大减少，其浓度不足以产生 $Cu(OH)_2$ 沉淀。显然由于加入过量氨水，氨分子与铜离子间已发生了某种反应。

经测定，在上述氨溶液中生成了深蓝色的复杂离子〔$Cu(NH_3)_4$〕$^{2+}$，这种复杂离子叫铜氨配位离子，它在溶液和晶体中都能稳定存在。它是由 NH_3 分子内的 N 原子上的孤电子对（$:NH_3$）进入 Cu^{2+} 的空轨道，以四个配位键结合而成的，即

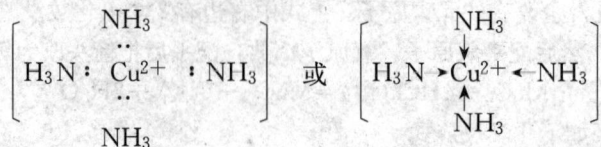

$$\left[\begin{array}{c}NH_3\\ \cdot\cdot\\ H_3N:Cu^{2+}:NH_3\\ \cdot\cdot\\ NH_3\end{array}\right]\quad\text{或}\quad\left[\begin{array}{c}NH_3\\ \uparrow\\ H_3N\rightarrow Cu^{2+}\leftarrow NH_3\\ \downarrow\\ NH_3\end{array}\right]$$

从上述铜氨配位离子的溶液中，可以结晶出深蓝色的〔$Cu(NH_3)_4$〕SO_4 晶体。

$CuSO_4$ 溶液与过量的 $NH_3 \cdot H_2O$ 发生下列反应

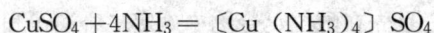

$$CuSO_4 + 4NH_3 = [Cu(NH_3)_4]SO_4$$

离子方程式为

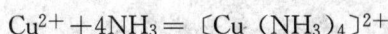

$$Cu^{2+} + 4NH_3 = [Cu(NH_3)_4]^{2+}$$

由一个正离子或原子和一定数目的中性分子或负离子以配位键结合形成的能稳定存在的复杂离子或分子叫配位离子或配位分子，如 $[Cu(NH_3)_4]^{2+}$。含有配位离子的化合物叫配位化合物，这种有配位离子或配位分子生成的反应叫配位反应。$[Cu(NH_3)_4]SO_4$ 是最常见的一种配位化合物。

2. 配位化合物的组成

配位离子是配位化合物的特征组成部分，它的结构与一般的简单离子不同，因此常将配位离子用方括号括起来，方括号内是配位化合物的内界，方括号外是配位化合物的外界。内界和外界是以离子键组成的。像 $CoCl_3(NH_3)_3]$ 只有内界而无外界，配位化合物的内界指的是配位离子或配位分子。配位离子又分为配位阴离子和配位阳离子，如 $[Cu(NH_3)_4]^{2+}$ 为配位阳离子，$[Fe(CN)_6]^{3-}$ 为配位阴离子。

配位化合物分子组成如下表示

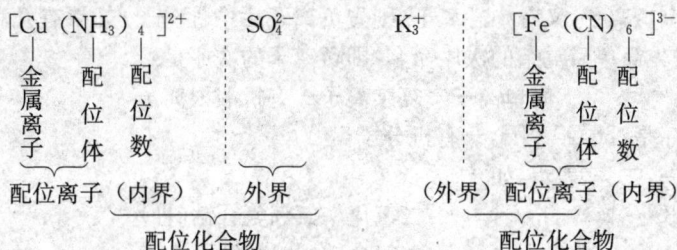

配位离子通常由一个简单的正离子（如 Cu^{2+}、Fe^{3+}）或原子与一定数目的中性分子（如 NH_3）或负离子（如 Cl^-）组成，这些复杂离子中，带正电荷的离子称为形成体，也称中心离子。如 $[Co(NH_3)_6]^{3+}$ 中的 Co^{3+} 离子，$K_4[Fe(CN)_6]$ 中的 Fe^{2+}，$[CuCl_3]^-$ 中的 Cu^{2+} 离子都是带正电荷的中心离子。

在配位离子内与中心离子(或原子)结合的负离子或中性分子叫配位体。在每一个配位体中，直接同中心离子结合的具有孤电子对的原子叫配位原子。如 $[Co(NH_3)_5 \cdot (H_2O)]^{3+}$ 中的 NH_3 和 H_2O 是配位体，而 NH_3 分子中的 N 原子和 H_2O 中的 O 原子是配位原子。经常作为配位原子的主要有一些非金属，如 N、O、S、C 及卤素等。而常用到的配位体有：

含氮配位体如 NH_3、NCS^-；

含氧配位体如 H_2O、OH^-；

含卤素配位体如 Cl^-、Br^-、I^-、F^-；

含碳配位体如 CN^-、CO；

含硫配位体如 SCN、H_2S。

在配位离子中，直接同中心离子结合的配位原子的数目叫该种离子的配位数。

如一个配位体中只含有一个配位原子，则

$$配位体数 = 配位原子数 = 配位数$$

在 $[Co(H_2O)(NH_3)_5]Cl_3$ 分子中，同中心离子 Co^{3+} 直接结合的配位原子有 5 个氨分子中的

N原子和1个水分子中的O原子,所以Co^{3+}的配位数为6,而$[Ag(NH_3)_2]^+$中的配位数为2。在计算中心离子的配位数时,一般是先在配位化合物中确定中心离子和配位体,然后找出配位原子的数目。每种中心离子都有其常见的配位数,见表1-2。

表1-2   某些中心离子的常见配位数

中心离子	Ag^+、Cu^+	Ni^{2+}、Cu^{2+}、Zn^{2+}、Hg^{2+}	Fe^{2+}、Fe^{3+}、Co^{2+}、Co^{3+}、Ni^{2+}、Al^{3+}
配位数	2	4	6

最后要确定配位离子的电荷数,它们的电荷数等于中心离子与配位数总电荷的代数和。另外配位离子的电荷也可以由外界离子的电荷总数来推算。如在$K_3[Fe(CN)_6]$中,处于外界的K^+离子共有3个,可以推知此配位离子带3个负电荷即$[Fe(CN)_6]^{3-}$。

3. 配位化合物的命名

配位化合物的命名方法服从一般无机化合物命名原则。如果化合物的酸根是一个简单离子,便叫某化某;如果酸根是一个复杂阴离子,便称某酸某。不同点在于配位化合物内界有一套命名方法。内界命名次序是:配位体—"合"—中心离子(中心离子的氧化数);内界命名采用"某合某"的形式。如果配位数既有负离子,又有中心离子,则先负离子后中性分子;如果有几种负离子或中性分子位于内界,一般按先简单后复杂的次序命名,即负离子的次序是

简单离子—复杂离子—有机酸根离子

中性分子的顺序是:H_2O—NH_3—有机分子

配位体数目用一、二、三表示,如

$[Co(NH_3)_5Cl]Cl_2$	二氯化一氯五氨合钴(Ⅲ)
$K_4[PtCl_6]$	六氯合铂(Ⅱ)酸钾
$K_2[HgI_4]$	四碘合汞(Ⅱ)酸钾
$[Co(NH_3)_3(H_2O)Cl_2]Cl$	一氯化二氯一水三氨合钴(Ⅲ)
$[Pt(NH_3)_4(NO_2)Cl]CO_3$	碳酸一氯一硝基四氨合铂(Ⅳ)
$[Cu(NH_3)_4]SO_4$	硫酸四氨合铜(Ⅱ)
$Cu(NH_2CH_2COO)_2$	三氨基乙酸合铜(Ⅱ)

配位化合物除系统命名外,还有习惯命名法,如$K_4[Fe(CN)_6]$六氰合铁(Ⅱ)酸钾,习惯名称为亚铁氰化钾,俗名黄血盐;$K_3[Fe(CN)_6]$六氰合铁(Ⅲ)酸钾,习惯名称为铁氰化钾,俗名赤血盐。

(二)电厂化学中常见的几种配位反应

在化学分析中最常见的是以EDTA(乙二胺四乙酸二钠盐)为螯合剂的螯合反应(有环状结构的一种配位反应)。

在不同条件下EDTA可以和许多金属离子生成稳定的螯合物,并且配位摩尔比均为1∶1。如以H_2Y^{2-}代表EDTA、Me^{n+}代替金属离子,它们在溶液中的螯合反应如下表示

$$Me^{n+}+H_2Y^{2-}=MeY^{(n-4)}+2H^+$$

在硬度测定中,Cu^{2+}、Mg^{2+}与EDTA反应为

$$Mg^{2+}+H_2Y^{2-}=MgY^{2-}+2H^+$$

$$Ca^{2+}+H_2Y^{2-}=CaY^{2-}+2H^+$$

除了EDTA配位滴定外,比色分析中也常用到配位反应。

在循环水处理中,常用螯合剂进行配位反应。这些螯合剂可以和水中的一些容易结垢的离子

如 Ca^{2+}、Mg^{2+} 等发生配位反应。生成稳定的可溶性的螯合物，防止它们在系统中沉积。

复 习 思 考 题

1. 如何表示化学反应速度？

2. 影响化学反应速度的主要因素有哪些？

3. 什么叫可逆反应？什么叫不可逆反应？举例说明。

4. 什么叫化学平衡？影响化学平衡的因素有哪些？

5. 如何表示平衡常数？平衡常数的大小对化学反应有哪些影响？

6. 催化剂不影响化学平衡，为什么生产上又要应用催化剂？试举例说明。

7. 氨水里存在着下列平衡

$$NH_3 + H_2O \rightleftharpoons NH_3 \cdot H_2O + Q$$

根据化学平衡的原理说明储存氨水时应注意哪些问题以防止氨水损失？

8. 什么叫中和反应？举例说明火力发电厂水质分析中常见的中和反应。

9. 什么叫沉淀反应？举例说明火力发电厂水质处理和水质分析中常见的沉淀反应。

10. 什么叫溶度积？如何表示？物质溶度积的大小可说明些什么？

11. 判断下列反应哪些是氧化—还原反应，哪些不是？是氧化—还原反应的，注明电子得失情况。指出哪些物质是氧化剂？哪些物质是还原剂？

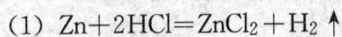

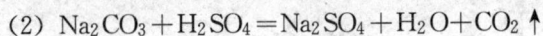

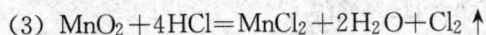

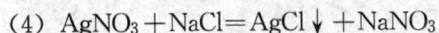

(1) $Zn + 2HCl = ZnCl_2 + H_2 \uparrow$

(2) $Na_2CO_3 + H_2SO_4 = Na_2SO_4 + H_2O + CO_2 \uparrow$

(3) $MnO_2 + 4HCl = MnCl_2 + 2H_2O + Cl_2 \uparrow$

(4) $AgNO_3 + NaCl = AgCl \downarrow + NaNO_3$

(5) $CuO + H_2 = Cu + H_2O$

12. 什么叫配位化合物？举例说明配位化合物的组成。

13. 什么叫配位反应？火力发电厂水质处理和水质分析中常见的配位反应有哪些？

第二章 溶　　液

第一节　溶液浓度及有关计算

一定量的溶液里所含溶质的量叫做溶液的浓度。溶液浓度的表示方法有多种，下面介绍常用的几种。

一、百分比浓度

(1) 质量百分比浓度[1]（质量/质量）。用溶质的质量占全部溶液质量的百分比来表示的浓度称为质量百分比浓度。例如，5％的食盐溶液，就是表示100g（或kg）的溶液里有5g（或kg）食盐和95g（或kg）水

$$质量百分比浓度＝\frac{溶质质量}{溶质质量＋溶剂质量}×100\%$$

【例 2-1】　欲配制 150（kg）16％的食盐溶液，需要食盐和水各多少千克？

解　设 150（kg）16％的食盐溶液含有的食盐为 x（kg），则
$$x＝(16÷100)×150$$
$$＝24(kg)$$

150（kg）16％食盐溶液里所含水的质量为　150－24＝126kg。

答　需要食盐和水的量各为24kg和126kg。

【例 2-2】　把 50（g）98％H_2SO_4 稀释成 20％H_2SO_4 溶液，需要多少克水？

解　稀释前后溶液里溶质的质量不变，设稀释后溶液的质量为 x（g），则
$$50×98\%＝x×20\%$$
$$x＝(50×98\%)÷20\%＝245(g)$$

水的克数为　245－50＝195g。

答　需要水195g。

(2) 体积百分比浓度（容/容）。用溶质的体积占全部溶液体积的百分比来表示的浓度称为体积百分比浓度

$$体积百分比浓度＝\frac{溶质体积}{溶液体积}×100\%$$

这种浓度的表示方法比质量百分比浓度更易计算。

【例 2-3】　欲配制 10％甲醇水溶液 900ml，需要 90％的甲醇和水各多少毫升（题中的百分数均为体积百分比浓度）？

解　900ml10％甲醇溶液中含纯甲醇的体积
$$900×10\%＝90(ml)$$

溶液稀释前后溶质的量（体积）不变。则需要 90％甲醇溶液的体积为
$$90÷90\%＝100(ml)$$

需要水的体积为
$$900－100＝800(ml)$$

---

[1]　法定的量的名称为质量分数。

答 需要 90％甲醇 100ml，需要水 800ml。

二、物质的量浓度（简称浓度）

（1）摩尔。摩尔是国际单位制中的基本单位，用以表示物质的量。如果一个物系中所含物质的基本原体的数目为 6.022×10^{23} 个时，那么这个数量就叫做 1 个摩尔。摩尔的缩写符号是 mol。在使用摩尔时，基本原体应当予以指明，可以是分子、原子、离子、电子及其它粒子，或是这些粒子的特定组合体。例如：

6.022×10^{23} 个碳原子称为 1 个摩尔碳原子；

6.022×10^{23} 个氯分子称为 1 个摩尔氯分子；

6.022×10^{23} 个氢离子称为 1 个摩尔氢离子；

6.022×10^{23} 个电子称为 1 个摩尔电子；

12.044×10^{23} 个氧分子称为 2 个摩尔氧分子。

应当注意，摩尔是物质的量的单位，而不是物质的质量单位。物质的质量单位是千克。

（2）摩尔质量。1 摩尔物质的质量称为"摩尔质量"，单位常用 g/mol 表示。

因为 1 摩尔不同元素含有相同的原子数，所以 1 摩尔不同元素的质量之比等于它们的原子量之比。显然，$4.0026g\ ^4He$ 与 $12g\ ^{12}C$ 含有相同原子数。$4.0026g\ ^4He$ 即 1 摩尔 ^4He 原子，^4He 原子的摩尔质量为 $4.0026g/mol$。这就得出结论：任何元素原子的摩尔质量单位为 g/mol 时，数值上等于其原子量。

同理，可推广到分子、离子等微粒。例如，水的摩尔质量为 $18.0152g/mol$；OH^- 离子的摩尔质量为 $17.0073g/mol$。

物质的量、质量和摩尔质量三者的关系为

$$\frac{物质的质量（g）}{摩尔质量（g/mol）} = 物质的量（mol）$$

（3）物质的量浓度。用一升溶液中所含溶质的物质的量来表示的浓度称为物质的量浓度，符号为"C_M"，单位为 mol/L。

$$物质的量浓度（mol/L） = \frac{溶质的物质的量（mol）}{溶液的体积（L）}$$

有关物质的量浓度的其他基础知识，将在本书第二篇第四章第一、二节中介绍。

【例 2-4】 在 200ml 的稀盐酸里，含有 0.75gHCl，试计算该溶液的物质的量浓度。

解 已知 HCl 的摩尔质量是 36.5g/mol，0.75gHCl 的物质的量为

$$0.75g \div 36.5g/mol = 0.02（mol）$$

则该溶液的物质的量浓度为

$$0.02mol \div 0.200L = 0.1（mol/L）$$

答 这种稀盐酸溶液的物质的量浓度为 0.1mol/L。

【例 2-5】 欲配制 0.1mol/LNaOH 溶液 500ml，需要称取 NaOH 固体多少克？

解 1molNaOH 的质量为 40g，则 0.1molNaOH 的质量为

$$40g/mol \times 0.1mol = 4（g）$$

配制 500ml0.1mol/L 的 NaOH 溶液，需要 NaOH 的质量为

$$(500 \div 1000) \times 4 = 2（g）$$

答 欲配制 500ml0.1mol/LNaOH 溶液需要固体氢氧化钠为 2g。

【例 2-6】 在滴定一未知浓度的盐酸时，0.2385g 纯 Na_2CO_3 恰好与 22.5ml 该盐酸溶液反应。求该盐酸溶液的物质的量浓度为多少？

解 设中和 0.2385g 纯 Na_2CO_3 所需的纯 HCl 为 x mol。已知 Na_2CO_3 的摩尔质量为 106g/mol，则

$$Na_2CO_3 \quad + \quad 2HCl = 2NaCl + H_2O + CO_2\uparrow$$

1mol   2mol

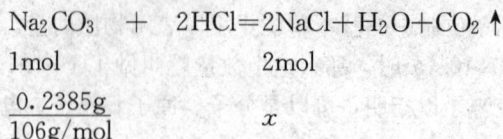

$\dfrac{0.2385g}{106g/mol}$ x

得 $\qquad\qquad\qquad 1:2 = \dfrac{0.2385}{106} : x$

$$x = \dfrac{0.2385}{106} \times 2 = 0.0045 \ (mol)$$

该盐酸溶液的物质的量浓度为

$$0.0045 \div 0.0225 = 0.2 \ (mol/L)$$

答 该盐酸溶液的物质的量浓度为 0.2mol/L。

第二节 电解质溶液

一、电解质和非电解质

1. 电解质和非电解质

在水溶液中或熔融状态下能够导电的物质叫做电解质，不能导电的物质叫做非电解质。例如氯化钠、硝酸钾、氢氧化钠、硫酸等都是电解质；蔗糖、酒精、四氯化碳等都是非电解质。

2. 电解质的电离

为什么氯化钠、硝酸钾、氢氧化钠这些离子化合物在固态时不能导电，而它们的水溶液或它们在熔融状态下能导电呢？这是因为在这些物质的溶液或熔融液中存在着带电微粒，当它们作定向运动时，就会产生导电现象。氯化钠、硝酸钾、氢氧化钠都是由离子组成的化合物。在水中，受水分子的作用，减弱了正负离子之间的吸引力，使之离解为自由移动的离子；而受热时，由于晶体中的离子运动随温度的升高而加快，达熔融时，离子就克服了带不同电荷的离子间引力，而成为自由移动的离子。当在这些溶液或熔融液中插入电极，连接直流电源后，带正电的离子就向阴极移动，带负电的离子就向阳极移动。因而溶液就能导电。

具有强极性键的共价化合物，如 HCl 在液态时，是以分子状态存在的，故不能导电。但溶于水后，受水分子的作用，使强极性的共价键断裂而成为可自由移动的正、负离子，因此，也可以导电。由非极性键和弱极性键构成的共价化合物不具备上述特性，故不能导电。

电解质在水溶液中或熔融状态下，离解成自由移动的离子的过程，称为电离。

电解质的电离可以用以下的电离方程式表示

$$NaCl \xrightarrow{\text{电离}} Na^+ + Cl^-$$

$$NaOH \xrightarrow{\text{电离}} Na^+ + OH^-$$

$$H_2SO_4 \xrightarrow{\text{电离}} 2H^+ + SO_4^{2-}$$

必须强调，电解质的电离过程是在水或热的作用下进行的，并非通电后才引起的。

二、电离度

1. 强电解质的弱电解质

虽然所有的电解质溶液都能导电，但在相同温度、相同浓度的条件下，导电能力却不相同，甚至相差很大。一般来说，离子的浓度越大，导电能力越强。因而相同体积、相同浓度而不同种类的酸、碱、盐溶液，其导电能力是不一样的。例如，0.5mol/LHCl 或0.5mol/LNaCl 水溶液的导电能力比 0.5mol/LHAc 或 0.5mol/LNH₃·H₂O 大得多。这是因为不同电解质在水中的电离程度不同。像盐酸、氯化钠在水中全部电离，这样在它们的溶液中的离子就多，导电能力就强。而在醋酸或氨水的水溶液中，只有少部分分子发生电离，因而在相同体积、相同浓度的溶液中，离子就要少得多，导电能力自然就要弱。在水溶液中或熔融状态下能完全电离的电解质，叫做强电解质；在水溶液中仅能部分电离的电解质叫做弱电解质。一般说来，强酸、强碱和大多数的盐是强电解质；弱酸和弱碱为弱电解质。

2. 电离度

不同弱电解质在水溶液里的电离程度是不一样的，有的大一些，而有的相对小一些。这种电离程度的大小，可以用电离度来表示。所谓电解质的电离度，就是当弱电解质在溶液里达到电离平衡时，溶液中已经电离的电解质分子数占原来总分子数（包括已电离的和未电离的）的百分数。电解质的电离度用符号 α 表示，即

$$\alpha = \frac{\text{已电离的电解质分子数}}{\text{溶液中原有电解质分子数}} \times 100\%$$

$$= \frac{\text{已电离的浓度}}{\text{溶液的起始浓度}} \times 100\%$$

例如，25℃时，在 0.1 mol/L 醋酸溶液里，每一万个醋酸分子里有 132 个分子电离成为离子。它的电离度是

$$\alpha = \frac{132}{10000} \times 100\% = 1.32\%$$

表 2-1 里是几种常见的弱电解质的电离度。从表 2-1 可见，在相同条件下，不同弱电解质的电离度不同，这是由弱电解质的相对强弱来决定的。一般情况下，电解质越弱，电离度越小。所以，电离度的大小，可以表示出弱电解质的相对强弱。

表 2-1　　　　　　　　　　25℃时，0.1mol/L 溶液弱电解质的电离度

电解质	分子式	电离度（%）
氢氟酸	HF	8.0
亚硝酸	HNO₂	7.16
甲　酸	HCOOH	4.24
醋　酸	CH₃COOH	1.32
氢氰酸	HCN	0.01
氨　水	NH₃·H₂O	1.33

电离度不仅与电解质的本性有关，还与溶液的浓度、温度有关。对同一弱电解质来说，通常是溶液越稀，离子相互碰撞而结合成分子的机会越少，电离度也就越大。例如，在25℃时，0.2mol/L 的 HAc 溶液的电离度为 0.948%；0.1mol/L 的 HAc 溶液的电离度为 1.32%；0.001mol/L 的 HAc 溶液的电离度为 13.2%。温度对弱电解质溶液的电离度也有影响，但影响不大。如果没有注明温度条件，通常是指 25℃。

三、电离平衡

1. 电离平衡和电离常数

一定条件下，弱电解质在水溶液中电离达到平衡时，溶液里各组分的浓度之间的关系遵循化

学平衡规律。对一元弱酸或一元弱碱来说，溶液中电离平衡时所生成的各种离子的浓度乘积，与溶液中未电离的分子的浓度之比值是一个常数。例如，醋酸在水溶液里的电离方程式为

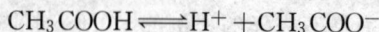

$$CH_3COOH \rightleftharpoons H^+ + CH_3COO^-$$

电离平衡时存在下面关系式

$$K_i = \frac{〔CH_3COO^-〕〔H^+〕}{〔CH_3COOH〕}$$

式中，〔CH_3COO^-〕、〔H^+〕、〔CH_3COOH〕分别表示平衡时 CH_3COO^-、H^+ 和未电离的 CH_3COOH 的浓度，单位为 mol/L；K_i 为电离平衡常数。

在一定温度下，各种弱电解质都有其确定的电离常数。电离常数越大，说明电离平衡时，同类型、同浓度的弱电解质溶液中，离子浓度越大，弱电解质电离能力越强。反之，电离常数越小，电离能力越弱。

对于同一弱电解质的稀溶液来说，电离常数与化学平衡常数一样，只是温度的函数，而与浓度无关。例如，在 25℃ 时，醋酸的电离常数为 1.75×10^{-5}，在 0℃ 时，电离常数为 1.65×10^{-5}。由于电离常数随温度的变化不大，在室温时，可以不考虑温度对电离常数的影响。

一元弱酸（或弱碱）的电离平衡原理，完全适用于多元弱酸（或弱碱）的电离平衡。多元弱酸的电离平衡比一元弱酸的电离平衡复杂些。一元弱酸的电离是一步完成的，而多元弱酸的电离是分步进行的。例如，氢硫酸（H_2S）的电离是分两步进行的，每一步的电离都有相应的电离平衡和电离常数。

第一步电离

$$H_2S \rightleftharpoons H^+ + HS^-$$

$$K_1 = \frac{〔H^+〕〔HS^-〕}{〔H_2S〕}$$

25℃ 时，$K_1 = 1.32 \times 10^{-7}$。

第二步电离

$$HS^- \rightleftharpoons S^{2-} + H^+$$

$$K_2 = \frac{〔H^+〕〔S^{2-}〕}{〔HS^-〕}$$

25℃ 时，$K_2 = 7.10 \times 10^{-15}$。

从氢硫酸的每一步电离平衡常数可以看出，$K_1 \gg K_2$。可见，多元弱酸溶液的酸性主要是由第一步电离所决定的。在计算多元弱酸溶液的〔H^+〕时，可以只考虑第一步电离（见表 2-2）。

表 2-2　　　　　常见几种弱电解质的电离常数（25℃）

电解质	电离常数	电解质	电离常数
醋　酸 CH_3COOH	$K = 1.75 \times 10^{-5}$	磷　酸 H_3PO_4	$K_1 = 7.52 \times 10^{-3}$ $K_2 = 6.23 \times 10^{-8}$ $K_3 = 2.2 \times 10^{-13}$
碳　酸 H_2CO_3	$K_1 = 4.3 \times 10^{-7}$ $K_2 = 5.6 \times 10^{-11}$	亚硫酸 H_2SO_3	$K_1 = 1.26 \times 10^{-2}$ $K_2 = 6.3 \times 10^{-8}$
氢氰酸 HCN	$K = 4.93 \times 10^{-10}$	氢硫酸 H_2S	$K_1 = 5.7 \times 10^{-8}$ $K_2 = 7.10 \times 10^{-15}$
氢氟酸 HF	$K = 7.2 \times 10^{-4}$	氨　水 $NH_3 \cdot H_2O$	$K = 1.77 \times 10^{-5}$

2. 电离度和电离常数的关系

电离度和电离常数都能表示弱电解质的相对强弱，电离常数不随浓度而变化，而电离度则随浓度的不同而不同，但二者又有一定的联系。现以醋酸为例来进行讨论。

设醋酸溶液里醋酸分子的浓度为 c，醋酸的电离度为 α，那么溶液中每有 $c\alpha$ mol/L 醋酸电离，就有 $c\alpha$ mol/L H^+ 和 $c\alpha$ mol/L Ac^- 离子生成，即

$$[H^+] = [Ac^-] = c \cdot \alpha$$

醋酸的电离方程式是

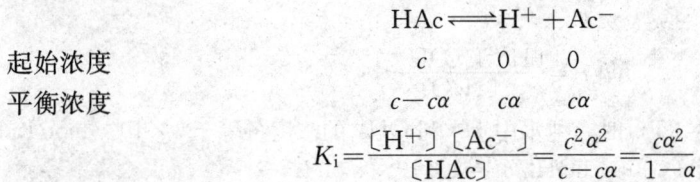

$$HAc \rightleftharpoons H^+ + Ac^-$$

起始浓度 c 0 0

平衡浓度 $c-c\alpha$ $c\alpha$ $c\alpha$

$$K_i = \frac{[H^+][Ac^-]}{[HAc]} = \frac{c^2\alpha^2}{c-c\alpha} = \frac{c\alpha^2}{1-\alpha}$$

对于弱电解质来说，当 K_i 很小（K_i 小于 10^{-4}）时，α 值也很小，因此可以近似地认为 $1-\alpha \approx 1$，于是

$$K_i = \frac{c \cdot \alpha^2}{1-\alpha} = c\alpha^2$$

则

$$\alpha = \sqrt{\frac{K_i}{c}}$$

这个关系式叫做稀释公式。它表明，在一定温度下，同一弱电解质的电离度与起始浓度的平方根成反比。即溶液越稀，电离度越大。相同浓度的不同弱电解质的电离度与电离常数的平方根成正比。即电离常数愈大，电离度也愈大。

在一定温度下，电离常数是定值，而电离度则随浓度的变化而变化（参见表 2-3）。可见，电离常数比电离度能更好地表示弱电解质的相对强弱。

表 2-3   不同浓度 HAc 的 α 值 (25℃)

浓度（mol/L）	0.2	0.1	0.02	0.001
α (%)	0.948	1.32	2.96	13.2

3. 同离子效应

弱电解质的电离平衡和一切化学平衡一样，是有条件的、暂时的动态平衡。当外界条件改变时，电离平衡就会发生移动。例如，在醋酸溶液中有下列平衡

$$HAc \rightleftharpoons H^+ + Ac^-$$

如果往溶液中加入少量 NH_4Ac（或别的醋酸盐），由于 Ac^- 浓度的增大，会使平衡向生成 HAc 分子的方向移动，结果使 HAc 的电离度降低，溶液中 H^+ 的浓度减小。又如，往氨水中加入氨盐（如 NH_4Cl），也会破坏氨水的电离平衡

$$NH_3 \cdot H_2O \rightleftharpoons NH_4^+ + OH^-$$

使平衡向左移动，直至达到新的平衡。这时溶液中 OH^- 的浓度相应地减小，氨水的电离度降低。

在弱电解质溶液中，加入与弱电解质溶液具有相同离子的强电解质，从而使弱电解质的电离度降低的现象，叫做同离子效应。

四、水电离和溶液 pH 值

研究电解质溶液时，都要涉及到溶液的酸碱性。电解质溶液的酸碱性与水的电离有着密切的关系。为了从本质上认识溶液的酸碱性，就必须研究水的电离情况。

1. 水电离

用精密仪器可以测出纯水的微弱导电能力，这说明水是一种极弱的电解质。纯水中水分子部分地电离出 H^+ 和 OH^-

$$H_2O \rightleftharpoons H^+ + OH^-$$

一定温度下，电离达到平衡时

$$K_{H_2O} = \frac{[H^+][OH^-]}{[H_2O]}$$

从纯水的电导实验测得，在 25℃时，纯水中 H^+ 和 OH^- 的浓度各等于 1×10^{-7} mol/L。即

$$[H^+] = [OH^-] = 1 \times 10^{-7} \text{mol/L}$$

因为一升纯水中，仅有 1×10^{-7} 摩尔水分子发生电离，可以忽略不计。因此，纯水中未电离的水分子浓度为

$$[H_2O] = 55.6 - 1 \times 10^{-7} \approx 55.6 \text{ (mol/L)}$$

这样，水的电离常数表达式为

$$55.6 \times K_{H_2O} = [H^+][OH^-]$$

K_{H_2O} 是一个常数，$55.6 K_{H_2O}$ 也必然是一个常数，通常用 K_w 表示，则

$$K_w = [H^+][OH^-]$$

K_w 是水中 $[H^+]$ 和 $[OH^-]$ 的乘积。人们把 K_w 叫做水的离子积常数，简称为水的离子积。K_w 值是多少呢？已知 25℃时，水中 H^+ 和 OH^- 的浓度都是 1×10^{-7} mol/L。所以

$$K_w = [H^+][OH^-] = 1 \times 10^{-7} \times 1 \times 10^{-7} = 1 \times 10^{-14}$$

温度升高时，水的电离度增大，离子积也必然随之增大。例如，100℃时，K_w 是 1×10^{-12}，与 25℃时的 K_w 相比，约大 100 倍。但在常温下，K_w 值一般都以 1×10^{-14} 进行计算。

2. 溶液酸碱性和 pH 值

水的电离平衡不仅存在于纯水中，也存在于水溶液中。在常温时，中性溶液里 H^+ 浓度和 OH^- 的浓度相等，都是 1×10^{-7} mol/L；在酸性溶液里，不是不含有 OH^-，只是含有的 H^+ 比 OH^- 多一些；在碱性溶液里含有的 OH^- 比 H^+ 多一些。因此，只要知道了溶液中 H^+ 的浓度，就可以知道溶液中 OH^- 的浓度；反过来，知道了 OH^- 的浓度，也就知道了 H^+ 的浓度。例如，已知常温时某溶液中 H^+ 的浓度为 0.1 mol/L，那么该溶液的 OH^- 浓度为

$$[OH^-] = \frac{K_w}{[H^+]} = \frac{1 \times 10^{-14}}{0.1} = 1 \times 10^{-13} \text{ (mol/L)}$$

常温时，溶液的酸碱性与 H^+ 浓度和 OH^- 浓度的关系可以表示如下

中性溶液　$[H^+] = [OH^-] = 1 \times 10^{-7}$ mol/L

酸性溶液　$[H^+] > [OH^-]$，$[H^+] > 10^{-7}$ mol/L

碱性溶液　$[H^+] < [OH^-]$，$[H^+] < 10^{-7}$ mol/L

$[H^+]$ 越大，溶液的酸性越强；$[H^+]$ 越小，溶液的酸性越弱。在科学实验和工农业生产上，我们经常要用到一些 H^+ 浓度很小的溶液，如 $[H^+] = 1 \times 10^{-7}$ mol/L，1.34×10^{-3} mol/L 等。用这样小的数值来表示溶液的酸碱性很不方便。为此，化学上采用 H^+ 浓度的负对数来表示溶液的酸碱性，其值称为溶液的 pH 值

$$pH = -\lg [H^+]$$

例如，纯水的〔H^+〕$=1\times10^{-7}$mol/L，它的 pH 值是

$$pH=-\lg10^{-7}=-（-7）=7$$

又如 〔H^+〕$=10^{-3}$，其 pH$=3$

〔H^+〕$=10^{-8}$，其 pH$=8$

所以，酸性溶液的 pH<7

碱性溶液的 pH>7

中性溶液的 pH$=7$

pH 值愈小，〔H^+〕愈大，溶液酸性愈强；pH 值愈大，溶液碱性愈强。所以可以用 pH 值来表示溶液的酸、碱性强弱。一般 pH 值的常用范围是 1~14。

3. 酸碱指示剂

测定溶液的 pH 值方法很多，通常可用酸碱指示剂、pH 试纸或 pH 计来测定。酸碱指示剂一般是弱的有机酸或弱的有机碱，它们的颜色变化是在一定的 pH 值范围内发生的。我们把指示剂发生颜色变化的 pH 值范围叫做指示剂的变色范围。各种指示剂的变色范围是由实验测定的。常用的指示剂有甲基橙、酚酞、石蕊等，它们的变色范围如表 2-4 所示。

表 2-4　　　　　　　　　　　　　几种常用的酸碱指示剂

指 示 剂	变色范围 pH 值	颜　色		浓　　度
		酸 色	碱 色	
甲基橙	3.1~4.4	红	黄	0.05％的水溶液
甲基红	4.4~6.2	红	黄	0.1％的60％酒精溶液
石 蕊	5.0~8.0	红	蓝	0.5％的水溶液
酚 酞	8.0~10.0	无	红	0.5％的90％酒精溶液

由表 2-4 可见，甲基橙的变色范围是 3.1~4.4；酚酞的变色范围是 8.2~10.0；石蕊的变色范围是 5.0~8.0。因此可以根据指示剂的颜色变化，确定溶液的 pH 值范围。例如，在某水样中滴入酚酞，无色，说明水样的 pH 值小于 8.0；若在水样中再滴入甲基橙，结果变黄，说明水样的 pH 值在 4.4~8.0 范围内。因此，酸碱指示剂应用很广，常用来判断中和滴定的终点。

五、离子反应

1. 离子反应方程式

复分解反应中，参加反应的物质在水溶液中电离为阴、阳离子，反应的实质是水溶液中离子的互换和结合。我们把这种有离子参加的反应叫做离子反应。例如，在硝酸银溶液中加入氯化钠溶液的反应为

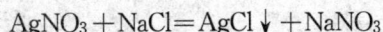

$$AgNO_3+NaCl=AgCl\downarrow+NaNO_3$$

硝酸银、氯化钠、硝酸钠都是易溶于水的强电解质，它们在水溶液中完全电离，都以离子的形式存在。AgCl 的溶解度很小，在水溶液中主要以固体分子的形式存在。因此，上述方程式可以写成

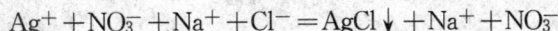

$$Ag^++NO_3^-+Na^++Cl^-=AgCl\downarrow+Na^++NO_3^-$$

从上式可以看到，Na、NO_3^- 并未参加反应，可以从方程式中消去，得

$$Ag^++Cl^-\longrightarrow AgCl\downarrow$$

这种用实际参加反应的离子符号所写成的化学方程式，叫做离子方程式。

又如，在氯化钡溶液中加入硝酸银溶液，也能生成白色的氯化银沉淀。其分子反应方程式为

$$BaCl_2 + AgNO_3 = 2AgCl\downarrow + Ba(NO_3)_2$$

消去未参加反应的离子后得到的离子反应方程式为

$$Ag^+ + Cl^- = AgCl\downarrow$$

可见，得到与前一个反应相同的离子方程式。这说明，只要是可溶性的银盐和可溶性的氯化物反应，都能得到白色的氯化银沉淀，其离子方程式是相同的。显然，离子方程式同一般的分子方程式不同，它不仅表示一定物质之间的某一个反应，而且还表示了同一类型的离子反应。

2. 离子方程式写法

离子方程式写法的基本要点如下（以 $BaCl_2$ 与 Na_2SO_4 的反应为例）。

（1）根据反应写出化学方程式（即分子方程式）

$$BaCl_2 + Na_2SO_4 = BaSO_4\downarrow + 2NaCl$$

（2）把易溶的强电解质写成离子形式；难溶物质、难电离物质以及气体物质都以分子式表示

$$Ba^{2+} + 2Cl^- + 2Na^+ + SO_4^{2-} = BaSO_4\downarrow + 2Na^+ + 2Cl^-$$

（3）消去未参加反应的离子

$$Ba^{2+} + SO_4^{2-} = BaSO_4\downarrow$$

（4）检查等号两边各元素的原子个数和电荷数是否相等。

3. 离子互换反应进行的条件

（1）生成沉淀

$$CuSO_4 + H_2S = CuS\downarrow + H_2SO_4$$
$$Cu^{2+} + H_2S = CuS\downarrow + 2H^+$$

溶液中 Cu^{2+} 和 H_2S 生成了 CuS 沉淀，所以反应能够进行到底。

（2）生成气体。固体的 $CaCO_3$ 可溶于盐酸，就是由于生成了 CO_2 气体，才使反应能够进行，即

$$CaCO_3（固）+ 2HCl = CaCl_2 + CO_2\uparrow + H_2O$$
$$CaCO_3（固）+ 2H^+ = Ca^{2+} + CO_2\uparrow + H_2O$$

（3）生成难电离的物质。$NaOH$ 与 HNO_3 的中和反应，就是由于生成了难电离的水，才能使反应进行到底

$$NaOH + HNO_3 = NaNO_3 + H_2O$$
$$OH^- + H^+ = H_2O$$

又如，$NaAc$ 与 HCl 的反应也是如此

$$NaAc + HCl = HAc + NaCl$$
$$Ac^- + H^+ = HAc$$

总之，离子互换反应的条件是生成物中要有难溶物、易挥发物或难电离物。否则，反应就不能进行。

离子反应的另一类型是化合价发生变化，属于氧化还原反应。本章节不进行讨论。

复 习 思 考 题

1. 什么是百分比浓度？什么是浓度？

2. 什么是电解质？为什么电解质有强弱之分？

3. 为什么干燥的食盐不导电，而盐水和熔化的食盐都能导电？

4. 什么叫同离子效应？举例说明。

5. 什么叫水的离子积？水中加入少量的酸或碱后，水的离子积有无变化？水中的〔H^+〕有无改变？

6. 什么叫溶液 pH 值？怎样从 pH 值来判断某个溶液是酸性、碱性或中性？

7. 什么叫离子反应？离子反应进行完全的条件是什么？

8. 试写出下列反应的离子方程式：

(1) $Pb(NO_3)_2 + 2KI = 2KNO_3 + PbI_2 \downarrow$

(2) $CuCl_2 + H_2S = CuS \downarrow + 2HCl$

(3) $CaCO_3 + 2HCl = CaCl_2 + H_2O + CO_2 \uparrow$

(4) $BaCl_2 + Na_2SO_4 = BaSO_4 \downarrow + 2NaCl_2$

9. 判断下列几组物质间能否进行反应，如能反应写出化学反应方程式，并分析这些反应为什么能进行？

(1) 氢氧化钙和盐酸。

(2) 氢氧化钾和硝酸。

(3) 碳酸钙和硫酸。

(4) 硫酸铜溶液和氯化钾溶液。

10. 下列溶液的浓度为 1％，求各溶液的浓度：

(1) 盐酸；(2) 氢氧化钠；(3) 硫酸。

11. 制备 500ml2mol/L 的硫酸溶液，需要 95％硫酸（密度为 1.84mol/L）多少毫升？

12. 市售浓盐酸浓度为 32％，密度为 1.16g/cm³，计算这种盐酸的浓度？

13. 氢氧化钠溶液的浓度为 1.992mol/L，密度为 1.08g/cm³，试计算氢氧化钠溶液的百分比浓度？

第三章 有机化学基础知识

第一节 烃

仅由碳和氢两种元素组成的化合物，叫做碳氢化合物，简称为烃。烃是较简单的有机化合物，可以把它看作是其他有机化合物的母体。烃的种类很多，详见表 3-1。

表 3-1　　　　　　　　　　烃 的 分 类

类　别			结构式实例
饱和链烃（烷烃）			丙烷
链烃（脂肪烃）	不饱和链烃	烯烃	丙烯
		炔烃	丙炔
		二烯烃	1，3-丁二烯
闭链烃（环烃）	脂环烃	环烷烃	环丙烷
		环烯烃	环己烯
	芳香烃	单环芳烃	苯
		多环芳烃	联苯
		稠环芳烃	萘

烃的主要天然来源是石油、煤和天然气，也有少量的烃来源于农副产品。

一、饱和烃（烷烃）

饱和烃的结构特点是碳原子与碳原子之间都是以单键相连接，剩下的碳价全部被氢原子所饱和。饱和烃又叫做烷烃，最简单的烷烃是甲烷。

（一）甲烷

1. 甲烷的物理性质、存在和制取

甲烷的分子式为 CH_4。熔点为 $-182.5℃$，沸点为 $-161.4℃$。通常状况下是无色、无臭的气体，比空气轻，极难溶于水，易溶于有机溶剂。

在自然界里，甲烷主要存在于天然气、池沼底逸出的"沼气"、煤矿里的"坑气"（也叫瓦斯气）以及与石油共存的石油气中。这些气体的主要成分都是甲烷。自然界中的甲烷，是由动植物残体在隔绝空气的条件下，经生物化学作用分解而形成的。在电厂中，变压器油由于受电弧的作用而分解出的气体中，也有一部分是甲烷。

工业用的甲烷，主要来自天然气。天然气中约含有 $85\%\sim95\%$（体积比）的甲烷。实验室制取少量甲烷，是用无水醋酸钠（CH_3COONa）和碱石灰（$NaOH$ 与 CaO 按 1：2 重量比混合）加热熔融制得

$$CH_3COONa + NaOH \xrightarrow{\text{熔融}} Na_2CO_3 + CH_4\uparrow$$

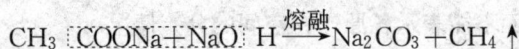

2. 甲烷的分子组成和结构

甲烷是由一个碳原子和四个氢原子组成的。碳原子基态的电子排布是 $1s^2 2s^2 2p^2$，它的轨道表示式是

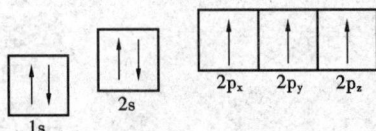

可见，在基态时，碳原子只有两个未成对电子，应表现为二价。但实验证明几乎在所有的有机化合物中，碳都表现为四价。这说明碳原子在与其他原子结合时，有一个 2s 电子在反应过程中吸收一定的能量，被激发到 2p 轨道上去，形成四个未成对电子，因而表现为四价。在甲烷中，碳原子的一个 s 轨道与三个 p 轨道又发生杂化（称为 sp^3 杂化），重新组成四个完全等同的轨道（称为 sp^3 杂化轨道）。其表示如下

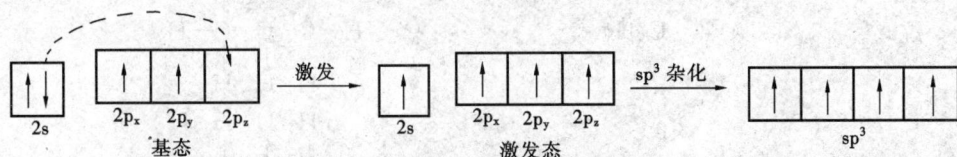

这四个 sp^3 杂化轨道分别与四个氢原子的 1s 轨道，沿对称轴方向"头碰头"重叠，形成四个完全等同的碳氢键。由于四个 sp^3 杂化轨道呈正四面体构型，所以甲烷分子具有正四面体结构。碳原子位于正四面体的中心，四个氢原子分别位于正四面体的四个顶点上。碳氢键之间的夹角（键角）彼此相等，为 $109°28'$；四个碳氢键的键长都是 10.9nm，如图 3-1 所示。

为了方便起见，在有机化学中，通常采用结构式来表示有机化合物的分子结构。甲烷的结构式为

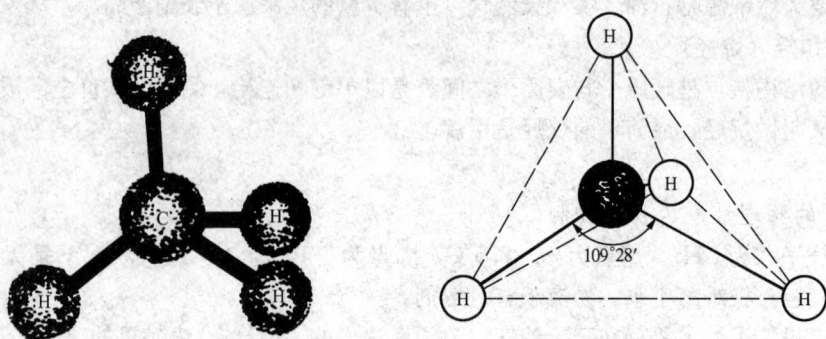

图 3-1 甲烷分子的立体结构

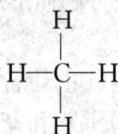

$$\begin{array}{c} H \\ | \\ H-C-H \\ | \\ H \end{array}$$

式中，一条短线代表一对共用电子。结构式只能表示组成物质分子的原子种类和数目，以及各原子的连接次序和化合价，而不能表示各原子在空间的分布情况。

（二）烷烃

1. 烷烃的通式、同系列和同系物

在天然气和石油中，除含有甲烷外，还含有一系列化学性质与甲烷相似的化合物。如乙烷、丙烷、丁烷等等。它们的分子式和构造式如下：

名　称	分子式	结构式
甲　烷	CH_4	$H-\overset{\displaystyle H}{\underset{\displaystyle H}{C}}-H$
乙　烷	C_2H_6	$H-\overset{\displaystyle H}{\underset{\displaystyle H}{C}}-\overset{\displaystyle H}{\underset{\displaystyle H}{C}}-H$
丙　烷	C_3H_8	$H-\overset{\displaystyle H}{\underset{\displaystyle H}{C}}-\overset{\displaystyle H}{\underset{\displaystyle H}{C}}-\overset{\displaystyle H}{\underset{\displaystyle H}{C}}-H$
丁　烷	C_4H_{10}	$H-\overset{\displaystyle H}{\underset{\displaystyle H}{C}}-\overset{\displaystyle H}{\underset{\displaystyle H}{C}}-\overset{\displaystyle H}{\underset{\displaystyle H}{C}}-\overset{\displaystyle H}{\underset{\displaystyle H}{C}}-H$

在这些化合物的分子里，碳原子和碳原子之间都是以单键结合成链状，碳原子剩余的价键全部与氢原子相结合。这类化合物就叫做烷烃。从它们的结构式中可以看出：每一个烷烃都是由一

个或若干个" $H-\overset{\displaystyle |}{\underset{\displaystyle |}{C}}-H$ "结构单元，再加上两个氢原子构成的。如果用 n 来代表某一烷烃中

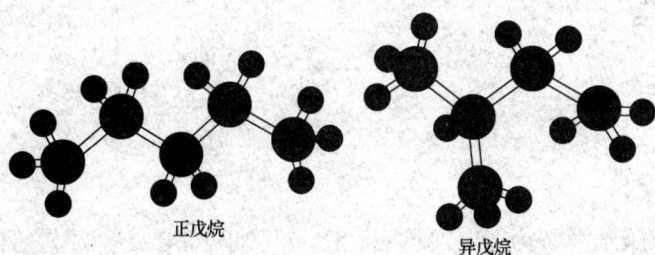

碳原子的数目（即该烷烃分子中含 n 个"CH_2"结构单元），则其中氢原子数为 $2n+2$ 个，故烷烃的通式为 C_nH_{2n+2}。像这样结构相似（性质相近），分子组成上相差一个或若干个 CH_2，且具有同一通式的一系列化合物称为同系列。同系列中的化合物互称为同系物。例如，在烷烃同系列中，甲烷和丙烷即为同系物。

图 3-2　戊烷、异戊烷的棍球模型

在烷烃分子中，每一个碳原子都与四个原子相连接，所以碳原子都发生了 SP^3 杂化，因而使烷烃呈锯齿状构型，如图 3-2 所示。

正戊烷和异戊烷的结构式为

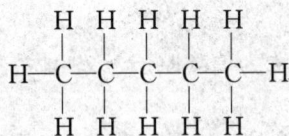

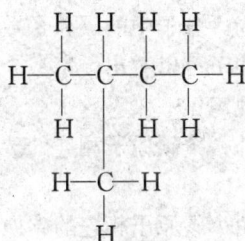

　　　　　　　正戊烷　　　　　　　　　　　　　　异戊烷

为了书写方便，通常采用结构简式来表示有机化合物的分子结构。而结构简式又有多种写法。例如：

省略碳氢键，即为

正戊烷　　$CH_3-CH_2-CH_2-CH_2-CH_3$

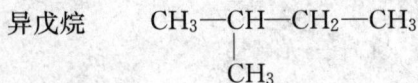

省略碳碳键，即为

正戊烷　　$CH_3CH_2CH_2CH_2CH_3$

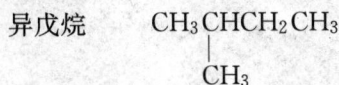

合并相同部分，即为

正戊烷　　$CH_3\!\!-\!\!(CH_2)_3\!\!-\!\!CH_3$

异戊烷　　$(CH_3)_2CHCH_2CH_3$

2. 烷烃的同分异构现象

化合物的分子式相同，结构不同，因而引起性质不同的现象，叫做同分异构现象。具有同分异构现象的化合物互称为同分异构体。例如，分子式为 C_4H_{10} 的丁烷有两种同分异构体

$$CH_3-CH_2-CH_2-CH_3$$

（A）

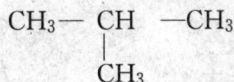

（B）

它们的结构不同，性质有很多差异。例如：

名　称	熔　点 (°C)	沸　点 (°C)	液态时的密度 (g/cm³)
（A）	−138.4	−0.5	0.5788
（B）	−159.6	−11.7	0.557

所以，（A）和（B）是两种不同的化合物。为了区别起见，把（A）叫做正丁烷，（B）叫做异丁烷。

分子式为 C_5H_{12} 的戊烷有以下三种异构体：

$CH_3CH_2CH_2CH_2CH_3$　　　　　正戊烷（沸点 36.1°C）

$(CH_3)_2CHCH_2CH_3$　　　　　异戊烷（沸点 27.9°C）

$(CH_3)_3CCH_3$　　　　　新戊烷（沸点 9.5°C）

烷烃的同分异构现象是由碳原子的排列方式不同（即碳链的结构不同）而引起的。这种异构叫做碳链异构。分子中的碳原子数越多，碳原子的排列方式就越多，同分异构体的数目就越多。

从上述例子可以看出，每一个碳原子上所连有的氢原子数目不尽相同，为了区别起见，人为地作了以下规定：

只与另外一个碳原子相连的碳原子（连有三个氢原子）称为伯碳原子，又叫做一级碳原子，可用1°表示。

与另外两个碳原子相连的碳原子（连有两个氢原子）称为仲碳原子，又叫做二级碳原子，可用2°表示。

与另外三个碳原子相连的碳原子（只连有一个氢原子）称为叔碳原子，又叫做三级碳原子，可用3°表示。

与另外四个碳原子相连的碳原子（不含有氢原子）称为季碳原子，又叫做四级碳原子，可用4°表示。

连接在伯、仲、叔碳原子上的氢原子分别称为伯、仲、叔氢原子。例如

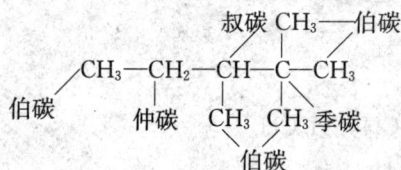

3. 烷烃的命名

（1）烷基。从烷烃分子中去掉一个氢原子后，所剩下的基团叫做烷基。常见的烷基有

甲　基　　　　　　$-CH_3$

乙　基　　　　　　$-CH_2CH_3$（或$-C_2H_5$）

正丙基　　　　　　$-CH_2CH_2CH_3$

异丙基　　　　　　$CH_3\overset{|}{C}HCH_3$　（或 $-CH\big\langle\begin{smallmatrix}CH_3\\CH_3\end{smallmatrix}$　）

叔丁基　　　　　　$CH_3-\overset{\overset{CH_3}{|}}{\underset{\underset{CH_3}{|}}{C}}-CH_3$

烷基的通式为—C_nH_{2n+1}，通常用 R—表示烷基。

（2）习惯命名法。习惯命名法又叫做普通命名法。它是用"烷"字表示化合物属于烷烃同系列，在烷字前面将分子中所含碳原子数目表示出来，称为"某"烷。碳原子数从一到十依次用"甲、乙、丙、丁、戊、己、庚、辛、壬、癸"十个字表示，十个碳原子以上用汉字基数字"十一、十二、十三……"表示。例如

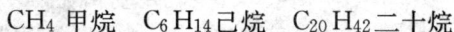

$$CH_4 \text{ 甲烷} \quad C_6H_{14} \text{ 己烷} \quad C_{20}H_{42} \text{ 二十烷}$$

为了区别同分异构体，通常把直链烷烃称为"正"某烷；把链端含有"$-CH-CH_3$"（下有CH_3）结构，而无其他支链的烷烃，称为"异"某烷；把链端含有"$-C-CH_3$"（上下为CH_3）结构，而无其他支链的烷烃，称为"新"某烷。例如，戊烷的三个异构体分别称为

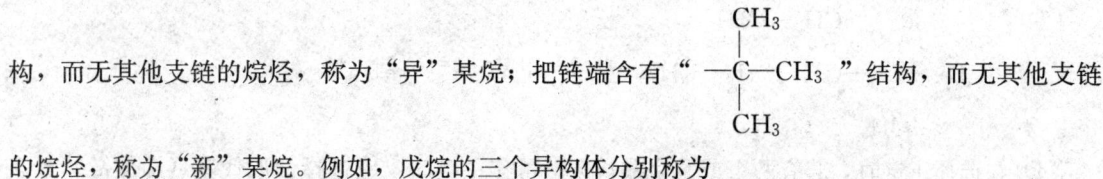

$$CH_3-(CH_2)_3-CH_3 \qquad (CH_3)_2CH-CH_2-CH_3 \qquad (CH_3)_3C-CH_3$$

正戊烷 异戊烷 新戊烷

（3）系统命名法。直链烷烃的系统命名法与习惯命名法相同，但取消"正"字。

带有支链的烷烃，命名时把它看作是直链烷烃的烷基衍生物。其主要规则如下：

1）选择分子中最长的碳链作为主链，根据主链所含碳原子数目称主链为"某"烷。

2）把主链作为母体，支链当作取代基。

3）将主链上的碳原子用阿拉伯数字（1、2、3、4……）编号，编号应从离取代基最近的一端开始。例如

$$\overset{1}{CH_3}-\overset{2}{CH}-\overset{3}{CH_2}-\overset{4}{CH_3} \quad \text{——主链}$$
$$| \quad CH_3 \quad \text{——支链}$$

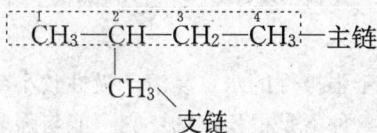

主链上含有两个或几个取代基时，应将各取代基在主链上的位置号码数（常称作"位次"）加起来，其之和较小者为正确。例如

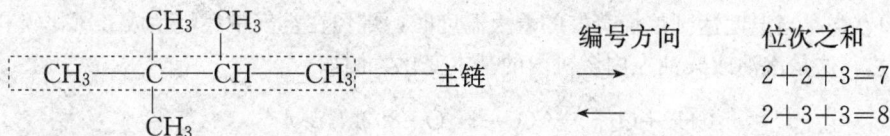

	编号方向	位次之和
主链	→	2+2+3=7
	←	2+3+3=8

$$CH_3-\overset{CH_3}{\underset{CH_3}{C}}-\overset{CH_3}{CH}-CH_3$$

故从左向右编为正确的。

将取代基的位次（用阿拉伯数字表示）和名称写在主链（母体）名称的前面（阿拉伯数字与汉字之间应加一短线"—"，读作位）。例如

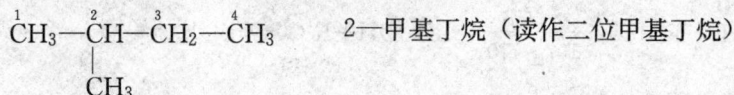

$$\overset{1}{CH_3}-\overset{2}{CH}-\overset{3}{CH_2}-\overset{4}{CH_3} \qquad \text{2—甲基丁烷（读作二位甲基丁烷）}$$
$$| \quad CH_3$$

含有几个相同的取代基时，应并在一起，其数目用汉字基数（二、三、四等）表示，表示取代基位次的两个或几个阿拉伯数字之间应加一逗号隔开。例如

$$\begin{array}{c} \overset{\displaystyle CH_3}{|} \\ \overset{1}{CH_3}-\overset{2}{\underset{|}{C}}-\overset{3}{CH_2}-\overset{4}{CH_3} \\ \overset{\displaystyle |}{CH_3} \end{array}$$

2，2—二甲基丁烷

（不应称为 3，3—二甲基丁烷）

$$\begin{array}{c} \overset{\displaystyle CH_3}{|} \\ \overset{1}{CH_3}-\overset{2}{\underset{|}{C}}-\overset{3}{CH}-\overset{4}{CH_2}-\overset{5}{CH_3} \\ \overset{\displaystyle |}{CH_3}\,\overset{\displaystyle |}{CH_3} \end{array}$$

2，2，3—三甲基戊烷

（不应称为 3，4，4—三甲基戊烷）

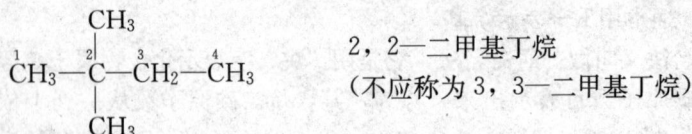

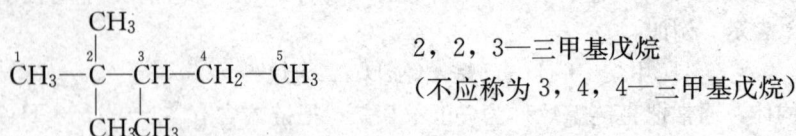

含有几种不同取代基时，把简单取代基的名称写在前面，复杂取代基的名称写在后面。例如

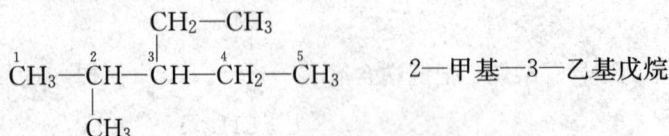

$$\begin{array}{c} \overset{\displaystyle CH_2-CH_3}{|} \\ \overset{1}{CH_3}-\overset{2}{CH}-\overset{3}{CH}-\overset{4}{CH_2}-\overset{5}{CH_3} \\ \overset{\displaystyle |}{CH_3} \end{array}$$

2—甲基—3—乙基戊烷

4）在选择主链时，若有两个或几个最长碳链可作主链时，应选择含取代基（即支链）最多的碳链作主链。例如

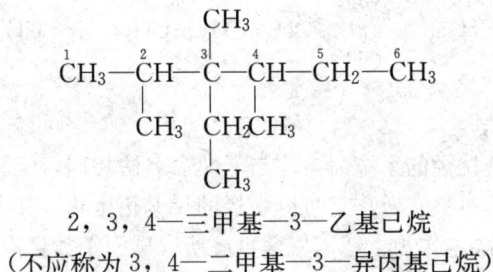

$$\begin{array}{c} \overset{\displaystyle CH_3}{|} \\ \overset{1}{CH_3}-\overset{2}{CH}-\overset{3}{C}-\overset{4}{CH}-\overset{5}{CH_2}-\overset{6}{CH_3} \\ \overset{\displaystyle |}{CH_3}\,\overset{\displaystyle |}{CH_2-CH_3} \\ \overset{\displaystyle |}{CH_3} \end{array}$$

2，3，4—三甲基—3—乙基己烷

（不应称为 3，4—二甲基—3—异丙基己烷）

4．烷烃的通性

（1）物理性质。在常温下，含 1～4 个碳原子的烷烃为气体；含 5～16 个碳原子的直链烷烃为液体；含 17 个及以上碳原子的直链烷烃为固体。它们的熔、沸点基本上是随着分子量的增加而逐渐升高。

烷烃是非极性化合物，难溶于强极性的水，易溶于极性较小或非极性的有机溶剂中。

（2）化学性质。烷烃在通常条件下是很稳定的，它不能与强酸、强碱、氧化剂、还原剂等发生反应或反应很慢。但在某特定条件下，如高温、高压、光照或催化剂的作用下，烷烃也能发生一系列的化学反应。

1）氧化和燃烧。当温度达到烷烃蒸气的着火温度时，烷烃在空气中燃烧生成二氧化碳和水，并放出大量的热。这是汽油或柴油在内燃机内的基本变化。例如

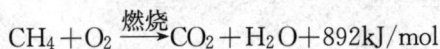

$$CH_4+O_2 \xrightarrow{\text{燃烧}} CO_2+H_2O+892\text{kJ/mol}$$

若控制反应条件（又称部分氧化）可得到醇、醛、酮、酸等许多重要的含氧化合物。例如，将高级烷烃（如石蜡，约含 $C_{20}\sim C_{30}$ 的烷烃）在 107～110℃ 时以锰盐作催化剂，可被空气氧化成高级脂肪酸

$$R-CH_2-CH_2-R'+O_2 \xrightarrow[107\sim110℃]{\text{锰盐}} RCOOH+R'COOH+\text{其他羧酸}$$

上述反应可用于肥皂工业中。

2）裂化反应。在隔绝空气的条件下，加热到 1000℃ 左右，甲烷就开始分解，到1500℃左右，分解比较完全，生成炭黑和氢气，反应式如下

$$CH_4 \xrightarrow{\text{高温}} C + 2H_2 \uparrow$$

3）卤代反应。在光、热或过氧化物的作用下，烷烃中的氢原子被卤素（主要是氯和溴）取代的反应叫做卤代反应。在卤代时，烷烃中的氢原子可逐步被卤原子所取代，生成各种卤代烃的混合物。例如，甲烷在光的照射下，发生下列反应

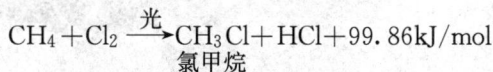

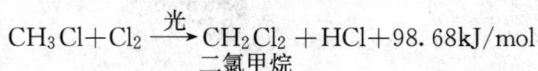

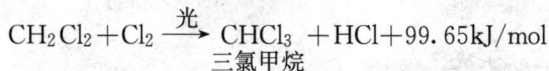

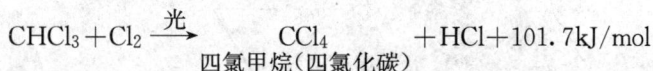

$$CH_4 + Cl_2 \xrightarrow{\text{光}} CH_3Cl + HCl + 99.86kJ/mol$$
氯甲烷

$$CH_3Cl + Cl_2 \xrightarrow{\text{光}} CH_2Cl_2 + HCl + 98.68kJ/mol$$
二氯甲烷

$$CH_2Cl_2 + Cl_2 \xrightarrow{\text{光}} CHCl_3 + HCl + 99.65kJ/mol$$
三氯甲烷

$$CHCl_3 + Cl_2 \xrightarrow{\text{光}} CCl_4 + HCl + 101.7kJ/mol$$
四氯甲烷（四氯化碳）

在工业上可以控制反应条件，使某一种氯化物是主要产物。

二、不饱和烃（烯烃和炔烃）

凡是分子中所含氢原子数比相应烷烃少的链烃，都叫做不饱和烃。不饱和烃的结构特点是，分子中含有碳碳双键（ $\backslash C = C \diagup$ ）或碳碳叁键（—C≡C—）。碳碳双键和碳碳叁键统称为不饱和键，所对应的烃分别称为烯烃和炔烃，统称为不饱和烃。

（一）烯烃

分子中含有一个碳碳双键的不饱和链烃，总称为烯烃。

在烯烃分子中，因含有一个碳碳双键，故比相应的烷烃分子少两个氢原子。例如，乙烯（ $CH_2=CH_2$ ）比乙烷（ $CH_3—CH_3$ ）少两个氢原子，丙烯（ $CH_3—CH=CH_2$ ）比丙烷（ $CH_3—CH_2—CH_3$ ）少两个氢原子等等。因此烯烃的通式为 C_nH_{2n} （ $n \geq 2$ ）。"烯"字的含义就是，与相应的烷烃相比，烯烃分子中的氢原子稀少一些。

1. 乙烯

乙烯是最简单的烯烃，它是通过石油高温裂解而得到的。乙烯是一种无色、比空气轻、稍带有甜味、难溶于水的气体，密度为 $1.25g/L$ （标准状况）。

乙烯是一种相当重要的化工原料，国际上常用乙烯的产量来衡量一个国家的化工生产水平。

在乙烯分子中，由于每个碳原子只和三个原子相结合，所以碳原子发生了 sp^2 杂化，即一个 s 轨道和两个 p 轨道进行杂化，形成三个能量等同的 sp^2 杂化轨道，三个 sp^2 杂化轨道的对称轴在同一平面上，其夹角为 $120°$ 。每个碳原子都还有一个未参与杂化的 p 轨道，其对称轴垂直于三个 sp^2 杂化轨道所在的平面，如图 3-3 所示。

在形成乙烯分子时，两个碳原子各以一个 sp^2 杂化轨道"头碰头"相互重叠，形成碳碳 σ 键；剩余的四个 sp^2 杂化轨道分别与四个氢原子的 1s 轨道"头碰头"重叠，形成四个碳氢 σ 键。这五个 σ 键位于同一平面，键角近似于 $120°$ ，如图 3-4 所示。

每个碳原子上未参加杂化的 p 轨道，其对称轴垂直于五个 σ 键所在的平面，因而相互平行。这样，这两个 p 轨道就可以从侧面以"肩并肩"方式重叠，形成 π 键，如图 3-5 所示。

综上所述，乙烯分子的立体结构为：六原子共平面，键角约为 $120°$ ；价键结构为：四个碳氢 σ 键，一个碳碳双键，双键中一个是 σ 键，另一个是 π 键。

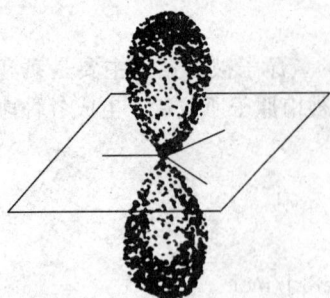

图 3-3 未参与杂化的 p 轨道

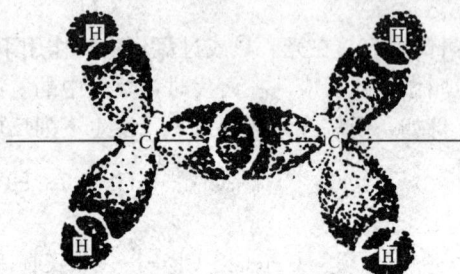

图 3-4 乙烯分子中五个 σ 键的形成

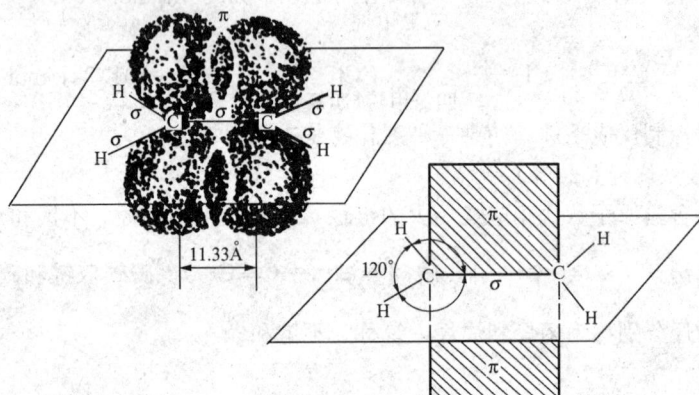

图 3-5 乙烯分子中的 π 键

注：1Å=10^{-10}m。

σ 键的电子云重叠程度较大，且位于成键的两个原子核之间，因而比较牢固。π 键的电子云分布在 σ 键所在的平面上下两侧，碳原子核对 π 键电子云的吸引力较弱，因此 π 电子云具有较大的流动性，在外界条件影响下，易于变形极化，进而使 π 键断裂。这就决定了乙烯的化学性质要比乙烷活泼得多。通常可以发生加成、氧化、聚合等反应。

2. 烯烃的同分异构

烯烃与烷烃一样，也存在碳链异构现象。除此之外，还存在因双键位置不同而产生的异构现象。例如

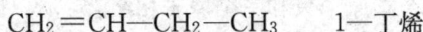

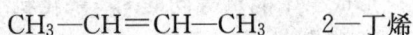

$$CH_2=CH-CH_2-CH_3 \qquad 1-丁烯$$

$$CH_3-CH=CH-CH_3 \qquad 2-丁烯$$

1—丁烯的双键位于碳链一端，2—丁烯的双键位于碳链的中间，它们的结构不同，性质也不完全相同，因而是两种不同的化合物。这种由于碳链结构相同而双键位置不同所产生的异构现象，叫做位置异构。

在烯烃中，由于存在碳链异构和位置异构，故同分异构体数目比相应的烷烃多。例如丁烷有两种异构体，而丁烯却有三种异构体

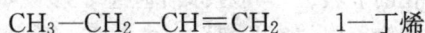

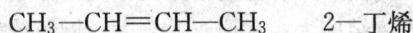

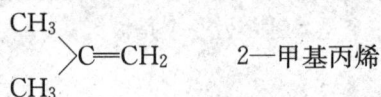

$$CH_3-CH_2-CH=CH_2 \qquad 1-丁烯$$

$$CH_3-CH=CH-CH_3 \qquad 2-丁烯$$

$$\begin{matrix} CH_3 \\ \diagdown \\ CH_3 \end{matrix} C=CH_2 \qquad 2-甲基丙烯$$

3. 烯烃的命名

烯烃一般采用系统命名法命名。具体步骤如下：

1) 选择含有碳碳双键的最长碳链作为主链，按主链上所含的碳原子数目称为"某"烯。

2) 将主链上的碳原子，从靠近双键的一端开始用阿拉伯数字编号。双键的位次，用双键碳原子上较小的那个号码数表示，写在"某烯"两字之前。

3) 支链作为取代基，其位次、数目和名称写在双键位次号码数之前。例如

$$\overset{3}{C}H_3CH_2\text{—}CH_3$$
$$\overset{1}{C}H_3\text{—}\overset{2}{C}H\text{=}\overset{3}{C}\text{—}\overset{4}{C}H\text{—}\overset{5}{C}H\text{—}\overset{6}{C}H_3$$
$$\underset{CH_3}{|}$$

3，5—二甲基—4—乙基—2—己烯

4) 当主链上碳原子数目大于 10 时，应在烯字前面加一"碳"字。例如

$$CH_3\text{—}(CH_2)_{15}CH\text{=}CH_2 \quad 1\text{—}十八碳烯$$

4. 烯烃的通性

(1) 物理性质。烯烃的物理性质与烷烃相似，它不溶于水，而溶于有机溶剂。常温下含 2～4 个碳原子的低级烯烃是气体，5～18 个碳原子的是液体，18 个及以上碳原子的是固体。它们的沸点、熔点、密度也是随分子量的增加而增加。

(2) 化学性质。烯烃的化学性质主要反映在碳碳双键上。因此，通常把碳碳双键叫做烯烃的官能团，以下列举烯烃的几种化学反应类型。

1) 加成反应。烯烃中的 π 键断裂，而与其他的一价原子或原子团相结合，形成饱和化合物发生加成反应。例如，把乙烯气体通入到溴的四氯化碳溶液中，溴的红棕色就很快消失。这是由于碳碳双键中的 π 键在溴的作用下断裂，溴分子也形成两部分分别加到每个双键碳原子上，而成为无色的 1，2—二溴乙烷

$$\underset{H}{\overset{H}{\diagup}}C\text{=}C\underset{H}{\overset{H}{\diagdown}} + Br_2 \longrightarrow H\text{—}\underset{Br}{\overset{H}{\underset{|}{\overset{|}{C}}}}\text{—}\underset{Br}{\overset{H}{\underset{|}{\overset{|}{C}}}}\text{—}H$$

1，2—二溴乙烷

在一定条件下，烯烃还可以与氢气、卤化氢、硫酸、水等发生加成反应。例如

$$CH_2\text{=}CH_2 + H_2O \xrightarrow[\text{高温、高压}]{H_3PO_4} CH_3CH_2OH$$
乙醇

$$H_3C\text{—}\overset{|}{\underset{|}{C}}\text{=}CH_2 + HBr \longrightarrow H_3C\text{—}\overset{H}{\underset{Br}{\overset{|}{\underset{|}{C}}}}\text{—}CH_3$$

2—溴丙烷

2) 氧化反应。乙烯在空气中燃烧，生成二氧化碳和水，并放出大量的热量

$$CH_2\text{=}CH_2 + 3O_2 \xrightarrow{\text{燃烧}} 2CO_2 + 2H_2O + 1412kJ/mol$$

将乙烯气体通入稀高锰酸钾溶液中，溶液的紫色消失，同时有棕色沉淀生成

$$3CH_2\text{=}CH_2 + 2KMnO_4 + 4H_2O \longrightarrow$$
$$3CH_2\text{—}CH_2 + 2MnO_2\downarrow + 2KOH$$
$$\underset{OH}{|} \quad \underset{OH}{|}$$

3）聚合反应。在一定条件下，许多乙烯分子中的 π 键断开，进而相互加成，形成很长的碳链，从而得到分子量很大的物质，叫做聚乙烯

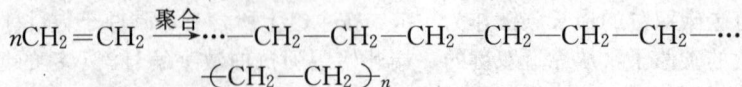

$$nCH_2{=}CH_2 \xrightarrow{\text{聚合}} \cdots{-}CH_2{-}CH_2{-}CH_2{-}CH_2{-}CH_2{-}CH_2{-}\cdots$$

即
$$\left(CH_2{-}CH_2\right)_n$$

这种由简单分子相互作用，生成较大分子的反应，叫做聚合反应。如果经聚合反应所得产物的分子量在一万以上，则该物质就叫做高分子化合物或高聚物。电厂水处理用的阴、阳离子交换树脂，就是一种高分子化合物。

（二）炔烃

分子中含有一个碳碳叁键的链烃叫做炔烃。炔烃比相应的烯烃少两个氢原子，比相应的烷烃少四个氢原子。故炔烃的通式为 C_nH_{2n-2}。"炔"字的含义就是分子中的氢原子更加"缺"少一些。

1. 乙炔

乙炔是最简单的炔烃，俗称电石气，可用电石（碳化钙，CaC_2）与水的作用来制取

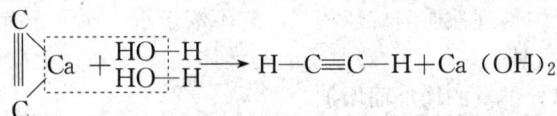

在该法中，制取电石要消耗大量的电能，因此目前已采取甲烷裂解法来生产乙炔。

乙炔是一个直线性分子，这是由于分子中的碳原子采取 sp 杂化，而两个 sp 杂化轨道的对称轴在同一条直线上，夹角为 180°。当形成乙炔分子时，两个碳原子各以一个 sp 杂化轨道以"头碰头"的方式相互重叠，形成一个碳碳 σ 键；以另一个 sp 杂化轨道与氢原子的 1s 轨道重叠，形成碳氢 σ 键。这三个 σ 键的对称轴在

图 3-6　乙炔分子中 σ 键的形成

一条直线上，即键角为 180°，如图 3-6 所示。

另外，每个碳原子上还有两个未参加杂化的 p 轨道，这两个 p 轨道的对称轴相互垂直，同时也与碳碳 σ 键的对称轴垂直。这样，两个碳原子上的 p 轨道由于两两平行，便可以"肩并肩"的方式重叠，形成两个 π 键〔见图 3-7（a）〕。这两个相互垂直的 π 键电子云相当靠近，因而它们结合在一起，围绕着碳碳 σ 键的键轴呈圆筒形对称分布〔见图 3-7（b）〕。

综上所述，乙炔分子呈直线形，碳碳叁键是由一个 σ 键和两个相互垂直的 π 键构成的。在一定条件下，π 键能断开而发生各种反应。

2. 炔烃的同分异构和命名

炔烃的同分异构与烯烃相似，包括碳链异构和位置异构。由于碳原子是四价的，在碳链分支的地方不可能含有叁键，所以炔烃的同分异构体数目比相应的烯烃少。例如，戊烯有五种异构体，而戊炔只有三种异构体。

炔烃的系统命名法也与烯烃相似，只需把"烯"字改成相应的"炔"字即可。例如

$CH_3{-}CH{=}CH{-}CH_2{-}CH_3$　　　　　　　　$CH_3{-}C{\equiv}C{-}CH_2{-}CH_3$

2—戊烯　　　　　　　　　　　　　　　2—戊炔

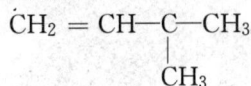　　　　　　　　　　　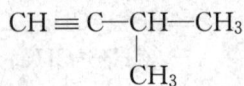

3—甲基—1—丁烯　　　　　　　　　　3—甲基—1—丁炔

π键的形成　　　　　　　　　π键电子云形成
(a)　　　　　　　　　　　　　　(b)

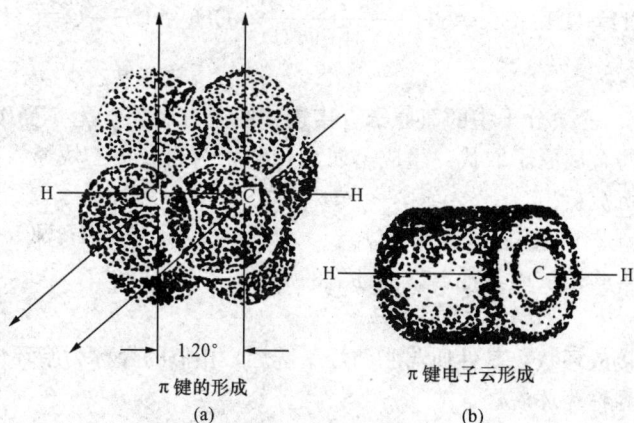

图 3-7　乙炔分子中相互垂直的两个 π 键的形成

(a) π 键的形成；(b) π 键电子云形成

3. 炔烃的通性

(1) 物理性质。炔烃的物理性质与烯烃相似，含有 2～4 个碳原子的呈气态，含 5～15 个碳原子的呈液态，含 16 个及以上碳原子的呈固态。其沸点、熔点和密度也都随分子量的增加而增加。

(2) 化学性质。炔烃的官能团是碳碳叁键，它的化学性质与烯烃相似，也可以发生加成、氧化和聚合等反应。

1) 加成反应。炔烃叁键中的两个 π 键，随着反应条件的不同，可以断开一个，也可以断开两个，而与某种试剂发生加成反应。例如

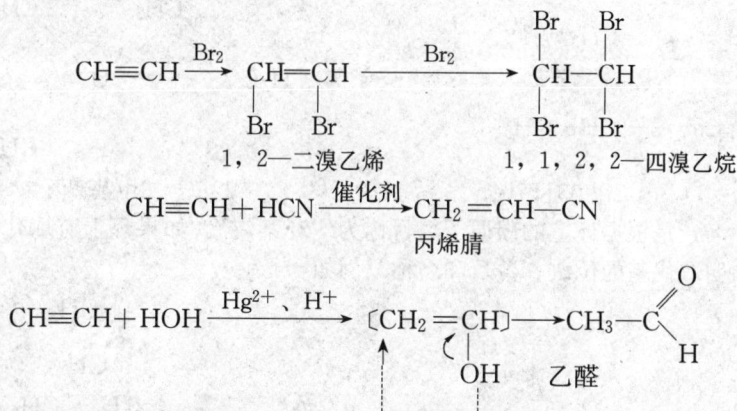

$$CH \equiv CH \xrightarrow{Br_2} \underset{\overset{|}{Br} \;\; \overset{|}{Br}}{CH = CH} \xrightarrow{Br_2} \underset{\overset{|}{Br} \;\; \overset{|}{Br}}{\overset{\overset{|}{Br} \;\; \overset{|}{Br}}{CH - CH}}$$

　　　　　　　　　1，2—二溴乙烯　　　　1，1，2，2—四溴乙烷

$$CH \equiv CH + HCN \xrightarrow{催化剂} CH_2 = CH - CN$$

丙烯腈

$$CH \equiv CH + HOH \xrightarrow{Hg^{2+}、H^+} [CH_2 = \underset{\overset{|}{OH}}{CH}] \longrightarrow CH_3 - C\overset{\displaystyle O}{\underset{\displaystyle H}{\Big\langle}}$$

乙醛

2) 氧化反应。乙炔在空气中燃烧时，发生氧化反应发出明亮的火焰，可供照明使用。氧气和乙炔混合的氧炔焰能达到 3500℃ 以上的高温，故工业上常用来焊接和切割金属材料。其反应式为

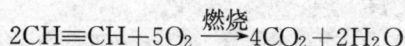

$$2CH \equiv CH + 5O_2 \xrightarrow{燃烧} 4CO_2 + 2H_2O$$

炔烃也可以使高锰酸钾溶液褪色。例如

$$3HC \equiv CH + 10KMnO_4 + 2H_2O \longrightarrow 6CO_2 \uparrow + 10KOH + 10MnO_2 \downarrow$$

3) 聚合反应。乙炔和乙烯类似，在一定的条件下也可以发生聚合反应。条件不同，聚合产物也不同，但是，一般不聚合成高分子化合物。例如，将乙炔通入含有少量盐酸的氯化亚铜-氯化铵水溶液中，加热至 84～96℃，发生双分子聚合，生成乙烯基乙炔

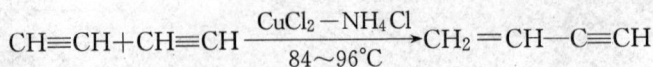

$$CH\equiv CH + CH\equiv CH \xrightarrow[84\sim96°C]{CuCl_2-NH_4Cl} CH_2=CH-C\equiv CH$$

乙烯基乙炔

4）活泼氢的反应。乙炔分子中的氢原子直接连接在叁键碳原子上，受碳碳叁键的影响，变得比较活泼，能被某些金属原子取代，生成金属炔化物。例如，将乙炔通入硝酸银的氨溶液中，立即有白色的乙炔银沉淀析出

$$CH\equiv CH + 2[Ag(NH_3)_2]NO_3 \longrightarrow AgC\equiv CAg\downarrow + 2NH_4NO_3 + 2NH_3$$

该性质可以用来检验乙炔或其他含有活性氢的炔烃。

三、环烷烃

碳原子间互相连接成环状，其性质与脂肪烃（链烃）相似的烃称为脂环烃。其中碳碳之间都是以单键相连的脂环烃称为环烷烃。

可以把环烷烃看成是烷烃分子中位于碳链两端的碳原子上各去掉一个氢原子后，彼此连接而成的。因此，它比相应的烷烃少两个氢原子，通式为 C_nH_{2n}。环烷烃属于饱和烃。

（一）环烷烃的异构和命名

环烷烃的通式与烯烃相同，因此含有相同碳原子数目的环烷烃与烯烃互为同分异构体。例如，环丙烷与丙烯是不同类的同分异构体。环烷烃的同类异构体是由碳环异构（环的大小不同）和位置异构（取代基的相对位置不同）所产生的。例如，分子式为 C_5H_{10} 的环烷烃有五种同分异构体

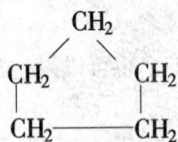

环戊烷

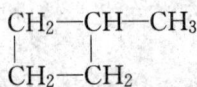

甲基环丁烷

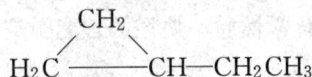

乙基环丙烷

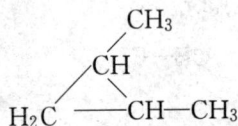

1，2—二甲基环丙烷

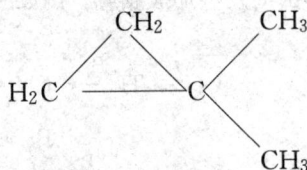

1，1—二甲基环丙烷

环烷烃的命名，是根据环上的碳原子数目称为"环某烷"。如果环上有取代基，应在"环某烷"名称之前注明取代基的位次、数目和名称。例如

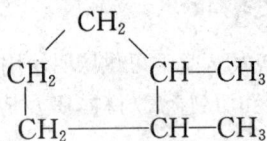

1，2—二甲基环戊烷

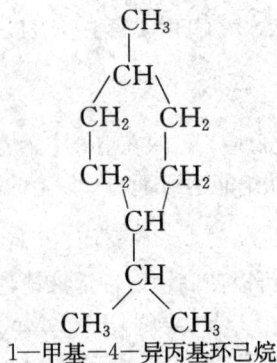

1—甲基—4—异丙基环己烷

（二）环烷烃的性质

1. 物理性质

常温下，环丙烷、环丁烷为气体；环戊烷、环己烷为液体；含 12 个碳原子以上的环烷烃为固体。与烷烃一样，环烷烃是非极性分子，不溶于水，易溶于非极性有机溶剂。

2. 化学性质

环烷烃的结构特点是分子中含有由碳原子组成的环（简称碳环）。其化学性质与碳环的大小有关。一般说来，三员环（由 3 个碳原子组成的环）的环烷烃易发生加成反应（即开环加成反应），六员环（由 6 个碳原子组成的环）的环烷烃易发生取代反应。例如

$$CH_2 \quad +H_2 \xrightarrow[80℃]{Ni} CH_3CH_2CH_3$$

$$CH_3-CH-CH_2 +HBr \longrightarrow CH_3CHCH_2CH_3 \quad 2—溴丁烷$$

$$+Br_2 \xrightarrow{光} +HBr$$

溴代环己烷

四、芳香烃

分子中含有苯环的烃，称为芳香烃，简称芳烃。芳烃中最简单、最基本的化合物是苯。苯是一切芳香族化合物的母体。

（一）苯的组成和结构

苯是由 6 个碳原子和 6 个氢原子组成的，其分子式为 C_6H_6。从分子式看，苯应该是一个高度的不饱和烃，因为苯分子需要增加八个氢原子，才符合饱和链烃的通式 C_nH_{2n+2}。但是，实验证明，苯的不饱和性很不显著，难氧化，难加成，却易发生取代反应。苯之所以具有这种特殊的性质，是由它的特殊分子结构所决定的。研究结果证明，苯分子中的 6 个碳原子和 6 个氢原子都位于同一平面上，6 个碳原子通过 sp^2 杂化轨道相互连接成平面正六边形的六员碳环，6 个氢原子的 1s 轨道分别与 6 个碳原子的 sp^2 杂化轨道重叠，形成六个碳氢 σ 键，各个键角都是 120°。六个碳原子上还各有一个未参加杂化的 p 轨道，这六个 p 轨道通过"肩并肩"的形式相互重叠形成一个环状的大 π 键（通常称为共轭体系）。苯环具有相当的稳定性，不易破裂，也不易发生加成反应，而与饱和烃相似，易发生取代反应。

经多年来的研究实践，目前人们认为可以用下面两种式子来表示苯的结构

（Ⅰ）　　　　　　　　　　　　简写为

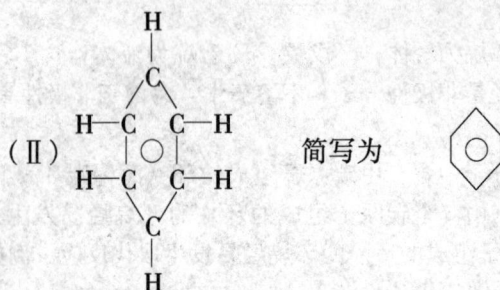

（Ⅰ）式为典型的凯库勒式，是由德国化学家凯库勒（F·A·Kekulé）于 1865 年首先提出来的。（Ⅱ）式是近几年来常采用的式子，其中的圆圈表示环状的大 π 键。

（二）苯的性质和用途

1. 物理性质

苯是一种没有颜色带有芳香气味的液体，熔点 5.5℃，沸点 80.1℃，比水轻（比重 0.879），不溶于水，易溶于有机溶剂。苯有毒，高浓度的苯蒸气会毒害中枢神经，长期接触低浓度苯蒸气会损害造血器官。

苯是重要的化工原料和常用的有机溶剂之一。

2. 化学性质

（1）取代反应。苯的特殊结构，使苯环具有相当的稳定性。但其环上的氢原子，在一定条件下却较容易被某些原子或原子团取代。例如，用铁屑作催化剂，苯能与氯气或液溴作用，生成氯苯或溴苯

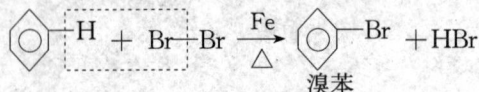

在苯中滴加浓硝酸和浓硫酸的混合液（简称混酸）时，苯环上的氢原子可以被硝基（—NO₂）取代，生成硝基苯

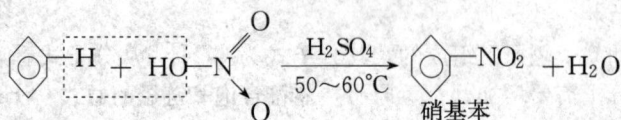

硝基苯是无色的油状液体，常因含有少量杂质而显淡黄色，有苦杏仁气味，有毒，是制备染料的主要原料之一。

苯与浓硫酸共热时，苯环上的氢原子可以被磺酸基（—SO₃H）取代，生成苯磺酸

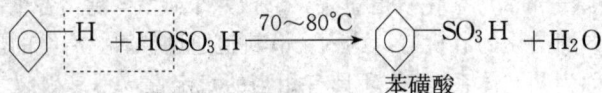

苯磺酸是无色晶体，易溶于水，是重要的化工原料之一。电厂水处理中所用的强酸性阳离子交换树脂就是一些磺酸类化合物。

（2）加成和氧化反应。苯环的稳定性是相对的，在某一特殊条件下，苯环也具有一定的活性。例如

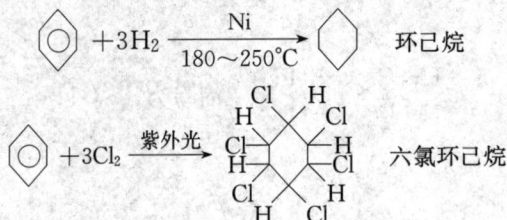

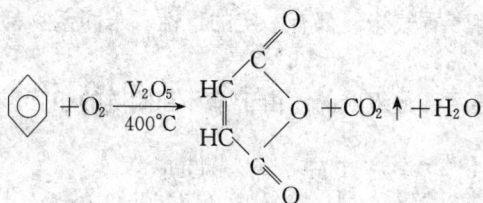

$$\text{（苯）} + O_2 \xrightarrow[400℃]{V_2O_5} \text{（顺丁烯二酸酐）} + CO_2\uparrow + H_2O$$

顺丁烯二酸酐

综上所述，苯的化学特性是：在一般情况下，比较容易发生取代反应，难以发生加成及氧化反应。苯环在反应过程中不易开裂，苯的这种特性称为"芳香性"。"芳香性"是含有苯环的化合物所具有的共性，凡是具有"芳香性"的化合物都可以称为芳香族化合物。物质具有"芳香性"的原因是，分子中含有环状的大 π 键。

（三）苯的同系物

苯分子中的氢原子被烷基取代后的生成物，称为苯的同系物。其通式为 C_nH_{2n-6}（$n\geqslant6$）。例如

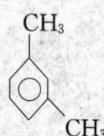

甲苯　　　　　　乙苯　　　　　　　间二甲苯

苯同系物的命名是以苯环为母体，烷基作为取代基。如果苯环上只有一个烷基，则将烷基的名称写在"苯"字前面。例如

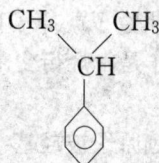

甲苯　　　　　　　　　　　　　　　异丙苯

如果苯环上有两个或多个烷基，命名时应首先将苯环碳原子编号，编号应从最小烷基所连的那个环碳原子开始，并使各烷基的位次之和最小。例如

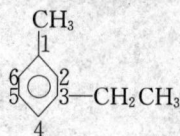

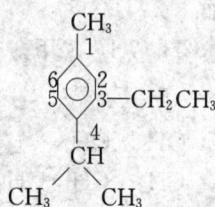

1—甲基—3—乙基苯　　　　　　1—甲基—3—乙基—4—异丙基苯

如果苯环上只有两个相同的烷基时，也可以用"邻"、"间"、"对"三个字来表示烷基的相对位置。例如

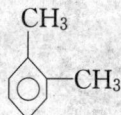

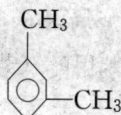

邻二甲苯　　　　　　　间二甲苯　　　　　　　对二甲苯
（1，2—二甲苯）　　　（1，3—二甲苯）　　　（1，4—二甲苯）

较易挥发的苯同系物都具有芳香气味，都有一定的毒性。苯同系物都不溶于水，易溶于有机溶剂。

苯的同系物是由苯环和侧链两部分组成的，由于苯环和侧链的相互影响，使其化学性质与苯有些不同之处。例如

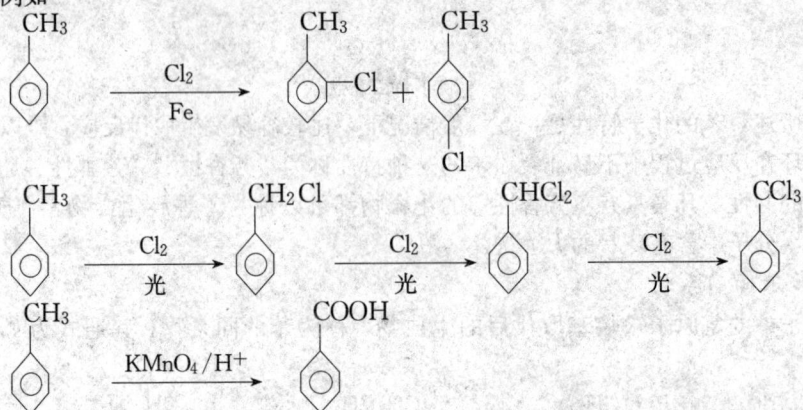

苯同系物的性质与苯相比较，既相似，又有区别。由于苯环的影响，使侧链 α 碳原子上的碳氢键易断裂，表现为易被取代、易被氧化；而侧链的存在，又使得苯环上邻、对位的碳氢键易断裂，氢原子易被取代。

第二节　烃主要衍生物

烃分子里的氢原子被其他原子或原子团取代，生成一系列新的有机化合物。这些有机化合物，从结构上说，都可以看作是由烃衍变来的，所以叫做烃的衍生物。

一、醇

烃分子中的一个或几个氢原子被羟基（—OH）取代，且该羟基又不直接与苯环相连的化合物叫做醇。醇中的羟基叫做醇羟基。

根据醇分子中所含羟基的数目可将醇分为一元醇、二元醇、三元醇等。二元及二元以上的醇称为多元醇。例如

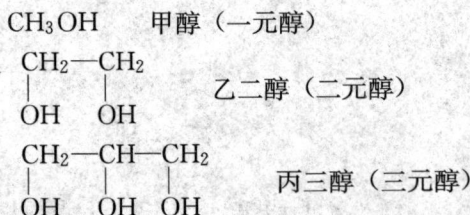

CH_3OH　　甲醇（一元醇）

$$\begin{array}{cc} CH_2{-}CH_2 \\ | \quad\ \ | \\ OH \ \ \ OH \end{array}$$　　乙二醇（二元醇）

$$\begin{array}{ccc} CH_2{-}CH{-}CH_2 \\ | \quad\ \ | \quad\ \ | \\ OH \ \ OH \ \ OH \end{array}$$　　丙三醇（三元醇）

根据羟基所连接的烃基不同，又可将醇分为饱和醇、不饱和醇和芳香醇。例如

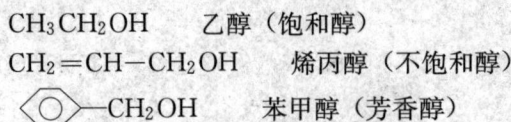

CH_3CH_2OH　　乙醇（饱和醇）

$CH_2{=}CH{-}CH_2OH$　　烯丙醇（不饱和醇）

⬡—CH_2OH　　苯甲醇（芳香醇）

（一）饱和一元醇的分类和命名

烷烃分子中的一个氢原子被羟基取代而生成的化合物叫做饱和一元醇，通式为 $C_nH_{2n+1}OH$，简写为 ROH。

根据羟基所连接的碳原子不同（或羟基取代的氢原子不同）可将饱和一元醇分为伯醇、仲醇

和叔醇。例如

$$CH_3CH_2CH_2OH \qquad 1—丙醇（伯醇）$$

$$\underset{\underset{OH}{|}}{CH_3CHCH_3} \qquad 2—丙醇（仲醇）$$

$$CH_3—\underset{\underset{OH}{|}}{\overset{\overset{CH_3}{|}}{C}}—CH_3 \qquad 2—甲基—2—丙醇（叔醇）$$

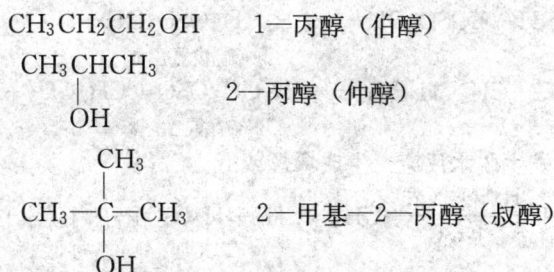

饱和一元醇的命名一般采用系统命名法。系统命名法通常是选择含有与羟基直接相连的那个碳原子的最长碳链作主链，按其碳原子数目称为"某醇"；从靠近羟基的一端开始给主链碳原子编号，羟基的位次就用和它相连的碳原子的号码数表示，用阿拉伯数字注在"某醇"之前。若主链上还有取代基时，则将取代基位次、数目和名称写在羟基位次号码数之前。例如

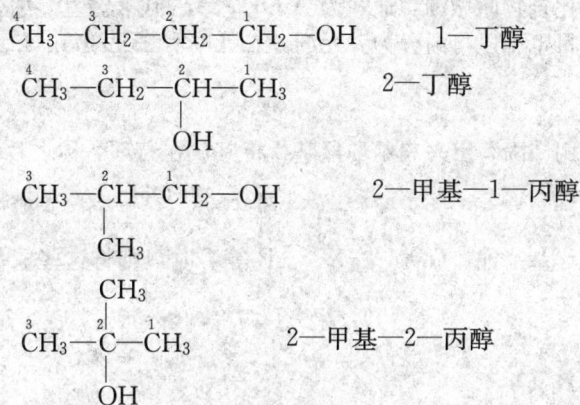

$$\overset{4}{C}H_3—\overset{3}{C}H_2—\overset{2}{C}H_2—\overset{1}{C}H_2—OH \qquad 1—丁醇$$

$$\overset{4}{C}H_3—\overset{3}{C}H_2—\underset{\underset{OH}{|}}{\overset{2}{C}H}—\overset{1}{C}H_3 \qquad 2—丁醇$$

$$\overset{3}{C}H_3—\underset{\underset{CH_3}{|}}{\overset{2}{C}H}—\overset{1}{C}H_2—OH \qquad 2—甲基—1—丙醇$$

$$\overset{3}{C}H_3—\underset{\underset{OH}{|}}{\overset{\overset{CH_3}{|}}{\overset{2}{C}}}—\overset{1}{C}H_3 \qquad 2—甲基—2—丙醇$$

（二）饱和一元醇的性质

1. 物理性质

在饱和一元醇中，含有 1～4 个碳原子的醇为无色液体，有酒香；含有 5～11 个碳原子的醇为无色油状液体，有令人不愉快的气味；含 12 个碳原子及以上的醇是蜡状固体。

甲醇、乙醇、丙醇与水可以以任何比例互溶，从丁醇开始，随着碳链的增长，在水中的溶解度显著降低，癸醇以上的高级醇几乎不溶于水。

醇的沸点也是随着碳链的增长而逐渐升高，但是，醇的沸点比分子量相近的烷烃高得多。这是由于液态醇分子中的羟基间有氢键缔合的缘故。

2. 化学性质

在醇分子中的羟基是醇的官能团，所以醇的化学性质主要反映在羟基上。羟基上的反应有两类：一是羟基上的氢原子被取代，另一是整个羟基被取代。例如，乙醇与金属钠的反应和水与金属钠的反应相似，也放出氢气，并生成乙醇钠

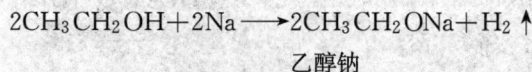

$$2CH_3CH_2OH+2Na \longrightarrow 2CH_3CH_2ONa+H_2\uparrow$$
$$乙醇钠$$

其他活泼金属，如钾、镁、铝等也能把乙醇羟基上的氢原子取代。

醇与氢卤酸或卤化磷作用，分子里的碳氧键断裂，羟基被卤原子取代，生成卤代烃和水

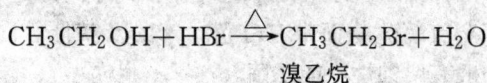

$$CH_3CH_2OH+HBr \overset{\triangle}{\longrightarrow} CH_3CH_2Br+H_2O$$
$$溴乙烷$$

醇与无机含氧酸或有机酸作用，生成酯和水

$$CH_3CH_2OH + HOSO_2OH \longrightarrow CH_3CH_2OSO_2OH + H_2O$$

硫酸氢乙酯

$$CH_3CH_2OSO_2OH + CH_3CH_2OH \longrightarrow CH_3CH_2OSO_2OCH_2CH_3 + H_2O$$

硫酸二乙酯

醇在浓硫酸作用下，可以发生脱水反应，生成烯烃或醚

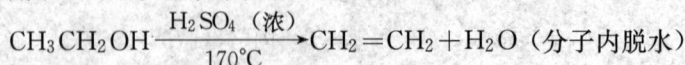

$$CH_3CH_2OH \xrightarrow[170℃]{H_2SO_4（浓）} CH_2\!=\!CH_2 + H_2O（分子内脱水）$$

乙烯

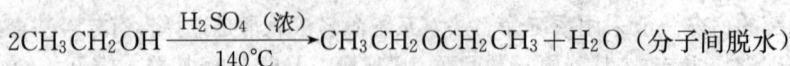

$$2CH_3CH_2OH \xrightarrow[140℃]{H_2SO_4（浓）} CH_3CH_2OCH_2CH_3 + H_2O（分子间脱水）$$

乙醚

二、酚

羟基直接与芳环相连的化合物叫做酚。通式为 ArOH，Ar—代表芳基。酚中的羟基称为酚羟基。根据分子中酚羟基的数目，可以将酚分为一元酚、二元酚和三元酚等。二元及二元以上的酚统称为多元酚。

（一）酚的命名

在一元酚的命名中，是用"酚"字来表示酚羟基，将其放在芳环名称之后。例如

苯酚   β—萘酚

若芳环上还连有其他取代基（如—NO_2、—X、—R 等）时，则将这些取代基的名称和位次放在芳环名称之前。例如

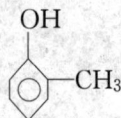

邻甲苯酚   间硝基苯酚   对溴苯酚
（2—甲苯酚）   （3—硝基苯酚）   （4—溴苯酚）

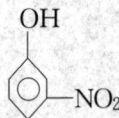

3—硝基—1—萘酚   8—甲基—2—萘酚

在多元酚的命名中，须将酚羟基数目放在芳环名称与酚字之间，并标出酚羟基的相对位置。例如

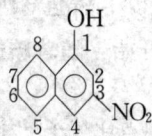

邻苯二酚

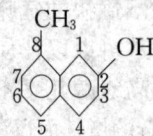

1，3，5—苯三酚

（二）酚的性质

1. 物理性质

除少数烷基酚为高沸点液体外，大多数酚都是固体。纯净的酚是白色晶体，但是，由于酚容易被氧化，放置时间较长即杂有氧化物而带有红色。苯酚及其低级同系物在水中有一定的溶解度，多元酚易溶于水。酚一般有腐蚀性，能杀菌。

2. 化学性质

酚羟基的性质在某些方面与醇羟基相似，但由于酚羟基和苯环直接相连，受苯环的影响，在性质上与醇羟基又有一定的差别；酚中的芳环由于受到羟基的影响，变得更为活泼，比芳烃更容易发生环上取代反应。

（1）酸性。酚有弱酸性，苯酚（或其他酚类）易与金属钠、氢氧化钠作用，生成可溶于水的苯酚钠（或相应的酚钠）

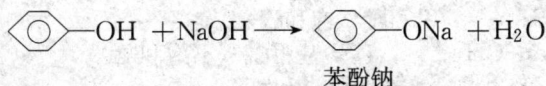

$$\langle\bigcirc\rangle\text{—OH} + NaOH \longrightarrow \langle\bigcirc\rangle\text{—ONa} + H_2O$$

苯酚钠

在苯酚钠水溶液中通入二氧化碳气体，即可使苯酚游离析出

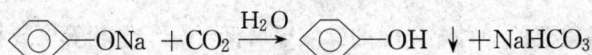

$$\langle\bigcirc\rangle\text{—ONa} + CO_2 \xrightarrow{H_2O} \langle\bigcirc\rangle\text{—OH} \downarrow + NaHCO_3$$

苯酚不能使石蕊变色，可见苯酚的酸性是很弱的。苯酚的酸性比醇强，比碳酸弱。

（2）显色反应。大多数酚与三氯化铁溶液作用，能生成带有颜色的络离子。不同的酚所产生的颜色不同。如苯酚产生蓝紫色，邻甲苯酚产生深绿色等。这种特殊的颜色反应，可用来做酚类的定性检验，也可以用来区分酚羟基与醇羟基。

（3）芳环的取代反应。由于酚羟基的影响，而使酚的芳环变得很活泼，容易发生卤代、硝化、磺化等取代反应。第二个取代基进入到酚羟基的邻位或对位。例如

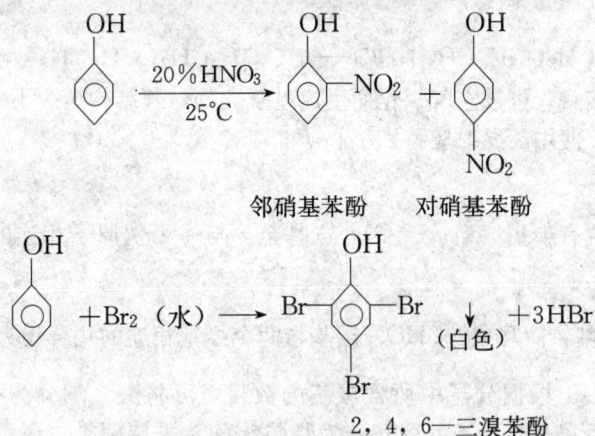

邻硝基苯酚　　对硝基苯酚

2，4，6—三溴苯酚

（4）氧化反应。酚类化合物很容易被氧化，产物随氧化剂的强弱及反应条件不同而不同。多元酚的还原性更强，通常可作为抗氧化添加剂、显影剂和氧化还原电极等。

三、醚

醚是两个烃基通过氧原子连接起来所形成的化合物。也可以把醚看成是醇中羟基上的氢原子被烃基取代的产物。烃基可以是烷基，也可以是烯基或芳基。因此，根据烃基的不同，可以把醚分为饱和醚、不饱和醚和芳醚；其中，两个烃基相同的叫做单醚，如 $CH_3CH_2OCH_2CH_3$，烃基不同的叫混合醚（简称混醚），如 $CH_3CH_2OCH_3$ 等。氧原子与碳链形成环状的醚叫做环醚。例如

环氧乙烷　　　　　　　　　　1，4—二氧六环（二噁烷）

（一）醚的命名

在命名时，用"醚"字表示醚分子中的氧原子，将氧原子上所连的烃基名称写在醚字之前，并常常省去"基"字。命名单醚时，省略前面的"二"字；命名混醚时，则将较小烷基的名称放在较大烷基的名称之前，不饱和烃基名称放在饱和烃基名称之前，芳基名称放在烷基名称之前。例如

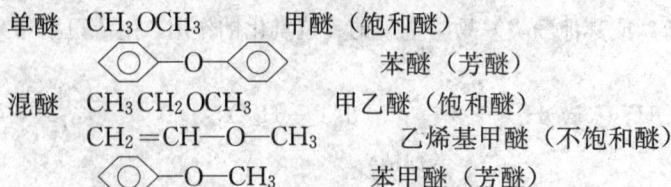

单醚　CH_3OCH_3　　甲醚（饱和醚）

　　　　⬡—O—⬡　　　苯醚（芳醚）

混醚　$CH_3CH_2OCH_3$　　甲乙醚（饱和醚）

　　　$CH_2=CH—O—CH_3$　　乙烯基甲醚（不饱和醚）

　　　⬡—O—CH_3　　苯甲醚（芳醚）

（二）乙醚的性质

乙醚是最常见、最重要的一种醚。醚的沸点显著低于分子量相等（或相近）的醇。例如，乙醚的沸点为34.5℃，而正丁醇的沸点为117℃。这是因为醚在液态时，分子间不能形成氢键的缘故。

乙醚沸点低，易挥发，易着火，它的蒸气和空气混合时，遇火易引起爆炸。乙醚有芳香气味，是常用的有机溶剂之一，医药上常用作麻醉剂。

乙醚是一个比较稳定的化合物，通常与许多试剂不发生作用，但能溶于强酸（如浓盐酸和浓硫酸）中，生成类似盐类的化合物，即

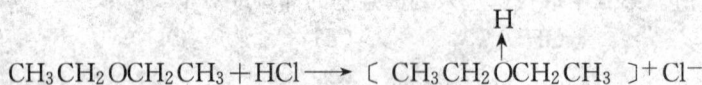

$$CH_3CH_2OCH_2CH_3 + HCl \longrightarrow [\ CH_3CH_2\overset{\overset{H}{\uparrow}}{O}CH_2CH_3\ ]^+ Cl^-$$

乙醚与空气长期接触，可被空气氧化而生成过氧化物，其结构至今不十分清楚。该过氧化物极不稳定，容易爆炸，使用乙醚时应特别小心。

四、醛和酮

醛、酮分子中都含有羰基（ $\underset{|}{\overset{|}{C}}=O$ ），羰基至少与一个氢原子相连的化合物为醛。通常把

" $\underset{|}{\overset{H}{C}}=O$ "叫做醛基，简写成—CHO。羰基与两个烃基相连的化合物为酮。

醛、酮的种类很多。根据分子中所含羰基的数目，可将醛、酮分为一元、二元和多元醛、酮；根据羰基所连的烃基不同，又可将其分为脂肪族和芳香族两类；还可根据是否含有不饱和键，将其分为饱和醛、酮及不饱和醛、酮两类。

（一）饱和一元醛、酮的命名

脂肪族一元醛的命名与伯醇相似，只是醛基总是位于主链一端（编号时，总是将醛基碳原子定为1号），不需标明它的位次。例如

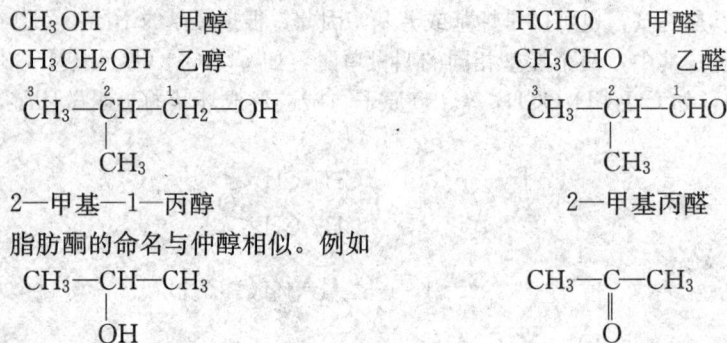

CH_3OH　　　甲醇　　　　　　　　　$HCHO$　　甲醛

CH_3CH_2OH　乙醇　　　　　　　　　CH_3CHO　乙醛

$\overset{3}{C}H_3-\underset{\underset{CH_3}{|}}{\overset{2}{C}H}-\overset{1}{C}H_2-OH$　　　　　　　　　$\overset{3}{C}H_3-\underset{\underset{CH_3}{|}}{\overset{2}{C}H}-\overset{1}{C}HO$

2—甲基—1—丙醇　　　　　　　　　　　2—甲基丙醛

脂肪酮的命名与仲醇相似。例如

$CH_3-\underset{\underset{OH}{|}}{CH}-CH_3$　　　　　　　　　　$CH_3-\underset{\underset{O}{\|}}{C}-CH_3$

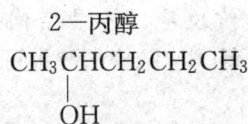

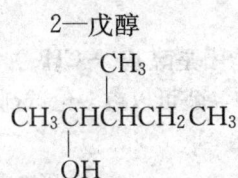

2—丙醇

$$CH_3CHCH_2CH_2CH_3$$
$$\quad | $$
$$\quad OH$$

丙酮

$$CH_3CCH_2CH_2CH_3$$
$$\quad \|$$
$$\quad O$$

2—戊醇

$$\quad\quad CH_3$$
$$\quad\quad | $$
$$CH_3CHCHCH_2CH_3$$
$$\quad | $$
$$\quad OH$$

2—戊酮

$$\quad\quad CH_3$$
$$\quad\quad | $$
$$CH_3-C-CH-CH_2-CH_3$$
$$\quad\quad \|$$
$$\quad\quad O$$

3—甲基—2—戊醇

3—甲基—2—戊酮

（二）饱和一元醛、酮的性质

1. 物理性质

除甲醛在室温下是气体外，其他低级醛和酮都是有特殊气味的液体。高级醛、酮都是固体。甲醛、乙醛、丙酮都能与水混溶，其他醛、酮在水中的溶解度随分子量的增大而减小，高级醛、酮仅微溶于水，甚至不溶，但它们都易溶于有机溶剂。

2. 化学性质

醛、酮都含有羰基，因此性质相似；不同的是，酮中的羰基上连有两个烃基，占有较大的空间位置，阻碍试剂与羰基的接触，其反应难以进行，且烃基越大，阻碍作用越大。因此，二者相比，酮不及醛活泼。分子量较小的酮比分子量较大的酮活泼。

此外，羰基的极性还能影响 α 碳原子上的氢原子，使其变得比较活泼，易被某些原子或原子团取代。

（1）加成反应。从结构上来看，醛、酮分子中的碳氧双键与烯烃分子中的碳碳双键有相似之处，也是由一个 σ 键和一个 π 键所构成的。因此，醛、酮也像烯烃一样，能够发生一系列的加成反应。常见的加成试剂有氰化氢、亚硫酸氢钠、醇、格代试剂等。例如

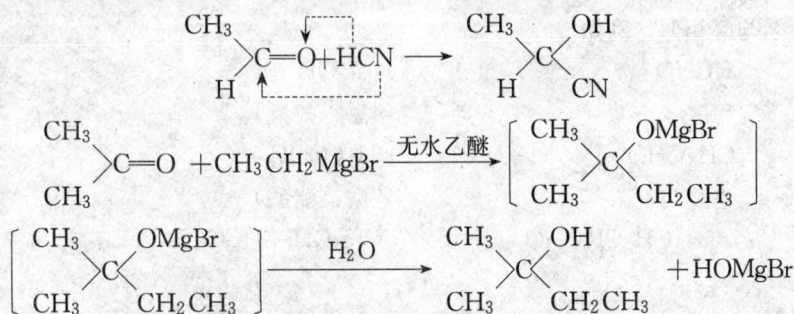

$$\underset{H}{\overset{CH_3}{>}}C=O+HCN \longrightarrow \underset{H}{\overset{CH_3}{>}}C\overset{OH}{\underset{CN}{<}}$$

$$\underset{CH_3}{\overset{CH_3}{>}}C=O +CH_3CH_2MgBr \xrightarrow{\text{无水乙醚}} \left[\underset{CH_3}{\overset{CH_3}{>}}C\overset{OMgBr}{\underset{CH_2CH_3}{<}}\right]$$

$$\left[\underset{CH_3}{\overset{CH_3}{>}}C\overset{OMgBr}{\underset{CH_2CH_3}{<}}\right] \xrightarrow{H_2O} \underset{CH_3}{\overset{CH_3}{>}}C\overset{OH}{\underset{CH_2CH_3}{<}} +HOMgBr$$

（2）碘仿反应。与羰基直接相连的碳原子称为 α 碳原子，α 碳原子上所连接的氢原子称为 α 氢原子，α 氢原子比较活泼，可以被卤原子取代。例如，乙醛与碘的氢氧化钠溶液作用

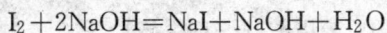

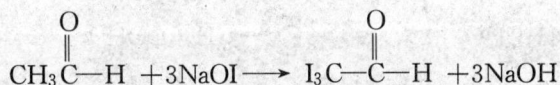

$$I_2+2NaOH=NaI+NaOH+H_2O$$

$$CH_3\overset{O}{\overset{\|}{C}}-H +3NaOI \longrightarrow I_3C\overset{O}{\overset{\|}{C}}-H +3NaOH$$

生成的三碘乙醛极不稳定，立即分解为三碘甲烷（碘仿）

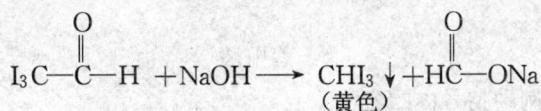

$$I_3C\overset{O}{\overset{\|}{C}}-H +NaOH \longrightarrow CHI_3\downarrow +HC\overset{O}{\overset{\|}{}}-ONa$$
$$\qquad\qquad\qquad\qquad\quad \text{（黄色）}$$

由于在上述反应中，有黄色的碘仿生成，所以把该反应叫做碘仿反应。凡是结构式为 $CH_3\overset{O}{\underset{\|}{C}}—H(R)$ 的醛或酮都可以发生碘仿反应；氧化后能生成 $CH_3\overset{OH}{\underset{\|}{C}}H(R)$ 结构的醇也可以发生碘仿反应。

（3）银镜反应。醛和酮的主要区别是对氧化剂的敏感性。醛的官能团是醛基（—CHO），醛基中的碳氢键很容易被氧化，即使是弱氧化剂也能将醛氧化成羧酸。例如，醛可以被多伦试剂氧化

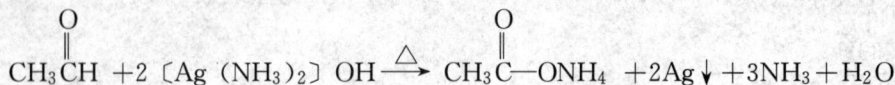

$$CH_3\overset{O}{\underset{\|}{C}}H +2〔Ag(NH_3)_2〕OH \xrightarrow{\triangle} CH_3\overset{O}{\underset{\|}{C}}—ONH_4 +2Ag\downarrow +3NH_3 + H_2O$$

如果试管洁净，生成的银紧密地吸附在试管壁上，光亮如镜。所以，通常把这个反应叫做银镜反应。酮在同样条件下不能发生银镜反应。故可以利用该性质来区分醛和酮。

五、羧酸

由羰基和羟基相连接所形成的基团叫做羧基。其构造式为

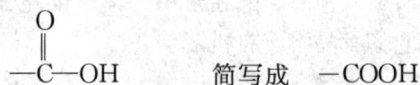

$$—\overset{O}{\underset{\|}{C}}—OH \qquad 简写成 \quad —COOH$$

分子中含有羧基的化合物称为羧酸。羧基是羧酸的官能团，也可以把羧酸看成是烃分子中的氢原子被羧基取代的生成物（甲酸除外）。根据分子中所含羧基的数目，可以将羧酸分为一元羧酸、二元羧酸和多元羧酸；根据烃基的种类不同，可以将羧酸分为脂肪族羧酸和芳香族羧酸（简称脂肪酸和芳香酸）；脂肪酸又分为饱和酸和不饱和酸。例如

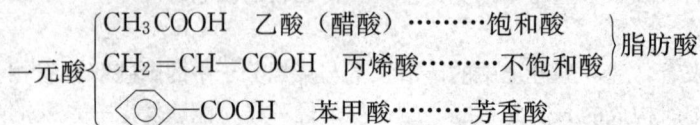

一元酸 $\begin{cases} CH_3COOH & 乙酸（醋酸）\cdots\cdots饱和酸 \\ CH_2=CH—COOH & 丙烯酸\cdots\cdots不饱和酸 \end{cases}$ 脂肪酸

◯—COOH　苯甲酸\cdots\cdots芳香酸

（一）一元羧酸的命名

羧酸的命名与醛相似。例如

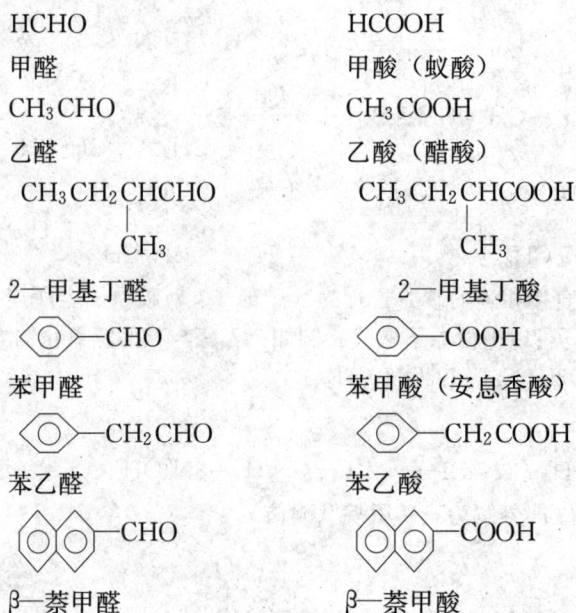

HCHO	HCOOH
甲醛	甲酸（蚁酸）
CH_3CHO	CH_3COOH
乙醛	乙酸（醋酸）
$CH_3CH_2\underset{\underset{CH_3}{\|}}{C}HCHO$	$CH_3CH_2\underset{\underset{CH_3}{\|}}{C}HCOOH$
2—甲基丁醛	2—甲基丁酸
◯—CHO	◯—COOH
苯甲醛	苯甲酸（安息香酸）
◯—CH$_2$CHO	◯—CH$_2$COOH
苯乙醛	苯乙酸
◯◯—CHO	◯◯—COOH
β—萘甲醛	β—萘甲酸

常见的酸多用俗名，如上例中括号内的名称。

（二）饱和一元羧酸的性质

1. 物理性质

甲、乙、丙酸是具有刺激臭味的液体，丁酸至癸酸的直链羧酸是呈油状有腐败气味的液体，癸酸以上的直链羧酸是无味蜡状的固体。

甲、乙、丙酸都能与水互溶。随着碳链的增长，羧酸在水中的溶解度迅速减小；固体羧酸不溶于水。

羧酸的沸点比与其分子量相近的醇的沸点高。如甲酸的沸点为 $101℃$，而与其分子量相近的乙醇的沸点为 $78℃$，这是因为羧酸分子间的氢键较为稳定，并能通过氢键形成双分子缔合的缘故。

2. 化学性质

饱和一元羧酸可以用一通式 $R-\overset{\overset{O}{\|}}{C}-OH$ 来表示。从该式中可以看出，饱和一元羧酸是由一个烷基（R）、一个羰基（$>C=O$）和一个羟基（—OH）组合而成的。但是这三个原子团并不是机械的堆积，彼此之间是有机联系的。因此，羧酸的性质不是烷烃、醇、醛（或酮）性质的总和。由于烷基、羰基和羟基三者之间的互相影响，而具有其特性。例如：

（1）由于受到羰基的影响，—O—H 键极性增大，氢易以 H^+ 形成离解出去，而呈酸性

$$CH_3COOH+NaOH \Longleftrightarrow CH_3COONa+H_2O$$
$$CH_3COOH+NaHCO_3 \Longleftrightarrow CH_3COONa+CO_2\uparrow+H_2O$$

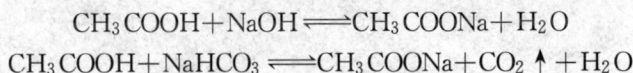

（2）羟基与醇的羟基类似，易被卤素（—X）、氨基（—NH_2）、烷氧基（—OR）等原子或原子团取代。例如

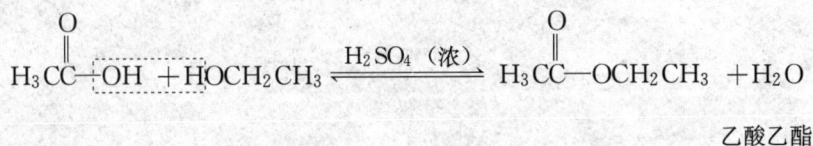

$$H_3C\overset{\overset{O}{\|}}{C}\underset{\cdots}{-OH} + HOCH_2CH_3 \xrightarrow{H_2SO_4(浓)} H_3C\overset{\overset{O}{\|}}{C}-OCH_2CH_3 + H_2O$$

乙酸乙酯

（3）α氢也有一定的活性，可以被卤素取代。例如

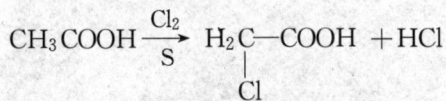

$$CH_3COOH \xrightarrow[S]{Cl_2} H_2\underset{\underset{Cl}{|}}{C}-COOH + HCl$$

（4）由于受到烷基、羟基的影响，羧酸中羰基的电子云密度增大，难以起加成反应。

复 习 思 考 题

1. 什么是有机化合物？什么是烃？
2. 什么叫做同系物？什么叫做同分异构现象？
3. 什么叫做饱和链烃？什么叫做不饱和链烃？
4. 什么叫做烃的衍生物？什么叫做官能团？
5. 取代反应和加成反应有什么区别？举例说明。
6. 什么叫聚合反应？举例说明。
7. 写出下列各烷烃的分子式：

（1）丙烷；　　（2）庚烷；　　（3）十五烷。

8. 根据有机物的同分异构现象试写出含有六个碳原子的烷烃的同分异构体。

9. 写出下列物质的分子式和结构式：

（1）丁烷；　　（2）丙烯；　　（3）丙炔；　　（4）酒精；　　（5）丙酮；　　（6）石炭酸。

10. 写出烃的衍生物醇、醛、羧酸的通式，并各举一例。

11. 为什么说苯既有饱和烃的性质，又有不饱和烃的性质？

12. 写出乙醛进行银镜反应的化学式。

第二篇

分 析 化 学

第四章 水质分析基本知识

第一节 定量分析概述

一、分析化学任务和作用

分析化学是化学学科的一个重要分支，是研究物质化学组成的科学。分析化学的任务是鉴定物质的化学结构、化学成分及测定各成分的含量，它们分别属于结构分析、定性分析和定量分析的研究内容。

分析化学不仅对化学各学科的发展起着重要的作用，而且在国民经济各领域、国防建设和科学研究中都有广泛的实际应用。化学学科的其他分支——无机化学、有机化学、物理化学、高分子化学和放射化学等，与分析化学有着紧密的关系；其他学科，如生物学、物理学、医药学、考古学、海洋学、天文学等，也都广泛应用到分析化学。

由此可见，分析化学在实现我国工业、农业、国防和科学技术现代化的进程中具有重要的作用。

二、分析方法分类

分析化学的应用领域非常广泛，采用的方法也多种多样。根据分析任务、分析对象、操作方式、方法原理和具体要求的不同，可以把分析方法划分为以下许多类型。

（一）结构分析、定性分析和定量分析

根据分析的任务可以把分析化学区分为以下三类：

（1）结构分析，研究物质的分子结构和晶体结构；

（2）定性分析，鉴定物质是由哪些元素、原子团、官能团或化合物所组成的；

（3）定量分析，测定物质中有关组分的含量。

（二）无机分析和有机分析

根据分析对象的化学属性可区分为无机分析和有机分析两类。

（1）无机分析的对象是无机物，主要作定性分析和定量分析，有时也要作晶体结构的测定。

（2）有机分析的对象是有机物，主要是进行官能团的鉴定，元素或化合物的定性分析和定量分析，以及分子结构分析。

（三）常量分析、微量分析和痕量分析

根据试样用量的不同，可分为表 4-1 所示的几种分析方法。

表 4-1   按试样用量分类的分析方法

方 法 名 称	试样质量（mg）	试液体积（mL）	方 法 名 称	试样质量（mg）	试液体积（mL）
常量分析	>100	>10	微量分析	0.1~10	0.01~1
半微量分析	10~100	1~10	超微量分析	<0.1	<0.01

表 4-2   按被测组分含量分类的分析方法

方　法　名　称	相对含量（%）
常量组分分析	>1
微量组分分析	0.01～1
痕量组分分析	<0.01

以上是根据测定时试样用量多少进行分类，并不表示它们与被测组分的质量百分数之间的关系。若依据被测组分在样品中的相对含量，还可分为表 4-2 所示的几种方法。

（四）化学分析和仪器分析

根据分析时所依据的物质性质可分为化学分析和仪器分析两大类。

1. 化学分析法

化学分析法是以物质的化学反应为基础的分析方法。化学分析法历史悠久，是分析化学的基础，所以又称经典分析法，主要有重量分析法和滴定分析法（容量分析法）等。

（1）重量分析法。根据反应产物（一般是沉淀）的质量来确定被测组分在试样中的含量。例如，测定试样中钡的含量，称取一定量的试样溶解后，加入过量的沉淀剂稀硫酸，使钡形成 $BaSO_4$ 沉淀，将沉淀过滤、洗涤、灼烧后称重，从而测得试样中钡的质量百分数。

重量分析法适用于常量组分的测定，可以获得很准确的分析结果，但其操作较麻烦，耗费时间较多。

（2）滴定分析法。将已知准确浓度的试剂溶液，由滴定管滴加到被测物质的溶液中，直到化学反应完全为止。根据试剂与被测物质之间的化学计量关系，通过测量所消耗的试剂溶液的体积，从而求得被测组分的含量。此方法亦称为容量分析法。例如，Fe^{2+} 的测定，在酸性试液中用已知浓度的 $K_2Cr_2O_7$ 溶液滴定，当 Fe^{2+} 被定量氧化为 Fe^{3+} 后，稍过量一点的 $K_2Cr_2O_7$ 就使指示剂变色，滴定便到此终止。根据 $K_2Cr_2O_7$ 溶液的浓度和消耗的体积，由 $K_2Cr_2O_7$ 和 Fe^{2+} 反应的化学计量关系，便可求得 Fe^{2+} 的含量。

滴定分析法适用于常量组分的测定，比重量分析法简便、快速，准确度也高，因此应用比较广泛。根据化学反应类型的不同，滴定分析法可分为酸碱滴定法、配位滴定法、氧化还原滴定法和沉淀滴定法。

2. 仪器分析法

以物质的物理性质和物理化学性质为基础的分析方法，称为物理化学分析法。由于这类方法都需要使用较特殊的仪器，所以现在一般称为仪器分析法。主要的仪器分析法有以下几种。

（1）光学分析法。通常包括以下几种方法。

1）吸光光度法，是基于物质对光的选择性吸收而建立起来的分析方法，包括比色法、紫外—可见分光光度法、红外分光光度法等。

2）发射光谱法，是根据物质受到热能或电能的激发后所发射的特征谱线来进行定性和定量分析的方法。主要有原子发射光谱法、火焰分光光度法等。

3）原子吸收光谱法，是基于被测物质所产生的原子蒸气对其特征谱线的吸收作用进行定量分析的方法。

（2）电化学分析法。根据被分析溶液的各种电化学性质来确定其组成及含量的分析方法。它主要有电位分析法、电解分析法、伏安分析法和极谱分析法等。

（3）色谱分析法。不同的物质在不同的两相，即固定相和流动相中具有不同的分配系数，当这些物质随着流动相移动时，在两相间反复多次分配，从而使各物质得到完全的分离，这种分离技术称为色谱法，亦称作色层法或层析法。这种分离技术应用于分析测定，就是色谱分析法。它主要有液相色谱法（包括柱色谱、纸色谱、薄层色谱等）和气相色谱法。

近年来，新的仪器分析法不断涌现，大多是物理分析方法，如质谱法、核磁共振波谱法、X—射线分析法、电子探针分析法、中子活化分析法、光声光谱法等。

仪器分析具有快速、灵敏的特点，适用于微量和痕量组分的测定。许多仪器分析法还是定性分析和结构分析的重要手段。

以上各种分析方法都有其特点，也各有一定的局限性。在进行分析工作时，应根据被测物质的性质、含量、试样的组成和对分析结果准确度的要求，选择适当的分析方法。

三、定量分析过程

定量分析的任务是测定物质中有关组分的含量。要完成一项定量分析工作，通常包括以下几个步骤。

（一）取样

对某一物质进行定性或定量分析时，每次分析所取该物质的量是很少的。为了使少至不到1g 的样品的组分含量能代表多至数千吨物料的含量，首先要保证取到能代表被测物料的平均组分的样品。若所取的样品的组成没有代表性，进行分析工作是毫无意义的，甚至可能导致错误的结论，造成巨大的损失。

具体的取样方法，根据分析对象的性质、形态、均匀程度和分析测定目的要求的不同而有所差异。

（二）分解试样

定量分析一般采用湿法分析，通常将试样分解后转入溶液中，然后进行测定。根据试样性质的不同，采用不同的分解方法。最常用的是酸溶法，也可采用碱溶法或熔融法。

（三）测定

根据被测组分的性质、含量和对分析结果准确度的要求，并根据实验室的具体条件，选择合适的分析方法进行测定。各种方法在准确度、灵敏度、选择性和适用范围等方面有较大的差别，所以应该熟悉各种方法的特点，做到能根据需要正确选择分析方法。

复杂物质中常含有多种组分，在测定其中某一组分时，共存的其他组分常发生干扰，应当设法消除。消除干扰的方法主要有两种，一种是掩蔽方法；另一种是分离方法。常用的掩蔽方法有配位掩蔽法、沉淀掩蔽法、氧化还原掩蔽法和动力学掩蔽法。掩蔽法是一种比较简单、有效的方法，但在许多情况下，若没有合适的掩蔽方法，就需要将被测组分与干扰组分进行分离。常用的分离方法有沉淀分离、萃取分离、离子交换和色谱分离等。

（四）计算分析结果

根据试样的用量、测量所得的数据和分析过程中有关反应的计量关系，计算出试样中待测组分的含量。

（五）评价分析结果的可信赖程度

根据反复多次的测定结果，用统计处理方法对分析数据和测定结果的可信赖程度进行评价，以便分析误差的来源和合理地表示分析结果。

四、定量分析结果表示

（一）被测组分的化学形式表示方法

对所测定的组分通常使用以下几种表示形式。

1. 以实际存在的形式表示

例如，测得试样中氮的含量以后，可根据氮在试样中的实际存在情况，以 NH_3、NO_3^-、N_2O_5、N_2O_3 或 NO_2^- 等形式的含量表示分析结果。又如，对食盐水电解液的分析，常以被测组分实际存在形式，即以 K^+、Na^+、Ca^{2+}、Mg^{2+}、SO_4^{2-}、Cl^- 等离子形式的含量来表示分析结果。

2. 以元素的形式表示

例如，在对合金或金属以及有机物的分析时，常以元素的形式，如 Fe、Cu、Mo 和 C、H、O、N、S 等的含量来表示分析结果。

3. 以氧化物形式表示

例如，在对矿石或土壤的全分析时，各种被测元素的含量通常以其氧化物的形式，如 K_2O、Na_2O、CaO、MgO、FeO、Fe_2O_3、SO_3、P_2O_5 和 SiO_2 等的含量来表示。

4. 以化合物形式表示

例如，在对化工产品的规格进行分析以及对一些简单的无机盐和化学试剂进行测定时，则多以其化合物组成的形式表示。如硝酸钾和氯化钾等化工产品的分析结果，常用化合物形式 KNO_3 和 KCl 表示其主要成分的含量。

以上几种方式仅是一般的表示形式，根据工作的需要和沿用的习惯，常常有许多例外。如分析铁矿石的目的是为了寻找炼铁的原料，这时应以金属铁的含量而不是铁的氧化物形式来表示分析的结果；又如在农业上对土壤、肥料或或植株中氮、磷、钾的测定，现在都以元素的形式来表示了。

（二）被测组分含量的表示方法

由于被测样品物理状态和被测组分含量的不同，其计量的方式和单位有所差异，故被测组分含量的表示方法也有所不同。

1. 固体试样

被测组分在固体试样中的含量，通常以质量分数这一物理量来表征。

质量分数的全称为"物质 B 的质量分数"，符号为 w_B，定义为"物质 B 的质量与混合物的质量之比"，即

$$w_B = \frac{m_B}{m_T} \tag{4-1}$$

式中，m_B 为物质 B 的质量；m_T 为混合物的质量；m_B 和 m_T 的单位应相同。

由定义可知，质量分数 w_B 的数值应小于 1，为小数或分数；只有当 m_B 等于 m_T，即纯净物的 w_B 才等于 1。

质量分数符号 w_B，也可以写成 $w(B)$ 的形式，括号内通常为物质 B 的化学式。

在实际工作中通常使用的百分比符号"%"，是质量分数的一种特殊的表示形式。

在化学分析中，为表示固体试样中被测组分的含量多少，最常用的是质量百分数"%（m/m）"。设被测组分为 X，则其在试样中含量的质量百分数计算式为

$$X\% = \frac{m_X}{m_S} \times 100(\%) \tag{4-2}$$

式中，m_X 为被测组分的质量（g）；m_S 为试样的质量（g）；$X\%$ 为"$w(X)/(\%)$"的简略表示形式，即 X 的质量分数以"%"为单位。

例如，铜合金中含铜 60.56%（m/m），表示质量为 100g 的铜合金中含铜 60.56g。换言之，铜合金中铜的质量百分数为 60.56，或铜合金中 $Cu\% = 60.56$（或 $w_{Cu} = 60.56 \times 10^{-2}$）。

2. 液体试样

由于液体试样可以用质量或体积来计量，所以被测组分的含量可用下列几种方式来表示。

（1）质量百分数"%（m/m）"，表示被测组分在试液中的质量分数，以"%"为单位表达。

这种表示方式与固体试样相同。当液体试样用这种方式表示时，其数值不受温度的影响。倘若被测组分的含量很低，用"%"为单位表示，其数值很小时，则可改用"10^{-6}"或"10^{-9}"为单位来表示其数值。

(2) 体积百分数"% (V/V)"，被测组分在试液中的体积分数，以"%"为单位表达。这种表示方式可理解为100mL试液中被测组分所占的体积（mL），用公式表示则为

$$X\% = \frac{V_X}{V_S} \times 100(\%) \tag{4-3}$$

式中，V_X 为被测组分的体积（mL）；V_S 为试液的体积（mL）；$X\%$ 为 X 的体积分数，以"%"为单位，即"$\varphi(X)/(\%)$"的简略表示形式。

例如，75%（V/V）乙醇溶液，表示100mL乙醇溶液中含乙醇75mL。

倘若试液中被测组分所占的体积很小，其体积分数不便用"%"为单位为表示，则可改用"10^{-6}"或"10^{-9}"为单位表示。

(3) 质量浓度，亦称质量体积百分数"% (m/V)"，表示100mL试液中所含被测组分的质量（g）。其计算公式为

$$X\% = \frac{m_X}{V_S} \times 100\% \tag{4-4}$$

式中，m_X 为被测组分的质量（g）；V_S 为试液的体积（mL）。

例如，15.45%（m/V）$AgNO_3$ 溶液，表示在100mL $AgNO_3$ 溶液中含有 $AgNO_3$ 15.45g。

尽管这种表达方式在以前有较广的应用范围，但随着新计量法的颁布和实施，应当使用意义明确的物理量"物质B的质量浓度（ρ_B）"及相应的计量单位，即以一定体积的试液中所含被测组分的质量来表示

$$\rho_X = \frac{m_X}{V_S} \tag{4-5}$$

式中，m_X 为被测组分的质量；V_S 为试液的体积。ρ_X 的单位在分析化学中常用 g/L、mg/L、μg/L，有时也可用 mg/mL 或 μg/mL 来表示。

上述15.45%（m/V）$AgNO_3$ 溶液，如果用质量浓度表示，则可写成 $\rho_{AgNO_3} = 154.5$g/L，这样的表示方式更为明确。

3. 气体试样

气体通常以体积来度量，因此气体试样中被测组分的含量，一般以体积分数来表示。对于常量组分，其体积分数常以"%"为单位，而对于微量组分，其体积分数则以"10^{-6}"或"10^{-9}"为单位，表示方式和符号与液体试样的体积分数相同。

第二节　滴定分析法概述

滴定分析法和重量分析法是定量化学分析的基本方法。滴定分析法主要有酸碱滴定法、配位滴定法、氧化还原滴定法及沉淀滴定法。

一、滴定分析法特点

进行滴定分析时，通常将被测溶液置于锥形瓶（或烧杯）中，然后将已知准确浓度的试剂溶液滴加到被测溶液中，直到所加的试剂与被测物质按化学计量定量反应为止，然后根据试剂溶液的浓度和用量，计算被测物质的含量。

这种已知准确浓度的试剂溶液，称为"滴定剂"。将滴定剂通过滴定管计量并滴加到被测物

质溶液中的过程，称为"滴定"。当所加滴定剂的物质的量与被测组分的物质的量之间，恰好符合滴定反应式所表示的化学计量关系时，反应到达"化学计量点"。化学计量点通常借助指示剂的变色来确定，以便终止滴定。在滴定过程中，指示剂正好发生颜色变化的转变点（变色点），称为"滴定终点"。滴定终点与化学计量点不一定恰好吻合，由此造成的分析误差，称为"终点误差"或"滴定误差"。

滴定分析法通常用于测定常量组分，有时也能用来测定微量组分。与重量分析法相比，滴定分析法简便、快速，可用于测定很多元素，而且有足够的准确度，在较好的情况下，测定的相对误差不大于 0.2%。因此，滴定分析法在生产实践和科学实验中具有很大的实用价值。

二、滴定分析法对化学反应的要求和滴定方式

（一）滴定分析法对化学反应的要求

适合滴定分析法的化学反应，应该具备以下几个条件。

（1）反应必须定量完成。即反应按一定的反应方程式进行，没有副反应，而且进行完全，通常要求达到 99.9% 以上，这是定量计算的基础。

（2）反应能够迅速地完成。对于速度较慢的反应，有时可通过加热或加入催化剂等方法来加快反应速度。

（3）能有适当的方法确定反应的化学计量点。

（二）滴定分析法对化学反应的滴定方式

滴定分析法可以通过以下几种方式实现化学反应的滴定分析。

1. 直接滴定法

对于一些被测组分，如能找到满足上述三项要求的滴定反应时，即可选用适当的标准溶液（滴定剂）直接进行滴定，这种方式称为直接滴定法。这是滴定分析中所采用的主要方式。但是，有时反应不能完全符合上述要求，则可以采用以下办法实现滴定，这样能大大扩展滴定分析的实际应用范围。

2. 返滴定法

当被测物质与滴定剂反应很慢，或者用滴定剂直接滴定固体试样时，反应不能立即完成。此时可先准确地加入过量的滴定剂，使反应加速。待反应完成后，再用另一种标准溶液滴定剩余的滴定剂。这种滴定方式称为返滴定法或回滴法。例如，Al^{3+} 与 EDTA 的反应速度太慢，不能直接用 EDTA 滴定 Al^{3+}。此时，可先加入一定量过量的 EDTA 标准溶液，并加热使之反应加快和完全，剩余的 EDTA 可用 Zn^{2+} 标准溶液滴定。又如，用盐酸滴定固体 $CaCO_3$ 试样，因 $CaCO_3$ 溶解较慢，故可先加入一定量过量的盐酸标准溶液，并加热加速反应，待反应完全后，可用 NaOH 标准溶液滴定剩余的盐酸。

有时采用返滴定法是由于没有合适的指示剂。如在酸性溶液中用 $AgNO_3$ 滴定 Cl^-，缺乏合适的指示剂。此时，可先加入一定量过量的 $AgNO_3$ 标准溶液使 Cl^- 沉淀完全，再用 NH_4SCN 标准溶液滴定过量的 Ag^+，以铁铵矾为指示剂，当出现 $[Fe(SCN)]^{2+}$ 的淡红色时即为终点。

3. 置换滴定法

有些物质在不能直接滴定时，可先用适当试剂与被测物质起反应，并置换出一定量能被滴定的物质来，然后用合适的滴定剂进行滴定，这种方式称为置换滴定法。例如，不能用 Na_2SO_3 标准溶液直接滴定 $K_2Cr_2O_7$ 及其他强氧化剂，因强氧化剂会将 $S_2O_3^{2-}$ 氧化为 $S_4O_6^{2-}$ 及 SO_4^{2-} 等的混合物，反应没有确定的计量关系。此时，在 $K_2Cr_2O_7$ 的酸性溶液中加入过量的 KI，使 $K_2Cr_2O_7$ 还原并置换出一定量的 I_2，就可以用 $Na_2S_2O_3$ 标准溶液直接滴定析出的 I_2，从而求出

$K_2Cr_2O_7$ 或其他氧化剂的含量。

4. 间接滴定法

不能与滴定剂直接反应的物质，有时可以通过另外的化学反应间接地进行测定。例如，Ca^{2+} 在溶液中没有可变价态，不能直接用氧化还原法滴定。但若先将 Ca^{2+} 沉淀为 CaC_2O_4，过滤洗净后用 H_2SO_4 溶解，再用 $KMnO_4$ 标准溶液滴定与 Ca^{2+} 结合的 $C_2O_4^{2-}$，从而可间接测定 Ca^{2+} 的含量。

三、溶液浓度

在化学领域中，许多实验研究工作都涉及到溶液或试剂的浓度。在分析化学中所用的溶液，大体可以分为两类，一类是要求具有相当准确浓度（通常要求有 4 位有效数字）的溶液，如各种标准溶液等；另一类是对浓度的准确度要求不高的溶液，如一般使用的酸、碱、盐溶液，缓冲溶液，指示剂、沉淀剂、洗涤剂和显色剂溶液等。下面分别介绍化学分析中常用的各种溶液浓度的表示方法。

（一）物质 B 的物质的量浓度或物质 B 的浓度

"物质 B 的物质的量浓度"，也称为"物质 B 的浓度"，定义为"物质 B 的物质的量除以溶液的体积"，量符号为 c_B，其表达式为

$$c_B = \frac{n_B}{V} \tag{4-6}$$

式中，n_B 为物质 B 的物质的量，V 为溶液的体积。

物质 B 的物质的量浓度 c_B 的法定计量单位为 mol/L。在化学中常用的单位为 mol/L 或 mmol/L。有时也可以用 [B] 表示物质 B 的量浓度。c_B 一般指总浓度，而 [B] 指平衡浓度，如乙酸的总浓度可写成 c_{HAc} 或 $c(HAc)$，当 HAc 在水溶液中离解达到平衡时，溶液中各组分的浓度可记作 [HAc] 和 [Ac^-]，且 $c(HAc) = [HAc] + [Ac^-]$。

从定义可知，量浓度 c_B 是物质的量 n_B 的导出量，在使用时必须指明基本单元。这里所说的基本单元，除原子、分子、离子、电子外，还包括这些粒子的待定组合，也可以是想象的或根据需要假设的实际上并不存在的粒子或其分割的组合。因此，同一物质，在同一系统中，以不同的基本单元形式所表达的物质的量是不同的，由此所表达的量浓度也是不同的。当某一物质 X 分别以基本单元 X 和与 $\frac{1}{Z}X$ 表示时，则两种基本单元的量浓度之间有下列关系式

$$c\left(\frac{1}{Z}X\right) = Z \cdot c(X) \tag{4-7}$$

式中，Z 为正整数；$\frac{1}{Z}$ 为粒子分数；Z 决定于离子的电荷数或特定的化学反应式。

例如，$c\left(\frac{1}{2}H_2SO_4\right) = 2c(H_2SO_4)$，$c\left(\frac{1}{6}K_2Cr_2O_7\right) = 6c(K_2Cr_2O_7)$，即在同一系统中，当 $c(H_2SO_4) = 0.1mol/L$ 时，则 $c\left(\frac{1}{2}H_2SO_4\right) = 0.2mol/L$；当 $6c(K_2Cr_2O_7) = 0.1mol/L$ 时，则有 $c\left(\frac{1}{6}K_2Cr_2O_7\right) = 0.6mol/L$。

物质 B 的量浓度在分析化学中是一个极重要的物理量，根据摩尔质量 M_B 和量浓度 c_B 的定义，可以导出质量 m_B（g）、摩尔质量 M_B（g/mol）、物质的量 n_B（mol）和量浓度 c_B（mol/L）之间的关系式 [溶液的体积为 V（L）] 为

$$c_B = \frac{n_B}{V} = \frac{m_B}{M_B V} \tag{4-8}$$

$$n_B = \frac{m_B}{M_B} = c_B V \tag{4-9}$$

$$m_B = n_B M_B = c_B M_B V \tag{4-10}$$

（二）物质 B 的质量浓度

物质 B 的质量浓度，量符号为 ρ_B，定义为"物质 B 的质量除以混合物的体积"，其表示式为

$$\rho_B = \frac{m_B}{V} \tag{4-11}$$

式中，m_B 为物质 B 的质量；V 为溶液的体积。

质量浓度的单位为 kg/m^3，在分析化学中常用 g/L、mg/L 或 $\mu g/L$ 等单位。

对由固体试剂配制的溶液，往往用这种浓度的表示方式，如 ρ（NaCl）＝10.00g/L，是称取 10.00g NaCl 固体，用水溶解后稀释至 1L，即 1L NaCl 溶液中含有 NaCl 10.00g，而不是 1L 水中含 NaCl 10.00g，两种概念和配制方法不要混淆。

有时溶液的体积可用 mL 为单位，如在原子吸收或分光光度分析工作中使用的标准溶液常用 $\mu g/mL$ 为单位，如 ρ_{Cu}＝5.00$\mu g/mL$。

（三）溶质 B 的质量摩尔浓度

溶质 B 的质量摩尔浓度的量符号为 b_B（或 m_B），定义为"溶液中溶质 B 的物质的量除以溶剂的质量"，即

$$b_B = \frac{n_B}{m_A} \tag{4-12}$$

式中，n_B 为溶质 B 的物质的量；m_A 为溶剂的质量。

溶质 B 的质量摩尔浓度的单位为 mol/kg，或 mmol/kg 和 $\mu mol/kg$。

用这种方式表示溶液的浓度，优点是其量值不受温度的影响，缺点是使用不方便，因而在分析化学中一般较少使用。

（四）物质 B 的质量分数

溶液的浓度也可以用质量分数来表示。根据该物理量的定义，物质 B 的质量分数为作为溶质的物质 B 的质量与溶液质量之比，即

$$w_B = \frac{m_B}{m} \tag{4-13}$$

式中，m_B 为溶质 B 的质量，m 为溶液的质量，两者取相同的质量单位。

例如，取 10g NaOH，溶于 90g 水中，该氢氧化钠溶液的质量分数为

$$w(NaOH) = \frac{10}{10+90} = 0.10 = 10\%$$

质量分数是两物质质量的比值，为无量纲量。

书写时，必须把量符号与浓度值同时完整地写出，如上述"氢氧化钠溶液[$w(NaOH)$＝10%]"，不应记作"氢氧化钠溶液（10%）"或"10%NaOH"，否则就不能辨明是溶质与溶液的质量比，还是溶质与溶剂的质量比，有时还会误认为是体积比，而与体积分数相混淆。

用液体试剂配制的溶液的浓度，也可以用质量分数来表示。例如取 5.00mL 浓硫酸[密度 ρ＝1.84g/mL，w（H_2SO_4）＝98%]，溶于 1kg 纯水中，则所配成的稀硫酸溶液的质量分数为

$$w(H_2SO_4) = \frac{5.00 \times 1.84 \times 0.98}{5.00 \times 1.84 + 1000} = 8.9 \times 10^{-3} = 0.89\%$$

（五）物质 B 的体积分数

物质 B 的体积分数，量符号为 φ_B，定义为物质 B 与混合物在相同温度和压力下的体积之比

$$\varphi_B = \frac{V_B}{V} \tag{4-14}$$

式中，V_B 为物质 B 的体积；V 为溶液的体积，两者应取相同的体积单位。体积分数为无量纲量，量值常用小数、分数或百分比等表示。

用体积分数表示溶液浓度，其含义是严格而且明确的，它指的是溶质与溶液体积之比，而不是与溶剂体积之比。如取 500mL 纯乙醇用水稀释至 1000mL，与取 500mL 纯乙醇加入 1000mL 水中，两者的浓度是不同的。

上述几种溶液浓度的表达形式，是国际标准和国家标准中所给出的，有其专门的量的名称和符号，也有相应的计量单位和符号，而且都有严格的国际公认的定义。除了上述的浓度表达形式外，在分析化学领域中还有下面几种习惯使用的溶液浓度表达形式。

（六）滴定度

当分析的对象固定，如生产单位对某些组分进行例行分析时，为简化计算起见，常采用滴定度来表示标准溶液的浓度。滴定度是指 1mL 滴定剂标准溶液相当于被测物质的质量，即

$$T(A/B) = m/V \tag{4-15}$$

式中，T（A/B）为标准溶液 A 对被测物质 B 的滴定度；m 为被测物质 B 的质量（g）；V 为标准溶液 A 的体积（mL）。

这样滴定度有单位 g/mL，但这仅仅是为了运算方便而设定的。例如，用 $K_2Cr_2O_7$ 标准溶液滴定 Fe，滴定度 T（$K_2Cr_2O_7$/Fe）$= 0.005000$g/mL，表示每毫升 $K_2Cr_2O_7$ 标准溶液相当于 0.005000g Fe。如果在某次滴定中消耗 23.50mL $K_2Cr_2O_7$ 标准溶液，则被滴溶液中 Fe 的质量为 $0.005000 \times 23.50 = 0.1175$（g）。在书写滴定度符号 T 的下标时，将滴定剂的化学式写在前面，被测物质写在后面，中间的斜线只表示"相当于"的意思，并不代表分数关系。

如果在测定中，固定试样的用量，那么滴定度也可直接表示为 1mL 滴定剂溶液相当于被测物质在试样中的质量百分数（%）。例如，滴定度 T（$K_2Cr_2O_7$/Fe）% $= 2.00$（%）/mL，表示固定试样用量为某一质量时，1mL $K_2Cr_2O_7$ 标准溶液相当于试样中 Fe 的质量百分数为 2.00。若在滴定时消耗 25.05mL $K_2Cr_2O_7$ 标准溶液，则可直接算得试样中 Fe 的质量百分数为 $25.05 \times 2.00 = 50.10$。

（七）稀释度 "$1+x$"

稀释度 "$1+x$" 是指 1 体积的原装酸或碱的浓溶液用 x 体积水稀释而成的溶液的浓度。例如，（$1+5$）HCl 溶液，是指把 1 体积市售原装浓盐酸溶于 5 体积水而成的溶液。注意两者的体积单位相同。这种表示形式亦称为"体积比"，并以符号 "$1:x$" 表示。

四、基准物质和标准溶液

（一）基准物质

用于直接配制标准溶液或标定溶液浓度的物质，称为基准物质。基准物质应符合下列要求：

（1）试剂的组成应与化学式相符。若含结晶水，如 $H_2C_2O_4 \cdot 2H_2O$、$Na_2B_4O_7 \cdot 10H_2O$ 等，其结晶水的含量也应与化学式相符。

（2）试剂的纯度应足够高（99.9% 以上）。

（3）试剂在一般情况下应稳定。例如不易吸收空气中的水分和 CO_2，以及不易被空气所氧化等。

（4）试剂参加反应时，应按反应式定量进行，没有副反应。

（5）试剂应有较大的摩尔质量。这样，称量误差对称量结果的影响相对较小。

常用的基准物质有纯的化合物和纯金属，例如 Na_2CO_3、$H_2C_2O_4 \cdot 2H_2O$、$Na_2B_4O_7 \cdot 10H_2O$、邻苯二甲酸氢钾、$CaCO_3$、$K_2Cr_2O_7$、$NaCl$、金属锌和铜等。

表 4-3 列出一些常用的基准物质及其干燥条件和应用情况。

表 4-3 常用基准物质的干燥条件和应用情况

基 准 物 质		干燥后的组成	干燥条件（℃）	标定对象
名 称	化 学 式			
十水合碳酸钠	$Na_2CO_3 \cdot 10H_2O$	Na_2CO_3	270～300	酸
碳酸氢钠	$NaHCO_3$	Na_2CO_3	270～300	酸
硼 砂	$Na_2B_4O_7 \cdot 10H_2O$	$Na_2B_4O_7 \cdot 10H_2O$	放在装有 $NaCl$ 和蔗糖饱和溶液的密闭器皿中	酸
碳酸氢钾	$KHCO_3$	K_2CO_3	270～300	酸
邻苯二甲酸氢钾	$KHC_8H_4O_4$	$KHC_8H_4O_4$	110～120	碱
二水合草酸	$H_2C_2O_4 \cdot 2H_2O$	$H_2C_2O_4 \cdot 2H_2O$	室温空气干燥	碱或 $KMnO_4$
碳酸钙	$CaCO_3$	$CaCO_3$	110	EDTA
锌	Zn	Zn	室温干燥器中保存	EDTA
氧化锌	ZnO	ZnO	900～1000	EDTA
重铬酸钾	$K_2Cr_2O_7$	$K_2Cr_2O_7$	100～110	还原剂
溴酸钾	$KBrO_3$	$KBrO_3$	130	还原剂
碘酸钾	KIO_3	KIO_3	120～140	还原剂
铜	Cu	Cu	室温干燥器中保存	还原剂
三氧化二砷	As_2O_3	As_2O_3	室温干燥器中保存	氧化剂
草酸钠	$Na_2C_2O_4$	$Na_2C_2O_4$	105～110	氧化剂
氯化钠	$NaCl$	$NaCl$	500～650	$AgNO_3$
氯化钾	KCl	KCl	500～600	$AgNO_3$
硝酸银	$AgNO_3$	$AgNO_3$	220～250	氯化物

（二）标准溶液

标准溶液是用于滴定的具有准确浓度的溶液。在滴定分析法中，不论采用哪一种滴定方法，都离不开标准溶液，否则无法计算分析结果。

标准溶液的浓度要有足够准确的数值，通常用物质的量浓度、质量浓度或滴定度来表示。标准溶液的配制方法有直接法和标定法两种。

1. 直接法

准确称取一定量的基准物质，溶解后准确地配成一定体积的溶液，根据物质的质量和溶液的体积，计算出该标准溶液的准确浓度。例如，准确称取 2.9418g 基准物质 $K_2Cr_2O_7$，用蒸馏水溶解后，定量转移到 1000mL 容量瓶中，用蒸馏水稀释至刻度，摇匀，就配制成 $c(K_2Cr_2O_7) = 0.01000mol/L$ 的标准溶液。

2. 标定法

很多试剂不符合基准物质的条件，不能直接配成标准溶液，则可采用标定法。先将该物质大致按所需浓度配成溶液，然后利用该物质与基准物质（或已知准确浓度的另一溶液）的反应来确定其准确浓度。例如，固体 NaOH 的纯度不高，且易吸收空气中的 CO_2 和水分，欲配制 0.1mol/L NaOH 标准溶液，可先称取 4g 左右的固体 NaOH，溶于 1L 蒸馏水中，然后称取一定量的基准物质如邻苯二甲酸氢钾或草酸标定所配得的溶液，或者用已知准确浓度的盐酸标准溶液进行标定，这样就可求得所配的 NaOH 溶液的准确浓度。

标定时，应至少平行测定 3 份，滴定结果的相对偏差应小于 0.2%，然后取其平均值计算浓度。标定时的实验条件应与用此标准溶液测定某种组分时的条件尽量接近，以抵消由于条件影响可能造成的误差。因此，在实际工作中，有时选用与被分析试样组成相似的"标准试样"来标定标准溶液，使测定条件与标定条件基本一致，以消除某些共存组分对分析结果的影响。

五、滴定分析计算

滴定分析法中涉及到一系列计算问题，如标准溶液浓度的确定和滴定分析结果的计算等。下面主要讨论如何利用物质的量（n_B）、摩尔质量（M_B）、物质的量浓度（c_B）、质量（m）和溶液体积（V）等物理量及其法定的计量单位，以简便合理的规则或方法，来解决滴定分析中有关的一般计算问题。

（一）等物质的量规则

等物质的量规则可表述为：在滴定反应中，待测物质 B 和滴定剂 T 反应完全时，消耗的两种反应物的基本单元的量相等。

应用等物质的量规则时，关键在于选择基本单元。这可根据滴定分析的化学反应实质，先确定某一物质的基本单元，然后据此再确定与之反应的另一类物质的基本单元，并把滴定反应写成基本单元反应式。确定基本单元之后，就可根据下列关系式进行有关计算

$$n_T = n_B \tag{4-16}$$

$$c_T V_T = c_B V_B = \frac{m_B}{M_B} \times 1000 \tag{4-17}$$

$$B\% = \frac{m_B}{m_S} \times 100 = \frac{c_T V_T M_B}{m_S \times 1000} \times 100(\%) \tag{4-18}$$

式中，m_B 和 m_S 以 g 作单位；V_T 和 V_B 以 mL 作单位。

1. 酸碱滴定中基本单元的确定

在酸碱滴定中，反应的实质是质子的转移，因此就以给出或接受一个质子的特定组合作为基本单元。例如，用 NaOH 标准溶液滴定 H_2SO_4 溶液时，则有

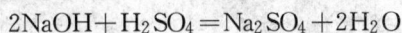

$$2NaOH + H_2SO_4 = Na_2SO_4 + 2H_2O$$

在反应中一个 NaOH 接受一个质子，则以 NaOH 为基本单元，而一个 H_2SO_4 给出两个质子，因此硫酸的基本单元应为 $\frac{1}{2}H_2SO_4$。于是可以把上述化学反应方程式写成基本单元为反应物的反应方程式，即

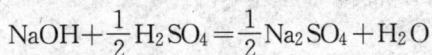

$$NaOH + \frac{1}{2}H_2SO_4 = \frac{1}{2}Na_2SO_4 + H_2O$$

这样就可直接地在反应方程式中明确表达基本单元的形式。

同一物质当它参加不同的反应时，可以有不同的基本单元。例如，NaOH 与 H_3PO_4 的反应

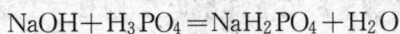

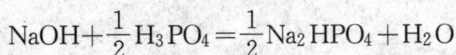

$$NaOH + H_3PO_4 = NaH_2PO_4 + H_2O$$

$$NaOH + \frac{1}{2}H_3PO_4 = \frac{1}{2}Na_2HPO_4 + H_2O$$

磷酸在这两个反应中，它的基本单元分别为 H_3PO_4 和 $\frac{1}{2}H_3PO_4$。

2. 氧化还原滴定中基本单元的确定

在氧化还原滴定中，反应的实质是电子的转移，因此就以给出或接受一个电子的特定组合作为基本单元。例如，在高锰酸钾法中，用 $Na_2C_2O_4$ 为基准物质标定 $KMnO_4$ 溶液浓度时的化学反应方程式为

$$2MnO_4^- + 5C_2O_4^{2-} + 16H^+ \longrightarrow 2Mn^{2+} + 10CO_2 + 8H_2O$$

在此反应中，每个 $Na_2C_2O_4$ 给出 2 个电子，而每个 $KMnO_4$ 接受 5 个电子，故其基本单元分别为 $\frac{1}{2}Na_2C_2O_4$ 和 $\frac{1}{5}KMnO_4$。因此，又可以把上述反应方程式写成以基本单元为反应物的反应方程式，即

$$\frac{1}{5}MnO_4^- + \frac{1}{2}C_2O_4^{2-} + \frac{8}{5}H^+ \longrightarrow \frac{1}{5}Mn^{2+} + CO_2 + \frac{4}{5}H_2O$$

这样就可以直接在反应方程式中明确表达基本单元的形式。

在重铬酸钾法中，在酸性溶液里，$Cr_2O_7^{2-}$ 的氧化还原半反应为

$$Cr_2O_7^{2-} + 14H^+ + 6e \longrightarrow 2Cr^{3+} + 7H_2O$$

可见，1 个 $K_2Cr_2O_7$ 接受 6 个电子，故 $K_2Cr_2O_7$ 的基本单元选为 $\frac{1}{6}K_2Cr_2O_7$。

同样，可以通过其他氧化还原物质所参与的化学反应，由其转移的电子数来确定它们的基本单元。如碘量法中以 $Na_2S_2O_3$ 为基本单元；铈量法中以 $Ce(SO_4)_2$ 为基本单元；溴酸钾法中以 $\frac{1}{6}KBrO_3$ 为基本单元。

3. 配位滴定和沉淀滴定中基本单元的确定

在配位滴定法中，滴定剂 EDTA（H_2Y^{2-}）与金属离子一般形成 1∶1 配合物，故选择 H_2Y^{2-} 为基本单元，并据此确定与之配位的金属离子的基本单元形式。

在沉淀滴定法中，最常用的是银量法，Ag^+ 与 Cl^-、Br^-、SCN^- 等离子形成难溶的银盐沉淀，故以 $AgNO_3$ 为基本单元，并据此确定与之反应的其他物质的基本单元。

下面举例说明等物质的量规则在滴定分析结果计算中的应用。

（二）换算因数法

在应用等物质的量规则时，同一物质当它参加不同的反应时，可以有不同的基本单元，物质的化学式与基本单元的表达形式往往不同，这样常常带来许多不便。

如果不论哪类滴定反应，无论是什么物质，一律以参加反应的分子、原子或离子的化学式作为基本单元。这样，从相应的化学反应方程式，把相关反应物的系数比（计量比或摩尔比）作为换算因数，就可以进行滴定分析的各种计算。这种方法比较直观、规范、通用性好，故本书主要是采用这种计算方法。在各种物理量的量符号中，基本单元一般以下标的形式表达。下面举例说明采用这种方法处理滴定分析计算时，一些基本的计量关系以及有关计算公式的应用。

1. 换算因数的确定

在直接滴定法中，以滴定剂 T 滴定物质 B 时，若所依据的滴定反应方程式为

$$bB + tT = pP + qQ$$

在此反应方程式中，B 的系数是 b，T 的系数为 t，则 B 与 T 反应的计量比为 $b∶t$。滴定至终点时，存在下列计量关系

$$n_B ∶ n_T = b ∶ t \tag{4-19}$$

$$n_B = \frac{b}{t}n_T \tag{4-20}$$

$$c_B V_B : c_T V_T = b : t \qquad\qquad (4\text{-}21)$$

$$c_B V_B = \frac{b}{t} c_T V_T \qquad\qquad (4\text{-}22)$$

式中，$\dfrac{b}{t}$ 即为换算因数，它是反应方程式中 B 与 T 的计量比（系数比）。

在置换滴定法中，涉及两个化学反应，要从两个反应之间找出实际参加反应物质的量的关系，从而求得相应的换算因数。

在间接滴定法中，亦可从相关的几个反应找出被测物质的量与滴定剂的量之间的关系，求得有关的换算因数。

2. 被测组分含量的计算

若称取试样 m_S（g），测得被测组分 B 的质量为 m_B（g），则被测组分在试样中的质量分数以百分数表示时为

$$B\% = \frac{m_B}{m_S} \times 100 \qquad\qquad (4\text{-}23)$$

在滴定分析中，被测组分的量（n_B）是由滴定剂 T 的量浓度（c_T）、体积（V_T）以及滴定剂与被测组分反应的计量比 $\dfrac{b}{t}$ 求得，n_B 乘以被测组分的摩尔质量 M_B，则可得到 m_B，即

$$m_B = \frac{b}{t} c_T \frac{V_T}{1000} M_B \qquad\qquad (4\text{-}24)$$

式中，c_T 的单位为 mol/L；M_B 单位为 g/mol；V_T 单位为 mL。

将式（4-22）代入上式，整理可得

$$B\% = \frac{\dfrac{b}{t} \times c_T V_T \times M_B}{m_S \times 1000} \times 100(\%) \qquad\qquad (4\text{-}25)$$

3. 溶液浓度的相互换算

（1）溶液的稀释。在分析化学中，通常会遇到把浓溶液稀释成工作溶液的操作。溶液经过稀释后，其浓度虽然变化了，但溶液中所含溶质的物质的量没有改变，若以 c_1 和 c_2 分别代表稀释前后溶液的浓度，V_1 和 V_2 分别代表稀释前后溶液的体积，则可得

$$c_1 V_1 = c_2 V_2 \qquad\qquad (4\text{-}26)$$

使用此公式计算时，要注意稀释前后所用的浓度和体积的单位保持一致。

（2）标准溶液的量浓度与滴定度的关系。滴定度是指 1mL 滴定剂溶液相当于被测物质的质量（g）。依据式（4-22），即 $V_T = 1$mL 时的 m_B 等于 $T_{T/B}$。由此可求得，滴定度 $T_{T/B}$ 与滴定剂的量浓度 c_T、反应计量比及被测组分摩尔质量 M_B 之间的关系，即

$$T_{T/B} = \frac{\dfrac{b}{t} c_T M_B}{1000} \qquad (\text{g/mL}) \qquad\qquad (4\text{-}27)$$

（3）质量浓度与量浓度之间的关系。物质的量浓度是以每升溶液所含溶质的量（mol）来表示，而物质的质量浓度则是指每升溶液中所含溶质的质量，若溶质 B 的质量以 g 为单位，依据式（4-5）和式（4-13），则可得

$$\rho_B = \frac{m_B}{V} = \frac{n_B M_B}{V} = c_B M_B \qquad (\text{g/L}) \qquad\qquad (4\text{-}28)$$

第三节 分析化学中的误差和数据处理

在定量分析过程中，由于受到分析方法、实验条件和操作人员等因素的影响，不可能得到绝对准确的结果。也就是说，分析结果必然存在误差。为了得到尽可能准确而可靠的测定结果，就必须分析产生误差的原因；估计误差的大小，即结果的可靠性；科学地处理实验数据，得出合理的分析结果以及采取适当的方法来提高分析的准确度。

一、误差基本概念

（一）误差分类

根据误差产生的原因，可分成系统误差、随机误差和过失误差三类。

1. 系统误差

系统误差是由固定原因造成的，其数值具有单向性，即在同一原因的影响下，其结果总是偏高或总是偏低，因此也称为可测误差。针对误差产生的原因，采取适当的方法可予以消除。产生系统误差的原因主要有以下几种：

（1）方法误差。这是所采用的分析方法本身造成的误差。例如，在重量分析中，由于沉淀的溶解，会使分析结果偏低；而由于杂质的包藏，又会使分析结果偏高。在滴定分析中，终点与化学计量点不一致，或溶液中干扰离子一同被滴定，都会产生系统误差。

（2）仪器误差。分析化学中所用的各种仪器都存在一定的误差。例如，天平两臂长不等。砝码未校准，滴定管、容量瓶和移液管等容量器皿的刻度不准等，都会使测定结果产生误差。玻璃或塑料制的容器所含杂质的溶出，也往往会影响结果的准确度。

（3）试剂误差。所用化学试剂或蒸馏水中若含有干扰测定的组分，必然会造成测定误差。对痕量分析造成的影响尤其严重。作为基准物，如果纯度达不到要求，无疑也会造成系统误差。

（4）操作误差。这是由于分析人员的操作不正确所造成的误差。例如，在称量时未注意样品的吸湿性，在洗涤沉淀时用水过多，在滴定分析中指示剂用量不当等。

（5）主观误差。不同的分析人员即使采用相同的方法，在同样条件下对同一样品的分析也往往会得出不同的结果，因为不同的分析人员判断颜色的能力、估计刻度的习惯等有所不同。有的分析人员为了使测定结果重复，在读数时常常带有主观倾向性，这也会造成主观误差。

2. 随机误差

产生随机误差的原因是不定的，而且往往是不易察觉的。在分析过程中，由于环境条件和测量仪器的微小波动，例如：温度的偶然变化，电压的瞬间变动；或者操作中的微小差异，例如滴定管读数估计的不确定性等，都会导致分析结果的微小波动。这种情况下所产生的误差大小不定，可正可负，完全是随机的。因此这种误差也称为偶然误差或不定误差。这种误差是不可避免的，只能采取一定措施使之减小。为了使分析结果可靠，对这种误差须用统计学的方法来处理。

3. 过失误差

这是由于分析人员的失误所造成的。例如，转移沉淀时丢失，加热溶液时溅失，记错砝码，读错滴定管刻度，计算错误等。这些都是分析人员粗枝大叶、不负责任所造成的失误，不属于我们所要讨论的误差。过失对于分析人员来说必须避免，而且是可以避免的。

（二）准确度和精密度

准确度表示实验值与真实值接近的程度；精密度表示在多次平行试验中，各实验值彼此接近的程度。实验值与真实值越接近，则准确度越高；各实验值彼此越接近，则精密度越高。

某一分析人员在相同条件下，所得分析结果的一致性程度，称为重复性；不同分析人员或不同实验室之间，在各自条件下所得分析结果的一致性程度，称为再现性。

测定结果的精密度高，不一定说明其准确度也高；而要使准确度高，必须以其精密度高为前提。对精密度很差的数据，衡量其准确度是没有意义的。因此，准确度是在一定精密度要求下，所得分析结果（一般为多次测定的算术平均值）与真实值接近的程度。

（三）误差和偏差

1. 误差

测量结果的准确度用误差来表示。若测量值为 x，真实值为 x_T，则误差 E 为两者之差，即

$$E = x - x_T \tag{4-29}$$

当 $E > 0$ 时为正误差，$E < 0$ 时为负误差，E 又称为绝对误差，表示测量值与真实值的绝对差值。绝对误差不能完全地反映测量结果的准确度。例如，用某天平称量的绝对误差为 1mg，当试样分别为 1g 和 10mg 时，其准确度显然有很大差别，因此引入相对误差的概念。某测量值的相对误差是其绝对误差与真实值的比值，通常以千分数（‰）表示为

$$\frac{E}{x_T} \times 1000‰ = \frac{x - x_T}{x_T} \times 1000‰ \tag{4-30}$$

由于真实值一般难以绝对准确地测得，故常以用可靠方法进行大量准确测量所得的平均值来代替。

2. 偏差

测量结果的精密度用偏差来表示。设某次测量值为 x，经多次平行测量，所得结果的算术平均值为 $\bar{x}$，则偏差 d 为两者之差，即

$$d = x - \bar{x} \tag{4-31}$$

式中，d 又称为绝对偏差，有正、负偏差之分。同样，定义相对偏差为

$$\frac{d}{x} \times 1000‰ = \frac{x - \bar{x}}{x} \times 1000‰ \tag{4-32}$$

单次测量的偏差的代数和必为 0，因此不能用它来表示一组测量的精密度，而通常用单次测量偏差的绝对值的平均值来表示其精密度，此称为平均偏差，用 $\bar{d}$ 表示

$$\bar{d} = \frac{|d_1| + |d_2| + |d_3| + \cdots + |d_n|}{n} = \frac{1}{n}\sum_{i=1}^{n}|d_i| \tag{4-33}$$

同样，常用相对平均偏差来表示一组测量的精密度，即

$$\frac{\bar{d}}{x} \times 1000‰ = \frac{\frac{1}{n}\sum_{i=1}^{n}|d_i|}{\bar{x}} \times 1000‰ \tag{4-34}$$

平均偏差和相对平均偏差均无正负号。

在对样品进行实际分析时，往往只能从大量试样中取出很少一部分来做分析，所分析对象的全体，称为总体或母体；从中随机取出的一部分，称为样本或子样；样本中所含测定值的数目，称为样本容量。

3. 标准偏差

在用统计方法处理数据时，常用标准偏差来表示一组测量的精密度。应用于大量测量数据的情况下。在有限次测量中，样本标准偏差用 s 表示

$$s = \sqrt{\frac{\Sigma(x_i - \bar{x})^2}{n-1}} \tag{4-35}$$

式中，$\bar{x}$ 为样本平均值；$(n-1)$ 为自由度。

样本的相对标准偏差（又称变异系数）为

$$\eta = \frac{s}{\overline{x}} \times 1000‰ \qquad (4\text{-}36)$$

采用标准偏差表示精密度的优点是不仅可避免各次测量值的偏差相加时正负抵消的问题，而且可强化大偏差的影响，能更好地说明数据的分散程度。

（四）分析数据异常值的取舍

在进行若干份平行测定时，有时会出现个别数值比其他数值大得多或小得多的情况，这些数值称为异常值。对异常值不能随意取舍，特别是在数据个数较少的情况下，异常值的取舍对测量结果的影响很大，因此必须慎重对待。要决定异常值保留与否，一方面要考虑到由于随机误差的存在，从统计学的角度讲，允许数据有一定的合理波动范围；另一方面又要考虑到在实验中过失存在的可能性。因此，首先应该分析和检查在实验中有无过失，如果无充分根据，就不应轻易舍去该异常值，而应该用统计学的方法进行检验。现在给大家主要介绍四倍偏差检验法。

通常按如下步骤进行检验：

(1) 求异常值 x_D 之外的各数据的平均值 $\overline{x}$；

(2) 求异常值之外的各数据对 $\overline{x}$ 的平均偏差 $\overline{d}$；

(3) 计算异常值与 $\overline{x}$ 的差值 $|x_D - \overline{x}|$；

(4) 求 $\dfrac{|x_D - \overline{x}|}{\overline{d}}$ 比值，若大于 4，则舍去 x_D，否则保留。

二、提高分析结果准确度的方法

为了得到较准确的分析结果，在实际工作中应注意以下一些问题。

（一）选择合适的分析方法

测定某一组分可以有很多分析方法，在实际工作中要根据分析的要求、组分的含量和实验室条件等从中选择合适的方法。对组分含量较高、分析准确度要求较高的试样，一般采用化学分析法；而对组分含量较低、分析灵敏度要求较高的试样，则应采用仪器分析法。例如，要测定铁矿石中铁的含量，由于其含量较高，而且对分析准确度要求也高，就应选用滴定分析法；而要测定天然水中铁的含量，因其含量一般较低，用化学分析法无法测定，则应选用分光光度法等灵敏度较高的仪器分析法。此外，由于一般试样成份比较复杂，应尽量选用共存组分不会干扰的方法，即选择性较好的方法。例如，用重量分析法测定镍时，若用碱作沉淀剂，则会引入大量其他离子；而用丁二酮肟作沉淀剂，则干扰很少，有很好的选择性。

（二）减小测量误差

各测量值的误差会影响最后分析结果的准确度，因此提高测量值的准确度，就可减小分析结果的误差。在化学分析中，测量的量主要是质量和体积。

分析天平的称量误差为 0.1mg，每个数据都通过两次称量得到，极值误差为 $2 \times 0.1 = 0.2$（mg）。若要使称量的相对误差小于 1‰，则要求称样质量至少为

$$称样质量 = \frac{绝对误差}{相对误差} = \frac{0.2mg}{1‰} = 200mg$$

可见，分析试样或重量分析中的沉淀质量不应少于200mg。

在滴定分析中，滴定管的读数误差为 0.01mL，每个数据都通过两次读数差减得到，极值误差为 $2 \times 0.01 = 0.02$（mL）。若要使测量体积的相对误差小于 1‰，则要求消耗的溶液体积至少为

$$滴定体积 = \frac{0.02mL}{1‰} = 20mL$$

可见，消耗的滴定剂体积应在 20mL 以上。

若准确度的要求不同，则对称量和体积测量误差的要求也不同。例如，在仪器分析中，由于被测组分含量较低，相对误差可允许达到 20‰，而且所称的试样量也较多，如可达 0.5g，这时

$$称量的绝对误差＝相对误差×试样质量＝20‰×0.5g＝0.01g$$

也就是说，不用分析天平就可满足准确度的要求。

（三）减小随机误差

在分析过程中，随机误差是无法避免的，但根据统计学原理，通过增加测定次数，可提高平均值的精密度；测定次数增加过多，效果并不明显。因此，通常测定次数不超过 5 次，即使准确度要求较高时，一般也不超过 10 次。否则，花费物力和时间较多，而准确度的提高并不很大，反而得不偿失。

（四）消除系统误差

系统误差是由于固定的原因产生的，因此消除这些误差的来源就可消除系统误差。具体方法有以下几种：

（1）空白试验。不加待测试样，而与待测试样同时进行平行试验，这样测得的数值称为空白值。它包含了试剂、蒸馏水或器皿中杂质带来的干扰。从待测试样的测定值中扣除空白值，就可消除上述因素带来的系统误差。如果空白值过高，则要找出原因，采取其他措施（如提纯试剂、更换容器等）来加以消除。

（2）校准仪器。天平砝码和容量器皿所带来的误差，可通过相应校准的办法来消除。将测量值加上校正值就可得到较准确的结果。

（3）校正分析结果。如果分析方法本身造成系统误差，则可用其他分析方法对其结果加以校正。例如，用电解法不能将溶液中的铜全部析出，则可用分光光度法测出电解后溶液中残留的铜，将其结果加到电解法得到的结果中去，于是可得到较准确的结果。如果溶液中有杂质干扰，使分析结果偏高，则可用其他方法测出杂质含量，从已得到的结果中扣除相应数值，同样可提高分析结果的准确度。

三、有效数字及计算规则

（一）有效数字

有效数字是在测量中能得到的有实际意义的数字，即所有准确数字加一位可疑数字。例如，分析天平可以称到 0.1mg，如果试样质量称得是 1.3576g，则其中前四位数字是准确数字，最后一位数字"6"是可疑数字，有效数字共有五位。超出仪器的准确度而记录下来的数字是无意义数字，即不是有效数字。

可按以下原则来判别某数据的有效数字位数：

（1）"0"是不是有效数字，要根据其在数字中的位置来确定。处于两个非"0"数字之间的是有效数字；处于非"0"数字之间的不是有效数字；处于非"0"数字之后的应是有效数字。例如，10.05 是四位有效数字，0.034 是两位有效数字，1.60 是三位有效数字。如果要改换单位，则要注意不能改变有效数字的位数。例如，"5.7g"只有两位有效数字，若改用 mg 表示，就不能写成"5700mg"，因为这样表示变成了 4 位有效数字，是不合理的，而应表示成"5.7×10^3mg"。

（2）首位数为"9"的数字的有效数字位数可多计一位。例如，"9.31"可认为是 4 位有效数字。

（3）计算式中的系数（倍数或分数）或常数（如 π、e 等）的有效数字位数，可以认为是无限制的。

（4）对数的有效数字位数取决于尾数部分的位数。例如，$\lg K = 10.34$，为两位有效数字，pH 值 $= 2.08$，也是两位有效数字。

（二）数字的修约规则

在计算过程中，有时根据有效数字位数的需要须去掉多余的数字，这称为对数字进行修约。比较合理的修约方法是"四舍六入五成双"，即在需要保留位数的下位数是 4 或 4 以下就舍去；是 6 或 6 以上就在上位数加"1"；是 5 则须根据上位数是奇数还是偶数来决定舍去或进位，奇数则进，偶数则舍，即要使上位数成为偶数；但若 5 后面还有其他不为 0 的数字，则须进位。

【例 4-1】 将下列各数修约为 3 位有效数字：1.5234，1.856，1.135，1.745，1.64501。

解 1.5234 的第四位数为 3，应舍去，修约为 1.52；

1.856 的第四位数为 6，应进位，修约为 1.86；

1.135 的第四位数为 5，而上位数为 3，是奇数，应进位，修约为 1.14；

1.745 的第四位数也为 5，但上位数为 4，是偶数，而且后面没有其他数字，应舍去，修约为 1.74；

1.64501 的第四位数为 5，虽然上位数为 4，是偶数，但后面有不为 0 的数字，故应进位，修约为 1.65。

修约时，如果舍去的数字不止一位，则应一次完成，不能连续修约。例如，要将 1.2346 修约成三位有效数字，则应一次修约成 1.23；而不能先修约成 1.235，再修约成 1.24。

在修约标准偏差时，通常要使其值变得更大一些，即只进不舍。例如，$s = 0.612$，修约成两位为 0.62，修约成一位为 0.7。

（三）计算规则

在进行四则运算时，为了保证最后结果只保留一位可疑数字，应遵守下列计算规则。

1. 加减法

由于在加减法中误差按绝对误差传递，因此运算结果的绝对误差应与各数中绝对误差最大的相应，即以小数点后位数最少的数字为标准。例如，下列 3 个数相加

$$6.4503 + 5.62 + 0.071$$

其中，5.62 的绝对误差最大，为 0.01，计算结果的有效数字位数应以它为标准，即保留到小数点后面第 2 位，为 12.14。该结果的绝对误差为 0.01，与 5.62 的绝对误差相应。运算时可先将各数字修约到小数点后第 2 位，再进行相加

$$6.45 + 5.62 + 0.07 = 12.14$$

2. 乘除法

由于在乘除法中误差按相对误差传递，因此运算结果的相对误差应与各数中相对误差最大的相应，即以有效数字位数最少的数字为标准。例如，上面所举的 3 个数字相乘时，其中 0.071 的相对误差最大

$$\frac{\pm 0.001}{0.071} \times 100\% \approx \pm 1\%$$

因此，计算结果的有效数字位数应以 0.071 为标准，即保留 2 位有效数字，将计算器算出的结果 2.573798706 修约为 2.6。该值的相对误差为

$$\frac{\pm 0.1}{2.6} \times 100\% \approx \pm 4\%$$

与 0.071 相对误差的数量级相一致。运算时可先把各数字修约成 3 位有效数字，即多保留 1 位有效数字，算出结果后再修约成 2 位，即

$$6.45 \times 5.62 \times 0.071 = 2.573679$$

最后修约为 2.6。

（四）分析结果有效数字位数的确定

分析结果通常以平均值 $\bar{x}$ 来表示，其有效数字位数除须遵守上述的计算规则外，还应考虑到平均值标准偏差 $s_{\bar{x}}$ 的数值，要使 $\bar{x}$ 修约到 $s_{\bar{x}}$ 能影响到的那位数。例如，$\bar{x} = 19.62\%$，$s_{\bar{x}} = 0.20\%$，则平均值应修约为 19.6%。置信区间宽度的有效数字位数应根据平均值的位数来确定。如上例，当 $n = 4$，置信度为 95% 时，$t_{0.05,3} = 3.18$，置信区间应表示为

$$19.6 \pm 3.18 \times 0.20 = 19.6 \pm 0.7 \ (\%)$$

而不应表示为 $19.6 \pm 0.64 \ (\%)$ 或 $19.6 \pm 0.6 \ (\%)$。

在实际测定中，对质量百分数大于 10% 的分析结果，一般要求有 4 位有效数字；对 $1\% \sim 10\%$ 的分析结果，则一般要求有 3 位有效数字；对小于 1% 的微量组分，一般只要求有 2 位有效数字。

在有关化学平衡的计算中，一般保留 $2 \sim 3$ 位有效数字。pH 值的有效数字一般保留 $1 \sim 2$ 位。有关误差的计算，一般也只保留 $1 \sim 2$ 位有效数字。

第四节 玻 璃 仪 器

在化验工作中大量使用玻璃仪器。玻璃仪器按玻璃性质的不同可以简单分为软质玻璃仪器和硬质玻璃仪器两类。软质玻璃仪器的耐热性能、硬度和耐腐蚀性能都比较差，但透明度比较好，如试剂瓶、漏斗、吸管等。硬质玻璃仪器可以直接用灯火加热，这类仪器耐腐蚀性强、耐热性能和耐冲击性能都比较好，如烧杯、烧瓶、试管等。

一、常用玻璃仪器

表 4-4 列出了一些常用的玻璃仪器。

表 4-4　　　　　　　　　常 用 的 玻 璃 仪 器

仪　器	规格	用　途	注 意 事 项
烧杯	容量 (mL) 50 100 250 500 1000	配制溶液、煮沸、蒸发、浓缩溶液	加热时需在底部垫石棉网，防止局部受热而破裂
三角烧瓶	容量 (mL) 50 100 150 250 500 1000	也称锥形瓶。在滴定操作中通常用它作容器，反应时便于摇动	加热时需在底部垫石棉网，防止局部受热而破裂

仪　器	规格	用　途	注意事项
细口瓶　　广口瓶	容量(mL) 30 125 250 500 1000	统称试剂瓶，用来盛装各种试剂。试剂瓶有无色和棕色之分，棕色瓶用于盛装应避光的试剂。细口瓶和滴瓶用于盛放液体药品。广口瓶常用于盛放固体药品	试剂瓶不能用火直接加热。磨口的试剂瓶，瓶塞不能调换，以防漏气。若长期不用，应在瓶口和瓶塞间加放纸条，以防开启困难。盛装碱性溶液或浓盐溶液时，应用软木塞或橡皮塞
滴瓶	容量(mL) 30 60 125		
漏斗	口径(mm) 40 60 90 150	用于过滤操作。常见的有60°角短颈标准漏斗和60°角长颈标准漏斗	
酒精灯	容量(mL) 150 250	常用的加热器具	酒精灯不宜相互对头点燃，防止酒精外溢起火；熄灭时，不要用嘴吹，用带磨口的玻璃罩或塑料罩盖在灯上熄灭
玻璃过滤器	容量(mL) 2 10 25 60 100 250 500	是一种过滤器具。玻璃砂芯微孔的大小用号数表示，号数愈大孔径愈小，用于减压过滤	应避免与碱液和氢氟酸接触
古氏坩埚	容量(mL) 10 20 30 50 100 250	是瓷质过滤器皿，过滤层可用滤纸、玻璃纤维或石棉。用于减压过滤	滤纸要略小于内径才能贴紧

仪　器	规格	用　途	注意事项
吸滤瓶	容量 (mL) 250 500 1000	也称过滤瓶，主要供晶体或沉淀进行减压过滤时用。与玻璃过滤器或古氏坩埚配套使用	不能用作反应器皿
水力抽气器		用胶管与自来水阀门连接，利用水的流速产生负压，与吸滤瓶、古氏坩埚或玻璃过滤器配套进行减压过滤	过滤时，先开自来水阀门启动水力抽气器然后过滤。过滤完毕后，先分开抽气器与吸滤瓶的连接，后关水门
研钵	内径 (mm) 75 90 120	主要用于研磨固体物质。有玻璃制、瓷制、铁制、玛瑙制研钵，玻璃瓷制研钵适用于研磨硬度较低的物料。硬度大的物料应用玛瑙研钵	研钵不能用火直接加热
蒸发皿	直径 (mm) 60 90 120 150	多为瓷制，有平底和圆底两种形状，能耐高温，对酸碱的稳定性比玻璃好	蒸发溶液时，一般放在石棉网上加热，防止骤冷
表面皿	直径 (mm) 45 60 80 100 150 180	主要用于加盖烧杯，防止灰尘落入和加热时液体迸溅等。也可在分析实验中作气室或点滴反应板	不能直接用火加热
比色管	容量 (mm) 10 25 50 100	主要用于比较颜色的深浅，在目视比色法中经常用到它。常见有开口和具塞两种。管上有标明容量的刻度线	通常配套出厂

仪　器	规格	用　途	注 意 事 项
干燥器	器皿内径（mm） 100 200 300	用于保持药品干燥或存放已烘干的称量瓶、坩埚等。器内带孔瓷板上放置待干燥的物品，下面放置干燥剂（如硅胶、氯化钙、硫酸铜，或用几支小烧杯盛装浓硫酸等）	使用干燥器时，要沿边口涂抹一薄层凡士林，使顶盖与干燥器保持密合，不致漏气。开启顶盖时，不应往上拉，而稍稍用力使顶盖向水平方向缓缓错开。取下的顶盖应翻过来放稳。热的物体应冷却到略高于室温时，再移入干燥器内
洗瓶	容量（mL） 250 500 1000	用于冲洗器皿及配制药品时遗留在烧杯的残液	通常用软质塑料瓶加上橡皮塞和一段弯曲的玻璃管自做成洗瓶，使用方便。打开瓶塞，加入水后，挤捏塑料瓶身、水就会自动流出
称量瓶	外径（mm） 高型 25 30 40 扁型 40 50 60	在使用分析天平时，用它称取一定量的固体试样，常见的有高型和扁型两种	不能用火直接加热，瓶盖不能互换。洗干净的称量瓶常置于干燥器中备用。称量时不要用手直接拿取，而用纸带绕住瓶身，用手掐住纸带两端拿取
容量瓶	容量（mL） 10 50 100 250 500 1000	用于配制体积要求准确的溶液。配制时液面应恰在刻度线上	不能加热，瓶塞是磨口的，配套出厂、不能互换，以防漏水
量筒	容量（mL） 5 10 50 100 500 1000	用于量取一定体积的液体。在配制和量取浓度及体积不要求很精确的试剂时，常用它来直接量取溶液	不能加热，不用作反应容器。量度体积时，以液面的弯月形最低点为准

仪　器	规格	用　途	注 意 事 项
移液管	容量(mL) 有刻度 0.1 0.2 0.25 0.5 1 10 单标记 5 10 20 50 100	也称吸管，用于准确转移一定体积液体，常见的有刻度吸管（左）和单标记吸管（右）	使用见本篇第三章第一节
碱式滴定管　酸式滴定管	容量(mL) 10 25 50 100	容量分析滴定时使用的较精密的仪器，用来测量自管内流出溶液的体积。分酸式和碱式两种。酸式滴定管用来盛盐酸、氧化剂、还原剂等溶液；碱式滴定管用来盛碱溶液	使用见本篇第三章第一节

二、玻璃仪器洗涤

在分析工作前必须将所需用的器皿仔细洗净。洗净的器皿，内壁应能被水均匀润湿而无条纹及水珠。

一般玻璃仪器，例如烧杯或三角烧瓶的洗涤可用刷子蘸肥皂液或合成洗涤剂来刷洗，刷洗后，用自来水冲净。若仍有油污可用铬酸洗液来浸泡。使用时，先将要洗涤器皿内的水液倒尽，再将洗涤液倒入洗涤的器皿中浸数分钟至数十分钟，如将洗涤液预先温热则效果更好。洗涤液对那些不易用刷子刷洗的器皿进行洗涤更为方便。

滴定管如无明显油污，可直接用自来水冲洗，再用滴定管刷刷洗。若有油污则可倒入铬酸洗液，把滴定管横过来，两手平托滴定管转动至洗涤液布满全管。碱式滴定管则先将橡皮管卸去，把橡皮滴头套在滴定管底部，然后再倒入洗液，进行洗涤。污染严重的滴定管可倒入铬酸洗液浸泡数小时后，再用水冲洗。

容量瓶用水冲洗后，如仍不干净，可倒入洗涤液摇动或浸泡，再用水冲洗干净，但不能使用瓶刷刷洗。

对于移液管，吸取洗涤液进行洗涤。若污染严重则可放入高型玻璃筒或大量筒内用洗涤液浸泡，再用水冲洗干净。

上述仪器洗好后，将用过的洗涤液仍放入原瓶贮存备用。器皿用自来水冲洗干净，最后用蒸馏水洗三次。

第五节 铂器皿使用

铂又叫白金，价格比黄金贵，具有许多优良的性质。尽管有各种代用品出现，但许多分析工作仍然离不了铂器皿。铂的熔点很高，为 $1773.5℃$，在空气中灼烧不起变化，而且大多数试剂与它不发生作用。能耐熔融的碱金属碳酸盐及氟化氢的腐蚀是铂有别于玻璃、瓷等其他材料的重要性质。铂是热的良导体，它的表面吸附水汽很少。铂坩埚适于灼烧及称量沉淀用；铂制小盘；铂丝圈可用于有机分析时灼烧样品等。

铂在高温下略有一些挥发性，灼烧时间久时要加以校正。$100cm^2$ 面积的铂在 $1200℃$ 灼烧 $1h$ 约损失 $1mg$。$900℃$ 以下基本不挥发。

铂制品使用应遵守下述规则。

（1）铂在高温下能与下列物质作用，故不可接触这些物质。

1）固体 K_2O、Na_2O、KNO_3、$NaNO_3$、KCN、$NaCN$、Na_2O_2、$Ba(OH)_2$、$LiOH$ 等（而 Na_2CO_3 和 K_2CO_3 则可使用）；

2）王水、卤素溶液或能产生卤素的溶液，如 $KClO_3$、$KMnO_4$、$K_2Cr_2O_7$ 等的盐酸溶液，$FeCl_3$ 的盐酸溶液；

3）易还原金属的化合物及这些金属，如 Ag、Hg、Pb、Sb、Sn、Bi、Cu 等及其盐类（在高温下铂能与这些元素生成低熔点合金）；

4）含碳的硅酸盐、磷、砷、硫及其化合物、Na_2S、$NaCNS$ 等。

（2）铂较软，拿取铂坩埚时不能太用力，以免变形及引起凹凸。不可用玻璃棒等尖头物件从铂皿中刮出物质，如有凹凸可用木器轻轻整形。

（3）铂皿用煤气灯加热时，只可在氧化焰中加热，不能在含有碳粒和含碳氢化合物的还原焰中灼烧，以免碳与铂化合生成脆性的碳化铂。在铂皿中灰化滤纸时，不可使滤纸着火。红热的铂皿不可骤然浸入冷水中，以免发生裂纹。

（4）灼烧铂皿时不能与别的金属接触，因高温下铂能与其他金属生成合金，因此铂坩埚必须放在铂三角上灼烧，也可用清洁的石英三角或泥三角。取下灼热的铂坩埚时，必须用包有铂尖的坩埚钳，冷却至红热以下时才可用镍或不锈钢坩埚钳或镊子夹取。

（5）未知成分的试样不能在铂皿中加热或溶解。

（6）铂皿必须保持清洁光亮，以免有害物质继续与铂作用。经常灼烧的铂皿易变脆而硬裂。可以在几次使用后用研细的潮湿海砂轻轻擦亮。铂皿有斑点可单独用化学纯盐酸或硝酸处理，切不可将两种酸混合。若仍无效可用焦硫酸钾熔融处理。

第六节 分析天平

一、分析天平构造

在目前情况下，水质分析中普遍使用半自动电光分析天平，其构造如图4-1所示。

1. 天平横梁

天平横梁是天平的关键部件。在它上面装有三把三棱形的玛瑙刀，其中有一把装在横梁中间，刀口向下，称为支点刀。在支点刀的两侧等距离处装有两把三棱形玛瑙刀，刀口向上，称为承重刀。支点刀放在一个玛瑙平板的刀承上。这三把刀口的棱边完全平行，并且位于同一水平线上。

在横梁两端玛瑙刀口上各悬有一个吊耳。天平盘就挂在吊耳的吊钩上。在横梁两端，各有一个用于调节天平空载时零点用的平衡调节螺丝。

2. 空气阻尼器

空气阻尼器是由两个互相罩合而不相接触的金属圆筒组成，上筒挂在吊耳的吊钩上，下筒固定在立柱的支架上。当挂有吊耳的天平梁摆动时，盒内空气被迫缓慢地排出或进入盒内，因此梁的摆动受到阻力，于是很快就能停下来，这样就能较快地读出显示的数据。

3. 机械加码装置

机械加码装置是将一组由 10、10、20、50、100、100、200、500mg 环状砝码，分别挂在专用小钩上，利用旋转刻度盘可以把环砝加在天平梁右边蹬形架上的装置。利用机械加码装置可以在天平上加 10～990mg 的质量，并直接从刻度盘上读取质量。

4. 光读读数装置

这种装置是由一系列光学系统组成。当放下升降旋钮时，电源就接通，在天平平衡时，在投影屏上有刻度显示出来。投影屏可以左右移动，以使天平空载时，中间的黑线与标牌刻度的"0"点重合。标牌偏转 1 大格，相当于 1mg；偏转 1 小格，相当于 0.1mg。因此这种天平常称为"万分之一"的分析天平。利用光学读数装置可以读出 10mg 以下的质量。

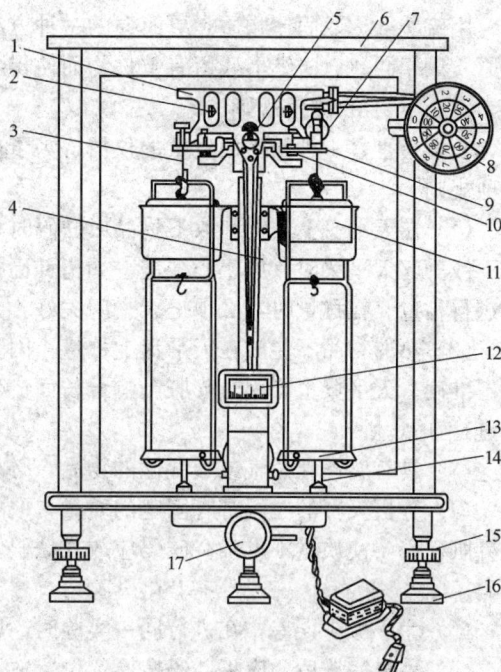

图 4-1　半自动电光天平

1—横梁；2—零点调节螺丝；3—吊耳；4—指针；5—支点刀；6—框罩；7—环状砝码；8—读数盘；9—支点销；10—折页；11—阻尼器；12—投影屏；13—天平盘；14—盘托；15—螺旋脚；16—脚垫；17—升降旋钮

二、天平的称量方法

分析天平的称量方法一般分为直接称量法、递减称量法和固定重量称量法三种。

1. 直接称量法

称量药品（物体）前，应先将天平调水平、平衡并调至零点。将被称物体在台称上粗称后，放在天平的左盘。将与物体相当的砝码放在天平右盘上，再调节环码读数盘，直到天平平衡时投影屏上有数值显示为止，读出被称物体的质量。如称坩埚质量，若所用砝码为 20g，环码为 670mg，投影屏上与黑线重合的格线为 78 小格，则坩埚的质量为 20.6778g。

2. 递减称量法

这种方法最为常用。先用直接称量法将称量瓶连同药品一起称量，然后根据所需称取的药品退减砝码或环码。砝码或环码退减后，取下称量瓶拿到准备盛放药品的容器上方，打开瓶盖，将称量瓶倾斜，用瓶盖轻轻敲打称量瓶使药品落入容器中，估计倒出的量与所需量接近时，然后再盖上瓶盖，重新称量到天平平衡，记下砝码或环码数，两次质量之差就是取出药品的质量。

3. 固定质量称量法

此法适用于称取不吸湿和在空气中稳定的固体物质。先称量容器如小表皿或小烧杯的质量，加好指定质量的砝码，再在容器中加入比指定质量稍少一点的被称物，然后用牛角匙取少量被称物粉末，轻轻振动使匙内被称物慢慢落入容器中，直至天平达到平衡显示所需质量时为止。

用硫酸纸称取固体物质是更简便的一种方法。但是在倒出被称物后应再称一次纸的质量是否与原质量相同，以防纸上残留有被称物而使得到的质量不准确。

三、天平的使用规则

分析天平是一种精密而贵重的仪器，为了使称量能获得准确的结果，使用天平时应遵守下列各项规则：

（1）在天平盘上放置和取下物品或砝码时，都必须把天平梁托起，以免损坏刀口。当用旋钮放下或升起天平梁时，应小心缓慢。如指针已摆出标牌以外，应立即托起天平梁，加减砝码后，再进行称量。在称量时，必须把天平门关好。

（2）热的物品不能放在天平盘上称量，因为天平盘附近空气受热膨胀，上升气流将使称量结果不准确。天平梁也会因热膨胀影响臂长而产生误差。热的物品必须放在干燥器内冷却至室温后再进行称量。

（3）具有腐蚀性蒸气或吸湿性的物品，必须放在密闭容器内称量。

（4）分析天平的砝码都有固定的质量，取放砝码时必须用镊子夹取，不得用手直接拿取，以免弄脏砝码，使质量不准确。砝码应放在砝码盒中固定的位置上。每一架天平，只能使用其专用砝码。

（5）为了减少误差，在进行同一实验时，所有称量要使用同一架天平。

（6）称量完毕后，应将砝码按原定位置放回砝码盒内。将读数盘回零后，用毛笔将天平内灰尘扫除干净，然后检查天平梁是否托起，检查完后罩上天平罩，再离开天平室。

第七节 化学试剂简要概述

一、化学试剂的等级与标志

我国厂家生产的化学试剂，都有统一的质量要求。通常的标志和意义如下：

GB——该产品符合化学试剂国家标准；

HG——该产品符合化工部部颁化学试剂标准；

HGB——该产品符合化工部部颁化学试剂暂行标准。

我国化学试剂的等级与标志见表 4-5 的规定。

表 4-5　　　　　　　　　　　我国化学试剂的等级与标志

级　别	一级品	二级品	三级品	四级品	
中文标志	保证试剂 优级 纯	分析试剂 分析 纯	化学 纯	实验试剂 医　用	生物试剂
代　号	G. R.	A. R.	C. R.	L. R.	B. R. 或 C. R.
瓶签颜色	绿色	红色	蓝色	棕色	黄色

一级品纯度很高，所以又称保证试剂，通常用于精密分析或科学研究工作。

二级品纯度也很高，只较一级品稍差，能满足大多数分析或科研工作。水质分析一般采用二级试剂。

三级品的纯度与二级品比较，差别较大，只适用于工业企业生产和学校教学。

基准试剂的纯度，相当于或者优于一级品，在容量分析中可用它直接配制标准溶液，而不必进行标定。容量分析中确定滴定终点用的指示剂，不按上述标准进行分类。

二、化学试剂的保管与储存

化学试剂中，很多是易燃、易爆、有腐蚀性的。在保管与储存时，一定要注意安全，防止发生事故。

一般化学试剂要按照酸类、碱类、盐类和有机试剂类分别存放在专门的柜厨内，摆放方法要使查找和取用方便。室内要干燥、阴凉、通风，防止阳光直射。要随时注意观察试剂的挥发、凝固、潮解、风化、变色、氧化、结块、稀释等变质现象，以便采取相应的措施，妥善处理。

对于以下危险药品，应分别储藏在铁厨内，并要求有专人保管。例如乙醇、乙醚、丙酮、汽油等易燃试剂；苦味酸等易爆试剂；高锰酸钾、重铬酸钾和双氧水等氧化剂；浓硫酸、浓硝酸、浓盐酸、氨水和其他强酸、强碱性腐蚀剂等。要注意远离明火或电源，千万不能混合存放。

化验室人员，要懂一定的急救常识，并准备一些简单的急救药品。

第八节 标准溶液制备

标准溶液的制备主要包括两个内容：一是配制；二是确定准确浓度。按溶质的性质分为直接法和标定法。

一、直接法

直接法往往用于准确称取一定质量的基准物质，直接配制成准确体积的溶液，由计算求出该溶液的准确浓度。

例如，称取基准物质无水 Na_2CO_3、2.650g，以水溶解后，准确稀释成 500.0mL。配制的 Na_2CO_3 浓度为

$$c\left(1/2Na_2CO_3\right)=\frac{2.650}{53.00}\times\frac{1000}{500.0}=0.1000\ \left(mol/L\right)$$

采用直接法制备标准溶液的物质必须是基准物质，基准物质应具备下列条件：

(1) 纯度高，杂质的量少到可以忽略；

(2) 组成与化学式相同；

(3) 一般条件下化学性能稳定，不易吸潮，不易被空气氧化；

(4) 易干燥，易溶解；

(5) 具有较大的相对分子质量。

现将一些常用的基准物质，列于表4-6。

表 4-6   常用几种基准物质

基 准 物 质		干燥后的组成	应　　用
名　　称	分 子 式		
无水碳酸钠	Na_2CO_3	Na_2CO_3	标 定 酸
碳酸氢钠	$NaHCO_3$	Na_2CO_3	标 定 酸
邻苯二甲酸氢钾	$KHC_8H_4O_4$	$KHC_8H_4O_4$	标 定 碱
草 酸 钠	$Na_2C_2O_4$	$Na_2C_2O_4$	标定氧化剂
重铬酸钾	$K_2Cr_2O_7$	$K_2Cr_2O_7$	标定还原剂
氧 化 锌	ZnO	ZnO	标定 EDTA
三氧化砷	As_2O_3	As_2O_3	标定碘

二、标定法

标定法是将试剂配制成近似所需浓度的溶液，然后用其他物质确定其准确浓度。一般分为配制和标定两个步骤。

1. 配制

固体物质，应在工业天平上粗称所需的质量，溶解后稀释成所需体积，摇匀，待标定。

液体溶质或浓溶液，以量筒或吸量管量取所需体积，然后稀释成一定的体积，摇匀，待标定。

2. 标定

(1) 用基准物质标定。准确称取一定量的基准物质与被标定的溶液作用，可以分为称量法和移液管法：

1) 称量法。准确称取若干份经过处理的基准物质，分别溶解，用待标液滴定，然后由每份基准物质的质量和被标定溶液的体积计算浓度，取之平均值，作为该溶液的准确浓度。

这种方法称量基准物质的份数较多，称量时间较长，但偶然误差容易发现。

2) 移液管法。准确称取一份较大量的基准物质，溶解后，于容量瓶中准确稀释成一定体积，摇匀，用移液管准确吸取数份，分别用待标液滴定，由基准物质的质量与被标定溶液的体积计算浓度。

这种方法节省称量时间，但是称量的偶然误差不易发现。同时，基准物质用量大，并且要求使用相互校准过的移液管和容量瓶。

(2) 用标准溶液标定。用已有的标准溶液与被标定溶液相互滴定，由各溶液消耗的体积和已知标准溶液的浓度计算被标定溶液的准确浓度。

制备好的标准溶液应保管好，使其浓度稳定不变。依溶液的性质，一般有下列几种情况：

1) 为防止溶剂蒸发，标准溶液应密封保存；

2) 见光易分解、易挥发的溶液应储存于棕色磨口瓶中，如 $KMnO_4$、$AgNO_3$ 等溶液；

3) 易吸收 CO_2 并能腐蚀玻璃的较浓溶液，应储存于塑料瓶中，如 $NaOH$、$EDTA$、HF 等溶液；

4) 由于存放时溶剂蒸发，挂于瓶内壁，使溶液浓度不均，因此使用时应先摇匀。

第九节　水质分析方法介绍

水质分析是属于分析化学的内容之一。分析化学的任务是确定物质的结构、化学成分及其含量。所以，分析化学包括结构分析、定性分析和定量分析等三部分内容。对于锅炉用水的水质监督来说，水中杂质成分是已知的，通常不需要作结构分析和定性分析，只要求作定量分析，以确定水中杂质的含量。

按照分析时所用的方法及原理的不同，定量分析可分类如下：

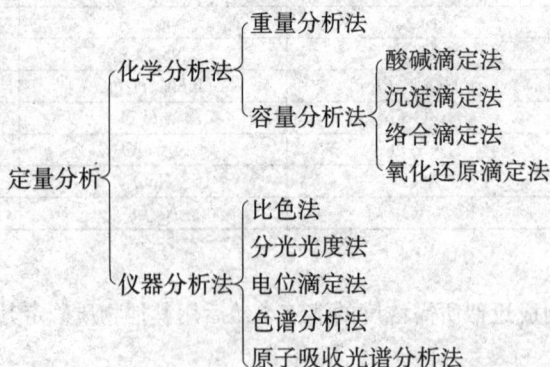

$$
\text{定量分析}
\begin{cases}
\text{化学分析法}
\begin{cases}
\text{重量分析法} \\
\text{容量分析法}
\begin{cases}
\text{酸碱滴定法} \\
\text{沉淀滴定法} \\
\text{络合滴定法} \\
\text{氧化还原滴定法}
\end{cases}
\end{cases} \\[2ex]
\text{仪器分析法}
\begin{cases}
\text{比色法} \\
\text{分光光度法} \\
\text{电位滴定法} \\
\text{色谱分析法} \\
\text{原子吸收光谱分析法}
\end{cases}
\end{cases}
$$

化学分析法是利用被测物质的化学性质，通过一定的化学反应来进行测定的方法。以沉淀反应为基础的重量法和以溶液反应为基础的容量法，都属于化学分析方法。

仪器分析法是根据被测物质的某些物理性质或物理化学性质，借助于专门的仪器，来进行测定的方法。

第十节　水样采集及保管

水、汽样品的采集和保管是保证分析结果准确性极为重要的一个步骤，必须使用设计合格的取样器，选择有代表性的取样点，并严格遵守有关采样和保管的规定。

一、水样采集

采集接有取样冷却器的水样时，应调节取样阀门开度，使水样流量在 $500\sim700mL/min$，并保持流速稳定，同时调节冷却水量，使水样温度为 $30\sim40℃$。

给水、炉水和蒸汽样品原则上应保持常流。采集其他水样时，应先把管道中的积水放尽并冲洗后方可取样。

盛水样的容器必须是硬质玻璃瓶或塑料制品（测定硅或微量成分分析的样品，必须使用塑料容器）。采样前，采样容器必须彻底清洗干净，并用水样冲洗三次（或依方法规定），才能采集样品。采样后，应迅速盖上瓶塞。

采集江、河、湖和泉水时，应将采样瓶浸入水面下 50cm 处取样，并注明气候等情况。采集城市自来水水样时，应冲洗管道 $5\sim10min$ 后再取样。

采集水样的数量应满足试验和复核的需要。单项分析的水样不少于 300mL，全分析的水样不少于 5L。若水样浑浊时，应分装两瓶，每瓶 2.5L 左右。采样瓶上应贴好标签，注明水样名称、采样地点、温度及其他需要记载的项目。

水中某些不稳定成分（如溶解氧、游离二氧化碳等）最好在取样现场进行测定，并按试验方法规定采集样品。采集测定铜、铁、铝等的水样时，采集方法应按照各测定方法中的要求进行。

二、水样保管

水样在放置过程中，由于种种原因，水样中某些成分的含量可能发生很大的变化。原则上说，水样采集后应及时化验，存放与运送时间应尽量缩短。有些项目必须在现场取样测定，有些项目可以取样后在试验室内测定。

1. 水样存放时间

水样采集后其成分受水样的性质、温度、保存条件的影响有很大的改变。此外，不同的测定项目，对水样可以存放时间的要求也有很大差异。所以水样允许存放的时间很难绝对规定，一般要求不超过 72h。

2. 水样运送条件

水样在运送时，应检查水样瓶是否封闭严密，并应放在不受日光直接照射的阴凉处。在运送途中，夏季应防曝晒，冬季应防冻。在分析报告中应注明存放的时间和温度条件。

复 习 思 考 题

1. 常用玻璃仪器如何进行清洗？
2. 烧杯、烧瓶和量筒、容量瓶在使用中应注意哪些事项？
3. 铂器皿在使用中应遵守哪些规则？

4. 半自动电光分析天平都有哪些部件？这些部件的主要作用是什么？

5. 分析天平的称量方法有哪些？分别叙述之。

6. 分析天平的使用规则有哪些？

7. 化学试剂的等级有多少？怎样标志？

8. 化学试剂在保管、储存过程中应注意哪些事项？

9. 采用直接法制备标准溶液的物质，应具备哪些条件？

10. 制备好的标准溶液，怎样保管？

11. 如何采集和保管火力发电厂中的汽、水样品？

第五章 重量分析

重量分析是定量分析方法中的一种，是将被测组分转变为一定形式的化合物后，通过称量该化合物的重量来计算被测组分的含量。由于被测组分性质不同，采用的处理方法也不同。常用的方法有沉淀法和气化法。

沉淀法是重量分析的主要方法。这种方法是将被测组分形成难溶化合物沉淀，经过过滤、洗涤、烘干及灼烧，最后称重，由所测得的质量计算被测组分的含量，例如在水质中，测定硫酸根离子，可以使之转变为硫酸钡沉淀进行测定。

气化法是通过加热或其他方法使样品中某种挥发性组分逸出，然后根据样品减轻的质量计算该组分的含量；或者当挥发性组分逸出时，选一种吸收剂将它吸收，然后根据吸收剂增加的质量计算该组分的含量。在水质分析中，测定全固形物和溶解固形物就是采用这种方法。

第一节 重量分析基本操作

一、沉淀的生成

沉淀的生成是重量分析中的关键操作，沉淀是否完全直接影响分析结果。为了使被测组分沉淀完全，沉淀剂往往是过量的。对于挥发性沉淀剂一般过量 50%～100%，对于非挥发性沉淀剂一般过量 20%～30%。由于沉淀剂的过量，可以降低沉淀的溶解度，使被测组分沉淀更完全，这种现象称为同离子效应。但是如果沉淀剂过量太多或加入其他电解质，沉淀的溶解度会增加，这种现象称为盐效应。

对于晶形沉淀，在沉淀时应在热溶液中进行。慢慢加入沉淀剂，并不断搅拌，沉淀完全后，将沉淀连同溶液放置一段时间，小晶粒会逐渐溶解，大晶粒继续长大（这个过程叫陈化）。这样操作，得到的沉淀纯净且颗粒大，易于洗涤和过滤。

对于非晶形沉淀，在沉淀时应在热溶液中快加沉淀剂，生成沉淀后不需陈化，趁热过滤。

二、沉淀的过滤和洗涤

过滤是使沉淀从溶液中分离出来的一种方法，过滤常用的器皿有滤纸与漏斗、微孔玻璃坩埚和古氏坩埚三种。

1. 滤纸和漏斗

滤纸和漏斗是过滤常用的物品。滤纸分为定性滤纸和定量滤纸，在重量分析中使用定量滤纸。这种滤纸经过盐酸和氢氟酸的处理，灼烧后灰分极少（约为 0.03～0.07mg），在分析中可以忽略不计，所以也叫无灰滤纸。按照滤纸孔隙大小分为快速、中速和慢速滤纸三种。使用时，要根据沉淀的性质不同来选用合适的滤纸。滤纸大小的选择决定于沉淀的体积。一般要求沉淀的量不超过滤纸圆锥体高度的一半，否则不好洗涤。

沉淀重量法用的漏斗一般为长颈漏斗（15～20cm），上口直径 6～7cm，漏斗圆锥角应为60°。折好的滤纸放入漏斗，滤纸的边应低于漏斗边缘 5～15mm。

折叠滤纸时，先应将滤纸沿直径对折，在第二次对折时，应用干漏斗试一下，使滤纸锥形恰好和漏斗贴合。滤纸折好后，应在三层厚的滤纸侧折角处撕去一个小角（用以过滤时擦拭烧杯中残留的沉淀），使滤纸和漏斗贴合紧密。

折好的滤纸放入漏斗后，可用手指向漏斗颈部轻轻压紧，然后用少许蒸馏水润湿，并用洁净的玻璃棒赶出滤纸与漏斗壁之间的气泡，使滤纸紧贴在漏斗上。用蒸馏水试滤，在漏斗颈内应全部充满水形成水柱，这样利用颈内水柱的重力作用，就能加速过滤。若不能形成水柱，则用手堵住漏斗下口，稍稍掀起滤纸一边，用洗瓶向滤纸和漏斗之间的空隙处加水，使漏斗颈内充满水后，再压紧滤纸，松开手指看是否能形成水柱，如仍不能形成水柱，应采用更细一些的漏斗。

进行过滤时，通常采用"倾泻法"来进行操作。倾泻法就是先过滤沉淀上部清液，然后再洗涤沉淀。在过滤时，应注意观察滤液是否澄清，有无沉淀穿透或漏过现象，如发现异常，检查原因，重新实验。

2. 微孔玻璃坩埚

微孔玻璃坩埚也叫玻璃过滤器。过滤层是玻璃粉末在高温下熔结而成的。按照玻璃粉末的粗细不同，孔隙大小不同，一般分为六类，列于表 5-1 中。

使用微孔玻璃坩埚过滤时，采用减压抽滤法，如图 5-1 所示。

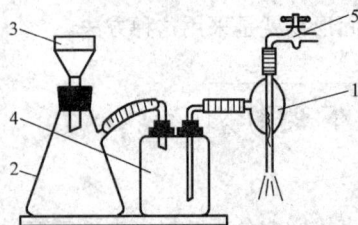

图 5-1 减压过滤装置

1—水力抽气器；2—吸滤瓶；3—玻璃过滤器
或古氏坩埚；4—安全瓶；5—自来水阀门

表 5-1　　　微孔玻璃坩埚规格

坩埚代号	微孔大小（µm）	一般用途
G_1	20～30	过滤粗颗粒沉淀
G_2	10～1.5	过滤较粗颗粒沉淀
G_3	4.5～9	过滤一般晶形沉淀
G_4	3～4	过滤细颗粒沉淀
G_5	1.5～2.5	过滤极细颗粒沉淀
G_6	1.5 以下	滤除细菌

微孔玻璃坩埚在使用前，一般先用盐酸或硝酸洗涤，再用水把酸冲净，然后干燥备用。这类坩埚的耐酸能力强，耐碱能力较差。

使用微孔玻璃坩埚的特点是过滤装置简单，分离沉淀和洗涤沉淀的速度比滤纸过滤要快得多。对于一些不能和滤纸一起灼烧的沉淀以及在不太高温度下烘干后即可称量的沉淀，必须使用微孔玻璃坩埚或古氏坩埚。

3. 古氏坩埚

古氏坩埚是底部有小圆孔并附有一块小筛板的瓷坩埚。使用时，在坩埚底上先铺一层约厚1mm 的用盐酸处理过且纤维较长的石棉，放上小筛板，再铺上少量细石棉，最后用水过滤直至滤液中不含漏下来的石棉纤维为止。准备过滤层应在抽气备件下，倒入石棉浆（即较粗石棉纤维或细石棉纤维放入水中搅制成为浆状）。

抽滤装置与使用微孔玻璃坩埚过滤的装置相同，这类坩埚适用于沉淀需在 100～200℃ 或更高的温度下干燥时使用。

过滤和洗涤的操作是同时进行的，在洗涤过程中，为了使沉淀的溶解损失降低到不影响分析结果，常常加入少量沉淀剂于蒸馏水中作为洗涤剂。

洗涤沉淀时，先用适量的洗涤液将附着在烧杯内壁的沉淀冲至烧杯的底部，充分搅拌、洗涤，放置澄清后，用倾泻法进行过滤，每次将清液尽量倾出。然后再加洗涤液于烧杯中，如此洗涤 3～4 次后，加入少量的洗涤液，将沉淀搅拌并立即将沉淀和洗涤液一起沿着玻璃棒倾入漏斗中。烧杯中剩有的沉淀可以将烧杯口倾斜向下抵住玻璃棒，用洗瓶中的洗涤液多次冲洗，使残留的沉淀全部转移到滤纸上。假如还有少量牢固粘着的沉淀，则可用折叠滤纸时，撕下的小角来将粘附的沉淀擦下，一并放入漏斗中。

沉淀全部转移到滤纸上之后，应进一步对沉淀进行洗涤。这时要从滤纸的边缘开始，旋转往下洗涤，这样做即有利于沉淀的洗涤，也可以使沉淀集中至滤纸中心，有利于沉淀的包裹。

洗涤沉淀必须按"少量多次"的原则，即每次用少量的洗涤液，多洗几次，每次洗涤后尽量沥干。一般情况下，洗涤 8～10 次就可洗涤干净。沉淀的洗净与否，一般通过检查最后流出的滤液中是否还有母液中的某种离子来确定。

三、沉淀的烘干和灼烧

沉淀的烘干和灼烧是获得沉淀称量形式的重要操作步骤。通常把在 250℃ 以下的热处理叫烘干。烘干的目的是除去沉淀中的水分。250℃ 以上至 1200℃ 的热处理叫灼烧。灼烧的目的是烧去滤纸，除去沉淀沾有的洗涤剂，将沉淀烧成符合要求的称量形式。如用微孔玻璃坩埚或古氏坩埚过滤所得到的沉淀，只需按指定温度在恒温箱中干燥即可。

灼烧的温度和时间，随沉淀的性质而定，但最后都应灼烧至恒重，即连续两次灼烧后所得重量相差不超过 0.2～0.4mg。灼烧后的沉淀连同容器，应该稍冷后放入干燥器中冷却至室温，再进行称量。

第二节 悬浮固体测定

一、概要

（1）水样中能够用某种过滤材料分离出来的固体物质称为悬浮固体。不同的过滤材料可以获得不同的测定结果。

（2）本方法系采用 G₄ 玻璃过滤器或铺有 5mm 厚的石棉层的古氏坩埚过滤器作为过滤材料。

二、仪器

（1）玻璃过滤器："上玻" G₄（孔径为 3～4μm）；

（2）古氏坩埚：容积 30mL；

（3）电动真空泵或水力抽气器；

（4）吸滤瓶：容积 2L。

三、试剂

用硝酸溶液（1+1）。

四、测定方法

（1）采用 G₄ 玻璃过滤器时，先用硝酸溶液洗涤该过滤器，再用蒸馏水洗净，然后置于 105～110℃ 烘箱中烘 1h，取出，在干燥器内冷却至室温，称量，如此反复操作至恒重。

（2）采用酸洗石棉层作为过滤材料时，可将酸洗石棉按下述方法均匀地铺平整个古氏坩埚底部：

1）置酸洗石棉于烧杯中，加入少量蒸馏水并激烈搅拌。

2）往已搅拌好的酸洗石棉中，加入大量的蒸馏水，再次搅拌，把上部浑浊液中含有细小的石棉纤维悬浮液倒入一烧杯中，而沉于烧杯底部较长的石棉纤维悬浮液倒入另一烧杯中。

3）把干净的古氏坩埚安放在吸滤瓶上，以备抽滤。

4）将制好的较长的石棉纤维悬浮液倒入坩埚中，轻轻地抽滤，再次倒入，再次抽滤，直到石棉层厚达 4mm。

5）倒入较细小的石棉纤维悬浮液，使较长的石棉纤维上又覆盖一层约 1mm 的石棉层。

6）用蒸馏水洗涤制好的石棉层，直到洗出液完全透明为止。烘 1h，取出放在干燥器内冷却、称量，直至恒重。

（3）将玻璃过滤器（或铺有石棉层的古氏坩埚），安装在吸滤瓶上，启动真空泵。

（4）将水样摇匀后按表 5-2 规定，准确量取水量体积，徐徐注入玻璃过滤器中，最初滤出的 200mL 滤液应重复过滤一次，滤液留作全分析用。

（5）过滤完毕后，用少量蒸馏水将量取水样的容器和玻璃过滤器清洗数次，然后将玻璃过滤器移入 105～110℃ 的烘箱中烘干 1h，取出置于干燥器内，冷却至室温称量。

（6）在相同的温度下烘干半小时，冷却称量，如此反复操作，直至恒重。

水样中悬浮固体（XG）的含量（mg/L）按下式计算

表 5-2　悬浮固体含量与应取水样的体积

悬浮固体含量 （mg/L）	水样体积 （mL）	备　　注
＞50	500	直接测定
20～50	1000	直接测定
＜20	—	用全固体和溶解固体之差求得

$$XG = \frac{m_1 - m_2}{V} \times 1000$$

式中　m_1——玻璃过滤器（或铺有石棉层的古氏坩埚）与悬浮固体的总质量，mg；

　　　　m_2——玻璃过滤器（或铺有石棉层的古氏坩埚）的质量，mg；

　　　　V——水样的体积，mL。

五、本方法注释

（1）悬浮固体含量可由全固体与溶解固体相减而得到。

（2）若无酸洗石棉可按下述方法制取：把优质长纤维石棉切成长度为 0.5cm 的长条，在研钵中用水捣和，再用浓盐酸在水浴锅上煮 12～18h，然后用热蒸馏水洗涤至洗出液中无氯离子，即可应用。

（3）过滤后的水样应澄清透明，否则应重新过滤。

（4）试验条件要严格控制，如烘干温度和烘干时间。

（5）本方法也可采用玻璃漏斗和无灰致密滤纸过滤，由于滤纸吸水性大，应在盖紧瓶盖的称量瓶中称量。

（6）在测定结果中应注明所用的过滤材料。

第三节　溶解固体测定

一、概要

（1）溶解固体是分离悬浮固体后的滤液经蒸发、干燥所得到的残渣重量。

（2）测定溶解固体有三种方法，第一种方法适用于一般水样；第二种方法适用于酚酞碱度高的水样，如炉水；第三种方法适用于含有大量吸湿性很强的固体物质的水样，如含氯化钙、硝酸钙、氯化镁等的苦咸水。

二、仪器

（1）水浴锅或 400mL 烧杯（蒸干操作时水浴锅内水面与蒸发皿不能相接触，以免沾污蒸发皿而引起误差）。

（2）瓷蒸发皿或石英蒸发皿：100mL（若为精密分析，使用铂蒸发皿）。

三、试剂

（1）碳酸钠标准溶液（1mL＝10mgNa₂CO₃）。

（2）硫酸标准溶液，$c(H^+)=0.1mol/L$。

四、测定方法

（1）第一法测定步骤。

1）取一定量过滤的澄清水样，逐次注入已经灼烧至恒重的蒸发皿中，在水浴锅上蒸干。

2）将已蒸干的样品连同蒸发皿移入105～110℃的烘箱中烘2h。

3）取出蒸发皿放在干燥器内冷却至室温后，迅速称量。

4）再在相同条件下烘半小时，冷却后再次称量，如此反复直至恒重。

溶解固体（RG）含量（mg/L），按式（5-1）计算

$$RG=\frac{m_1-m_2}{V}\times1000 \tag{5-1}$$

式中　m_1——蒸干残留物与蒸发皿的总质量，mg；

　　　　m_2——蒸发皿的质量，mg；

　　　　V——水样的体积，mL。

（2）第二法测定步骤。取一定量已经过滤的澄清锅炉水样，加入与其酚酞碱度相当量的硫酸标准溶液，使水样中和，将此中和后的水样逐次注入已经灼烧至恒重的蒸发皿中，在水浴锅上蒸干。

以下按第一法中的各项测定步骤操作。

溶解固体（RG）含量（mg/L）按式（5-2）计算

$$RG=\frac{m_1-m_2}{V}\times1000+1.06\,[OH^-]+0.517\,[CO_3^{2-}]-0.1\times b\times4.9 \tag{5-2}$$

式中　m_1、m_2、V——同式（5-1）中的解释；

　　　　$[OH^-]$——水样中氢氧化物的含量（按计算得出），mg/L；

　　　　1.06——OH^-变成H_2O后在蒸发过程中损失质量的换算系数；

　　　　$[CO_3^{2-}]$——水样中碳酸盐碱度的含量（按计算得出），mg/L；

　　　　0.517——CO_3^{2-}变成HCO_3^-后在蒸发过程中损失质量的换算系数；

　　　　b——每升水样所加0.1mol/L（H^+）硫酸标准溶液的体积，mL。

（3）第三法测定步骤。取一定量已过滤的澄清水样，逐次注入事先置有20mL碳酸钠标准溶液（用移液管操作）的蒸发皿中，在水浴锅上蒸干。

以下按第一法中的各项测定步骤操作。

溶解固体（RG）含量（mg/L）按式（5-3）计算

$$RG=\frac{m_1-m_2-10a}{V}\times1000 \tag{5-3}$$

式中　m_1、m_2、V——同式（5-1）中的解释；

　　　　a——加入碳酸钠标准溶液的体积，mL；

　　　　10——碳酸钠标准溶液的浓度，mg/mL。

五、本方法注释

（1）所取水样的体积，应使蒸发残留物的质量在100mg左右。

（2）为防止在蒸发烘干时落入杂物，影响试验结果，必须在蒸发皿上放置玻璃三角架，并加盖表面皿。

第四节 硫 酸 盐 测 定

一、概要

在微酸性条件下 $[c(HCl)\approx0.06mol/L$，防止其他离子与钡盐沉淀$]$，硫酸盐与氯化钡反应生成硫酸钡沉淀，然后经过滤、洗涤、灼烧及称量，根据硫酸钡的质量可算出硫酸盐的含量。其反应为

$$SO_4^{2-}+Ba^{2+}=BaSO_4\downarrow$$

二、试剂

(1) 氯化钡溶液，$\rho=50g/L$。

(2) 盐酸溶液，(1+1)。

(3) 硝酸银溶液，$\rho=50g/L$。

三、测定方法

(1) 取 0.50～1.00L 透明或过滤水样，加入 2～3 滴甲基橙指示剂，用盐酸调整酸度至甲基橙恰为红色，加热浓缩至 100mL 左右，再加入 1mL 盐酸溶液 (1+1)。

(2) 继续加热煮沸，在不断搅拌下滴加 15mL 氯化钡溶液 ($\rho=50g/L$)，再煮沸 5～10min，静置片刻，待澄清后再加 2mL 氯化钡溶液，观察其上部溶液有无浑浊生成。如浑浊，应再将溶液加热煮沸，并在搅拌下继续滴加 10mL 氯化钡溶液，然后用氯化钡检查沉淀是否完全。

(3) 沉淀完全后，放置过夜或将溶液置于 80～90℃ 水浴锅里保温 2h，取出冷却至室温。

(4) 用致密的定量滤纸过滤，并用热蒸馏水洗涤至无氯离子为止（用硝酸银溶液检查）。

(5) 将沉淀连同滤纸置于预先灼烧至恒重的空坩埚中烘干，并在电炉上彻底灰化后，移入高温炉中在 800～850℃ 的温度下灼烧 1h，取出，稍冷后移入干燥器中冷却至室温，称重。

(6) 在相同条件下灼烧半小时，冷却，称重，如此反复操作直至恒重。

水样中硫酸盐（SO_4^{2-}）含量（mg/L）按下式计算

$$[SO_4^{2-}]=\frac{(m_1-m_2)\times0.4115}{V}\times1000$$

式中　m_1——灼烧后沉淀物与坩埚的总质量，mg；

m_2——坩埚的质量，mg；

V——水样的体积，mL；

0.4115——硫酸钡换算成硫酸盐（SO_4^{2-}）的系数。

四、本方法注释

(1) 测定时应使水样中硫酸盐含量在 10～100mg 范围内。

(2) 铁、铝、铜及其他重金属含量较高时，在沉淀硫酸钡时会产生共沉淀，影响沉淀结果。此时，可在测定前将水样通过专用的氢离子交换柱（流速为 5m/h），将最初流出的 100mL 水样弃去，然后收集适量水样按上述方法进行测定。

(3) 灼烧前若灰化不彻底，则部分的硫酸钡在灼烧时易被硫还原成硫化钡

$$BaSO_4+2C=BaS+2CO_2\uparrow$$

故必须彻底灰化，并在灼烧时注意空气流通。

(4) 灼烧温度不应高于 900℃，否则易引起硫酸钡的分解。

(5) 为了增大沉淀颗粒，便于过滤，可在加入沉淀剂前加油甲酸（$\rho=10g/L$ 乙醇溶液）0.5～1.0mL。

复 习 思 考 题

1. 如何使被测组分沉淀完全?
2. 对沉淀物怎样进行正确的过滤和洗涤?
3. 悬浮固体的测定过程中对过滤材料应如何处理?
4. 溶解固体的测定应注意哪些事项?
5. 采用沉淀法测定硫酸盐时,对水样有哪些要求?

第六章 容量分析法

第一节 容量分析基本操作

一、滴定管使用

滴定管是滴定时，准确测量标准溶液体积用的仪器，分为酸式滴定管和碱式滴定管。

酸式滴定管下端带有旋塞，可以用来装酸性、中性和氧化性溶液，但不可用来装碱性溶液，以免碱性溶液腐蚀玻璃旋塞而造成粘连，使滴定管无法使用。

在装配滴定管前应将滴定管洗涤干净，将旋塞内壁和塞体擦干，然后在塞体小口一端的内壁及旋塞大头一端的表面涂上少许凡士林，把涂好凡士林的旋塞插入塞体内，向一个方向转动旋塞，注意观察旋塞接触处是否呈透明状态。如发现转动不灵活或旋塞处出现纹路，表示凡士林涂得不够。但凡士林也不可涂得太多，以免堵住旋塞上的通孔。如果发现旋塞上通孔堵塞，应将旋塞拔出，将塞体和旋塞擦净后重新装配。装好的旋塞应用橡皮圈缠好，以防脱落损坏。装好旋塞后应检查是否漏水，先将旋塞关闭，在滴定管内充满水，擦干管外壁的水珠，夹在滴定管架上，放置一会儿，观察滴定管旋塞及下口是否有水漏出，没有漏水现象的滴定管即可使用。若漏水按要求应重新安装，直至合格。

碱式滴定管的下端有一小段橡皮管，橡皮管内有一粒稍大于管内径的玻璃球，以刚好堵住管中的液体不漏出为准。如有漏水现象时，可以更换玻璃球或橡皮管。碱式滴定管可以用来装碱性或中性溶液，但不可装具有氧化性的溶液（如 $KMnO_4$ 溶液、$AgNO_3$ 溶液等）。

滴定管在使用前，应洗涤干净，并用欲装的溶液洗涤 2～3 次，以免装入的溶液被管壁上残存的水珠稀释。洗涤每次用 5～10mL 溶液，洗涤时双手横托滴定管并缓缓转动，使溶液洗遍全管内壁，然后从滴定管下端放出，冲洗出口。

装好试液的滴定管，要将下端出口处的气泡赶掉。对于酸式滴定管，可以转动旋塞并抖动滴定管使下端气泡赶出。对于碱式滴定管，可以将滴定管稍稍倾斜，将橡皮管向上弯曲并捏挤管内玻璃球，使气泡从翘起的滴头排出，如图 6-1 所示。

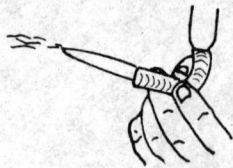

图 6-1　碱式滴定管内气泡的排出　　　　图 6-2　视线高低对读数的影响

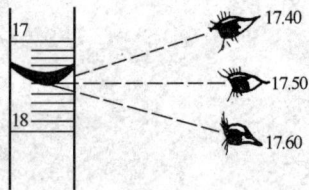

滴定管的读数正确与否，直接关系到分析结果的准确性。读数时应将滴定管垂直地夹在滴定管台架上，或用两手指拿住滴定管的上端，使其与地面垂直，并使眼睛的视线与液面处于同一水平，读取与弯月面下缘相切之点的数值。眼睛位置的高低对于读数有一定的影响，图 6-2 的正确读数为 17.50mL。

对于有色溶液，由于弯月面不太清晰，读数时可取液面两侧最高点的数值。

对于常用的 50mL 和 25mL 滴定管应读至小数点后两位数值。

二、移液管的使用

移液管使用前应洗净，用滤纸将管口尖端内外的水吸净并用待移用的溶液洗涤 3 次，以除去残留在管壁上的水分。

吸取溶液应使用橡皮洗耳球。在进行移液操作时，用右手拇指和中指拿住移液管的上端，将移液管插入待吸溶液的液面下约 1cm 处，左手拿洗耳球，排出球中空气，将吸耳球口对准移液管上口，按紧勿使漏气，然后轻轻地放松洗耳球，使溶液从移液管中上升。待吸入的溶液超过刻度线 2～3cm 时，迅速移去洗耳球，用右手食指按紧移液管上口。将移液管提离液面，使出口尖端靠在容量瓶的内壁，减轻食指压力的同时，用拇指和中指轻轻地转动移液管，使移液管中的溶液缓慢下降到液面与刻度线相切的位置为止，立即用食指紧按移液管上口，移至接受溶液的容器的上方，让移液管尖与容器壁接触，放开食指，让溶液自由流下，如图 6-3 所示。流完后，再等 15s 左右，取出移液管。留在管口的少量液体，除非移液管上注明了"吹"或"快"的标记，一般都不能吹入容器内，因为移液管的容积在移液管制造时，并未把残存在管口的少量液体包括在内。

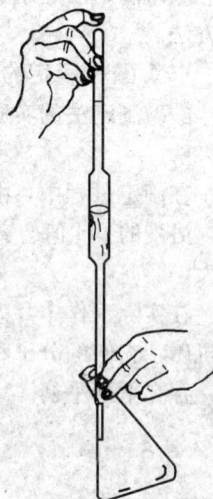

图 6-3 移取溶液的操作

三、容量瓶的使用

容量瓶是配制标准溶液用的仪器。在使用前应检查是否漏水。方法是加水到刻度线附近，塞紧瓶塞，一手按住瓶塞，另一只手指尖推住瓶底边缘，将瓶倒立 2min，如果不漏，将瓶放正后，旋转瓶塞到另一位置再倒立 2min，检查是否渗漏。

固体物质应先在烧杯中用少量水溶解，液体物质也应在烧杯中用少许水混匀，然后移入容量瓶中。将溶液移入容量瓶时，应用一根洁净的玻璃棒插入容量瓶中，玻璃棒的下端靠近瓶颈内壁，不宜离瓶口太近，以免有溶液溢出，如图 6-4 所示。待溶液流完后，将烧杯沿玻璃棒稍向上提，同时直立，使附着在烧杯嘴上的一滴溶液流回烧杯中。残留在烧杯中的少许溶液，可用少量蒸馏水洗 3～4 次，洗涤液按上述方法转移到容量瓶中。

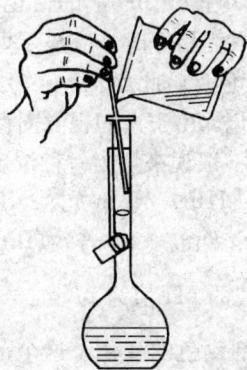

图 6-4 溶液转移操作

图 6-5 溶液混匀的操作方法

溶液移入容量瓶后，如蒸馏水，稀释到约 3/4 体积时，将容量瓶平摇几次（切勿倒转摇动），做初步混匀，这样可避免混合后体积的改变。然后继续加蒸馏水，近标线时应小心地逐滴加入，直至溶液的弯月面与标线相切为止,盖紧瓶塞。然后左手食指按住瓶塞,右手指尖顶住瓶底边缘将容量瓶倒转并振荡,再倒转过来,使气泡上升到顶,如此反复15～20次即可混匀,如图6-5所示。

第二节 酸碱滴定法（碱度测定）

酸碱滴定法是用酸标准溶液或碱标准溶液以中和反应为基础,测定具有相反酸碱性物质的分析方法。

一、酸碱滴定的原理

酸碱滴定法的实质就是氢离子和氢氧根离子生成了难电离的水

$$H^+ + OH^- = H_2O$$

在滴定过程中,由于标准溶液的不断加入,溶液的pH值不断地发生变化,在理论终点前后,溶液的pH值会突然发生较大变化,我们叫它滴定突跃。酸碱标准溶液浓度越大,pH突跃越大。

在实际工作中,人们常常借助于指示剂来判断滴定终点。酸碱指示剂一般都是弱有机酸或弱有机碱,它们的分子和电离出的离子具有不同的颜色,若以HIn表示它的分子,那么在水溶液中,存在下列平衡

$$HIn \rightleftharpoons H^+ + In^-$$
$$\text{甲色} \qquad \text{乙色}$$

当溶液中H^+离子浓度增加时,平衡向左进行,指示剂主要以HIn形式存在,显示出游离指示剂的颜色;当溶液中OH^-离子浓度增加时,平衡向右进行,指示剂主要以In^-形式存在,显示出In^-形式的颜色。

根据电离平衡理论,存在下列关系

$$K_{HIn} = \frac{[H^+][In^-]}{[HIn]}$$

所以

$$[H^+] = K_{HIn} \frac{[HIn]}{[In^-]}$$

即

$$pH = pK_{HIn} - \lg \frac{[HIn]}{[In^-]}$$

在一定温度下K_{HIn}是一个常数,所以当$[H^+]$改变时$[HIn]/[In^-]$的值也随之改变,从而影响指示剂的颜色。当$[HIn]/[In^-]=1$,也就是两者浓度相等时,应显示两种颜色的混合色,此时pH值=pK_{HIn},这时的pH值就是指示剂的理论变色点。此点表示,溶液pH值的任何改变都能影响$[HIn]/[In^-]$的值,指示剂颜色也发生变化。由于人们视觉对颜色的敏感有一定限度,只有比值达到一定程度,才能观察到颜色的变化。一般说来,当一种浓度为另一种浓度的10倍时,就只能看到浓度大的那种颜色。这就是说,当$[HIn]/[In^-] \geq 10$时,只能观察出HIn的颜色,而看不出In^-的颜色,这时溶液的pH值为$pK_{HIn}-1$;若$[HIn]/[In^-] \leq \frac{1}{10}$时,只能看见$In^-$的颜色,而看不见HIn的颜色,这时溶液的pH值为$pK_{HIn}+1$。因此当溶液的pH值在$pK_{HIn} \pm 1$范围内变化时,可以明显地看到指示剂颜色的变化,这个范围称为指示剂的变色范围。由于人们的视觉对各种不同颜色敏感力是不同的,所以指示剂变色范围并不都是$pK_{HIn} \pm 1$,有些范围宽一些,有些范围窄一些;如酚酞$pK_{HIn}=9.1$,变色范围为8.0～10.0;甲基橙$pK_{HIn}=3.45$,变色范围为3.1～4.4。

滴定中,应根据理论终点及其附近溶液pH值的变化情况选择合适的指示剂,其变色范围应

在滴定突跃范围之内,并且变色范围越窄越好。

常用的几种指示剂及其变色范围和颜色,见表 6-1。

表 6-1 常用的酸碱指示剂

指示剂	变色范围及颜色	浓 度	用量:滴 20 mL 试液
甲基橙	红 3.1~4.4 黄	1g/L 的水溶液	1~2
甲基红	红 4.4~6.2 黄	1g/L 的 60%酒精溶液或其他钠盐溶液	1~4
中性红	红 6.8~8.0 黄橙	1g/L 的 60%酒精溶液	1~4
酚 红	黄 6.8~8.0 红	1g/L 的 60%酒精溶液	1~4
酚 酞	无 8.0~10.0 红	1g/L 的 90%酒精溶液	1~4
百里酚酞	无 9.4~10.6 蓝	1g/L 的 90%酒精溶液	1~4

一般说来,在用强酸滴定弱碱时,可以采用甲基橙或甲基红作指示剂,在用于强酸滴定强碱时,由于滴定突跃较大,酚酞、甲基红等均可作指示剂。有时用单一的指示剂,滴定终点不容易被判别出来,可采用混合指示剂,如甲基红—亚甲基蓝指示剂等。

二、碱度的测定原理

水的碱度是指水中含有能接受氢离子的物质的量。例如氢氧根、碳酸盐、重碳酸盐、硅酸盐、磷酸盐、磷酸氢盐、亚硫酸盐和氨等,都是水中常用的碱性物质,它们都能与酸进行反应,因此可用适宜的酸标准溶液对它们进行滴定。

人们知道,碱度分为酚酞碱度和全碱度。酚酞碱度是以酚酞作指示剂时所测得的量,其终点的 pH 值约为 8.3。全碱度是以甲基橙作指示剂时测得的量,终点的 pH 值约为 4.2。若碱度小于 0.5mol/L,全碱度宜以甲基红—亚甲基蓝作指示剂,终点的 pH 值约为 5.0。

以酚酞作指示剂时,发生的反应为

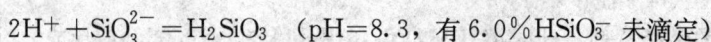

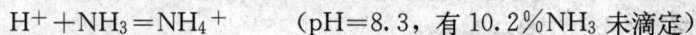

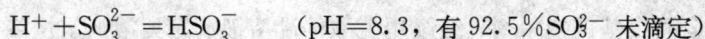

$H^+ + OH^- = H_2O$ (pH=8.3,全部反应)

$H^+ + CO_3^{2-} = HCO_3^-$ (pH=8.3,全部反应)

$H^+ + PO_4^{3-} = HPO_4^{2-}$ (pH=8.3,超滴 7.4%)

$2H^+ + SiO_3^{2-} = H_2SiO_3$ (pH=8.3,有 6.0% $HSiO_3^-$ 未滴定)

$H^+ + NH_3 = NH_4^+$ (pH=8.3,有 10.2% NH_3 未滴定)

$H^+ + SO_3^{2-} = HSO_3^-$ (pH=8.3,有 92.5% SO_3^{2-} 未滴定)

再以甲基橙(或甲基红—亚甲基蓝)作指示剂,继续滴定时,反应如下

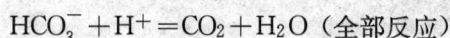

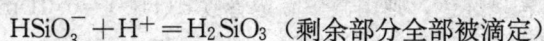

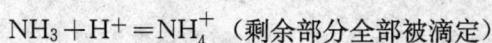

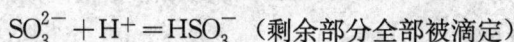

$HCO_3^- + H^+ = CO_2 + H_2O$ (全部反应)

$HPO_4^{2-} + H^+ = H_2PO_4^-$ (剩余部分全部被滴定)

$HSiO_3^- + H^+ = H_2SiO_3$ (剩余部分全部被滴定)

$NH_3 + H^+ = NH_4^+$ (剩余部分全部被滴定)

$SO_3^{2-} + H^+ = HSO_3^-$ (剩余部分全部被滴定)

腐殖酸盐 + H^+ = 腐殖酸

本方法共列有两种测定方法：

第一种适用于碱度较大的水样，如炉水、澄清水、冷却水、原水等，单位以 mol/L 表示。

第二种适用于碱度小于 0.5mol/L 的水样，如凝结水、除盐水、给水等，单位以mol/L表示。

三、试剂制备

(1) 10g/L 酚酞指示剂（乙醇溶液）。

(2) 1g/L 甲基橙指示剂。

(3) 甲基红—亚甲基蓝指示剂（准确称取 0.125g 甲基红和 0.085g 亚甲基蓝，在研钵中研磨均匀后，溶于 100mL95％的乙醇中）。

(4) $c(H^+)=0.1$ mol/L，$c(H^+)=0.05$mol/L，$c(H^+)=0.01$ mol/L 硫酸标准溶液。

(5) 制备 $c(H^+)=0.1$mol/L 硫酸标准溶液：

配制：量取 3 mL 浓硫酸，缓缓注入 1000 mL 蒸馏水（或除盐水）中，冷却，摇匀。

标定：称取 0.2 g（称准至 0.2 mg）于 270～300℃灼烧至恒重的基准无水碳酸钠，溶于 50mL 水中，加 2 滴甲基红—亚甲基蓝指示剂，用待标的 $c(H^+)=0.1$ mol/L 硫酸溶液滴定至溶液由绿色变为紫色（pH 为 5 左右），煮沸 2～3min，冷却后继续滴定至紫色，同时作空白试验。

硫酸标准溶液的浓度按下式计算

$$c(H^+)=\frac{m}{(V_1-V_2)\times 0.05299}$$

式中　m——无水碳酸钠的质量，g；

V_1——滴定碳酸钠消耗硫酸溶液的体积，mL；

V_2——空白试验消耗硫酸溶液的体积，mL；

0.05299——$M(\frac{1}{2}Na_2CO_3)=0.05299$g/mmol。

也可以用 $c(NaOH)=0.1$mol/L 氢氧化钠标准溶液来标定 $c(H^+)=0.1$mol/L 硫酸溶液。

$c(H^+)=0.05$mol/L 硫酸标准溶液的制备：把 $c(H^+)=0.1$mol/L 硫酸标准溶液准确稀释至 2 倍。

$c(H^+)=0.01$mol/L 硫酸标准溶液的制备：把 $c(H^+)=0.1$mol/L 硫酸标准溶液准确稀释 10 倍制得。其浓度由计算得到，可以不进行标定。

四、测定方法

第一法的操作步骤：

(1) 取 100mL 透明水样注入锥形瓶中。

(2) 加入 2～3 滴 10g/L 酚酞指示剂，此时溶液显红色，用 $c(H^+)=0.05$mol/L 或 $c(H^+)=0.1$mol/L 硫酸标准溶液滴定至恰无色，记录耗酸体积 a。

(3) 在上述锥形瓶中加入 2 滴甲基橙指示剂，继续用硫酸标准溶液滴定至溶液呈橙红色为止，记录第二次耗酸体积 b（不包括 a）。

第二法的操作步骤：

(1) 取 100mL 透明水样，置于锥形瓶中。

(2) 加入 2～3 滴酚酞指示剂，此时溶液若呈红色，则用微量滴定管以 $c(H^+)=0.01$ mol/L 硫酸标准溶液滴定至恰无色，记录耗酸体积 a。

(3) 加入 2 滴甲基红—亚甲基蓝指示剂，用 $c(H^+)=0.01$mol/L 硫酸标准溶液继续滴定，溶液由绿色变为紫色，记录耗酸体积 b（不包括 a）。

以上两法，若酚酞指示剂加入溶液后不显色，可直接加入甲基橙或甲基红—亚甲基蓝指示剂，用硫酸标准溶液滴定，记录耗酸体积 b（此时 $a=0$）。

按上述两法测定时，水样中酚酞碱度 $(JD)_酚$ 和全碱度 $(JD)_全$ 的数量（mmol/L 或 μmol/L）按下式计算

$$(JD)_酚 = \frac{c(H^+)a}{V} \times 10^3$$

或

$$(JD)_酚 = \frac{c(H^+)a}{V} \times 10^6$$

$$(JD)_全 = \frac{c(H^+)(a+b)}{V} \times 10^3$$

或

$$(JD)_全 = \frac{c(H^+)(a+b)}{V} \times 10^6$$

式中　$c(H^+)$——硫酸标准溶液的浓度；

　　　a、b——滴定碱度所消耗硫酸标准溶液的体积，mL；

　　　V——水样体积，mL。

五、本方法注释

（1）若水样中含有较大量的游离氯，大于 1mg/L 时，会影响指示剂的颜色，可以加入 $c(Na_2S_2O_3)=0.1$mol/L 硫代硫酸钠溶液 1～2 滴以消除干扰，或用紫外线照射除去残氯。

（2）由于乙醇自身的 pH 值较低，配制成 10g/L 酚酞指示剂（乙醇溶液），会影响碱度的测定。为避免此影响，配制好的酚酞指示剂，应用 $c(NaOH)=0.05$mol/L 氢氧化钠溶液中和到刚见到稳定的微红色。

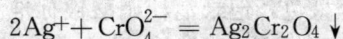

第三节　沉淀滴定法（Cl⁻测定）

一、沉淀滴定法的原理

沉淀滴定法是以沉淀反应为基础的滴定分析方法。能用于沉淀滴定法的沉淀反应必须符合下列条件：

（1）反应必须按一定的化学式定量进行，生成沉淀的溶解度要小。

（2）沉淀反应的速度要快。

（3）能够用适当的指示剂或其他方法确定滴定的理论终点。

（4）沉淀的共沉淀现象不影响滴定结果。

沉淀反应虽然很多，但由于上述条件的限制，能够应用于滴定分析法的沉淀反应并不多。常用的沉淀法有生成难溶盐的银量法，例如

$$Ag^+ + Cl^- = AgCl\downarrow$$
$$\text{白色}$$

$$2Ag^+ + CrO_4^{2-} = Ag_2Cr_2O_4\downarrow$$
$$\text{红色}$$

当在含 Cl⁻ 的水溶液中，预先加入 CrO_4^{2-}，再加入硝酸银时，由于 AgCl 的溶解度比 Ag_2CrO_4 小，所以先生成白色的 AgCl 沉淀，理论终点后，过量的银离子就与铬酸根离子生成了红色的铬酸银沉淀，因此以溶液中出现红色为滴定终点，根据消耗硝酸银标准溶液的量计算溶液中氯离子的含量。

本方法适用于测定氯化物含量为 5~100mg/L 的水样，并要求测定条件为中性溶液，因为在酸性溶液中，红色的铬酸银溶解，在碱性溶液中会生成 Ag_2O 沉淀。

二、试剂

(1) 氯化钠标准溶液（1mL 含 1mg Cl^-）。取基准试剂或优级纯的氯化钠 3~4g 置于瓷坩埚内，于高温炉内升温至 500℃ 灼烧 10min，然后在干燥器内冷却至室温，准确称取 1.649g 氯化钠，先用少量蒸馏水溶解再稀释至 1000mL。

(2) 硝酸银标准溶液（1mL 相当于 1mg Cl^-）。称取 5.0g 硝酸银溶于 1000mL 蒸馏水中，以氯化钠标准溶液标定，标定方法如下：

在三个锥形瓶中，用移液管分别注入 10mL 氯化钠标准溶液，再加入 90mL 蒸馏水及 1mL 的 $\rho=100g/L$ 铬酸钾指示剂，均以硝酸银溶液滴定至橙色（AgCl 的白色与 Ag_2CrO_4 的红色的混合色）为终点，分别记录消耗硝酸银标准溶液的体积，计算其平均值。三个标样平行试验的相对偏差应小于 0.25%。

另取 100mL 蒸馏水，不加氯化钠标准溶液，作空白试验，记录消耗硝酸银标准溶液体积 b。

硝酸银溶液的滴定度 T（mg/mL）按下式计算

$$T=\frac{10\times1.0}{c-b}$$

式中　b——空白消耗硝酸银标准溶液的体积，mL；

　　　c——氯化钠标准溶液消耗硝酸银标准溶液的体积，mL；

　　　10——氯化钠标准溶液的体积，mL；

　　　1.0——氯化钠标准溶液的浓度，mg/mL。

最后按下述方法调整硝酸银的滴定度，使其滴定度为 1mL 相当于 1mg Cl^- 的标准溶液。

调整方法如下：

1) $T>1$，每 1000mL $AgNO_3$ 溶液应加 x 毫升蒸馏水稀释

$$x=1000（T-1）$$

2) $T<1$，每 1000mL $AgNO_3$ 溶液应加 m 毫克硝酸银

$$m=\frac{1000（1-T）\times169.9}{35.45}$$

调整浓度后，按要求重新标定，直至其浓度为 1mL 相当于 1mg Cl^- 为止。

(3) $\rho=100g/L$ 铬酸钾指示剂。

(4) $\rho=10g/L$ 酚酞指示剂（乙醇溶液）。

(5) $c(NaOH)=0.1mol/L$ 氢氧化钠溶液。

三、测定方法

(1) 量取 100mL 水样于锥形瓶中，加 2~3 滴酚酞指示剂，若显红色，即用硫酸溶液中和至无色，若无色，则用氢氧化钠溶液中和至微红色，然后以硫酸溶液滴回至无色，再加 1mL100g/L 铬酸钾指示剂。

(2) 用硝酸银标准溶液滴定至橙色，记录消耗硝酸银标准溶液的体积（a）。同时作空白试验，记录消耗硝酸银标准溶液的体积（b）。

水中氯化物（Cl^-）质量浓度（mg/L）按下式计算

$$\rho_{(Cl^-)}=\frac{(a-b)\times1.0}{V}\times1000$$

式中　a——滴定水样消耗硝酸银标准溶液的体积，mL；

　　　b——滴定空白消耗硝酸银标准溶液的体积，mL；

1.0——硝酸银标准溶液的滴定度，1mL 相当于 1mg Cl^-；

V——水样的体积，mL。

四、本方法注释

(1) 当水样中氯离子含量大于 100mg/L 时，须按表 6-2 中规定的量取样，并用蒸馏水稀释至 100mL 后测定。

表 6-2   氯化物的含量和取样体积

水样中氯离子含量（mg/L）	5～100	101～200	201～400	401～1000
取水样量（mL）	100	50	25	10

(2) 当水样中硫离子含量大于 5mg/L，铁、铝含量大于 3mg/L 或颜色太深时，应事先用过氧化氢脱色处理（每升水加 20mL），煮沸 10min 后过滤；如颜色仍不消失，可于 100mL 水中加 1g 碳酸钠蒸干，将干涸物用蒸馏水溶解后进行测定。

(3) 如水样中氯离子含量小于 5mg/L 时，可将硝酸银溶液稀释为 1mL 相当于 0.5mg Cl^- 的溶液后使用。

(4) 为了便于观察终点，可另取 100mL 水样加 1mL 铬酸钾指示剂作对照。

(5) 混浊水样，应事先进行过滤。

第四节　配位滴定法（硬度测定）

一、配位滴定原理

配位滴定法是以配位反应为基础的滴定分析方法。乙二胺四乙酸就是一种常用的配位剂，简称 EDTA。它是一种四元酸，微溶于水。通常情况下，一个 EDTA 分子，可以与一个不同价态的离子配位，也就是说，EDTA 与金属离子 1∶1 配位，生成易溶于水的配位化合物。

在配位滴定中，反应终点的判别常用金属指示剂来显示。金属指示剂本身也是一种配位化合剂，它与金属离子生成的配位化合物的颜色与游离指示剂的颜色不同，而且要求它与金属离子形成的配位化合物的稳定性略低于 EDTA 和金属离子形成的配位化合物的稳定性。这样，在理论终点时，指示剂由配位状态被 EDTA 置换而成为游离的指示剂，根据指示剂颜色的变化就可以判断终点。如用铬黑 T（简写成 HIn^{2-}）为指示剂测 Ca^{2+} 时

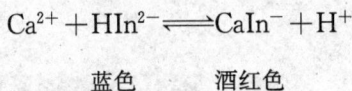

$$Ca^{2+} + HIn^{2-} \rightleftharpoons CaIn^- + H^+$$

蓝色   酒红色

用 EDTA（简写为 H_2Y^{2-}）滴定过程中

$$Ca^{2+} + H_2Y^{2-} \rightleftharpoons CaY^{2-} + 2H^+$$

在终点时，溶液中游离 Ca^{2+} 都与 H_2Y^{2-} 反应了，由于 CaY^{2-} 的稳定性比 $CaIn^{2-}$ 的稳定性高，再加入的 EDTA 就会夺取 $CaIn^-$ 中的 Ca^{2+}，发生如下反应

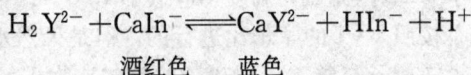

$$H_2Y^{2-} + CaIn^- \rightleftharpoons CaY^{2-} + HIn^- + H^+$$

酒红色 蓝色

溶液由酒红色转变为蓝色，显示终点的到来。由于 EDTA 是一种多元酸，溶液的 pH 值决定 EDTA 的存在形式，从而影响到配位化合物的稳定性。在测硬度时，一般用缓冲溶液控制溶液的

pH 值为 10±0.1。

二、试剂

1. EDTA 标准溶液（约 0.01mol/L）

配制：称取 4gEDTA（乙二胺四乙酸二钠），用高纯水溶解后稀释至 1L，储存于塑料瓶中。

标定：称取于 110℃烘干 1h 的基准碳酸钙（$CaCO_3$）1.0009g，溶于 15mL 盐酸溶液（1+4）中，用高纯水定容至 1L。吸取该标准溶液 20mL 于 250mL 锥形瓶中，加 80mL 高纯水，加 5mL 氨—氯化铵缓冲溶液，加 2～3 滴铬黑 T 指示剂，在不断搅动下，用 EDTA 标准溶液进行滴定，接近终点时应缓慢滴定，溶液由酒红色转为蓝色即为终点。全部过程应于 5 分钟内完成，温度不应低于 15℃。

EDTA 标准溶液物质的量浓度的计算

$$c = \frac{m_{CaCO_3}}{M_{CaCO_3} \times V_0} \times \frac{20.00}{V} = \frac{1.0009g}{100.09g/mol \times 1L} \times \frac{20.00mL}{VmL} = 0.01000 \times \frac{20.00}{V}(mol/L)$$

式中　　m_{CaCO_3}——纯碳酸钙的质量，g；

V——滴定时消耗的 EDTA 标准溶液的体积，mL；

20.00mL——吸取钙标准溶液的体积，mL；

V_0——配制钙标准溶液的总体积。

2. EDTA 标准溶液（约 0.5mmol/L）

吸取上述 0.01mol/L 的 EDTA 标准溶液 50mL，准确稀释至 1L，储存于塑料瓶中。

3. 氨—氯化铵缓冲溶液

称取 67.5g 氯化铵，溶于 570mL 浓氨水中，加入 1gEDTA 二钠镁盐，并用高纯水稀释至 1L。

4. 0.5% 铬黑 T 指示剂（乙醇溶液）

称取 4.5g 盐酸羟胺，加 18mL 水溶解，另在研钵中加 0.5g 铬黑 T（$C_{10}H_{12}O_7N_3SNa$）磨匀，混合后，用 95% 乙醇定容至 100mL，储存于棕色滴瓶中备用。使用期不应超过 1 个月。

5. 0.5% 酸性铬蓝 K 指示剂（乙醇溶液）

称取 0.5g 酸性铬蓝 K（$C_{16}H_9O_{12}N_2S_3Na_3$）与 4.5g 盐酸羟胺，在研钵中磨匀，加 10mL 硼砂缓冲溶液，溶解于 40mL 高纯水中，用 95% 乙醇稀释至 100mL，储存于棕色滴瓶中。使用期不应超过 1 个月。

6. NaOH 溶液

需用 5%NaOH 溶液。

7. 盐酸溶液

盐酸溶液（1+4）。

三、测定方法

（1）吸取适量透明水样注入 250mL 锥形瓶中，用高纯水稀释至 100mL。

（2）加入 5mL 氨—氯化铵缓冲溶液，2～3 滴铬黑 T 指示剂，在不断搅动下，用 EDTA 标准溶液进行滴定，接近终点时应缓慢滴定，溶液由酒红色转为蓝色即为终点，记录消耗 EDTA 标准溶液的体积。全部过程应于 5min 内完成，温度不应低于 15℃。

EDTA 与钙镁离子反应是按照 1:1 的摩尔比进行的，但是天然水中由于钙镁硬度大多是以碳酸盐硬度形式存在，其中钙镁离子与碳酸氢根离子的摩尔比为 1:2，所以通常表示硬度大小的时候，都用 $\frac{1}{2}Me\left(\frac{1}{2}Ca^{2+}、\frac{1}{2}Mg^{2+}\right)$ 来表示。

这样，通过 EDTA 滴定测定出来的钙镁离子含量是水样硬度值的两倍。故水样硬度（YD）值可按下式计算

$$YD = \frac{c_{(EDTA)}a}{V} \times 2$$

式中 $c_{(EDTA)}$——EDTA 标准溶液的浓度，mol/L；

a——滴定水样时消耗 EDTA 标准溶液的体积，mL；

V——水样的体积，mL。

（3）水样硬度的测定要视其硬度值大小的不同，选择不同浓度的 EDTA 标准溶液。当水样硬度在 0～100μmol/L 范围内时，应选用物质的量浓度为 0.5mmol/L 的 EDTA 标准溶液；当水样硬度在 0.1～5mmol/L 时，应选用物质的量浓度为 0.1mol/L 的 EDTA 标准溶液；当硬度值超过 5mmol/L 时，可适当减少取样体积，稀释到 100mL 后测定。

四、本方法注释

（1）若水样的酸性或碱性较高时，应先用 0.1mol/L 氢氧化钠或 0.1mol/L 盐酸中和后再加缓冲溶液，否则加入缓冲溶液后，水样 pH 值不能保证在 10±0.1 范围内。

（2）对碳酸盐硬度较高的水样，在加入缓冲溶液前，应先稀释或先加入所需 EDTA 标准溶液的 80%～90%（记入在所消耗的体积内），否则在加入缓冲溶液后，可能析出碳酸盐沉淀，使滴定终点拖长。

（3）冬季水温较低时，络合反应速度较慢，容易造成过滴定而产生误差。因此，当温度较低时，应将水样预先加热至 30～40℃后进行滴定。

（4）如果在滴定过程中滴不到终点色，或加入指示剂后，颜色呈灰紫色，可能是 Fe、Al、Cu 或 Mn 等离子的干扰。遇此情况，可在加指示剂前，用 2mL1%L-半胱胺酸盐酸盐 2mL 三乙醇胺溶液（1+4）进行联合掩蔽。此时若因加入 L-半胱胺酸盐酸盐，试样 pH 小于 10，可将氨缓冲溶液加入量变为 5mL 即可。

（5）新试剂瓶（玻璃、聚乙烯等）用来存放缓冲溶液时，有可能使配制好的缓冲溶液又复出现硬度。为了防止上述现象发生，储存缓冲溶液的试剂瓶（包括瓶塞、玻璃管、量筒）应做如下处理：用加有缓冲溶液的 0.02mol/L EDTA 充满试剂瓶约一半容积处，于 60℃下间断地摇动，放置处理 1h，将溶液倒出，更换新溶液再处理一次，然后用高纯水充分冲洗干净。

（6）由于氢氧化钠对玻璃有较强的腐蚀性，硼砂缓冲溶液不宜在玻璃内储存。另外，此缓冲溶液只适用于硬度（1/2Ca^{2+}，1/2Mg^{2+}）为 1～500μmol/L 的水样。

第五节　氧化还原滴定法（溶解氧测定）

一、氧化还原滴定法原理

氧化还原滴定法适用于分析有氧化性或还原性的物质，也可以间接测定一些能与氧化剂或还原剂发生定量反应的物质。

氧化还原滴定的依据是氧化性物质和还原性物质之间发生的氧化还原反应。氧化还原反应的实质是反应物之间有电子的转移。例如，用 Sn^{2+} 离子还原 Fe^{3+} 离子的反应

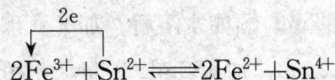

$$\overset{\overset{\displaystyle 2e}{\downarrow}}{2Fe^{3+} + Sn^{2+}} \rightleftharpoons 2Fe^{2+} + Sn^{4+}$$

氧化剂 Fe^{3+} 及其还原产物 Fe^{2+} 组成一个电对 Fe^{3+}/Fe^{2+}，还原剂 Sn^{2+} 及其氧化产物 Sn^{4+}

组成另一个电对 Sn^{4+}/Sn^{2+}。两个电对的标准电极电位不相同：$E^0_{Fe^{3+}/Fe^{2+}}=0.77$，$E^0_{Sn^{4+}/Sn^{2+}}=0.15$。一般两电对标准电极电位差超过 0.4V 就能用于滴定。

在滴定过程中，加入标准溶液时，由于溶液浓度的改变，电对的电极电位会突然改变，于是有反应发生，直至两个电对的电极电位相等，反应达到平衡。随着标准溶液逐渐加入，氧化还原反应中各离子浓度不断发生变化，当滴定达到理论终点时，利用能斯特方程，根据两个电对的标准电极电位和各离子浓度之间的关系可计算出电位的数值。与酸碱指示剂类似，可以选用在这一电位附近变色的氧化还原指示剂来判断理论终点。

氧化还原指示剂是一些具有氧化还原性的有机物质，它们在滴定过程中也发生氧化还原反应，其氧化型和还原型具有不同的颜色

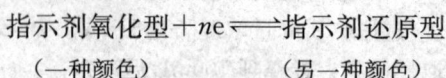

$$指示剂氧化型 + ne \rightleftharpoons 指示剂还原型$$

　　　　（一种颜色）　　　　　（另一种颜色）

因而可以指示出理论终点。

在氧化还原滴定中，除了用上述指示剂外，还常利用有些标准溶液或被滴定物质本身的颜色变化来指示理论终点，称为自身指示剂。例如高锰酸钾本身是紫红色，因此用它来滴定无色的还原性物质时，就可以不外加指示剂。

水中溶解氧的测定，就是根据氧气具有氧化性而采用氧化还原滴定法的。例如"两瓶法"测定溶解氧，其方法如下。

在碱性溶液中，二价锰离子被水中溶解氧氧化成三价和四价锰离子；在酸性溶液中，三价和四价锰离子能将碘离子氧化成游离碘，以淀粉溶液作指示剂，用硫代硫酸钠滴定，根据其消耗量即可计算出水中溶解氧的含量，其反应如下。

（1）锰盐在碱性溶液中生成氢氧化锰

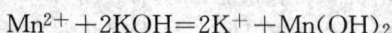

$$Mn^{2+} + 2KOH = 2K^+ + Mn(OH)_2$$

（2）溶解氧与氢氧化锰作用

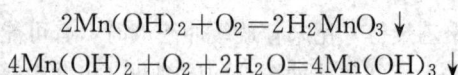

$$2Mn(OH)_2 + O_2 = 2H_2MnO_3 \downarrow$$

$$4Mn(OH)_2 + O_2 + 2H_2O = 4Mn(OH)_3 \downarrow$$

（3）在酸性溶液中与碘离子作用

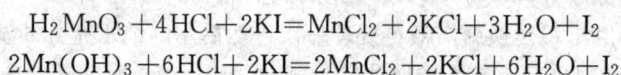

$$H_2MnO_3 + 4HCl + 2KI = MnCl_2 + 2KCl + 3H_2O + I_2$$

$$2Mn(OH)_3 + 6HCl + 2KI = 2MnCl_2 + 2KCl + 6H_2O + I_2$$

（4）用硫代硫酸钠滴定碘

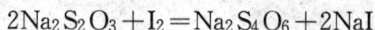

$$2Na_2S_2O_3 + I_2 = Na_2S_4O_6 + 2NaI$$

本方法适用于测定氧含量大于 0.02mg/L 的水样。

二、实验试剂

1. $c(S_2O_3^{2-}) = 0.01mol/L$ 硫代硫酸钠标准溶液

首先配制 $c(S_2O_3^{2-}) = 0.1mol/L$ 硫代硫酸钠，称取 26g 硫代硫酸钠结晶（或 16g 无水硫代硫酸钠），溶于 1L 已煮沸并冷却的蒸馏水中，将溶液保存于具有磨口塞的棕色瓶中，放置数日后，过滤备用。

以重铬酸钾作基准物质标定上述溶液。称量于 120℃ 烘至恒重的基准重铬酸钾 0.15g（称准至 0.002g），置于碘量瓶中，加入 25mL 蒸馏水溶解，加 2 克碘化钾及 20mL $c(H^+) = 4mol/L$ 硫酸，待碘化钾溶解后于暗处放置 10min，加 150mL 蒸馏水，用 $c(S_2O_3^{2-}) = 0.1mol/L$ 硫代硫酸钠溶液滴定，近终点时加 1mL 1% 淀粉指示剂，继续滴定溶液由蓝色转变为亮绿色，同时作空白

实验。

硫代硫酸钠溶液的浓度按下式计算

$$c\left(S_2O_3^{2-}\right) = \frac{m\left(K_2Cr_2O_7\right)}{V \times 0.04903} \qquad (\text{mol/L})$$

式中　$m\left(K_2Cr_2O_7\right)$——重铬酸钾的质量，g；

　　　　　　V——扣除空白后消耗硫代硫酸钠溶液的体积，mL；

　　　　　0.04903——每毫摩尔 $1/6K_2Cr_2O_7$ 的克数。

用煮沸的冷却蒸馏水将 $c\left(S_2O_3^{2-}\right) = 0.1\text{mol/L}$ 硫代硫酸钠溶液稀释 10 倍，即配制成 $c\left(S_2O_3^{2-}\right) = 0.01\text{mol/L}$ 硫代硫酸钠标准溶液（浓度由计算得出）。

2. $\rho = 10\text{g/L}$ 淀粉指示剂

在玛瑙研钵中将 10g 可溶性淀粉和 0.05g 碘化汞研磨，将此混合物储存于干燥处。称取 1.0g 混合物置于研钵中，加少许蒸馏水研磨成糊状物，将其徐徐注入 100mL 煮沸的蒸馏水中，再继续煮沸 5～10min，过滤后使用。

3. 氯化锰或硫酸锰溶液

称取 45g 氯化锰 $MnCl_2 \cdot 4H_2O$ 或 55g 硫酸锰 $MnSO_4 \cdot 5H_2O$ 溶于 100mL 蒸馏水中，过滤，于滤液中加 1mL 浓硫酸，储存于磨口的试剂瓶中，此液应澄清透明，无沉淀物。

4. 碱性碘化钾混合液

称取 36g 氢氧化钠 20g 碘化钠及 0.05 克碘酸钾，溶于 100mL 蒸馏水中混匀。

5. （1+1）磷酸［或（1+1）硫酸］

三、测定方法

（1）在采取水样前，先将取样瓶，取样桶洗净，将取样管充分冲洗。然后将两个取样瓶放在取样桶内，在取样管的厚壁胶管上接一个玻璃三通，并把三通上连接的二根厚壁胶管插入瓶底，调整水样流速约为 700mL/min。并溢流一定时间，使瓶内空气驱尽。当溢流至取样桶水位超过取样瓶 150mm 时，将取样管轻轻地由瓶中抽出。

（2）立即在水面下往第一瓶水样中加入 1mL 氯化锰或硫酸锰溶液。

（3）往第二瓶水样中加入 5mL 磷酸溶液（1+1）或硫酸溶液（1+1）。

（4）用滴定管往两瓶中各加入 3mL 碱性碘化钾混合液，将瓶塞盖紧，然后由桶中将两瓶取出，摇匀后再放置于水层下。

（5）待沉淀物下沉后，打开瓶塞，在水面下向第一瓶水样内加 5mL 磷酸溶液（1+1）或硫酸溶液（1+1），向第二瓶内加入 1mL 氯化锰或硫酸锰溶液，将瓶塞盖好，立即摇匀。

（6）将溶液冷却至 15℃ 以下，从两瓶中各取出 200～250mL 溶液，分别注入两个 500mL 锥形瓶中。

（7）分别用硫代硫酸钠标准溶液滴定至浅黄色，加入 1mL 淀粉指示剂，继续滴定至蓝色消失为止。

水样中溶解氧（O_2）的含量（mg/L）按下式计算

$$O_2 = \frac{\left(a_1 - a_2\right) \times 0.01 \times 8 - 0.005}{V} \times 10^3$$

式中　a_1——第一瓶水样在滴定时所消耗 0.01mol/L 硫代硫酸钠标准溶液的体积，相当于水样中所含有的溶解氧，氧化剂、还原剂和加入的碘化钾混合液所产生的碘量以及所有试剂中带入含氧总量所生成的碘量，mL；

a_2——第二瓶水样在滴定时所消耗 0.01mol/L 硫代硫酸钠标准溶液的体积，相当于水样中所含有的氧化剂、还原剂和加入的碘化钾混合液所生成的碘量，mL；

8——1/4 O_2 的摩尔质量，g/mol；

V——滴定溶液的体积，mL；

0.005——由试剂带入的溶解氧的校正系数（用容积约 500mL 的取样瓶取样，并取出 200～250mL 试样进行滴定时所采用的校正值）。

四、本方法注释

（1）当水样中的还原剂（如亚硫酸盐、二价硫离子、亚铁离子、有机悬浮物、氨和类似的化合物）较多时，会使结果偏低；若含有较多的氧化剂（如亚硝酸盐、铬酸盐、游离氯和次氯酸盐等）时，会使结果偏高。

（2）碘和淀粉的反应灵敏度和温度间有一定的关系，温度高时，滴定终点的灵敏度会降低，因此必须在 15℃ 以下进行滴定。

复 习 思 考 题

1. 滴定管在使用前应做好哪些准备工作？
2. 怎样才能做到滴定管的正确读数？
3. 移液管的使用应注意哪些事项？
4. 容量瓶使用前必须做哪些检查工作？为什么？
5. 酸碱滴定常用哪些指示剂？它们各自的变色范围是多少？颜色如何变化？
6. 沉淀滴定法的沉淀反应，必须符合哪些条件？
7. 氯化物测定时，水样的 pH 值有何要求？为什么？
8. 测定水的硬度时，应注意哪些事项？
9. 溶解氧测定过程中应注意哪些事项？

第七章 比色及分光光度分析

第一节 概　　述

许多物质本身具有明显的颜色，如 $KMnO_4$ 水溶液呈紫红色，$K_2Cr_2O_7$ 水溶液呈橙色，Cu^{2+} 在水中呈蓝色等。有些物质本身无色或是浅色，但当它们与某些试剂发生反应后，可定量生成有色物质。这些有色物质溶液颜色的深浅与溶液的浓度有关，溶液浓度越高，颜色越深。因此，在分析中常用比较溶液颜色深浅的方法确定溶液中某些有色物质的含量，这种分析方法称为比色分析法。

实践证明，无论物质有无颜色，当一定波长的光通过该物质的溶液时，根据物质对光的吸收程度，也可以确定该物质的含量。这种分析方法，称为分光光度法。

随着现代测试仪器的发展，越来越多的专门测试仪器代替了目视比色。如电厂中普遍使用的硅酸根分析仪等光电比色计和利用棱镜或光栅等分光器。以较纯的单色光作为入射光，测定物质对光的吸收进行分析的分光光度计。其测定范围可以扩展到紫外光区和近红外光区，即对一些无色物质亦可测量。

比色分析法和分光光度法同其他常规分析法相比，有以下一些特点：

（1）灵敏度高。比色分析法和分光光度法测定物质的浓度下限（最低浓度）可达 $10^{-5} \sim 10^{-6}\,mol/L$，相当于含量为 $0.001\% \sim 0.0001\%$ 的微量组分，甚至更低。如果将待测组分事先加以富积，灵敏度还可以提高 $1 \sim 2$ 个数量级。

（2）准确度较高。一般比色分析的相对误差为 $5\% \sim 20\%$，分光光度法的相对误差为 $2\% \sim 5\%$。看起来其准确度比滴定分析法和质量分析法低得多，但对微量组分测量，这样大的误差完全可以满足准确度的要求，而微量组分用滴定分析法或重量分析法是难以测定或无法测定的。

（3）适用范围广。近年来由于有机显色剂的发展和应用，使比色分析法的灵敏度和选择性都有所提高，使得更多微量组分可以通过该方法进行测定。

（4）操作简便、测定速度快。比色分析法和分光光度法的仪器设备均不复杂，操作简便。若采用灵敏度高、选择性好的显色剂，再采用掩蔽剂消除干扰，可以不经分离直接测定。对于某些物质分析，可在几十秒钟内报出结果。

第二节 比色分析基本原理

一、单色光及光吸收

光是一种电磁波，可见光是人的眼睛能感觉到的波长在 $400 \sim 770\,nm$ 之间的电磁波。波长不同的光，在人的视觉中产生的颜色感觉不同。

一般光源发出的光包含相当宽的波长范围，通常称这种光为复色光。如白光（或称日光）是一种复合光，它是由红、橙、黄、绿、青、蓝、紫七种颜色的光复合而成的。

如果两种颜色的光按照某一比例复合能形成白光，则这两种颜色的光互为补色光，如图7-1

图 7-1　颜色互补关系图

所示的为几种颜色互补关系图，对顶角所对应的颜色为互补色。

具有单一波长（实际上是具有一个很窄波长范围）的光，称为单色光。用于比色分析和分光光度分析的单色光都包括一定的波长范围，其波长范围愈小，光的纯度愈高；相反，波长范围愈大，光的纯度也就愈差。用于分光光度计的单色光器所得到的单色光，较使用滤光片得到的单色光纯度高得多。

二、物体颜色

当光照射到物体上时，可能产生的几种现象有：光被反射或散射、光被吸收、光透射过物体。物体所呈现的颜色与这几种现象有关。例如，白光照射到某不透明的物体上，如果该物体对白光中所有波长的光都不吸收，则照射到物体表面的光全部被反射，这物体呈白色；如果这种物体对白光中所有波长的光全部吸收，则该物体呈黑色；如果物体对各种波长的光都部分地吸收，该物体就呈灰色；若物体只反射某一色光，如红色光，而吸收白光中的其余色光，该物体就呈红色。所以，不透明物体的颜色是由被物体表面反射出来的光的颜色决定的。

对于透明或半透明的物体（如玻璃、溶液等），倘若能透过所有的色光，该物体呈无色；若能透过或散射某色光，如红色光，而吸收其余的色光，则物体呈红色。可见，透明或半透明物体的颜色，是由其透射、反射或散射光的颜色决定的。

白光照射到物体上，一部分被物体吸收，其余部分则被反射、散射或透射。吸收的那部分光与其余未被吸收的那部分光可以相互补充组成白光，即这两部分光为补色光，两颜色为互补色。物体在白光下呈现的颜色是被物体吸收的色光的补色光。

三、光吸收定律

由于物体对光具有特殊的作用，则有色溶液吸收光线具有选择性，所以在进行比色分析时，采用能被试液吸收的单色光，以达到最高的分析灵敏度。

当一束平行单色光通过有色溶液时，由于溶液吸收了一部分光，所以透过光的强度就要减弱。显然，溶液的浓度愈高，溶液的液层厚度愈厚，透过光的强度减弱就会愈显著。

假设入射光的光强为 I_0，有色溶液的浓度为 c，液层厚度为 L，透过光的强度为 I_t，则入射光、透射光和有色溶液的浓度及液层厚度间有如下关系

$$\lg \frac{I_0}{I_t} = KcL$$

这就是光的吸收定律（亦称朗伯—比尔定律）的数学表达式，它是比色分析的理论基础。上式中 $\lg \frac{I_0}{I_t}$ 表示光线通过有色溶液时被吸收的程度，称为吸光度，以符号 A 表示

$$A = KcL$$

吸光度也称做消光度（以符号 E 表示）或光密度（用 D 表示）。

光的吸收定律可以叙述为：当一束平行的单色光通过有色溶液时，溶液的吸光度与溶液中有色物质的浓度和液层厚度的乘积成正比。

式中，K 称吸光系数，是比例常数，其值的大小与入射光波长、物质的性质和溶液的温度等因素有关。如果溶液浓度以 mol/L 表示，液层厚度以 cm 表示，则此常数称为摩尔吸光系数，并用 ε 表示。

摩尔吸光系数在数值上等于在一定波长下，溶液浓度为 1 mol/L，液层厚度为 1 cm 时的有色

溶液所对应的吸光度值。它是有色物质在一定波长下的特征常数，可以用来衡量显色反应的灵敏度。同一物质与不同显色剂反应，生成不同有色化合物，具有不同的ε值。

ε值越大，表示该有色物质对此波长光的吸收能力越强，显色反应越灵敏。因此，测定时，为了提高灵敏度，必须选择ε值大的有色化合物，并以最大吸收波长的光作入射光。通常所说的摩尔吸光系数，指的是最大吸收波长时的摩尔吸光系数，以ε_m或$\varepsilon_{最大}$表示。根据不同显色剂与同一离子形成的有色化合物的ε值的大小，可以比较它们对该离子测定的灵敏度。

一束光通过有色溶液后的透射光强I_t与入射光强I_0的比值称为透光率或透光度，即

$$T = \frac{I_t}{I_0}$$

式中，T值常用百分数表示，故亦称百分透光率。

百分透光率与吸光度的关系为

$$A = -\lg T \text{ 或 } T = 10^{-A}$$

四、朗伯—比尔定律应用

1. 等厚度法

液层厚度相同时，吸光度与吸光物质的浓度成正比，例如

在标准溶液中 $\qquad A_s = KL_s c_s$

在试样溶液中 $\qquad A_x = KL_x c_x$

当$L_s = L_x$时有

$$\frac{A_s}{A_x} = \frac{c_s}{c_x} \qquad\qquad A_x = \frac{c_x}{c_s} A_s$$

通常使用的分光光度计都是按此原理设计的。

2. 标准曲线法

根据朗伯—比尔定律，当波长和强度一定的入射光通过液层厚度一定的有色溶液时，吸光度和有色溶液的浓度成正比，即

$$A = Kc$$

在比色分析和分光光度分析中利用这种直线关系测定物质的量。先固定液层厚度及入射光的波长和强度，测定一系列不同浓度标准溶液的吸光度，以吸光度为纵坐标，标准溶液的浓度为横坐标作图，得到一条通过原点的直线，如图7-2所示，该直线称为标准曲线或工作曲线。在相同条件下测定试液的吸光度，从工作曲线上可查出试液的浓度，这种方法称为工作曲线法或标准曲线法。

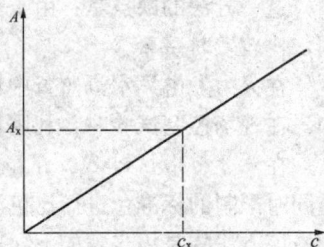

3. 示差法

比色分析法及分光光度法除了广泛地用于测定微量成分外，也能用于常量组分的测定。

当被测组分含量较高时，常常偏离朗伯—比尔定律。即使

图 7-2 标准曲线图

不偏离，由于吸光度太大，也超出了准确读数的范围，就是把分析误差控制在5%以下，对高含量成分也是不符合要求的。如果采用示差法，就能克服这一缺点，也能使测定误差降到±0.5%以下。

示差比色法与普通比色法在具体操作步骤中主要不同之点是：普通比色法采用一个浓度与试样接近的已知浓度的标准溶液代替空白溶液作参比溶液，根据测得的吸光度进行含量的计算，而且在普通比色法中，标准溶液之间浓度的差别较大。在示差比色法中标准溶液之间浓度的差别则

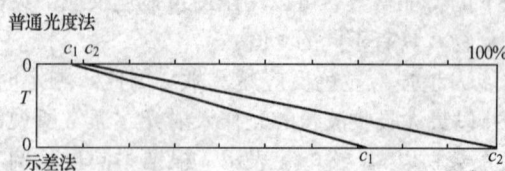

图 7-3　示差比色法标尺扩展原理

很小，选择其中浓度稍低于试液的一个作为参比溶液。

如设 c_1 和 c_2 分别为待测溶液和标准溶液的浓度，且 $c_1 > c_2$，根据比尔定律则

$$A_1 = KLc_1$$
$$A_2 = KLc_2$$
$$\Delta A = KL\Delta c$$

先用 c_2 溶液调节仪器的透光度为 100%，用暗电流调透光度为零，然后测量待测试液 c_2 的透光度。其原理如图 7-3 所示。

第三节　比色分析方法及仪器

一、目视比色法

用眼睛比较被测溶液同标准溶液颜色深浅的比色方法，叫做目视比色法。在这类比色法中，最简单和最普遍使用的是标准系列法。

标准系列法一般是取一套由相同玻璃质料制造的、形状大小相同的比色管（管上刻有一条或两条环线以指示溶液的体积，容量有 10 mL、25 mL 和 50 mL 几种）。在这套比色管中逐一加入浓度逐渐增加的标准溶液，并加入相同体积的试剂，然后稀释到同一刻度，即形成颜色从浅到深的标准色阶。另取同一大小的比色管，在其中加入被测溶液和与标准色阶相同体积的试剂，并稀释到同一刻度。然后从管口垂直向下观察并与标准色阶比较。若试液与色阶中某一浓度的颜色深度相同，说明二者浓度相等；如被测溶液颜色的深度界于两标准溶液之间，则被测溶液的浓度约为此两标准溶液浓度的平均值。

标准系列法的优点是设备和操作都很简单。又因所用比色管较长，对颜色很淡的溶液（即浓度很稀的溶液）也能测出其含量，因而测定的灵敏度比较高。而且目视比色法可在复合光（日光）下进行测定，且测定条件完全相同，因而某些不完全符合吸收定律的显色反应，也可以用目视比色法进行测定。

这一方法的缺点是：由于许多有色溶液不够稳定，标准系列不能久存，经常需要在测定时配制，比较费时费事。

在火力发电厂水汽监督中也常使用目视比色法以测定水中磷酸盐、硝酸盐等物质的含量。例如，在现场控制试验时，利用目视比色法对磷酸盐含量进行测定（磷钼蓝比色法）。

在 0.3 mol/L H_2SO_4 的酸度下，磷酸盐与钼酸铵生成磷钼黄，用氯化亚锡还原成磷钼蓝后，与同时配制的标准色进行比色测定。

该方法的具体步骤如下。

1. 试剂及配制方法

（1）磷酸盐工作溶液（1 mL 含 0.1 mgPO_4^{3-}）。

称取在 $105\,^{\circ}\mathrm{C}$ 干燥过的磷酸二氢钾（KH_2PO_4）1.433 g，溶于少量除盐水中，并稀释至 1 L。取上述标准溶液，用除盐水准确稀释至 10 倍。

（2）钼酸铵—硫酸混合溶液。

将 167 mL 浓硫酸徐徐加入 600 mL 蒸馏水中，冷却至室温。称取 20 g 钼酸铵〔$(NH_4)_6MO_7O_{24}\cdot 4H_2O$〕，研细后，溶于上述硫酸溶液中，用蒸馏水稀释至 1 L。

（3）1% 氯化亚锡溶液（甘油溶液）。

称取 1.5 g 优级纯氯化亚锡于烧杯中，加 20 mL 盐酸溶液（1+1），加热溶解后，再加 80 mL 纯甘油（丙三醇），搅拌均匀后将溶液移入塑料壶中备用。

2. 测定方法

取 0、0.10、0.20、0.40、0.60、0.80、1.00、1.50、2.00、2.50 mL 磷酸盐工作溶液（1 mL 含 0.1 mg PO_4^{3-}）及 5 mL 水样，分别注入一组 25 mL 比色管中，用蒸馏水稀释至约 20 mL，摇匀。

于上述比色管中各加入 2.5 mL 钼酸铵—硫酸混合溶液，用蒸馏水稀释至刻度，摇匀。

于每支比色管中加入 2～3 滴氯化亚锡甘油溶液，摇匀，待 2 min 后进行比色。

找出与被测试样颜色深浅相近的标准溶液，查出其加入磷酸盐工作溶液的体积 a（mL），则试样中磷酸盐（PO_4^{3-}）含量按下式计算

$$[PO_4^{3-}] = \frac{0.1a}{V} \times 1000 = \frac{a}{V} \times 100 \text{（mg/L）}$$

式中　V——水样的体积，mL。

二、ND—2105 型硅酸根分析仪

ND—2105 型硅酸根分析仪（又称小硅表）是用于分析水中微量硅酸根的专门性光电比色计。仪器为直读式，测量范围 0～50 μg/L SiO_2，基本误差为±5%。具有结构简单、灵敏度高、稳定性好、操作方便等优点。

（一）工作原理

由分析化学知道，在酸性介质中，硅酸盐与钼酸铵生成硅钼黄，然后用还原剂 1-2-4 酸将硅钼黄还原成硅钼蓝。此蓝色的深浅程度与硅酸盐含量成正比，用光电比色计测出蓝色溶液的吸光度就可以知道硅酸盐（或者说硅酸根）的浓度。ND—2150 型硅酸根分析仪就是这种光电比色计。其原理如图 7-4 所示。

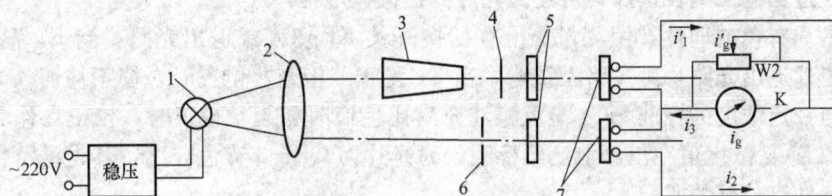

图 7-4　ND—2105 型硅酸根分析仪原理
1—白炽灯；2—透镜；3—比色皿；4—校正片；5—滤光片；6—挡光板；7—光电池

ND—2105 型硅酸根分析仪采用双光路系统，光源发生的光经透镜变为平行光束，一路经过比色皿、滤光片射入到工作侧光电池，产生光电流 i_1；另一路经挡光板、滤光片射到参比侧光电池，产生光电流 i_2。可调的挡光板是作为调零用，当比色皿中充满试剂空白溶液（倒加药溶液）时，调节挡光板，改变入射到参比侧光电池的光通量，使指示表头指零。此时

$$i_2 - i_1 = i_3 = i_g + i_g' = 0$$

式中，i_g 为流过指示表头的电流；i_g' 为流过电位器 W2 的电流。调节电位器 W2 可以改变 i_g 和 i_g' 的分配比例，即改变仪器的灵敏度，故称 W2 为终点调整电位器。当 W2 一定时，i_g 与 $i_2 - i_1 = i_3$ 成正比，即 $i_g = \beta i_3$。β 的大小由 W2 和表头内阻大小决定。

当比色皿中充满被测试样时，因工作侧的部分光被试样吸收，i_1 变小，所以 $i_2 > i_1$，根据硅光电池的转换特性得到

$$i_1 = K'T_1I_0$$

105

$$i_2 = K'T_2 I_0 = K'I_0 (T_2 = 100\%)$$
$$i_g = \beta(i_2 - i_1) = \beta K'I_0(1 - T_1)$$
$$i = K_0 I_0 (1 - T)$$

式中 K'——光电转换系数；

　　I_0——入射光强度；

　　T_1——溶液的百分透光度；

　　β——电流在电位器 W2 和表头两支路中的分配系数；

　　K_0——K'和 β 的乘积。

根据朗伯—比尔定律

$$T = e^{-KcL}$$

式中 K——吸光系数；

　　c——溶液浓度；

　　L——比色皿长度。

由上式可知，i_g 与浓度 c 的关系在本仪器中是非线性的，因此指示表头的浓度刻度为非线性刻度。

仪表采用双光路比色系统，对光源的波动有部分补偿作用，但不能完全补偿。

（二）仪器的组成及其作用

1. 光源及光源电源

仪器采用 6 V、7.5 W 的仪器灯泡作光源，由晶体管稳流电源作光源电源。

2. 光路系统

光源发出的光，经透镜变为平行光（透镜由两块 $\varphi73$、900 度的平凸透镜组成），平行光分为两路。一路经过比色皿到校正片，再经滤光片到达硅光电池。

校正片是一有色玻璃片，用测量—检查切换开关 K_1 切入或退出光路。当 K_1 置于"测量"位置时，校正片退出光路，对光路无影响。当 K_1 置于"检查"位置时，校正片切入光路。校正片的吸光度与一定浓度的标准 SiO_2 显色溶液充满比色皿时相当，校正时，校正片作为标准器件使用，代表的 SiO_2 浓度值在出厂前已经标明。滤光片为 QB—3 有色玻璃，其光谱特性与硅钼蓝的吸收光谱特性有较好的匹配。

另一束光经过参比侧的滤光片、弱光片到达参比侧的光电池。滤光片也是 QB—3 有色玻璃片，弱光片是一表面经过磨制的有机玻璃片。因为在工作侧有比色皿吸收部分光能，在参比侧加上弱光片后，弱光片吸收参比侧的部分光能，使两侧光电池在初始状态时接近平衡。在参比侧的旋转零点调整旋钮可改变挡光板的位置，入射光的光通量随之变化，达到调零的目的。

3. 光电元件和测量指示系统

工作侧和参比侧的光电元件都是硅光电池 $2CR_{83}$。硅光电池在波长 700～900 nm 之间有足够的灵敏度，适合分析对波长范围的要求。

指示仪表选用了低电阻表头 XCZ—101 型动圈式仪表。仪表改制成 SiO_2 含量刻度，刻度范围为 0～50 $\mu g/L$。

K_2 为切换开关，在不需读数时，K_2 应当置于"短路"，这时表头被短接，光电流全部流过 W2，以免误操作时电流过大打坏表针。在读数时，K_2 置于"接入"位置。

4. 比色皿和溶液更换系统

溶液更换系统如图 7-5 所示。比色皿由玻璃制成，长为 150 mm，小端直径为 $\varphi20$，大端直径为 $\varphi30$。加长比色皿的长度可以提高仪器的灵敏度。试样由比色皿下部进入，气体由上部排出，比色皿做成锥形，可以保证进样过程中比色皿内的气体全部由上部出口排出，避免比色皿中残留气体对测量的干扰。上部出口有一溢流口，当进样过程中发现溢流，说明进样已经完成，可以进行测量。进样口也是排样口，试样或清洗用水装在进样杯内，进、排试样（包括清洗比色皿用水）由三通平面阀控制。进、排试样和清洗比色皿过程中，比色皿不用改变它在光路中的相对位置，可以防止比色皿相对位置变动给测量造成的误差。

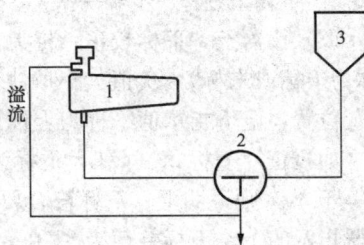

图7-5　溶液更换系统示意

1—比色皿；2—三通平面阀；3—进料杯

（三）仪器的使用（以实用为例）

仪器的外形和各开关、旋钮位置，参见图7-6。

1. 显色液配制

配制步骤如下：

（1）用容量瓶取 100 mL 待测水样，移入塑料瓶中。

（2）加 3 mL 硫酸（0.75 mol/L）钼酸铵（5％）溶液，摇匀放置 5 min。

（3）加 3 mL10％酒石酸溶液，摇匀，放置 1 min。

（4）加 2 mL 1-2-4 酸溶液，摇匀，放置 8 min 后即可进行测量。

2. 倒加药溶液（试剂空白）配制

配制步骤如下：

（1）量取 100 mL 无硅水注入塑料瓶中。

（2）加入 2 mL 1-2-4 酸溶液，摇匀，放置 5 min。

（3）加 3 mL 酒石酸溶液，摇匀，放置 1 min。

（4）加 3 mL 硫酸钼酸铵溶液，摇匀，静置 8 min后即可。

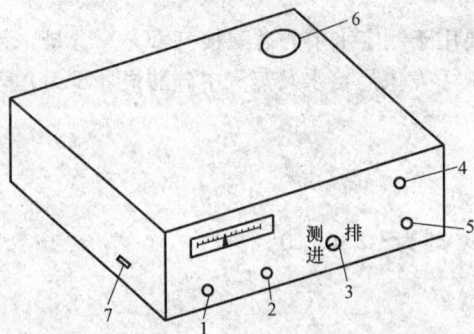

图7-6　ND—2105 型硅酸根分析仪外形示意

1—零点调整；2—终点调整；3—三通阀切换；
4—指示灯；5—电源开关；6—进料口；
7—检测开关

3. 仪器安放

将仪器撑脚支起，水平安放，接好排水塑料管（未使用的仪器应拆下仪器上盖，拆去指示仪表短路线。接通电源，观察光源，若正常，关闭电源，将上盖重新盖好，已用过的仪器可省略这一步）。调整表头机械零点。

4. 清洗进样杯和比色皿

将三通阀旋转到"进样"位置，将无硅水约 70 mL 倒进样杯，待水注满比色皿后，将三通阀旋钮转至"排水"位置，将水放空。重复数次。

5. 校正仪表

（1）零点校正。

1）开启电源，预热数分钟，测量检查开关置于"测量"，终点调整电位器大致调到中间位置，三通阀旋钮置于"进样"位置，接入短路开关置于"短路"位置。

2）将倒加药溶液约 70 mL 倒入料杯，待比色皿充满溶液后，将三通阀旋钮置于"测量"位置，接入短路开关置于"接入"位置，观察指示值是否为零，否则调整零点调节旋钮，直至指示为零。将接入短路开关置于"短路"位置，三通阀旋钮置于"排水"位置，待溶液放空后，将旋钮置于"进样"位置。

3）重复上述 2）步骤一次。

（2）仪器上、下标校正：将无硅水注入比色皿（方法同零点校正），记下指示值，应为负值（称为下标或末标），负值大小取决于发色试剂本身的颜色。然后将测量检查切换开关置于"检查"位置，记下指示值（称为上标）。记下的上、下标值，与仪器说明书中标明的上、下标值对照（如校正片上标 29 μg/L，下标为－2，上、下标差值为 31，记下的仪器指示的上、下标差值也等于 31，则说明上、下标符合要求），若不相符合，则调整终点调整电位器（调整上标），到仪器指示的上、下标差值为 31 止。调好后，再换无硅水复校一次。

仪器校正后即可用于测量，在更换一批新试剂前，日常校正用无硅水校正上、下标即可。当更换新试剂时，需重新进行零点、上下标校正。

6．测量

用待测液冲洗样杯和比色皿一次，然后将待测溶液注满比色皿。测量检查开关和三通阀旋钮均置于"测量"位置，接入短路开关置于"接入"位置，读出指示值；测完后，接入短路开关置于"短路"位置。

放空被测液，用无硅水清洗比色皿。

三、PGF—数字式硅酸根分析仪

PGF—数字式硅酸根分析仪为实验室用仪表，主要用于测定水中的硅酸根（SiO_2）含量，是制备纯水过程中必备的仪器。该仪表广泛应用于测定火力发电厂给水及蒸汽中硅酸根（SiO_2）含量。

（一）主要技术参数

（1）测量范围：$0\sim199.9$ μg/L SiO_2。

（2）基本误差：±2.5％（质量浓度<80 μg/L SiO_2 时为±2 μg/L）。

（3）供电电压：AC 220V±10％，50Hz。

（4）消耗功率：30W。

（5）工作条件：

1）开机预热 30 min 后进行测量；

2）使用过程中每 4 h 校准一次上、下标；

3）环境温度：15~40℃；

4）相对湿度：不大于 85％ HR；

5）被测水样温度：20~40℃；

6）不受振动，无腐蚀性气体；

7）外形尺寸：360 mm×240 mm×156 mm。

（二）工作原理

仪表利用光电比色原理进行测量。

本仪表采用单光源双光束单皿，作为光电转换元件的硅光电池接成差式电路。被测水样的浓度变化引起工作侧与参比侧产生差值，这一差值做为放大部分的输入。由于被测水样浓度与输入的电压是近似按指数规律变化的，为此在放大的同时，对输入信号采取了折线近似的线性化措施。确定了输出电压（mV）与被测水样 SiO_2 含量（μg/L）的对应关系。最后经 $3\frac{1}{2}$ 位数字表显示测量数值（μg/L）。

其中，进水样部分由活动支架带动进水罐和二位两通电磁阀组成，用户可根据实际情况调节进水罐的高低以改变水流速度，水流太快容易产生气泡，影响测量数值的准确性。

（三）仪表使用及校验

分析仪外形如图 7-7 所示。

1. 仪表放置

仪表应水平放置，使用时将支脚支起。将仪表的进水样罐摇出，并调至适当高度。

2. 清洗比色皿

将排水开关处于送样位置，校准开关处于测量位置。接通电源，打开开关，此时显示的是随机数值。取下罐盖注入无硅水约40mL 使胶管有溢流水流出，此时比色皿中充满水样。然后按下排水按键，同时指示灯燃亮，约 30 s，比色皿内的水即可排净，随即再按排水按键，恢复到送样状态，如此操作，冲洗两遍，再注入无硅水，不要排掉。

图 7-7　PGF—硅酸根分析仪外形

1—电源开关；2—排水开关；3—排水指示灯；4—校准开关；5—校准指示灯；6—零点调整电位器；7—终点调整电位器；8—活动支架；9—进水样罐；10—支撑脚

3. 校正仪表

（1）用倒加药溶液及标准溶液校正：此时要用倒加药溶液（参见 ND—2105 型硅酸根分析仪使用）、标准显色液（一般为 150 $\mu g/L$）。首先，将无硅水排掉，注入倒加药溶液。第一次注入的要排掉，第二次注入后观察显示数值，如不是"0"，可调整调零电位器，使之为"0"。然后将倒加药溶液排净，并用无硅水冲洗三遍（每次都要使之产生溢流再排掉）。注入标准显色液，第一次注入的要排掉，第二次注入后观察显示数值。如果与所配制标准液质量浓度（$\mu g/L$）不符，可调整终点调整器，使之相符。调好后将其排掉，再重复检查零点。如果零点变化，继续调整。重复以上步骤，直至零点与终点示值均符合为止。

日常校准，此一步骤可以省略，只需校正上、下标。

（2）校正仪表上、下标：上、下标数值标准可查阅随机说明书。

用无硅水冲洗比色皿 2～3 遍，然后将无硅水注满比色皿，观察指示值，此时显示的数值为下标，如与说明书中标注的不符，可调整零点调整电位器，调好后按下校准按键，同时指示灯燃亮，显示的数值即为上标。如与说明书中标注的不符，可调整终点调整电位器，使之相符。再按校准按键，恢复至测量状态，观察下标数值，如无变化即可进行测量。如有变化需要重复以上操作，直至上、下标数值与说明书中标注相同为止。

4. 测量

将待测显色液注满比色皿，第一次注入的要排掉，第二次注满后，观察并读出指示值。然后将待测液排净，用无硅水冲洗三遍，并注满比色皿。

（四）仪表使用注意事项

（1）每次测量最好两次注入被测水样，并以第二次显示数值为准。

（2）每次排水时间不易过长，排完水样后立即按下排水按键，恢复至送样位置，否则易烧坏电磁阀。

（3）每次测量完成后，应注入无硅水，不排掉。

（4）长期使用后应将仪表盖打开，拆下比色皿，用 5％的盐酸溶液泡洗干净，再行使用。注意两端面保持洁净。

（5）如果有调整零点电位器而不能为零的情况，用户可以在调零电位器为中间位置时把仪表盖打开，将接收座螺钉拧松，稍稍左右移动接收座，便可以调整过来。

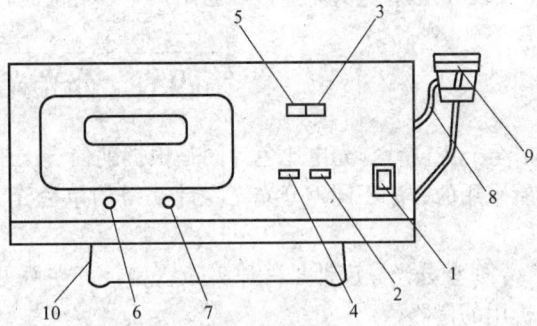

（6）光源灯泡为易损件，当用户更换灯泡时，不要将固定灯泡的底座松劲或移动位置。

第四节　分光光度分析及仪器

分光光度计与光电比色计同是根据朗伯—比尔定律进行分析的仪器，只是它们在获得单色光时所采用的方法不同，分光光度计获得的单色光其单色性更好一些，因而测量精度及准确度较高。

721型分光光度计是一种实验室型，可在可见光谱区范围内（360～800 nm）进行定量比色分析用的仪器。

（一）仪器主要技术性能

（1）波长范围：360～800 nm。

（2）波长精度：360～600±3 nm；600～700±5 nm；700～800±8 nm。

（3）仪器的灵敏度：

重铬酸钾		
$K_2Cr_2O_7$	不小于 $\dfrac{0.01A}{2.5\ mg/L\ (含铬量)}$	相应波长 440 nm
氯化亚钴		
$CoCl_2$	不小于 $\dfrac{0.01A}{150\ mg/L\ (含钴量)}$	相应波长 510 nm
硫酸铜		
$CuSO_4$	不小于 $\dfrac{0.01A}{150\ mg/L\ (含铜量)}$	相应波长 690 nm

（4）仪器的重现性误差：不大于0.5％。

（5）电源变化范围：190～230V；50±0.5 Hz。

（6）仪器增加消光片后可使吸光读数提高到1～2A左右。

（二）仪器组成及作用

仪器内部可分为光学系统和电气系统两大部分。其中光学系统可分为光源灯部件、单色光器部件、入射光与出射光调节部件、比色皿座部件等。电气系统可分成电子放大器部件、光源稳压装置部件和放大器稳压电源部件等。其组成可参见图7-8。

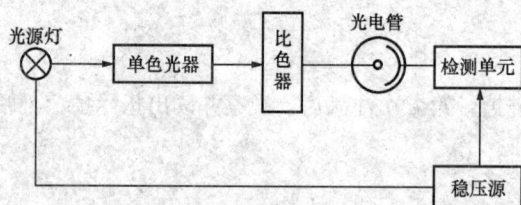

图7-8　721型分光光度计组成方框示意图

仪器的光学系统采用自准式光路，单光束方法，用12V25W仪器（用钨丝白炽灯泡）作光源。其光学系统如图7-9所示。

由光源灯发出的连续辐射光线，射到聚光透镜上，会聚后再经过平面镜转角90°，反射至入射狭缝。由此入射到单色光器内，狭缝正好位于球面准直镜的焦平面上，当入射光线经过准直镜反射后，就以一束平行光射向棱镜（该棱镜的直角面镀铝），光线进入棱镜后，在其中色散。入射角为最小偏向角的入射光在镜面上反射后依原路稍偏转一个角度反射回来。这样从棱镜色散后出来的光线再经过准直镜反射，就会聚在出射狭缝上。狭缝恰好位于准直镜的焦平面，出射狭缝和入射狭缝是一体的，为了减少谱线通过棱镜后呈弯曲形状对光的单色性的影响，把狭缝的两片刀口作成弧形，以便近似地吻合谱线的弯曲度，保证仪器有一定幅度的单色性，如图7-10所示。

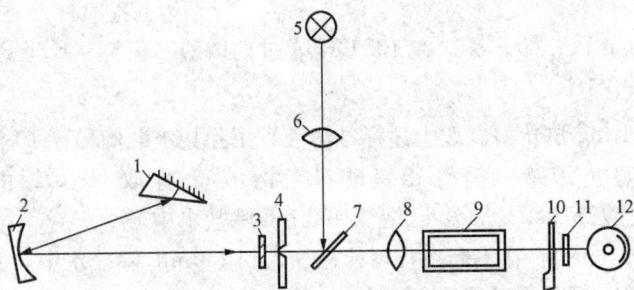

图 7-9　721 型分光光度计光学系统示意图

1—棱镜；2—准直镜；3—保护玻璃；4—狭缝；5—光源灯；

6—透镜；7—反射镜；8—透镜；9—比色皿；10—光门；

11—保护玻璃；12—光电管

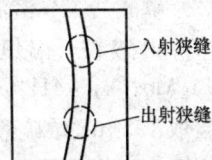

图 7-10　狭缝部
件示意图

旋转棱镜的角度，可以使不同的单色光按上述路线通过出射狭缝，获得连续的单色光。

准直镜是一块凹形长方的玻璃球面镜，可用来调整出射光，使之聚焦于狭缝。

光源灯采用 12V25W 的仪器（用钨丝白炽灯），安装在一固定灯架上，能进行一定范围的移动，以使灯光正确地射入单色光器内。

整个比色皿座连同滑动座架全部装在暗盒内，置于光路中。滑动座架下装有弹性定位装置。比色皿座有四档空位，可同时放入四只相同比色皿进行比色。比色皿共分为 0.5、1、2、3、5 cm 五种规格。仪器备有一只弹性夹子，用以安放消光片，将消光片放入比色皿座中，便于高含量测定，上部还附有一只定位夹，用以确保比色皿正确地靠在同一平面上，减小测定中的误差。比色皿放入座中时，统一以靠座的左侧为基准。

比色皿盒的右侧，装有一套光门部件。其顶杆露出盒右小孔，光门挡板靠其本身重量及弹簧向下垂落，遮住透光孔，光束因此被阻挡不能进入光电管阴极面。当顶杆向下压紧时，顶住光门挡板上端，在杠杆作用下，使光门挡板打开。借此可以保护光电管。同时，当打开仪器比色皿盒上的翻盖时，光路遮断，仪器可以进行暗电流补偿即进行零位调节。

光电转换元件采用 GD—7 型光电管。

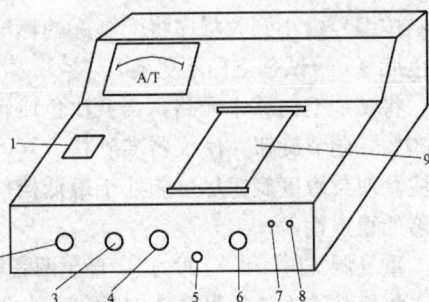

（三）用 721 型分光光度计测定水中磷酸盐含量（磷钒钼黄分光光度法）的实验

721 型分光光度计外形，如图 7-11 所示。

1. 实验原理

在 0.3 mol/L 硫酸的酸度下，磷酸盐与钼酸盐和偏钒酸盐形成黄色的磷钒钼酸。其反应为

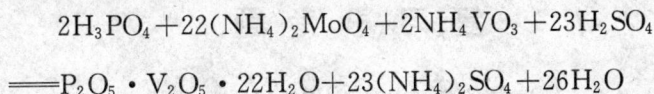

图 7-11　721 型分光光度计外形

1—波长指示窗；2—波长调节钮；3—零点调节；

4—100%调节；5—比色皿托架杆；6—灵敏度调节；

7—电源开关；8—电源指示灯；9—比色皿暗箱盖

$$2H_3PO_4 + 22(NH_4)_2MoO_4 + 2NH_4VO_3 + 23H_2SO_4$$

$$= P_2O_5 \cdot V_2O_5 \cdot 22H_2O + 23(NH_4)_2SO_4 + 26H_2O$$

磷钒钼酸的最大吸收波长为 355 nm，一般可在 420 nm 的波长下测定。

本法适用于炉水磷酸盐的测定，相对误差为±2%。

2．实验药品

（1）磷酸盐标准溶液（1 mL＝1 mg PO_4^{3-}）。称取在105℃干燥过的磷酸二氢钾（KH_2PO_4）1.433 g，溶于少量除盐水中，并稀释至1 L。

（2）磷酸盐工作溶液（1 mL＝0.1 mg PO_4^{3-}）。取上述标准溶液，用除盐水准确稀释10倍。

（3）钼酸铵—偏钒酸铵—硫酸显色溶液（简称钼钒酸显色溶液）。称取50 g钼酸铵（$NH_4)_6Mo_7O_{24} \cdot 4H_2O$ 和2.5 g偏钒酸铵（NH_4VO_3），溶于400 mL除盐水中。

量取195 mL浓硫酸（密度1.84 g/cm³），在不断搅拌下徐徐加入到250 mL除盐水中，并冷却至室温。再将其注入上述铵盐溶液中，用除盐水稀释至1 L。

3．实验内容及步骤

（1）工作曲线绘制。根据待测水样的磷酸盐含量范围，按表7-1所列数据分别把磷酸盐工作溶液（1 mL≈0.1 mg PO_4^{3-}）注入一组50 mL容量瓶中，用除盐水稀释至刻度。

表7-1 磷 酸 盐 标 准 溶 液 配 制 表

容量瓶编号	1	2	3	4	5	6	7	8	9	10	11
工作溶液体积（mL）	0	0.5	1.5	2.5	3.5	5.0	6.5	7.5	10	12	15
相当于水样磷酸盐含量（mg/L）	0	1	3	5	7	10	13	15	20	24	30

将配制好的磷酸盐标准溶液分别注入编号相应的锥形瓶中，各加入5 mL钼钒酸显色溶液，摇匀，静置2 min。

将仪器比色皿暗箱盖打开，开启电源预热数分钟，调节零点调节器，使仪器准确指"0"。根据水样磷酸盐的含量，按表7-2选用合适的比色皿和波长，按编号由小到大顺序将配制好的标准溶液移入比色皿（1号试剂空白不更换）。

将试剂空白移入光路，合上比色皿箱盖，调整"100％"调节旋钮，使仪器准确指"100％"位置。应注意使灵敏度旋钮尽可能处于最低档位，以提高仪器的稳定性。

表7-2 不同磷酸盐质量浓度的比色皿和波长的选用

磷酸盐质量浓度（mg/L）	比色皿（mm）	波长（nm）
10～30	10	450
5～15	20	420
0～10	30	420

重复调"0"和"100％"，直至两者均满足时为止。

将标准溶液按编号顺序依次移入光路，读出溶液的吸光度值或百分透光度值（在吸光度小于1部分读吸光度值，在吸光度大于1部分读出百分透光度换算成吸光度值）。

根据测得值绘制吸光度—溶液质量浓度工作曲线。

（2）水样的测定。取水样50 mL注入锥形瓶中，加入5 mL钼钒酸显色溶液，摇匀，静置2 min，同样以试剂空白作参比，在与绘制工作曲线相同的比色皿和波长条件下，测定其吸光度值。

从工作曲线查得水样磷酸盐含量。

复 习 思 考 题

1. 比色分析法和分光光度法同其他常规分析法相比，有哪些特点？
2. 概述光的吸收定律。
3. 什么是吸光系数？其值的大小与哪些因素有关？

4. 目视比色最常用的方法是什么？它有哪些优点？哪些缺点？

5. 火力发电厂水、汽质量监督中都有哪些项目是采用目视比色法测定的？举一例概述其测定方法。

6. ND—2105 型硅酸根分析仪在使用前，如何校正？

7. PGF—数字式硅酸根分析仪的主要技术参数有哪些？工作条件有哪些要求？

8. 如何正确的使用 721 型分光光度计？

第八章 电导及电位分析

第一节 电导分析基本知识

电导式分析仪器由电导池（传感器）、放大器（变送器）和显示仪表三部分组成。电导池的作用是把被测电解质溶液的电导率转换为易测量的电信号———定形状溶液的电导或电阻。变送器的作用是把传感器的电阻转换成显示装置所要求的信号形式。显示部分是根据工艺生产和科研所要求的功能来确定或设计的，其作用主要是把传感器检测来的信号按被测参数数值显示出来。有些仪器还根据电导或电阻与溶液浓度的关系，直接按浓度进行刻度。

一、电导池、电导、电导率及电极常数

能导电的物质称为导体。按导体导电机理的不同，将其分为以下两大类。

第一类导体依靠自由电子的运动导电。例如金属导体、石墨等。当电流通过第一类导体时，导体本身不发生化学变化，随着温度的升高，其导电能力降低。衡量该类导体导电能力的物理量为电阻（R）或电阻率（ρ）。

第二类导体依靠离子在电场作用下的定向迁移导电。例如，电解质溶液和熔融状态的电解质等。电解质水溶液是最常见的第二类导体。为了使电流通过电解质水溶液，常将两个第一类导体（称为电极）浸入溶液，与溶液一起构成导电通路，当电极上施以外加电压，电极与电解质溶液的界面上便发生电极反应，同时溶液中的阴、阳离子分别向两电极定向迁移，产生导电现象。第二类导体导电实例可通过图 8-1 的实验观察。

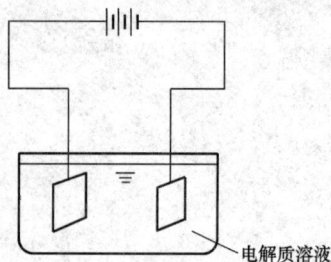

图 8-1　电解质溶液导电
实验示意图

与第一类导体相反，随着温度的升高，第二类导体的导电能力将增强。第二类导体的导电能力常用电导率（γ）这个物理量来衡量。测量第二类导体电导率的仪器属于电导式分析仪器。用测量溶液电导率来确定电解质溶液含量的方法称为电导分析法。

把两块金属板放在电解质溶液中，就可以构成电导池。若把电源接到两块金属板上，就有电流流过溶液，溶液所呈现的电阻和金属导体一样可用下式计算

$$R = \rho \frac{L}{A} \tag{8-1}$$

式中　L——电解质溶液导电的平均长度，cm；

　　　A——电解质溶液导电的有效截面积，cm^2；

　　　ρ——电解质溶液的电阻率，$\Omega \cdot$cm。

不同种类或不同浓度的溶液一般具有不同的电阻率，ρ 值的大小表示了溶液的导电能力。但是，习惯上溶液的导电能力用电阻率 ρ 的倒数 γ 来衡量（$\gamma = 1/\rho$），γ 即电导率。另外，该部分溶液的导电能力也可用电阻的倒数电导 G（$G = 1/R$）来表示，其单位为西门子（S）。这样可得到

如下关系式

$$G = \frac{A}{L}\gamma \qquad (8-2)$$

比值 L/A 称为电极常数，它表明了电导池的几何特征，用符号 K 表示，则上式可改写为

$$\gamma = KG \qquad (8-3)$$

式中　K——电极常数，cm^{-1}；

　　　　G——溶液电导，S；

　　　　γ——溶液电导率，S/cm。

二、溶液电导率与溶液浓度的关系

溶液的电导率可以说明溶液的导电能力，但不能直接说明溶液的浓度，因为各种溶液在相同浓度时导电能力不相同。要将溶液的导电能力（电导率）与溶液的浓度联系起来，可以引入一个摩尔电导的概念。

在相距 1 cm、面积相等的两平行电极板之间，充以 1 mol 的溶质时，溶液呈现的电导称为摩尔电导，符号 λ，单位为 $S \cdot cm^2/mol$。

对单一溶质，溶液电导率与浓度之间的关系式为

$$\gamma = \lambda \frac{C}{1000} \qquad (8-4)$$

式中　λ——摩尔电导，$S \cdot cm^2/mol$；

　　　　C——溶液的浓度，mol/L。

对于多种离子的溶液，其电导率与浓度之间的关系式为

$$\gamma = \frac{1}{1000}\sum_{i=1}^{n}\lambda_i C_i \qquad (8-5)$$

式中　λ_i——溶液中 i 离子的摩尔电导；

　　　　C_i——溶液中 i 离子的浓度。

由于电解质离子彼此间的相互影响，摩尔电导也随溶液的浓度而改变，溶液越稀，离子彼此间影响越小，在无限稀释时摩尔电导达到最大值。我们所讨论的摩尔电导都是指在无限稀释时的状态。

通过式（8-5）可以看出，溶液的电导率随其浓度的增大而增大，又由于溶液中各种离子的摩尔电导各不相同，故溶液的电导率只能反映溶液的总含盐量。同时温度对溶液电导率也有影响。如温度增高，离子迁移速度增大，溶液导电能力增强，电导率增大。

三、电导池电极常数的确定方法

从理论上讲，一个已经确定的电导池，可以根据两极板的几何尺寸和相对位置，按相应的公式来计算电极常数，最简单的电导池是由两个面积各为 A、相距为 L 的平行金属板组成的，其电极常数可按 $K=L/A$ 来计算。但实际上，由于溶液导电状况比较复杂，用几何尺寸决定的面积不能代表真正的导电面积，尤其是镀铂黑的电极。所以上述的计算结果只是近似值，对复杂结构的电导池，其电极常数的计算，只能作为一种粗糙的估计。电极常数的准确值需用实验方法来确定，电极常数的实测方法有标准电导溶液法和标准电极比较法两种。

1. 标准电导溶液法

将已知电导率的标准溶液放入电导池，用电导仪或者交流电桥测出其电导或电阻值，根据式（8-3）算出 K 值

$$K = \frac{\gamma}{G} = \gamma R \qquad (8-6)$$

标准电导溶液是专门配制的氯化钾溶液，它在某些温度下，不同浓度的电导率已精确地测出，并已制成表，可以查到。

2. 标准电极比较法

将已知电极常数为 K_s 的电导池置于某一溶液中，测出其电导值 G_s（或电阻值 R_s）；再将未知电极常数的电导池（设其常数为 K_x）置于同一溶液中，测出其电导值 G_x（或电阻值 R_x）。因同一溶液电导率是定值，所以可写出如下关系式

$$K_x G_x = K_s G_s$$

或

$$\frac{K_x}{R_x} = \frac{K_s}{R_s}$$

所以

$$K_x = \frac{K_s G_s}{G_x} = \frac{K_s R_x}{R_s} \tag{8-7}$$

也可以将电极常数为 K_s 的电导池置于某一溶液中，用电导率仪测出该溶液的电导率 γ_s，然后再将未知电极常数（设为 K_x）的电导池置于同一溶液，测出其电导值 G_x（或电阻值 R_x），则未知的电极常数 K_x 可由下式确定

$$K_x = \frac{\gamma_s}{G_x} = \gamma_s R_x \tag{8-8}$$

四、影响电导率测量的因素

1. 温度对溶液电导率的影响

电解质溶液的电导率受温度影响较大，即使溶液的浓度不变，溶液的电导率也随着温度的改变而发生明显的改变。溶液温度升高，离子热运动速度加快，在电场作用下，离子的定向运动加快，因而使溶液的电导率增大；反之，溶液温度降低，其电导率减小。所以，若以电导率来表示水的品质或溶液的浓度，必须在一定的温度条件下才有意义。我国电力系统中以 25℃ 为基准温度。如果被测溶液的温度偏离基准温度，则需对所测得的电导率进行修正，即换算成基准温度下的数值，否则将造成较大的测量误差。

现在很多电导率仪表，特别是工业在线电导率仪表，大都在其测量电路中设置温度补偿电路以消除温度的影响。但一般的温度补偿措施只能减小温度的影响，很难达到完全补偿。

2. 电导池电极极化对电导率测量的影响

电极式电导池也就相当于电解池，在测量过程中不可避免要发生电极的极化作用。这样将会导致测量误差。为了消除因极化现象而引起的测量误差，在测量溶液电导率时，采用交流电源作为电导池的电源。这样，可维持两电极附近阴阳离子的平衡，又可避免在两电极间产生大量的生成物，从而消弱电极极化的影响。

此外，也可以采用增大电极表面积的方法降低极化作用。如现在常使用的铂黑电极。

3. 电极系统的电容对电导率测量的影响

为了消除电导池的极化作用而采用交流电源。这样，极板间就会产生一系列电容，造成仪器实际测量时产生误差。

从电导池系统电容分布考虑，综合电导池极化影响，一般电导率仪设置有高、低两种频率的电源供使用者选择。测量电导率较高的溶液，由于离子浓度高，极化作用产生的误差较大，应选用仪器的高频电源。测量电导率较低的溶液，离子浓度小，极化现象较弱，电容误差是主要的，可选用仪器的低频电源来进行测量。在一些电导率仪中，增设电容补偿电路，以减小测量高纯水时电容的影响。

4. 样品中可溶性气体对溶液电导率测量的影响

用电导法测定水汽样品含盐量时，水中溶解的气体对测定结果将产生影响。在热力系统水汽中总会含有氨、二氧化碳、一氧化氮等可溶性气体，它们的存在往往使测得的电导率值偏高。

因为蒸汽中一氧化氮含量较低，二氧化碳对电导率的影响不如氨那样大，且除去这两种气体要增加设备和维护工作量，故现在通常忽略二者影响，只考虑去除氨。

现在常使用阳离子交换器除氨。在除氨的同时，阳离子交换树脂还与水中各种盐类的阳离子进行交换，结果使水样变成了酸性溶液，它比中性盐溶液的电导率平均放大了3.1～3.3倍，一般取3.2作为换算常数。采用上述方法测得的水溶液电导率称为阳离子电导率。

第二节 电 导 分 析 仪 器

一、分压式电导率仪测量原理

分压式电导率仪的测量原理如图8-2所示。从图中可以看出，溶液电阻 R_x 与分压电阻 R_m 构成分压电路，交流电源加在 R_m 和 R_x 上，取 R_m 上的分区送到放大器进行放大，由指示仪表显示出 E_m 的值。在放大器的输入阻抗远大于 R_m 的条件下，根据欧姆定律有

$$E = IR_x + IR_m \qquad (8-9)$$

$$I = \frac{E}{R_x + R_m} \qquad (8-10)$$

图 8-2　分压式电导率仪测量原理图

所以，E_m 与溶液的电导率有如下关系

$$E_m = \frac{R_m}{R_m + R_x}E \qquad (8-11)$$

由式（8-3）得

$$R_x = \frac{1}{G} = \frac{K}{\gamma}$$

将其代入式（8-11）得

$$E_m = \frac{ER_m}{R_m + \dfrac{K}{\gamma}} \qquad (8-12)$$

在式（8-10）中，E 和 K 是固定常数，一般 E_m 与 γ 是非线性关系，若使 $R_x = K/\gamma \gg R_m$ 时，式（8-12）可写作

$$E_m = \frac{ER_m\gamma}{K} \qquad (8-13)$$

这时信号 E_m 与溶液电导率 γ 近似呈线性关系。R_m 越小，线性度越好。但是 R_m 过小，E_m 将会太小，仪器的准确度就会降低，所以选择 R_m 时要兼顾两方面。一般 R_m 为 R_x 测量上限的百分之一左右，对于测量范围很宽的电导率仪，R_x 的变化范围很大，需将 R_x 分成若干区段，再分别配上适当的 R_m。

二、DDS—11A 型电导率仪

（一）仪器技术性能

DDS—11A 型电导率仪采用分压式测量电路，是实验室型电导率仪。仪器有很高的输入阻抗，整个测量范围为 $0 \sim 10^5 \mu S/cm$，共分为 12 个量程，每个量程配以不同的分压电阻 R_m，与该量程上满刻度 R_x 之比均为 1%，用以提高仪器的灵敏度和线性度。但最后两个量程使用同一分

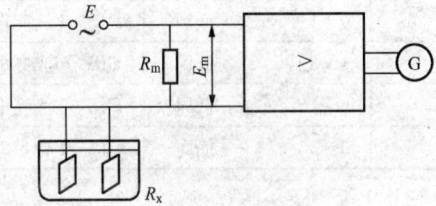

压电阻，而最后一个量程采用电极常数为 10 左右的铂黑电极来实现量程扩展，其他各量程配用电极常数为 1 左右的电极。仪器配有两种频率的交流电源供选用，低频约 140 Hz，高频约为 1000 Hz。这样可以减小电极极化影响，同时降低电导池系统电容影响。

仪器配用的玻璃骨架铂电极电导池的电极是两个铂片，表面经铂黑处理的叫铂黑电极，未经铂黑处理的叫光亮电极。仪器配套的电极有三种：①DJS—1 型光亮铂电极；②DJS—1 型铂黑电极；③DJS—10 型铂黑电极（其电极常数约为 10 左右）。各量程的范围及各量程选用的电极和频率列表，如表 8-1 所示。

表 8-1 各量程使用的频率及配用的电极

量 程	测量范围 (μS/cm)	测量频率	配 用 电 极	量 程	测量范围 (μS/cm)	测量频率	配 用 电 极
1	0～0.1	低周	DJS—1 光亮电极	7	0～100	低周	DJS—1 铂黑电极
2	0～0.3	低周	DJS—1 光亮电极	8	0～3×10^2	低周	DJS—1 铂黑电极
3	0～1	低周	DJS—1 光亮电极	9	0～10^3	高周	DJS—1 铂黑电极
4	0～3	低周	DJS—1 光亮电极	10	0～3×10^3	高周	DJS—1 铂黑电极
5	0～10	低周	DJS—1 光亮电极	11	0～10^4	高周	DJS—1 铂黑电极
6	0～30	低周	DJS—1 铂黑电极	12	0～10^5	高周	DJS—1 铂黑电极

电极的支架由玻璃烧制而成，工艺上难以做到同一型号电极的常数完全相同，所以 DDS—11A 型电导率仪设有电极常数调节电路，以适应不同常数的电极。仪器设有电容补偿电路，但因其不能做到精确补偿，所以用该仪器测量高纯水的电导率时，将会产生较大的误差。

（二）DDS—11A 型电导率仪的组成及作用

电导率仪组成，如图 8-3 所示。

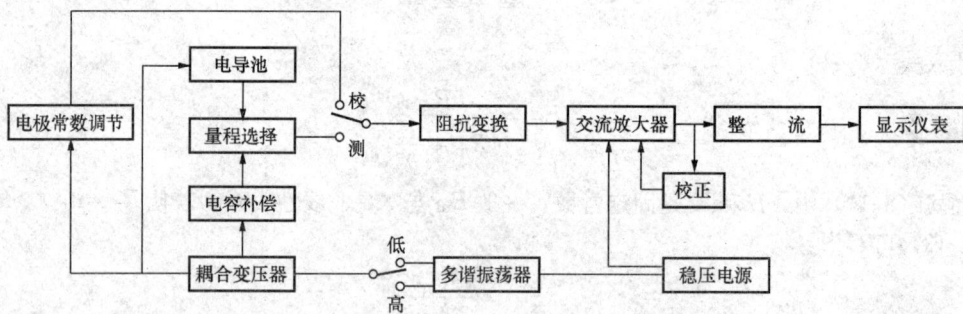

图 8-3 DDS—11A 型电导率仪组成示意图

由图 8-3 可以看出，DDS—11A 型电导率仪主要由阻抗变换电路、交流放大电路、整流电路、显示仪表及量程选择电路、电容补偿电路、电极常数调节电路、耦合变压器、多谐振荡电路及稳压电源等构成。

量程选择电路设有 11 个分压电阻，第十一个分压电阻为第十一量程和第十二量程所共用。各量程满刻度电阻 R_{xmin} 与分压电阻 R_m 的比值均为 100:1。

电极常数调节电路采用一个模拟电导池电路，相当于仪器第七量程（测量范围为 0～100μS/cm）的测量电路。通过调整模拟电导池的电阻值，向仪器输送不同电极常数 K 时所对应的溶液电导率值的标准信号，再用校正调节器改变仪器的放大倍数，使之与相应的电极常数对应，从而达到电极常数的补偿调节。

DDS—11A 型电导率仪也可以用作溶液的电导测量。此时，只需将仪器按 $K=1 \text{ cm}^{-1}$ 进行校正，则无论用多大常数的电极进行测量，得到的都是溶液的电导值 G。

（三）DDS—11A 型电导率仪的使用

电导率仪的外形及各开关、旋钮位置，可参见图 8-4。

1. 准备

调整表头机械零点，把校正测量开关置于"校"位置，打开电源开关，预热数分钟待指针稳定后即可开始测量。

2. 粗测

（1）将电极常数旋钮调到与所使用电极的常数一致的位置，调整校正调节器，使指针指示满刻度。

（2）把量程选择开关放到第十一档，将电极与仪器接好并插入溶液，校正测量开关旋到"测量"位置，然后将量程选择开关逐档下降，直到指针偏转最大但不超过刻度范围为止。

应注意，每一量程均为高一量程测量范围的 1/3 左右，为了提高测量的准确度，应使指针指示大于全刻度的 1/3（最后两量程除外）。

如果被测溶液的电导率范围为已知，可以省略粗测步骤。

3. 细测

（1）按粗测结果选择频率和电极（选择方法可参见表 8-1）。

（2）校正：使电极常数调节旋钮位置与被选用电极的常数值一致。但用 DJS—10 型铂黑电极时，旋钮位置指示值应等于其电极常数值的 1/10。将校正测量开关置于"校正"位置，调整校正调节电位器，使指示为满刻度。电导率值在第十至第十二量程范围内时，应将电极与仪器接好，并将电极浸入待测溶液后再进行校正。

（3）测量：将校正测量开关置"测量"位置，指示值乘上量程开关倍率即为被测溶液的电导率值。使用 DJS—10 型电极时，应将读数再乘以 10。

测量高纯水时，使用第一至第二量程，应进行电容补偿，其补偿方法是：把仪器与电极接好后，电极浸入溶液前，调节电容补偿电位器，使指示仪达到最小值（不可能调到零，因极板间有漏电流存在），然后把电极放入被测溶液测量。

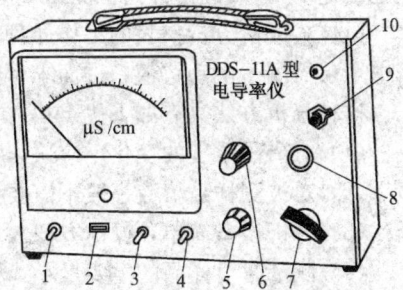

图 8-4 DDS—11A 型电导率仪外形示意图

1—电源开关；2—氖泡；3—频率切换开关；4—校正测量开关；5—校正调节电位器；6—电极常数调节器；7—量程选择开关；8—电容补偿调节器；9—电极插口；10—0～10mV 输出插口

第三节　电位分析法基本知识

电位分析法是指通过测量由电极系统和待测溶液构成的测量电池（原电池）的电动势获知待测溶液离子浓度的分析方法。用于该分析的仪表称为电位式成分分析仪表。

电位式成分分析仪表由测量电池（原电池）和离子计两部分构成。测量电池是一个由参比电极、指示电极和被测溶液构成的原电池。参比电极的电极电位不随被测溶液的浓度变化而变化。指示电极对被测溶液中待测离子有敏感作用，其电极电位与待测离子的浓度有关，在被测溶液浓度的一定范围内，两者之间具有一一对应的关系。所以原电池的电动势（指示电极与参比电极的电位差）与待测离子的浓度也具有一一对应关系。

测量电池的作用是把一难以测量的化学参数（离子浓度）转化成容易测量的电学参数（测量

电池的电动势）。离子计是检测测量电池电动势的电子仪器。

电位式成份分析仪表的工作原理就是通过测量电池将溶液的离子浓度转变为电池电动势，再用电子仪器测得电动势值，进而求得离子浓度。

这种分析方法具有如下优点：

（1）对离子浓度的变化反应快，特别适合工业流程中连续监督和控制。

（2）对被测样品溶液一般不需要处理或仅需简单预处理。

（3）分析设备简单，操作方便。

（4）测量时对样品的需要量小，样品也可以是不透明的。

（5）测量范围广，灵敏度较高，适合于微量分析。

在发电厂水汽分析中，电位分析法主要用于测定水汽中氢离子、钠离子的含量。

一、原电池、电极电位

通常，当将一种金属 M 浸入含有它的离子的溶液中时，金属 M 可能在极性水分子的作用下发生溶解，即金属晶格中的离子进入溶液，变为水合离子（$M^{n+} \cdot mH_2O$），而把自由电子留在金属中。同时，溶液中的金属离子也可能得到电子而进入晶格，发生沉积。溶解、沉积的结果，可使金属板与其相邻溶液薄层带有相反电荷，正负电荷相互吸引，使金属表面及与其相接的水层之间形成双电层。当溶解和沉积速度相等时，体系达到动态平衡，双电层中正负电荷数就稳定下来，在金属片与水之间就形成了一个恒定的电位差。不同金属，这种电位差的大小也不同。

通常把金属和其插入的该金属的盐溶液构成的体系，称为电极（或半电池）。金属与溶液间的电位差叫该电极的电极电位。电极电位的大小与金属的种类有关，与溶液中该金属的离子浓度有关。

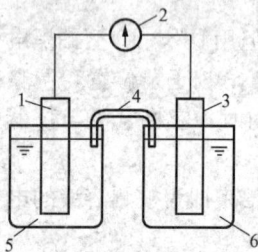

图 8-5 铜-锌原
电池示意

1—Zn 电极；2—检流计；3—
Cu 电极；4—盐桥；5—ZnSO₄
溶液；6—CuSO₄ 溶液

两个不同的电极可以构成一个原电池，如铜电极和锌电极按图 8-5 所示相接，则在外电路有电流流过，同时会看到金属锌不断溶解，铜离子不断在铜板上析出。也就是说，在两电极发生了氧化还原反应

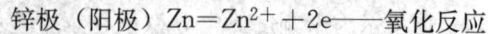

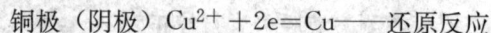

锌极（阳极）$Zn = Zn^{2+} + 2e$——氧化反应

铜极（阴极）$Cu^{2+} + 2e = Cu$——还原反应

这样，在电极板与溶液界面进行的反应，叫做电极反应。

两电极总反应

$$Zn + Cu^{2+} = Zn^{2+} + Cu$$

称为电池反应。

上述装置可以把化学能转变成电能，具有这种功能的装置称为原电池。

一个原电池是由两个电极组成的。由于两电极的电极电位不同，原电池就有一个电动势产生。电极电位的大小只有相对于一个基准电位来说才有确定意义。在电化学中，通常以标准氢电极的电位为基准，即规定标准氢电极的电极电位为零。将未知电位的电极与标准氢电极组成一个原电池，测得该电池的电动势即为该电极的电极电位。

从电子得失角度讲，任何一个电极反应均可以看作是一个氧化或还原反应，根据该反应可以确定电极电位与溶液浓度间的定量关系。

如设电极的电极反应为

$$氧化态 + ne \Longleftrightarrow 还原态$$

则该电极的电位为

$$E = E^0 + \frac{RT}{nF}\ln\left[\frac{氧化态}{还原态}\right] \qquad (8\text{-}14)$$

式中　　E——平衡时的电极电位；

R——气体常数，8.314J/（℃·mol）；

F——法拉第常数，96485C/mol；

T——热力学温度（273+t）K；

n——电极反应中电子转移数；

[氧化态]——氧化态的浓度，mol/L；

[还原态]——还原态的浓度，mol/L；纯固体不计浓度，气体用大气压表示；

E^0——标准电极电位。

标准电极电位是指当参加电极反应的所有物质均处于标准状态（即离子浓度均为 1 mol/L，温度 $t=25℃$）时，该电极的平衡电极电位。

不同氧化还原电对的 E^0 值各不相同。在标明电极电位时，常将所对应电极反应中氧化还原电对标在电极电位的右下角。

如锌电极电极反应为

$$Zn^{2+} + 2e \Longrightarrow Zn$$

则

$$E_{Zn^{2+}/Zn} = E^0_{Zn^{2+}/Zn} + \frac{RT}{2F}\ln\,[Zn^{2+}]$$

电极电位的大小与电极反应的书写方向无关。

式（8-14）称为能斯特方程式。它表明了电极电位与电极的本性有关，与溶液中氧化态和还原态的浓度有关，与溶液的温度有关。它是电位分析法的理论依据。

通常在室温（25℃）下测量，能斯特方程式可以写为

$$E = E^0 + \frac{0.0592}{n}\lg\left[\frac{氧化态}{还原态}\right] \qquad (8\text{-}15)$$

二、电极种类

能指示溶液中离子浓度的电极称之为指示电极。指示电极的种类很多，可归纳为以下几种类型。

1. 金属-金属离子电极（第一类电极）

凡能发生可逆氧化还原反应的金属，在插入含有它的离子的溶液中时，其平衡电极电位能准确反映出溶液中该金属离子的浓度。锌电极、铜电极和氢电极均属此类电极。

该类电极的平衡电位值随溶液中金属离子的浓度的对数值呈直线变化。当溶液中金属离子的浓度减小时，电极电位值降低。

2. 金属-难溶盐电极（第二类电极）

将一种金属及其相应的难溶盐，浸入含有该难溶盐的阴离子的溶液中所形成的电极，称为金属—难溶盐电极。它能指示该溶液中金属难溶盐的阴离子的浓度。该类电极最有代表性的电极为银—氯化银电极和甘汞电极。由于这两种电极的稳定性较好，常用其作为参比电极。

第二类电极的电极电位仅与金属难溶盐中阴离子的浓度和温度有关。该类电极的平衡电位随金属难溶盐阴离子浓度的增大而降低。

除上述两类电极外，还有氧化还原电极（第三类电极），金属及其难溶氧化物形成的电极（第四类电极）。

最后还有一类电极在历史上曾被称为玻璃电极，现在称为膜电极，或称为离子选择性电极。

三、膜电极

各种类型的膜电极，近几十年来获得迅速发展。它们有一个共同的特点，就是借某种活性薄膜直接反映出溶液中特定离子的浓度，故亦称离子选择性电极。

大家知道，参比电极的电极电位不随其外部溶液的成份而变化。当把一个玻璃薄膜放在氢离子浓度不同的两溶液之间，在薄膜两边溶液中各自插入一个完全相同的参比电极（见图 8-6），则在外电路可知两者之间存在电位差。

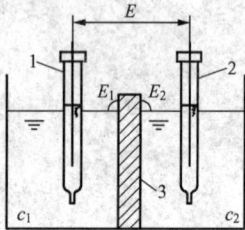

这样，把一敏感膜插入含有该膜能响应的离子的溶液中，令膜两边溶液浓度不同，则薄膜两面的电位不相等，即两界面之间有电位差，这一电位差称膜电位。其大小可由上述装置实验测得。

事实表明，从膜的表面到与该表面相接触的溶液之间存在一个电位差，如图 8-6 中的 E_1、E_2，并且 E_1、E_2 的大小与溶液中被响应的离子的浓度有关，通常 E_1、E_2 称为敏感膜的相界面电位。

在一定测量范围内，相界面电位与离子浓度的关系符合能斯特方程，即

$$E_1 = E_0 + \frac{RT}{nF}\ln c_1$$

$$E_2 = E_0 + \frac{RT}{nF}\ln c_2$$

图 8-6　膜电位测量
电池示意图
1、2—参比电极；
3—敏感膜

式中　c_1、c_2——敏感膜两边的溶液的离子浓度，mol/L；

　　　n——离子的氧化数；

　　　E_0——离子浓度为 1 mol/L 时的电位值。

膜电位 E_M 为两相界面电位差，即

$$E_M = E_1 - E_2 = \frac{RT}{nF}\ln c_1 - \frac{RT}{nF}\ln c_2$$

更详细地研究膜电位的组成，E_M 还应该包括膜内扩散电位 E_D 和膜的不对称电位 $E_{不对称}$。则有

$$E_M = E_D + E_{不对称} + \frac{RT}{nF}\ln c_1 - \frac{RT}{nF}\ln c_2$$

当膜两侧的溶液离子浓度相等（$c_1 = c_2$）时，$E = E_D + E_{不对称}$ 为一个与溶液浓度无关的常数，这里用 E'_0 表示。这样膜电位可以写成

$$E_M = E'_0 + \frac{RT}{nF}\ln c_1 - \frac{RT}{nF}\ln c_2$$

在实际测量中设定 c_2 为固定值，则膜电位可进一步写成

$$E = E_0 + \frac{RT}{nF}\ln c_1$$

其中

$$E_0 = E_D + E_{不对称} - \frac{RT}{nF}\ln c_2$$

例如，对氢离子具有响应的玻璃膜，其玻璃敏感膜的膜电位 E_{H^+} 可写成

$$E_{H^+} = E_0 + \frac{2.303RT}{F}\lg[H^+]$$

$$= E_0 - \frac{2.303RT}{F}pH$$

根据上述原理我们可以制出各种不同的膜电极。玻璃膜电极根据用途的不同，可以制成各种不同的形状，但都由敏感膜（玻璃膜）、电极杆（支管）、内充液、内参比电极、屏蔽引线、电极插头几个部分组成。其原理可参见图 8-6，其构造可参见图 8-7。

玻璃敏感膜的厚度约为 $0.05\sim0.1mm$，其内参比电极为 Ag-AgCl 电极，直接将涂有 AgCl 的银丝插入内充液中，制成无液接方式。内充液中，除了应有数目稳定的为敏感膜所响应的氢离子外，还应含有稳定数目的氯离子，以保证内参比电极电位的稳定。另外，内充液还必须为 AgCl 所饱和，防止 AgCl 镀层表面状态的改变或剥落而影响内参比电极电位的稳定。

图 8-7　玻璃膜电极构造示意图

1—敏感膜；2—内充液；3—Ag-AgCl 参比电极；4—屏蔽引线；5—插头

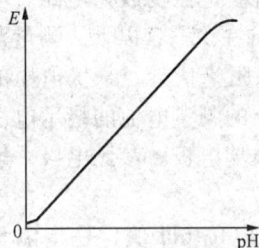

一种离子选择性电极，虽然对某种特定离子具有较强的选择性，但同时某些其他离子的浓度变化对电极电位也有影响，这些离子称为干扰离子。评价电极选择性的指标，常用选择性系数 K_{m_1,m_2} 表示。例如，有一种钙电极，它的选择性系数 $K_{Ca,Mg}=10^{-2}$，这表示该电极对钙离子的灵敏度比对镁离子的灵敏度大 100 倍。

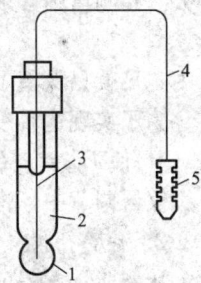

图 8-8　酸、碱性偏差示意图

在使用 pH 电极时，还要受到操作条件的影响，如在 pH>10 的碱性溶液中测量时，由于溶液中氢离子浓度很低，溶液中可能存在的钠离子将会对测量产生干扰，使玻璃电极的响应偏离能斯特方程，即 pH 值与电压之间不再呈直线关系，所测得的 pH 值较实际的数值低，而且不稳定。这一现象称为"碱性偏差"或称"钠差"。

而当玻璃电极在测定 pH 值小于 1 的溶液时，也发现有偏差。所测得的 pH 值较实际值偏高，称之为"酸性偏差"。

现在已有一种由锂玻璃制成的玻璃电极，可以减小碱性或酸性偏差。如上海电光器件厂生产的 231 型玻璃电极，其测量 pH 值范围为 0 ～14。

玻璃电极在非水溶液及含 F^- 的溶液中不能使用。它的内阻大，在 $10^8\,\Omega$ 以上，所以要求测量仪器必须有很高的输入阻抗。在使用前必须用标准缓冲溶液校正。此外，这种电极容易衰老和破碎。

第四节　电位式分析仪（离子计）

一、电池电势标准化变换

离子计要求对被测电势进行换算而直接指示被测溶液中离子的 pX 值或浓度值，因此仪器刻度是浓度或 pH 值。在离子计中是以一定的毫伏数代表一个 pX 值，响应斜率按理论值设计。

但是，测量电池的电动势与被测溶液的 pX 值关系一般是不符合离子计的标准化设计要求的。因此，为了对测量电池的非标准化电势作准确的测量，在酸度计中增设了特殊的功能调节电路。测量电势通过这些功能调节电路时，进行了一系列信号变换，直至符合标准化要求，主要有以下几个方面。

1. 定位调节

测量电池的电动势为

$$E = E_0 \pm SpX$$

式中，阴离子为"+"，阳离子为"−"；E_0 是与被测溶液浓度无关的项，当温度一定时，E_0 为

常数。在测量中必须把 E_0 从 E 中减掉，使输入离子计的信号为

$$E' = E - E_0 = \pm SpX$$

式中，E' 就只保留了与溶液浓度有关的项。

为了实现这种变换，仪器中设有定位电路，电路给出一个电压 $E_{定}$（称定位电压），调节 $E_{定}$，可使 $E_{定} = -E_0$，使输入仪器的净信号为 E 和 $E_{定}$ 之和，且等于 $E - E_0$。

仪器调节中，将测量电池电势 E 中的 E_0 减去的操作，叫"定位"调节。

2. 温度补偿

从能斯特方程可以看到，温度的变化可以改变电极的斜率 S，使电极斜率偏离基准温度时的理论斜率。导致电极实际斜率的非标准化。为了使电极的实际斜率变换为基准温度时的理论斜率，在离子计中设有温度补偿调节电路。当信号通过温度补偿电路后，温度对斜率的影响被消除，信号被标准化。

此外，离子计中还设置了等电势调节电路（用以补偿仪器与测量电池电势因温度补偿而产生的截距误差）和斜率补偿电路（用以消除玻璃电极的斜率与理论斜率间的偏差）。

二、pHS—2 型酸度计

pHS—2 型酸度计是一台实验室型分析仪器。该仪器采用了全晶体管参量振荡放大电路。电路设计中，采取了深度负反馈，仪器的稳定性线性度好。仪器的输入阻抗在 $10^{12}\Omega$ 以上。测量范围为 0～14pH，精确度为 ±0.02pH/2pH。pHS—2 型酸度计也是一台高阻毫伏计，毫伏电压的测量范围为 0～±1400 mV，精确度为 ±2mV/200mV。pHS—2 型酸度计的测量电池的指示电极采用零电位 pH 值为 7 的玻璃膜电极，如上海电光器件厂生产的 231 型玻璃电极。参比电极一般采用饱和甘汞电极。

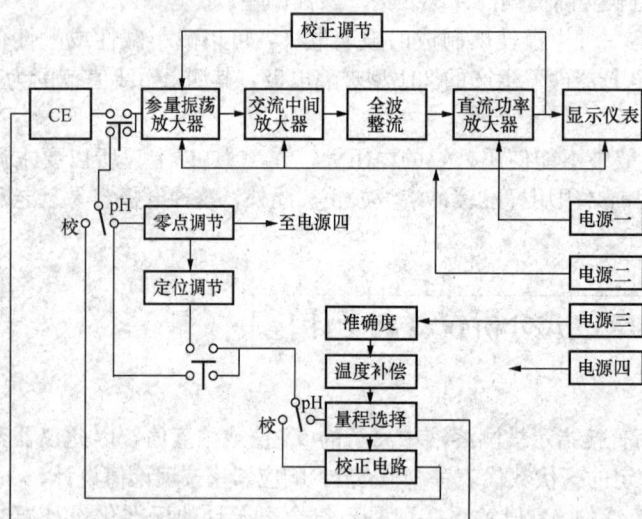

图 8-9 pHS—2 型酸度计组成方块图

所谓零电位 pH 值，是指测量电池的电动势为零时，溶液的 pH 值。因为 pHS—2 型酸度计的刻度是以 pH7 为起点，所以采用零电位 pH 值为 7 的玻璃膜电极。

（一）pHS—2 型酸度计的组成及作用

从酸度计组成方块图（见图 8-9）可以看出仪器的基本组成。

通常将酸度计按其作用分为三大部分。

1. 功能放大部分

功能放大部分包括参量振荡放大器、中间交流放大器、全波整流电路、直流功率放大器和显示仪表。

这一部分的主要作用是将输入该部分的微弱信号进行放大，使之能够带动指示。

2. 功能调节部分

功能调节部分包括零点调节电路、定位调节电路、准确度调节电路、温度补偿调节电路、量程扩展电路和校正调节电路。

这部分的功能主要是对输入信号进行标准化处理，使之与理论值相符。

3. 电源部分

电源部分共包括四个电源，分别向功能调节和功能放大部分提供相应的电源。

仪器显示仪表表头指示起点为中间位置，表盘刻度为两个 pH 值变化，中间为"1"。

（二）酸度计使用方法

酸度计外形及开关、调节旋钮的位置，如图 8-10 所示。

1. 仪器安装

仪器的电源为 220V、50Hz 交流电源。仪器电源插头如与插座规格不符，可以调换合适的插头，其中黑线为接地线，不能与其他两线相混。

2. 电极安装

先把电极夹子夹在电极杆上。如电极杆不够长，可以将接杆旋上，然后将玻璃电极夹在夹子上。电极插在右边插口内，并将小螺丝旋紧（注意应将电极插头按下）。甘汞电极夹在另一个夹子上，其引线接在另一个电极接线柱上。玻璃电极安装时下端玻璃球泡必须比甘汞电极陶瓷芯端稍高些。因为玻璃电极的球泡较薄，以免在搅动时碰坏。新电极或长期不用的干放玻璃电极，应在使用前放在蒸馏水中浸泡活化 48h，电极插头应保持清洁干燥，切忌与污物接触。甘汞电极在使用时应把上面的小橡皮塞及下端橡皮套拔去，以保持液位压差。在不用时应用橡皮套将下端套住。

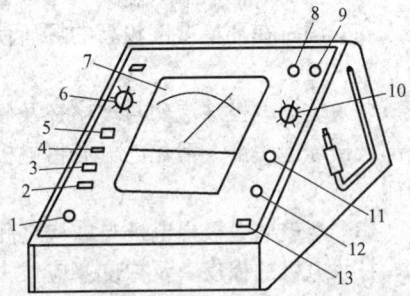

图 8-10　pHS—2 型酸度计外形图

1—零点调节器；2—负 mV 键；3—正 mV 键；4—pH 键；5—电源键；6—温度补偿器；7—指示表；8—甘汞电极接线柱；9—玻璃电极插口；10—量程分档开关；11—校正调节器；12—定位调节器；13—读数键

3. 校正

如测量 pH 值，先按下 pH 按键，读数开关保持不按下状态。接通电源后，左上角指示灯亮。一般短时间测量，只需预热数分钟即可，如要保持仪表零点长时间稳定，必须预热 0.5h，甚至 1h 以上。

（1）用温度计测定定位溶液温度，调节"温度"调节旋钮在所测温度值上。

（2）调节"零点"调节旋钮，使指针指在中间"1"位置上（调零时，分档开关不在"校"位置即可）。

（3）将分档开关放在"校"位置，调节"校正"电位器，使指针指右满度"2"位置上。

（4）重复（2）、（3）两步骤，使两者均能满足（调整时不能立即进行，须待指示保持半分钟左右稳定后进行）。

4. 定位

定位溶液的选取尽可能使其 pH 值接近被测溶液的 pH 值。选定标准定位液后，查出标准定位液在该温度下的 pH 值。

（1）将定位液放在电极杯中，根据定位液的 pH 值，选择分档开关的位置。

（2）按下读数开关，调节定位旋钮，使指示为定位液的 pH 值，并摇动电极杯，使指示稳定为止。重复调节定位旋钮，使指示值稳定在定位液的 pH 值上停止。松开读数开关。

5. 测量

（1）定位液与被测溶液温度相同。用蒸馏水清洗电极头部，并用滤纸吸干，把电极插入被测溶液，摇动电极杯。按下读数开关，调节分档开关，直到指示值稳定后读出读数（读数为指示值与分档数相加），然后松开读数键。

（2）被测液与定位液温度不同。按定位步骤定位后，保持定位不变，放开读数开关。用蒸馏水清洗电极，用滤纸吸干。测出被测液温度，调节温度调节旋钮对应所测得温度。将分档开关放到"校"位置，调节校正调节旋钮使指示在右满刻度。将电极浸入被测液，将分档开关调到接近被测液 pH 值位置。按下读数开关，读出指示值，然后放开读数开关。

（三）注意事项

（1）仪器的输入端（即玻璃电极插口）必须注意保持清洁，不用时将接续器插入，以防灰尘进入和受潮。在环境湿度较高的场所使用时，应把电极插头用干净布擦干，以保证输入端处于高阻状态。

（2）玻璃电极球泡勿与玻璃杯及硬物相碰，防止球泡破碎或擦伤。在安装时，一般甘汞电极头部长出球泡头部。活化电极需将电极置于杯内时，应在杯底填放棉花或滤纸，防止直接与杯底相碰。

（3）当玻璃电极内电极与球泡之间及甘汞电极内电极与陶瓷芯之间有气泡时必须除掉。使用时，甘汞电极的橡皮套及橡皮塞应拔去。

（4）防止电极球泡污染。如污染应用棉花蘸四氯化碳擦净，或用 0.1mol/L 盐酸洗净，然后用蒸馏水冲洗。

（5）老化的电极或损坏的电极要及时更换，新电极及干放的电极需在蒸馏水中活化一昼夜。

（6）当按下读数开关，发现打指针时，应放开读数开关，检查分档开关位置及其他调节旋钮位置是否适当，电极头部是否浸入溶液。如果用 pH 档，电极插口没有电极时，分档开关应置于 pH6 档。

（7）温度调节旋钮转动时，勿用力太大，以防紧固螺丝移位，影响 pH 准确度。

三、DWS—51 型钠离子浓度计

DWS—51 型钠离子浓度计是用以测量水溶液中的含钠量而设计的，对电厂高纯水（如蒸汽、凝结水、锅炉给水等）的品质监督更适宜应用，对炉水、天然水等也可以应用。

DWS—51 型钠离子浓度计由一台全晶体管式高阻毫伏计和钠功能电极组合而成。当钠功能电极浸入被测溶液时，产生一定的电位，此电位决定于 Na^+ 的活度，当此电位输入到电计时，就在指示表头上直接读出 pNa 数或 Na^+ 含量。电计有 0～10mV 输出信号可以接记录仪，当电计作长时间测量或反应变化过程时可以进行自动记录。

（一）仪器主要技术规范

测　量　范　围：pNa　0～9

　　　　　　　　　Na^+　　23g/L～0.023μg/L

仪　器　最　小　分　格：0.01pNa

精　　　　　度：0.02pNa/3pNa

仪器使用环境温度：5～40℃

湿　　　　　度：≤85%

电　源　电　压　变　化：220V±10%

频　　　　　率：50Hz

耗　　电　　量：约 20 W

（二）仪器测量原理

测量 Na^+ 离子活度原理，基本上与玻璃电极测定溶液的 pH 相似。当钠电极浸入溶液时，钠电极的敏感玻璃与溶液间产生一定的电位，此电位决定于溶液中 Na^+ 的活度，因此，用另一支具有固定电位的参比电极即能测得其电势，Na^+ 离子的活度（亦即浓度）就可测得。若 pNa 电极的电位受 Na^+ 离子活度的影响，就能符合下列公式

$$E = E_0 + \frac{2.303RT}{F} \lg[\text{Na}^+]$$

式中　E——电池电动势；

　　　E_0——常数项（与温度、电极性能有关）；

　　　R——气体常数，8.314J/（℃·mol）；

　　　T——热力学温度，$T = (273+t)$ K；

　[Na^+]——离子活度；

　　　F——法拉第常数，96500C/mol。

　　$p\text{Na} = -\lg [\text{Na}^+]$，当 Na^+ 离子的活度系数为一常数时，则上式变为

$$E = E_0 - \frac{2.303RT}{F} p\text{Na}$$

　　按上式在 20℃时，Na^+ 离子活度每变化 10 倍，电池电动势相应变化 58.16 mV（即为一个 pNa 数）。但是由于被测溶液中 H^+ 也是一价离子，在测定时会相互影响而引起干扰，因此当测量 Na^+ 离子时，H^+ 离子浓度和 Na^+ 离子浓度比应小于 1:100，以免除 H^+ 离子对 Na^+ 离子测定的干扰。通常向溶液中加入碱试剂（二异丙胺或氢氧化钡）使溶液 pH 值在 10 左右。

　　（三）仪器使用方法

　　钠度计外形，如图 8-11 所示。

　　用 pNa 玻璃电极测量水溶液的 pNa 值，和 pH 测量相同点就是同样必须以一个已知 pNa 的标准溶液进行定位，也就是定位调节一个相同电压来抵消指示电极和参比电极之间的不对称电位。和 pH 测量不同的是标准 pNa 溶液不是缓冲溶液，容易引起污染，另外 H^+ 离子也会引起干扰，因此在测量时要另加碱性试剂。由于这些原因，所以测量方法要求比较严格。

　　1. 仪器安装

　　仪器和测量杯适宜安放在塑料绝缘板

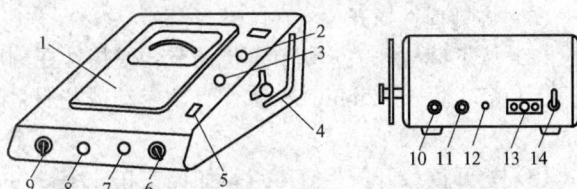

图 8-11　DWS—51 型钠度计外形图

1—指示表；2—玻璃电极插口；3—甘汞电极接线柱；4—电极杆；5—读数开关；6—量程分档开关；7—定位旋钮；8—校正旋钮；9—温度补偿旋钮；10—记录仪插口；11—零点调节旋钮；12—准确度调节旋钮；13—电源插口；14—电源开关

上，周围无交流强磁场，仪器外壳应良好接地以防干扰。电源为交流电。电源接妥后，开启电源开关，右上角指示灯应亮，仪器稍经预热过程即可开始工作。

　　2. 电极安装

　　先把电极夹子夹在电极杆上，然后将玻璃电极夹在大夹子上。插头插在有螺丝的电极插口内，把小螺丝旋紧。甘汞电极夹在中夹子上，导线连在电极接线柱上，温度计插在甘汞电极同一边的小夹子上（一般尽量不装，以免引起污染）。玻璃电极安装时下端玻璃球泡必须比甘汞电极稍高一些（因玻璃球泡较薄以免搅动时碰坏）。玻璃电极在使用前应在除盐水或 0.1mol/L 的氯化钠溶液中浸泡活化数小时，电极插头在使用前保持清洁干燥，切忌与污物接触。甘汞电极采用 0.1mol/L 氯化钾内充液较合适，如溶液过少应及时填充。甘汞电极在使用时应把上面的小橡皮塞以及下端橡皮套拔去，保持液位压差，在不用时可用橡皮套将下端及细孔套住。

　　3. 校正

　　（1）读数开关处于松开位置，量程选择开关置于"0"位置，调节零点调节旋钮，使指针准确指"0"。

（2）测量 pNa4 定位液温度，将温度补偿调节器调到定位溶液的温度值。

（3）量程选择开关拨到"校正"位置，调节校正调节器使指示值为满刻度。

（4）重复（1）、（3）步骤至两项均满足时止。

4. 定位

由于 Na^+ 离子标准溶液不同于 pH 缓冲溶液（无缓冲能力），容易受到污染和其他离子干扰，因此若方法不正确，就会造成很大的人为误差，因此在定位时要严格按步骤进行。

（1）按后面溶液配制方法配制 pNa4 标准溶液 300mL 作定位液。将要用的塑料烧杯仔细清洗并编号，使浓度不同的用具不相混使用，以防止污染（配制好的标准溶液如没有加过碱性试剂，可以预先加好，在使用时加也可。碱性试剂为二异丙胺，稀释至 0.2mol/L，加入后使 pH 值为 10 左右，以防止氢离子干扰）。

（2）新的玻璃电极可以用四氯化碳擦去支管和插头上的污染物。

（3）如定位液未加碱性试剂，则应在清洗好的塑料杯中加入两滴 0.2mol/L 二异丙胺，再加 pNa4 标准溶液约 100mL，将电极球部清洗。这样重复换溶液清洗三、四次，然后再换 pNa4 溶液放在仪器右侧垫有良好绝缘的塑料板上。

（4）玻璃电极球泡内溶液和内电极（银-氯化银电极）应接触到，两者之间应无气泡存在。

（5）把安装好的玻璃电极和甘汞电极夹移下，使球泡和甘汞电极陶瓷芯浸入溶液内，水样不再摇动。

（6）将量程选择开关放在"3"位置。

（7）按下读数开关，调节定位调节器使指针在刻度范围内。待 2～3min，当指针指示逐步达到最大值后，过 1～2min，若没有明显变动或指针相反倒退时，立即调节定位调节器使读数为 pNa4（指示右满度）。

（8）松开读数开关检查零点，如偏差在一小格内，说明仪器正常。

5. 测量

由于电极定位时水样浓度较高，因此在定位过后测量水样含钠量较低时，应用蒸馏水或无钠水（加好碱试剂）对电极进行清洗（一般要清洗 4～5 次），洗到指示值接近被测值为止。

（1）同定位方法，在塑料杯中加两滴 0.2mol/L 二异丙胺，再加水样 100mL。

（2）将电极球部浸入被测液中。

（3）估计水样 pNa 值，将量程选择开关放到相应位置上。

（4）按下读数开关。如指示超过右面刻度，则增加量程选择开关分档数，如低于左面刻度，则减小量程选择开关分档数。一般在 1～2min 指针达到最大值，过后指针逐步倒退，读数应读最大指示值。

（5）松开读数开关，检查零点。

（四）标准 Na^+ 离子溶液（定位溶液）的制备

称取 0.0117g 经 250～350℃ 干燥 1～2h 的基准 NaCl 试剂，溶解于 2kg 蒸馏水或无钠水中，即 0.001mol/L Na^+ 离子标准溶液（23mg/L Na^+ 离子溶液，pNa3），将此溶液再用重量法稀释 10 倍，即为 0.0001mol/L 标准 Na^+ 离子定位溶液（即 pNa4，相当于 2.3mg/L Na^+ 离子溶液），此溶液应储存于塑料容器中。用重量法配制成稀释溶液，可用 2L 容量瓶在天平上称重，如用容量法配制，则应注意室温变化的容积修正，否则特别在线性试验时不易求得准确的数据。

（五）注意事项

（1）新购的 pNa 电极或久置不用的电极，需用蘸有四氯化碳和酒精的棉花擦洗，再用水冲洗，浸泡在 5% 的盐酸中 15～20min，然后用蒸馏水洗净，再浸泡在 0.01mol/L 的 NaCl 溶液中数小时，使电极有良好的性能，但也不宜浸泡时间过长。

（2）电极敏感膜不要与手指油腻等接触，以免污染电极，电极敏感膜玻璃很薄，要注意勿触及硬物，防止破裂。

（3）在测定极微量的钠含量时，容器及电极的支管的污染往往是造成测量误差的主要原因。因此，在每次测定前均要用高纯水冲洗干净，然后用试样（或稀标准液）反复冲洗电极 3～4 次（不要用滤纸去吸电极上的水珠）。

每当测定过浓的溶液，如 1mol/LNaCl 的溶液，玻璃电极和甘汞电极都不能立即用来测试纯水，必须将电极经过仔细清洗后，浸在纯水中让其恢复。甘汞电极清洗后浸泡在 0.1 mol/LKCl 溶液中让其恢复，否则也会对测试结果带来极大的误差。

（4）当水样温度低于 20℃时（特别在 15℃以下时），pNa 电极的反应速度较慢。因此读数时间将要适当延长，并且会增加误差，水温愈高，反应的速度愈快。

（5）如被测溶液呈酸性，则应增加二异丙胺或 Ba(OH)$_2$ 的加入量，使氢离子的含量和钠离子的含量呈 1：100 之比，pH 值在 10.2 左右。

（6）仪器在不测量时，应将测量开关扳到校正位置，这样电极即使脱开溶液时也不会使指针敲打击坏。如果在使用上不注意，碰到指针敲打时，应立即将测量开关扳向校正位置，并让其恢复 1～2min 方可测量。

（7）仪器在测量被测溶液时，应预先将 pNa 开关转在接近该溶液的 pNa 值位置，以免指针受冲击过大。

（8）仪器应存放在干燥清洁处，并无腐蚀性气体的场所。

复 习 思 考 题

1. 溶液电导率与溶液浓度有何关系？
2. 如何确定电导池电极常数？
3. 影响电导率测量的因素有哪些？
4. 怎样正确使用 DDS—11A 型电导率仪？
5. 什么是电位分析法？它有哪些优点？
6. 电位分析法所采用的指示电极的种类有哪些？各有何特点？
7. 为了电池电势的标准化变换，要进行哪几方面的工作？
8. 如何正确使用 pHS—2 型酸度计？使用中必须注意哪些事项？
9. 概述 DWS—51 型钠离子浓度计的测定原理。
10. DWS—51 型钠离子浓度计使用过程中应注意哪些事项？

第三篇

电 厂 水 处 理

第九章 火力发电厂用水概述

第一节 水在火力发电厂中的作用

一、水在电力生产过程中的作用

火力发电厂的生产过程，是一个能量转化过程。它是利用燃料（如煤、石油或天然气等）所蕴藏的化学能，通过燃烧变成热能传给锅炉中的水，使水转变为具有一定压力和温度的蒸汽，导入汽轮机；在汽轮机中，蒸汽膨胀作功，将热能转变为机械能，推动汽轮机转子旋转；汽轮机转子带动发电机转子一起高速旋转，将机械能变为电能送至电网。所以，在火力发电厂的生产过程中，水担负着传递能量的重要作用。

另外，水在火力发电厂的生产过程中，也担负着冷却介质的作用。例如，用以冷却汽轮机排出的蒸汽，冷却转动机械设备的轴瓦等等。

二、火力发电厂水、汽循环系统

在火力发电厂中，水进入锅炉后吸收燃料燃烧放出的热，转变为具有一定压力和温度的蒸汽，送入汽轮机中膨胀作功，使汽轮机带动发电机转动。做完功的蒸汽排入凝汽器（蒸汽在凝汽

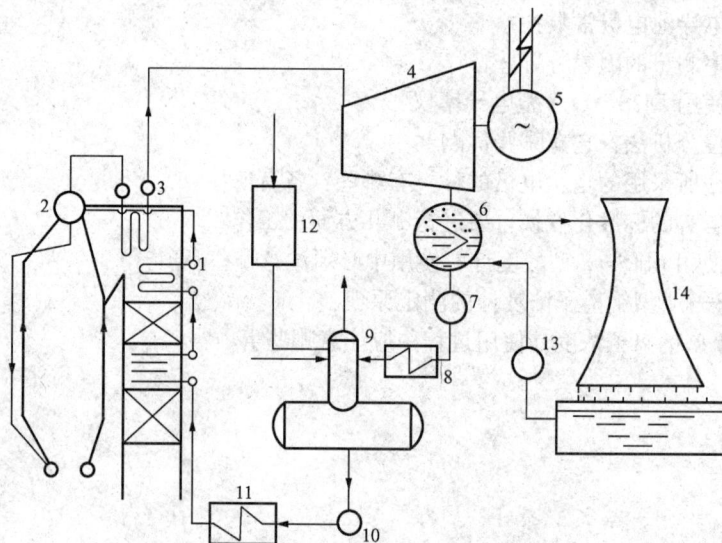

图 9-1　凝汽式发电厂水、汽循环系统

1—省煤器；2—汽包；3—过热器；4—汽轮机；5—发电机；6—凝汽器；7—凝结水泵；8—低压加热器；9—除氧器；10—给水泵；11—高压加热器；12—水处理设备；13—循环水泵；14—冷水塔

器铜管外侧，管内通以冷却水）被冷却水冷却变为凝结水。凝结水由凝结水泵送到低压加热器加热，加热后送至除氧器除氧。除氧后的水再由给水泵送到高压加热器加热，然后经省煤器进入锅炉汽包。这就是凝汽式发电厂水、汽循环系统，如图9-1所示。

在上述系统中，水、汽虽然是密封循环，但总免不了有些损失，造成这些水、汽损失的主要因素有以下几点：

（1）锅炉部分。锅炉的排污放水，安全门和过热器放汽门向外排汽，蒸汽吹灰和燃油时采用蒸汽雾化等等，都要造成水、汽损失。

（2）汽轮机部分。汽轮机的轴封处要连续向外排汽，抽气器和除氧器的排气口处也会随空气排出一些蒸汽。另外，用蒸汽加热或用蒸汽推动附属机械（如加热器、汽动给水泵）等，也会造成水、汽损失。

（3）各种水箱。各种水箱（如疏水箱、给水箱等）有溢流和热水的蒸发等损失。

（4）管道系统。各种管道系统中法兰盘连结不严密和阀门漏泄等原因，都会造成水、汽损失。

为了维持火力发电厂热力系统的正常水、汽循环运行，就要用水补充这些损失，这部分补充水称补给水。补给水须先经过沉淀、过滤、除盐（或软化）等水处理设备把水中有害的杂质去除后再补入除氧器。凝汽式发电厂在正常运行情况下，补给水量不超过锅炉额定蒸发量的 $2\%\sim4\%$。例如，锅炉额定蒸发量每小时为100t，其补给水量每小时不超过2～4t。

有些火力发电厂，除发电外还向附近工厂和住宅区供生产用汽和取暖用热水（或蒸汽），这种电厂称为热电厂。热电厂水、汽循环系统的主要流程，如图9-2所示。

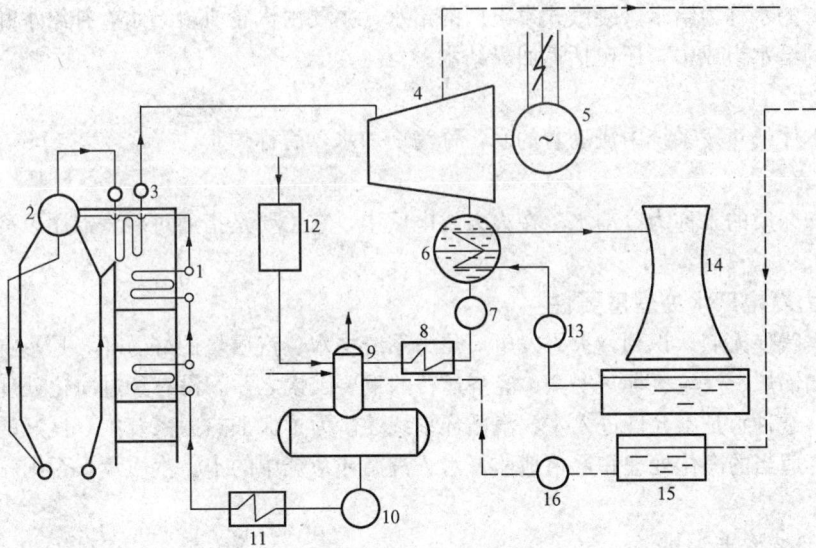

图9-2　热电厂水、汽循环系统主要流程图

1—省煤器；2—汽包；3—过热器；4—汽轮机；5—发电机；6—凝汽器；7—凝结水泵；8—低压加热器；9—除氧器；10—给水泵；11—高压加热器；12—水处理设备；13—循环水泵；14—冷水塔；15—返回水箱；16—返回水泵

在热电厂中，由于用户用热方式不同和供热系统复杂等原因，往往使送出的蒸汽大部分不能回收，造成很大的水、汽损失。所以在热电厂中，补给水量经常比凝汽式电厂大得多。

三、火力发电厂中不同名称的水

由于水在火力发电厂水、汽循环系统中所经历的过程不同，其水质常有较大的差别。因此，根据生产实际上的需要，人们常给予这些水以不同的名称，现简述如下。

1. 生水

生水是未经任何处理的天然水（如江、河、湖泊、地下水等等）。在火力发电厂中生水是制取补给水的原料，或用来冷却转动机械的轴承，以及供消防用等。

2. 补给水

生水经过各种方法处理后，用来补充火力发电厂水、汽循环系统中损失的水。补给水按其净化处理方法的不同，又可分为软化水、蒸馏水和除盐水等。

3. 凝结水

在汽轮机中作功后的蒸汽经凝汽器冷凝成的水，称为凝结水。

4. 疏水

各种蒸汽管道和用汽设备中的蒸汽凝结水，称为疏水。它经疏水器汇集到疏水箱或并入凝结水系统。火力发电厂中疏水系统比较复杂，在图9-1和图9-2中为了说明水、汽循环的主要系统，所以未把它表示出来。

5. 返回凝结水

热电厂向用户供热后，回收的蒸汽凝结水，称为返回凝结水（简称返回水）。其中又有热网加热器凝结水和生产返回凝结水之分。

6. 给水

送往锅炉的水称为给水。凝汽式发电厂的给水，主要由汽轮机凝结水、补给水和各种疏水组成。热电厂的给水组成中，还包括返回凝结水。

7. 锅炉水

在锅炉本体的蒸发系统中流动着的水，称为锅炉水，简称炉水。

8. 冷却水

作为冷却介质的水称为冷却水。在火力发电厂中，它主要是指通过凝汽器用以冷却汽轮机排汽的水。

四、火力发电厂水处理重要性

长期的实践使人们认识到，火力发电厂热力系统中水、汽质量的好、坏，是影响火力发电厂热力设备（如锅炉、汽轮机等）安全、经济运行的重要因素之一。没有经过净化处理的天然水含有许多杂质，这种水是不允许进入水、汽循环系统的。为了保证热力系统中有良好的水质，必须对天然水进行适当的净化处理和严格地监督水、汽循环系统中的水、汽质量，否则就会引起下列危害。

1. 热力设备结垢

如果进入锅炉或其他热交换器中的水，含有杂质（特别是高价金属离子），经过一段时间运行后，在和水接触的受热面上，会生成一些固体附着物，这种现象称为结垢，这些固体附着物称为水垢。结垢对锅炉（或热交换器）的安全、经济运行有很大危害。这是因为水垢的导热性能比金属差几百倍，而这些水垢又极易在热负荷很高的锅炉炉管中生成。这时，会使结垢部位的金属管壁温度过高，引起金属强度下降，这样在管内压力的作用下，就会发生管道局部变形、产生鼓包，甚至引起爆管等严重事故。结垢不仅影响到设备安全运行，而且还会大大降低发电厂的经济性。例如，火力发电厂锅炉的受热面上结有1mm厚的水垢时，其燃料用量就比原来的多消耗 $1.5\%\sim2.0\%$，由于发电厂锅炉的容量一般都很大，每年使用的燃料量也很大，所以燃料的消耗率虽只有微小的增加，却会给国家造成巨额的经济损失。另外，在汽轮机凝汽器内结垢会导致凝汽器真空度降低，从而使汽轮机的热效率和出力下降。加热器结垢会使水的加热温度达不到设计值，使整个热力系统的经济性降低。而且，热力设备结垢以后还必须及时进行清洗工作，这就要停止运行，减少了设备的年利用小时数。此外，还要增加检修的工作量和检修费用等。

2. 热力设备腐蚀

发电厂热力设备的金属经常和水接触，若水质不良，则会引起金属的腐蚀。火力发电厂的给水管道、各种加热器、锅炉的省煤器、水冷壁、过热器和汽轮机凝汽器等，都会因水质不良而引起腐蚀。腐蚀不仅要缩短设备本身的使用期限，造成经济损失，同时还由于金属的腐蚀产物转入水中，使给水中杂质增多，从而又加剧在高热负荷受热面上的结垢过程，而结成的垢转而又会促进锅炉炉管的腐蚀。此种恶性循环，会迅速导致锅炉爆管事故。此外，如金属的腐蚀产物被蒸汽带到汽轮机中沉积下来后，也会严重地影响汽轮机的安全、经济运行。

3. 过热器和汽轮机积盐

水质不良会使锅炉不能产生高纯度的蒸汽，随蒸汽带出的杂质就会沉积在蒸汽通过的各个部位，如过热器和汽轮机，这种现象称为积盐。过热器内积盐会引起金属管壁过热、变形、鼓包甚至爆管，汽轮机内积盐会大大降低汽轮机的出力和效率，特别是高温、高压大容量汽轮机，它的高压部分蒸汽流通的截面积很小，所以少量的积盐，也会大大增加蒸汽流通的阻力，使汽轮机的出力下降。当汽轮机内积盐严重时，还会使推力轴承负荷增大，隔板弯曲，造成事故停机。

火力发电厂水处理工作，就是为了保证热力系统各部分有良好的水、汽品质，以防止热力设备的结垢、积盐和腐蚀。因此，在火力发电厂中，水处理工作对保证发电厂的安全、经济运行具有十分重要的意义。

五、火力发电厂水处理工作

火力发电厂的水处理工作，主要包括如下内容：

(1) 净化生水。经过混凝、澄清、过滤及离子交换等方法制备质量合格，数量足够的补给水，并通过调整试验降低水处理成本。

(2) 对给水要进行加氨和除氧等处理。

(3) 对于汽包锅炉要进行锅炉水的加药处理和排污。

(4) 对于直流锅炉机组和某些亚临界压力的汽包锅炉机组，要进行汽轮机凝结水的净化处理。

(5) 在热电厂中，对生产返回凝结水，要进行除油、除铁等净化处理。

(6) 对冷却水要进行防垢、防腐和防止有机附着物等处理。

(7) 在热力设备停用期间做好设备防腐工作中的化学监督工作。

(8) 在热力设备大修时应掌握设备的结垢、积盐和腐蚀等情况，以便审查水处理效果，不断改进水处理工作。

(9) 做好各种水处理的调整试验，配合汽轮机、锅炉分场做好除氧器的调整试验，锅炉的热化学试验以及热力设备的化学清洗工作。

(10) 正确取样、化验和监督给水、炉水、蒸汽、凝结水等各种水、汽质量，并如实向领导反映情况。

第二节　天然水特征

一、天然水在自然界的存在和分布

水是自然界存在最多分布最广的一种物质，地球表面几乎有 3/4 被水覆盖着，构成了洋、海、河、湖；此外，在高山上和地球南北极还有常年积雪和冰，地层中存在有大量的地下水，大气中也有相当数量的水蒸气。

二、天然水在自然界成循环运动

天然水在太阳辐射能的作用下成循环运动，如图 9-3 所示。

三、天然水不是纯净的物质

天然水在自然界循环过程中，无时不与外界接触。由于水极易与各种物质混杂，溶解

图 9-3　水在自然界中的循环

能力又较强，所以任何天然水均不同程度地含有多种多样的杂质。

大气水（如雨、雪等），是最纯洁的天然水。但在下降过程中与大气层空间的各种杂质相遇，如氧、二氧化碳、氮、硫化氢和灰尘等，使水质受到污染。雨水含钙、镁离子盐类很少，一般小于 $70\sim100\mu mol/L$ （$1/2Ca^{2+}+1/2Mg^{2+}$），含盐量也不大于 $40\sim50mg/L$，但溶有氧、二氧化碳、氮及少量悬浮物。

地面水主要来自于雨水，当雨水流经地面时，由于对地面土壤及岩石的冲刷和溶解作用，使钙、镁、钠、钾等盐类溶入水中；土壤和岩石的主要成分——铝硅酸盐则不大溶于水，而成为悬浮物存在于天然水中。地面水由于地区、气候和温度的不同，杂质含量的变化较大，钙、镁离子的含量一般在 $1\sim8mmol/L$ （$1/2Ca^{2+}+1/2Mg^{2+}$），总含盐量在 $70\sim5000mg/L$ 左右，溶有较多的悬浮物。

海水，由于长时期的蒸发浓缩作用，含有大量的溶解盐类，通常高达 3.5％，而且以氯化钠和硫酸镁为主。钙、镁离子的总和可达 $50\sim70mmol/L$ （$1/2Ca^{2+}+1/2Mg^{2+}$），有时高达 $200mmol/L$ （$1/2Ca^{2+}+1/2Mg^{2+}$），氯离子含量可达 $18000\sim20000mg/L$。

地下水是由地面水渗入地下形成的，地面水在流经地层时，地层起了天然的过滤作用，除去了悬浮物和有机物，但也溶解了大量的盐类。地下水在连续补充二氧化碳的情况下（地层内的微生物作用，有机物腐败、氧化等都能产生大量二氧化碳），水的溶解能力逐渐增大，重碳酸盐的含量就会越来越多。通常地下水中钙、镁离子的含量在 $2\sim25mmol/L$ （$1/2Ca^{2+}+1/2Mg^{2+}$），总含盐量在 $100\sim5000mg/L$ 的范围内。

第三节　天然水中杂质

天然水中的杂质是多种多样的，除溶解于其中的部分外，往往还混杂一些不溶解的物质。这

些杂质按其颗粒大小和混合形态的不同，通常可分为三大类，如表9-1所示。

表9-1 水中杂质的分类

粒径（mm）	10^{-9}	10^{-8}	10^{-7}	10^{-6}	10^{-5}	10^{-4}	10^{-3}	10^{-2}	10^{-1}	1	10
分类	真溶液				胶体		悬浮物				
特征	透明				光照下浑浊		浑浊		肉眼可见		
常用处理法	离子交换、反渗透				超滤		精密过滤		自然沉降、过滤		
					混凝、澄清、过滤						

一、悬浮物

悬浮物是颗粒直径约在 10^{-4} mm 以上的微粒。这类杂质在水中是不稳定的，很容易除去。水发生浑浊现象，都是由此类物质所造成的。因为它们常常悬游在水流中，故称它们为悬浮物。当水静置时，密度小于1的草本植物碎片等会上浮于水面，称漂浮物。密度接近1的动植物有机体的微粒、纤维或动植物死亡后的腐败产物，则悬浮于水中，称悬浮物。细微砂子和黏土类无机化合物，密度均大于1。当水静置时就会沉淀于水底，故称可沉物。

二、胶体

胶体是指颗粒直径约为 $10^{-6}\sim10^{-4}$ mm 之间的微粒。它们往往是许多分子或离子的集合体。由于比表面积（比表面积是指单位体积物质所具有的表面积，物质分割得愈小，比表面积就越大）很大，有明显的表面活性（液体和固体表面都有吸附能力，能吸附其他物质，称为表面活性），所以表面上常常吸附许多结构相似的分子和离子，而带正电荷或负电荷。同类胶体因带同性电荷而互相排斥，不能互相粘合，从而阻止颗粒变大而下沉。因此，这类杂质比较稳定，均匀的存在于天然水中。

天然水中的有机胶体多半是由于水中植物或动物肢体的腐烂和分解而生成的，其中主要是腐殖质。在湖泊水中腐殖质最多，它常常使水呈黄绿色或褐色。工业区的水源，由于受工业排水的污染，有机胶体也很多。天然水中的矿物质胶体，主要是铁、铝和硅的化合物。

三、溶解物质

溶解物质是指颗粒直径等于或小于 10^{-6} mm 的微粒，它们往往是以离子或分子状态存在于水中形成真溶液，现概述如下。

（一）呈离子状态的杂质

天然水中常遇到的各种离子，见表9-2。

表9-2 天然水中溶有离子的概况

类别	阳离子		阴离子		浓度的数量级
	名称	符号	名称	符号	
I	钠离子 钾离子 钙离子 镁离子	Na^+ K^+ Ca^{2+} Mg^{2+}	碳酸氢根 氯离子 硫酸根	HCO_3^- Cl^- SO_4^{2-}	自几个毫克/升至几万毫克/升
II	铵离子 铁离子 锰离子	NH_4^+ $Fe^{2+}Fe^{3+}$ Mn^{2+}	氟离子 硝酸根 碳酸根	F^- NO_3^- CO_3^{2-}	自十分之几毫克/升至几个毫克/升

类 别	阳 离 子		阴 离 子		浓度的数量级
	名 称	符 号	名 称	符 号	
Ⅲ	铜离子	Cu^{2+}	硫氢酸根	HS^-	小于 $1/10mg/L$
	锌离子	Zn^{2+}	硼酸根	BO_2^-	
	镍离子	Ni^{2+}	亚硝酸根	NO_2^-	
	钴离子	Co^{2+}	溴离子	Br^-	
	铝离子	Al^{3+}	碘离子	I^-	
			磷酸氢根	HPO_4^{2-}	

其中第一类是最常见的。这些离子的来源主要是水流经地层时，溶解了某些矿物质所致。此外，天然水中还可能有少量化学组成不清楚的有机酸根与 H_2SiO_3 电离出的 $HSiO_3^-$，也属于离子态杂质。以下对几种主要的离子作一介绍。

（1）钠离子。钠离子的来源是由于水流经地层时，溶解了含钠的盐类，它是水中主要阳离子，也是构成水中盐类的主要成分。

（2）钙离子。在含盐量少的水中，钙离子的量常常在阳离子中占第一位。天然水中的钙离子，主要来自地层中的石灰石（$CaCO_3$）和石膏（$CaSO_4 \cdot 2H_2O$）的溶解。$CaCO_3$ 在水中的溶解度虽然很小，但当水中含有二氧化碳时，$CaCO_3$ 就较易溶解。这是因为它们相互反应而生成溶解度较大的碳酸氢钙的缘故，其反应如下

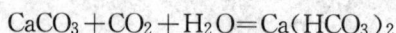

$$CaCO_3 + CO_2 + H_2O = Ca(HCO_3)_2$$

（3）镁离子。水中镁离子的来源大都由于白云石（$MgCO_3 \cdot CaCO_3$）受含 CO_2 水溶解所致。白云石在水中的溶解和石灰石相似。白云石中碳酸镁的溶解反应如下

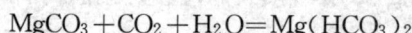

$$MgCO_3 + CO_2 + H_2O = Mg(HCO_3)_2$$

在含盐量少的水中，镁离子浓度一般为钙离子的 $25\% \sim 50\%$；在含盐量大的（大于 $1000mg/L$）水中，有的镁离子浓度和钙离子浓度大致相等或甚至超过。

（4）碳酸氢根。水中的碳酸氢根，主要是由于水中溶解的二氧化碳和碳酸盐反应后产生的。碳酸氢根是天然水中最主要的阴离子。

（5）氯离子。天然水中都含有氯离子，这是因为水流经地层时，溶解了其中氯化物的关系。由于常见氯化物的溶解度都很大，故可随着地下水和河流带入海洋，逐渐积累起来，造成海水中含有大量的氯化物。

（6）硫酸根。天然水中都含有硫酸根，一般地下水中硫酸根的含量比河、湖水中的大。地层中的石膏（$CaSO_4 \cdot 2H_2O$）是水中 SO_4^{2-} 的重要来源。

（二）溶解气体

天然水中常见的溶解气体有氧和二氧化碳，有时还有硫化氢、二氧化硫和氨等。

1. 氧

天然水中氧的主要来源是由于水中溶解了大气中的氧。大气中的氧在水中的溶解度见表9-3。由于水中的溶解氧对金属有腐蚀作用，所以对火力发电厂用水来说，水中含有溶解氧通常是不利的。

表 9-3　　在 101.3kPa（1 个大气压下）水与空气接触时氧在水中的溶解度（mg/L）

温度（℃）	O_2	温度（℃）	O_2	温度（℃）	O_2
0	14.6	11	11.0	30	7.5
1	14.2	12	10.8	35	7.0
2	13.8	13	10.5	40	6.5
3	13.4	14	10.3	45	6.0
4	13.1	15	10.1	50	5.6
5	12.8	16	9.9	60	4.8
6	12.4	17	9.7	70	3.9
7	12.1	18	9.5	80	2.9
8	11.8	19	9.3	90	1.6
9	11.6	20	9.1	100	0
10	11.3	25	8.3		

　　地下水中的含氧量一般较少。各种地面水中溶解氧的含量相差很大，这是因为各地水温和气压不同的关系。此外，水中有机物和水作用，也会改变水中溶解氧的含量。天然水中氧的含量，一般在 0～14mg/L 之间。

　　2. 二氧化碳

　　天然水中的二氧化碳，主要是水中或泥土中有机物的分解和氧化的产物，也有的是由于地层深处所进行的地质化学过程而生成的。至于大气中的 CO_2，因为只有 0.03%～0.04%（体积百分率），而气体在水中的溶解度是和水面上该气体的分压力（某气体的分压力是在混合气体总压力中，该气体所产生的那一部分压力）成正比（称为亨利定律），所以相应的 CO_2 溶解度仅为 0.5～1mg/L，因而自大气中溶入的 CO_2 并非天然水中含有多量 CO_2 的来源。

表 9-4　　在不同温度下，当 CO_2、O_2 和 H_2S 分压力为 101.3kPa（1 个大气压）时，它们在水中的溶解度（mg/L）

温度（℃）	CO_2	O_2	H_2S	温度（℃）	CO_2	O_2	H_2S
0	3350	69.5	7070	30	1260	35.9	2980
5	2770	60.7	6000	40	970	30.8	2360
10	2310	53.7	5110	50	760	26.6	1780
15	1970	48.0	4410	60	580	22.8	1480
20	1690	43.4	3850	80	—	13.8	765
25	1540	39.3	3380	100	—	0	0

　　表 9-4 给出了当 CO_2 的分压力为 101.3kPa（1 个大气压）时，它在水中的溶解度。但是，如果 CO_2 的分压力不是 101.3kPa（1 个大气压），就应加以换算。例如，在 10℃ 且大气中有 0.03% 的 CO_2 时，CO_2 在水中的溶解度为

$$2310 \times \frac{0.03}{100} = 0.7 \text{（mg/L）}$$

式中，2310 为由表 9-4 查得的数值；$\dfrac{0.03}{100}$ 为 CO_2 的分压力。

　　天然水中 CO_2 的含量在几十至几百毫克/升之间。地面水中的 CO_2 含量不超过 20～30mg/L。地下水中的 CO_2 含量，有时很高。

第四节 水 质 指 标

天然水中总是含有许多杂质，这就产生了水质有好有坏的问题。表示水质好坏的标准，即称水质指标，它表示水中各种杂质的多少。在不同的工业部门中，由于水的用途不一样，对水质的要求也不同，故所采用的水质指标也有所不同。现将火力发电厂用水的各种指标、符号及常用单位列于表 9-5 中。

为了分析方便，有时还用 R_2O_3 表示水中铁和铝转化为氧化物的总量，称为倍半氧化物。

在表 9-5 所列出的指标中，有许多不是代表某种化合物，而是表示某些化合物之和或表示水的某种性能。此种指标称为技术指标，这是由于技术上的需要而拟定的。

表 9-5　　　　　　　　　　　　　　水 质 指 标

项　目	符　号	单　位	项　目	符　号	单　位
全固形物	QG	mg/L	二氧化碳	CO_2	mg/L
悬浮物	XG	mg/L	溶解氧	O_2	mg/L
浑浊度	ZD	mg/L(SiO_2)或℃	碳酸氢根	HCO_3^-	mmol/L
透明度	TD	cm 或 mm	碳酸根	CO_3^{2-}	mmol/L($\frac{1}{2}CO_3^{2-}$)
含盐量	C	mmol/L 或 mg/L	氢氧根	OH^-	mmol/L
溶解固形物	RG 或 S	mg/L	氯根	Cl^-	mg/L
灼烧残渣	SG	mg/L	硫酸根	SO_4^-	mg/L
电导率	DD	$\mu\Omega/cm$	磷酸根	PO_4^{3-}	mg/L
酸度	SD	mmol/L	硅酸根	SiO_3^{2-}	mg/L
碱度	JD 或 A	mmol/L	硝酸根	NO_3^-	mg/L
硬度	YD 或 H	mmol/L($\frac{1}{2}Ca^{2+}+\frac{1}{2}Mg^{2+}$)	钙离子	Ca^{2+}	mmol/L($\frac{1}{2}Ca^{2+}$)或 mg/L
碳酸盐硬度	YD_T 或 H_T	mmol/L($\frac{1}{2}Ca^{2+}+\frac{1}{2}Mg^{2+}$)	镁离子	Mg^{2+}	mmol/L($\frac{1}{2}Mg^{2+}$)或 mg/L
非碳酸盐硬度	YD_F 或 H_F	mmol/L($\frac{1}{2}Ca^{2+}+\frac{1}{2}Mg^{2+}$)	钠离子	Na^+	mg/L
耗氧量	COD	mg/L(O_2)	钾离子	K^+	mg/L
含油量		mg/L	铁离子	Fe^{2+},Fe^{3+}	mg/L
稳定度			铜离子	Cu^{2+}	mg/L
pH值			铝离子	Al^{3+}	mg/L
氨	NH_3	mg/L			

表 9-5 中自全固形物至稳定度都是技术指标，现将其中一些技术指标的意义叙述如下。

一、含盐量、溶解固形物和电导率

天然水中溶解的各种盐类，一般均以离子形态存在。因此，水中各种阳离子和阴离子加起来的总和，即为其含盐量（矿化度）。而溶解固形物是水经过滤，蒸干，最后在 105～110℃ 温度下干燥后的残留物质，两者之间有一定的差别。含盐量和溶解固形物是天然水分析的主要项目，因为它们决定水处理方式、系统流程和设备大小等。

含盐量和溶解固形物有着密切的关系，含盐量高，溶解固形物也大。但含盐量不等于溶解固形物，这是因为在测定溶解固形物的过滤、蒸发和烘烤过程中，水中的某些杂质会发生一些化学变化。如碳酸氢根在蒸发和烘烤过程中会分解出二氧化碳而逸出，使其含量约减少一半，反应式为

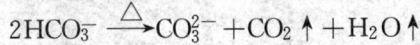

$$2HCO_3^- \xrightarrow{\triangle} CO_3^{2-} + CO_2\uparrow + H_2O\uparrow$$

此外，在测定过程中硫酸盐晶体的析出和氯化物的潮解等，都会使溶解固形物的含量发生增减变化。因此，当用溶解固形物表示含盐量时，必须加以校正。其校正值通常为

$$含盐量 \approx 溶解固形物 + \frac{1}{2}HCO_3^-$$

水中含盐量的大小，也可用电导率来近似的表示，因为电导率随着含盐量的增加而增加。但由于两者并非正比关系，加以各种离子摩尔电导的差别很大（H^+ 和 OH^- 的摩尔电导差别最大），因此，含盐量和电导率的比值只是个相对的近似值，不能利用电导率将含盐量的准确值计算出来。

二、硬度

水中高价金属离子进入锅炉后，在水的蒸发浓缩过程中，会和某些阴离子共同形成水垢，附着在锅炉受热面上。这些高价金属离子的总浓度，称为硬度。天然水中最常见的高价金属离子是钙离子和镁离子，所以通常把硬度看作是钙、镁离子的总浓度。

根据水中阴离子的存在情况，硬度又可分为碳酸盐硬度和非碳酸盐硬度两大类。

1. 碳酸盐硬度

碳酸盐硬度是指水中钙、镁的碳酸氢盐、碳酸盐之和。但由于天然水中碳酸根的含量很少，所以一般将碳酸盐硬度看作钙、镁的碳酸氢盐。

在有些文献中，还有所谓暂时硬度，它是指水在长期煮沸后可以沉淀掉的那一部分硬度，如下列反应

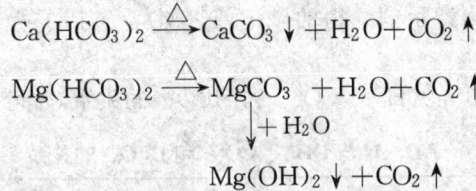

$$Ca(HCO_3)_2 \xrightarrow{\triangle} CaCO_3\downarrow + H_2O + CO_2\uparrow$$

$$Mg(HCO_3)_2 \xrightarrow{\triangle} MgCO_3 + H_2O + CO_2\uparrow$$
$$\downarrow + H_2O$$
$$Mg(OH)_2\downarrow + CO_2\uparrow$$

从反应的结果看，碳酸氢钙、镁都转变成沉淀物，所以暂时硬度近似于碳酸盐硬度，故有时把它们看成一样。但实际上两者还有一点差别，因为长期煮沸后的水中还溶解有少量的 $CaCO_3$。对于 $Mg(OH)_2$ 来说，因为它的溶解度非常小，对上述两种表示法已无实际影响。

2. 非碳酸盐硬度

水的总硬度和碳酸盐硬度之差就是非碳酸盐硬度，它们是钙、镁的氯化物和硫酸盐等。非碳酸盐硬度在水沸腾时不能除去，故又称永久硬度。实际上永久硬度和非碳酸盐硬度还有一些差别，它近似于非碳酸盐硬度。

硬度的单位，现在常用的是 mmol/L $\left(\frac{1}{2}Ca^{2+} + \frac{1}{2}Mg^{2+}\right)$。

三、碱度

碱度表示水中含 OH^-、CO_3^{2-}、HCO_3^- 及其他弱酸盐类量的总和。因为这些盐类在水溶液中都呈碱性，可以用酸中和，所以归纳为碱度。

在天然水中，碱度主要由 HCO_3^- 的盐类组成，在锅炉水中，碱度主要由 OH^- 和 CO_3^{2-} 的盐类组成，在锅炉内加磷酸盐处理时，还有 PO_4^{3-} 的盐类。

因为碱度是用酸中和的办法来测定的，所以当采用的指示剂不同，也就是滴定终点不同时，所测得的物质也不同，故碱度可分为酚酞碱度和甲基橙碱度。

1. 酚酞碱度（P）

以酚酞为指示剂，用酸滴定至终点（终点 pH 值为 8.3），所测得的碱度值为酚酞碱度。此时的反应如下

$$OH^- + H^+ \longrightarrow H_2O$$
$$CO_3^{2-} + H^+ \longrightarrow HCO_3^-$$
$$PO_4^{3-} + H^+ \longrightarrow HPO_4^{2-}$$
$$SiO_3^{2-} + H^+ \longrightarrow HSiO_3^-$$

HCO_3^- 及其他弱酸阴离子则不参与反应。

2. 甲基橙碱度（M）

以甲基橙为指示剂，用酸滴定至终点（终点 pH 值为 4.4），所测得的碱度值为甲基橙碱度。此时的反应如下

$$OH^- + H^+ \longrightarrow H_2O$$
$$CO_3 + 2H^+ \longrightarrow H_2O + CO_2$$
$$PO_4^{3-} + 2H^+ \longrightarrow H_2PO_4^-$$
$$SiO_3^{2-} + 2H^+ \longrightarrow H_2SiO_3$$
$$HCO_3^- + H^+ \longrightarrow H_2O + CO_2$$
$$HSiO_3^- + H^+ \longrightarrow H_2SiO_3$$
$$HPO_4^{2-} + H^+ \longrightarrow H_2PO_4^{2-}$$
$$腐殖酸盐 + H^+ \longrightarrow 腐殖酸$$

由此可知，用甲基橙为指示剂测得的碱度值（M），包括了所有的碱度，所以它和全碱度（A）相等。

酚酞碱度、甲基橙碱度与 OH^-、CO_3^{2-} 和 HCO_3^- 的关系，如表 9-6 所示。

表 9-6 P、M 与 OH^-、CO_3^{2-} 和 HCO_3^- 的关系

P 与 M 的关系	水中存在的离子	各离子的量（mmol/L）		
		OH^-	CO_3^{2-}	HCO_3^-
$M=P$	OH^-	P 或 M	—	—
$M<2P$	OH^- 和 CO_3^{2-}	$2P-M$	$2(M-P)$	—
$M=2P$	CO_3^{2-}	—	M 或 $2P$	—
$M>2P$	CO_3^{2-} 和 HCO_3^-	—	$2P$	$M-2P$
$P=0$	HCO_3^-	—	—	M

表 9-6 是根据以下三个原则得出的。

（1）OH^- 和 HCO_3^- 不能同时存在。因为 OH^- 和 HCO_3^- 一相遇就会转化成 CO_3^{2-} 和水，反应式如下

$$OH^- + HCO_3^- \longrightarrow CO_3^{2+} + H_2O$$

根据这一原则，可以得出，水中含有 OH^-、CO_3^{2-} 和 HCO_3^- 的情况只有如表 9-6 所示的五种可能性，即 OH^-、CO_3^{2-}、HCO_3^- 三者各自单独存在，OH^- 和 CO_3^{2-} 共存，或者 CO_3^{2-} 和 HCO_3^- 共存。

（2）以酚酞为指示剂用酸滴定至终点时，OH^- 反应成 H_2O，而 CO_3^{2-} 只能反应到 HCO_3^-。

（3）以甲基橙为指示剂用酸滴定至终点时，除 OH^- 反应成 H_2O，CO_3^{2-} 反应到 HCO_3^- 外，HCO_3^- 也能反应，生成 H_2O 和 CO_2。

四、酸度

酸度是指水中含有能与强碱（如 $NaOH$、KOH 等）起中和作用的物质的量。这些物质归纳起来有以下三类：

（1）能全部离解出 H^+ 的强酸，如 HCl、H_2SO_4、HNO_3 等；

（2）强酸弱碱所组成的盐，如铵、铁、铝等离子与强酸所组成的盐；

（3）弱酸，如 H_2CO_3、H_2S、CH_3COOH 等。

酸度是用强碱的标准溶液（如 $0.1mol/L NaOH$ 溶液）滴定测得的。滴定时，用甲基橙作指示剂所测得的酸度只包括（1）、（2）两类强酸酸度。用酚酞作指示剂测得的是以上三类酸度的总和，称总酸度。

天然水中的酸度除含有若干游离的 H_2CO_3 和 HCO_3^- 的盐类外，一般不含强酸酸度。只有在水处理过程的某一阶段，水中才会呈现出各种酸度。

五、化学耗氧量

由于天然水中的有机物种类繁多，不易精确测定，所以在实际应用中利用有机物的可氧化性，进行耗氧量的测定，以氧化水中有机物所消耗的氧量来表示水中有机物的多少。耗氧量的测定方法是：在一定条件下，用氧化剂高锰酸钾处理水样，测定在反应过程中消耗的高锰酸钾的量，其单位用 $mg/L \ [O_2]$ 表示。

化学耗氧量只能近似表示水中有机物的含量，而不能换算成有机物的量。因为在氧化过程中，难免有一些无机物参与反应（如 Fe^{2+} 等），而且各种有机物的氧化性能也不一样。

第五节　天然水中几种主要化合物

一、碳酸化合物

碳酸化合物是天然水中的主要杂质，含盐量低的天然水中，碳酸氢盐是水中杂质的主要成分。

碳酸化合物在水中有几种不同的存在形态：溶于水中的气体，即所谓游离 CO_2；分子态碳酸 H_2CO_3；碳酸氢根 HCO_3^- 和碳酸根 CO_3^{2-}。

在这四者之间有以下的平衡关系

$$CO_2 + H_2O \Longleftrightarrow H_2CO_3$$
$$H_2CO_3 \Longleftrightarrow H^+ + HCO_3^-$$
$$HCO_3^- \Longleftrightarrow H^+ + CO_3^{2-}$$

如将这些平衡式联系起来，则可写成下式

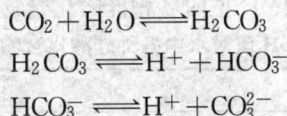

在这一系列的平衡中，CO_2 和 H_2CO_3 的平衡实际上是强烈地趋向于 CO_2，水中呈 H_2CO_3 状态的量非常小（通常小于 1%），所以可把生成 H_2CO_3 的过程略去。其平衡则为

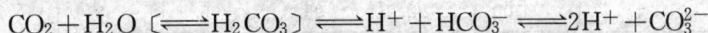

其中
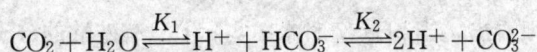
$$K_1 = \frac{[H^+][HCO_3^-]}{[CO_2]} \quad (25℃ 时 \ K_1 = 4.45 \times 10^{-7})$$

$$K_2 = \frac{[H^+][CO_3^{2-}]}{[HCO_3^-]} \qquad (25℃时\ K_2 = 4.69 \times 10^{-11})$$

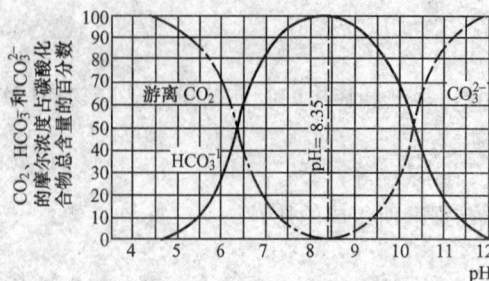

图 9-4　碳酸的电离度和 pH 值的关系

根据上述情况可知，$[H^+]$ 对平衡的移动起着决定性的作用。水中 CO_2、HCO_3^- 和 CO_3^{2-} 的相对值和 $[H^+]$ 浓度的关系如图 9-4 所示。

从图 9-4 可以看出以下几点。

（1）当 $pH \leqslant 4$ 时，水中只有游离 CO_2。

（2）当 pH 值升高时，平衡向右移动，$[CO_2]$ 降低，$[HCO_3^-]$ 增大，当 $pH = 8.3 \sim 8.4$ 时，98% 以上的碳酸化合物以 HCO_3^- 形态存在。

（3）pH 值再升高（大于 8.3 时），CO_2 消失，$[HCO_3^-]$ 含量降低，$[CO_3^{2-}]$ 含量增大，当 $pH = 12$ 时，水中碳酸化合物几乎完全以 CO_3^{2-} 的形态存在。

在天然水和水处理过程中，常常遇到的碳酸化合物是碳酸钙。$CaCO_3$ 在水中的溶解度很小，$Ca(HCO_3)_2$ 的溶解度较大，因此在碳酸化合物的平衡过程中，如倾向于生成 CO_3^{2-}，便易于使 Ca^{2+} 转变成 $CaCO_3$ 的沉淀物，倾向于生成 HCO_3^- 就易于使固体 $CaCO_3$ 溶解。

二、硅酸化合物

硅酸化合物也是天然水中的一种主要杂质，往往是由于水和含有硅酸盐和铝硅酸盐的岩石相接触后溶解的。一般地下水的硅酸化合物含量比地面水中的含量多。

硅酸是一种比较复杂的化合物，它有多种形式，其通式为 $xSiO_2 \cdot yH_2O$，例如：

当 $x = 1$，$y = 1$ 时，生成偏硅酸 H_2SiO_3；

当 $x = 1$，$y = 2$ 时，生成正硅酸 H_4SiO_4；

当 $x > 1$ 时，生成多硅酸，如 $2SiO_2 \cdot H_2O$ 或 $H_2Si_2O_5$ 称为二偏硅酸。

在水中，这些酸的溶解度极小，易呈胶体状态。

偏硅酸是二元酸，酸性非常弱，比碳酸还弱。其二级电离反应如下

$$\underset{(固体)}{H_2SiO_3} \overset{K_1}{\rightleftharpoons} H^+ + HSiO_3^- \overset{K_2}{\rightleftharpoons} 2H^+ + SiO_3^{2-}$$

其中　　　　　$K_1 = [H^+][HSiO_3^-]$　　　（25℃时，$K_1 = 1 \times 10^{-11}$）

$$K_2 = \frac{[H^+][SiO_3^{2-}]}{[HSiO_3^-]} \qquad (25℃时，K_2 = 1 \times 10^{-13})$$

根据这两个常数，可算得不同 pH 值时各种硅酸化合物的相对量，其结果如表 9-7 所示。

表 9-7　　　　　　　　　不同 pH 值时水中各种硅酸化合物的百分数

硅酸形式	pH 值						
	5	6	7	8	9	10	11
H_2SiO_3	100	99.9	99.0	90.9	50.0	8.9	0.8
$HSiO_3^-$		0.1	1.0	9.1	50.0	91.0	98.2
SiO_3^{2-}						0.1	1.0

由表 9-7 中的数据可以看出，当 $pH < 7$ 时水中实际上只有硅酸的分子，即在酸性溶液中没有硅酸根离子存在。所以当 pH 较低时，水中的胶态硅酸增多；当 $pH > 7$ 时，水中同有 H_2SiO_3 和 $HSiO_3^-$；当 $pH > 11$ 时，水中是以 $HSiO_3^-$ 为主；只有在碱性较强的水中才出现 SiO_3^{2-}。

142

根据硅酸的电离度小和它与 Ca^{2+}、Mg^{2+} 会形成难溶硅酸盐的情况，可以看作：当 pH 较低时，它呈游离酸的溶液或钙、镁硅酸盐的胶溶状态存在；当 pH 较高时，如 Ca^{2+}、Mg^{2+} 的量接近于零（在软水中），则硅酸呈真溶液状态（$HSiO_3^-$），如水中同时有 Ca^{2+} 和 Mg^{2+}，则呈钙、镁硅酸盐的胶溶状态。

三、铁化合物

天然水中的铁离子有亚铁（Fe^{2+}）和高铁（Fe^{3+}）两种形态。当水中溶解氧的浓度很小和水的 pH 值很低（深井水）时，水中只有 Fe^{2+} 形态的铁离子。常见的亚铁盐类溶解度都很大，水解度较小，所以在这种情况下 Fe^{2+} 不易成沉淀物析出。当水中溶解氧的浓度较大和水的 pH 值升高时，Fe^{2+} 就会氧化成 Fe^{3+}，即

$$Fe^{2+} - e \longrightarrow Fe^{3+}$$

而 Fe^{3+} 很易水解而生成难溶的氢氧化铁，即

$$Fe^{3+} + 3H_2O \Longrightarrow Fe(OH)_3 + 3H^+$$

当 pH>8 时，水中的亚铁离子（Fe^{2+}）被水中溶解氧氧化的速度很快。在地面水中，由于含有溶解氧的量较大，当其 pH 值在 7 左右时，水中铁的化合物几乎只有胶溶状的 $Fe(OH)_3$，真溶液态的 Fe^{2+} 离子浓度很小。在深井水中，Fe^{2+} 的浓度很大，可达 10mg/L 以上。

四、氮化合物

天然水中氮的无机化合物有 NH_4^+、NO_2^- 和 NO_3^-。天然水中这些离子的基本来源，是动、植物的各种有机物质、硝酸盐的溶解，以及随工业排水混入的 NH_4^+。

随污水带入水源的氮有机化合物（如蛋白质、尿素等），在微生物的作用下，会逐渐分解变为组成较简单的氮化合物。如果没有氧，氨就是有机氮分解的最终产物；如果水中有氧，则在细菌参与下，能使氨继续发生分解，逐步转化为亚硝酸盐或硝酸盐。

第六节 天然水分类

天然水的水质情况，是选定锅炉补给水处理方式的重要依据，为此应统一分类。目前一般是按其主要水质指标或水处理工艺学来分类。现分述如下。

一、按主要水质指标分类

天然水可以按其含盐量或硬度等指标分类，其分类方法如下。

1. 按含盐量来分

低含盐量水——含盐量在 200mg/L 以下；

中等含盐量水——含盐量在 200～500mg/L；

较高含盐量水——含盐量在 500～1000mg/L；

高含盐量水——含盐量在 1000mg/L 以上。

我国的江、河水属于低含盐量的约占一半以上，其他都是中等含盐量水；地下水大部分是中等含盐量水。

2. 按硬度来分

极软水——硬度在 1.0mmol/L（$\frac{1}{2}Ca^{2+} + \frac{1}{2}Mg^{2+}$）以下；

软水——硬度为 1.0～3.0mmol/L（$\frac{1}{2}Ca^{2+} + \frac{1}{2}Mg^{2+}$）；

中等硬度水——硬度为 3.0～6.0mmol/L（$\frac{1}{2}Ca^{2+} + \frac{1}{2}Mg^{2+}$）；

硬水——硬度为 $6.0\sim9.0\mathrm{mmol/L}$（$\frac{1}{2}Ca^{2+}+\frac{1}{2}Mg^{2+}$）；

极硬水——硬度在 $9.0\mathrm{mmol/L}$（$\frac{1}{2}Ca^{2+}+\frac{1}{2}Mg^{2+}$）以上。

我国江河水的硬度情况是：在东南沿海一带最低，大都小于 $0.5\mathrm{mmol/L}$（$\frac{1}{2}Ca^{2+}+\frac{1}{2}Mg^{2+}$），为极软水区；愈向西北硬度愈大，最大可达 $3\sim6\mathrm{mmol/L}$（$\frac{1}{2}Ca^{2+}+\frac{1}{2}Mg^{2+}$）；东北地区，硬度由北向南增大，松花江和东北沿海又低达 $0.5\sim1.0\mathrm{mmol/L}$（$\frac{1}{2}Ca^{2+}+\frac{1}{2}Mg^{2+}$）。

二、按水处理工艺学分类

水中溶有的盐类都是呈离子状态存在的，所以水分析结果用离子来表示比较合适。但在水处理工艺学中为了研究问题方便起见，有时故意将阴、阳离子结合起来，写成化合物的形态。这种表示法的原则为：阳离子按 Ca^{2+}、Mg^{2+}、Na^+、K^+ 的次序排列，阴离子按 HCO_3^-、SO_4^{2-}、Cl^- 的次序排列，如图 9-5。在图 9-5 上 ab 的量代表 $Ca(HCO_3)_2$，bc 的量代表 $Mg(HCO_3)_2$，cd 的量代表 $MgSO_4$，其余的量是 Na^+ 和 K^+ 的盐类。

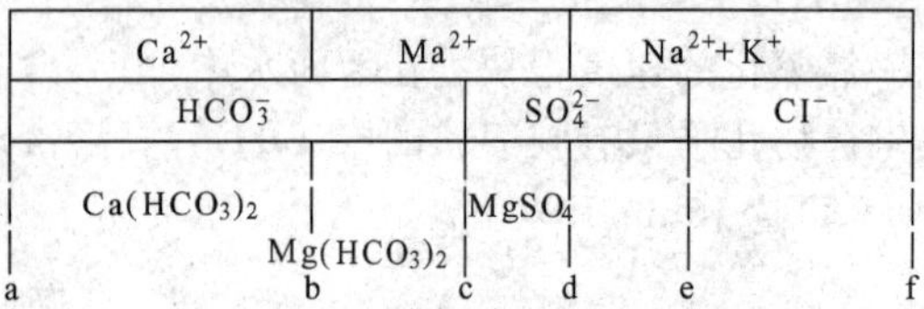

图 9-5　水中离子的假想结合

这种表示方法的理由是：Ca^{2+} 和 Mg^{2+} 的碳酸氢盐最易转化成沉淀物，其次是它们的硫酸盐；阳离子 Na^+ 和 K^+，阴离子 Cl^- 都不易生成沉淀物。根据这种设想，又可以将水分成碱性水和非碱性水两类。

1. 碱性水

碱性水的特征是碱度大于硬度（$A>H$），即 $[HCO_3^-] \geqslant 2[Ca^{2+}]+2[Mg^{2+}]$。如用图解表示，可参见图 9-6。在碱性水中，$Ca^{2+}$ 和 Mg^{2+} 都成碳酸氢盐，没有非碳酸盐硬度，水中还有 Na^+ 和 K^+ 的碳酸氢盐。

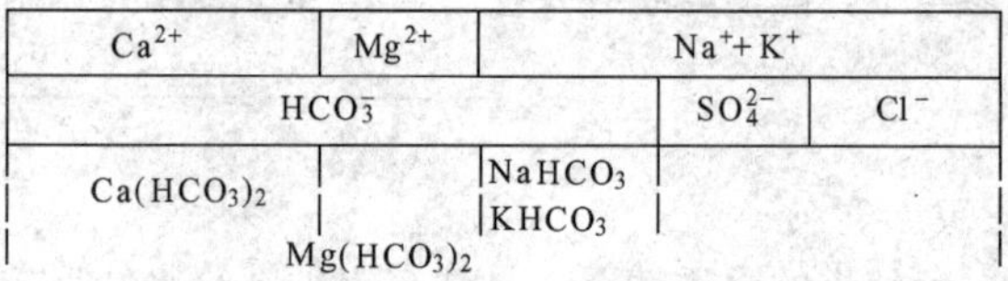

图 9-6　碱性水图解

在这种情况下，A 和 H 的差值，相当于 Na^+ 和 K^+ 的碳酸氢盐量。这个碳酸氢盐量称为过剩碱度（A_c），有时称负硬，即 $A_c=A-H$。

2. 非碱性水

非碱性水的特征为硬度大于碱度（$H>A$），即 $2[Ca^{2+}]+2[Mg^{2+}]>[HCO_3^-]$。此时，水中有非碳酸盐硬度（$H_f$）存在。

非碱性水又可按钙、镁的分配情况，分为两种：一种为钙硬水，其特征为 $2[Ca^{2+}]>[HCO_3^-]$，如图 9-7（a）所示，水中有钙的非碳酸盐硬度〔即图 9-7（a）中的 $CaSO_4$〕，没有镁的碳酸盐硬度〔即图 9-7（a）中没有 $Mg(HCO_3)_2$〕；另一种为镁硬水，其特征为 $2[Ca^{2+}]<$

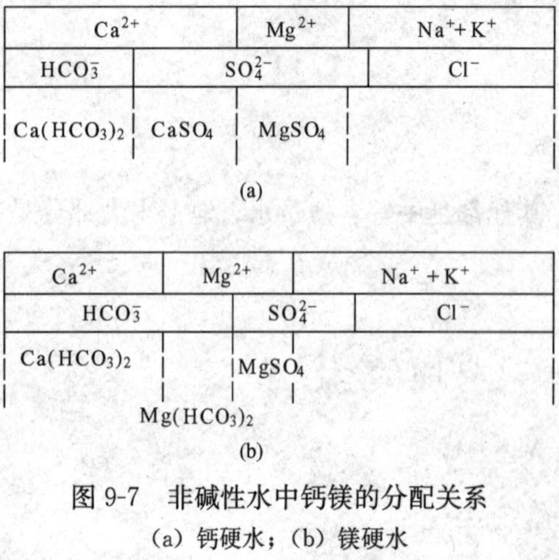

图 9-7　非碱性水中钙镁的分配关系
(a) 钙硬水; (b) 镁硬水

〔HCO_3^-〕，如图 9-7 （b） 所示，水中有镁的碳酸盐硬度，没有钙的非碳酸盐硬度。

此外，也可将水分为碳酸盐型和非碳酸盐型，前者为〔HCO_3^-〕＞2〔SO_4^{2-}〕＋〔Cl^-〕，后者是〔HCO_3^-〕＜2〔SO_4^{2-}〕＋〔Cl^-〕。我国的水多数为碳酸盐型的。

复 习 思 考 题

1. 水在火力发电厂中有哪些作用？

2. 概述火力发电厂的水、汽循环系统。

3. 火力发电厂的水、汽循环系统中，都有哪些水、汽损失？怎样补充？

4. 火力发电厂的锅炉用水为什么要进行处理？不处理有哪些危害？

5. 火力发电厂水处理工作的主要任务是什么？

6. 天然水中为什么都含有杂质？一般都含有哪些杂质？

7. 天然水中为什么含有钙、镁盐类？它们含量的多少与哪些因素有关？

8. 天然水中一般都有哪些溶解气体？它们在水中的溶解度与哪些因素有关？

9. 碱度和硬度各由哪些物质构成？它们之间有何关系？

10. 酚酞碱度、甲基橙碱度与 OH^-、CO_3^{2-} 和 HCO_3^- 的关系如何？

11. 什么是酸度？它和酸的浓度是否相同？

12. 什么是水的化学耗氧量？常用单位是什么？

13. 碳酸化合物在水中的存在形式与水的 pH 值有何关系？

14. 硅酸化合物在水中的存在形式与水的 pH 值有何关系？

15. 天然水中铁离子的存在形态有几种？它们的存在形态与哪些因素有关？

16. 天然水一般怎样分类？分几类？

17. 水分析结果为〔Ca^{2+}〕＝42.4mg/L，〔Mg^{2+}〕＝25.5mg/L，试用各种方法表示其硬度？

18. 某厂生水分析结果为〔HCO_3^-〕＝305mg/L，〔CO_3^{2-}〕＝30mg/L，求该水质的甲基橙碱度和酚酞碱度各为多少？

19. 某厂锅炉水分析结果为：甲基橙碱度为 3mmol/L，酚酞碱度为 2.4mmol/L，求锅炉水中都含有哪些碱度离子？它们的含量各为多少 mg/L（根据表 9-6 查找）？

20. 某厂锅炉水分析结果为〔CO_3^{2-}〕＝30mg/L，OH^-＝68mg/L，求锅炉水中的全碱度和酚酞碱度各为多少 mmol/L？

21. 某电厂生水分析结果为〔Ca^{2+}〕＝80mg/L，〔Mg^{2+}〕＝12mg/L，〔Na^+〕＝46mg/L，〔K^+〕＝39mg/L，〔HCO_3^-〕＝305mg/L，〔CO_3^{2-}〕＝30mg/L，〔Cl^-〕＝35.5mg/L，〔SO_4^{2-}〕＝48mg/L，试计算该水质的含盐量、各种硬度值和各种碱度值各为多少？

22. 水分析结果 pH＝7.3，〔HCO_3^-〕＝3.6mmol/L，求水中的 CO_3^{2-} 和 CO_2 的含量是多少（根据图 9-2 查找）？

23. 某电厂生水分析结果为 pH＝7，〔$HSiO_3^-$〕＝0.2mg/L，求水中 SiO_3^{2-} 和 H_2SiO_3 的含量是多少（根据表 9-7 查找）？

第十章 水预处理

天然水中含有很多杂质。所以，天然水不能直接送往火力发电厂热力系统中去。否则，将会直接影响着热力设备（如锅炉、汽轮机等）的安全、经济运行。天然水必须经过一系列净化处理，才能作为火力发电厂锅炉的补给水。习惯上，将混凝、沉淀、澄清、过滤等净化处理称为水的预处理。经过预处理的水，再进行软化或除盐，方可作为锅炉的补给水。

第一节 水混凝处理

一、胶体化学基础

由于水的混凝处理，关系到许多胶体化学的问题，所以这里首先介绍胶体的一般知识。

（一）胶体概述

胶体是粒径大小在 $10^{-6} \sim 10^{-4}$ mm 之间的微粒，它不同于悬浮物，在水中很稳定，不易沉降。胶体的这一特点，主要是由于它的结构特殊性所造成的。胶体是许多分子和离子的集合体。它一般是由难溶物自水溶液中析出时形成的。当其析出时，首先有许多分子集合起来，当集合了一定量的分子后，由于形成了物质表面，便具有吸附能力，而吸附溶液中许多离子，或者由于表面上分子的电离而产生许多离子，成了有电性的微粒，这种微粒就属于胶体，此外胶体也可由大颗粒的难溶物质裂碎而成。

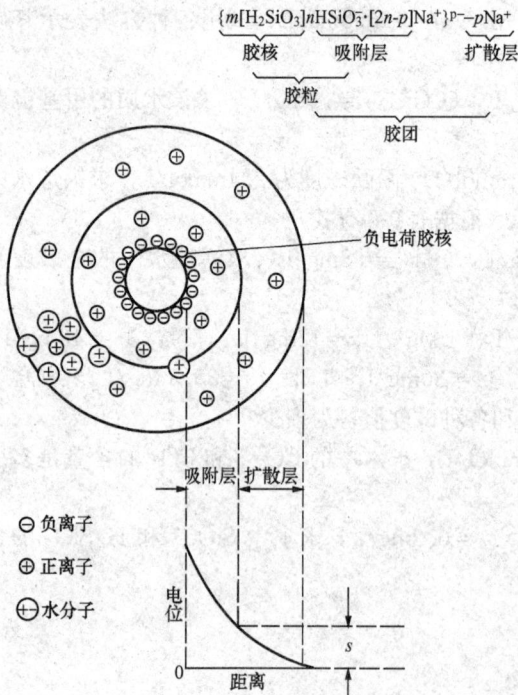

图 10-1 胶团的结构

（二）胶体结构

根据上述概念，以硅酸微粒为例，说明胶体的结构，如图 10-1 所示。

1. 胶核

胶核就是硅酸（黏土）颗粒本身，在电子显微镜下看是柱状晶体。胶核带负电荷，其负电荷的来源如下。

（1）微粒表面有一部分分子电离，遣送正离子到溶液中，留下了负离子（硅酸胶核遣送到溶液中的是 H^+，留下的是 $HSiO_3^-$、SiO_3^{2-}）。

（2）溶液中的负离子被微粒表面吸附（根据季帕托夫规则：首先吸附溶液中与胶核的组成相同的离子，如上例先吸附溶液中 $HSiO_3^-$、SiO_3^{2-}，其次吸附其他负离子）。

2. 吸附层

吸附层中的正离子（如 Ca^{2+}、Mg^{2+}、Na^+、K^+、H^+……）直接与胶核接触，而水分子不和胶核接触（这种胶体又称憎水胶体，一般的无机胶体属于此类），吸附层的厚度约为 $2\times10^{-7}\sim3\times10^{-7}$mm。

吸附层不随温度而变化，是紧紧吸附在胶核上的，胶核和吸附层组成的颗粒称为胶粒。硅酸的胶粒带负电。

3. 扩散层

在扩散层中，正离子的活动度比较大，和胶粒间的引力较小，实际上是和水溶液混在一起的，离子扩散到溶液中去了，所以称扩散层。胶粒运动时，扩散层滞留在后面。胶粒和扩散层组成胶团，整个胶团呈电中性。

由于胶团具有上述结构，所以，胶体在水中运动时，胶粒是个整体，带有电荷。上述胶粒中负电荷多于正电荷故带负电。胶体为了保持电中性，在胶粒四周还有若干正离子，这些正离子和胶粒之间的引力较小，实际上是和水溶液混在一起的，即扩散到溶液中去了。也就是说扩散层实际上已和外界溶液混在一起，在胶粒运动时，可以不跟着走。

胶粒带有的电量是胶体稳定的主要因素。吸附层和溶液本身中性体之间的电位差称为ζ电位。它是决定胶体稳定性的一个指标，它的数值大，说明胶体稳定，它如果等于零，则表明在等电点的情况下，也就是说此时胶体不带电荷。胶体在等电点时极不稳定，易于聚合、长大和沉降。

（三）胶体稳定性

胶体物质在水中长期保持悬浮状态而不被破坏，这种性质叫做胶体的稳定性。

水中胶体保持稳定而不沉降的主要原因，有以下三个方面。

（1）胶体微粒带有相同电荷互相排斥，这是在水溶液中不易沉降的基本原因。

（2）胶体微粒表面，被一层水分子紧紧地包围着（称为水化层），阻碍了胶体颗粒间的接触，使得胶体在热运动时不能彼此粘合，从而使其微粒悬浮不沉（水化层是由于胶体表面离子和水分子相结合而形成的）。

（3）由于布朗运动，克服了重力所产生的影响，使之不易下沉。

（四）胶体的凝聚

胶粒彼此吸引，结合成粗大颗粒的现象称为胶体的凝聚。

要促使胶体凝聚，就要压缩扩散层，减少ζ电位，其具体办法如下：

（1）加入带相反电荷的胶体。此时水中原有的胶体和加入的胶体，发生电中和，使两种胶体的ζ电位都减少。

（2）添加和胶粒电荷符号相反的高价离子（如在硅酸胶体中加入高价阳离子），压缩扩散层。因为高价反离子较容易由扩散层进入吸附层。实践证明当一价离子浓度为 $25\sim150$mmol/L、二价离子浓度为 $0.5\sim2$mmol/L（$1/2Me^{2+}$），三价离子浓度为 $0.01\sim0.1$mmol/L（$1/3Me^{3+}$）时，它们压缩双电层的能力是相当的。当然电解质浓度过多也是不好的，它会使胶粒电荷转号，出现新的稳定胶体。

二、混凝原理

混凝处理就是向水中投加一种化学药剂（即混凝剂），这种药剂在水中会和杂质（胶体和悬浮物）产生混合凝聚过程，从而变成大颗粒下沉。

混凝处理的基本原理，可以从两方面来认识，一方面是混凝剂本身发生水解，形成胶体和凝聚的过程；另一方面是水中杂质以中和、吸附和过滤等方式参与了上述过程，其结果是共同形成大颗粒而沉降。

以混凝剂硫酸铝为例，当它投入水中时即进行水解，生成氢氧化铝，反应过程如下

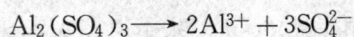

$$Al_2(SO_4)_3 \longrightarrow 2Al^{3+} + 3SO_4^{2-}$$

$$Al^{3+} + H_2O \longrightarrow Al(OH)^{2+} + H^+$$

$$Al(OH)^{2+} + H_2O \longrightarrow Al(OH)_2^+ + H^+$$

$$\underline{Al(OH)_2^+ + H_2O \longrightarrow Al(OH)_3 + H^+}$$

$$Al^{3+} + 3H_2O \longrightarrow Al(OH)_3 + 3H^+$$

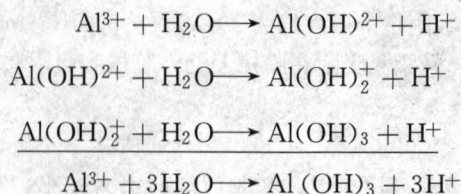

此过程很快，通常在 30s 内就完成了。

氢氧化铝是溶解度很小的化合物，它从水中析出时形成胶体。这些胶体在近乎中性的天然水中带正电荷，随后它们在反离子（如 SO_4^{2-}）的作用下渐渐凝聚成粗大的絮状物（通常称为凝絮或矾花），然后在重力的作用下沉降。这就是用铝盐作混凝剂处理时它本身发生的变化。

混凝剂能除去水中的悬浮物和胶体，主要是因为在混凝剂本身所发生的凝聚过程中还伴随着许多其他物理化学作用，实际情况很复杂现分析如下。

(1) 吸附作用。当氢氧化铝形成胶体时，会吸附水中原有的胶体杂质，这是混凝处理能除去水中胶体杂质的重要原因。

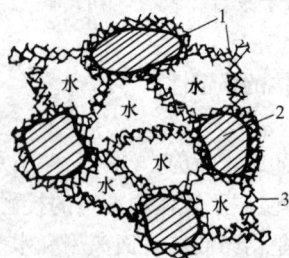

图 10-2　凝絮形成
1—架桥（氢氧化铝）；
2—悬浮物；3—自然胶体

(2) 中和作用。在上述吸附过程中，如两种胶体带的电荷相反，则由于异性电相吸和中和作用，便促使它们黏结并析出。实际情况是天然水中的自然胶体大都带负电，而混凝剂形成的胶体带正电，所以有中和作用。

(3) 表面接触作用。当水中悬浮物量较多时，凝絮的核心可以是某些悬浮物，即凝絮在悬浮物的表面上形成。

(4) 过滤作用。凝絮在水中下沉的过程中，好像一个过滤网在下沉，又可把悬浮物带走。凝絮过滤网的形成，主要是由于氢氧化物的胶体在凝聚过程中相互结成长链，起了架桥作用，组成了许多网眼，包裹着悬浮物和一些水分而形成的，如图 10-2 所示。

由此可见，用硫酸铝处理水是一种较复杂的过程，常常混合有各种凝聚反应，故称为混凝处理。

实际上，硫酸铝水解而生成的沉淀物不完全是 $Al(OH)_3$，其中常常还有碱式硫酸盐，如 $Al_2(OH)_4SO_4$ 和 $Al(OH)SO_4$，它们也是溶解度很小的化合物。

硫酸铝水解后形成的胶团结构表示如下

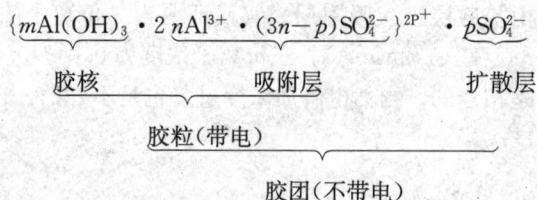

$$\{\underbrace{mAl(OH)_3 \cdot 2\underbrace{nAl^{3+} \cdot (3n-p)SO_4^{2-}}\}^{2P+} \cdot \underbrace{pSO_4^{2-}}}$$

胶核　　　　　　吸附层　　　　　　扩散层

胶粒（带电）

胶团（不带电）

三、影响混凝效果的因素

混凝处理的目的，是除去水中胶体和悬浮物，有时也可使水脱色和去臭（除去水中有臭味或带色胶体）。所以混凝处理效果的好坏常以水中胶体和悬浮物的降低情况来评价。

由于混凝处理包括电离、水解、形成胶体、吸附、凝聚和沉降等许多过程，所以影响混凝处理效果的因素很多，现以铝盐作混凝剂简述如下。

(一) 水的 pH 值

水的 pH 值对混凝处理的影响非常大。天然水中加入 $Al_2(SO_4)_3$ 后，其 pH 值会稍降低（水解增加水的酸性)。对混凝效果有影响的是加药后的 pH 值。所以，以下说明的 pH 值都是指加药后的 pH 值。

1. 对 $Al(OH)_3$ 溶解度的影响

$Al(OH)_3$ 是典型的两性氢氧化物，pH 值太高或太低都会促使其溶解，使水中残留的铝含量增加。

当 pH<5.5 时，$Al(OH)_3$ 有明显的碱作用，使水中 Al^{3+} 量增多

$$Al(OH)_3 + 3H^+ \longrightarrow Al^{3+} + 3H_2O$$

当 pH>7.5 时，$Al(OH)_3$ 起酸的作用，使水中有偏铝酸根（AlO_2^-）出现

$$Al(OH)_3 + OH^- \longrightarrow AlO_2^- + 2H_2O$$

当 pH>9 时，$Al(OH)_3$ 的溶解度迅速增加，最后成为铝酸盐的溶液

$$Al(OH)_3 + 3OH^- \longrightarrow AlO_3^{3-} + 3H_2O$$

当水中有 SO_4^{2-} 时，在 pH=5.5~7 的范围内，沉淀物中有溶解度很小的碱式硫酸盐。在此范围内 pH 值偏高时，碱式硫酸盐呈 $Al_2(OH)_4SO_4$ 形态，偏低时，呈 $Al(OH)SO_4$ 形态。

总之，为了防止 $Al(OH)_3$ 的溶解，使水中残留的铝量最少，最适合的 pH 值应在 5.5~7.5 的范围内。

2. 对胶粒电荷的影响

胶粒在水溶液中所带的电荷和水中离子的组成有关，特别是和氢离子浓度有关。所以 pH 值对 $Al(OH)_3$ 胶粒的带电性能有很大影响：在 8.0>pH>5 时，它带正电，胶团结构如上面所提到的硫酸铝水解而形成的胶团结构；在 pH<5 时，因吸附 SO_4^{2-} 而带负电；当 pH 值在 8 附近，它就以中性氢氧化物的形态存在，因而最容易沉淀下来。

3. 对有机物的影响

水中的有机物，如腐殖质，当 pH 值较低时，易形成带负电荷的腐殖酸胶体，此时易于用混凝剂除去；当 pH 值高时，它成溶解性的腐殖酸盐，因而除去效果较差。用铝盐除去腐殖质最适宜的 pH 值为 6.0~6.5。

4. 对凝聚速度的影响

胶体的凝聚速度与其 ζ 电位有关，ζ 电位的数值越小，胶粒间的斥力越弱，因此，其凝聚速度越快，当 ζ 电位为零（即达到等电点时），其凝聚速度最大。由两性化合物形成的胶体，其 ζ 电位和等电点，主要决定于水的 pH 值。氢氧化铝和组成天然水中胶体的腐殖质、黏土等都具有两性。所以 pH 值是影响凝聚速度的重要因素。

综上所述，pH 值对凝聚效果的影响是多方面的。对某一具体水质，其最优 pH 值必须通过实验来确定，不同水质和不同季节其 pH 值也不一样。一般用铝盐作混凝剂时，最优 pH 值在 6.5~8 之间。但以下两种情况，必须注意：

(1) 混凝剂加入量少时，pH 值宜稍低一些，此时 $Al(OH)_3$ 胶体带的正电荷量较大，有利于中和自然胶体的负电，这时主要依靠自然胶体的自身凝聚将其除去；

(2) 加药量较多时，pH 值易稍高一些，这时主要依靠 $Al(OH)_3$ 胶体凝聚后，对自然胶体的吸附作用，将其除去。

如果原水碱度过低，加入混凝剂后的 pH 值太低，则可用添加碱的办法调节水的 pH 值。一般添加的碱有烧碱、纯碱和石灰。

在实际运行中，是否有必要碱化或酸化以调整 pH 值的问题，可根据现场运行经验和是否经济等因素来决定。

(二) 混凝剂用量

在混凝处理过程中，混凝剂的加入量对混凝处理效果的好坏有直接影响。加药量太小时凝聚效果不好；加药量太大时，既不经济又增加处理后水中铝盐的含量。

最优加药量不能根据计算来确定，因为混凝过程中不是一个单纯的化学反应，在不同的具体情况下应做专门的实验求得最优加药量。

天然水的最优加药量一般为 $0.1 \sim 0.5 mmol/L$ [$1/6Al_2(SO_4)_3 \cdot 18H_2O$]，如用 $Al_2(SO_4)_3 \cdot 18H_2O$，则相当于 $10 \sim 50 mg/L$。一般水中悬浮物愈多，所需混凝剂量就愈大。也有由于水中有机物较多或色度较大，虽然悬浮物量较少，而所需混凝剂量反而较多的。

(三) 水温

用铝盐作混凝剂时，水温对混凝效果有很大影响。当水温很低（如低于5℃）时，硫酸铝的水解过程缓慢且不完全，产生的凝絮细而松，含水分多，沉降很慢，所以效果差。

用铝盐对天然水进行混凝时，最优水温为 $25 \sim 30$℃。

用铁盐作混凝剂时，水温对混凝效果的影响不大。

(四) 水和混凝剂的混合速度

水和混凝剂的混合速度，关系到混凝剂在水中分布的均匀性和胶体颗粒间碰撞的机会，故也是影响混凝过程的一个重要因素。搅拌速度最好由快转慢，刚加入混凝剂时，需要快速搅拌。因为混凝剂在水中的水解和聚合的速度非常快，所以要用快速搅拌方能生成大量小颗粒的氢氧化物胶体，并使它迅速地扩散到水的各个部分，这样才能及时地和水中杂质作用。混合搅拌的速度，由经验得知，如采用急剧改变水流方向的隔板式混合槽或者是依靠水在管路中的流动进行混合，则水流速度约需 $1.5 m/s$。如利用喷嘴射流方式的，其喷射流速需 $4.0 m/s$。混合以后，下一步是凝絮的形成和长大，搅拌的速度就不宜过快，不然凝絮将不易长大，而且有可能打碎已形成的凝絮。

(五) 水中杂质

前面已提到，在水溶液中添加反离子能使胶体凝聚，所以水中的反离子也是影响混凝过程的一种因素。例如，当用 $Al_2(SO_4)_3$ 为混凝剂时，生成的 $Al(OH)_3$ 胶体常带正电荷，如水的反离子 HCO_3^-，SO_4^{2-}，Cl^- 的量太多时，不利于 $Al(OH)_3$ 胶体的形成，使混凝效果恶化，只有当它们的含量适中时效果较好。

天然水中的高分子有机物（如腐殖质），会吸附在胶体表面起保护胶体的作用，使胶粒之间不容易聚集，结果使混凝效果变坏。在这种情况下，可以用加氯或加臭氧的办法，来破坏这些有机物。

(六) 接触介质

当进行混凝或其他沉淀处理时，如在水中保持一定数量的泥渣层，可起接触介质的作用造成接触凝聚的条件。即在泥渣表面起吸附、催化以及作为结晶核心等作用，使沉淀过程更完全，沉淀速度加快。

(七) 接触时间

在混凝处理过程中，不论采用那种混凝剂，它们的水解、凝聚和沉淀过程都不是瞬间就能完成的，所以接触时间一定要控制得当。否则，凝聚、沉淀过程不完全，造成水质浑浊，促使过滤设备或离子交换设备的效率降低。

综上所述，可知影响混凝效果的因素很多，如何在这许多因素中找出最优条件，使混凝处理的效果较好，确实是比较复杂的问题。为达到这个目的，在设计设备或调整运行时，可先进行实验室的模拟试验。

模拟试验的方法，可以根据实际情况拟定。在上列这些因素中，需要探求的通常是加药量和pH 值。至于其他条件，常常是根据一般的经验和实际情况来决定。判断混凝效果，应以凝絮的形成快、水清、无色、铁和有机物的去除较完全及残留的铝含量较小等作为标准。

例如，某水中的悬浮物含量是 500mg/L，混凝处理的温度为 25～30℃，则可拟定试验方法如下。

(1) 求取最优 pH 值。先暂定加药量为 15mg/L Al$_2$(SO$_4$)$_3$。取若干份水样放在量筒或其他容器中，在各份水样中加不同量的酸或碱，以调节其 pH 值，使他们具有不同的值，其范围大致在 5.5～8 之间。保持 25～30℃ 的温度后，在各份水样中按 15mg/L Al$_2$(SO$_4$)$_3$ 的量加硫酸铝溶液。每份水样在加药后立即用人工或机械快速搅拌 4～5min，然后静置观察其凝絮的形成和沉降的时间，接着分别将水过滤，取样分析其水质。然后从观察到的情况和分析结果判断其最优 pH 值。

(2) 求取最优加药量。在求得最优 pH 值后，再改变硫酸铝的加药量，用同上述相似的方法求取最优加药量。

如果在运行中有泥渣作为接触介质，则加药量通常可以比不加泥渣的低一些。所以在为设计而进行试验时，可以按以上的方法。因为设计的容量是需要稍微富余些的。假使为了调整运行的需要，则可在各份试验样品中均加入适量泥渣（可取自实际运行的设备中）。

此外，进行此试验时，还应考虑到水质的季节性变化，分别求得最优条件。

四、混凝剂和助凝剂

(一) 混凝剂

常用的混凝剂有铝盐和铁盐两类。

1. 铝盐

可用作混凝剂的铝盐有多种，如硫酸铝[Al$_2$(SO$_4$)$_3$·18H$_2$O]、明矾[KAl(SO$_4$)$_2$·24H$_2$O]、铝酸钠(NaAlO$_2$)等。

在工业水处理系统中，常用的混凝剂是硫酸铝，因为它的含铝量比明矾多。工业产品硫酸铝是白色晶体，其水溶液呈酸性，腐蚀性很强。在硫酸铝的工业产品中常含有少量游离的 H$_2$SO$_4$。

工业产品铝酸钠（或称偏铝酸钠）的 Na$_2$O/Al$_2$O$_3$ 分子比约为 1.2。它的 Al$_2$O$_3$ 含量约为 52%～54%，这比硫酸铝的 Al$_2$O$_3$ 含量大得多。铝酸钠的水溶液呈碱性，所以它适用于原水碱度不足的情况下，和硫酸铝同时加入，这两种药剂可起如下反应

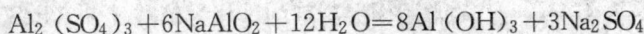

$$Al_2(SO_4)_3 + 6NaAlO_2 + 12H_2O = 8Al(OH)_3 + 3Na_2SO_4$$

这两种药剂的比，应按能获得最优 pH 值来定，在加药时应先加铝酸钠。

2. 电解铝

氢氧化铝的混凝过程也可以不用铝盐，而是用电解法来产生氢氧化铝。此法要用铝板为电极，正负极相隔 3mm，通以低电压大电流，并经常倒换正负极，此时水中就形成氢氧化铝。此法的优点为：凝絮形成快且牢固，不受 pH 的影响，沉淀较好。缺点为：电能消耗大。为此，有人曾将加有少量硫酸铝的水通过加有交流电或直流电的铝电极，进行混凝处理。这样，就可以保留电解混凝的优点，而降低耗电量。

3. 聚合铝

聚合铝是由 Al(OH)$_3$ 等聚合而成的高分子化合物的总称，简称 PAC。化学通式为 Al$_n$(OH)$_n$Cl$_{3-m}$，其中 $m \leqslant 10$，$1 \leqslant n \leqslant 5$。故聚合铝又叫碱式氯化铝（日本叫聚氯化铝，前苏联叫羟基氯化铝）。

聚合铝的制造方法很多，大部分是用适当的配方，经一定温度（50～90℃）和一定时间（数

小时到 10 余小时）的聚合反应（称熟化）而制得。所用药剂有铝盐溶液加碱、铝酸钠溶液加酸、金属铝溶于铝盐溶液、氢氧化铝溶于盐酸、含铝矿石以盐酸处理等。至于工业上生产的聚合铝，可以用炼铝的中间液（如铝酸钠溶液）或废铝灰为原料制成，当用废铝灰作原料时，其制取方法为：将废铝灰洗净后，用盐酸（1∶1）进行反应，将铝溶解，再把溶液分离净化后，在一定条件下熟化，即可制得。

聚合铝的性质与其制造工艺有关。其中一个重要的因素是组成中 OH^- 含量，称为碱化度。常用碱化度（B）的表示法为

$$B = \frac{[OH^-]}{3 \, [Al^{3+}]}$$

式中　[OH^-]、[Al^{3+}]——分别为 OH^- 和 Al^{3+} 的浓度，mol/L。

碱化度是聚合铝的一个重要指标。它对该混凝剂的影响是：碱化度约在 30％ 以下时，混凝剂全部由小分子构成，混凝能力太低。随着碱化度的上升，胶性增大，混凝能力上升。可是碱化度太大时，溶液不稳定，会生成氢氧化铝的沉淀物。

聚合铝混凝剂的优点如下。

（1）适用范围广。对于低浊度水、高浊度水、有色水和某些工业废水等，都有优良的混凝效果。

（2）用量少（按 Al_2O_3 计）。对于低浊度水，其用量相当于硫酸铝的 1/2，对于高浊度水，其用量可减少到硫酸铝用量的 1/3～1/4。

（3）操作容易。加药后水的碱度降低较小，因而 pH 值的下降也小，混凝的最优 pH 值范围广，一般 pH 值自 7～8 都可取得良好的效果，低温时效果仍稳定。

（4）形成凝絮速度快。由于这种药剂的凝絮形成快，可以减小澄清设备的体积。

（5）加药过多也没有害处，不会使水质恶化。

图 10-3 为聚合铝和硫酸铝在相同的运行条件下的效果比较。

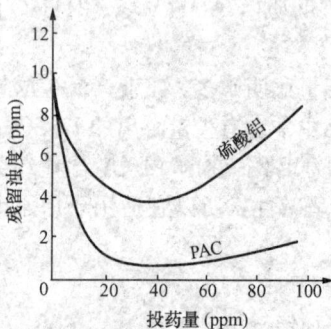

由图 10-3 可知，对低浊度的水不仅在相同加药量时聚合铝的除浊效果好，且加药过多时聚合铝不会发生像硫酸铝那样的水质恶化现象。

图 10-3　用聚合铝和硫酸铝处理
低浊度水的除浊效果

4. 铁盐

常用作混凝剂的铁盐为硫酸亚铁（$FeSO_4 \cdot 7H_2O$）。此外，也可用氯化铁（$FeCl_3 \cdot 6H_2O$）和硫酸铁[$Fe_2(SO_4)_3$]等作混凝剂。

硫酸亚铁又称绿矾，是一种绿色透明的晶体，在空气中由于其中常常有一些 Fe^{2+} 氧化成 Fe^{3+} 而带棕色。它的水溶液呈酸性，有较强的腐蚀性。它的制取可以用硫酸溶解铁的方法，也可从酸浸车间的废料中提取。

用铁盐作混凝剂时，其水解、胶体的形成和混凝等过程和铝盐相似，但用 $FeSO_4 \cdot 7H_2O$ 时，水解产生的 $Fe(OH)_2$ 溶解度较大，混凝效果不好，所以必须在混凝过程中将 Fe^{2+} 氧化成 Fe^{3+}。通常，当水的 pH 值在 8.5 以上时，Fe^{2+} 就易于被水中溶解氧氧化成 Fe^{3+}；当 pH 值较低时，完成此过程的速度缓慢，不切实用，所以它常和石灰处理一起进行。若混凝过程中不具备这样的条件，则可用加氯的办法进行氧化。

硫酸亚铁的氧化和水解反应如下

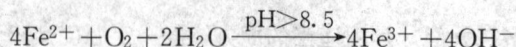

$$4Fe^{2+} + O_2 + 2H_2O \xrightarrow{\text{pH}>8.5} 4Fe^{3+} + 4OH^-$$

$$Fe^{3+}+3H_2O \xrightarrow{\text{水解}} Fe(OH)_3+3H^+$$

在混凝过程中，铁盐生成的氢氧化铁胶体带正电，当用铁的硫酸盐作混凝剂时，形成胶团的结构如下

$$[mFe(OH)_3 \cdot 2nFe^{3+} \cdot (3n-p)SO_4^{2-}]^{2p}pSO_4^{2-}$$

氢氧化铁也是两性的氢氧化物，但其碱性强于酸性，只有当pH值很高时才起酸的作用。当pH<3时，其中铁成Fe^{3+}而溶解，所以铁盐适用的pH值范围很广（4～10），但只有当pH高于9时，残留的铁含量才非常小。

用铁盐进行混凝处理有以下特点。

（1）生成凝絮的比重比氢氧化铝大；

（2）温度的影响不大；

（3）pH>6.5时，铁会和腐殖酸生成不沉淀的有色化合物，所以硫酸亚铁不适用于作为处理含有机物水的混凝剂。

氢氧化铁也可用电解法取得，此时应以铁板为电极。

5. 铁铝盐

前面已经讲过，用铝盐作混凝剂，受温度的影响比较大，每当冬天水温低时，生水如不经过预热，混凝处理就发生困难。为了克服这一困难，可以采用铁、铝盐作混合处理，即先后加入氯化铁和硫酸铝，两者加入量的比例即$FeCl_3 : Al_2(SO_4)_3$一般取1：1（以无水化合物的重量计）。

在用这种方法处理时，氢氧化铝被氢氧化铁所吸附，共同形成凝絮并沉淀，所以净化效果主要决定于氢氧化铁。因而它保持有用铁盐作混凝剂的优点（如适用于低温和凝絮的沉降速度较快等）。用这种净化方法一般不会在过滤时在滤层中产生淤积物，因为其凝絮的形成和沉降过程在过滤前就基本上结束了。

但如果单用$FeCl_3 \cdot 6H_2O$作混凝剂，则在大块凝絮沉淀完成后，水中还会在长时间内残留有微小的氢氧化铁凝絮。而当混合使用$FeCl_3 : Al_2(SO_4)_3$（不超过1：1）时，凝絮均匀，沉淀完全。因此滤池的负担轻，工作周期长。

（二）助凝剂

为了提高混凝效果，有时需添加助凝剂。助凝剂本身不起凝聚作用，但能促进水的凝聚过程，生成大而结实的凝絮（矾花）。助凝剂的种类很多，根据其作用机理，可分以下三大类。

（1）酸、碱类——用以调整生水pH值及碱度，满足混凝过程的需要（如石灰等）。

（2）氧化剂类——用以破坏干扰混凝的有机物、氧化亚铁（Fe^{2+}）或起其他氧化作用（如氯气等）。

（3）改善凝絮结构类——如丙烯酸酰胺和聚丙烯酸酰胺，这类高分子化合物的分子中，含有大量的离子型和非离子型表面积很大的基团。离子型基团可以降低水中胶体的ζ电位。高分子长链结构，起架桥作用，对水中微小的悬浮物产生特殊的缠结作用，形成大颗粒凝絮，改善混凝效果，属于此类助凝剂的还有骨胶、海藻酸钠、粘土等等。

五、混凝处理后的水质变化情况

水的混凝处理，包含许多物理化学作用。所以水经混凝处理后，其水质情况不能完全按理论推算，有些只能按经验来判断，下面简单介绍一下水质变化情况。

1. 除掉部分

（1）基本上除掉了水中悬浮物。

（2）水中的有机物能除去60%～80%。

(3) 降低了一部分重碳酸盐硬度，即降低了一部分重碳酸盐碱度，提高了一部分非碳酸盐硬度，其量均等于有效剂量。

(4) 除去水中胶态硅酸，约占全部硅酸的 $25\% \sim 50\%$。

2. 增加部分

(1) 增加 SO_4^{2-}，等于加药量。

(2) 增加 CO_2。

(3) 增加水中的非碳酸盐硬度（H_F）。

(4) 水中的溶解固形物增加。

第二节 水 过 滤 处 理

天然水经过混凝沉淀处理后，虽然大部分悬浮杂质已被除去，但仍残留少量细小的悬浮微粒，为除去这部分杂质，常采用过滤处理。

一、水的过滤过程

水的过滤是把浊度较高的水，通过一定厚度的粒状或非粒状材料，而有效地除去悬浮杂质，使水澄清的过程。这种过滤材料称为滤料。由滤料堆积起来的过滤层称滤层，起过滤作用的设备称过滤器或滤池。

当滤层中截留的悬浮杂质较多时，滤层的孔隙被堵塞，水流阻力增大，过滤速度减慢，于是过滤被迫停止。为恢复过滤能力，需用清水自下而上冲洗滤料，该过程称为反洗。反洗后过滤器连续运行的时间称为过滤周期。

二、水的过滤原理

用过滤方法除去悬浮物固体是一个较复杂的过程。多年来的研究证实，过滤过程主要取决于悬浮物和过滤介质的物理化学特征、过滤速度以及水的化学特性等因素。

粒状过滤除去悬浮物是基于下述两个过程的作用，即表面过滤（或称薄膜过滤）和渗透过滤（或称接触混凝过滤）的综合过程。

首先，当带有悬浮物的水自上部进入过滤层时，在滤层表面由于吸附和机械阻留作用，悬浮物被截留下来，于是它们发生彼此重叠和架桥作用，其结果好像形成了一层附加的滤膜，在以后的过滤过程中，此滤膜就起主要的过滤作用。这种过滤过程称为表面过滤（又称薄膜过滤）。

实际运行资料证实了这一看法：在过滤开始后不久，绝大部分悬浮物是由表面 4.5cm 以内的滤层除去，除去的悬浮物占总除去的悬浮物量的 60%，但随着时间的增加，去除悬浮物的任务逐渐转到下面的滤层。

当带有悬浮物的水流入滤层中间和下部时，也可起到截留悬浮物的作用。这种过滤作用称为渗透过滤。渗透过滤的原理和混凝过程中用泥渣作为接触介质相似。由于滤层中的砂粒比澄清池中悬浮颗粒排列得更紧密，所以当含有悬浮物的水流经滤层中弯弯曲曲的孔隙时，在水力学因素的作用下，有更多的机会和砂粒相接触，水中悬浮物和固粒相接触时，由于彼此间具有一定吸力，彼此互相粘附，好象在砂层中进行了进一步的混凝过程，故此过程又称为接触混凝过程。

在水由上向下流动的过滤器（或滤池）中这两种过滤作用都有，但其中薄膜过滤作用常常是主要的。

三、滤料的选择

作为过滤器滤料的物质，应具备的条件有：化学性能稳定，不影响出水水质；机械强度良好，在使用中不至碎裂；粒度适当；此外，还应当价廉，便于取材等。

常用的滤料一般为石英砂、无烟煤、大理石等。现将各种指标概述如下。

（一）化学性能稳定

为了试验滤料的稳定性，可在一定条件下，用中性、酸性和碱性水溶液浸泡各种滤料，以观察此水溶液被污染的情况，如表 10-1 所示。

表 10-1　　　　　　　　　　　　**各种滤料在不同介质中稳定性的比较**

名　称	中　性			酸　性			碱　性		
	全固形物 (mg/L)	耗氧量 (mg/L)	SiO_2 (mg/L)	全固形物 (mg/L)	耗氧量 (mg/L)	SiO_2 (mg/L)	全固形物 (mg/L)	耗氧量 (mg/L)	SiO_2 (mg/L)
石英砂	2～4	1～2	1～3	4	2	0	10～16	2～3	5.7～8.0
大理石	13	1	—	—	—	—	6	1	—
无烟煤	6	6	1	4	3	0	10	8	2
半烧白云石	16	2	2	—	—	—	10	4	1

注　试验条件为温度 19℃，中性溶液是用 NaCl（500mg/L）配成，pH 值为 6.7；酸性溶液用 HCl 配成，pH 值为 2.1；碱性溶液用 NaOH 配成，pH 值为 11.8。浸泡 24h，每 4h 摇动一次。

由表 10-1 可知，石英砂适用于中性、酸性的水；带碱性的水，如石灰处理的水则不能用石英砂作滤料，因为 SiO_2 要溶解，可用无烟煤、大理石或半烧白云石作滤料。

（二）机械强度大

滤料应有足够的机械强度，以减轻因颗粒间互相摩擦而破碎的现象。当滤料运行有碎末产生时，这些碎末就会被反洗水冲走而造成滤料的损失。如不将碎末冲走，它将淤积在滤层的表面，而增大水流阻力，使每次冲洗后过滤时间（称过滤周期）缩短，出水量减少。

（三）粒度合适

滤料总是由许多大小不一样的颗粒组成的，所以它的颗粒大小，不能用一个简单的指标来表示。一般常用"粒径"表示颗粒大小的概况，用"不均匀系数"表示一堆滤料中各种大小不同颗粒的分布概况。这两个指标，总称为"粒度"。

目前，生产上所使用的"粒度"，仅仅指滤料颗粒粒径的最大最小范围，已略去了不同粒径颗粒所占比例的指标。例如用石英砂作滤料时，可采用的粒径一般为 0.5～1.0mm，即将小于 0.5mm 和大于 1.0mm 粒径的颗粒筛去，只取其中间部分。

粒度的求取是用标准筛过筛的办法。标准筛所标称的筛孔和孔径的关系，见表 10-2。

表 10-2　　　　　　　　　　　　**筛孔和孔径的关系**

筛孔	孔径（mm）	筛孔	孔径（mm）	筛孔	孔径（mm）
10	2.00	20	0.84	45	0.35
12	1.68	25	0.71	50	0.297
14	1.41	30	0.59	60	0.25
16	1.19	35	0.50	80	0.177
18	1.00	40	0.42	100	0.149

1. 粒径

粒径有两种表示法：平均粒径 d_{50}，是指有 50%（按质量计）滤料能通过的筛孔孔径（常以 mm 表示），有效粒径 d_{10}，表示有 10%（按质量计）滤料能通过的筛孔孔径。

不同滤料和不同的过滤工况，对滤料粒径有不同的要求，使用时应根据具体情况选取，不宜过大或过小。滤料粒径过大时，细小的悬浮物会穿过滤层，而且在反洗时不能使滤层充分松动，结果使反洗不彻底，沉积物和滤料结成硬块，因此产生水流不均匀，出水水质降低和滤池很快失效的现象；粒径过小则水流阻力大，过滤时滤层中水头损失也增加得很快，从而缩短过滤周期，反洗水的消耗量也就会相对增加。

2. 不均匀系数

不均匀系数常以 K_B 表示，是指80%（按质量计）滤料能通过的筛孔孔径 d_{80} 与10%滤料能通过的筛孔孔径 d_{10} 之比，即

$$K_B = \frac{d_{80}}{d_{10}}$$

滤料颗粒的大小不均匀，有两种不良后果：一是反洗操作困难，因为如反洗强度太大会带出上部微小颗粒，而反洗强度太小又不能松动下部滤层；二是过滤情况恶化，因细小的颗粒集中在滤层表面，使悬浮物堆积在表面，形成坚实的厚膜，结果使水头损失增加过快，过滤周期变短。

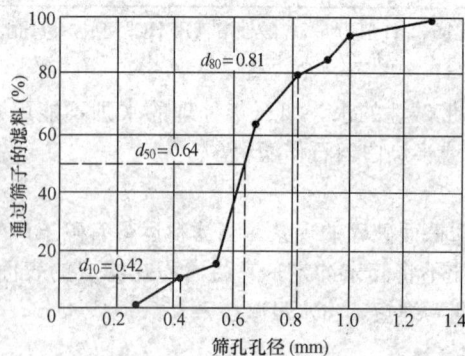

图 10-4　滤料的筛分曲线

滤料的粒径和不均匀系数，可以用筛分分析来算得。方法是：取滤料100g，用筛孔大小不同的一系列筛子过筛，测得其通过各种筛孔的滤料量，并将这些量对其相应筛孔孔径画成曲线，如图10-4所示。那么，就可以求得粒径和不均匀系数。在这个例子中有

平均粒径　$d_{50} = 0.64$mm

有效粒径　$d_{10} = 0.42$mm

不均匀系数　$K_B = \dfrac{d_{80}}{d_{10}} = \dfrac{0.81}{0.42} = 1.93$

当用石英砂或大理石作滤料时，有效颗径可采用0.35mm，不均匀系数应不大于2；当用无烟煤时，有效粒径可采用0.6mm，不均匀系数应不大于3。

四、过滤设备

粒状介质的过滤设备种类很多，按其流速的快慢可以分为慢滤池和快滤池两大类。

慢滤池是利用细粒滤料（$d_{10} = 0.25 \sim 0.35$mm）作为过滤介质的重力式滤池，其特征为滤速很小，约 $0.1 \sim 0.3$m/h。

快滤池所用的滤料较粗，滤速为 $3.5 \sim 15$m/h。它可以是重力式的，也可以是压力式的。压力式的快滤池是一个密闭的立式圆柱形钢制容器，器内盛放滤料，进水用泵打入，所以称它为压力式过滤器，又叫机械过滤器或澄清过滤器。

下面就常用的几种滤池，概述如下。

（一）单流式过滤器

1. 结构

单流式过滤器的本体是一个圆柱形容器，器内装备有进水装置、排水系统，有时还有进压缩空气的装置，器外设有各种必要的管道和阀门等，其结构如图10-5所示。

进水装置可以是漏斗形的或其他形的，它的任务是使进水沿过滤器的截面均匀地分配。

排水系统是过滤器的一个重要部件，它的作用是：在过滤器下部引出清水时，不让滤料带出；使出水的汇集和反洗水的进入，沿着过滤器的截面均匀分布；在大阻力排水系统中，它还有

调整过滤器水流阻力的作用。

排水系统的类型较多，现在常用的有排水帽式、支管开缝式和支管钻小孔式等。

2. 运行

当单流式过滤器运行到水流通过滤层的压力降达到允许极限值时，停止运行，将过滤器内的水排放到滤层的上缘为止（可由过滤器上的监督管中流水情况来判断），然后送入强度为 $18\sim25L/(s\cdot m^2)$ 的压缩空气。吹洗 $3\sim5min$ 后，在继续供给空气的情况下，向过滤器内送入反洗水，其强度应使滤层膨胀 $10\%\sim15\%$。反洗水送入 $2\sim3min$ 后，

图 10-5 单流式过滤器
1—空气管；2—进水漏斗；3—排水支管；4—排水母管；5—压缩空气管

停止送空气，继续用水再反洗 $1\sim1.5min$，此时反洗水的强度应使滤料层膨胀率达 25%。最后用水正洗至出水合格，方可开始正式过滤运行。

这种过滤器，除了可以按照水通过滤层的压力降来确定是否需要清洗外，也可按一定的运行时间来进行清洗。其容许的运行周期，应通过调整试验求得。过滤器不应经常在将要有悬浮物穿过的时候方才进行清洗，应稍提前进行。否则，滤层不易洗干净，长此下去会使滤料产生结块。一般容许压力降约为 $49kPa（5m H_2O）$。

这种单流式过滤器的结构比较简单，但实践证明，有下列缺点：需要耗费较多的钢材，投资大；生产率不高，因此在水量较大的工厂中就需要很多的过滤器，投资很大；阀门多，在运行和维护上消耗的劳动强度大。

（二）多层滤料过滤器

在单流式过滤器中，因滤料是以"上细下粗"的方式排列，故对过滤是不利的。因为这样会使滤出的杂质大部分集中在滤层的表面部分，滤料的截污能力不能充分发挥，而且还使滤层的水头损失增加很快。为了改善这种情况，可采用多层滤料的办法。目前使用较多的是双层和三层滤料过滤器。

双层滤料是由无烟煤和石英砂组成的。无烟煤密度为 $1.4\sim1.8$，石英砂密度为 2.6 左右，无烟煤比石英砂轻，所以它的粒径可以选得比石英砂的大些。过滤器清洗后，颗粒大而密度小的无烟煤在上层，颗粒小而密度大的石英砂在下层。

三层滤料一般由无烟煤、石英砂和柘榴石（或磁铁矿）组成的；大粒径、小密度的无烟煤在上层，中等粒径、中等密度的石英砂在中层，粒径小而密度大的滤料在下层。

多层滤床的这种粒径配比，即上大下小的状态，有利于过滤过程，使滤料的截污能力得以充分地发挥；此外滤层下部滤料粒径小，其表面积较大，防止杂质穿透的能力强，从而保证滤水水质。

使用多层滤料时，要注意不同滤料颗粒大小的级配和冲洗强度。级配要做到反冲洗后不同滤料分层良好，否则不同滤料混杂便会丧失多层滤料的优点。

双层滤池中，当无烟煤密度为 1.5 时，实践证明，最大粒径与最小粒径之比不应大于 3.2。

三层滤池中，大密度滤料粒径范围的下限为 $0.18\sim0.25mm$。过小易与石英砂混杂，过大在

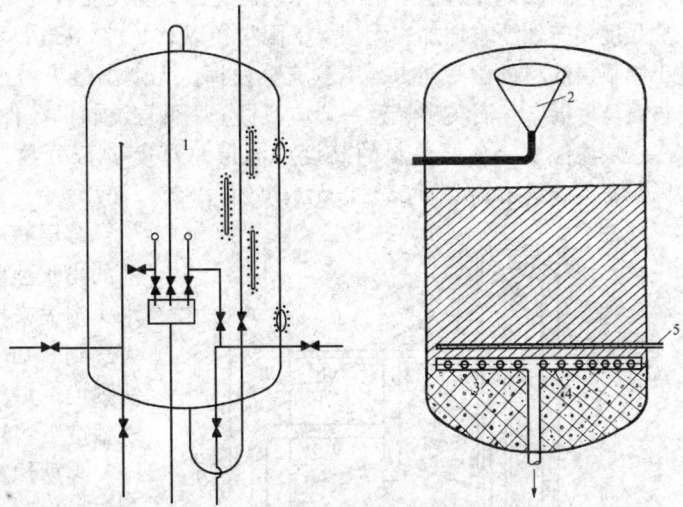

高滤速下，杂质易穿透滤层使出水水质恶化。大密度滤料的上限粒径不宜大于 0.5mm，过大时，冲洗强度相应地要求增加。无烟煤下限粒径以 0.8～1.0mm 为好，过大会增加下层滤料的负担，过小则下层滤料的截污能力得不到充分发挥。无烟煤最大粒径一般采用 1.68～2.0mm，过大易于与石英砂混杂。石英砂粒径一般应根据上下两层滤料的条件来确定。

三层滤池中，各层滤料的高度占滤层总高度的百分数，一般是：大密度滤料约占 5%～10%，石英砂约占 25%～35%，无烟煤约占 60%～67%。

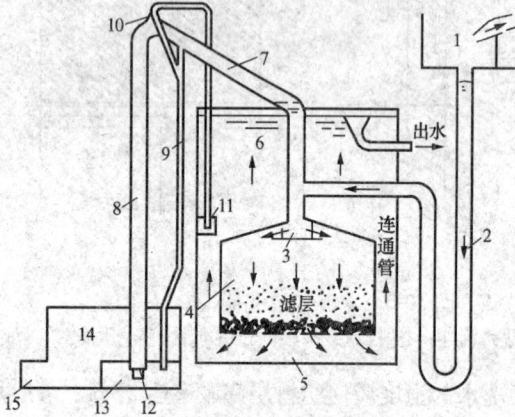

图 10-6　重力式无阀滤池

1—进水槽；2—进水管；3—挡板；4—过滤室；5—集水室；6—冲洗水箱；7—虹吸上升管；8—虹吸下降管；9—虹吸辅助管；10—抽气管；11—虹吸破坏管；12—锥形挡板；13—水封槽；14—排水井；15—排水管

多层滤池过滤周期较长，且过滤周期终止前的出水浊度一般都比较低。因此，一般应以水头损失来控制过滤器的运行终点。当水头损失达到 3.0m 左右时就应停运。三层滤池的冲洗强度一般控制在 13～15L/（m² · s）。在此冲洗强度下滤层的总膨胀率应在 35%～50%。

多层滤池的另一特点是滤速较高。通常，在保证出水浊度的前提下，三层滤池的流速可提高到 30m/h 以上。

（三）无阀滤池

无阀滤池是因其没有阀门而得名。其结构形式很多：有压力式的，也有重力式的。火力发电厂中常用的是重力式的。下面以重力式无阀滤池为例，加以介绍。

1. 结构

重力式无阀滤池结构，如图 10-6 所示。它自上而下分成冲洗水箱、过滤室和集水室三部分。此外，还有由堰口、进水槽 1 和 U 型进水管 2、组成的进水装置和虹吸上升管 7、虹吸下降管 8、虹吸辅助管 9、水封槽 13 等组成的虹吸装置。这些装置的作用在下面结合运行一起介绍。

2. 运行

重力式无阀滤池的运行过程大致是：水由进水管 2，进入过滤室 4，通过滤层汇集到下部集水室 5，再由连通管流至上部冲洗水箱 6，当水箱充满水后，便向外送水。运行初期，由于滤料层较清洁，虹吸上升管 7 的内、外水面差较小。随着运行时间的延长，滤层中杂质量增多，阻力增大，因进水流量不变，虹吸上升管内的水位随之升高，使过滤等速进行。当阻力逐渐增加，使虹吸管内的水面上升到虹吸辅助管 9 的管口时，水即由此管中急剧下落，这时主虹吸管（虹吸上升管和虹吸下降管的总称）中空气由抽气管 10 不断抽出（随水排入水井，逸入大气），在主虹吸管内产生负压，虹吸上升管 7 和虹吸下降管 8 中的水面均很快地上升，当这两股水汇合后，便形成虹吸。过滤室中的水立即被虹吸管抽走，冲洗水箱中的水便迅速倒流至滤池中，形成自动反冲洗。当冲洗水箱中的水位降至虹吸破坏管 11 的管口以下时，空气进入主虹吸管内，虹吸作用被破坏，冲洗结束，进入下一运行周期。在整个冲洗过程中，进水是不停的。无阀滤池运行终期的水头损失（进、出口水的压力差），一般为 1.5～2.0m 水柱。

第三节　水 混 凝 过 滤

当天然水中悬浮物含量较少时，在水的预处理系统中，可不设置沉淀设备，可直接在滤池中进行混凝和过滤，这种处理过程称混凝过滤。

一、直流混凝过滤

直流混凝过滤处理也称直流混凝，它是将混凝剂投加到一般滤池的进水管内。为了保证混凝剂在进入滤池前能很好地和水混合，并完成水解的过程，加药地点应设在水进入滤池前的一定距离处。例如，用硫酸铝作混凝剂时，应加在离滤池还有 $50d$ 距离的管道中，使硫酸铝的水解在管道中进行。当水进入滤池时，流速大减，于是在水层中开始形成凝絮。然后，凝絮和滤料颗粒的接触，大大地加速了混凝过程。其作用和澄清池中以泥渣作为接触介质相同。

直流混凝处理的加药量要比在澄清池中的加药量减少很多，因为它只是用来破坏水中杂质的稳定性，使它们易于黏附在滤料颗粒表面。

直流混凝的截污能力比较小，为改善运行条件，提高直流混凝效果，可采用双层滤料的过滤器。

二、接触混凝过滤

为了改善混凝过滤条件，另一种办法是令水流由下向上进行过滤，所以水流先遇到粗粒滤料，后遇到细粒，这样可使悬浮物和混凝过程都深入到滤层中，从而提高滤池的截污能力，减缓水头损失的增长速度。这称为接触混凝过滤或简称接触混凝。

接触混凝所用滤池的滤层较高，一般为 2m；滤料较粗，用石英砂粒径为 0.5～2.0mm。接触混凝适用于悬浮物含量不超过 150mg/L 的水。

接触混凝的滤速不能太快，一般应为 5～6m/h，否则滤料会被带出。

复 习 思 考 题

1. 概述胶体的结构。
2. 什么是胶体的稳定性？促使稳定的原因有哪几条？
3. 怎样才能使胶体凝聚？
4. 何谓混凝处理？它的基本原理是什么？
5. 影响混凝处理效果的因素有哪些？
6. 什么叫混凝剂？什么叫助凝剂？
7. 天然水经混凝处理后，水质有何变化？
8. 过滤处理的基本工作原理是什么？
9. 什么叫滤料？它应具备哪些条件？
10. 什么是滤料的不均匀系数？它的大小对过滤器运行有何影响？
11. 概述机械过滤器的运行？
12. 什么是双层过滤器？它有哪些特点？
13. 绘图说明无阀滤池的结构和运行？
14. 什么是混凝过滤？
15. 什么是直流混凝？采用它时有什么要求？

第十一章　水离子交换处理

第一节　离子交换基本知识

一、离子交换剂概述

（一）离子交换处理

离子交换处理，是用一种称做离子交换剂的物质来进行的。处理时，离子交换剂遇水，可将本身所具有的某种离子和水中同符号离子相互交换，如钠型离子交换剂遇到含有 Ca^{2+} 的水时，就发生如下交换反应

$$Ca^{2+} + 2RNa^+ \longrightarrow R_2Ca + 2Na^+$$

反应结果，水中的 Ca^{2+} 被吸附在交换剂上，交换剂转变成 Ca 型，而交换剂上原有的 Na^+ 进入水中，这样水中的 Ca^{2+} 就被除去。转变成 Ca 型的交换剂，可以用钠盐溶液（如NaCl）通过，使其 Ca 型的交换剂再变成 Na 型，重新使用，反应如下

$$R_2Ca + 2Na^+ \longrightarrow 2RNa + Ca^{2+}$$

（二）离子交换剂

离子交换剂是一种反应性的高分子电解质。内部含有活性基团，活性基团能离解出可交换离子。这种离子能够和溶液中的同符号离子相互交换。所以凡含有可交换离子，具有离子交换能力的物质，均称为离子交换剂。

（三）离子交换剂结构

离子交换剂一般都具有网状结构。它不溶于酸或碱，但具有酸或碱的性质。其结构包括两个组成部分：一部分是具有网状结构的高分子骨架（或称母体结构）；另一部分是能够发生离解的活性基团。这个活性基团牢固地结合在高分子骨架上，不能自由移动，故称为惰性物质。但在这个活性基团上带有能离解的离子，这种离子可以自由移动，与周围外来的同符号离子互相交换，称为可交换离子，如

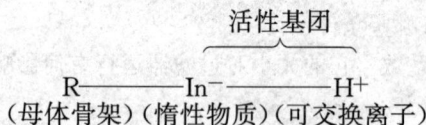

活性基团

$$R \text{———} In^- \text{———} H^+$$
（母体骨架）（惰性物质）（可交换离子）

阳离子交换剂

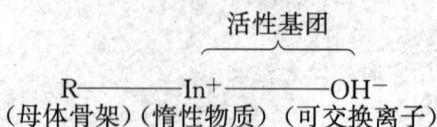

活性基团

$$R \text{———} In^+ \text{———} OH^-$$
（母体骨架）（惰性物质）（可交换离子）

阴离子交换剂

如果可交换离子为阳离子就叫做阳离子交换剂；可交换离子为阴离子就叫做阴离子交换剂，所以离子交换仅仅是交换剂中的可交换离子与水中电解质的同符号离子之间的交换反应。

（四）离子交换剂分类

离子交换剂的种类很多，有天然和人造、有机和无机、阳离子型和阴离子型、大孔型和凝胶型等等之分，大概分类情况如下：

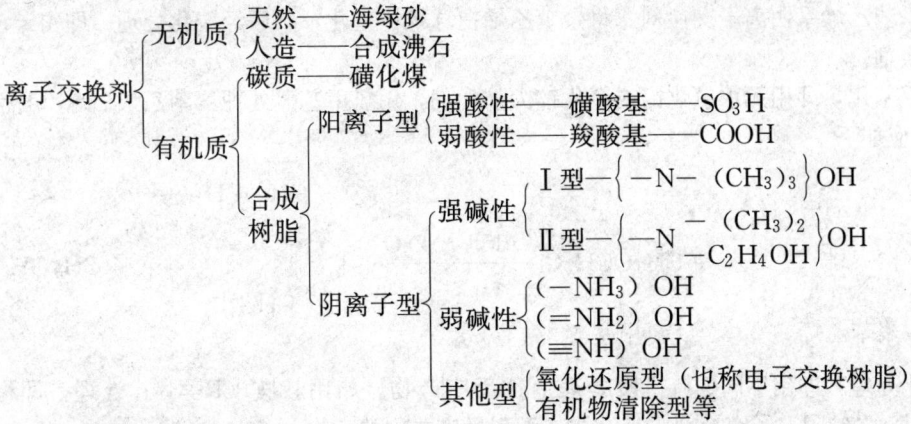

二、离子交换树脂

用化学合成法制成的高分子有机质离子交换剂，其外形很象树木分泌出的树脂（如松脂、桃胶等），内部也具有树脂状结构（内部网状多孔），因此被称为离子交换树脂。

离子交换树脂是带有可交换离子的高分子有机化合物。根据合成过程中单体种类的不同可分为苯乙烯系、酚醛系和丙烯酸系等。

（一）离子交换树脂制取

1. 苯乙烯系离子交换树脂

苯乙烯系是现在我国电厂用得最广泛的一种，它是将苯乙烯和二乙烯苯放在水溶液中，使其在悬浮状态下进行共聚，制得高分子化合物聚苯乙烯小球，其反应如下

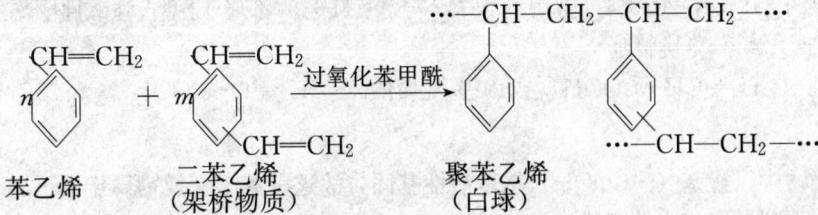

这是半成品，没有可交换离子基团，称为白球。将白球进一步处理，即可得阴阳离子交换剂。

在上述反应中可以看出，二乙烯苯可将苯乙烯长链交联起来，使其机械强度增大，所以二乙烯苯又称架桥物质。离子交换树脂性能中所标称的交联度（简写 DVB），就是指聚合时所用架桥物质二乙烯苯的质量占苯乙烯和二乙烯苯总质量的百分率。

（1）苯乙烯系磺酸型阳离子交换剂。将白球进行浓硫酸处理，引入活性基团——SO_3H，即可制得磺酸型阳离子交换剂。磺化反应如下

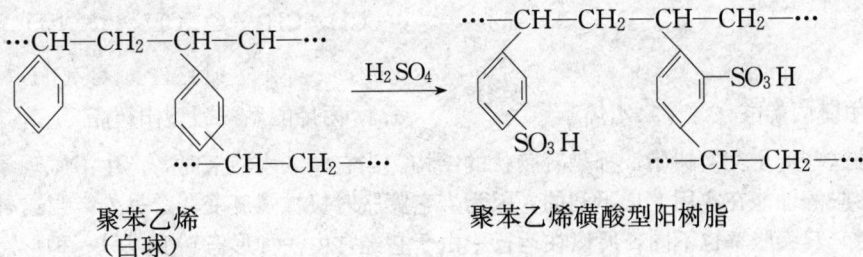

如果磺化程度足够，则每个苯环上均有一个磺酸基，其结构如上式反应产物。

这种交换树脂的酸性很强，相当于硫酸的酸性。它对于酸碱及各种溶剂都比较稳定。

国产强酸 001×7（曾用型号 732 号、强酸 1 号等）离子交换树脂即属这一种。

（2）苯乙烯系阴离子交换剂。将聚苯乙烯白球氯甲基化，然后经胺化处理，即得苯乙烯系阴离子交换剂。

氯甲基化，即用无水氯化铝或氧化锌为催化剂，用氯甲基醚处理聚苯乙烯白球（称为傅氏反应），反应如下

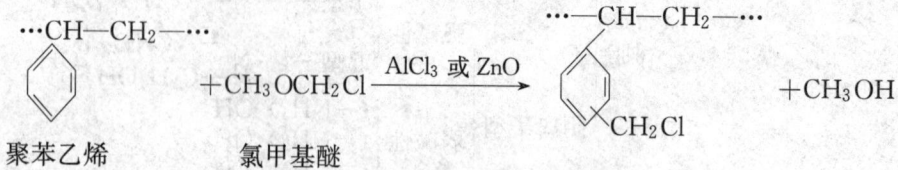

$$\cdots\text{—CH—CH}_2\text{—}\cdots\ \overset{\displaystyle\bigcirc}{|}\quad +CH_3OCH_2Cl\ \xrightarrow{AlCl_3\ 或\ ZnO}\ \cdots\text{—CH—CH}_2\text{—}\cdots\ \overset{\displaystyle\bigcirc}{\underset{CH_2Cl}{|}}\quad +CH_3OH$$

聚苯乙烯　　　　　氯甲基醚　　　　　　　　　　　　　　　　　　　

胺化处理，即用不同的有机胺处理上述反应产物。如用叔胺（R≡N）处理，即得季胺型（R≡NCl）强碱阴离子交换剂，其结构如下列反应式中的产物

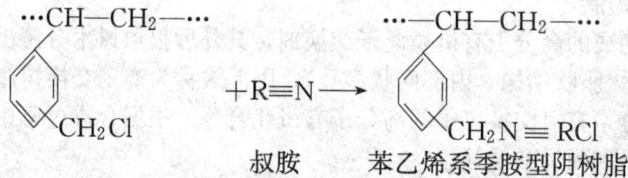

$$\cdots\text{—CH—CH}_2\text{—}\cdots\ \overset{\displaystyle\bigcirc}{\underset{CH_2Cl}{|}}\quad +R\equiv N\ \longrightarrow\ \cdots\text{—CH—CH}_2\text{—}\cdots\ \overset{\displaystyle\bigcirc}{\underset{CH_2N\equiv RCl}{|}}$$

叔胺　　　苯乙烯系季胺型阴树脂

如用仲胺（R=NH）或伯胺处理，则生成的是弱碱性阴离子交换剂。

强碱性阴离子交换剂分Ⅰ型和Ⅱ型。Ⅰ型是用三甲胺{(NH₃)₃N}胺化而得；Ⅱ型则是用二甲基乙醇基胺{(CH₃)₂NC₂H₄OH}胺化而得。Ⅰ型的碱性比Ⅱ型强，所以它的除 SiO_2 能力也较强。

我国生产的 201×7，201×4（曾用型号 717 号和 711 号）都属于Ⅰ型，强碱性阴离子交换剂。

2. 丙烯酸系离子交换树脂

用丙烯酸（$CH_2{=}CH{-}COOH$）或甲基丙烯酸（ $CH_2{=}\underset{\underset{CH_3}{|}}{C}{-}COOH$ ）和二乙烯苯共聚而成。在此聚合物中，羧基（—COOH）就是活性基团，故这种离子交换剂属于弱酸性阳离子交换剂，其结构如下列反应式中的产物

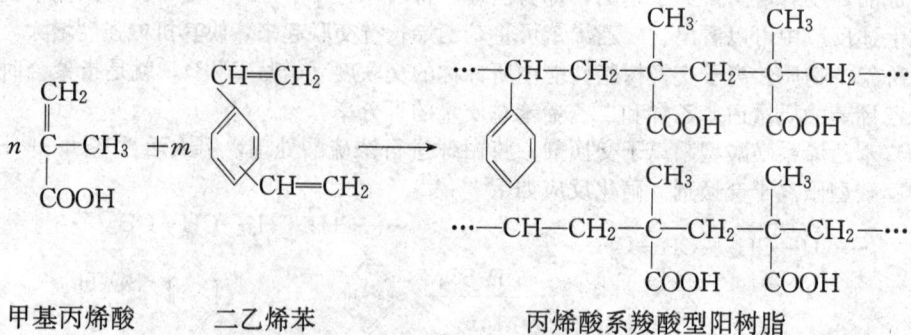

$$n\ \underset{\underset{COOH}{|}}{\overset{\overset{CH_2}{\|}}{C}}{-}CH_3\ +m\ \underset{\underset{CH=CH_2}{}}{\overset{\overset{CH=CH_2}{}}{\bigcirc}}\ \longrightarrow\ \text{丙烯酸系羧酸型阳树脂}$$

甲基丙烯酸　　　　二乙烯苯　　　　　　丙烯酸系羧酸型阳树脂

上述的这些离子交换树脂，都是凝胶状的结构。当它浸入水溶液时，产生溶胀现象，体积变大。这种膨胀的性能在实用上是不利的，因为当它膨胀时机械强度变弱。另外，当这种交换剂呈不同形态时，其膨胀率也不同，所以在运行中由于它经常由一种形态转变成另一种形态，就会因

反复地膨胀收缩，而使颗粒破裂。同时，由于这种树脂的孔径小，不能吸着或只能部分吸着溶液里具有较高分子量的有机物（如腐殖酸），而且这些被吸着的有机物在树脂再生时不能被置换出来。

3. 大孔型离子交换树脂

为了克服上述凝胶状离子交换树脂的缺点，在 20 世纪的 50 年代末期制成了大孔型树脂（或称 MR 型树脂）。大孔树脂和普通凝胶状树脂都是带有活性基团和网状结构的高分子化合物。它们的化学性质基本上是相同的，只是由于结构中孔眼大小的不同而使它们的物理性质有差别。普通凝胶状树脂在水溶液中的孔眼不是其原有的，而是发生在溶胀过程中，即将树脂浸入水中时，其可动离子和水发生水化过程，从而显示出孔眼，于是颗粒本身也胀大；而大孔树脂无论在干或湿的状态下，用电子显微镜观察，都可看到孔眼。实际上，大孔树脂是由许多小块凝胶结合而成的。这些小块凝胶在结合时构成了许多较大的孔隙，这些较大的孔隙，就为凝胶状离子交换结构在浸入时膨胀提供了空间，所以它在水溶液中不显示溶胀。

对普通凝胶状树脂和大孔型树脂的名称，目前尚未统一。有人认为凡有永久性孔眼的为大孔树脂，只有隐蔽或暂时性孔眼的为普通凝胶状树脂；也有人认为在 2nm 以下的称微孔，在 2nm 以上的称大孔等，说法不一。

大孔树脂的合成方法很多，其中之一是在苯乙烯与二乙烯苯的聚合过程中，加入一定量溶剂（这种溶剂可溶解单体，但不能溶解其聚合物）待聚合完成后，将此溶剂从聚合体中赶走即成。

大孔树脂的孔隙直径为 20~100nm 以上，而普通凝胶状树脂网孔直径平均为 2~4nm。由于无机化合物离子的直径仅 0.3~0.7nm，用普通凝胶状树脂是完全可以除去的，但被污染的水源中常含有分子较大的杂质，如蛋白质的分子有长达 5~20nm，胶状硅化合物有的粒径大于 50nm，这就需用大孔树脂才可以除去。

大孔树脂的缺点如下：

还原时，酸、碱用量较大，体积交换容量稍低，目前价格也比普通树脂贵等。因而在水处理工艺中应根据不同的情况，选用不同的树脂。国产 D202 是大孔 II 型强碱性阴树脂。

普通凝胶状阴树脂的最大弱点，是易被有机物污染。原因是在制造过程中，氯甲基化时往往发生副反应，生成亚甲基桥（—CH_2—），即产生了新的交联，所以树脂的结构紧密，被有机物污染后，就不易清除。

为了解决氯甲基化时发生的副反应的问题，有一种办法是先制成氯甲基苯乙烯单体，然后将它和二乙烯苯共聚，最后与三甲胺进行季胺化，即可制得季胺型强碱性阴树脂。用这种方法制得的交换剂，有交换容量大、交换速度快和耐热性能较好等优点。

（二）离子交换树脂命名

（1）命名原则。离子交换树脂的全名称由分类名称、骨架（或基团）名称和基本名称排列组成。离子交换树脂的型态分凝胶型和大孔型两种。凡具有物理孔结构的称大孔型树脂，在全名称前加"大孔"两字以示区别。因氧化还原型树脂与离子交换型树脂的特性不同，故在命名的排列上也有不同。其命名则由基团名称、骨架名称、分类名称和树脂两字排列组成。

（2）基本名称为离子交换树脂。凡分类属酸性的，应在基本名称前加一"阳"字；分类属碱性的，在基本名称前加一"阴"字。

（3）为了区别离子交换产品同一类中的不同品种，在全名称前必须有型号。

（4）离子交换树脂产品的型号主要以三位阿拉伯数字组成。第一位数字代表产品的分类，第二位数字代表骨架的差异，第三位数字为顺序号，用以区别活性基团、交联剂等差异。分类及骨架的代号分别见表 11-1 和表 11-2。

表 11-1	分类代号		表 11-2	骨架的代号
代　号	分类代号		代　号	骨架名称
0	强酸性		0	苯乙烯系
1	弱酸性		1	丙烯酸系
2	强碱性		2	酚醛系
3	弱碱性		3	环氧系
4	螯合性		4	乙烯吡啶系
5	两　性		5	脲醛系
6	氧化还原		6	氯乙烯系

（5）大孔型离子交换树脂，在型号前加"大"或"D"表示。

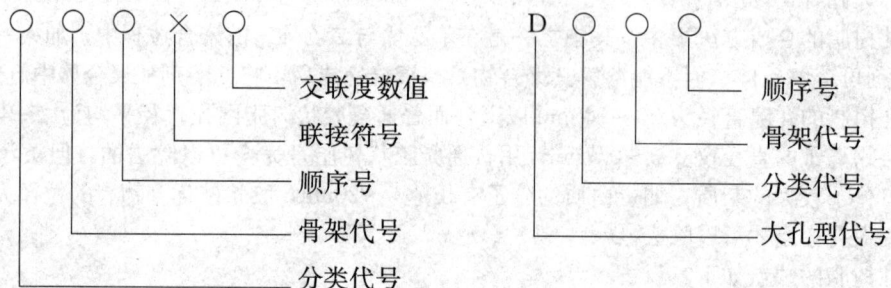

（6）凝胶型离子交换树脂的交联度值，可在型号后用"×"号连接阿拉伯数字表示。如遇到二次聚合或交联度不清楚时，可采用近似值表示或不予表示。

（7）型号图解

○　○　○　×　○

- 交联度数值
- 联接符号
- 顺序号
- 骨架代号
- 分类代号

凝胶型离子交换树脂

D　○　○　○

- 顺序号
- 骨架代号
- 分类代号
- 大孔型代号

大孔型离子交换树脂

目前常用离子交换树脂的型态、分类、全名称、结构与型号，如表 11-3 所示。

表 11-3　　　　离子交换树脂型态、分类、全名称、结构与型号对照表

型态	分类	全　名　称	结　　构	001
凝胶型	强酸性	强酸性苯乙烯系阳离子交换树脂	┤CH—CH₂┐ CH—CH₂├... SO₃H ...n —CH—CH₂—	001
	弱酸性	弱酸性丙烯酸系阳离子交换树脂	┤CH₂—C(H)(COOH)┐...┤CH—CH₂├...n —CH—CH₂—	111

型态	分类	全 名 称	结 构	001
凝 胶 型	弱酸性	弱酸性丙烯酸系阳离子交换树脂		112
	弱酸性	弱酸性酚醛系阳离子交换树脂		122
	强碱性	强碱性委胺Ⅰ型阴离子交换树脂		201
	弱碱性	弱碱性苯乙烯系阴离子交换树脂		301
				303
	弱碱性	弱碱性环氧系阴离子交换树脂		331
	螯合性	螯合性胺羧基离子交换树脂		401

型态	分类	全名称	结构	001
大孔型	强酸性	大孔强酸性苯乙烯系阳离子交换树脂		D001×7 (732 号)
	弱酸性	大孔弱酸性丙烯酸系阳离子交换树脂		D111
	强碱性	大孔强碱性委胺Ⅰ型阴离子交换树脂		D201×7 (717 号)
		大孔强碱性季胺Ⅱ型阴离子交换树脂		D202
		大孔弱碱性苯乙烯系阴离子交换树脂		D301
				D302
		大孔弱矸性丙烯酸系阴离子交换树脂		D311

（三）离子交换树脂性能

离子交换树脂是有机高分子聚合物，所以它们的结构和性能随着制造过程各种条件（如原料配方、原料纯度、聚合温度及制造工艺过程中的其他条件等）不同而有所差异。因此，对离子交换树脂的性能，就必须用一系列指标加以说明，以便在水处理工艺过程中的设计、生产以及树脂保管等方面提供大量资料。

1. 物理性能

（1）外观。包括颜色和形状。

1）颜色。离子交换树脂是一种透明或半透明的物质，根据聚合成分的不同，苯乙烯系树脂一般呈黄色或淡黄色，其他树脂有棕红色、赤褐色、白色及黑色。树脂的颜色和它的性能关系不大。一般来说，交联剂多的或原料中杂质多的制造出的树脂颜色稍深。但是值得注意的是，树脂本来颜色就深与使用后颜色变深是有本质区别的，因为，后一种颜色变化，很可能影响到树脂的性能。例如，失效层的树脂往往要比再生后的树脂颜色深一些；被铁铝等高价金属离子或有机物污染后的树脂颜色也要逐渐变深。所以，对使用中的树脂，一定要注意其颜色的变化，发现问题立即采取措施。

2）形状。离子交换树脂一般均呈球形。因为球形树脂的制造较为简单（悬浮聚合时，可直接成球形）。而且球形树脂单位体积的表面积最大，有利于交换。从实际使用来看，球形树脂填充状态好，水流分配均匀。而且水通过树脂层的压差较小，树脂磨损的可能性亦小。树脂成球形的百分数，通常用圆球率表示，一般可达90％以上。树脂圆球率的测定，可用斜板滚动法测定。

（2）粒度。树脂颗粒的大小对树脂交换能力、树脂层中水流分布均匀程度、水通过树脂层的压力降以及交换和反洗时树脂的流失等均有很大影响。

颗粒大，交换速度就慢；颗粒小，水通过树脂层的压力损失就大，树脂与截留的悬浮物在反洗时分离就困难。另外，颗粒大小不均，对水处理工艺影响也很大，首先是因为小颗粒堵塞了大颗粒之间的孔隙，使水流不均和阻力增大；其次在反洗时流速过大会冲走小颗粒树脂，而流速过小又不能松动大颗粒。

用于水处理的树脂颗粒一般为 20～50 目。目前国产树脂的颗粒为 20～40 目（0.3～1.2mm）。

树脂粒度的表示方法和过滤介质的粒度一样，可以用有效粒径和不均匀系数表示。

（3）密度。树脂的密度，对树脂用量的计算和混合床、双层床中树脂的选择等都是很重要的。由于离子交换树脂在水处理的应用中呈湿的状态，所以根据其含义的不同，树脂密度有下列几种不同的表示法。

1）干真密度。即在干燥状态下树脂本身的密度，即

$$干真密度 = \frac{干树脂质量}{树脂颗粒的真体积} \quad (g/mL)$$

此值一般为 1.6 左右。在实用上意义不大，常用在研究树脂性能方面。

2）湿真密度。湿真密度是指树脂在水中经过充分膨胀后，树脂颗粒的密度，即

$$湿真密度 = \frac{湿树脂质量}{湿树脂颗粒的体积} \quad (g/mL)$$

这里的湿树脂颗粒体积，是指颗粒在湿状态下的体积，即包括颗粒中的孔眼及其所含水分，但颗粒与颗粒间的孔隙不应算入。

树脂的湿真密度，对离子交换器反洗强度的大小以及混床再生前分层的好坏影响很大。此值一般为 1.04～1.3 左右。通常阳离子交换树脂比阴离子交换树脂密度大，但任何树脂的湿真密度

最小值也必须大于1。

3）湿视密度。湿视密度是指树脂在水中充分膨胀后（即树脂工作状态）的堆集密度，即

$$湿视密度 = \frac{湿树脂质量}{湿树脂的堆体积} \quad (g/mL)$$

实际使用中，常用此值来计算离子交换器一定体积树脂层所需填装湿树脂的质量。此值一般为0.6～0.85。

（4）含水率。树脂在其充分湿润和膨胀的情况下，树脂结构中的亲水基团放出离子和水生成水合离子，树脂交联网孔内的游离水分，即组成了树脂的水分。

树脂中的交换基团（亲水基团）少，水合水分就少，树脂的交换容量就低。故在生产中，还可通过树脂的水分测定，了解树脂交换基团的引入情况。

树脂中的水分和树脂交联度有密切的关系，交联度越小，内部孔隙率越大（交联孔网大），含水率亦越大。因此，含水率也可以间接地反映树脂交联度的大小。例如，交联度在1％～2％的时候，树脂水分可达80％以上；而一般树脂的交联度在7％左右，树脂的水分只有45％～55％。

树脂的含水率，可用烘干称量法测定。

（5）溶胀性。将凝胶型干树脂浸入水中时，其体积变大，这种现象称为溶胀。

树脂溶胀性的大小，用溶胀率来表示。溶胀率的大小要受下列因素的影响：

1）交联度愈小，溶胀率越大。

2）树脂中活性基团愈易电离，其溶胀率愈大。如强酸性、强碱性和交换容量大的树脂，其溶胀率也大。

3）溶液中电解质浓度愈大，渗透压力大，双电层被压缩，溶胀率就愈小。

4）可交换离子的水合度愈大，即当其水合离子半径愈大时，其溶胀率愈大，故对强酸和强碱性离子交换剂，其溶胀率大小的次序为

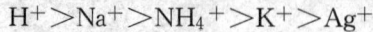

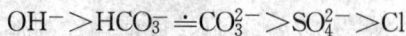

$$H^+ > Na^+ > NH_4^+ > K^+ > Ag^+$$

$$OH^- > HCO_3^- \doteq CO_3^{2-} > SO_4^{2-} > Cl$$

一般强酸性阳离子交换树脂由 Na 型变成 H 型，强碱性阴离子交换树脂于 Cl 型变成 OH 型，其体积均增加5％。

由于离子交换树脂具有这样的性能，因而在其交换和还原的过程中会发生溶胀现象。多次的胀缩就会促使颗粒碎裂。因此掌握树脂的溶胀性，对延长树脂的使用寿命是有很大意义的。

（6）耐磨性。耐磨性是树脂机械强度的一个指标，它关系到树脂的使用寿命，是一项重要的经济指标。因为树脂在运行过程中，由于冲刷相互磨轧和胀缩作用会发生碎裂现象。因此，生产中都希望用耐磨性能好的树脂。

树脂的耐磨性主要表现在树脂的年损耗上（一般年损耗量不超过3％～7％）。其测定方法尚未统一，目前生产厂大多采用球磨机，研磨后再用筛选的方法，其粒度合格的百分数，即做为树脂机械强度的指标。

（7）溶解性。离子交换树脂是一种不溶性的高分子化合物。它几乎在一切有机、无机溶剂中（除醛类）都不溶解。但由于树脂在合成过程中，免不了会含有少量低聚物（这些低聚物较易溶解），所以新树脂在使用的最初阶段，有微量的溶解现象。

离子交换树脂在使用过程中，有时也会发生树脂转变成胶体，渐渐溶入水中的胶溶现象。促使树脂胶溶的主要因素有：树脂的交联度小，树脂中活性基团的电离能力大，离子的水合半径大，受高温的影响或被氧化剂氧化。特别是强碱性阴离子交换树脂，它会因化学降解而产生胶溶

现象。

所以，树脂在运行中要密切注意其运行条件，如离子交换树脂处于蒸馏水中要比在盐溶液中易胶溶，Na 型比 Ca 型易胶溶。离子交换器备用后刚投入运行时，有时发生出水带色现象，就是由于树脂发生胶溶的缘故。

（8）耐热性。各种树脂所能承受的温度都能有一定的最高极限，超过此温度，树脂的热分解现象就很严重。树脂的交换基团分解，交换容量下降，颗粒破碎，以致不能使用。由于各种树脂的耐热性能不一，所以每种树脂能承受的最高温度应由鉴定试验来确定。一般阳树脂可耐 100℃或更高的温度（120℃左右）；而阴树脂强碱性的均可耐 60℃，弱碱性的可耐 80℃以上。如温度低于或等于 0℃，则因树脂孔眼中水分结冰，会使树脂的机械强度降低，颗粒破裂。

通常，阳离子交换树脂的耐热性，比阴离子交换树脂好，盐型的比 H 型（或 OH 型）的好，而盐型中又以 Na 型为最好。

（9）交联度（简写为 DVB）。离子交换树脂为立体网状交联结构，这是由于聚合过程中加入交联剂的缘故。例如，聚苯乙烯系树脂，如果单用苯乙烯聚合，所得产物属链（线）形结构。当加入二乙烯苯进行聚合时，所得高分子产物才是立体网状结构。这里二乙烯苯起着交联架桥的作用，故将这类物质叫做架桥物质或称交联剂。

交联度就是指聚合树脂过程中，所用架桥物质二乙烯苯的重量占苯乙烯和二乙烯苯总重量的百分率。

树脂的交联度直接影响着树脂的结构和性能，如表 11-4 所示。

表 11-4 树脂交联度对结构和性能的影响

交 联 度	低——高	全交换容量	低——高
含 水 率	大——小	抗氧化性能	小——大
视 密 度	小——大	溶胀及收缩性能	大——小
反应速度	快——慢	机械强度	差——好
再生效率	高——低	耐有机物污染性能	良——劣

表 11-4 所列规律，对于特殊方法制成的多孔性、高强度树脂来说，是例外的。

2. 化学性能

离子交换树脂的化学性能是多方面的，有离子交换、催化和形成络盐等，今就有关离子交换方面的性能概述如下。

（1）离子交换反应是可逆反应。

离子交换反应是可逆的，如当含有硬度的水通过 H 型离子交换剂时，其反应如下

$$2RH + Ca^{2+} \longrightarrow R_2Ca + 2H^+$$

当反应进行至失效后，为了恢复交换树脂的交换能力，就可以利用其交换反应的可逆性，用硫酸或盐酸通过此失效的交换树脂，其反应如下

$$R_2Ca + 2H^+ \longrightarrow 2RH + Ca^{2+}$$

离子交换反应的可逆性，是离子交换树脂可以反复使用的重要性质。

（2）不同树脂呈酸性和碱性。

H 型阳离子交换树脂和 OH 型阴离子交换树脂的性能与电解质酸、碱相同，在水中有电离出 H$^+$ 和 OH$^-$ 的能力。因此，根据此能力的大小可以有强弱之分，例如：

磺酸型是强酸性离子交换树脂：$R—SO_3H$

羧酸型是弱酸性离子交换树脂：$R—COOH$

季胺型是强碱性离子交换树脂：$R≡NOH$

伯仲叔胺型是弱碱性离子交换树脂：$R—NH_3OH$（伯胺型）

$$R≡NH_2OH（仲胺型）$$

$$R≡NHOH（叔胺型）$$

有些离子交换树脂介于上述强弱之间，如磷酸基（$—PO_3H_2$）型离子交换树脂就是中等酸性的。

强酸性 H 型交换树脂在水中电离出 H^+ 离子的能力较大，所以它很容易和水中其他各种阳离子进行交换反应；而弱酸性 H 型交换树脂在水中电离出 H^+ 离子的能力较小，故当水中有一定量的 H^+ 时，就显示不出交换反应。强碱性和弱碱性阴离子交换树脂的情况与此相似。

（3）离子交换树脂的中和与水解。

离子交换树脂的中和和水解性能和通常的电解质一样。例如，强酸性 H 离子交换树脂和强碱相遇（NaOH），中和反应进行得很完全，如下列反应式

$$RSO_3H+NaOH \longrightarrow RSO_3Na+H_2O$$

因此，H 型离子交换树脂酸性的强弱和任何一种化合物酸性的强弱一样，可用测定滴定曲线的办法来求得。

它的水解反应也和通常电解质的水解反应一样，当水解产物有弱酸或弱碱时，水解度就较大，如下列反应

$$RCOONa+H_2O \longrightarrow RCOOH+NaOH$$

$$RNH_3Cl+H_2O \longrightarrow RNH_3OH+HCl$$

所以，凡具有弱酸性基团和弱碱性基团的离子交换树脂（或其他离子交换剂）的盐型，都易于水解。

（4）离子交换树脂在交换过程中的选择性。

同一种离子交换树脂对于水中各种离子的吸着交换能力不一，这种性质叫离子交换剂的选择性。易被交换剂吸着的离子，吸着后要把它置换下来就比较困难，而难被吸着的离子，吸着后置换下来却比较容易。

离子交换剂的选择性，与水中各离子的浓度、温度的高低有很大关系。但一般天然水中所含离子的浓度及水温都不大，可以相对看作是常温、低浓度。因此这里只介绍常温、低浓度下离子交换剂的选择性。

1）阳离子交换树脂的选择性。

阳离子交换树脂对于水中常见金属阳离子的交换能力可归纳为两种规律：①原子价越大，被交换的能力越强；②在碱金属及碱土金属中原子序越大，即离子水合半径越小，其被交换的能力越强。根据上述规律，其选择性次序为

$$Fe^{3+}>Al^{3+}>Ca^{2+}>Mg^{2+}>K^+>NH_4^+>Na^+>H^+>Li^+$$

另外，离子的极化也影响离子的选择性，这是因为极化时离子内形成偶极，吸引能力增大。通常离子的电子层愈多，离子极化的可能性也愈大。所以，在排列离子选择性次序时，应考虑由于极化性能不同而引起对选择性次序的影响。

离子交换剂的选择性除了与吸着离子的本质有关外，有时与离子交换剂的活性基团有关系。例如，阳离子交换树脂对 H^+ 和水合氢离子（OH_3^+）来说，就有它的特殊性，它被交换的性能与树脂活性基团酸性的强弱有很大关系。

在弱酸性羧酸阳离子交换树脂中反应为

$$R—COONa+H^+ \Longrightarrow R—COOH+Na^+$$

由于 R—COOH 酸性很弱，离解能力很小，当溶液的酸度较高（H^+ 浓度较大）时，它几乎处于不离解状态。因此，反应易于向右进行，H^+ 成为最容易交换的离子。弱酸性阳离子交换树脂对水中的阳离子交换顺序为

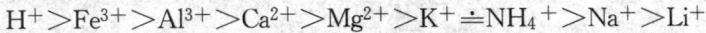

$$H^+ > Fe^{3+} > Al^{3+} > Ca^{2+} > Mg^{2+} > K^+ \doteq NH_4^+ > Na^+ > Li^+$$

但在强酸性磺酸阳离子交换树脂中就不同，其反应为

$$R—SO_3Na+H^+ \Longrightarrow R—SO_3H+Na^+$$

由于 R—SO_3H 酸性很强，离解能力很大，溶液酸度大小对它的离解能力几乎没有影响，因此反应进行较快，容易达到平衡。强酸性阳离子交换树脂对水中阳离子的交换顺序为

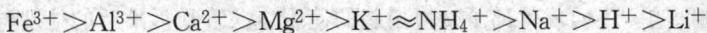

$$Fe^{3+} > Al^{3+} > Ca^{2+} > Mg^{2+} > K^+ \approx NH_4^+ > Na^+ > H^+ > Li^+$$

上述两个反应式，实际上就是树脂的再生过程，由此可以看出，再生弱酸性树脂要比再生强酸性树脂容易得多。

2）阴离子交换树脂的选择性。

阴离子交换树脂对于水中常见酸性阴离子交换能力的大小，与它的价数、水合离子半径以及它所形成相应酸的酸度有关，一般规律为

$$PO_4^{3-} > SO_4^{2-} > NO_3^- > Cl^- > OH^- > F^- > HCO_3^- > HSiO_3^-$$

同样，阴离子交换树脂对 OH^- 来说，也有它的特殊性。

在弱碱性阴离子交换树脂中，由于在碱性介质中 R≡NHOH 几乎不离解，因此 OH^- 是最容易被吸着的离子。弱碱性阴离子交换树脂对水中阴离子的交换顺序为

$$OH^- > SO_4^{2-} > NO_3^- > PO_4^{3-} > Cl^- > HCO_3^-$$

实际上对 HCO_3^- 的交换能力很弱，对 $HSiO_3^-$ 不能吸着交换。在强碱性阴离子交换树脂中，由于 R≡NOH 有相当强的离解能力，溶液的碱性对它的离解能力几乎没有影响，故其交换顺序为

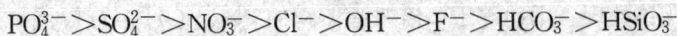

$$PO_4^{3-} > SO_4^{2-} > NO_3^- > Cl^- > OH^- > F^- > HCO_3^- > HSiO_3^-$$

从这里可以看出，当用 NaOH 再生时，再生弱碱树脂要比再生强碱树脂容易得多。

（四）交换容量

交换容量表示离子交换能力的大小，即离子交换剂可交换离子量的多少，有两种表示方法：一是质量表示法，即单位质量离子交换剂的吸着交换能力，用 mmol/g 表示；二是体积表示法，即单位体积离子交换剂的吸着交换能力，用的是 mol/m^3 表示。

由于离子交换剂的形态不同，其质量和体积也不相同，在表示交换容量时，为了统一起见，一般阳离子交换剂以 H 型为准，阴离子交换剂以 Cl 型为准。必要时，应标明所呈形态。常用的交换容量有以下几种。

（1）全交换容量，是指交换剂中所有活性基团，全部被交换的交换容量。全交换容量的大小，决定单位体积（或质量）的交换剂中所含有的活性基团的总数。离子交换剂中含有活性基团的总数越多，全交换容量越大。对于同一种离子交换剂，它是个常数。这种交换容量主要用于离子交换剂的研究方面。

（2）平衡交换容量，是指在某种给定溶液中，离子交换剂和溶液中的离子交换达到平衡时的最大交换容量，故平衡交换容量不是一个常数，而和与它平衡的溶液组成有关。

（3）工作交换容量，是指交换剂在运行条件下的有效交换容量。它的大小，由于使用条件的不同，其数值也不相同。影响工作交换容量大小的主要因素是：进水的离子浓度、交换终点的控

制指标、交换剂层的高度、水流速度、水的 pH 值、交换剂的粒度、交换基团的形式以及再生充分与否等等。交换剂工作交换容量的数值，是在某特定条件下试验得来的，使用时应按实际使用条件确定

$$\text{工作交换容量} = \frac{\left(\begin{array}{c}\text{进水离子}\\\text{浓度}\end{array}\right) - \left(\begin{array}{c}\text{出水残留的}\\\text{离子浓度}\end{array}\right)}{\text{交换剂体积}} \times \text{总制水量} \qquad (\text{gmol/m}^3)$$

（五）离子交换树脂使用、保管和污染后处理

离子交换树脂虽然有很高的稳定性，但是在使用和保管当中由于方法不当，仍然会使树脂遭到中毒或破坏，致使树脂的强度降低，并且逐渐失去部分或全部的交换能力。所以树脂在使用和保管过程中，如何保持树脂的强度，防止树脂的污染以及树脂一旦污染后如何进行处理等，在生产中是值得注意的问题。下面仅就离子交换树脂的使用、保管和污染后的处理方法简述如下。

1. 新树脂使用前处理

离子交换树脂的工业产品中，常会有少量低聚物和未参加聚合或缩合反应的单体，当树脂与水、酸、碱或其他溶液接触时，上述物质就会转入溶液，影响水质。除了这些有机物外，树脂中往往还含有铁、铝、铜等无机杂质。因此，在对水质要求较高的时候，新树脂在使用前必须进行处理，以除去树脂中的可溶性杂质。

新树脂在用药剂处理前，必须首先用水使树脂充分膨胀，然后对其中的无机杂质（主要是铁、铝的化合物）用稀盐酸除去。

电厂中作中水处理的树脂量都比较大，宜在离子交换设备中进行处理。其具体处理方法如下。

（1）用食盐水处理。将树脂装入交换器内，用约等于 2 倍树脂体积的 10％NaCl 溶液浸泡树脂 18～20h 以上。浸泡完后放掉食盐水，用水冲洗树脂直至排出的水不呈黄色为止。然后进行反洗，以除去混在树脂中的机械杂质和细碎的树脂粉末。

（2）用稀盐酸处理。用约等于 2 倍树脂体积的 5％HCl 溶液浸泡树脂 2～4h（或作小流量清洗），放掉酸液后，冲洗树脂至排水接近中性为止。

（3）用稀氢氧化钠处理。用约等于 2 倍树脂体积的 2％NaOH 溶液浸泡树脂 2～4h（或作小流量清洗），放掉碱液后，冲洗树脂至排水接近中性为止。

对于阴树脂，经上述处理后已变成 OH 型，可直接应用。（最后的清洗水应用 H 型交换器的出水）。对于阳树脂经上述处理后是 Na 型，用于水的化学除盐时，还需将树脂变为 H 型。

化学除盐的水处理水中，阳树脂是用稀酸再生的，可先通过小型试验，用 2％的 NaOH 溶液通入装树脂的滴定管中，如果流出的溶液中没有棕色的 $Fe(OH)_3$ 沉淀物析出，则湿润膨胀后的阳树脂，可先用 2％的 NaOH 处理，而后再用 5％的 HCl 处理，省去最后的转型处理。

新树脂经上述处理后，它的稳定性会显著提高，这对提高出水质量有一定好处。

2. 树脂在使用中应注意的问题

为了延长树脂的使用寿命，树脂在使用中要注意以下两个问题。

（1）保持树脂的强度。为了保持树脂的强度，就要尽量避免可能给树脂带来的机械的、物理的或化学的磨损。因此要尽量防止树脂互相碰撞、挤压或经常地使树脂发生自身膨胀和收缩。此外还要严格防止树脂交替地风干和湿润、冷却和受热、有机物吸着和解析等。因为这些都容易使树脂的强度降低而遭到破坏。

（2）保持树脂的稳定性。为了保持树脂的稳定性，除尽量避免或减少有机物和铁、铝等化合物对树脂的污染外，还应注意氧化性物质对树脂的破坏。

当原水中游离氯含量大于 0.5mg/L 时，就会造成强酸性阳离子交换树脂的氧化，阳离子交

换树脂氧化后，外观表现为色浅，透明度增加，树脂体积增大（不可逆膨胀）并破碎，引起树脂的体积交换容量减少，树脂层压力损失增大，以及出水纯度和 pH 值降低。阳离子交换树脂的溶出物还可污染强碱性阴离子交换树脂。

强酸性阳离子交换树脂的氧化机理如下

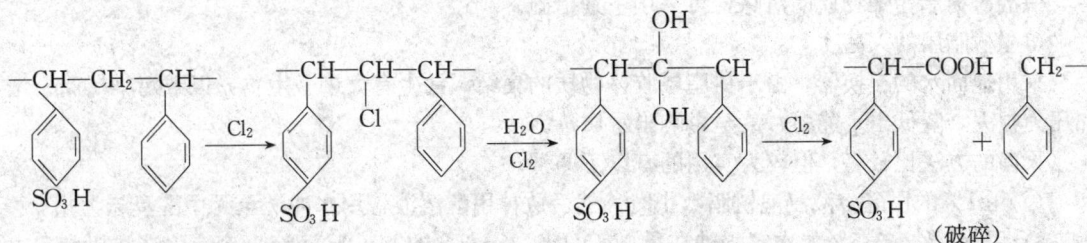

为了防止游离氯对树脂的污染，应当控制原水中的余氯小于 $0.1mg/L$。如原水中含游离氯量过多，应采取如下处理措施。

（1）原水添加 Na_2SO_3 等还原剂以去除氧化剂；

（2）在离子交换水处理设备前加活性炭过滤器；

（3）采用高交联度的树脂。

强碱性阴离子交换树脂的抗氧化能力比强酸性阳离子交换树脂差，当水中含有 $0.3mg/L$ 以上的游离氯时，即可引起氧化分解。对 Ⅱ 型强碱树脂，其交换基因为二甲基乙醇胺，由于抗氧化性弱，水中的溶解氧也将其氧化为低级胺类。温度升高和有重金属存在时，都可以促进氧化的进行。

总之，树脂在使用过程中，只有采取有效措施，使树脂保持较高的稳定性和强度，才能延长树脂的使用寿命。

3. 树脂保管

（1）树脂在长期储存时，应使其转换成中性盐型，并用纯水洗净，然后封存。

（2）为了防止树脂干燥时破裂，最好浸泡在蒸煮过的水中，浸泡树脂的水经常更换，以免繁殖细菌污染树脂。

（3）储存过程中由于某种原因，一旦使树脂脱水，切勿使用清水浸泡，因为清水浸泡树脂膨胀过快，容易破碎可浸泡在饱和食盐水中（对于阴离子交换树脂，由于它在过浓的食盐水中会上浮，不能很好湿润，可用 10% 的食盐水浸泡），然后逐渐稀释食盐溶液，使树脂慢慢膨胀，恢复后的树脂再浸泡于蒸煮过的水中。

表 11-5 食盐溶液浓度和冰冻点的关系

NaCl 溶液 （%）	相对密度 （10℃）	冰冻点 （℃）
10.00	1.0742	−7.0
15.00	1.1127	−10.8
20.00	1.1525	−16.3
23.50	1.1797	−21.2

（4）树脂储存温度不要过高，一般在 $5\sim20℃$，最高不能超过 $40℃$。因为温度过高时，一方面容易繁殖细菌或其他微生物，污染树脂；另一方面容易使树脂结块，甚至导致交换基团的分解。

树脂储存在 $0℃$ 以下时，要严防树脂的冻结和崩裂。这时可将树脂储存在食盐溶液中。溶液的浓度，可根据具体气温条件参看表 11-5。

（5）树脂在储存过程中，要防止接触容易使树脂污染的物质，如铁锈、油污、强氧化剂、有机物等。

4. 树脂交换能力下降的补救措施

在离子交换处理的过程中，各种离子交换树脂，常常会逐渐改变其性能，其原因有两个方面：一是树脂的本质改变，即化学结构受到破坏；二是受到外来杂质的污染，即树脂中毒。后一种情况所造成的树脂性能改变，可以采取适当的措施，清除污染杂质，使其性能恢复或有所改进。

一般对树脂污染物质的清除，可采用下列措施。

（1）树脂层的灭菌。

采用地面水的交换器，由于树脂层胶体物质的集结，常生有大量微生物，以致污染树脂，增加压力损失，降低出水能力，甚至影响出水质量。

灭菌的方法比较多，但较为实用的有以下两种。

1）用1％的甲醛溶液浸泡树脂数小时，然后放掉甲醛溶液，用水冲洗至无甲醛臭味为止。

2）用0.1％～0.5％的次氯酸钠在稀NaOH（1％～2％的NaOH溶液）溶液中洗涤树脂，由于次氯酸钠能杀死微生物，氧化腐殖酸的大分子使它变成扩散速度较快的小分子。所以此种处理效果很好，但这种处理会加速树脂的氧化，不宜经常使用。

（2）铁、铝及其氧化物的去除。

若树脂由于有机物和铁、铝及其氧化物的污染，则首先除去铁、铝及其氧化物，然后再除去有机物。

树脂受铁、铝及其氧化物污染的去除，根据运行实践经验，可采用水和空气组成的混合物长时间（6～8h）地猛烈擦洗树脂，或用浓度较高的HCl溶液（10％～15％）长时间与树脂接触（12h以上）。在用HCl溶液处理前，应将树脂充分反洗，以便提高盐酸的处理效果。

如果再生用的NaOH不纯洁，阴树脂可被$Fe(OH)_3$所污染，此时可用10％的食盐溶液处理，随后再用NaOH溶液再生两次。

（3）有机物的去除。

油类、腐殖酸及其他有机物，极易堵塞阴离子交换树脂的微孔，对活性交换基团起封闭作用，降低树脂的交换容量。

树脂被有机物污染后可采用碱性食盐溶液（pH=9）对运行的阴树脂进行定期淋洗，除去有机物的效果随NaOH浓度的增加而提高，这是因为pH值高的溶液可以降低树脂与有机物的结合强度。食盐的用量320kg/（m^3树脂），配成10％溶液，再用5％～6％NaOH溶液相混（调整pH=9）以4m^3/（m^3树脂·h）的速度淋洗树脂12h，还可以用7％～10％的热食盐水（40℃）在设备中长时间（12～16h）的循环。

（4）沉淀物的除去。

当阳树脂以硫酸或硫酸钠（芒硝）做再生剂时，或食盐溶液中硫酸根含量较多时，往往会在树脂中结生硫酸钙白色沉淀物。要除去此沉淀物，可用5％的盐酸溶液对树脂进行处理，为了提高处理效果，盐酸溶液以逆向进入比较好。

（六）离子交换树脂鉴别和分离

1. 离子交换树脂鉴别

在树脂使用中，往往需要判别树脂为何种性能的树脂，通常采用的鉴别方法如下。

第一步，区分阳树脂和阴树脂。

（1）取树脂样品2mL，置于30mL试管中，用倾泻法除去树脂层上部的水。

（2）加1mol/L的HCl溶液5mL，摇动1～2min，除去上部溶液，如此重复操作2～3次。

经此操作后，阳树脂转变为H型，阴树脂转变为Cl型。

（3）加入纯水清洗，摇动后将上部清液除去，重复操作2～3次，以除去过剩的盐酸。

（4）加入已酸化的 10% $CuSO_4$ 溶液（其中含 1% H_2SO_4）5mL 摇动 1min，放置 5min，如树脂呈浅绿色，即为阳树脂，如颜色不变则为阴树脂。

H 型强酸性阳树脂与 Cu^{2+} 交换转成 Cu 型树脂而成浅绿色。H 型弱酸性阳树脂由于羧酸基和 Cu^{2+} 成牢固的共价键结合，即使在酸性溶液中也能转变为 Cu 型树脂，所以也呈浅绿色。强碱性树脂与 Cu^{2+} 无作用，因此不变色。弱碱性树脂可以和 Cu^{2+} 络合也呈浅绿色，但在酸性溶液中不和 Cu^{2+} 络合，因此将 $CuSO_4$ 溶液酸化，避免弱碱树脂与 Cu^{2+} 络合干扰阳树脂的鉴别。

由于弱酸树脂的交换速度较慢，因此加 $CuSO_4$ 溶液后，需放置一些时间，再进行观察。

第二步，区分强酸性阳树脂和弱酸性阳树脂。

如树脂呈绿色，则用纯水充分冲洗后加 5mol/L 的 NH_4OH 溶液 2mL，摇动 1min，再用纯水充分清洗。如树脂颜色转为深蓝色，则为强酸性阳树脂。如树脂颜色不变，则为弱酸性树脂。

加 NH_4OH 后，强酸性阳树脂球中的 Cu^{2+} 和 NH_4OH 作用生成铜氨络离子 $[Cu(NH_3)_4^{2+}]$ 并被强酸性阳树脂吸附，因而使树脂呈深蓝色 $[Cu(NH_3)_4^{2+}$ 为深蓝色$]$。弱酸树脂中的 Cu^{2+} 不转成 $Cu(NH_3)_4^{2+}$，所以树脂仍为浅绿色。

第三步，区分强碱性阴树脂和弱碱性阴树脂。

经第一步处理后，不变色的树脂即为阴树脂，再进行如下操作。

（1）加入 1mol/L 的 NaOH 溶液 5mL，摇动 1min，用倾泻法充分清洗加入的 NaOH，使阴树脂转成 OH 型，并清洗去过剩的 NaOH。

（2）加入酚酞 5 滴，摇动 1min，用纯水充分清洗。

经此处理后，树脂呈红色，则为强碱性阴树脂。

OH 型强碱性阴树脂能解离出 OH^-，正像 NaOH 解离出 OH^- 一样，即

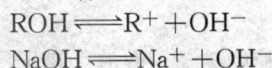

$$ROH \Longrightarrow R^+ + OH^-$$
$$NaOH \Longrightarrow Na^+ + OH^-$$

在强碱性阴树脂的孔眼中，存在着许多 OH^- 离子，因而呈强碱性。当酚酞渗入孔眼时，即显红色。弱碱性树脂由于离解出的 OH^- 离子少，所以碱性弱，酚酞渗入孔眼时不变色。

第四步，确定弱碱性阴树脂。

加入酚酞后树脂不变色，应为弱碱性阴树脂，为了进一步加以肯定，可进行如下操作：

（1）加入 1mol/L 的 HCl 溶液 5mL，摇动 1~2min，然后用纯水清洗 2~3 次。

加入 HCl 溶液使阴树脂转变为 Cl 型，并清洗过剩的 HCl。

（2）加入 5 滴甲基红（或甲基橙）摇动 1min，并用纯水充分清洗。如树脂呈桃红色，则可确定为弱碱性阴树脂。如树脂颜色不变，则表示无交换能力。

由于 Cl 型弱碱性阴树脂有水解作用，其反应如下

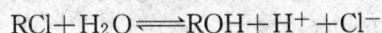

$$RCl + H_2O \Longrightarrow ROH + H^+ + Cl^-$$

正如一般弱碱强酸所组成的盐一样，水解后溶液中因有 H^+ 而呈酸性。弱碱性 Cl 型阴树脂（RCl）的孔眼中水也呈酸性。因此，当甲基红（或甲基橙）渗入树脂球内孔眼后即显桃红色（甲基红在酸性溶液中显桃红色）。

必须注意，上述操作是连续性的，不能只取其中一步就确定是某种树脂。例如，不能只做第四步就确定它是弱碱性阴树脂，因为 H 型的强酸或弱酸阳树脂，其孔眼的水都呈酸性，加甲基红时，都呈桃红色。

2. 离子交换树脂分离

在使用中，常常碰到不同类型的树脂混合在一起，则要求进行离子交换树脂的分离。树脂分离是利用树脂密度的不同，用反冲洗的方法，使其在容器中分开，或将混合树脂置于一定相对密

度的溶液中使其分离，如强酸、强碱两种树脂混合后，可将其置于饱和食盐水中分离，使强碱性阴树脂浮在上面，强酸性阳树脂沉于下部。如果混合的两种树脂密度相差甚少，则较难分离。

三、离子交换原理

离子交换剂都是多孔的，即在交换剂颗粒中存在着许多溶液能渗入的微小孔眼，保证交换剂和溶液有很大的接触面，以利进行交换。

合成离子交换树脂，就是一种带有交换基团的高分子化合物，这种高分子化合物内部含有许多溶液分子能渗入的网眼，如图 11-1 (a) 所示。

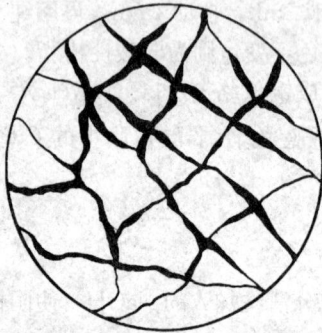 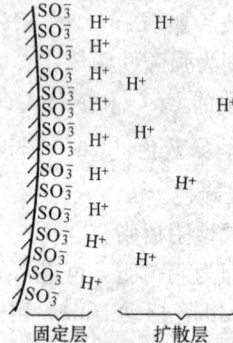

图 11-1　离子交换剂的结构
(a) 离子交换剂的网状结构；(b) 离子交换剂活性基团的双电层结构

关于离子交换过程的机理有许多说法，现在还不能统一。但对水处理工艺最合适的，是将离子交换剂看作具有胶体型结构的物质。这样，在水溶液中，其表面能形成与胶体相似的双电层，如图 11-1 (b) 所示。这个观点认为，在离子交换剂的高分子表面上，有许多和胶体表面相似的双电层。双电层中的离子，按其活动性的大小可分为吸附层和扩散层，那些活动性较差，紧紧地被吸附在高分子表面的离子层，称为吸附层或固定层，它包括内层及外层中不活动的部分。在吸附层外测，那些活动性较大，向溶液中逐渐扩散的反离子层，称为扩散层。此扩散层又称为离子氛，因为它像地球周围的大气一样，笼罩在高分子化合物表面。

内层离子依靠化学键和高分子骨架相结合，反离子吸附层依靠异电荷的吸引力被固定，而在扩散层中的反离子由于受到异电荷的吸引力较小，所以热运动比较显著，这样就形成了反离子自高分子表面至溶液中渐渐扩散的现象。

当离子交换剂遇到含有电解质的溶液时，电解质对其双电层有如下作用。

1. 交换作用

扩散层中的反离子在溶液中活动较自由，离子交换过程即发生在扩散层中的反离子和溶液中其他反离子之间。

但离子交换过程并不局限于扩散层中，因动力平衡关系，溶液中也有一些反离子会先交换至扩散层，然后与吸附层中反离子互相换位置。

在扩散层中，处于不同位置的离子能量是不相等的，那些和内层离的最远的反离子具有最大的能量，它们的活动性最大，最易和其他反离子交换、离得较近的能量就小，活动性较差。这和多元酸或多元碱的多级电离情况相似。

2. 压缩作用

当溶液中盐类浓度增大时，可以使扩散层压缩，即扩散层中部分反离子变成吸附层中的反离子，以致使扩散层的活动范围变小，这将不利于离子交换过程。

这一现象再次说明为什么再生液的浓度太高时不仅不能提高再生效果，有时反使效果降低。

四、离子交换平衡

研究离子交换剂和与之相接触的溶液之间的平衡是离子交换过程中至关重要的环节。随着合成树脂的应用，人们发现它们具有较明显的溶胀和吸着性能，并且这种性能影响交换剂和溶液间的离子交换平衡。因此，从热力学角度严格地来说，离子交换过程中有三种平衡现象，即离子交换剂的溶胀平衡、溶质和溶剂的吸着平衡以及离子交换平衡。一般在水处理工艺中进行平衡计算时不考虑前两种现象的影响，因为它们对平衡的影响较小。

离子交换反应是可逆的，并按等物质的量反应规则进行，所以人们曾用质量作用定律研究离子交换的平衡。

在水处理工艺中，研究离子交换平衡是指导离子交换过程中的运行和再生的重要依据。因为这两个过程实际上是离子交换平衡建立和移动的过程。为说明其作用，现以强酸性阳树脂与溶液中一价离子的交换为例说明之。

1. 氢钠离子交换平衡

如把一定量的强酸性阳树脂放在一定体积、一定浓度的 NaCl 溶液中，即起如下交换反应

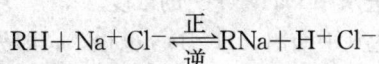

$$RH + Na^+ Cl^- \underset{逆}{\overset{正}{\rightleftharpoons}} RNa + H^+ Cl^-$$

由于溶液中 Cl^- 在反应前后没有变化，上式可写为

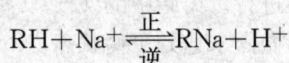

$$RH + Na^+ \underset{逆}{\overset{正}{\rightleftharpoons}} RNa + H^+$$

根据质量作用定律，化学反应速度与反应物浓度的乘积成正比。此交换反应的正反应速度（$v_正$）与反应物 RH 和 Na^+ 浓度的乘积成正比，随着正反应进行，RH 和 Na^+ 逐渐消耗，浓度逐渐减少，正反应速度也逐渐减慢。交换产物 RNa 和 H^+ 的浓度，随着正反应的进行而逐渐增加，逆反应速度（$v_逆$）也随之逐渐增加。最后，正逆反应速度相等，离子交换反应即达平衡状态。处在平衡状态的化学反应，其正逆反应虽然仍在进行，但它们的速度相等。所以，表现的特征是反应物和生成物的浓度都不再改变。

上述情况可用数字式表示

$$v_正 = k_正 [\overline{H^+}][Na^+]$$
$$v_逆 = k_逆 [\overline{Na^+}][H^+]$$

式中　　　$v_正$、$v_逆$——分别为正、逆反应的化学反应速度；

　　　$[\overline{H^+}]$、$[\overline{Na^+}]$——分别为树脂中 H^+ 和 Na^+ 的浓度；

　　　$[H^+]$、$[Na^+]$——分别为溶液中 H^+ 和 Na^+ 的浓度；

　　　$k_正$、$k_逆$——分别为正逆的反应速度常数。

达到平衡时，有

$$v_正 = v_逆$$
$$k_正 [\overline{H^+}][Na^+] = k_逆 [\overline{Na^+}][H^+]$$
$$k_H^{Na} = \frac{k_正}{k_逆} = \frac{[\overline{Na^+}][H^+]}{[\overline{H^+}][Na^+]}$$

因 $k_正$、$k_逆$ 是常数，所以其比值 k_H^{Na} 也为常数，k_H^{Na} 称为此反应的平衡常数（现已测得 $k_H^{Na} = 2$）。

上述亦可写成

$$\frac{[\overline{Na^+}]}{[\overline{H^+}]} = k_H^{Na} \frac{[Na^+]}{[H^+]}$$

此式指出，在平衡时，树脂中两种离子的浓度比 $\left(\dfrac{[\overline{Na^+}]}{[\overline{H^+}]}\right)$ 和溶液中两种离子的浓度比

$\left\{\dfrac{[\mathrm{Na^+}]}{[\mathrm{H^+}]}\right\}$ 成正比关系。这个结论很有用，下面举例说明。

例如，在离子交换器中进行 RH 与 $\mathrm{Na^+}$ 的交换，经过一段时间后，树脂分为三层，上层树脂已失去交换能力，为失效层；中间层正在进行交换，为交换层或工作层；下面树脂为保护层，只起保护作用，保证出水质量达到一定标准。由于上层树脂已失效，进水通过该层时，树脂中的 $[\overline{\mathrm{H^+}}]$，$[\overline{\mathrm{Na^+}}]$ 和水中的 $[\mathrm{H^+}]$，$[\mathrm{Na^+}]$ 都没有改变。反应物和生成物的浓度不再改变是化学反应达到平衡时的特征。因此，可以看作上层树脂和进水处在离子交换平衡状态。各种离子的浓度关系应为

$$\frac{[\overline{\mathrm{Na^+}}]_{\text{失}}}{[\overline{\mathrm{H^+}}]_{\text{失}}}=k_{\mathrm{H}}^{\mathrm{Na}}\frac{[\mathrm{Na^+}]_{\text{进}}}{[\mathrm{H^+}]_{\text{进}}}$$

式中　　$[\overline{\mathrm{Na^+}}]_{\text{失}}$、$[\overline{\mathrm{H^+}}]_{\text{失}}$——失效树脂中 $\mathrm{Na^+}$、$\mathrm{H^+}$ 的浓度；

$[\mathrm{Na^+}]_{\text{进}}$、$[\mathrm{H^+}]_{\text{进}}$——进水中 $\mathrm{Na^+}$、$\mathrm{H^+}$ 的浓度。

由于 $[\mathrm{H^+}]_{\text{进}}$ 很小，所以达到平衡时 $[\overline{\mathrm{H^+}}]_{\text{失}}$ 也很小，即失效层中 H 型树脂几乎完全转为 Na 型树脂。

在工作层中，离子交换反应正在进行。树脂中的 $[\overline{\mathrm{H^+}}]$、$[\overline{\mathrm{Na^+}}]$ 和水中的 $[\mathrm{H^+}]$、$[\mathrm{Na^+}]$ 都在不断变化。从整体来看，可以看做尚未达到平衡状态。

进入保护层的水，已在工作层中与树脂充分交换，可以认为不再和树脂起交换。保护层中的离子浓度，树脂中的 $[\overline{\mathrm{H^+}}]_{\text{保}}$ $[\overline{\mathrm{Na^+}}]_{\text{保}}$ 和水中的 $[\mathrm{H^+}]$ $[\mathrm{Na^+}]$ 都没有变化。此时水中的 $[\mathrm{H^+}]$、$[\mathrm{Na^+}]$ 即为出水中的 $[\mathrm{H^+}]_{\text{出}}$，$[\mathrm{Na^+}]_{\text{出}}$。因此，可以看作保护层树脂与出水处在平衡状态。各种离子的浓度关系应为：

$$\frac{[\overline{\mathrm{Na^+}}]_{\text{保}}}{[\overline{\mathrm{H^+}}]_{\text{保}}}=k_{\mathrm{H}}^{\mathrm{Na}}\frac{[\mathrm{Na^+}]_{\text{出}}}{[\mathrm{H^+}]_{\text{出}}}$$

由此可知，如欲使出水中含钠量（即 $[\mathrm{Na^+}]_{\text{出}}$）减少，必须使保护层中 Na 型树脂（即 $[\overline{\mathrm{Na^+}}]_{\text{保}}$）减少。也就是说，出水质量的好坏，由保护层中 $[\overline{\mathrm{Na^+}}]_{\text{保}}$／$[\overline{\mathrm{H^+}}]_{\text{保}}$ 的比值大小所控制。其值愈小，出水质量越好。$[\overline{\mathrm{Na^+}}]_{\text{保}}$／$[\overline{\mathrm{H^+}}]_{\text{保}}$ 的比值大小，又决定于再生程度。再生得愈彻底，H 型树脂越多，Na 型树脂越小，则 $[\overline{\mathrm{Na^+}}]_{\text{保}}$／$[\overline{\mathrm{H^+}}]_{\text{保}}$ 的比值越小，出水中的 $[\mathrm{Na^+}]_{\text{出}}$／$[\mathrm{H^+}]_{\text{出}}$ 的比值也越小，即出水中含钠量越小，水质越好。逆流再生的原理就是提高保护层中 $[\overline{\mathrm{H^+}}]_{\text{保}}$ 的含量，从而提高出水质量。

必须指出，上述反应速度，不同于离子交换速度。离子交换速度与化学反应速度和离子扩散速度有关。这个问题将在离子交换动力学中阐述。

2. 离子交换平衡的移动

化学反应平衡后，如将温度、压力、反应物和生成物的浓度等条件改变，平衡就被破坏并力图建立新的平衡。对离子交换反应来说，最有实际意义的是反应物和生成物浓度改变对平衡的影响。下面讨论这一问题

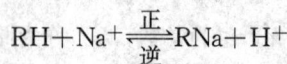

$$\mathrm{RH}+\mathrm{Na^+}\underset{\text{逆}}{\overset{\text{正}}{\rightleftharpoons}}\mathrm{RNa}+\mathrm{H^+}$$

上述离子交换反应达到平衡后，如加入一定量的 HCl 或 $\mathrm{H_2SO_4}$ 即增加生成物（$\mathrm{H^+}$）的浓度，溶液中的 $[\mathrm{H^+}]$ 骤然增加，从而使逆反应速度骤然加快，大于正反应速度，平衡即被破坏。由于 $v_{\text{逆}}＞v_{\text{正}}$，必然使 $[\mathrm{H^+}]$ 和 $[\mathrm{Na^+}]$ 相应逐渐增加，树脂中的 $[\overline{\mathrm{Na^+}}]$ 和溶液中 $[\mathrm{H^+}]$ 相应逐渐减小。随着反应的进行，逆反应速度又逐渐减慢，正反应速度又逐渐加快，最后两者相等，此时就建立了新的平衡。达到新的平衡时，$[\overline{\mathrm{H^+}}]$、$[\overline{\mathrm{Na^+}}]$、$[\mathrm{H^+}]$、$[\mathrm{Na^+}]$ 的浓

度不再变化，它们之间的关系仍然服从质量作用定律平衡式。

前后两次平衡的数字式如下

$$第一次平衡：k_H^{Na}=\frac{[\overline{Na^+}]_1\;[H^+]_1}{[\overline{H^+}]_1\;[Na^+]_1}\;或\;\frac{[\overline{Na^+}]_1}{[\overline{H^+}]_1}=k_H^{Na}\frac{[Na^+]_1}{[H^+]_1}$$
（失效后）

$$第二次平衡：k_H^{Na}=\frac{[\overline{Na^+}]_2\;[H^+]_2}{[\overline{H^+}]_2\;[Na^+]_2}\;或\;\frac{[\overline{Na^+}]_2}{[\overline{H^+}]_2}=\frac{[Na^+]_2}{[H^+]_2}k_H^{Na}$$
（再生后）

显然，新的平衡状态（即第二次平衡）中各离子的浓度已不等于原来平衡（第一次平衡）时的浓度，但它们之间的比值关系不变，也就是平衡常数 k_H^{Na} 不变。

由于条件改变，使原有的平衡破坏并建立新的平衡过程，称为平衡的移动。上述情况是由于生成物 H^+ 的浓度改变而引起的平衡移动。这种移动有利于逆反应的进行，所以平衡向逆反应方向移动或者说平衡向左移动。移动的结果是 $\frac{[\overline{Na^+}]}{[\overline{H^+}]}$ 的比值小于 $[\overline{Na^+}]_1/[\overline{H^+}]_1$，即在新的平衡时，树脂中的 H 型树脂较原平衡状态时增加，Na 型树脂则相应减少。失效树脂的再生就是利用这一原理。用一定浓度的 HCl 或 H_2SO_4 溶液通过树脂层，使离子交换反应向逆反应方向进行，从而提高树脂中 H 型树脂的百分数。

在离子交换水处理工艺中，一般都采用动态处理，动态处理的出水质量较静态处理的高。因为动态处理时，进水以一定的流速通过树脂层，水中的离子（如 Na^+）与树脂中的 H^+ 交换后的产物（H^+）随水流出，因而使水中 H^+ 浓度减少，平衡向正反应方向移动，有利于交换反应的进行。

3. 选择性系数

通过实践，认识到上述离子交换反应的平衡常数 k，不同于一般化学反应的平衡常数。它实际上并不是常数，而是随着已交换树脂量的增加而减少。如 RH 树脂与 Na^+ 交换时，k_H^{Na} 随 Na 型树脂量的增加而减少，如图 11-2 所示。因此，习惯上不称它为"平衡常数"而称为"亲和力系数"或"选择性系数"。

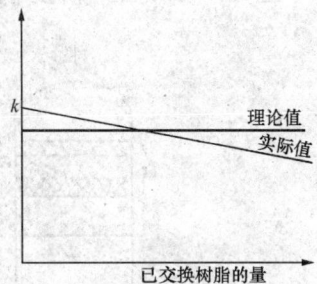
图 11-2 k 值的变化

k 值的变化是由树脂结构的不均匀性引起的，树脂中有些部分交联松散，而有些部分交联紧密。交联松散部分易起交换反应，紧密部分不易起交换反应。所以，离子交换反应首先在交联松散处进行。随后在交联紧密处进行。易交换反应处，k 值较大；不易交换反应处，k 值较小。也就是说，k 值随着树脂中已交换树脂量的增加而减少。同价离子的选择性系数和水合离子的大小有关。水合离子越大，交换也越困难，进入树脂后，树脂膨胀也越大。一价的离子水合离子的大小，其顺序如下

$$Li^+>Na^+>K^+>Rb^+>Cs^+$$

树脂对这些离子的选择性系数也由 $Li^+\rightarrow Cs^+$ 显著增加，体积也显著收缩。

离子的价数越大，树脂对它的选择性系数也越大，强酸性 H 型树脂（凝胶型聚苯乙烯系）对水中常见离子的选择性系数如下

$$k_H^{Li}=0.8 \qquad k_H^{Na}=2 \qquad k_H^{NH_4}=3 \qquad k_H^{K}=3 \qquad k_H^{Mg}=26 \qquad k_H^{Ca}=42$$

4. 水中含有 Fe^{3+}、Ca^{2+} 和 Na^+ 时与 H 型离子交换剂的交换

实际上，天然水中不会含有单纯一种阳离子，一般都含有多种阳离子，所以离子交换过程就很复杂。现讨论当水中同时含有 Fe^{3+}、Ca^{2+}、Na^+ 三种阳离子时，水由上向下通过 H^+ 型离子

交换剂层的工作情况。

第一阶段〔见图 11-3（a）〕：水中 Fe^{3+}，Ca^{2+}，Na^+ 全部交换成 H^+。进水的初期，由于交换剂是 H 型的，故水中各种阳离子都和离子交换剂中的 H^+ 相交换，但因各种阳离子选择性的不同，交换剂吸着的离子在交换剂层中有分层现象，即依据离子被交换剂吸着能力的大小，从上到下依次被吸着的顺序为 Fe^{3+}、Ca^{2+}、Na^+。当交换器不断进水时，由于 Fe^{3+} 比 Ca^{2+}、Na^+ 更容易被吸着，进水中的 Fe^{3+} 可和已吸着了 Ca^{2+} 的交换剂层进行交换，使吸着 Fe^{3+} 的交换剂层不断扩大；当被交换出来的 Ca^{2+} 连同进水中的 Ca^{2+} 一起进入已吸着了 Na^+ 的交换剂层时，同样 Ca^{2+} 会排挤 Na^+，结果使吸着 Ca^{2+} 的交换剂层也不断扩大和下移；同理吸着 Na^+ 的交换剂层也会不断扩大和下移。所以，吸着 Fe^{3+}、Ca^{2+}、Na^+ 的交换剂层高度，大致与进水中所含三种离子浓度的比值相符合。在运行过程中，这三层交换剂的高度均在不断地向下扩展。

在被 Na^+ 饱和的交换剂层下面，有一段交换剂层是 Na^+ 和 H 型交换剂进行交换过程的区域，人们可以把它看作工作层，所以当此工作层的下缘移动到和交换剂层的下缘相重合时，若再继续进行，则进水中交换能力较小的 Na^+ 就会首先出现在出水中。

第二阶段〔见图 11-3（b）〕：水中 Fe^{3+}、Ca^{2+} 进行 H^+、Na^+ 交换。只要求除去水中硬度，不要求除去 Na^+ 时，即使交换后的水中已出现了 Na^+，交换器仍可运行，因为此时虽然在第一阶段中被交换剂吸着的 Na^+ 逐渐被排剂出来，但交换剂对进水中的 Fe^{3+} 和 Ca^{2+} 的吸着仍是完全的。所以可以运行到出水中出现 Ca^{2+} 时再停止运行，进行再生。

第三阶段〔见图 11-3（c）〕：当出水中出现 Ca^{2+} 以后，直至交换剂完全失效，可归纳为第三阶段，在此阶段中，出水的 Ca^{2+} 含量逐渐增加，接着出水中出现 Fe^{3+}，最后达到水通过交换器时水质完全没有改变。

图 11-3（d）为三个阶段中出水水质的变化曲线。

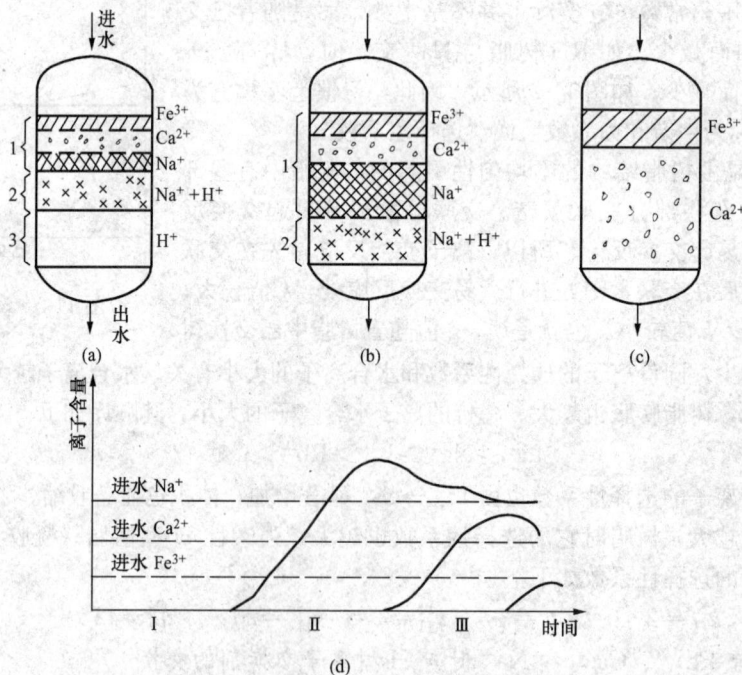

图 11-3 水中含有多种阳离子时与 H 剂离子交换型交换的工作情况
（a）第一阶段；（b）第二阶段；（c）第三阶段；（d）出水水质

五、各种吸着离子在交换剂层中的分布规律

以上的分析是一种理想状况，是指各种离子被交换剂吸着能力相差很大时的状况。实际上层与层之间不会截然分开，其中有交错层，如图11-4所示。当各种离子被吸着的能力差别并不很大时，它们在交换剂层中交错的现象就更显著。所以，当含有多种阳离子的水由上向下通过 H 型交换剂层时，它们在交换剂层中的分布规律如下。

（1）被吸着离子在交换剂层中的分布，是按其被交换剂吸着能力的大小，自上而下依次分布的，最上部为吸着能力最大的离子，最下部为吸着能力最小的离子。

（2）各种离子被吸着能力差异愈大，在交换剂层中的分布愈明显（如不同价的阳离子）。

（3）各种离子被吸着能力差异较小时，在交换剂层中分层不明显。例如，同是二价的 Ca^{2+} 和 Mg^{2+}，因它们选择性的差别小，故在同一交换层中两种离子都被吸着，只是在此层的上部（和水流先接触的那一部分）Ca^{2+} 含量较大，下部 Mg^{2+} 含量较大。

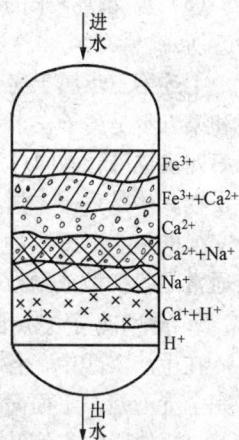

图11-4　各种阳离子和 H 型交换剂进行交换的实际工作情况

在实际运行中的离子交换器中，由于各种离子交换剂再生条件的差异及水在交换器同一断面上流速不一致等因素的影响，使交换剂层中离子的分布还要乱一些，只是大致符合以上规律而已。

至于其他动态交换方式，只是再生、运行方式和固定床有所不同，它们的交换过程基本相同。

六、离子交换速度

离子交换平衡，是在一定条件下，离子交换能达到的极限情况。通常在静态条件下，离子交换达到平衡所需的时间较长。而实际使用中，人们总是希望交换过程在较高的水流速度下进行，所以反应的时间有限，不可能使离子交换达到平衡状态。为此，研究离子交换速度及其动力学，是有其重要实践意义的。

离子交换的反应速度，不仅与离子浓度、树脂对各种离子的选择性有关，而且还与离子在溶液中和交换剂内的扩散过程有关。所以，这里所说的离子交换速度，不仅是指交换的化学反应，而且还指水溶液中离子浓度的改变速度。

1. 离子交换过程

离子交换的过程并非一步完成，而是分几步完成。这是因为树脂中的活性基团不仅处于树脂颗粒的表面，而且大量的是在树脂球内部；另外，树脂的外层，由于水力学的原因，还有一层水膜，水膜的厚度又和水的流速有关，流速越大膜越薄。所以，离子交换过程一般可分为以下五步。

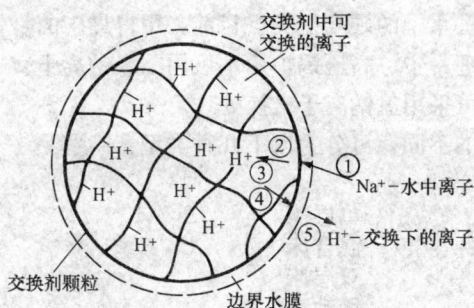

图11-5　离子交换过程示意

现以 H 型强酸性阳离子交换剂对 Na^+ 的交换为例，加以说明，如图11-5所示。

（1）水中 Na^+ 首先在水中扩散，到达树脂颗粒表面的边界层（简称水膜），逐渐扩散通过此膜，如图11-5中①所示；

（2）Na^+ 进入树脂颗粒内部的交联网孔，并进行扩散，如图11-5中②所示；

（3）Na^+ 与树脂内交换基团接触，并与交换基团上可交换的 H^+ 进行交换，如图11-5中③所示；

（4）被交换下来的 H^+ 离子在树脂颗粒内部交联网孔中向树脂表面扩散，如图 11-5 中④所示；

（5）被交换下来的 H^+ 向外离子扩散通过树脂颗粒表面的边界层进入水溶液中，如图 11-5 中⑤所示。

上述第三步属于离子间的化学反应，是很快的。所以整个交换过程主要决定于扩散过程。第一步和第五步是离子在水溶液中的扩散（主要是在膜中的扩散），性质相同，称为膜扩散。同理，第二步和第四步也可看做同一过程，即在树脂颗粒的内部交联网孔中的扩散，称为颗粒扩散或内扩散。

在具体条件下，这些步骤的速度是不相同的，而往往其中某一步的速度特别慢，以致进行离子交换的整个时间中的大部分消耗在这一阶段上，这个阶段称为控制阶段。离子交换的控制性阶段通常是膜扩散或颗粒扩散阶段。

2. 影响离子交换因素

在生产实践中，各种运行条件如何影响交换速度的问题，虽然已进行了许多研究，但还是没有完全弄清楚。下面简单地叙述一下影响离子交换速度的一些因素。

（1）树脂的交换基团。树脂交换基团的不同，对离子交换速度并没有影响，但对于会形成弱电解质的离子交换基团情况就不同了。因为离子交换时，必须先离解成离子，而形成弱电解质的弱酸、弱碱交换基团，充分再生后几乎不离解。所以，弱酸（或弱碱）型离子交换树脂，呈 H（或 OH）型和呈盐型的交换速度就会有很大的差别。

（2）树脂的交联度。树脂交联度的大小，直接影响树脂内部网孔直径的大小。树脂交联度越大，网孔直径越小，离子在其颗粒内的扩散越慢，交换速度就慢。特别是当水中有粒径较大的离子存在时，对交换速度的影响就更大。

（3）树脂的颗粒。树脂颗粒越小，离子交换时内扩散的距离就越短，交换速度就快。同时，颗粒越小，也等于扩大了外扩散的表面积，加快离子交换反应。但树脂颗粒太小，会增加水流通过树脂层的阻力。

（4）溶液的浓度。水溶液中离子的浓度大小，对内扩散和外扩散都有不同程度的影响。一般情况下，水溶液中的离子浓度越大，扩散速度越快，离子交换反应速度就越快。

（5）水温。水温升高，水的黏度降低，水溶液中离子的扩散速度加快。所以，离子交换设备在运行时，为了提高离子交换反应速度，可将水温提高到 $30 \sim 40{}^\circ\!C$。但也不能过高，因为水温过高会影响离子交换剂的稳定性。

（6）水流速度。离子交换过程中，提高水流速度，可加快膜扩散，对内扩散影响不大。

（7）离子的本性。离子水合半径越大，内扩散越慢；离子电荷数越多，内扩散越慢。

第二节　水阳离子交换处理

水的阳离子交换处理，即采用阳离子交换剂，除去水中的硬度盐类。目前，用得最广的是钠离子交换处理。低压锅炉用水可用一级钠离子交换处理；中、高压锅炉用水可用二级钠离子交换处理。有时，除了软化外，还要降低水的碱度，这时可采用氢钠离子交换处理。

离子交换装置，由于运行方式和内部所装交换剂的不同，可分为以下几种类型：

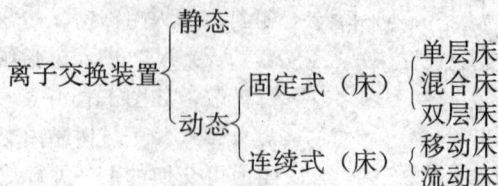

离子交换装置 ｛ 静态

动态 ｛ 固定式（床）｛ 单层床
混合床
双层床

连续式（床）｛ 移动床
流动床

静态交换的方式是把离子交换剂浸泡在水中，进行离子交换，然后将水和离子交换剂分离。所以，它的运行呈间歇式，这种方式在工业上无实用价值。

动态交换是指水在流动状态下进行离子交换，是工业上常采用的方法。

一、离子交换的软化和除碱系统

（一）软化

图 11-6　Na 离子交换系统

水的离子交换处理只是为了除去水中钙、镁等结垢盐类，可采用 Na 离子交换法（见图 11-6）。其交换过程如下

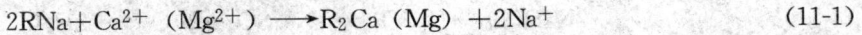

$$2RNa + Ca^{2+}（Mg^{2+}）\longrightarrow R_2Ca（Mg）+ 2Na^+ \tag{11-1}$$

水通过 Na 离子交换器后，水中的 Ca^{2+} 和 Mg^{2+} 被置换成了 Na^+。因此，降低了水中的硬度，而碱度基本不变，至于水中溶解的固形物则没有多大变化。

水经一级 Na 离子交换器后，硬度一般可降至 40mmol/L 以下，它可用作低压锅炉的补给水。

Na 离子交换剂失效后，为了恢复其交换能力，要用食盐溶液进行再生。在沿海地区也可用海水等。再生过程如下

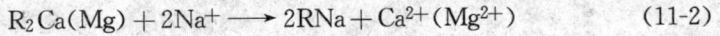

$$R_2Ca(Mg) + 2Na^+ \longrightarrow 2RNa + Ca^{2+}(Mg^{2+}) \tag{11-2}$$

恢复交换剂 1mol 的交换能力，所消耗再生剂的克数，称为再生剂的单耗。用食盐再生时，也称盐耗。Na 离子交换剂的盐耗通常为 $110\sim200$ g/mol。在实际运行中，盐耗可以按下式估算

$$盐耗 = \frac{G}{V_1（YD - YD_c）} \quad \text{(g/mol)}$$

式中　　　　　　G——再生一次所用 NaCl 的量，g；

V_1——运行时通过的生水量，m^3；

$YD - YD_c$——生水硬度和出水残留硬度之差，mol/m^3。

如 YD_c 的值比 YD 小很多时，则可以把 YD_c 略去，即

$$盐耗 \approx \frac{G}{VYD} \quad \text{(g/mol)}$$

从化学反应必须按物质摩尔量进行的观点来说，每除去 $1mol\left(\frac{1}{2}Ca^{2+} + \frac{1}{2}Mg^{2+}\right)$ 硬度必须耗用 58.5gNaCl，这就叫再生剂 NaCl 的理论量。再生剂的比耗可以用实际盐耗和理论值的比值来表示，如实际盐耗为 87.8g，则其比耗为 $\frac{87.8}{58.5} = 1.5$ 或 150%。

对于中、高压汽包锅炉，为了要使其补给水的硬度降至 5mmol/L 以下，可采用二级钠离子交换处理。即在一级 Na 离子交换器后，再设置一个再生得更彻底的第二级 Na 离子交换器，如图 11-7 所示。

图 11-7　二级钠离子交换系统

第二级 Na 离子交换器出水水质的要求很高，所以它在结构上和运行方式上有以下特征。

（1）交换剂层不需要很高，一般为 1.5m 左右。

（2）水的流速容许较高，如用凝胶型树脂可达 50m/h，用大孔型树脂流速可更高些。

（3）交换剂必须再生彻底。用 Na 离子交换进行水处理的缺点是，它不能除去水的碱度。所以当进水碱度较大时，出水中就含有大量的 $NaHCO_3$，而 $NaHCO_3$ 在热力系统中受热会按下式分解

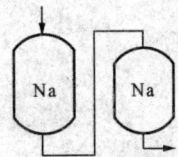

$$2NaHCO_3 \Longrightarrow Na_2CO_3 + CO_2\uparrow + H_2O$$

其生成的 Na_2CO_3 在锅内受到高温的作用又会进一步分解

$$Na_2CO_3 + H_2O \Longrightarrow 2NaOH + CO_2\uparrow$$

其结果，会使锅炉水碱性过高，另外也会使凝结水管道发生二氧化碳腐蚀。

（二）软化和除碱

为了降低软化处理后水中的碱度，可采用软化水加酸（一般用硫酸）的方法处理。加酸的反应如下式

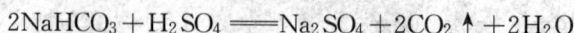

$$2NaHCO_3 + H_2SO_4 \Longrightarrow Na_2SO_4 + 2CO_2\uparrow + 2H_2O$$

此反应中产生的 CO_2 可用除碳器除去。

如需要除去水中硬度，又要降低水的碱度且不会使锅炉补给水的含盐量增加，可采用 H—Na 离子交换法来处理。H—Na 离子交换水处理系统中包括 H 离子交换和 Na 离子交换两个过程，它有多种组成方式。

1. 采用强酸性 H 离子交换剂的 H—Na 离子交换

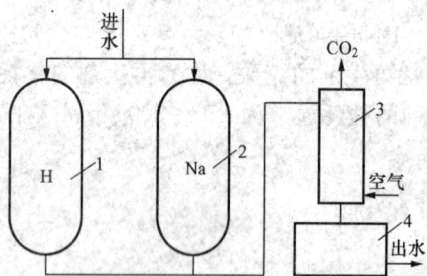

图 11-8　并列 H—Na 离子交换系统
1—H 型离子交换器；2—Na 型离子交换器；
3—除碳器；4—水箱

强酸性 H 离子交换剂，可以将水中各种盐类转变成相应的酸，故它的出水是酸性的。和加酸法相似，可以利用它的出水中和掉另一部分水中的碱度。但由于它不是外加药剂到水中，所以它不会增大水的含盐量，相反它会使水中的含盐量降低。

（1）并列 H—Na 离子交换。图 11-8 所示就是这种方法的处理系统。在这个系统中进水分成两路，分别通过 H、Na 离子交换器，然后把两种交换器的出水进行混和。H 离子交换的酸性水和 Na 离子交换的碱性水进行中和反应。

H 型离子交换器的交换反应，可用以下反应式表示

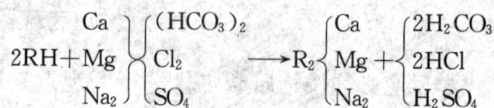

$$2RH + \begin{matrix}Ca\\Mg\\Na_2\end{matrix}\left\{\begin{matrix}(HCO_3)_2\\Cl_2\\SO_4\end{matrix}\right. \longrightarrow R_2\begin{matrix}Ca\\Mg\\Na_2\end{matrix} + \left\{\begin{matrix}2H_2CO_3\\2HCl\\H_2SO_4\end{matrix}\right.$$

由以上反应可知，进水中的各种强酸盐类经 H 离子交换剂交换后，转化为强酸。

Na 型交换器的交换反应，可以用以下反应式表示

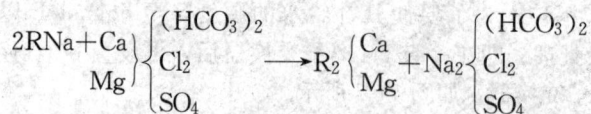

$$2RNa + \begin{matrix}Ca\\Mg\end{matrix}\left\{\begin{matrix}(HCO_3)_2\\Cl_2\\SO_4\end{matrix}\right. \longrightarrow R_2\begin{matrix}Ca\\Mg\end{matrix} + Na_2\left\{\begin{matrix}(HCO_3)_2\\Cl_2\\SO_4\end{matrix}\right.$$

H、Na 离子交换后出水的中和反应，发生在经 H 离子交换水的强酸酸度和经 Na 离子交换水的碱度之间，其反应如下

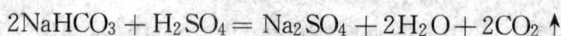

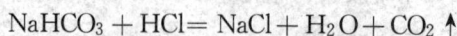

$$2NaHCO_3 + H_2SO_4 = Na_2SO_4 + 2H_2O + 2CO_2\uparrow$$

$$NaHCO_3 + HCl = NaCl + H_2O + CO_2\uparrow$$

中和后产生的 CO_2 和进水中原有的 CO_2 可以用除碳器除去。

为了保证中和后不产生酸性水，应使两种交换器处理的水量有一定的比例关系。实践证明，要使 H—Na 离子交换系统始终不出酸性水，不能使酸和碱正好达到中和的终点，而要使中和后

的水中保持有一定的残留碱度。

（2）串联 H—Na 离子交换。这种交换系统是将生水分成两部分：一部分进入 H 型交换器中，另一部分直接和 H 型交换器的出水混合，这时，经 H 离子交换的出水酸度和原水中碱度发生中和反应。反应产生的 CO_2 由除碳器除去。除碳后的水经过水箱，由泵打入 Na 离子交换器，如图 11-9 所示。

2. 采用弱酸性 H 离子交换剂的 H—Na 离子交换

弱酸 H 离子交换剂分解中性盐的能力较弱（即与 SO_4^{2-}，Cl^- 等强酸阴离子的盐类难以反应），它仅与弱酸盐类（碱度）反应，它和碳酸氢盐的反应如下式

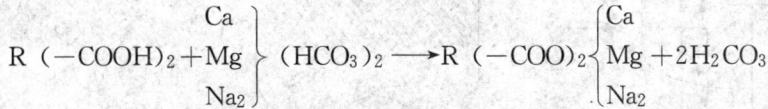

$$R(-COOH)_2 + \left.\begin{matrix} Ca \\ Mg \\ Na_2 \end{matrix}\right\} (HCO_3)_2 \longrightarrow R(-COO)_2 \left\{\begin{matrix} Ca \\ Mg \\ Na_2 \end{matrix}\right. + 2H_2CO_3$$

所以交换后不会产生强酸，另外弱酸 H 型交换剂失效后，很容易再生，酸耗低，通常约为理论量的 110%，因此比较经济，排废酸问题也比较小。图 11-10 所示为采用弱酸性 H 离子交换剂的 H—Na 离子交换系统。

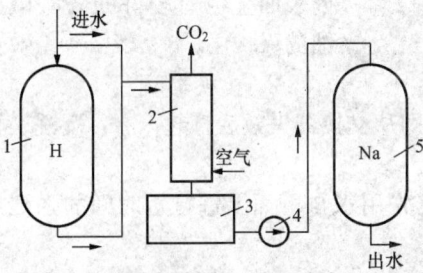

图 11-9　串联 H—Na 离子交换系统

1—H 型交换器；2—除碳器；3—水箱；
4—泵；5—Na 型离子交换器

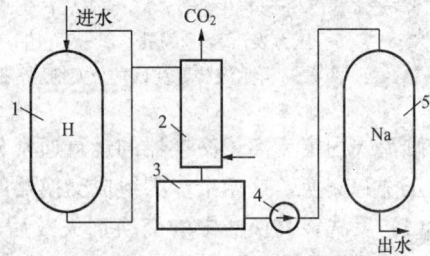

图 11-10　采用弱酸 H 型交换剂的
H—Na 离子交换系统

1—H 型离子交换器；2—除碳器；3—水箱；
4—泵；5—Na 型离子交换器

二、固定床离子交换器

固定床离子交换器和压力式过滤器结构相似，只是以离子交换剂为滤料，另外在离子交换器中装设有进再生液的装置。

固定床离子交换器按其再生进行方式不同，可分为顺流式和逆流式两种。

（一）顺流式离子交换器

顺流式就是指运行时水流方向和再生时再生液流动的方向是一致的，通常都是由上向下流动。因为用这种方法的设备和运行都较简单。所以用得比较多。

1. 交换器构造

离子交换器的主体是一个密闭的圆柱形壳体，体内设有进水、进再生液和排水装置。

进水装置常用的有档板型、漏斗型和筛筒型等，如图 11-11 所示。这种进水装置必须使进入交换剂内的水流分配均匀，并不冲击交换剂层表面，以保持交换剂表面的水平。反洗时，通过进水装置将截留的悬浮物和碎的交换剂随反洗水排出体外。

进再生液的装置应能保证再生溶液均匀地分布在交换剂层中，常用的进再生液装置有辐射型、圆环型和支管型等，如图 11-11 所示。

排水装置多采用穹形多孔板加石英砂垫层的方式，这种装置结构简单，出水均匀，耐用。

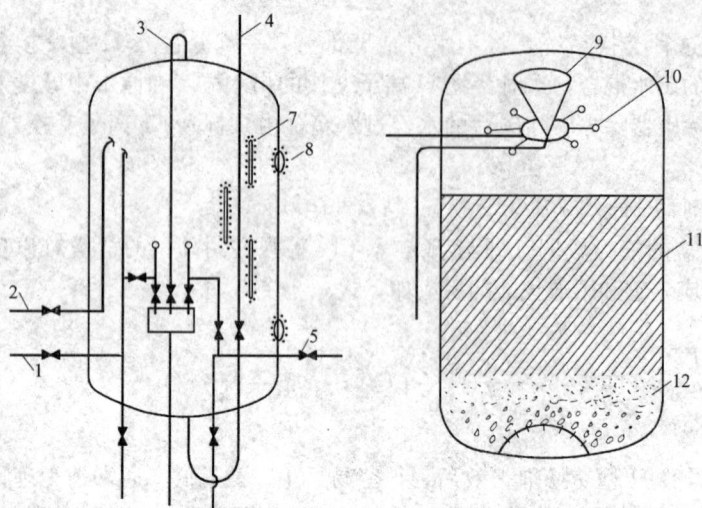

图 11-11　固定床离子交换器结构

1—进水管；2—进再生液管；3—空气管；4—反洗水管；5—出水管；
6—压力表；7—监视孔；8—入孔门；9—进水漏斗；
10—进再生液装置；11—交换剂层；12—出水装置

为了在反洗时使离子交换剂层有膨胀的余地，并防止细小颗粒被带走。交换剂层表面到布水装置之间，要留有一定空间，这种空间称为水垫。

离子交换器壳体的外部装置有各种管道、阀门、取样管、监视孔、放气管、以及流量表、进出口压力表等。

离子交换器按其用途的不同，可分为阳离子交换器（包括 Na 型和 H 型等）、阴离子交换器（OH 型等）。交换器在结构上没有什么区别，只是在阳离子交换器和阴离子交换器的内表面上衬有较好的防酸碱腐蚀的保护层。

2. 交换器运行

顺流式固定床离子交换器的运行通常分为四个步骤，即从交换器失效后算起，有：反洗、再生、正洗和交换。这四个步骤组成交换器的一个运行循环。

(1) 反洗。交换器中的交换剂失效后，在再生以前，先用水自下而上进行短时间的强烈反洗，反洗目的如下。

1) 松动交换剂层。在交换过程中，带有一定压力的水自上而下地通过交换剂层，故交换剂层被压得很紧。为了使再生液在交换剂层中均匀分布，使交换剂得到充分再生，所以在再生前要进行反洗，使交换剂层充分松动。

2) 清除交换剂上层中的悬浮物、碎粒和气泡。在交换过程中，交换剂上层还起着过滤作用，水中的悬浮物被截留在这部分交换剂层中，这不仅使水通过交换剂层的压降增大，还可使交换剂结块，因而交换容量不能充分发挥。此外，在运行中产生的交换剂碎粒也会影响水流的通过，所以通过反洗，可以清除这些悬浮物、交换剂碎粒和运行中产生在交换剂层中的气泡。

反洗水的水质，应要求它不致污染交换剂。一般对于第一级交换器可用清水，第二级交换器可用第一级的出水或者均采用该交换器上次再生后期收集起来的水。

(2) 再生。这是固定床离子交换器运行操作中很重要的一环。影响再生效果的因素很多，如再生操作的方式、再生剂的种类、浓度、纯度、用量、再生液的流速、温度、交换剂的类型等等。下面就影响再生效果的几个因素，简述如下。

1) 再生方式。采用顺流再生时，再生液是由交换器的上部进入，下部排出的，其流向和运行时水的流向相同。这种再生方式的优点是装置简单、操作方便。但缺点是再生效果不理想，因为再生液在流动过程中，首先接触到的是上部完全失效的交换剂，所以这一部分可得到较好的再生。再生液继续往下流，当与交换器底部交换剂接触时，再生液中已积累了相当数量的反离子，严重地影响了离子交换剂的再生，使底部交换剂的再生程度较低，直接影响到出水水质，如果要提高这一部分交换剂的再生程度，就要增加再生剂的用量，那么再生的经济性就要下降。

2) 再生剂用量。一般来说再生剂的用量是影响再生的重要因素，它对交换剂交换容量的恢复和经济性有直接关系。

由于离子交换反应是可逆的，再生反应最多只能进行到化学平衡状态，所以只用理论的再生剂量去再生交换剂时，一般是不能使交换剂的交换容量完全恢复，故在生产上，再生剂用量通常总要超过理论值。

当然，再生剂用量增加，可以提高交换剂的再生程度。但当用量增加到一定程度后，再继续增加，再生程度则提高很少，所以也不宜采用过多的再生剂。

3）再生液浓度。再生液的浓度对再生程度也有较大影响。当再生剂用量一定时，在一定范围内，其浓度愈大，再生程度愈高。但再生液浓度过高反而会使再生程度下降。因为浓度过高，不仅由于再生液的体积小，不能均匀地和交换剂反应，而且常常会因交换基团受到压缩的现象比较严重，而使再生效果下降。

4）再生液流速。再生液的流速是指再生液通过交换剂层的速度。维持适当的流速，实质上就是使再生液与交换剂之间有适当的接触时间，以保证再生反应的进行。

再生时，控制一定的再生液流速是非常重要的，特别是当再生液的温度很低时，更不宜提高流速。有时，因加速缩短了再生时间，即使将再生剂的用量成倍增加也难得到良好的再生效果。再生溶液的流速最好不要小于 $3m/h$，通常以 $4\sim8m/h$ 或 $S \cdot V$ 为 $3\sim8m^3/（m^3 \cdot h）$ 为宜。

5）再生液温度。提高再生液的温度，能加快内扩散和膜扩散，使离子交换反应速度加快，能提高再生程度。但是，由于交换剂热稳定性的限制，再生液的温度不宜过高，否则，易使交换剂的交换基团分解，促使交换剂变质和影响其交换容量。

6）再生剂的种类和纯度。不同的再生剂对离子交换剂的再生程度有不同影响。如再生 H 型交换剂可用 HCl，也可用 H_2SO_4。一般来说 HCl 的再生效果好，但采用 H_2SO_4 作再生剂时，只要很好地掌握再生条件，也可以得到满意的再生效果。选择再生剂时，要作技术经济的分析比较。

再生剂的纯度对交换剂的再生程度和出水水质影响很大，如果再生剂质量不好，含有大量杂质离子，再生程度就会降低，出水水质也受到影响。

（3）正洗。离子交换器再生后，为了清除交换剂层中的过剩再生液和再生产物，应用清水按再生液通过交换剂层的方向进行清洗。

正洗开始时可用 $3\sim5m/h$ 的小流速清洗约 15min 左右，这是为了充分利用交换剂层中的残留再生液；然后加大流速至 $6\sim10m/h$，直至排水水质合格为止。

（4）运行。离子交换器的运行，与进水流速有很大关系，此外和进水水质、出水水质要求、出水水量、水流通过交换剂层的阻力损失以及运行周期等因素也有影响。

进水流速过快，离子交换过程中离子扩散来不及进行，不能保证出水质量；进水流速过慢，因交换剂表面水膜增厚，离子的膜扩散减慢，而使交换反应产物不能及时去掉，也妨碍交换反应继续进行。

（二）逆流式离子交换器

1. 逆流式离子交换器结构

逆流式离子交换器的结构，如图 11-12 所示。它基本上与顺流式离子交换器相同，但存在以下特点：在交换剂层的表面设有中间排水装置（称中排装置），其作用是使由底部向上流的再生液，正洗水和由顶部向下流的顶压水或压缩空气，能够均匀地通过此装置排出体外。再生之前，反洗水通过此装置对上层交换剂进行反洗（称小反洗或表层反洗）。另外，在中间排水装置以上，即交换剂层表面以上加装一定高度的交换剂层（称压脂层），它主要是防止再生液和正洗水向上流时，引起交换剂乱层。同时，在运行中还能对进水起过滤作用。除此以外，离子交换剂层高度

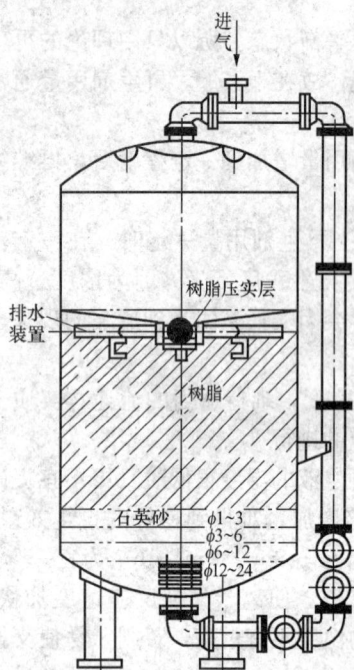

图 11-12 逆流式离子交换器结构图

（进气、树脂压实层、排水装置、树脂、石英砂 $\phi1\sim3$、$\phi3\sim6$、$\phi6\sim12$、$\phi12\sim24$）

最少为 1.5m，一般为 1.5～2.5m，压脂层表面至进水装置之间的反洗空间高度比顺流式离子交换器稍高，一般不小于交换剂层高（包括压脂层）的 60%，如图 11-12 所示。

2. 逆流式离子交换器的运行

如图 11-13 所示，在逆流式离子交换器的运行操作中，交换过程和顺流式离子交换器没有区别。再生操作为防止乱层，就有很大差别。下面就再生操作的步骤，概述如下。

（1）小反洗。为了保持交换剂床层不乱，每次再生前只进行中间排水以上的压脂层的反洗。反洗水从中间排水管入交换器，由顶部排出。流速一般为 10m/h 左右，以出口水中不逸出交换剂颗粒为准。洗至出水清澈为止。

（2）放水。应将交换器中间排水装置以上的水全部排掉。即小反洗后，待交换剂层的交换剂自由沉降下来，打开空气门和中间排水门将水排尽为止。水顶压法不放水。

（3）顶压。为了防止交换剂乱层，顶压是一项重要措施。顶压操作是在进再生液之前，将经过净化的空气从顶部进入，气压一般维持在 30～50kPa，最高达 70kPa。水顶压时，在送入再生液之前先将顶压水送入，并保持顶压水的流量为再生液流量的 1～1.5 倍。在进再生液和正洗的全部过程中，顶压用的空气或水应该稳定，绝不可中断。

（4）再生。逆流再生时，由于再生剂用量已接近理论量，因此必须严格控制再生液与交换剂的接触时间、再生液浓度和流速。再生液与交换剂的接触时间一般保持在 30min 左右，再生液的流速约为 5m/h。在操作时，要全部打开中间排水出口门，以防止产生节流作用，造成水位上升，引起交换剂乱层。为了获得最佳的再生效果，稀释再生剂的水应使用质量较好的水，一般钠离子交换器是用软化水来溶解食盐。

再生液可以使用喷射器或泵送入，但不得带入空气，以免造成交换剂乱层。

（5）逆流冲洗。进完再生液后，关闭再生液门，开逆流冲洗水，用水置换再生废液。逆流冲洗水的流速应保持与再生液流速相同，直到废液基本排尽为止。一般逆流冲洗时间为 30～40min。

逆流冲洗后，应先关闭逆流冲洗水进水门、再关顶压空气或顶压水进口门，以防止交换剂乱层。

（6）小正洗。小正洗的目的是洗去压脂层内残留的再生液。使用气顶压

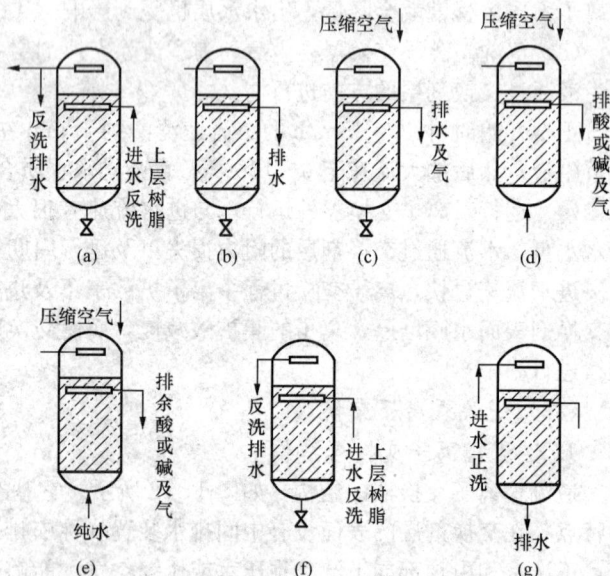

图 11-13 逆流式离子交换器运行操作示意图
(a) 小反洗；(b) 放水；(c) 顶压；(d) 逆再生液；
(e) 逆流冲洗；(f) 小反洗；(g) 正洗

时，因为压脂层是平的，如果直接从上部进水，可能使交换剂层表面不平，同时由于压脂层内有空气，也很难清洗干净。所以应先从中间排水装置缓慢进水，排出压脂层内的空气，并充满交换器的上部空间。然后从上部进水，中间排水装置排水，进行小正洗，一般为 10min 左右。采用水顶压法时，可直接进行小正洗。

（7）正洗。小正洗之后，关闭中间排水装置的排水门，开启下部排水门，用较大流量的水按顺流方向进行冲洗，直至出水质量合格为止。流速一般为 15m/h 左右。

（8）大反洗。逆流再生的离子交换器，在一般再生时，只反洗交换剂层表面的压脂层，以保持下部交换剂的层次，获得较高的再生效率。但是，长时期的运行后，下部交换器会不断被压实或因积有悬浮物而结块，造成水流阻力过大，甚至出现偏流现象，从而影响树脂的工作交换容量和降低出水质量，以及使再生剂比耗增高。为此，经过一定周期的运行，需要进行整个床层的反洗（称大反洗）。大反洗的周期与进水浊度有关，一般经 10～20 个运行周期大反洗一次。

大反洗操作时，必须注意防止损坏中间排水装置，因为交换剂层较脏，交换剂层压实紧密易结块，如果反洗一开始水的流量很大时，交换剂层可能成活塞状托起而冲撞坏中间排水装置。为此，反洗水的流量必须从小到大。在大反洗之前应先进行压脂层的小反洗，松动压脂层。

大反洗后，因交换剂层次破坏，再生时需增加再生剂用量的 50%～100%，或采用连续进行两次再生的方法来恢复下部交换剂的再生度。为了减少反洗次数，就要求入口水的浊度必须很低，至于浊度控制在哪一数量级，目前尚无定论。初步认为，入口水浊度应不大于0.5～1.0mg/L。

三、浮动床

（一）概述

交换剂在交换器中呈悬浮状态，但浮而不乱，仍以压实情况下进行交换过程，此种交换器叫浮动床。

浮动床综合了逆流再生和移动床的特点，因此它具有单耗低，出水质量好，周期出水量大，排废再生液（废盐、废酸或废碱等）浓度低，操作简单以及利于实现自动化等特点，是当前我国新型水处理工艺之一。

浮动床根据运行和再生时的床层工况不同，可分为运行浮床和再生浮床两种形式。

1. 运行浮床

在运行时，水从交换器底部进入，利用水流的动能将交换剂托起成床，浮而不乱。水流自下向上流过床层时，完成离子交换反应。当床层失效后，利用出口水的反压或床层的重力使床层下落（称落床）。落床后，再生液由交换器上部进入，由上向下流过床层完成再生反应。

2. 再生浮床

在再生时，再生液从交换器底部进入，将交换剂托起成床，再生废液从上部排出。运行时利用入口水的压力或交换剂的重力使床层落床，落床后水流由上向下流动完成离子交换反应。

运行浮床是目前应用最广的一种工艺，下面将作重点介绍。

（二）工作原理

浮动床的工作过程比较独特，当自下而上的水流速度大到一定程度时可将整个床层托在设备顶部，使交换器内的交换剂处于悬浮状态，但浮而不乱，床层仍在压实状态下工作。

浮动床属逆流再生法。所以，它的工作原理与固定床逆流再生的原理一样。

浮动床的交换和再生过程中（以 H—Na 交换为例），交换剂层内离子变化情况如图 11-14 所示。

逆流再生时，由于底部再生程度很高，底部交换剂中 H 型占的量很大，故运行过程中漏

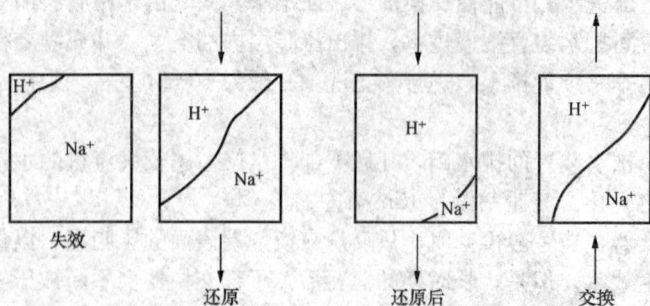

图 11-14 浮动床工作示意图

Na⁺量必然很小，浮动床工艺也能获得与逆流再生同样的再生效果。

浮动床投入运行时，入口水由底部进入设备，利用水流的动能，使交换剂以密实的状态向上浮动，称为成床。水流在床层中经离子交换反应后由顶部排出。当由运行状态转为再生状态时，有个交换剂层下落的过程，称为落床，落床后交换剂进行再生。每个周期起落床一次，使交换剂上下移动一个不大的距离。当交换剂装载较满时，交换剂的移动距离很小，约为几十毫米。故交换剂只可能在很小的局部范围内扰动，不会产生层间的大窜动。当交换剂装载量较少，但留有较高的水垫层时，只要设备结构合理，运行操作得当，交换剂的扰动可以控制在一定范围内。

再生时，再生液是由上向下流动，树脂处于自压实状态，故与一般固定床顺流再生一样，不需要采取其他特别措施，床层也可以保持稳定。

（三）设备结构

浮动床的设备结构基本上与固定床相似，但不同的是：交换器底部设有进水装置，顶部有出水装置，进再生液装置与出水装置合二为一，如图 11-15 所示。

1. 底部进水装置

大部分采用穹形孔板（或称大锅底）铺石英砂垫层，这种装置结构简单，配水较均匀，在高流速下能保持垫层平整不松动。

为了防止乱层和进水分布均匀，可在穹形板下加装挡水板。

2. 上部出水装置

现有多种形式，如环形开孔式、辐射支管式、鱼刺式、多孔板式等等，但无论什么形式，只要符合如下条件，都能达到较好效果。

（1）出水装置上部的空间尽量小；

（2）出水分配均匀；

（3）开孔面积要适宜（一般应大于出水管截面的 3～4 倍）。

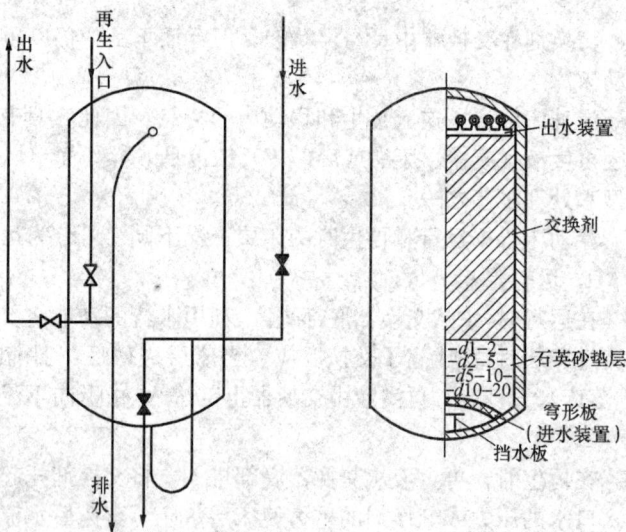

图 11-15 浮动床结构示意图

综上所述，浮动床的设备结构比较简单，只有上部一组排管。因此，制造、改装、检修都比较容易。另外，浮动床结构比较合理，再生条件好，充分体现了逆流再生工艺的科学性，所以再生剂的比耗低。

（四）运行操作

浮动床的运行步骤为交换制水、失效落床、再生、置换或正洗、顺流启动等五步，如图

11-16所示。现分别叙述如下。

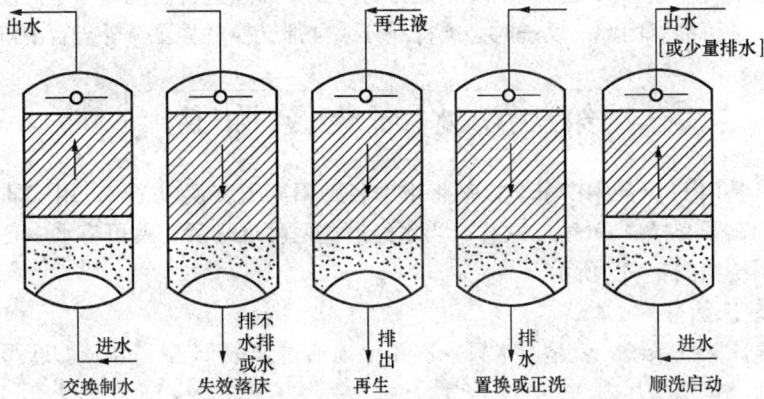

图 11-16　浮动床运行操作示意图

1. 交换制水

水由交换器底部进入，均匀通过石英砂垫层，借助水的高动能将整个交换剂层托起，使交换剂层呈稳定的压实状态，水流以较高的流速流经交换剂层时发生离子交换。经交换后的水由顶部出水装置将水汇集后经出水管送出。

为了不乱层，交换剂层应呈压实状态，此时水的流速不能低于 7m/h。现有的设备运行经验表明，提高流速有利于提高出水水质。故此，运行流速一般应为 7~50m/h。

2. 失效落床

当运行到出水水质开始恶化时，就要停止运行，进行再生。这时停止进水，关闭进出水阀门，交换剂层因本身重力而下落。一般这一落床过程可在 3~4min 内完成。

3. 再生

再生液通过顶部出水装置自上而下地流经失效交换剂层，保持交换器内有 50kPa 左右的压力，交换剂层处于自然压实状态，再生过程与固定床顺流再生过程相似，一般约 30min 左右。

4. 置换和正洗

再生液进完后，小开正洗入口阀门，水仍由顶部出水装置进入，流速为 5m/h，时间约15min，然后放开大正洗入口阀门，使流速增至 10~20m/h。

为了保证浮动床交换剂保护层的良好工作状态，必须在再生后把残留在交换剂层内的再生液和再生产物全部排出交换器，以免投运开始时进水将再生产物带至上部交换剂层，影响出水水质。为此必须控制正洗水出水水质，通常可以用出水电导率作为指标来控制正洗。

5. 顺流启动

正洗结束后，交换器可投入运行。此时，快速打开进水阀，高流速的水将整个交换剂层平稳托起，这时关键是不乱层。当以下三个条件即高流速、布水均匀和交换剂层有一定的高度，能得到保证时，顺流启动时就不会造成乱层现象。

成床初期的水，通过反洗排水阀排掉，即顺洗。待出口水合格后，即可投入交换制水。

交换剂层的高度要通过调整试验来确定。根据各厂试验的结果，初步可以认为，在确定交换剂层高度时，应考虑入口水水质、流速、运行周期等条件。一般为 2~4m，因为继续增加交换剂层高度，对提高交换容量影响甚小。

6. 关于反洗

当浮动床运行一定周期以后，交换剂层截留了一定数量的悬浮杂质和破碎交换剂颗粒，如不及时排除就会影响再生效果和交换剂的交换能力。为此，必须进行反洗，由于浮动床交换剂层较高，无反洗膨胀的可能。因此，反洗时必须将部分或全部交换剂移至体外进行清洗。

第三节 水 的 化 学 除 盐

化学除盐，是用 H 型的阳离子交换剂将水中各种阳离子交换成 H^+，用 OH 型阴离子交换剂将水中各种阴离子交换成 OH^-，这样，当水经过这两种处理后，就可将水中各种盐类几乎除尽。化学除盐系统如图 11-17 所示。

一、一级复床除盐

所谓一级复床除盐系统，就是原水只一次相继地通过强酸 H 型和强碱 OH 型交换器，将水中溶解的各种盐类全部除尽。

在发电厂的补给水净化系统中，最简单的一级复床化学除盐系统如图 11-18 所示。

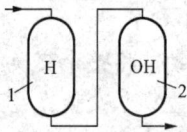

图 11-17 化学除
盐示意图
1—H 型阳离子交换
器；2—OH 型阴离子
交换器

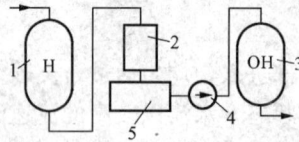

图 11-18 一级复床
除盐系统
1—强酸性 H 型交换器；2—除碳
器；3—强碱性 OH 型交换器；4—
中间水泵；5—中间水箱

（一）除盐原理

进入除盐系统的原水中，常含有 Ca^{2+}、Mg^{2+}、Na^+ 等阳离子和 SO_4^{2-}、Cl^-、HCO_3^- 等阴离子，以及弱酸 H_2CO_3 和 H_2SiO_3。当此水通过强酸 H 型树脂时，发生如下交换反应

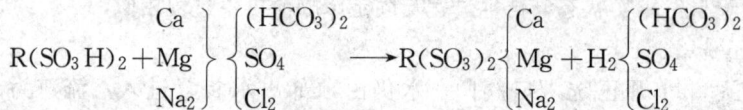

$$R(SO_3H)_2 + \begin{matrix} Ca \\ Mg \\ Na_2 \end{matrix}\left\{ \begin{matrix} (HCO_3)_2 \\ SO_4 \\ Cl_2 \end{matrix} \right. \longrightarrow R(SO_3)_2 \begin{matrix} Ca \\ Mg \\ Na_2 \end{matrix} + H_2 \left\{ \begin{matrix} (HCO_3)_2 \\ SO_4 \\ Cl_2 \end{matrix} \right.$$

所以，出水呈酸性，其中含有和进水中阴离子相应的 H_2SO_4 和 HCl 等强酸，以及 H_2CO_3 和 H_2SiO_3 等弱酸，这种含有 CO_2 和其他无机酸的水，经过除碳器除去 CO_2（其残留量可达 5mg/L 以下），然后通过强碱性 OH 型树脂。此时，水中各种阴离子均被树脂吸着，树脂上的 OH^- 被置换到水中，与水中的 H^+ 结合成水，其反应式如下

$$R(\equiv NOH)_2 + H_2SO_4 \longrightarrow R(\equiv N)_2SO_4 + 2H_2O$$

$$R \equiv NOH + HCl \longrightarrow R \equiv NCl + H_2O$$

$$R \equiv NOH + H_2CO_3 \longrightarrow R \equiv NHCO_3 + H_2O$$

$$R \equiv NOH + H_2SiO_3 \longrightarrow R \equiv NHSiO_3 + H_2O$$

通过一级复床除盐的出水水质：硅酸达 0.1mg/L 以下，电导率达 $10\mu\Omega/cm$ 以下。

（二）运行

1. 强酸性 H 型交换器

在除盐系统中，为了要除去水中 H^+ 以外的所有阳离子，必须在出现漏 Na^+ 现象时（漏

Na$^+$ 量超过某一值时），立即停止运行，进行再生。如图 11-19
所示为强酸性 H 型树脂交换器运行过程中出水水质变化情况。
当出水中的钠离子含量达到图 11-19 中的 a 点时，Na$^+$ 离子含量
突变，这时就应停止运行。

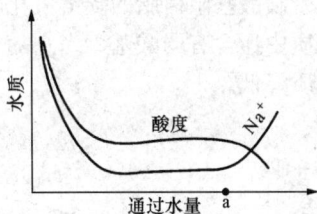

图 11-19　强酸性 H 型交换器
出水水质变化情况

2. 强碱 OH 型交换器

强碱性 OH 型交换器出水水质变化，可能有如下两种情况。

第一种情况，强酸性 H 型交换器还在正常运行，而 OH 型
交换树脂开始失效，这种情况下的水质变化如图 11-20 所示。

在强碱性 OH 型交换器正常运行时，出水的 pH 值大都在 7
～9 之间，电导率为 2～5$\mu\Omega/cm$，含硅量以 SiO$_2$ 计为 10～20$\mu g/L$。失效时，由于有酸漏过，pH
值下降，与此同时，硅也开始漏出，出水中硅含量上升。至于电导率，常常呈现先略微下降，而
后上升的情况。其原因是水中 H$^+$ 和 OH$^-$ 要比其他离子易导电，所以当出水中这两种离子的总
含量很小时，有一电导率最低点，如图 11-20 中 a 点。在这点之前，由于 OH$^-$ 含量较大而电导
率大，之后由于 H$^+$ 量多而电导率大。

第二种情况，强酸性 H 型交换器已开始失效，而 OH 型交换器还在正常运行。此时，由于
进入 OH 型交换器的水质改变，它的出水水质也将发生变动，如图 11-21 所示。

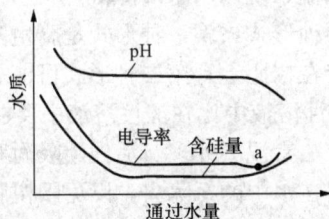

图 11-20　强碱性 OH 型交换器
出水水质变化情况

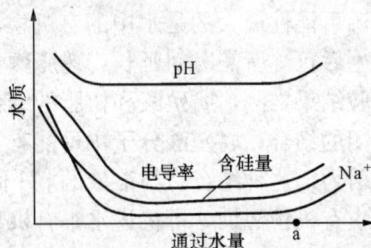

图 11-21　强酸性 H 型交换器失效
时，其后的强碱性 OH 型交换器
出水水质

由于 H 型交换器开始漏 Na$^+$，致使 OH 型交换器的出水中含有 NaOH，这样就会使它的 pH
值、电导率和含 Na$^+$ 量均上升，如图 11-21 上的 a 点以后。同时，因为水在通过 OH 型交换器时
碱性增强，交换剂不能完全吸着水中的硅，以至出水中的硅量也会上升。

强碱性 OH 型交换器运行中出水的残留含硅量，与其进水的含硅量和全部可交换阴离子的比
值（按摩尔量计）有关。在相同的再生条件下，此比值愈高，残留的含硅量愈大。

在化学除盐系统中，出水水质除了与上述的运行工况和再生工艺条件有关外，还与阴、阳离
子交换树脂本身在运行过程中的变质污染有关。

在使用过程中，阳树脂变质的主要原因是由于水中有氧化剂，如游离氯、硝酸根等。当温度
高时，树脂受氧化剂的侵蚀更为严重。

关于阳树脂的氧化过程，现尚不完全清楚。一般认为树脂氧化的结果，使苯环间的碳链断
开，并形成羧酸和酮。

阳树脂氧化后，树脂颜色变淡，体积变大，因此易碎和体积交换容量降低。

实践证明，强酸性 H 型树脂受侵害的程度最为强烈，如当进水中含有 0.5mg/LCl$_2$ 时，只要
运行 4～6 个月树脂就有显著的变质。

磺酸基阳树脂的碳链氧化断裂的产物，由树脂上脱落下来以后，变为可溶物质。这些可溶性物质中还含有弱酸基，当它随水流入阴离子交换器时，被阴树脂吸着，吸着不完全时，致使出水水质降低。

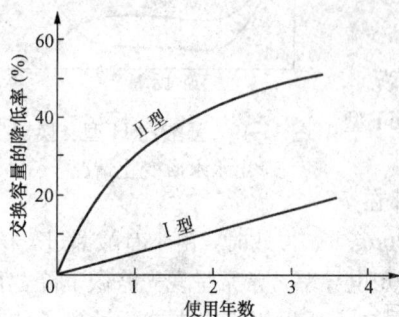

图 11-22　强碱性阴树脂使用时间与交换容量的变化情况

阴树脂由于其化学稳定性差，易于受氧化剂的侵害。最易遭受侵害的部位是其分子中的氮，当季胺型强碱阴树脂受到氧化剂侵害时，它的季氮逐渐转变为叔、仲、伯氮，使碱性减弱，最后降为非碱性物质。所以，强碱性阴树脂在氧化变质过程中，表现出来的是交换基团的总量和强碱性交换基团的数量逐渐减少，且后者的速度大于前者。这是因为氧化初期，季胺基团在大多数情况下变成能进行阴离子交换的弱碱性基团。

图 11-22 所示为强碱性阴树脂经长期运行后，由于被氧化交换容量的变化情况。

阴树脂在运行中，还常常会受到油脂、有机物和铁的氧化物等杂质的污染，而降低交换容量。

油脂杂质能堵塞树脂的微孔，使这些微孔中的活性基团不能进行离子交换作用，从而降低树脂的交换容量。

污染来源可能性最大的是水中的有机物，如腐殖酸。阴树脂被有机物污染的特征是其交换容量下降，再生后正洗所需时间延长，树脂颜色常变深，除盐系统出水水质降低。

根据实验结果推测，腐殖酸和树脂的结合，至少有两种形式：第一种形式是腐殖酸的羧基和树脂交换基团的结合，腐殖酸分子中可能有几个羧基结合在树脂上；第二种形式可能是依靠分子与分子间的引力。这种结合力与溶液的 pH 值有关，在碱性溶液中比在酸性溶液中要弱得多。

为了防止有机物污染，可将进水中有机物除去，其方法有混凝处理、活性碳吸附和用氯将有机物分解。经氯处理后的水进入离子交换器前，应将残留在水中的氯除去，以免阳树脂受氯的氧化破坏。

阴树脂被有机物污染后，可用清洗法恢复其性能。比较适用的是用含 NaOH 和 NaCl 的溶液处理。加入 NaOH 有助于除去有机物，因为 pH 值高的溶液可以降低树脂与腐殖酸结合的强度。表 11-6 所示为在 2mol/L NaCl 溶液中，改变 NaOH 的加入量对除去有机物效果的影响。

表 11-6　　　　　　在 2mol/L NaCl 溶液中改变 NaOH 的加入量对洗去有机物效果的影响

使　用　溶　液		洗出液中腐殖酸浓度（mg/L）	备　　注
1mol/L NaCl	1mol/LNaOH	312	用 2g 树脂 50mL 溶液浸泡 18h
2mol/L NaCl		287	
2mol/L NaCl	0.1mol/L NaOH	325	
2mol/L NaCl	0.5mol/L NaOH	344	
2mol/L NaCl	1mol/L NaOH	367	
2mol/L NaCl	1.5mol/L NaOH	428	

因为腐殖酸分子量很大，它在树脂颗粒内的扩散非常缓慢，所以要使腐殖酸扩散出来，需要一定的浸泡时间，一般应浸泡 1～2 天。

运行中的树脂也经常被重金属离子及其氧化物污染，其中最常遇到的是铁的化合物。铁的化合物在树脂中的积累，会降低树脂的交换容量。消除树脂中重金属离子及其氧化物的方法，通常是用浓度较高的盐酸（如 10%～15%）长时间（12h 以上）与树脂接触。用盐酸处理以前，应将树脂充分反洗，以便提高盐酸处理效果。

（三）运行监督

为保证除盐水水质，在运行中必须对除盐水进行监督。

当强酸性 H$^+$ 型交换器失效时，其出水 pH 值、电导率和含 Na$^+$ 量，都将有所改变，不宜单独用 pH 值进行监督。因为当进水中强酸阴离子量改变时，要影响到强酸 H$^+$ 型交换器出水的 pH 值。

为了能及早地发现漏 Na$^+$ 现象，一种监督办法是将采样装置设在 H$^+$ 型树脂层中，离该层底约有十几厘米的地方。然后用仪表测定此处取得的水样和交换器出口水样的电导率，加以对比，如它们的差等于 0 或比值为 1，则表示尚未失效；如在层中采出水样的电导率较小，则说明交换剂将要失效，因为有一部分 Na$^+$ 没有交换成 H$^+$。另一种方法是在 H 型交换器出口引一小部分水样通过特设的小型 H$^+$ 交换柱，用仪表测定此交换柱的出水和 H 型交换器本身出水的电导差，当电导差比正常情况下更显著时，表示此交换器已开始失效。这种方法称为双电极法或差示电导法。

强碱性 OH 交换器的运行监督，可以用测含硅量的办法，也可用在树脂层中设采样装置或用外加小型 OH$^-$ 型交换柱的差示电导法。

在设计单元制一级化学除盐系统时，常使 OH 型交换器的运行周期比 H 型交换器长 1%，其目的是便于运行中监督，因为这样只需要监督此系统的除盐水的电导率。当此电导率不合格时，H 型和 OH 型交换器均需再生。

二、混合床除盐

经一级复床除盐系统处理过的水质虽已较高，但还不能满足高压、超高压汽包锅炉和直流锅炉对水质的要求。为了得到更好的水质，曾采用过二级复床除盐系统（即在一级复床除盐后面又加一级复床）。近年来，随着生产技术的发展，高温、高压、大容量机组不断出现，对水质的要求更高，以至二级复床除盐也不能满足要求，再增加除盐设备的级数，则会使除盐系统越来越复杂。为此，现在常采用一种在同一交换器中，完成许多级阴、阳离子交换过程的混合床，以制出更纯的水。

所谓混合床，是将阴、阳两种离子交换树脂按一定比例混合，放在同一个交换器内。根据阴、阳离子交换树脂的性能不同，混合床可以有四种组合方式：

$$
混合床
\begin{cases}
强酸＋强碱 \\
强酸＋弱碱 \\
弱酸＋强碱 \\
弱酸＋弱碱
\end{cases}
$$

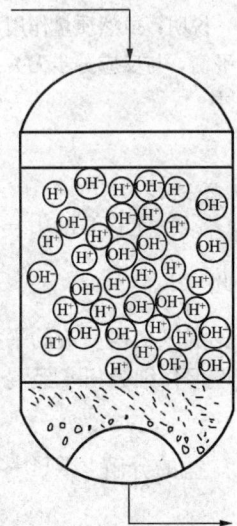

目前国内多采用强酸、强碱所组成的混合床，对另外三种组合方式很少采用，甚至不用。但随着树脂的发展和水处理工艺的提高，将来其他组合方式也可能显示出它们独特的优越性。

根据混合床的运行方式不同，混合床也可分为固定式混合床和移动式混合床。

下面就以常用的固定式强酸、强碱混合床为例，予以介绍。

（一）混合床工作原理

混合床中，由于阴、阳树脂均匀混合，紧密接触，阳树脂附近就是阴树脂，阴树脂附近就是阳树脂（见图 11-23）。因此，每一对阴、阳树脂就相当于一级复床，这样可以把混合床看作是由无数级复床的组合。

图 11-23　混合床示意图

由于混合床中，阴、阳树脂紧密接触，均匀混合，所以水通过此交换器时，水中阴、阳离子同时与阴、阳树脂发生反应，即

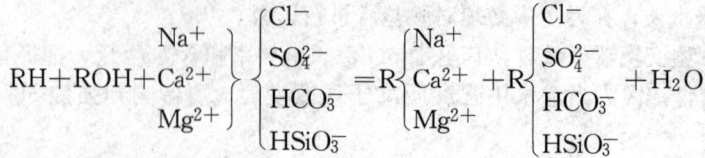

$$RH+ROH+Ca^{2+}\atop Mg^{2+}\left.\right\}\left\{\begin{matrix}Cl^-\\SO_4^{2-}\\HCO_3^-\\HSiO_3^-\end{matrix}\right.=R\left\{\begin{matrix}Na^+\\Ca^{2+}\\Mg^{2+}\end{matrix}\right.+R\left\{\begin{matrix}Cl^-\\SO_4^{2-}\\HCO_3^-\\HSiO_3^-\end{matrix}\right.+H_2O$$

从上面反应看出，反应生成的是水。而复床的情况就与它不同。

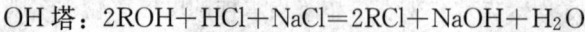

H 塔：$RH+NaCl=RNa+HCl$

OH 塔：$2ROH+HCl+NaCl=2RCl+NaOH+H_2O$

阳床交换结果是酸，它强烈地电离出 H^+，影响 RH 对 Na^+ 的交换作用，所以 H 床总有一定量的 Na^+ 漏过，漏过的 Na^+ 又使阴床出水含 NaOH，NaOH 不仅影响出水质量，而且它强烈电离出 OH^-，妨碍着 ROH 对阴离子，特别是对 $HSiO_3^-$ 的吸收，所以除盐水中残留一定量的 SiO_3^{2-}。

通过上面比较可知，混床除盐的效果是相当好的，出水的纯度相当高。

另外，根据质量作用定律，交换达到平衡时，平衡常数 K 是生成物浓度的乘积与反应物浓度乘积之比，K 值愈大，表示交换反应进行得愈完全。

例如，进水中盐类以 NaCl 表示，这样的水经混床，反应式为

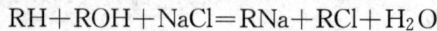

$$RH+ROH+NaCl=RNa+RCl+H_2O$$

平衡时，则

$$K=\frac{[RNa][RCl][H_2O]}{[RH][ROH][NaCl]}$$

分子分母同乘 $[H^+][OH^-]$ 得

$$K=\frac{[RNa][H^+][RCl][OH^-][H_2O]}{[RH][Na^+][ROH][Cl^-][H^+][OH^-]}$$

$$=\frac{K_阳 K_阴 [H_2O]}{K_水}$$

说明：虽然质量作用定律只适用每一步反应，但可逆反应平衡时是指原始反应物和最终产物之间达成的平衡，与反应分步无关。

式中 K——混床交换反应平衡常数；

                  $K_阳$——阳树脂反应平衡常数，RH 与 Na^+ 交换时约 $1.5\sim2.5$；

                  $K_阴$——阴树脂反应平衡常数，ROH 与 Cl^- 交换时约 2；

       $[H^+][OH^-]=K_水$——水的离子积常数，1.008×10^{-14}（25℃时）。

因此 $K=\dfrac{2\times2\times55.5}{1.008\times10^{-14}}\gg1$

可见混床交换反应的平衡常数非常大，故混床交换反应非常彻底。

但仔细分析水经混合床的反应，应该是

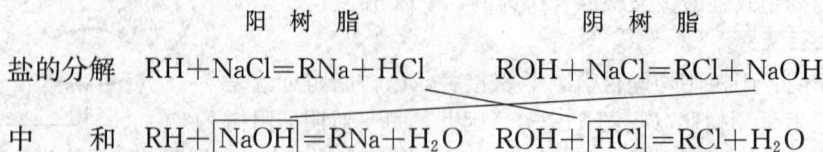

                     阳 树 脂   阴 树 脂

盐的分解 $RH+NaCl=RNa+HCl$ $ROH+NaCl=RCl+NaOH$

中 和 $RH+\boxed{NaOH}=RNa+H_2O$ $ROH+\boxed{HCl}=RCl+H_2O$

以上所述就是混合床除盐原理，这就可以说明混合床为什么具有那些优点，为什么在水处理工艺中占有如此重要的地位，为什么在电厂中，把它们作为深度除盐方法和作为保护性的装置。

（二）设备结构

固定式混合床离子交换设备是圆柱形密闭容器。壳体中装有上部进水装置，下部配水装置；为了将阴、阳树脂分开再生，在其中部还设有中间排水装置（体外再生时，无此装置）。图 11-24 所示为混合离子交换器的结构图。

（三）运行操作

1. 交换过程

混合床的离子交换过程与普通固定床的离子交换过程一样，但其允许的流速较高，一般可达 $40\sim60m/h$；若离子交换树脂的机械强度高（或体外再生），水的流速最高可达 $100\sim120m/h$。

交换终点一般控制导电度升高为标准，但在实际运行中，往往在未失效时就再生。这是因为混合床运行周期长，在未失效时树脂就被压实，使水头损失增大，故有时根据压差来决定再生。

2. 再生操作

混合床的再生操作有反洗分层、再生、冲洗、混脂和正洗等步骤。

（1）反洗分层。反洗分层是混合床运行操作中的关键问题，它的好坏，直接影响混合床的再生效果和离子交换效果。

通常，采用水力筛分法，即用水反洗。根据交换树脂的比重差，将失效的阴、阳离子充分地分离。一般阴树脂密度比阳树脂小，分层后阴树脂在上，阳树脂在下。

在反洗分层操作中，开始时，流速要小些，待树脂层松动后，逐渐加大流速，使整个树脂层的膨胀率在 50% 以上，一般反洗需 $10\sim15min$。

同一种离子交换剂的密度，取决于它吸附的离子型。对于阳离子交换树脂，不同离子型的密度排列为

$$RH<RNH_4<R_2Ca<RNa<RK<R_2Ba$$

对于阴离子交换树脂，不同离子型的密度排列为

$$ROH<RCl<R_2CO_3<RHCO_3<RNO_3<R_2SO_4$$

因此，阴、阳树脂分离的程度还与树脂的失效程度有关。树脂失效程度大的容易分层，反之就较难。

当混合床运行到终点时，如底层尚未失效的树脂较多，由上述排列可知，未失效的阳树脂（H^+ 型）与已失效的阴树脂（SO_4^{2-} 型）比重差较小，所以分层就比较困难。此时，往往需要反洗数次才能完全分层。为了易于分层，可在分层前通入 NaOH 溶液，将阴树脂再生成 OH 型，阳树脂转变为 Na 型，使两者的比重差加大，从而加快其分层。

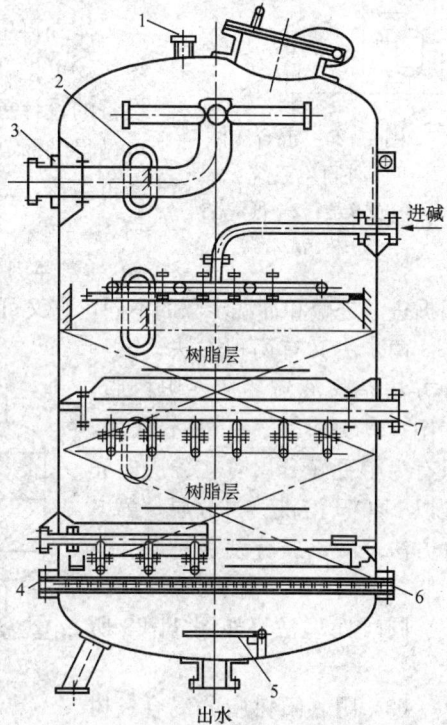

图 11-24 混合离子交换器结构图
1—放空气管；2—观察孔；3—进水装置；
4—多孔板；5—挡水板；6—滤布层；
7—中间排水装置

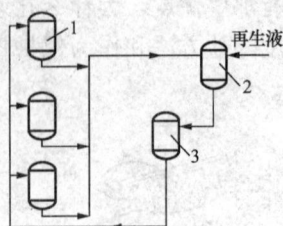

图 11-25　混合床体
外再生系统

1—交换器；2—再生器；
3—树脂贮存器

(2) 再生。混合床的再生方式分体外再生和体内再生两种。

1) 体外再生。这种方法是把失效的树脂全部转移到专用的再生器中进行分层、再生。再生好的树脂再转移到树脂储存器中，如图11-25 所示。

体外再生的优点有：①防止再生液污染出水水质；②停运时间短；③可提高运行流速；④交换和再生分别在不同的交换器中进行，设备的设计更能适合各自的用途，达到各自最佳的效率，如再生器可做得细而高，易于分离，提高再生效果；⑤几台交换器可共用一套再生器，减少了备用设备；⑥便于清除树脂层中的氧化铁等悬浮物。

2) 体内再生。这种方法是把失效树脂在交换器内部进行再生。根据进酸进碱和冲洗步骤的不同，它又可分为两步法和同时处理法。

两步法又有两种方法，第一种方法是碱液流经阴、阳树脂，如图 11-26 所示。此法不常用，只为了更好分层时在分层前先通以 NaOH 溶液，再分层。第二种方法是酸、碱分别通过阳、阴树脂，如图 11-27 所示。

同时处理法，如图 11-28 所示。

(3) 阴、阳树脂的混合。树脂经再生和洗涤后，在投入运行前必须将分层的树脂重新混合均匀。

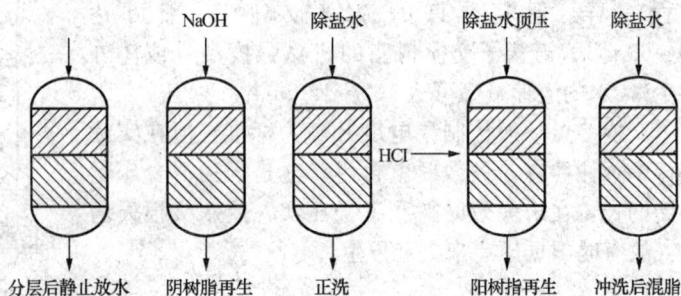

图 11-26　碱液流经阴、阳树脂的两步法

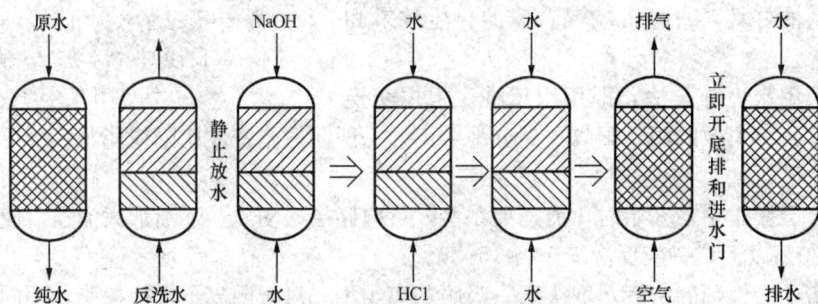

图 11-27　酸、碱分别通过阳、阴树脂的两步法

通常混合床的混脂操作是：从交换器底部通入压缩空气搅拌混合。这时所用的压缩空气应经过净化处理，以防止压缩空气中油类杂质污染树脂。压缩空气进入交换器前的压力一般采用 100～150kPa，流量为 2～3m^3/（$m^2 \cdot$ min），混合搅拌时间大约 5min 左右。

为了获得较好的混合效果，混合前应把交换器中的水面下降到树脂表面以上 100～150mm 处，此外，要使树脂混合均匀，除了通入适当的压缩空气，并保持一定时间外，尚需有足够的排水速度，迫使树脂迅速降落，避免树脂重新分层。树脂下降时，采用顶部进水，对加速其沉降也有一定效果。

(4) 正洗。混合的树脂层，还要用除盐水以 10～20m/h 的流速进行正洗，直至出水合格后，

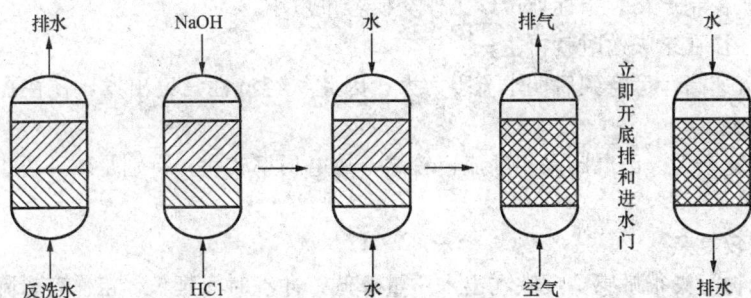

图 11-28　同时处理法

方可投入制水运行。

（四）混合床特点

1. 出水纯度高

从电导度比较：纯水理论值 $0.00546\mu S/cm$，混合床出水最小可达 $0.0556\mu S/cm$；一级复床出水最小则为 $0.5\mu S/cm$。

由于混合床不同于一级复床，它处理的水几乎除去全部杂质离子，混合床出水一般控制电导度 $0.1\sim0.2\mu S/cm$ SiO_3^{2-} $20\mu g/L$。实际上混合床出水的电导度可降到 $0.056\mu S/cm$，SiO_3^{2-} $5\sim 10\mu g/L$。

2. 出水水质稳定

因为混床是无数级的复床，一般树脂层高度和滤速在一定范围内对出水水质影响不大，混合床的反应平衡常数 K 远远大于复床的反应平衡常数 K，而且几乎没有逆反应。所以，一般来说，进水含盐量有所改变或再生程度有所不同，一般不影响出水水质，而是影响到交换器的工作周期。

3. 冲洗时间短

混合床冲洗时间短，这是因为影响冲洗时间的关键是最后残留在树脂中的微量酸、碱（特别是 NaOH），而混合床把再生好略加冲洗的树脂混合均匀后，树脂能很快地把这部分微量残留物吸收掉，所以冲洗时间短，出水很快合格，而这一过程中消耗的交换容量则是可忽略不计的。如果混合不好，就会使冲洗时间延长。

4. 间断运行影响小

复床间断运行一开始对出水水质影响大，需正洗排水较长时间；而混合床间断后再启动时很容易冲洗合格，只要把交换器中静止的水置换出来即可。

5. 交换终点明显

由于混合床出水几乎为纯水，因此任何一种树脂耗尽都将使电导度明显升高，尤其阳床先失效。所以其终点明显，易于控制（一般只需控制电导度），也易于自动化。

通常根据进水水质的不同情况，可选择适当的酸、碱再生比耗（即使阳树脂稍前失效）以达到周期终点，以电导升高为失效标准，保证整个周期出水 SiO_2 在规定值以下；复床的情况不同，电导上升，SiO_3^{2-} 不一定上升；SiO_3^{2-} 上升时，甚至电导还略有下降，复床出水必须控制 SiO_3^{2-}。

6. 缺点

（1）树脂交换容量利用率低。混合床的树脂工作交换容量低，这是因为：

1）一般混合床放在一级复床后面（或处理凝结水），所以进水的含盐量低，故处理过程中当达到平衡时，树脂中所含盐类离子浓度也不会很高；

2）出水水质控制严格，指标愈严，工作交换容量愈小；

3）混合床往往在未失效时就再生；

4）混合床流速高，运行到后期水流阻力大，因此从经济性角度出发，往往在再生时不采用过高的再生剂比耗。

（2）树脂损耗率大。因混床采用的流速较高，故磨损率较大，特别是体外再生树脂的流动性很大。

（3）操作比较复杂。

（4）对有机物污染很敏感，反映在出水质量降低，冲洗时间延长，工作容量降低。

（五）混合床树脂选择及配比

1. 对混合床使用树脂的要求

要求阳、阴树脂有一定的密度差，便于失效树脂的分离及再生好树脂的混合，参见表11-7。

另外，混合床树脂的磨损率大，对有机物污染敏感，所以多孔树脂在混合床工艺上占有重要地位（目前大都采用凝胶型树脂）。

表 11-7　　阴、阳树脂的比较

	阳树脂	阴树脂
颗粒直径	0.3～0.5mm	0.3～0.5mm
湿真密度（g/cm³）	1.24～1.29	1.06～1.11
密度差（g/cm³）	>0.15	

2. 阳、阴树脂量选定及配比

选择阳、阴树脂量时要估计各种因素对树脂工作周期的影响，要根据进水的离子组成，以及对出水水质的要求，并可通过试验来确定树脂实际的工作交换容量和周期长短，由此计算所需树脂的用量。

对于阳、阴树脂的配比原则是：阳、阴树脂的比例应按等物质的量来选择，以便使阳、阴树脂几乎同时失效，这样树脂的工作交换容量能得到充分发挥。

阳树脂吸收阳离子的物质的量—阴树脂吸收阴离子的物质的量，即

$$E_阳 V_阳 = E_阴 V_阴$$

$$\frac{E_阳}{E_阴} = \frac{V_阴}{V_阳}$$

式中　$E_阳$、$E_阴$——阳、阴树脂的工作交换容量，mol/m³；

　　　$V_阳$、$V_阴$——阳、阴树脂的用量，m³。

由于阳树脂的 $E_阳$ 大，在混合床中常为 $E_阴$ 的 2 倍，所以目前国内混合床设计中，阳、阴树脂体积比常为 1∶2。

三、双层床

进水

废液

弱酸性阳树脂

强酸性阳树脂

再生液

出水

图 11-29　双层床示意图

（一）概述

双层床是一种固定式离子交换设备，它将强酸性与弱酸性或强碱性与弱碱性树脂放置在同一个交换器中，利用弱酸（或弱碱）性树脂和强酸（或强碱）性树脂的湿真密度不同，在水溶液中自然分层，弱性树脂密度小在上部，强性树脂密度大在下部。

由弱酸性树脂和强酸性树脂组成的双层床，叫阳双层床。由弱碱性树脂和强碱性树脂组成的双层床叫阴双层床。双层床中间不需任何机械设备隔离。

双层床运行时，水是自上而下流动（顺流运行），再生时再生液自下而上（逆流再生）通过交换剂层。图 11-29 所示为双层床的示意图。在水处理实践中，一般可将阳双层床和阴双层床组成除盐系统，或单独使用。

（二）双层床离子交换过程

1. 阳双层床

由弱酸性树脂和强酸性树脂组成的阳双层床中，弱酸性阳离子交换树脂主要是与水中的弱酸盐类（碱度）反应，即能除去水中与碳酸盐相结合的 Ca^{2+}、Mg^{2+} 离子。只有再生剂用量很大的情况下，有部分 Ca^{2+}、Mg^{2+} 的硫酸盐、氯化物参与反应。因此，水流经弱酸性阳离子交换树脂后，其出水中含有一定量的 Ca^{2+}、Mg^{2+} 和 Na^+（其含量与进水中的非碳酸盐含量和钠的碳酸盐含量有关）。这部分 Ca^{2+}、Mg^{2+} 和 Na^+ 离子可用强酸性阳离子交换树脂除去。

阳双层床交换过程中，树脂层中的离子分布情况如图 11-30 所示。弱酸性树脂层中全部是碳酸氢盐硬度离子；强酸树脂层中主要是 Na^+ 离子，在其上部有少量非碳酸盐硬度离子（Ca^{2+}、Mg^{2+} 离子）。

弱酸性树脂的交换过程，由于弱酸性树脂结构上的特性，所以不能与水中所有阳离子发生交换，只能与水中的碳酸盐硬度作用。

当生水进入弱酸离子交换层时，发生如下反应

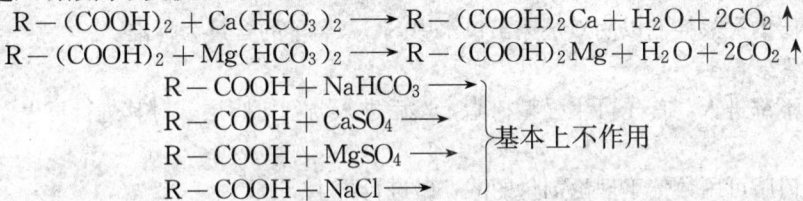

$$R-(COOH)_2 + Ca(HCO_3)_2 \longrightarrow R-(COOH)_2Ca + H_2O + 2CO_2 \uparrow$$
$$R-(COOH)_2 + Mg(HCO_3)_2 \longrightarrow R-(COOH)_2Mg + H_2O + 2CO_2 \uparrow$$

$$\left.\begin{array}{l} R-COOH + NaHCO_3 \longrightarrow \\ R-COOH + CaSO_4 \longrightarrow \\ R-COOH + MgSO_4 \longrightarrow \\ R-COOH + NaCl \longrightarrow \end{array}\right\} 基本上不作用$$

不能与 $NaHCO_3$ 作用的原因是弱酸性树脂对 Ca^{2+}，Mg^{2+} 的亲和力比 Na^+ 强得多，对于 Na^+ 的吸收需要更高的 pH 条件。随着水中 Ca^{2+}，Mg^{2+} 被吸收，pH 下降，这样使 Na^+ 实际上不被吸收。对于 Ca^{2+}、Mg^{2+} 的硫酸盐、氯化物、硝酸盐在再生剂用量大的情况下，实际上能交换一部分。

由此可知，弱酸树脂层交换终点的判断是以出水碱度或硬度的升高为标准。强酸树脂层的交换终点以控制阳双层床出口水的 Na^+ 离子含量。

2. 阴双层床

由弱碱性树脂和强碱性树脂组成的阴双层床中，弱碱性阴树脂只能与水中的强酸阴离子（SO_4^{2-}、Cl^-、NO_3^-）起交换反应；水中的弱酸阴离子（HCO_3^- $HSiO_3^-$ 等）可在强碱性阴树脂层中除去，如图 11-31 所示。

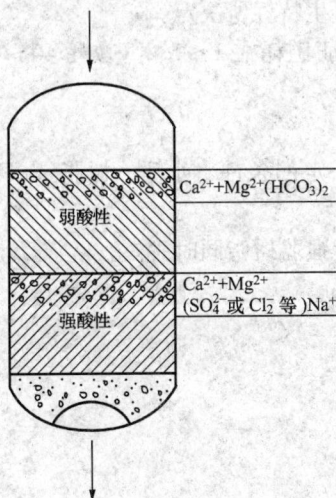

图 11-30　阳双层床示意图　　　　图 11-31　阴双层床示意图

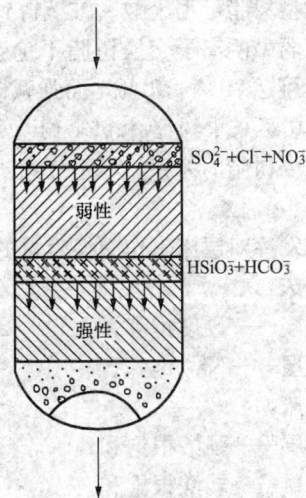

弱碱性树脂的交换过程，由于弱碱性结构上的特点，其离子交换的选择性决定了它只能除去水中的强酸阴离子。对 OH 型的弱碱树脂实际上只能同水中的无机酸（H_2SO_4、HCl、HNO_3 等）作用，不能分解中性盐。它适用的 pH 范围为 0～9。

水经弱碱交换器发生如下反应

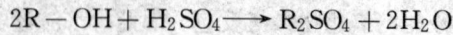

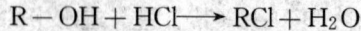

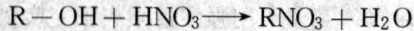

$$2R-OH + H_2SO_4 \longrightarrow R_2SO_4 + 2H_2O$$

$$R-OH + HCl \longrightarrow RCl + H_2O$$

$$R-OH + HNO_3 \longrightarrow RNO_3 + H_2O$$

$$R-OH + H_2CO_3 \longrightarrow RHCO_3 + H_2O(少量吸收)$$

$$R-OH + H_2SiO_3 \longrightarrow 不作用$$

所以，水经弱碱树脂层，只能除去水中的 SO_4^{2-}、Cl^-、NO_3^-，而 H_2CO_3、H_2SiO_3 则不变。

弱碱树脂层的失效控制：由于 Cl^- 与树脂的亲和力相对来说弱一点，所以，失效时，首先反映在 Cl^- 的升高，故可根据 Cl^- 的升高作为控制标准。Cl^- 的漏过使出水酸度上升、碱度下降，故还可以碱度下降为失效标准。

强碱树脂层的失效控制以阴双层床出口水中 SiO_3^- 离子的含量为标准。

（三）双层床再生

酸碱液由下部进入，首先再生强型树脂，然后进入弱型树脂层，对其进行再生。双层床的特点是。

（1）强型树脂可用数倍于理论剂量的酸、碱进行再生。

设双层床中两种树脂体积比例为 1:1，整个双层床用理论剂量再生，在双层床中，因强型树脂工作交换容量（简称工容）约 1000mol/m³，弱型树脂工容为 2000mol/m³，故通过阳双层床强酸树脂层的酸量为理论剂量的 3 倍。

即对强酸树脂来说，再生比耗为 3:1，酸耗可高达 109.5g/mol（HCl 再生）。而这时整个阳双层床的比耗仅为 1.0。

在阴双层床中强碱工容 400mol/m³，弱碱工容 800mol/m³，对强碱树脂，再生比耗为 3.1 碱耗可高达 120mol/m³（NaOH 再生）。而这时整个阴双层床的比耗也仅为 1.0。

双层床工艺对其床中的强酸、强碱树脂来说，提供了一个比固定床逆流再生更为优越的再生工况——不仅方向合理，而且剂量高。

（2）弱型树脂可用废酸、碱液得到彻底再生——由再生特性所决定。

例如：弱碱阴离子交换树脂不论新旧碱液只要能保证比耗在 1～1.2（碱耗 40～48g/mol），其再生度即可达 70%～90%，而强碱树脂仅为 40% 左右。

（四）双层床中树脂体积比例

双层床中树脂的体积，不是任意比例都可以，对于一定的条件（水质、树脂），只有一个比例合理。

要充分发挥双层床工作交换容量的先决条件，就是使强弱树脂同时失效。

阳双层床：

　　上层——硬度饱和；

　　下层——Na^+ 饱和。

阴双层床：

　　上层——强酸根饱和；

　　下层——弱酸根饱和。

以阴双层床为例说明如下：

(1) 假设比例为 1：1 是合理比例，说明 1：1 是高度相等，如图 11-32 所示。

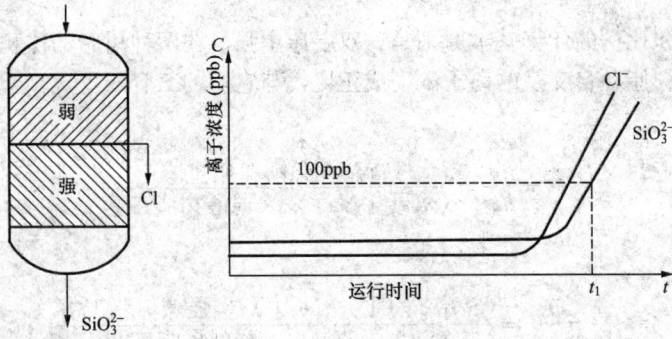

图 11-32　阴双层床（1：1 比例）

(2) 弱多强少。不合理，当下部漏出 SiO_3^{2-} 时，弱碱树脂有一部分未利用，如图 11-33 所示。

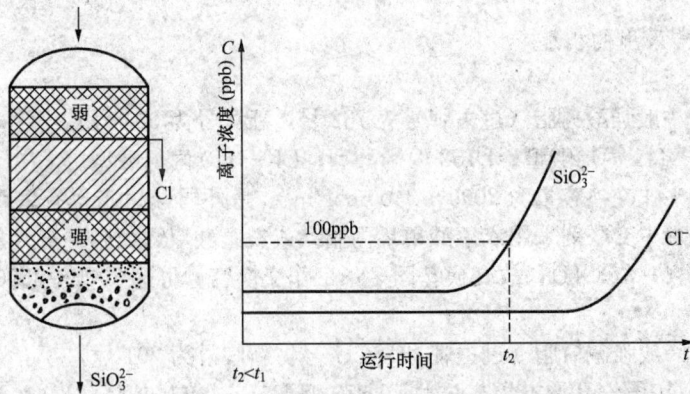

图 11-33　阴双层床（弱多强少）

(3) 弱少强多。不合理，虽然两种树脂都利用了，但一部分本应由工容高的弱碱性树脂交换的强酸根，转为由工容低的强碱性树脂交换，使运行周期缩短，平均工容降低，如图 11-34 所示。

在两种树脂交换对象不同，水中离子比例不同，强弱树脂工容不同的条件下，要保证同时失

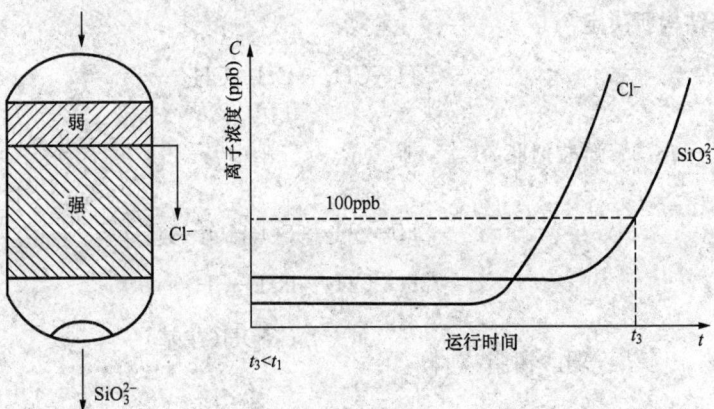

图 11-34　阴双层床（弱少强多）

效，就必须按照一定的比例装入两种树脂。否则，有分工，但不能合作，不是相互协调，而是相互限制，不好。

双层床树脂体积比例的计算基本原则是：双层床中强、弱两种树脂的体积比例，在同时失效的前提下与这两种树脂各自交换的离子浓度成正比，与它们的工容成反比。

1）阳双层床

$$\frac{v_弱}{v_强} = \frac{h_弱}{h_强} = \frac{暂硬 \times 强酸树脂工容}{(永硬 + Na^+) \times 弱酸树脂工容}$$

2）阴双层床

$$\frac{v_弱}{v_强} = \frac{h_弱}{h_强} = \frac{(SO_4^{2-} + Cl^- + NO_3^-) \times 强碱树脂工容}{(SiO_2 + CO_2) \times 弱碱树脂工容}$$

（五）在双层床中采用树脂

两种树脂要有较大的湿真密度差，粒度要均匀，机械强度要好。以上几点，都是保证分层效果所需要的。

1. 双层床中常采用的树脂

（1）阳双层床。

强酸树脂——一般强酸树脂（过去牌号为732号，新牌号为001号）。

弱酸树脂——D111 丙烯酸型；D152 丙烯酸型；DK—110 丙烯酸型。

以上弱酸树脂工作交换容量为 $2000 \sim 2400 mol/m^3$。另外弱酸树脂也有采用衣康酸型的。这种树脂，在制造过程中交联剂采用衣康酸单烯丙脂（或衣康酸双烯丙脂）来代替二乙烯苯。因交联剂本身带有羧基（—COOH），故交换基团多，工作交换容量可达 $3000 \sim 3500 mol/m^3$。

（2）阴双层床。

强碱树脂——一般强碱树脂（过去牌号为717号，新牌号为201号）。

弱碱树脂——710号—B 聚本烯叔胺型；D370型聚苯乙烯叔胺型。

2. 弱性树脂的特性

弱性树脂具有工作交换容量高，交换具有选择性等特性。

（1）弱酸树脂。

弱酸树脂工作交换容量高的原因有以下两点。

1）离子交换次序所决定（离子的选择性）；$H^+ > Ca^{2+} > Mg^{2+} > Na^+$ 可获得很高的再生度，使工作交换容量得以提高。

2）树脂内部结构所决定

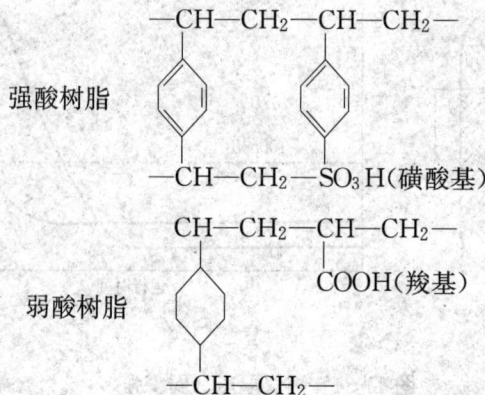

$$-CH-CH_2-CH-CH_2-$$

强酸树脂

$$-CH-CH_2-SO_3H(磺酸基)$$

$$CH-CH_2-CH-CH_2-$$

弱酸树脂

$$COOH(羧基)$$

$$-CH-CH_2-$$

离子交换树脂属于长链结构，如把带有一个交换基团的链部分看作是一个分子，则丙烯酸型弱酸树脂的分子量小，对于单位重量的树脂，弱酸树脂的交换基团要比强酸树脂多，故交换容量大。

具有选择性的原因也有以下两点。

1）交换暂硬

$$2RCOOH+Ca(HCO_3)_2 \rightleftharpoons (RCOO)_2Ca+2H_2CO_3$$

交换产物为 H_2CO_3，是弱酸，解离度小，液相 H^+ 浓度小，反离子作用小，正反应可以顺利进行。

2）交换永硬

$$2RCOOH+CaCl_2 \rightleftharpoons (RCOO)_2Ca+2HCl$$

交换产物为 HCl，是强酸，解离度大，液相 H^+ 浓度大，反离子作用大，正反应无法进行。故弱酸树脂交换永硬，Na^+ 能力很差，只是在投运初期略有反应。

弱酸树脂正常工作的 pH 值范围 pH>4.0，有效 pH>6.0。

强酸树脂正常工作的 pH 值范围 1～14。

（2）弱碱树脂。

工作交换容量高的原因有以下两点。

1）离子交换次序所决定

$$OH^->SO_4^{2-}>NO_3^->Cl^->HCO_3^->HSiO_3^-$$

2）交换机理除交换作用外还有吸附作用

交换反应

$$R\equiv NOH(再生态)+HCl \longrightarrow R\equiv NCl+H_2O$$

吸附反应

$$R\equiv N(再生态)+HCl \rightleftharpoons R\equiv NHCl(交换)$$

$$R\equiv NHCl+NaOH \rightleftharpoons R\equiv N+NaCl+H_2O(再生)$$

弱碱树脂容易吸附极性比较强的物质（如强酸、强碱等），对弱极性物质不易吸附。吸附作用和交换作用并存，吸附易进行，故工容高。

具有选择性的原因：

弱碱树脂因具有吸附作用，对强极性物质，如强酸吸附作用强，弱酸如 H_2SiO_3、H_2CO_3 属于弱极性物质在水中呈分子态，吸附作用很弱，初期交换一部分，随后即排出。

（六）两种树脂分层

强、弱两种树脂，根据其湿真密度和视密度的不同，进行分层。

1．湿真密度情况

双层床中，强、弱树脂的湿真密度情况，如表 11-8 所示。

2．提高分层效率办法

（1）制造大密度的强性树脂。弱性树脂，特别是弱碱性树脂，密度已经很轻（接近水的密度），再减轻密度非常困难，而且对提高分层效率影响不大。所以，只有靠提高强性树脂的密度，来增加强、弱性树脂的密度差，从而提高分层效率。

表 11-8　　强、弱树脂的湿真密度（g/cm）

床型	强性树脂	弱性树脂
阳双层床	1.2～1.25（Na$^+$型）	1.1～1.2（H$^+$型）
阴双层床	1.07～1.1（Cl$^-$型）	1.02～1.08（OH$^-$型）

例如，强酸性阳离子交换树脂，一般湿真密度为 $1.2\sim1.25$ g/cm^3，如果把交联度由 7% 提至 11%，其湿真密度则为 $1.295\sim1.305g/cm^3$（大密度 1×11 型阳树脂就是这样制造的）。

强碱性阴离子交换树脂，也由西安树脂厂试制了大密度树脂。

（2）分层前先转成再生态。再生态与失效态树脂比较，湿真密度差增大一倍多。所以，分层前无转成再生态，其分层情况就有好转。某电厂试验结果见表 11-9。

表 11-9　　　　　　　　　　　　　某电厂试验结果（g/cm³）

树脂型态	强酸树脂（1×11）	弱酸树脂（D111）	密度差
失效型	1.33	1.3	0.03（混层）
再生型	1.25	1.18	0.07（基本分开）

（3）制造粒度均匀、直径较大的强性树脂。目前树脂粒度在 $16\sim50$ 目范围内，在双层床中应用时可把强性树脂目数限制在 $16\sim30$ 目，去掉一部分小颗粒。这样，分层效率明显提高。

（七）双层床的优缺点

（1）工作交换容量高，单耗低，具有较优的技术经济水平，如表 11-10 所示。

表 11-10　　　　　　　　　　单层床、双层床经济效益的比较

离子交换器型号	工　　容		单　　耗	
	单　床	双层床	单　床	双层床
阳离子交换器	800～1200	1500～1900	40～45	36.5～40
阴离子交换器	300～400	650～750	50～60	40～45

（2）在阴双层床中、弱碱性树脂对强碱性树脂有保护作用。

（3）减少设备及占地面积。

（4）操作复杂一些。

第四节　离子交换辅助设备

离子交换过程中的辅助设备，主要指除碳器和再生系统。

一、除碳器

除碳器的工作原理是，将空气用鼓风机从下部引入，含有 CO_2 的水从上部淋下，空气和水对流接触。由于填料把水分散成极薄的水膜，而增加了水与空气的接触面积、空气越往上流，含 CO_2 越多，最后由除碳器顶部排出，水越往下流含 CO_2 越少，最终水残留 CO_2 可达到 5mg/L 左右，鼓风式除碳器结构如图 11-35 所示。

该设备为竖立的圆筒形，内部由配水装置、填料层和鼓风装置等组成。常用的配水装置有管式、莲蓬式、管板等多种。管式配水与离子交换器的管式配水相似，由进水管、排气管和配水板等组成。

鼓风式除碳器的底部设有进风装置和出水管。为了均匀送风，从填料底部到塔底的距离不应小于 600mm，为防止除碳器内空气从底部出水管逸出，出水管应设置水封。水封高度应比通风机的最大风压高 20%。

二、再生系统

（一）阳离子交换处理的再生系统

阳离子交换处理的再生剂，主要是食盐。所以，它的再生系统由食盐的储存、食盐溶液的配

制和食盐溶液的输送三部分组成。按食盐溶液的输送方式不同，可分为以下两种再生系统。

1. 喷射器输送再生系统

这种系统是由盐槽、计量箱和喷射器组成，如图 11-36 所示。食盐储存在盐槽中，并在槽中溶解，为了使食盐溶液在盐槽中能得到过滤而不另设过滤器，在盐槽底部铺有卵石，使溶解好的饱和食盐溶液经过未溶解的食盐晶体和此卵石层，以达到过滤的目的。然后，食盐溶液进入饱和食盐溶液的计量箱。

再生时，用喷射器将计量箱中的饱和食盐水送至交换器中。由于喷射器是用水作工质，所以在输送的同时，稀释了食盐溶液的浓度。稀释浓度，可用计量箱和喷射器之间的阀门来调节。这种采流较简单，操作方便，但要求工作水的压力要稳定。

2. 泵输送再生系统

这种系统是由两个盐槽、泵和食盐过滤器等组成，如图 11-37 所示。两个盐槽中的一个用来储存和溶解食盐，称溶解槽。由溶解槽流出的食盐溶液，由于渗透过一层固体食盐，所以是饱和的食盐溶液。饱和食盐溶液在第二个槽中加水稀释至所需的浓度，故此槽称稀盐槽。

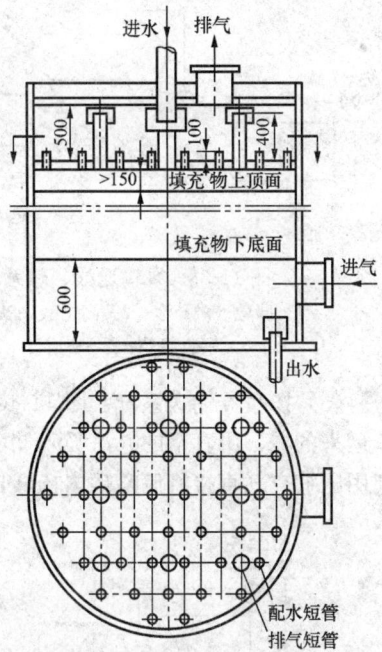

图 11-35　鼓风除碳器结构示意图

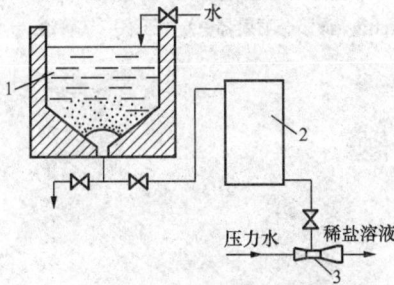

图 11-36　喷射器输送系统
1—盐槽；2—计量箱；3—喷射器

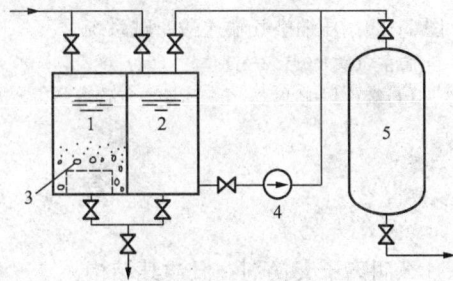

图 11-37　泵输送盐液再生系统
1—湿储存槽；2—稀盐槽；3—过滤层；
4—泵；5—食盐过滤器

再生时，用泵将食盐稀溶液送过食盐溶液过滤器过滤后，导入 Na 离子交换器。也可把经过滤后的食盐溶液送入布置在高位的再生溶液箱中。在 Na 离子交换器需要再生时，食盐溶液直接由再生溶液箱流进 Na 离子交换器。

（二）化学除盐系统的再生系统

化学除盐系统的再生剂是酸和碱。所以，在化学除盐时，必须有一套用来储存、输送、计量和投加酸、碱的再生系统。而酸和碱对于设备和人身有侵蚀性，因此，对酸、碱系统的选取要考虑到防腐和安全问题。

下面介绍几种酸、碱输送系统。

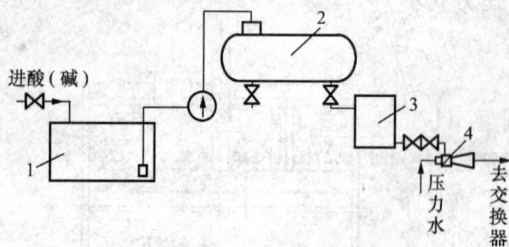

图 11-38　泵输送酸、碱系统
1—储酸（碱）池；2—高位酸（碱）罐；
3—计量箱；4—喷射器

（1）泵输送系统。图 11-38 为用泵输送的系统之一。在此系统中用泵将储酸或储碱池中的酸、碱液送至布置于高位的酸、碱罐中，然后依靠重力自动流入计量箱，之后再用喷射器将酸、碱送至离子交换器中。

（2）压缩空气输送系统。压缩空气输送系统中酸、碱的流程大致和泵输送系统的相同，只是为了要用压缩空气输送，它的储酸、碱罐都要呈密闭状，此外，需有压缩空气管道。图 11-39 为用压缩空气输送系统中的一种。

（3）扬酸器输送系统。图 11-40 所示为一种用扬酸器输送酸的系统，其运行情况为：汽车槽车运来的酸，用真空的办法吸入储酸罐（抽真空的动力为压缩空气，抽真空设备为喷射器）；再利用压缩空气直接将储酸罐内扬酸器中的酸液送至计量箱内。

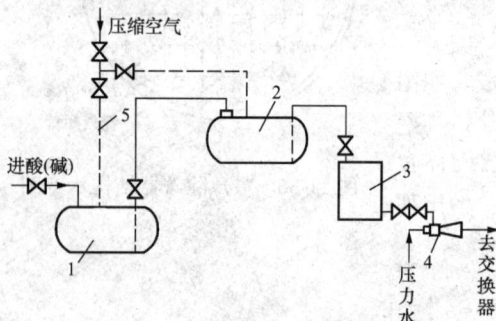

图 11-39　压缩空气输送酸、碱系统
1—储酸（碱）罐；2—高位酸（碱）罐；
3—计量箱；4—喷射器；5—压缩空气管道

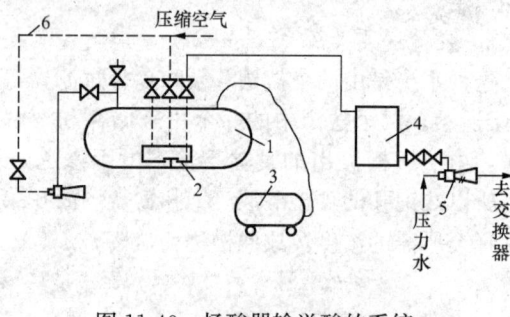

图 11-40　扬酸器输送酸的系统
1—储酸罐；2—扬酸器；3—汽车槽车；
4—计量箱；5—喷射器；6—压缩空气管道

复 习 思 考 题

1. 什么叫离子交换剂？概述其结构。

2. 什么叫离子交换树脂？

3. 离子交换树脂是怎样制造的？

4. 概述离子交换树脂的命名。

5. 离子交换树脂在使用过程中颜色逐渐变深原因是什么？如何处理？

6. 离子交换树脂为什么都制成球形？

7. 离子交换树脂在失效前、后颜色和体积有何变化？为什么？

8. 什么是离子交换树脂的交联度？它的大、小对树脂性能有何影响？

9. 什么是离子交换树脂的选择性？它和哪些因素有关？

10. 什么叫工作交换容量？影响工作交换容量大小的因素有哪些？在运行中如何计算工作交换容量？

11. 新树脂使用前为什么要进行处理？怎样处理？

12. 离子交换树脂在储存保管过程中应注意哪些问题？

13. 怎样鉴别不同的离子交换树脂？

14. 影响离子交换速度的因素有哪些？

15. 什么叫软化处理？软化处理为什么都采用 Na 型离子交换剂？

16. 水经 Na 型离子交换剂处理后，水质有何变化？

17. 绘图说明固定式阳离子交换器的构造。

18. 离子交换器为什么要进行反洗？反洗操作时应注意哪些事项？

19. 影响再生效果的主要因素有哪些？

20. 离子交换器为什么要进行正洗？正洗操作时应注意些什么？

21. 什么是逆流式离子交换器？它有哪些特点？

22. 何谓浮动床？它有哪些特点？

23. 什么叫水的一级复床除盐？

24. 除盐系统中为什么要装设除碳器？它的效果好坏对除盐水质量有何影响？

25. 在除盐系统中阴离子交换器为什么都装设在阳离子交换器之后？

26. H 型阳离子交换器运行中为什么以漏 Na^+ 为失效标准？H 型的离子交换器漏 Na^+ 后对 OH 型阴离子交换器运行有何影响？

27. 绘图说明除盐系统中阳离子交换器和阴离子交换器出水水质变化情况。

28. 什么叫混合床？它的除盐原理是什么？

29. 什么叫双层床？它再生时有何特点？

30. 绘图说明水化学除盐的再生系统。

31. 某水泥厂的自备电厂有一台直径为 1.5m 的钠型交换器，内装 Na 型离子交换树脂 $4m^3$，若生水硬度为 4.02mmol/L，出水残留硬度为 0.02mmol/L，Na 型离子交换树脂的工作交换容量为 8000mol/L，求周期制水量和树脂层的高度？

32. 某电厂生水分析结果为：

$[Ca^{2+}]$ ＝50mg/L；$[Mg^{2+}]$ ＝12mg/L；$[Na^+]$ ＝69mg/L；

$[HCO_3^-]$ ＝305mg/L；$[Cl^-]$ ＝35.5mg/L；$[SO_4^{2-}]$ ＝24mg/L。

（1）求该水质的含盐量、硬度和碱度各为多少毫摩/升？

（2）上述水质若进行一级复床除盐处理，H 型阳离子交换器的直径为 2m，内装交换剂层高度为 1.8m，交换器出水平均酸度为 1.5mmol/L，交换器出力为 50t/h，交换器运行 20h 失效，求该交换器中交换剂的工作交换容量是多少？再生一次需要多少公斤 5％的盐酸溶液（比耗按 1.5 计）？

第十二章　水的其他除盐方法

除了用离子交换法可去除水中溶解的盐类外，还有许多对水进行除盐的方法。这些方法中，在热力发电厂得到应用的有蒸馏、反渗透和电渗析、连续电除盐法。下面分别予以介绍。

第一节　水蒸发除盐

当将含有盐类的水溶液加热到沸腾时，水便开始大量蒸发成水蒸气，由于通常盐类物质在蒸汽当中的溶解度远远小于在水中的溶解度，故盐类大部分留在溶液中；再将蒸汽冷凝，便得到蒸馏水。这种制取纯水的方法称为蒸馏法。

在热力发电厂中，常常不是直接用燃料燃烧放出的热量作为制取蒸馏水的热源，而是利用汽轮机抽汽（称为一次蒸汽）在一个称做蒸发器的热交换器中将水加热蒸发，得到的蒸汽（称为二次蒸汽）在凝结器中冷凝成蒸馏水的。

因为蒸发器像一个低压锅炉，有结垢的可能，所以，进水需要经过化学处理，比较复杂。为此，人们又从实践中研究出另一种类型的蒸发器，即闪蒸装置。

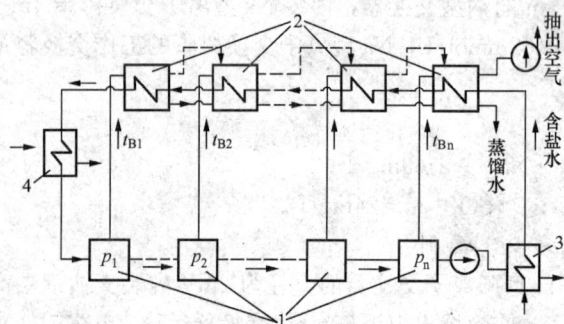

图 12-1　闪蒸装置原理示意

1—闪蒸室；2—凝结器；3—热交换器；4—加热器

闪蒸的原理是，预先将水在一定压力下加热到一定温度，然后将其注入一个压力较低的容器中。这时，由于注入水的温度高于此容器压力下的沸腾温度，一部分水就汽化为蒸汽并使温度降低（此过程称为"扩容"或"闪蒸"），一直到水和蒸汽都达到该压力下的沸腾温度为止。如果不断将此蒸汽取出，同时不断注入经预热的水，就可以连续制取蒸馏水。

闪蒸装置一般都是做成多级式的，也就是说，使压力逐级下降，从而使闪蒸过程一步步地进行。为了说明闪蒸装置中汽、水的流程，可将一个多级闪蒸装置的部件展开，如图 12-1 所示。在这里，加热后的原水，顺序通过一排闪蒸室 1。其中，各级闪蒸室内压力（p_1，p_2，……，p_n）均保持一定值，且一级低于一级。所以进入每一级的水，相对于该级的压力来说都是过热的，因而都有一部分水变为蒸汽，其余水的温度则保持在该压力下相应的沸腾温度（t_{B1}，t_{B2}，……，t_{Bn}）。

每级闪蒸室中所产生的蒸汽都送到各自的凝结器 2 中凝结，凝结时放出的热量用来加热凝结器中铜管另一侧的含盐水（即用来蒸发的水）。凝结水按照由第一级到最后一级的方向从一个凝结器流往另一个凝结器。末级闪蒸室中流出的水含盐量较大，应排掉一部分，还有一部分与补充水一起进入热交换器 3 进行再循环。此外，在闪蒸室前另设有加热器 4，用汽轮机抽汽作为热源，来加热经凝结器预热过的含盐水。此加热用蒸汽也可称为一次蒸汽。各级凝结器中不凝结的气体由抽气器抽出以维持所需要的压力。

蒸发器的蒸发比随着蒸发器级数的增加而增加，但闪蒸装置的级数不同时，其蒸发比变化不大。这是因为它们的级的涵义不同，流经扩容蒸发器各级的是同一股水，因此当生水加热到一定温度时，对于末级而言，其过热程度为一定值，所以产生的蒸汽量有一定的限度，无论级数如何变化，二次蒸汽的产量变化都不大。

当然，我们可以改变一次蒸汽的参数（压力、温度），从而改变进入一级闪蒸室中水的参数，但是当一次蒸汽参数选定以后，整个闪蒸装置的蒸发比也就基本确定了。

然而，当蒸发比为一定时，随着其级数的增加，所需的传热面积（即凝结器铜管管壁的面积）将减小。例如有一个蒸发比为 3 的闪蒸装置，当设计成 4 级闪蒸时，所需的传热面积为 $29.6m^2$；如果用 8 级，则传热面只需要 $25.1m^2$；而对于 20 级，则仅需 $21.4m^2$。当蒸发比更高时，级数的增多对传热面积的减少更为显著，见表 12-1。

表 12-1　　　　　　　　　　闪蒸装置级数与其传热面积的关系

蒸　发　比	6		8	
级　　数	8	20	10	20
1t/h 出力所需的传热面积（m²）	74.2	48.1	107.3	68.2

由此可见，增加闪蒸装置的级数，可以节约传热用的铜管。这样做虽然会由于闪蒸室级数增多而多耗费一些钢材，但因一般都将所有闪蒸室和传热面组装在一个外壳内，故总投资仍然会减少。

第二节　反渗透除盐

反渗透是 20 世纪 60 年代迅速发展起来的一种水处理工艺。目前，它已用在城市用水、锅炉补给水、工业废水处理以及海水淡化和各种溶液中溶质分离等方面。

一、反渗透原理

如图 12-2 所示，渗透是一种物理现象，当两种含有不同浓度盐类的水，如用一张半渗透性（只允许水分子通过，而不允许盐类物质通过）的薄膜分开就会发现，含盐量少的一边水会透过膜渗到含盐量高的水中，而所含的盐分并不渗透，这样逐渐就有把两边的含盐浓度融和到均等的趋势。这一过程叫自然渗透，简称渗透。

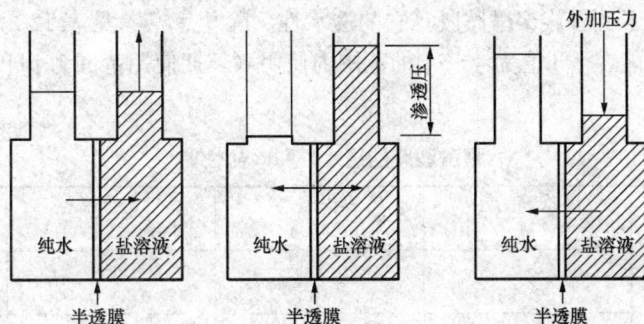

图 12-2　反渗透原理示意图

但是，在渗透过程中，由于盐水侧的液位越来越高，而淡水侧的液位越来越低，导致两侧产生液位差，这一液位差产生的压力阻碍了淡水的渗透，当这个压力达到一定程度，使得淡水渗透倾向被抵消时，淡水侧和盐水侧的液位都不再变化，渗透最终达到一个动态平衡，此时盐水侧和淡水侧的高度差值称为渗透压。

根据半渗透膜的特性，我们可以在盐水一侧施加一个外力，迫使盐水侧的水分子通过半渗透膜进入到淡水一侧，这种渗透过程与正常的自然渗透方向相反，故称为反渗透。

二、反渗透膜种类

良好的半透膜应具备的特性有：①透水率大，脱盐率高；②机械强度大；③耐酸、耐碱、耐微生物的侵袭；④使用寿命长；⑤制取方便，价格较低。

现在，可用作反渗透膜材料的高分子物质甚多，这里仅介绍几种常用的半透膜。

1. 醋酸纤维素膜

这是最早（1960 年）制成的实用人造膜。现在，其制造方法经多次改进，产品已具有透水率大，脱盐率高和价格便宜的优点。

此膜的制造方法为用溶剂溶解醋酸纤维素，加以发孔剂，制成膜后，蒸去溶剂，并经一定的热处理而成。所用溶剂为丙酮，也有用二氧六环的，发孔剂有 $Mg(ClO_4)_2$、$ZnCl_2$ 及甲酰胺等。

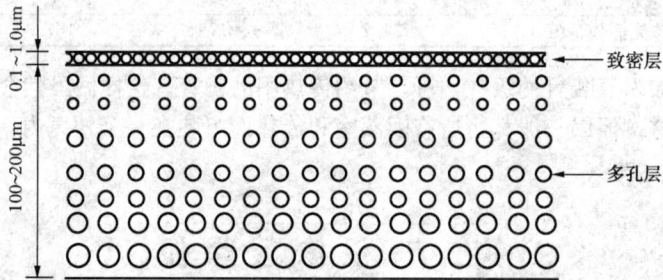

图 12-3　醋酸纤维膜的结构示意

这样制成的膜（见图 12-3）是由表层和多孔层（底层）两部分组成。表层（厚约 $0.1 \sim 0.2/\mu m$）具有相当细密的微孔结构（孔径<5nm），这就是半透膜；下面一层呈海绵状多孔结构，厚度为表面层的 $200 \sim 500$ 倍，孔较大（孔径约 40nm），且有弹性，起支撑表层的作用。醋酸纤维膜适用于 pH 值为 $3 \sim 7$ 的溶液（长期使用范围为 pH 值 4.5 左右）。

2. 聚酰胺膜

在 1970 年以前，制成的主要是脂肪族聚酰胺膜，如尼龙—66、尼龙—6 等，这些膜的透水性很差。后来，制成了芳香族聚酰胺膜，它的透水性、除盐率（参见表 12-2）、机械强度和化学稳定性等都较好。它能在 pH 值为 $4 \sim 10$ 的范围内使用（长期使用范围为 pH5～9）。芳香聚酰胺膜主要是制成中空纤维。

表 12-2　　　　　　　　　　　　　聚酰胺膜的透水性和除盐性能

膜	NaCl 浓度（%）	操作压力（MPa）	透水率 [$m^3/(m \cdot d)$]	除盐率（%）
芳香聚酰胺	0.5	7	0.4～0.5	99
	3.5	10	0.3～0.4	99
芳香聚酰胺—酰肼	0.5	7	0.3～0.4	98
	3.5	10	0.3～0.4	93

这类膜的铸膜液通常是由芳香聚酰胺、溶剂和盐类添加剂（作为助溶剂）三种组分组成。

中空纤维膜系由溶液纺丝法制取：将一定浓度的芳香聚酰胺纺丝液，在一定温度（如 80～

140℃）下通过环形中孔喷丝嘴喷出，经烘烤、蒸发和浸洗等步骤而制成。

中空纤维呈厚壁的圆柱体状，图 12-4 为其一例。

3. 复合膜

上列半透膜之所以能起渗透作用，是由于其表面的活化层。此活化层只需很薄一层，它太厚无助于渗透作用，反而会引起透水率降低，并使流量随运行时间衰减的速度加快。然而在制取这些膜时，却难以将活化层做得比 $0.1\mu m$ 更薄，为此研制成了复合膜。

复合膜是两层薄皮的复合体，先在布料（用以增强机械强度）上制成多孔支撑层，然后在其表面进行活化层的聚合反应。支撑层材料可采用聚砜，活化层可用聚脲。

复合膜的透水率、脱盐率和流量衰减方面的性能都较优越，它的出现大大降低了反渗透的操作压力，延长了膜的寿命，提高了反渗透的经济效益。

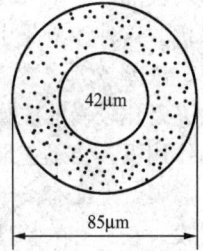

图 12-4　芳香聚酰胺中空纤维膜截面

三、膜的构型

反渗透膜需要制成一定构型才可用于水处理。目前膜的构型主要有平板式、管式、卷式和中空纤维式，但现在常用于水处理的是螺旋卷式。

对于卷式构型，常用膜有醋酸纤维素膜和复合膜，利用这些膜制成膜元件，把膜元件放在压力容器中构成膜组件。用于制作卷式构型的膜一般先制成平整的膜，如醋酸纤维素膜，上部有一层致密的 $(0.1\sim1.0\mu m)$ 脱盐层，脱盐层下面有一层稍厚 $(100\sim200\mu m)$ 的多孔支撑层，水很容易通过致密层流向多孔层。致密层是半透膜层，能有效阻止盐分的通过，起脱盐作用。

螺旋卷式反渗透器的结构如图 12-5 所示。膜的数量成偶数，两张膜的边缘粘连起来形成袋状，袋内有聚酯织物制成的多孔支撑网，袋的开口端与中心管相通，二块袋状膜之间有隔网（盐水隔网）隔开。然后把这些膜和网卷成一个螺旋卷式反渗透组件，将此组件装在密闭的容器内即成反渗透器。

这种反渗透器运行时，盐水在压力下送入此容器后，通过盐水隔网的通道至反渗透膜，经反渗透的水进入袋状膜的内部，通过袋内的多孔支撑网，流向袋口，随后由中心管汇集并送出。

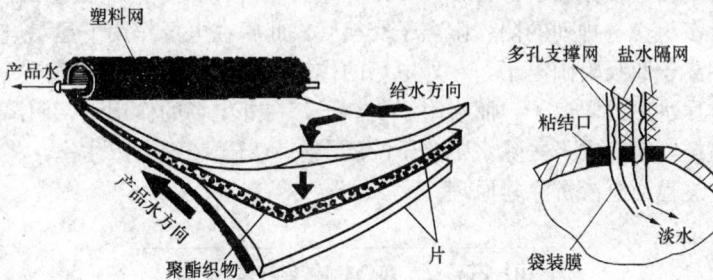

图 12-5　螺旋卷式反渗透器示意图

第三节　电渗析除盐

一、电渗析原理

如图 12-6 所示，渗析是属于一种自然发生的物理现象。如将两种不同含盐量的水，用一张渗透膜隔开，就会发生含盐量大的水的电解质离子穿过膜向含盐量小的水中扩散，这个现象就是渗析。这种渗析是由于含盐量浓度不同而引起的，称为浓差渗析。渗析过程与浓度差的大小有关，浓差越大，渗析的速度就越快，否则就越慢。因为是以浓差作为推动力的，因此，扩散速度始终是比较慢的。如果要加快这个速度，就可以在膜的两边施加一直流电场。电解质离子在电场的作用下，会迅速地通过膜，进行迁移过程，这就称为电渗析。渗析膜是用高分子材料制成的一种薄膜，上面有离子交换活性基团。膜内含有酸性活性基团的称为阳膜；如有碱性活性基团的称阴膜。它具有的特性为：阳离子交换树脂膜（简称阳膜）只容许阳离子透过，阴离子交换树脂膜（简称阴膜）只容许阴离子透过，即离子交换膜有选择透过性。从膜的结构上分，又可分为异相膜、均相膜、半均相膜三种。

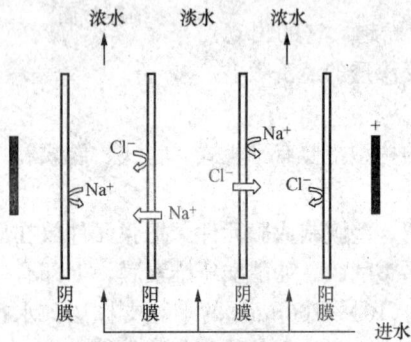

图 12-6　电渗析原理示意图

离子交换膜的这种特性是电渗析水处理工艺的基础，它与其活性基团的结构有关，现说明如下。对于阳离子交换树脂膜来说，其不可移动的内层离子为负离子，在阳膜的孔眼内有由于这些负离子而产生的负电场，因此，溶液中的负离子受到排斥，使它们不能通过。而阳离子遇到阳膜时，情况就不一样，它可以进入此膜的孔眼内。此时，它可以穿过孔眼，也可以将阳膜上原有的阳离子排代下来。同理，阴膜的内层为正离子，所以它带有正电场，排斥阳离子，容许阴离子进入。

如果仅仅是用这样的膜把水隔成两个部分，那么还是不能发现各部分水质会有什么变化，因为任何溶液还必须保持电中性，所以当一种离子减少时，另一种反符号离子必然要阻止此过程的继续进行。

然而，如果将这些膜做成电解槽的隔膜，即在膜的两侧加两个电极，通以直流电，则离子会发生有规则的迁移，形成电渗析。

在用电渗析进行除盐处理时，先将电渗析器两端的电极接上直流电，水溶液就发生导电现象，水中的盐类离子在电场作用下，各自向一定方向移动。阳离子向负极，阴离子向正极运动。在电渗析器内设置多组交替排列的阴、阳离子交换膜，此膜在电场作用下显示电性，阳膜显示负电场，排斥水中阴离子而吸附阳离子，在外电场的作用下，阳离子穿过阳膜向负极方向运动；阴膜显示正电性，排斥水中的阳离子，而吸附了阴离子，在外电场的作用下，阴离子穿过阴膜而向正极方向运动。这样，就形成了去除水中离子的淡水室和离子浓缩的浓水室，将浓水排放，淡水即为除盐水。这一过程为电渗析除盐原理。

第四节　　EDI 连续电除盐

连续电除盐净水技术是一种将电渗析和离子交换相结合的脱盐新工艺。英文缩写为 EDI。我们国家也称连续电除盐为填充床电渗析技术。它是将电渗析和离子交换除盐有机结合起来的一种净水技术，因为可以不间断连续出水，所以称为连续电除盐。

我们知道离子交换除盐就是水中的离子和离子交换树脂上的功能基团所进行的等电荷反应。它利用阴、阳离子交换树脂上的活性基团对水中阴、阳离子的不同选择性吸附特性，在水与离子交换树脂接触的过程中，阴离子交换树脂中的氢氧根离子（OH^-）同溶解在水中的阴离子（如 Cl^- 等）交换，阳离子交换树脂中的氢离子（H^+）同溶解在水中的阳离子（例如 Na^+ 等）交换。从而使溶解在水中的阴、阳离子被去除，达到纯化的目的。离子交换树脂工作失效后，必须用酸、碱对阳、阴离子交换树脂进行再生。

电渗析技术利用多组交替排列的阴、阳离子交换膜，这种膜具有很高的离子选择透过性，阳膜排斥水中阴离子而吸附阳离子，阴膜排斥水中的阳离子，而吸附阴离子。在外直流电场的作用下，淡水室中的离子做定向迁移，阳离子穿过阳膜向负极方向运行，并被阴膜阻拦于浓水室中。阴离子穿过阴膜而向正极方向运动，并被阳膜阻拦于浓水室中，从而达到脱盐的目的。但是由于电渗析器中的淡水室离子含量很小，溶液的电阻很高，导电能力很弱，需要在电渗析器的两端加上很高的电压，消耗很高的电能。当淡水室溶液中电解质离子的浓度极低时，电渗析过程就难以再进行下去。当电解质浓度过低时，溶液电阻升高，耗电量增加，效率下降，以至实际上无法用一般的电渗析脱盐来制得高质量的纯水。

连续电除盐装置就是在电渗析器中的淡水室填装了阴、阳混合离子交换剂（颗粒、纤维或编织物），将电渗析和离子交换置于一种容器中，两者内在地联合成一体，由于纯水中离子交换剂的导电能力比一般所接触的水要高 2～3 个数量级，由于交换剂颗粒不断发生交换作用与再生作用而构成了"离子通道"，结果使淡水室体系（溶液、交换剂和膜）的电导率大大增加，从而减弱了电渗析器的极化现象。

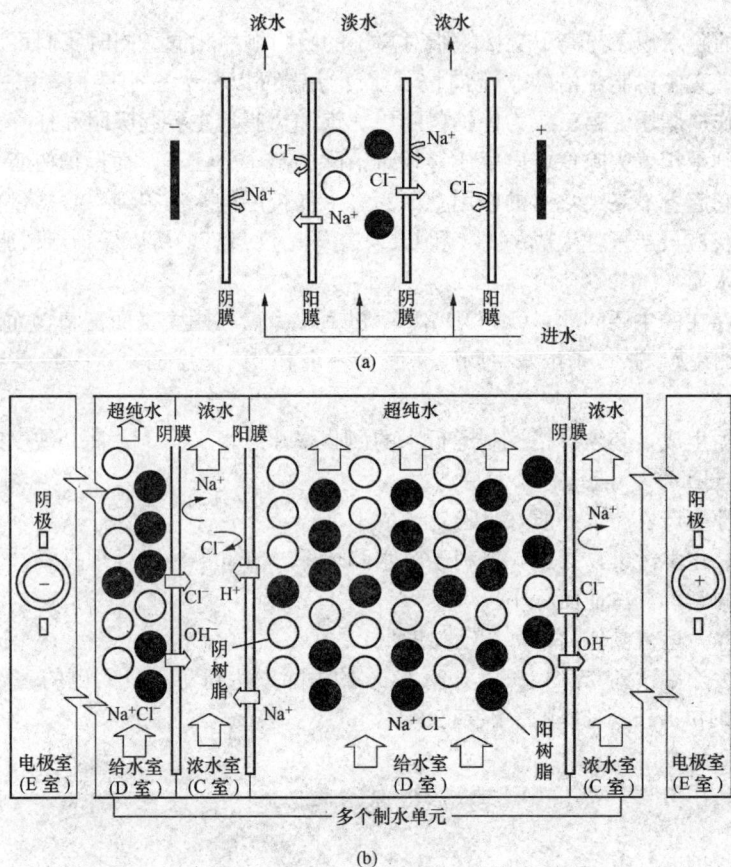

图 12-7　连续电除盐原理示意图

连续电除盐处理过程中同时进行着如下三个主要过程：

（1）在外电场作用下，水中电解质离子通过离子交换膜进行选择性迁移的电渗析过程；

（2）阴、阳混合离子交换剂上的 OH^- 和 H^+ 离子对水中电解质离子的离子交换过程（从而加速去除淡水室内水中的离子）；

（3）电渗析的极化过程所产生的 H^+ 和 OH^- 及交换剂本身的水解作用对交换剂进行的电化学再生过程，前两个过程可提高出水水质，而最后再生过程却因进行再生反应而使水质变坏，然而这一再生过程是填充床电渗析器长期不间断运行所必需的。因此，只要选择适宜的工作条件，就能保证获得高质量的纯水，又能达到交换剂的自行再生。

如图 12-7（b）所示，连续电除盐装置（EDI）由给水室（D 室）、浓水室（C 室）和电极室（E 室）组成，D 室内填充常规离子交换树脂，给水中的离子由该室去除；D 室和 C 室之间装有阴离子交换膜或阳离子交换膜成，D 室中的阴（阳）离子在两端电极作用下不断通过阴膜和阳膜进入 C 室；H_2O 在直流电能作用下可分解成 H^+ 和 OH^- 根离子，使 D 室中混合离子交换树脂经常处于再生状态，因而有交换容量，而 C 室中浓水不断地排走。因此 EDI 在通电的情况下，可以不断地制出纯水，其内填的树脂无需使用酸碱再生。EDI 的每个制水单元均由一组树脂、离子交换树脂膜和有关的隔网组成。每个制水单元串联起来，并与两端的电极，组成一个完整的 EDI 设备。

EDI 对离子的脱除顺序与离子交换树脂对离子的吸附顺序相同。同时我们可以这样认为，在 EDI 组件中的离子交换树脂，沿淡水流向按其工作状态可以分为三个层面，第一层为饱和树脂层，第二层为工作树脂层，第三层为保护树脂层。饱和树脂层主要起吸附和迁移大部电解质的作用，工作树脂层则承担着去除像弱电解质等较难清除的离子的任务，而保护树脂层树脂则处于较高的活化状态，它起着最终纯化水的作用。因为进入保护层的水质很纯，含盐量很低，这一部分在两极发生极化反应最严重，生成的 H^+ 和 OH^- 离子浓度最高，所以保护层树脂再生程度最高，也就保证了出水水质。

结垢是浓室存在的主要问题。Ca^{2+} 和 Mg^{2+} 进入浓室后在阴膜表面富集，而淡水室阴膜极化产生的 OH^- 透过阴膜。造成了浓水室阴膜表面有一个高 pH 值层面，这一特点导致浓水室结垢趋势明显增大。

为了防止结垢生成，必须严格控制运行水的回收率和进水水质，尤其是硬度的含量。

连续电除盐（EDI）一般具有以下特点：

（1）可连续性生产，产水品质好且稳定，成本低；

（2）无废水、化学污染物排放，有利于节水和环保，节省了污水处理投资；

（3）设备结构紧凑，占地面积小；

（4）日常保养、运行操作简单，劳动强度低；

（5）对硅的去除率达到 95%～99%，对 CO_2 的去除率达到 99%，对硼的去除率 96%，可以连续保持 $DD < 0.1\mu S/cm$，对氨的去除率 98%。

复 习 思 考 题

1. 闪蒸的原理是什么？
2. 闪蒸设备中如何防止含盐水在凝结器或加热器的传热面上结垢？
3. 什么是渗透、反渗透？
4. 反渗透膜应具备哪些特性？

5. 反渗透膜的种类有哪些?
6. 试述电渗析的除盐原理。
7. 电渗析器中离子交换膜的种类有哪些?
8. 连续电除盐的除盐原理是什么?
9. 连续电除盐的特点有哪些?

第十三章 冷却水处理

在火力发电厂中，使用的冷却水主要指用于作为汽轮机凝汽器的冷却介质。所以，本章主要讨论汽轮机凝汽器冷却水的处理。

第一节 凝汽器铜管水侧附着物形成及防止

冷却水的供水方式大致分为开放式（或称直放式）和循环式两种。开放式供水，是由水源来的生水一次性地经过凝汽器设备后，排掉不再利用，一般在水源充足的地方，如有江、河、湖、海或水库的地方，大都采用这种方式；循环式供水，是冷却水经凝汽器后，通过冷水塔或喷水池，降低温度后再作为冷却介质使用。这种供水方式的冷却水又称为循环水。

由于冷却水中含有许多杂质，其中有无机物也有有机物，它们都有可能附着在铜管上，无机附着物常称为水垢。由于附着物的传热性能很差，会导致凝结水的温度升高，而使凝汽器的真空度下降，影响汽轮机的出力和经济运行。因此，防止凝汽器铜管冷却水侧附着物的形成是非常必要的。

一、凝汽器铜管内结垢及防止

（一）铜管内碳酸盐水垢形成

在火力发电厂的凝汽器冷却系统中形成的水垢，通常只有碳酸盐水垢，这是因为在运行条件下，通常只发生 $Ca(HCO_3)_2$ 受热分解而生成难溶 $CaCO_3$ 的关系。

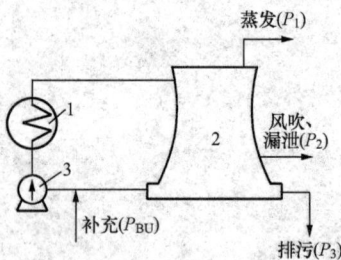

图 13-1 循环水流程图
1—凝汽器；2—冷却塔；3—循环水泵

开放式冷却系统与循环式冷却系统比较，循环式冷却系统易产生碳酸盐水垢，这是因为冷却水在循环使用时，有不断蒸发和浓缩的现象。所以，现在主要讨论循环式冷却系统的结垢及防止。

循环水的流程如图 13-1 所示。循环水由凝汽器流出，通过冷却塔（或喷水池）冷却后，用循环水泵打回凝汽器再次利用。冷却水在上述流程中难免有许多水量要损失，其中因蒸发而损失的是很纯的水，因此循环水的水质与其补充的水质相比，有浓缩现象。这样，水中的 $Ca(HCO_3)_2$ 浓度越来越大，这是促使其分解生成 $CaCO_3$ 的主要因素。当循环水浓缩到一定程度时，就会发生析出 $CaCO_3$ 的反应。其反应式为

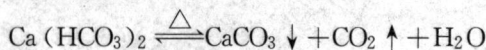

$$Ca(HCO_3)_2 \rightleftharpoons CaCO_3 \downarrow + CO_2 \uparrow + H_2O$$

循环水在运行过程中，由于有许多水量要损失（如蒸发、风吹、泄漏和排污等），为了使循环水保持一定的水量，循环水在运行中应不断加以补充。当循环水的损失和补充水量达到平衡状态时，得

$$P_{BU} = P_1 + P_2 + P_3$$

式中　P_{BU}——补充水占循环水流量的百分率，%；

　　　P_1——蒸发损失占循环水流量的百分率，%；

P_2——风吹和泄漏损失占循环水流量的百分率，%；

P_3——排污损失占循环水流量的百分率，%。

在循环水的运行过程中，有些盐类不会生成沉淀物，如氯化物，所以它在循环水中的浓度和其在补充水中浓度之比，就代表循环水在运行中因蒸发而使盐类浓缩的倍率。其关系式为

$$\varphi = \frac{Cl_{\overline{X}}}{Cl_{\overline{BU}}}$$

式中　$Cl_{\overline{X}}$ 和 $Cl_{\overline{BU}}$——分别表示循环水中和补充水中的 Cl^- 浓度，mg/L；

　　　　φ——浓缩倍率。

所以由循环水和补充水的分析数据，可求得循环水的浓缩倍率。加氯处理时，则不能以 Cl^- 为代表，应另测定其他离子。

(二) 水垢的防止

为了使冷却水系统不结垢，就应使循环水中碳酸盐硬度的浓缩现象有所限制，防止 $Ca(HCO_3)_2$ 的分解。实践证明，对于每种水质都有维持在运行中不结垢的极限碳酸盐硬度 (H_T^1)，如果运行中循环水的实际碳酸盐硬度维持低于此极限值，就不会有水垢生成。极限碳酸盐硬度 (H_T^1) 值，很难由理论推导算得，可由运行经验或通过调试寻求。

由上述可知，为了防止水垢的生成，办法之一是控制好循环水的排污率，使其碳酸盐硬度低于极限碳酸盐硬度。但是由于循环水量很大，如果排污率太大，为了补充这些损失所需的补充水量很大，以致水源的供水量不够用，那么就必须对水质进行处理。

循环水处理有其特点，它不要求严格地去除水中杂质，而以不结 $CaCO_3$ 的垢为原则。所以，循环水处理常常不是进行水质净化处理，而是向水中投加某些药物，使水质趋于稳定，称为水质稳定处理。常用的水质稳定处理方法有加酸处理和添加磷酸盐阻垢剂等。现分述如下。

1. 加酸处理

这种处理常用的酸是硫酸 (H_2SO_4)，因为它价廉，且浓硫酸不腐蚀钢材，易于储存。一般不用盐酸 (HCl)，因盐酸的价格相对较高，而且对金属的腐蚀性强，氯离子引入循环水会促进铜管的腐蚀。循环水加酸的作用是把碳酸氢根的碱性中和掉，使水中的 $Ca(HCO_3)_2$ 转变成溶解度相对 $CaCO_3$ 较大的 $CaSO_4$。其反应式如下

$$Ca(HCO_3)_2 + H_2SO_4 \Longrightarrow CaSO_4 + 2CO_2\uparrow + 2H_2O$$

但加酸的量并不需要使循环水中的碳酸氢根全中和，只要维持循环水中留下的碳酸盐硬度 (H_T) 不超过它的极限碳酸盐硬度 (H_T^1) 即可。加酸时生成的 CO_2 也可起防止 $CaCO_3$ 析出的作用，但由于其量不多，所以作用并不显著。

采用这种方法的加酸地点，从防垢来说，没有特殊的要求，不论在何处都可以。

加酸处理时应控制循环水的碱度，因碱度和 pH 值有一定的关系，所以在取得一定经验后也可监督 pH 值，通常它应在 7.4～7.8 之间。

2. 添加阻垢剂

某些化学药剂只需少量添加到冷却水中，就可起到阻止生成水垢的作用，这类化学药剂称为阻垢剂，现分别介绍如下。

(1) 聚磷酸盐阻垢剂。

目前采用较多的聚磷酸盐有三聚磷酸钠 ($Na_5P_3O_{10}$) 和六偏磷酸钠 ($(NaPO_3)_6$)。

聚磷酸盐阻垢的机理有两点：一是起分散剂作用，聚磷酸盐溶于水后，形成具有—O—P—O—P—…的长链阴离子，它容易吸附在固相 $CaCO_3$ 的表面上，改变晶体的结构，使晶粒表面的

电位降低，从而防止 $CaCO_3$ 晶粒进一步析出；二是聚磷酸盐能与 Ca^{2+}、Mg^{2+} 等易结垢的离子结合成络合离子或螯合离子。因此，只要在水中添加少量的聚磷酸盐，就能使碳酸钙以过饱和状态稳定存在于水中，从而提高了循环水的极限碳酸盐硬度，达到防止结垢的目的。

用聚磷酸盐所能稳定的碳酸盐硬度是有极限的，如果因循环水过度浓缩以至碳酸盐硬度超过了此极限，则仍然会结垢。所以，应与循环水的排污配合，以控制循环水的浓缩倍率。

聚磷酸盐在冷却水中会逐渐水解，形成正磷酸盐，正磷酸盐虽然有一定的阻垢作用，但效果不如聚磷酸盐，而正磷酸盐与 Ca^{2+} 会形成沉淀物。另外，正磷酸盐是水中细菌和藻类的营养物质，会加速菌藻类的繁殖，易造成生物污染。循环水用此法处理时，应配以氯化处理。

用聚磷酸盐处理循环水时，水中应维持的 PO_4^{3-} 量约为 $2\sim3mg/L$。

（2）有机磷酸盐阻垢剂。

有机磷酸盐阻垢剂有 EDTMP、ATMP、HEDT 等，它们的分子结构和名称如下

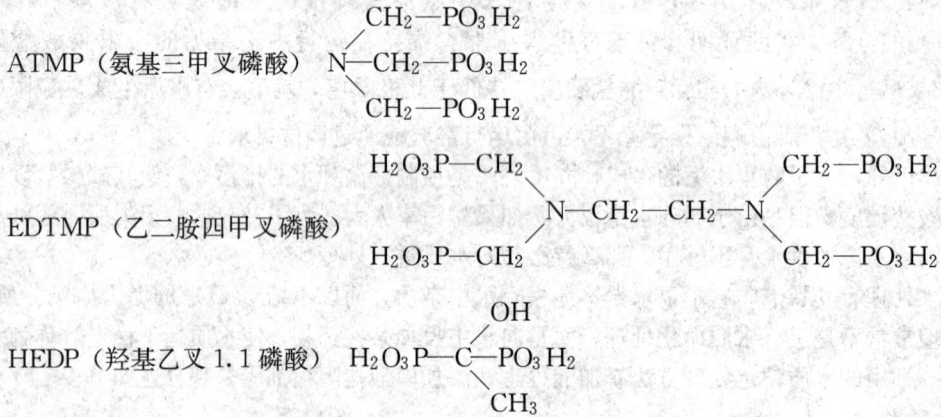

ATMP（氨基三甲叉磷酸）
$$N\begin{cases} CH_2-PO_3H_2 \\ CH_2-PO_3H_2 \\ CH_2-PO_3H_2 \end{cases}$$

EDTMP（乙二胺四甲叉磷酸）
$$\begin{matrix} H_2O_3P-CH_2 \\ H_2O_3P-CH_2 \end{matrix}N-CH_2-CH_2-N\begin{matrix} CH_2-PO_3H_2 \\ CH_2-PO_3H_2 \end{matrix}$$

HEDP（羟基乙叉 1.1 磷酸）
$$H_2O_3P-\overset{\overset{\displaystyle OH}{|}}{\underset{\underset{\displaystyle CH_3}{|}}{C}}-PO_3H_2$$

上述有机磷酸是一类中等强度的酸，它们在水中均能电离出多个氢离子，而本身成为带负电基团。这类物质在常温下极易潮解，易溶于水，基本上是无毒或低毒的固体。

磷酸盐阻垢机理也有两方面，一是络合及螯合作用；二是分散作用。

磷酸盐与聚磷酸盐相比具有下列优点。

1）磷酸盐不像聚磷酸盐那样易水解，因 C—P 键比 O—P 键稳定，即使在高温下，它的水解稳定性也较好。

2）磷酸盐所能维持的极限碳酸盐硬度比聚磷酸盐高一些，特别是与聚磷酸盐复合应用时，还有一定的"增效作用"，甚至在低剂量的条件下（1mg/L），阻垢效果也较好。

但是，磷酸盐能与多价阳离子形成络合物，其中对铜的络合相当稳定，所以对铜和铜合金有一定的侵蚀作用。因此，还应有防止铜腐蚀的措施，如添加抑制剂 MBT（巯基苯骈噻唑）。

（3）低分子量有机聚电解质。这类阻垢剂，目前使用较多的有以下几种

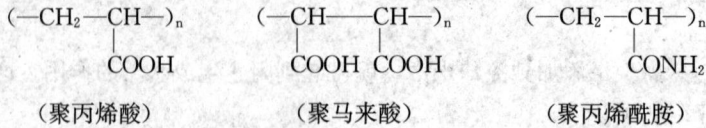

$$\begin{matrix} (-CH_2-\overset{|}{\underset{|}{CH}}-)_n \\ COOH \end{matrix} \qquad \begin{matrix} (-\overset{|}{\underset{|}{CH}}-\overset{|}{\underset{|}{CH}}-)_n \\ COOH\ COOH \end{matrix} \qquad \begin{matrix} (-CH_2-\overset{|}{\underset{|}{CH}}-)_n \\ CONH_2 \end{matrix}$$

（聚丙烯酸）　　　　（聚马来酸）　　　　（聚丙烯酰胺）

这些药剂常作为分散剂加入循环水中，使 $CaCO_3$ 小颗粒稳定在分散状态下，阻碍了碳酸盐垢的形成。它们的分子量有高有低，有的分子量高达 10^6，有的分子量低到 $10^2\sim10^3$。它们的阻垢作用只有在一定的分子量范围内，才是有效的。例如，对聚丙烯酸平均分子量在 $2000\sim6000$ 范围内阻垢效果最好。

除上述水质稳定处理外，现在还有一种所谓"零排污"的循环水处理系统。在此系统中不进行循环水排污，而是采用将部分循环水脱盐的办法以降低其含盐量。脱盐系统应按经济的原则来选取，如先经石灰、苏打或石灰、弱酸性阳离子交换树脂进行软化，然后用电渗析或反渗透进行脱盐。

"零排污"的循环水处理，还是一项新技术，存在成本高的缺点，但因其所需的补充水量比采用其他循环水处理时小，所以对于缺水地区来说，它是一种可取的方法。

二、有机附着物形成及防止

（一）有机附着物形成

冷却水中水藻和微生物的生长是冷却水系统生成有机附着物的主要原因。因为微生物在生长和繁殖过程中放出黏液，它能将水中的黏泥和植物残骸等一起粘附在冷却水通道中，形成有机附着物。

影响冷却水中微生物生长的主要因素是温度，一般在 $20 \sim 30℃$ 的水温中微生物滋生繁殖得最快。而冷却水的温度大都在此范围内，所以冷却水温度为微生物的生长提供了条件。其次，冷却水中常含有微量蛋白质，这也助长了微生物生长。此外当采用磷酸盐处理循环冷却水时，磷化物也能为微生物和藻类的生长提供养分。

有机附着物，不论是在循环式或开放式的冷却系统中都会发生。

（二）防止方法

防止凝汽器铜管内产生有机物的主要方法是杀死冷却水中的微生物，使其丧失附着在管壁上的能力。目前，火力发电厂常用的方法是在冷却水中加液氯或漂白粉。

液氯能杀死微生物，主要是由于氯在水中水解生成有强氧化性的次氯酸（$HClO$），能杀死微生物和细菌。其反应式为

$$Cl_2 + H_2O \longrightarrow HClO + HCl$$

次氯酸在水中会进一步发生电离

$$HClO \Longrightarrow H^+ + ClO^-$$

次氯酸根（ClO^-）的杀菌作用较小，当水的 pH 值增高时，ClO^- 的量增多，杀菌力减小；当 pH 值降低时，$HClO$ 增多，杀菌力就增大。但 pH 值太低易引起设备系统的腐蚀，所以一般控制 pH 值在 6.5～7.0 的范围内。为了达到杀死微生物的目的，一般在冷却水中要保持 0.20～0.25mg/L 的余氯。

冷却水加氯处理时，药品由凝汽器入口处加入，这样有利于杀死进入凝汽器冷却水中的和附着于凝汽器铜管上的微生物。另外，加氯处理不要连续不断地进行，应根据具体情况定时进行，只要凝汽器铜管内不因有有机附着物而影响运行即可。

漂白粉是用干的消石灰同氯气反应，得到的混合物，其反应如下

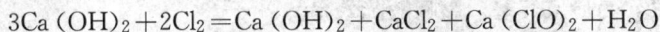

$$3Ca(OH)_2 + 2Cl_2 = Ca(OH)_2 + CaCl_2 + Ca(ClO)_2 + H_2O$$

式中，次氯酸钙［$Ca(ClO)_2$］是有效成分，加入水中有较强的氧化性，能杀死微生物和细菌。

目前由于环境保护的要求，对排入河道的水中余氯量的限制日趋严格。如有的国家或地区规定排水中余氯量不得超过 0.1mg/L，因此氯化处理受到一定限制，目前已发展了一些新的处理方法和药剂，如采用臭氧处理。臭氧是一种非常强的氧化剂，它不会增加水中无机盐类的含量，也不会产生污染，对水生物无害，但目前处理费用较高。

第二节　凝汽器铜管清洗

冷却水经过处理，可以减轻凝汽器铜管内附着物的生成，但不能保证将附着物完全消除。所

以有时还要进行清洗。

一、胶球自动清洗

该法就是在运行中，使特制的海绵胶球通过凝汽器铜管，进行自动冲刷，以防止有机附着物和水垢的产生。

海绵胶球具有多孔、能压缩等特性，球的直径应比铜管内径大1mm，在水流带动下，胶球通过压缩会通过铜管。如图13-2所示，胶球和铜管发生摩擦，能将管壁上的附着物擦去，同时因胶球具有多孔性，所以从海绵球后方来的水流会通过其孔隙把擦下来的污物冲走。

胶球自动清洗的装置系统如图13-3所示。在这里，有专设的水泵使水形成一个单独的循环回路，胶球被这一股水流带动，通过凝汽器和回收网等作循环流动。一般每根管子在每次清洗中平均通过3~5个球。

胶球清洗次数根据具体情况而定，一般每星期清洗1~2次。清洗次数不宜过多，以免清洗过度破坏铜管的保护膜，引起铜管腐蚀。

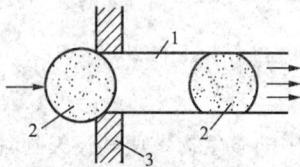

图 13-2 海绵球在铜管内移动的情况
1—铜管；2—海绵球；3—铜管管板

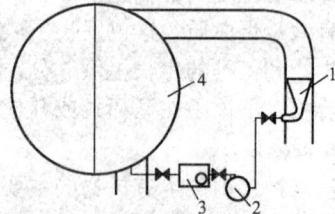

图 13-3 海绵球清洗系统
1—海绵球回收网；2—水泵；3—加球室；4—凝汽器

二、化学清洗

当凝汽器铜管内结有较多碳酸盐垢时，应进行酸洗。酸洗是利用酸和碳酸钙反应，使垢转变成易溶的钙盐，随水冲洗液排走。

清洗时通常可采用盐酸、醋酸或磷酸。盐酸的除垢效果好、作用快、价格相对便宜，但盐酸对铜管的腐蚀速度比其他酸大，可用加缓蚀剂的方法，使其腐蚀速度减小。醋酸和磷酸的酸性弱、作用缓慢，故酸洗时应将酸液加热至40~60℃的情况下进行。而盐酸清洗时，一般在室温下就可以进行，但醋酸和磷酸对铜管的腐蚀速度比盐酸慢。

酸洗时根据凝汽器进酸和排酸部位的不同，可分为以下两种进酸方式。

（1）上进下排。即酸洗液从凝汽器的上部进入，通过铜管后，由凝汽器的下部排出。其优点是浓度较大的酸液首先接触的是结垢较多的出口部分，这是比较合理的，但其缺点是酸流和气流逆向而行，不易排气，易造成气塞，影响酸洗效果。

（2）下进上排。即酸液从凝汽器的下部进入，通过铜管后，由凝汽器的上部排出。其优点是酸流、气流同向，排气较顺，但其缺点是新进的浓度大的酸与结垢较少的下部铜管先接触。

由于酸洗时酸与碳酸盐反应，会产生大量的 CO_2 气体，如排气不当会造成事故，而且对酸洗效果也有很大影响，因此酸洗时应设置排气装置。一般下部进酸时，可采用单侧单点排气，上部进酸时，应采取双侧多点排气。排气可通向大气，但最好引回酸箱，以防止控制不当造成跑酸。

第三节　凝汽器铜管冷却水侧腐蚀及防止

凝汽器铜管的腐蚀是影响发电机组安全运行的主要因素之一。据统计国外高参数锅炉的腐蚀损坏事故中，大约有30％是由于凝汽器铜管的腐蚀损坏造成的，在我国这个比例更高。这是因为凝汽器铜管腐蚀泄漏，会使冷却水漏入凝结水中，导致给水水质恶化，造成给水系统、锅炉、汽轮机等设备的腐蚀与结垢，尤其是用海水作冷却水的凝汽器。因此防止凝汽器铜管的腐蚀，是很重要的一项工作。

凝汽器铜管冷却水侧的腐蚀过程，与给水系统和锅炉内钢材的腐蚀有很大的不同。其原因有以下几点。

1）钢和铜的化学性能不同；

2）它们所接触的水质不同。给水系统和锅炉中流动着的水都经过净化处理，而冷却水一般都不进行净化处理，其含盐量大，杂质多而饱含有溶解氧；

3）它们所接触的水温有很大的差别，冷却水的水温比热力设备中的水温低得多。

所以，凝汽器铜管的腐蚀有其特点，它的防止不能采用水净化的方法，因为冷却水的流量很大。一般采用选择合适的管材、进行铜管表面造膜、在水中投加某些药品等方法处理。

一、腐蚀形式

凝汽器铜管在冷却水中可能发生多种形态的腐蚀，大体可分为均匀腐蚀和局部腐蚀两类。均匀腐蚀常常使铜管以极缓慢的速度溶解，其危害性不十分严重。局部腐蚀是较危险的，铜管的腐蚀泄漏往往起源于此。

铜管的腐蚀过程同大多数金属材料一样，与铜管表面保护膜的性能关系密切。如果铜管的表面在运行初期已形成一层良好的保护膜，一般就不会再进行均匀腐蚀，对于局部腐蚀，也只有在此膜发生破裂的情况下才发生。下面叙述各种局部腐蚀。

1. 脱锌腐蚀

黄铜是铜锌合金。黄铜中的锌被单独溶解的现象，称为脱锌腐蚀。这常常是由于合金中锌电位较低，相对较有活性，因电化学作用而被选择性溶解到介质中。

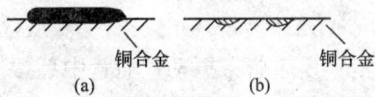

图 13-4 黄铜的脱锌腐蚀
(a) 层状脱锌；(b) 栓状脱锌

黄铜管的脱锌腐蚀有两种形式：一种是层状脱锌，一种是栓状脱锌，如图 13-4 (a)、(b) 所示。

黄铜管的层状脱锌特征是，在铜管的水侧表面上出现范围较大的发红区域，这是一层不太致密的连续的紫铜层，其下部是金黄色的铜合金。一般在海水中容易产生层状脱锌。

与层状脱锌腐蚀相比较，黄铜管的栓状脱锌腐蚀是更危险的一种腐蚀形式。因为它沿管壁垂直方向侵蚀可达相当大的深度，乃至穿透管壁，造成铜管泄漏事故。铜管发生栓状脱锌腐蚀部位的表面带有腐蚀产物堆积而成的白色小丘，这些白色产物主要是一些锌盐，如氯化锌、碳酸锌和氢氧化锌。白色产物下面是脱锌而形成的海绵状紫铜，再下面是未受腐蚀的铜合金基体。一般在淡水中容易产生栓状脱锌。

2. 冲击腐蚀

由于冷却水的湍流（急流的水）以及进入水流的气体或砂砾等的冲击磨削作用，使凝汽器铜管表面某些局部的保护膜遭到破坏，膜破坏部位金属的电位较低，易导致金属进一步腐蚀。这类腐蚀是金属在机械和电化学共同作用下产生的，所以通常称之为冲击腐蚀。

冲击腐蚀的形貌特征是腐蚀坑沿水流方向分布，并且腐蚀坑顺着水流方向凹陷，如图 13-5 所示。

冲击腐蚀一般发生在流速高、水流流动紊乱和不断形成湍流的局部位置上，如凝汽器的入口端。冲击腐蚀主要与材料表面膜的性能、水的流速和水质等有关。一般不同的管材都有耐冲击腐蚀的最高临界流速。

3. 沉积腐蚀

有些冷却水常被泥沙、贝壳、水生物等所污染。这些固体物质沉积在铜管内壁上后，起着屏蔽作用，阻碍氧到达下面的金属表面。这样，缺氧的沉积物下的金属部位电位较低，成为腐蚀电池的阳极区，引起沉积物下面金属的腐蚀，如图13-6所示。这种腐蚀常发生在水流缓慢的部位，因为这里容易沉积外来物。

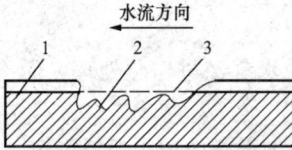

图 13-5　冲击腐蚀
1—保护膜；2—腐蚀孔；3—原金属表面

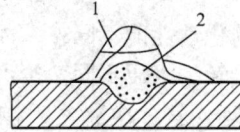

图 13-6　沉积腐蚀
1—外来物；2—腐蚀产物

4. 应力腐蚀破裂

铜管的应力腐蚀破裂，是在受到足够大的拉伸应力的情况下，在特定的介质环境中产生的。这个应力是在铜管拉制、运输、安装过程中残留的。另外，在运行中由于凝汽器支撑铜管的隔板间间距过大，因而在自重和冷却水重量下铜管往往发生弯曲，也会增加管材的应力。能够引起铜管应力腐蚀破裂的环境主要有 NH_3、O_2、H_2S 等物质环境。

黄铜管的应力腐蚀破裂特征是，裂纹方向垂直于拉伸应力方向，裂纹以沿晶裂开为主，但也可能是穿晶裂开。

为了防止凝汽器铜管的应力腐蚀破裂，可以从管材的选择、消除铜管的内应力以及改善介质条件等方面采取措施。

5. 腐蚀疲劳

凝汽器铜管上发生的腐蚀疲劳，多在铜管中部出现横向裂纹，裂纹较短，分支较少或没有分支，并且呈穿晶腐蚀特征。

其原因是，凝汽器铜管在运行中受汽轮机高流速排汽的冲击，发生管束振动，而管中部振动最剧烈，使铜管受到交变应力的作用，在交变应力的作用下使铜管的表面膜发生破裂，产生局部腐蚀，使材料疲劳极限降低，最后管子破裂。

二、防止凝汽器铜管腐蚀措施

（一）合理选择凝汽器管材

根据不同的冷却水水质，选择能适应该水质的凝汽管材，是保证凝汽器及发电机组安全可靠运行的根本措施之一。

1. 凝汽器管材

我国目前用于凝汽器的管材主要是黄铜。黄铜是以铜和锌元素为主要成分的合金，它以锌为主要添加元素。加锌是为了增加铜的机械强度，因为纯铜虽然具有良好的传热性、可塑性和较好的耐腐蚀性，但其强度低，所以一般不直接用来作结构材料。黄铜根据化学成分的不同又分为普通黄铜和特殊黄铜两大类。

普通黄铜是指简单的铜、锌合金。我国规定的普通黄铜牌号是由字母 H 加数字组成。字母 H 是黄铜的代号，其后的数字表示含铜量。如 H68 表示含铜量为 68%、含锌量为 32% 的普通黄铜。

在普通黄铜中再添加少量的铝（Al）、锡（Sn）、砷（As）等其他合金元素后，制成的黄铜称为特殊黄铜。特殊黄铜的牌号命名是这样规定的：字母 H 后列出除锌以外的主要添加元素的符号，接着是含铜量数字，最后标出添加元素的量。如 HAl 77—2A，是指含铜 77%、锌 21%、铝 2%的铝黄铜；再如 HSn 70—1A，是指含铜 70%、锌 29%、锡 1%的锡黄铜。上述两例中最后的"A"表示此材料加有微量的砷元素，加砷量一般在 0.04%左右。

在普通黄铜中添加锡（Sn）和砷（As）的作用是防止铜管的脱锌。但锡黄铜（也称海军黄铜）耐冲击腐蚀的性能较差。普通黄铜加铝可使保护膜破坏后能很快地自动"修补"，增加铜管耐冲击腐蚀的能力。

用于凝汽器的管材除黄铜外，还可采用白铜、不锈钢或工业纯钛做管材。但因其价格较贵很少采用。下面仅简要介绍一下白铜。

白铜是铜和镍（Ni）的合金。当镍含量较高时，材料常呈银白色金属光泽，故称为白铜。白铜牌号的命名以字母 B 表示铜镍合金，字母 B 后的数字表示含镍量，如 B 30 表示是含镍 30%、铜 70%的铜镍合金。

白铜材料耐腐蚀性能很强，在淡水，尤其在海水中较稳定，耐氨腐蚀性能明显优于黄铜。

2. 凝汽器管材选择

管材的选择是以下述几项水质指标作为主要依据的：溶解固形物、氯离子含量、悬浮物和含沙量以及水质的污染程度。水的污染程度可用下面四个指标来衡量：

硫离子含量（S^{2-}）　　　　0.02mg/L

氨含量　　（NH_3）　　　　1mg/L

溶解氧量　（O_2）　　　　　4mg/L

化学耗氧量（COD）　　　　4mg/L（$KMnO_4$ 法）

下面简要介绍几种主要铜管的适用水质。

（1）H68A 普通加砷黄铜管。由于黄铜管中加有微量砷元素，因而能抑制清洁淡水中的脱锌腐蚀，但在污染水中，仍会出现严重的脱锌腐蚀。另外，H68A 管耐冲击腐蚀性能较差，特别是在污染的水中。因此 H68A 管一般只适用于氯离子含量小于 50mg/L，溶解固形物小于 300mg/L（短期可小于 500mg/L），悬浮物和含沙量小于 100mg/L 的清洁冷却水中，允许的冷却水流速最大不超过 2.0m/s。

（2）HSn70—1A 锡铜管。这种管是国内外在淡水中使用得较广泛的一种，一般用于溶解固形物小于 1000mg/L，氯离子小于 150mg/L，悬浮物和含沙量小于 300mg/L 的冷却水。允许冷却水的最高流速为 2.0～2.2m/s。

对 H68A 和 HSn70—1A 管材，在采用硫酸亚铁造膜处理时，悬浮物和含沙量允许为 500～1000mg/L。

（3）HAl77—2A 铝黄铜。这种黄铜管可用于清洁海水中（溶解固形物大于 2000mg/L），在海水作冷却水情况下，水流速允许不超过 2.0m/s。悬浮物和含沙量小于 50mg/L。在淡水中一般不推荐使用黄铜管，在淡水中易发生应力腐蚀破裂、腐蚀疲劳等腐蚀。

（4）B30 白铜管。这种管材耐冲击腐蚀、氨腐蚀和海水的腐蚀性能较好，可用于悬浮物和砂含量较高的海水中，以及使用在凝汽器氨富集浓度高的空冷区。允许的冷却水流速高，淡水可达 4.5m/s，海水允许 3.6m/s。

在选材时，除了要考虑水质适应性及水流速的影响外，还应考虑管材的价格、维护费用等方面进行技术经济比较，不可盲目选用"高级"管材。

（二）做好铜管投运前的维护和安装工作

凝汽器管细而长，壁又薄，因此十分"娇嫩"。若包装、运输、储存时保管不善，就会发生严重的大气腐蚀损坏和增大内应力。所以在运输和储存时，要防止碰伤、受潮以及腐蚀性化学药剂的侵蚀，并要防止弯曲变形。凝汽器铜管应用固定的箱包装，并应存放在干燥环境中。如果从箱中取出，应放在固定的有托板的支架上，支架应保证架上铜管平直，不允许垂直放置，不允许用绳捆扎。搬运管子时，应注意轻拿轻放，不允许摔打和碰撞。

为了防止铜管在运行中发生应力腐蚀破裂，铜管安装前，必须抽查其应力状况。目前采用的检验方法并非直接求出内应力值，而是将试样置于氨气中熏蒸 24h 后，检查铜管试样上出现裂纹的情况来确定其内应力值是否合格。根据运行的经验，氨熏 24h 后，试样不出现裂纹，则装在机组上运行就不会出现应力腐蚀破裂。氨熏后检查内应力不合格的铜管，在安装前，应进行退火处理，待残留内应力合格后才能装机。退火温度一般为 300~350℃，退火时间由试验确定，一般为 60min 左右。

氨熏法操作如下：

取表面没有局部变形（砸伤、压扁）的铜管制成长 150mm 的试样。用酒精彻底清除试样上的油污，然后浸入 1∶1 的硝酸水溶液中洗去氧化膜，然后用水冲洗干净，立即将潮湿的试样放入盛有氨液的干燥器内的磁盘上，盖上干燥盖，进行氨熏。氨液的加入量按每升体积加入 25％～28％溶液 15ml 计算。氨熏 24h 后，取出试样迅速投入 1∶1 硝酸中，洗去管上的腐蚀产物后，再用清水冲洗净、擦干，然后观察表面有无裂纹。如出现较大的纵向裂纹和许多横向小裂纹，即认为不合格。但离端部 10mm 以内的裂纹和放射状分布的裂纹不作判断依据，因为这是锯切、砸伤所造成的。

为了减少残余应力，凝汽器铜管胀管时，应注意以下几点。

（1）管板孔径与管子外径的差，应为管子外径的 1％以下，胀口不宜太紧，胀口处铜管管壁厚的减小率应为 3％～5％，最大不超过 10％。

（2）胀口的长度不允许超过管板的厚度，一般为管板厚度的 90％。

（3）胀管的顺序如从管板的外围向中心顺序胀，则可以减少应力。胀口或翻边应光滑，铜管应无裂纹和显著的切痕。

为了保证铜管在使用初期能形成良好的保护膜，应做好以下几点。

（1）通水前，应将水沟、水管内污物冲洗干净，并装好滤网设备，避免通水时污物进入铜管内。

（2）对设计有冷却水防垢及防微生物处理的设备和胶球清洗设备的凝汽器，在汽机投产时，应将上述设备投入运行，保证管壁干净，以利于生成良好的保护膜。

（3）机组投产后不能连续运行，需停用一段时间时，应将凝汽器内的水放干并保持干燥。

另外，在设计凝汽器时要设法防止管子的剧烈振动，以免引起腐蚀疲劳。对已制成的凝汽器，为了防止铜管的振动，可采取在管束之间嵌塞竹片或木板条等措施。

（三）表面造膜处理

为了防止凝汽器铜管受到冷却水的侵蚀，办法之一是采用某些药品在铜管上造膜，使铜管表面被覆盖起来。

1. 硫酸亚铁造膜

此法将硫酸亚铁水溶液通过凝汽器铜管，使铜管内壁生成一层含有铁化合物的保护膜，从而防止冷却水对铜管的腐蚀。用此法造成的膜呈棕色或黑色。

硫酸亚铁处理造膜法，有两种常用的工艺，一次造膜工艺和运行造膜工艺。

（1）一次造膜工艺。一次造膜工艺就是在凝汽器投运前或停机检修时，设置专门的系统，用硫酸亚铁溶液进行造膜操作。要形成良好的保护膜，铜管的表面状态是一个很重要的因素。实践证明，只有在清洁的铜管表面上生成了均匀的 Cu_2O（氧化亚铜）膜，才能在铜管表面形成良好的铁化合物保护膜。对于新铜管的表面可用1%NaOH溶液循环清洗2h，再用水冲洗至出水用酚酞指示剂试验时不显红色。对表面比较清洁的铜管，可用胶球清洗。对表面污染较严重的铜管，则必须采用酸洗，再用水冲洗。总之可以通过小型试验，寻找合适的方法，力求使铜管表面在造膜前形成良好的Cu_2O膜。

一次造膜一般采用如下的工艺条件。

$FeSO_4$浓度：含$FeSO_4 \cdot 7H_2O$ $250 \sim 500mg/L$；或Fe^{2+} $50 \sim 100mg/L$；

溶液pH值：$5 \sim 6.5$（用Na_3PO_4或Na_2CO_3调整）；

溶液温度：室温或$30 \sim 40℃$；

溶液循环流速：$0.1 \sim 0.3m/s$；

循环时间：96h左右。

（2）运行造膜工艺。一般采用胶球清洗和硫酸亚铁处理相结合的方式。其工艺条件如下：

该法一般在凝汽器投入运行前先进行一次预膜处理，在凝汽器正常运行后进行经常性的运行中造膜处理。预膜处理方法是，在凝汽器投入运行前，先投入胶球清洗铜管表面，然后在凝汽器入口冷却水中连续加入配成10%浓度的硫酸亚铁溶液，控制入口水中含Fe^{2+} $1 \sim 3mg/L$。连续处理$90 \sim 150h$。处理过程中每隔$6 \sim 8h$进行胶球清洗0.5h，以擦去造膜过程中铜管表面疏松的沉积物。

在凝汽器正常运行后，每天或每两天向冷却水中补加硫酸亚铁，每次$0.5 \sim 1h$，硫酸亚铁加入量可控制在低于$1mg/L$。在运行中造膜处理时，应注意，硫酸亚铁处理与加氯处理不能同时进行，因为氯是氧化剂，能氧化Fe^{2+}离子，使两者的处理效果降低，两者处理应错开1h以上。

采用硫酸亚铁造膜处理，对防止凝汽器铜管的冲击腐蚀、脱锌腐蚀、应力腐蚀等，均有明显的效果。但当冷却水中含有硫化氢或其他还原性物质，且污染很严重时，此法就没有效果。

2. 铜试剂造膜

铜试剂的化学组成为$(C_2H_5)_2NCSSNa$（二乙氨基二硫代甲酸钠）。它既是用于分析水中铜含量的一种药剂，也能在铜管表面与铜反应形成良好的保护膜。

铜试剂造膜工艺为：对于运行的凝汽器铜管要先进行酸洗，对于新铜管可用1%～2% Na_3PO_4清洗，以保证铜管表面清洁。然后用凝结水配制成0.2%～0.4%的铜试剂溶液，在铜管中进行循环，溶液温度保持在$55 \sim 60℃$，溶液pH值控制在$7 \sim 10$范围内。每循环0.5h，静泡2h，反复进行40h。然后将溶液排放，再在铜管外侧通入$70 \sim 80℃$的热水以烘干在管内表面上已形成的保护膜。因铜试剂所造的膜未烘干时是很容易被擦掉的，烘干后则很硬，很难擦掉。所以，待管内表面上的保护膜彻底烘干后即可将凝汽器投入运行。

（四）阴极保护

由电化学腐蚀原理可知，在腐蚀电池中受到腐蚀的是阳极，阴极不会腐蚀。阴极保护就是利用这个原理，将被保护的设备做成一个电池中的阴极，这样该设备就受到保护。

由于凝汽器铜管很长，很难将这样长的管段都做成阴极，所以阴极保护法实际所能做到的，常常只是保护凝汽器两端的水室、管板和管端。

阴极保护法有以下两种。

（1）牺牲阳极法。此法要在凝汽器水室内安装一块电位低于被保护体的金属，如锌板、锌合金或纯铁。这样，此金属本身成为阳极，被保护的水室、管板和管端变成阴极。所以，受腐蚀的是此阳极，故称为牺牲阳极法。

（2）外部电源法。此法在凝汽器的水室装入一个外加电极，将水室本体作为另一电极，外接直流电源。外加电极接正极，水室接负极，则水室便成为电解槽的阴极，受到保护。外接电源法的阳极材料，一般用磁性氧化铁或铅合金。

（五）管端采用保护套管或保护膜

为了防止在凝汽器的冷却水入口端发生冲击腐蚀，可在铜管端部加装一段套管（见图 13-7），套管必须紧贴管壁，把铜管表面覆盖起来。此套管可用塑料制成（如聚氯乙烯）。此外，还可采用在铜管管端涂环氧树脂胶的办法，防止凝汽器入口端的铜管腐蚀。

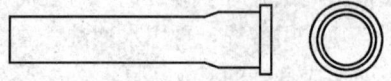

图 13-7　凝汽器铜管
管端的防腐套管

第四节　凝汽器铜管泄漏检查和处理

如前所述，凝汽器铜管的泄漏，会影响锅炉、汽轮机的安全经济运行，因此及时发现泄漏，迅速消除泄漏是十分具体而又重要的任务。

一、凝汽器铜管泄漏后处理

在汽轮机运行过程中，由于冷却水水质不良或其他因素，造成汽轮机凝汽器铜管泄漏时，会促使冷却水漏入凝结水中，污染凝结水，导致给水水质恶化。所以，一旦发现凝结水水质恶化，应根据情况采取措施进行处理。

在运行中如果凝结水的硬度较小，运行中发现凝汽器真空缓慢降落，并且认定只是管口一些细小的针孔状泄漏时，可不必停机检修，只在运行中消除。消除的方法是在冷却水进口掺加锯木屑，木屑进入水室时在泄漏处受到汽室真空的吸引，而将针孔堵塞，等有短时间停机的机会再检查泄漏的铜管，并将泄漏铜管两端打入木塞塞住。在机组大修时，尽可能将损伤的管子抽出更换新管。如果凝结水硬度较大，除上述处理外，还应进行凝结水再除盐处理。

如凝汽器铜管泄漏严重，凝结水水质严重恶化时，可根据各厂的实际情况，采取停机处理或其他有效措施。例如，双流程对分式的凝汽器，可采用降低机组的负荷，停用一半凝汽器，进行查漏和堵管。

二、凝汽器铜管泄漏的检查

凝汽器铜管泄漏后的检查方法，一般有下列几种。

（1）薄膜法。对于双流程对分式的凝汽器，首先可降低机组的负荷，停用一半凝汽器，排去水室中的存水，开人孔门并用小风扇向里鼓风，若天气凉爽，此项工作也可不必进行。然后，进入水室用事先剪好的一块块 0.02～0.03mm 厚的塑料薄膜，覆于铜管进口之上，若有泄漏，则该处的薄膜会破裂或凹进去，这样就可发现漏管。

（2）蜡烛法。对双流程对分式的凝汽器，还可采用蜡烛法进行检查。具体方法是，降低机组的负荷，停用一半凝汽器，打开水室，用点燃的蜡烛火逐次靠近各管口，泄漏的管子因有真空会将火焰往里吸。因此，即可查出哪根管子泄漏。

（3）荧光法。上述这些方法虽然在电厂中普遍应用，然而随着我国电厂机组容量和参数的不断提高，由于这些方法可靠性差、费时间、胀口处相当细小的渗漏不易查明等缺点，对于高压机组可采用荧光法检漏。

荧光法检漏的原理是：荧光素能在高度稀释的水溶液中发出绿色的荧光，当它受到一个激发光源照射时，其缝色的荧光显得格外明亮，同时它所稀释的溶液具有很好的渗透性能。

荧光法检漏的主要设备如下。

1）荧光检漏中的荧光剂采用荧光素的钠盐荧光黄铜，此溶液无毒，也不会引起腐蚀。

2）激发光源。此光源采用 GFX 反射型黑光与高压汞灯，如图 13-8 所示。

检查步骤如下。

1）停机，破坏真空，关闭冷却水。

2）放尽水室中的剩水，打开两侧水室端盖。

3）配制荧光剂溶液。荧光剂的配制量应根据凝汽器汽侧容积而定。一般每立方米汽侧容积需荧光剂 10g，配制时，先把所需要的荧光剂配制成较浓的溶液，注入凝汽器汽侧的同时向凝汽器汽侧注水，直至灌满为止。

4）灌满水后，为了使荧光液能较迅速地从泄漏处渗出，可在汽侧加一定的压力。0.5h 后，用光源照射。照射时由上往下水平来回移动，在漏处荧光液就会发出黄绿色的亮光。查出的漏管要用木塞或橡皮塞堵住，以免影响其他管子的检查。

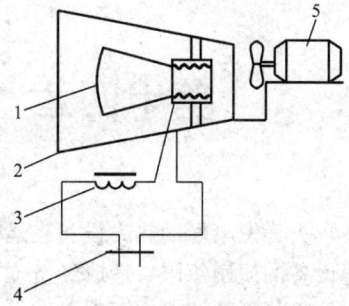

图 13-8 荧光检漏激光源
1—高压汞灯；2—灯罩；3—整流器；
4—插头接线；5—小风扇

复 习 思 考 题

1. 凝汽器冷却水为什么要进行处理？
2. 凝汽器铜管内产生有机附着物的原因是什么？怎样防止其在铜管内的生长？
3. 凝汽器铜管内结垢的原因有哪些？怎样防止？
4. 凝汽器铜管的腐蚀形式有哪几种？
5. 为了防止凝汽器铜的腐蚀应采取哪些措施？
6. 运行中凝汽器铜管泄漏时应怎样处理？

第十四章 热力设备腐蚀、结垢及防止

　　火力发电厂的热力设备在运行和停用期间，会发生各种形态的腐蚀。热力设备的腐蚀不仅缩短设备的使用年限，造成经济损失，同时腐蚀产物进入锅炉水中，使给水中杂质增多，还会加剧锅炉受热面的结垢，而促进腐蚀，如此恶性循环，会导致锅炉事故的发生。据国内有关方面统计，1976年的锅炉事故中，因腐蚀和结垢引起的占40%～50%。因此，为了确保热力设备的安全经济运行，防止热力设备的腐蚀和结垢是非常必要的。

　　制造热力设备的金属材料主要是碳钢（个别部件用合金钢），加热器和凝汽器的管材，国内主要采用铜合金。由于各种热力设备所接触的介质有很大的区别，腐蚀形式较多，所以本章主要介绍几种主要热力设备的腐蚀。

第一节　金属腐蚀分类及腐蚀速度

一、金属腐蚀分类

　　金属表面和其周围介质发生化学或电化学作用，而遭到破坏的现象称为腐蚀。

　　金属腐蚀分类一般有以下两种方法。

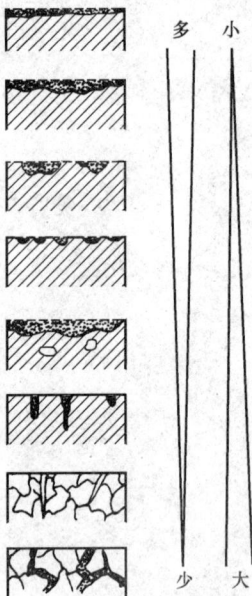

图 14-1　不同腐蚀形式图例

　　1. 化学腐蚀和电化学腐蚀

　　根据腐蚀过程的机理，可将腐蚀分为化学腐蚀和电化学腐蚀。

　　(1) 化学腐蚀是金属和周围介质直接进行化学反应而引起的腐蚀。在化学腐蚀过程中无电流产生。这种腐蚀多发生在干燥气体或其他非电解质中。例如，在炉膛内，金属在高温炉烟作用下引起的腐蚀；在过热蒸汽管道内，金属与过热蒸汽的直接作用引起的腐蚀等。

　　(2) 电化学腐蚀是金属和周围介质发生了电化学反应，在反应过程中有局部电流产生的腐蚀。金属处于潮湿的地方或遇到水时，特别易发生电化学腐蚀，这类腐蚀在生产中较普遍而且危害较大。例如，与给水、锅炉水、冷却水以及与潮湿蒸汽接触的设备所遭到的腐蚀等均属于电化学腐蚀。

　　2. 全面性腐蚀和局部性腐蚀

　　按照腐蚀的形式可分为全面性腐蚀和局部性腐蚀两大类，如图14-1所示。

　　(1) 全面性腐蚀是指腐蚀发生在整个金属表面上。腐蚀表面较为平整的称为均匀腐蚀；腐蚀表面明显凸凹不平的称为不均匀腐蚀。

　　(2) 局部性腐蚀是指腐蚀主要集中在金属表面局部区域，而其他部分几乎未受到腐蚀。局部腐蚀常见有以下几种类型。

　　1) 溃疡状腐蚀。在金属某些部位表面上损坏较深，创面较大的腐蚀。

　　2) 斑点状腐蚀。是在金属表面发生的疏密不等，深浅不一的圆形坑状腐蚀。

　　3) 选择性腐蚀。在几种不同成分金属组成的合金中，其表面上只有一种金属成分发生的腐蚀。该腐蚀使金属强度和韧性降低，如黄铜脱锌。

4）小孔腐蚀。腐蚀集中在个别点上，向纵深方向发展，最终造成金属构件穿孔。

5）穿晶腐蚀。腐蚀贯穿了晶粒本体，使金属产生极其细微，难以觉察的裂缝。

6）晶间腐蚀。也称苛性脆化，腐蚀沿着晶粒的边界进行，形成极为细小的交错的裂缝，这种裂缝人眼无法发现，只能借助于专门仪器检查。

全面性腐蚀与局部性腐蚀比较，全面性腐蚀的金属质量损失较多，但从金属强度的损失来说，局部腐蚀大于全面性腐蚀，尤其是发生在晶粒上的腐蚀。一般来说，局部腐蚀比全面腐蚀危险得多。

二、金属腐蚀速度

金属腐蚀速度一般有以下两种表示方法。

1. 腐蚀质量表示法

该表示方法，是用单位时间内，在单位面积上腐蚀掉的金属质量来表示，可用下式计算

$$K_{质量} = \frac{G_1 - G_2}{A \cdot t}$$

式中 $K_{质量}$——按金属质量损失来计算的平均腐蚀速度，g/（$m^2 \cdot$ h）；

G_1、G_2——试样腐蚀前、后的质量，g；

A——试样的表面积，m^2；

t——金属腐蚀的时间，h。

2. 腐蚀深度表示法

在实际应用中，金属腐蚀速度用单位时间内腐蚀的深度来表示较为直观和方便。通常以mm/a为单位。它可根据上式计算的 $K_{质量}$ 按下式换算

$$K_{深度} = \frac{K_{质量} \times 24 \times 365}{1000 \times \rho} = \frac{K_{质量} \times 8.76}{\rho}$$

式中 $K_{深度}$——按深度表示的金属腐蚀速度，mm/a；

365——每年的天数；

24——每天的小时数；

ρ——金属的密度，g/cm^3。

三、金属腐蚀速度测定方法

简易测定腐蚀速度，常用以下两种方法。

1. 直接称量法

这是一种最为简便的方法。首先将发生腐蚀较为典型的部位用钢丝刷或稀盐酸去掉腐蚀产物，观察腐蚀状况，判断腐蚀类型；然后用钢板尺或分规测量腐蚀面积，换算腐蚀创面所占的百分数，选择最深和最浅的腐蚀点，测量深度。如果腐蚀坑的范围较大，可用镶牙用的拓模膏，拓出坑的印模，磨去坑外部分，再用游标卡尺测其长度，即为腐蚀深度。如果蚀坑较深，且边缘较小，可用探针测量其深度。如果有条件，可将腐蚀部位割下，沿坑最深处剖开，测量其断面。

对于均匀腐蚀，可用游标卡尺或螺旋测微仪测量减薄的厚度，计算每年平均减薄的厚度，即为平均腐蚀速度。

2. 挂片测量法

（1）选取与锅炉本体相同钢号的钢作为试片，将厚度均匀的试样加工成精确的几何形状，如圆形或正方形，并计算出它们的表面积。

（2）用砂布打磨光滑，去掉试片表面的氧化膜，用分析天平精确地称出试片的重量，记下数据，将试片放置锅炉的汽包或联箱等处，记下放置的时间。

（3）经过一定时间运行后，取出试片，用稀盐酸（加缓蚀剂）清除试片表面的腐蚀产物，在分析天平上称其质量。

（4）根据试样的失重、时间和试样的面积，代入 $K_{质量}$ 计算式，计算出平均腐蚀速度。

为了研究某种缓蚀剂的防腐效果和化学清洗对金属的腐蚀情况，一般都采用挂片法。

第二节　给水系统腐蚀及防止

锅炉给水系统包括凝结水和给水的管路系统及设备。如给水和凝结水管道、给水泵、凝结水泵、低压加热器、省煤器、疏水箱等设备。在此系统流动的水中溶有若干氧和二氧化碳是引起该系统金属腐蚀的主要原因。

一、给水系统的腐蚀

（一）溶解氧腐蚀

1. 原理

溶解氧腐蚀是一种电化学腐蚀，铁和氧形成两个电极，组成腐蚀原电池。在腐蚀电池中铁的电位总是比氧的电极电位低，所以铁是电池的阳极，遭到腐蚀。其反应如下

$$Fe \longrightarrow Fe^{2+} + 2e$$

氧为阴极，发生还原反应

$$O_2 + 2H_2O + 4e \longrightarrow 4OH^-$$

2. 特征

钢铁发生氧腐蚀时，常常在其表面形成许多直径自 $1\sim30mm$ 不等的小型鼓包，鼓包表层的颜色由黄褐色到砖红色不等，次层是黑色粉末状腐蚀坑陷。

溃疡腐蚀坑陷内各层腐蚀产物之所以呈现不同的颜色，是因为铁离子会进一步和水中某些物质发生反应，形成了各种形态的氧化铁。这一过程称为腐蚀的二次过程，生成产物称为二次产物。

溶解氧腐蚀之所以会形成溃疡状，这与二次产物的性质有关。当金属表面的某一点形成腐蚀点时，二次产物以疏松状态附着在金属表面上，没有保护性。在这个腐蚀点上，由于腐蚀产物的阻挡，水中溶解氧扩散到这一点的速度减慢，这样进一步形成了腐蚀点本身为阳极，它的周围为阴极的氧浓差电池。这样腐蚀点越腐蚀越深，形成陷坑。腐蚀产生的 Fe^{2+} 通过疏松的二次产物层缓缓向外扩散，当它遇到水中的 OH^- 或 O_2 时，便又产生了新的二次产物，所以二次产物越积越厚，形成了鼓包，如图14-2所示。

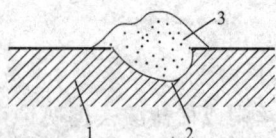

图14-2　氧腐蚀示意
1—铁；2—腐蚀坑；
3—腐蚀产物

3. 腐蚀部位

在给水系统中，最易发生氧腐蚀的部位是给水管道和省煤器，当给水含氧量高或除氧器运行不正常时，有可能造成锅内发生氧腐蚀。另外，对补给水管道以及疏水箱和输送管也会发生严重的氧腐蚀，凝结水系统一般不易发生氧腐蚀。

（二）游离二氧化碳腐蚀

1. 原理

当水中有游离 CO_2 存在时，CO_2 与水发生如下反应使水呈酸性

$$CO_2 + H_2O \Longleftrightarrow H_2CO_3 \Longleftrightarrow H^+ + HCO_3^-$$

这样水中的 H^+ 增多，会产生如下的氢去极化腐蚀

$$阳：Fe \longrightarrow Fe^{2+} + 2e$$

$$阴：2H^+ + 2e \longrightarrow H_2 \uparrow$$

从腐蚀电池的观点来说，二氧化碳腐蚀就是水中含有酸性物质而引起的氢去极化腐蚀。

2. 腐蚀特征

二氧化碳腐蚀生成的产物都是易溶物，它不像氧腐蚀那样产生溃疡，而是均匀地使管壁变薄，腐蚀产物被水带入锅内。

3. 腐蚀部位

在热力系统中，最易发生 CO_2 腐蚀的部位是凝结水系统。这是因为凝结水中 CO_2 含量高，而且水中含盐量少，缓冲能力小，所以只要含有少量 CO_2，就会使其 pH 值显著降低。此外，在疏水系统和热电厂的热网加热蒸汽的凝结水系统中，也会发生游离二氧化碳腐蚀。

热力系统中的 CO_2 来源于补给水和漏入凝结水中的冷却水带入的碳酸化合物（HCO_3^-、CO_2、CO_3^{2-}），这些碳酸化合物，经过脱氧器后可除去大部分 CO_2，HCO_3^- 可一部分或全部分解。经过除氧器后给水中的碳酸化合物主要是 CO_3^{2-} 和 HCO_3^-，它们进入锅炉后会全部分解，放出 CO_2，其反应为

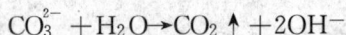

$$2HCO_3^- \rightarrow CO_2 \uparrow + H_2O + CO_3^{2-}$$

$$CO_3^{2-} + H_2O \rightarrow CO_2 \uparrow + 2OH^-$$

分解产生的 CO_2 随蒸汽进入汽轮机和凝汽器，在凝汽器中，一部分 CO_2 溶于凝结水中，其余部分被抽气器抽走。

二、给水系统金属腐蚀防止

为了防止给水系统的金属腐蚀，目前常采用的方法是除去给水中的溶解氧和二氧化碳。

（一）给水除氧

给水除氧有热力除氧和化学除氧两种方法。热力除氧可将给水中绝大部分溶解氧除掉，化学除氧可消除热力除氧法中难以除尽的残留溶解氧。

1. 热力除氧

（1）热力除氧的原理。大家知道，大气主要是由氮气、氧气、二氧化碳、水蒸气以及其他少量气体所组成的。大气压力就是组成大气的各种气体分压力共同作用的结果，即

$$P_{大气} = P_{N_2} + P_{O_2} + P_{H_2O} + P_{CO_2} + \cdots$$

式中　P_{N_2}、P_{O_2}、P_{H_2O}、P_{CO_2} ——分别表示 N_2、O_2、H_2O（气）、CO_2 等气体的分压力，单位为 Pa。

根据气体的溶解定律（亨利定律），任何气体在水中的溶解度与该气体在气水界面上的分压力成正比。在水加热时，随着水温的升高使气水界面上的水蒸汽分压力（P_{H_2O}）增大，其他气体（如 P_{O_2}）的分压力下降，使各种气体在水中的溶解度下降。当水达到沸点时，水的饱和蒸汽压力等于大气压力，其他各气体的分压为零。因此，各种气体均不能在水中溶解，使各种气体从水中分离出来，这就是热力除氧的原理。

（2）热力除氧设备。热力除氧器按进水方式的不同可分为混合式和过热式两类。

混合式除氧器是将要除氧的水与加热用的蒸汽直接接触，使水加热到相当于除氧器压力下的沸点；过热式除氧器的运行方式为，先将要除氧的水在压力较高的表面式加热器中加热，使水温超过除氧器压力下的沸点，然后将此水引入除氧器内，这样一部分水会自动汽化，其余的水就处

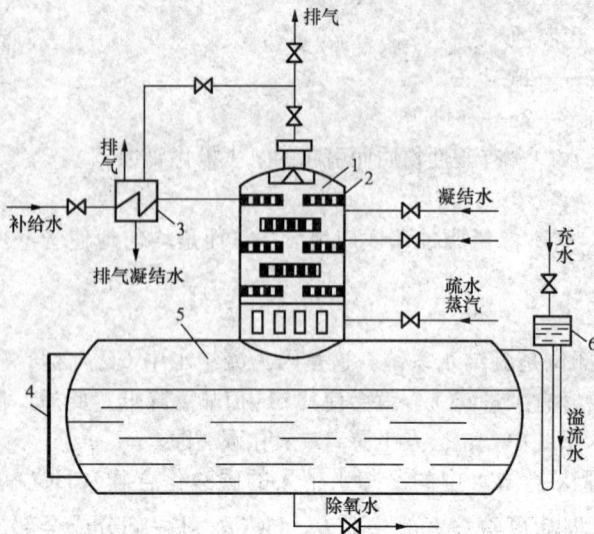

图 14-3　淋水盘式除氧器结构图

1—脱气塔；2—淋水盘；3—排气冷却器；
4—水位计；5—储水箱；6—安全水封

于沸腾温度下。

混合式热力除氧器，按其工作压力的不同，又分为真空式、大气式和高压式三种。电厂用得较广的为混合大气式和高压式两种。大气式除氧器是在稍高于大气压力下工作的（一般为 0.12MPa）；高压式除氧器是在较高压力的情况下工作的（约为 0.6MPa）。

热力除氧器的结构从整体上看，分为脱气塔（或称除氧头）和储水箱两部分，如图14-3所示为一种淋水盘式除氧器结构图。

脱气塔的作用如下。

1）将水分散成细水流或小水滴，增大水、气的接触面积，以利于水的加热和气体自水中的分离。

2）把水加热到相应压力下的沸点温度，并维持有足够的沸腾时间。

3）及时有效地排除从水中分离出的气体。

储水箱的作用如下。

1）储存一定量的除氧水，以保证锅炉用水需要。

2）起到深度除氧的作用。除氧水经脱气塔落水后，由于水形状的改变，可促使没来得及扩散的溶解氧继续逸出，以达到深度除氧的目的。在运行中水箱不宜充满，在水面上应留有一定的散气空间。

目前已经应用的脱气塔有以下几种。

1）淋水盘式脱气塔，如图 14-3 所示。在脱气塔内设有相隔一定距离的 4～6 层平行的筛型淋水盘。含氧水由塔的上部引入，通过淋水盘后，被小孔分散成很多股细水流，逐层淋下，加热蒸汽由下部进入脱气塔，与淋下的水接触，进行热交换，使水加热至相应压力下的沸腾温度，水中分离出的气体汇同多余的蒸汽经排汽管排出塔外。

2）喷雾填料式脱气塔。这种脱气塔内是由若干支喷嘴（又称雾化器）和填料层所组成。填料层一般是用"Ω"形不锈钢圈自然堆积而成。含氧水经喷嘴雾化成极细的水滴向上喷溅，与从塔上部进入的蒸汽进行初步热交换，然后落入填料层。水在这里又被分散成很薄的水膜，在向下流动中，与下部进入的蒸汽再次进行热交换，使水达到相应压力下的沸点温度，从而达到除氧目的。

3）旋膜式脱气塔。这是一种新型的热力除氧器，它是由起膜器、淋水篦子和波网状填料组成的。旋膜式除氧器，经过几年来使用证明，除氧效果良好。

2. 化学除氧

给水化学除氧所使用的药品通常为联氨，在参数较低的中、低压锅炉中也可采用亚硫酸钠。

联氨（N_2H_4）又叫肼，在常温下是一种无色液体，易溶于水，易挥发，有毒性。它的蒸汽对呼吸系统和皮肤有侵害作用。联氨蒸汽和空气混合达到一定比例时有爆炸的危险。

（1）联氨除氧的原理。联氨是一种还原剂，特别是在碱性水溶液中。它是一种很强的还原

剂，它可将水中的溶解氧还原，反应如下

$$N_2H_4 + O_2 \longrightarrow N_2 + 2H_2O$$

反应生成的产物 N_2 和 H_2O，对热力设备的运行无任何害处。

联氨除氧的效果与水温、pH 值及联氨的过剩量有密切的关系。经验证明，当水温大于150℃，水的 pH 值在 9～11 和适当 N_2H_4 过剩量时，除氧效果最好。这些条件对高压及高压以上的发电厂给水来说，基本上可以满足。

(2) 加药方法。电厂通常将浓度为 40％的工业水合联氨配成浓度为 0.1％～0.2％的稀溶液，用活塞泵打入除氧器出口管道中。为了保证除氧效果，一般维持省煤器进口给水中的 N_2H_4 量在 20～50μg/L。

对于中、低压锅炉的化学除氧也可采用亚硫酸钠（Na_2SO_3）。亚硫酸钠是白色或无色晶体，易溶于水，是较强的还原剂，能与水中的溶解氧发生如下反应

$$2Na_2SO_3 + O_2 \longrightarrow 2Na_2SO_4$$

由于亚硫酸钠价格便宜，货源充足，反应生成物无毒无害，所以它是中、低压锅炉一种传统的化学除氧剂。

亚硫酸钠的除氧效果与水温、pH 值和过剩量有关。一般水温愈高，过剩量愈多，反应速度愈快，除氧愈完全。亚硫酸钠一般配成浓度为 2％～10％的溶液，用活塞泵加到除氧器出口管上或给水泵的低压侧。

对于高压锅炉，因为亚硫酸钠在锅炉内会发生分解，产生有害的气体（如 SO_2、H_2S），这些气体被蒸汽带至汽轮机，会腐蚀镍钢制造的汽轮机叶片以及凝汽器等设备，所以不能应用。

（二）给水加氨处理

给水加氨处理的目的是提高给水的 pH 值，防止产生游离二氧化碳的酸性腐蚀。

1. 原理

氨（NH_3）溶于水称为氨水，呈碱性，其反应式为

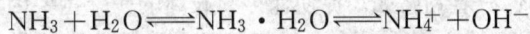

$$NH_3 + H_2O \Longrightarrow NH_3 \cdot H_2O \Longrightarrow NH_4^+ + OH^-$$

氨水的碱性可中和 CO_2 与水作用生成的碳酸的酸性，其反应式如下

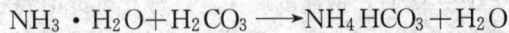

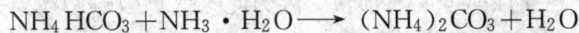

$$NH_3 \cdot H_2O + H_2CO_3 \longrightarrow NH_4HCO_3 + H_2O$$

$$NH_4HCO_3 + NH_3 \cdot H_2O \longrightarrow (NH_4)_2CO_3 + H_2O$$

因此，通过加氨处理，可提高给水的 pH 值，防止产生游离二氧化碳的酸性腐蚀。从铜、铁防腐效果全面考虑，目前一般把给水的 pH 值调至在 8.5～9.2 范围内。实践证明，若单从减缓钢材腐蚀来考虑，使给水的 pH 值高于 9 较好。但在热力系统中，低压加热器及疏水冷却器、凝汽器都使用了铜合金材料，当 pH 值大于 9 时，铜的腐蚀随 pH 值增大而明显增大。

2. 加氨方法

氨处理常使用的药品有液氨和氨的水溶液。由于氨为挥发性物质，不论在热力系统的哪一部位加药，都可使整个汽水系统中有氨。一般常把氨加在补给水和给水中。电厂一般是将浓氨液配成 1％～5％的稀溶液，与联氨（N_2H_4）用同一加药泵加入除氧器出口管的给水中，也可单独设置加药泵，最简单的方法是用水力喷射器直接抽吸液氨到补给水箱。

加氨量以使给水 pH 值调节到 8.5～9.2 为宜。实际所需的加药量，要通过运行调整来决定。通常给水含氨量应在 1.0～2.0mg/L 以下。

运行经验证明，用氨调节给水的 pH 值不仅减轻了 CO_2 对热力系统铜和铁的腐蚀，而且更重要的是可以降低各种水汽的含铁量和含铜量，有利于防止锅炉受热面形成水垢和水渣。但氨处理时一个值得注意的问题是，氨在一定条件下对黄铜有腐蚀作用。氨引起黄铜管腐蚀的主要条件：

一是含氨量高；二是有氧或氧化剂存在。为了防止黄铜管的腐蚀，要防止空气漏入汽水系统，同时要注意 NH_3 的加药量不宜过多。

第三节　锅炉水汽系统腐蚀及防止

汽包锅炉的水汽系统，是指从汽包到过热器这段热力系统。锅炉运行时，锅炉内水汽的温度和压力比较高或很高，炉管管壁担负着很大的传热任务，设备的各部分常受到很大的应力，而且由于给水中杂质在锅炉内会发生浓缩和析出，在锅内常集积有沉积物，这些因素都会促进腐蚀，并且使腐蚀问题复杂化。所以，虽然进入锅炉的水都经过除氧，锅炉水的 pH 值也比较高，但仍然会发生腐蚀。现将水汽系统中可能发生的腐蚀类型分述如下。

一、沉积物下腐蚀

当锅内金属表面附着有水垢或水渣时，在其下面会发生严重的腐蚀，称为沉积物下腐蚀。这种腐蚀和锅炉水的局部浓缩有关，因此也称为介质浓缩腐蚀。这是目前高压锅炉内常见的一种腐蚀，属于局部腐蚀。

沉积物下腐蚀主要发生在水冷壁管有沉积物的下面，一般是热负荷较高的位置，如喷燃器附近，炉管的向火侧等处。据国内外的运行实践，沉积物下腐蚀速度为 $1.5\sim5mm/a$，一般锅炉运行 $5000\sim30000h$ 就会出现腐蚀穿孔，甚至发生爆管，有的锅炉运行几个月就受到严重损坏。

1. 原理

在正常运行的条件下，锅炉内金属表面上常覆盖一层 Fe_3O_4 膜，这是金属表面在高温锅炉水中形成的，其反应如下

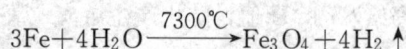

$$3Fe+4H_2O \xrightarrow{7300℃} Fe_3O_4+4H_2 \uparrow$$

这样形成的膜（Fe_3O_4）是致密的，具有良好的保护性能，锅炉可以不遭到腐蚀。但是如果此膜遭到破坏，那么金属非常容易遭到腐蚀。促使保护膜破坏的一个重要因素，是锅炉水局部浓缩使锅炉水的 pH 值不合适。下面叙述锅炉水的 pH 值对 Fe_3O_4 保护膜的影响。

实践证明，当 pH 值为 $10\sim12$ 时，钢铁的腐蚀速度最小，此时保护膜的稳定性高。

当 pH<8 时，钢铁的腐蚀速度明显加快。因为此时保护膜被溶解，并且 H^+ 起了去极化作用，而且腐蚀产物都是易溶的，不能形成保护膜。

当 pH>13 时，腐蚀速度也明显加快，因为保护膜也被溶解，并且铁与 NaOH 直接反应，其反应式为

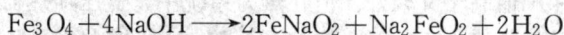

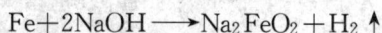

$$Fe_3O_4+4NaOH \longrightarrow 2FeNaO_2+Na_2FeO_2+2H_2O$$

$$Fe+2NaOH \longrightarrow Na_2FeO_2+H_2 \uparrow$$

在一般运行条件下，由于锅炉水的 pH 值保持在 $9\sim11$ 之间，锅炉金属表面的保护膜是稳定的，所以不会发生腐蚀。但当锅炉金属表面上有沉积物时，情况就不同了。首先由于沉积物的传热性很差，使得沉积物下金属管壁的温度很高，因而渗透到沉积物下面的锅炉水会发生急剧蒸发浓缩。另外由于沉积物的阻碍作用，使沉积物下锅炉水的各种杂质浓度很高。沉积物下的浓缩液具有很强的侵蚀性，致使锅炉金属遭到腐蚀。根据锅炉水中含有的杂质，沉积物下的腐蚀可分为以下两种情况。

（1）如果补给水中含有碳酸盐或者凝汽器发生泄漏，而冷却水是碳酸盐含量高的河水或湖水，这将使锅炉水出现游离 NaOH。因为碳酸盐进入锅炉后，在高温下会发生下列化学反应产生 NaOH

$$NaHCO_3 \longrightarrow CO_2\uparrow + NaOH$$

$$Na_2CO_3 + H_2O \longrightarrow CO_2\uparrow + 2NaOH$$

$$3Ca(HCO_3)_2 + 2Na_3PO_4 \longrightarrow 6NaOH + 6CO_2\uparrow + Ca_3(PO_4)_2\downarrow$$

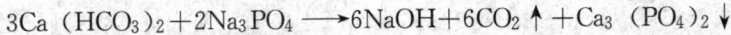

这样使沉积物下蒸浓炉水的 pH 值很快升至 13 以上，破坏保护膜，发生碱对金属的腐蚀，称为碱性腐蚀。

（2）如果凝汽器发生泄漏，而冷却水是海水或苦咸水（Cl^-＞500mg/L 的天然水）。冷却水的 $MgCl_2$ 和 $CaCl_2$ 将进入锅炉，水解产生浓酸，其反应式如下

$$MgCl_2 + 2H_2O \longrightarrow Mg(OH)_2\downarrow + 2HCl$$

$$CaCl_2 + 2H_2O \longrightarrow Ca(OH)_2\downarrow + 2HCl$$

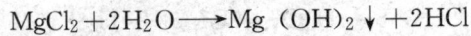

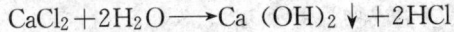

这样使沉积物下蒸浓炉水的 pH 值迅速下降，破坏保护膜，发生酸对金属的腐蚀，称酸性腐蚀。

2. 腐蚀分类

由上述可知，在沉积物下可能发生碱性或酸性两种不同类型的腐蚀。这两种腐蚀，又根据其损伤情况的不同，分为延性和脆性腐蚀。现分别介绍如下。

（1）延性腐蚀。这种腐蚀多发生在多孔沉积物下面，是由于沉积物下的碱性增强而产生的。特征是凹凸不平的腐蚀坑，坑上覆盖有腐蚀产物，坑下金相组织和机械性能都没有变化，金属仍保留它的延性，所以称为延性腐蚀。当腐蚀坑达到一定的深度以后，管壁变薄，这时便会因过热而鼓包或爆管。

（2）脆性腐蚀。这种腐蚀常发生在比较致密的沉积物下面，是由于沉积物下酸性增强而产生的。发生这种腐蚀时，产生的氢（H_2）使金属有明显的脱碳现象，腐蚀部位的金相组织发生了变化，即

$$C + 2H_2 \longrightarrow CH_4$$

产生的 CH_4 在垢下不易逸出，以致在晶格间形成较大的应力，导致金属逐渐形成裂纹，使金属变脆。严重时，管壁并未变薄就会爆管。这种腐蚀也称为氢脆。

3. 防止沉积物下腐蚀方法

发生沉积物下腐蚀的基本条件是炉管上有沉积物和锅炉水有侵蚀性。因此，要防止沉积物下腐蚀，应从防止炉管上形成沉积物和消除锅炉水的侵蚀性两方面着手。其一般措施如下。

（1）新装锅炉投入运行前，应进行化学清洗，锅炉运行后要定期清洗，以除去沉积在金属管壁上的腐蚀产物。

（2）减少给水的铜铁含量。为了降低给水铜铁氧化物的含量，防止产生铜、铁垢，必须防止给水系统、凝结水系统、疏水系统的氧腐蚀和二氧化碳腐蚀。同时还要采取措施防止锅炉外水处理系统的腐蚀，以减少补给水的含铁量。此外，还要防止凝汽器铜管和加热器铜管的腐蚀，以降低凝结水和给水的铜含量。

对于高压和超高压的汽包炉，如果疏水、生产返回凝结水含铁量过高，应进行除铁处理。

（3）做好锅炉的停用保护工作，防止停用腐蚀，以免炉管金属表面上有腐蚀产物附着，还可避免因停用腐蚀产物而增加运行时锅炉水的含铁量。

（4）提高给水品质，使给水带入的腐蚀性成分尽可能低。从防止沉积物下腐蚀的角度考虑，应当控制给水的碳酸盐含量，Cl^- 含量和 pH 值。为此，必须严格防止凝汽器泄漏和矿物酸的污染。对于高压机组，国外对凝汽器泄漏的允许程度有严格要求，其标准为：给水含盐量的最高限度是 0.5mg/L，如果给水含盐量达到 0.5～2mg/L，而锅炉内水处理可以保证炉水水质合格时，可以允许短时间运行；如果因凝汽器泄漏，使给水含盐量超过 2mg/L 时，应立即停机，采取堵漏措施。为了防止炉水浓缩产生酸，应严格控制给水 Cl^- 含量。

（5）选用合理的锅炉内水处理方式，调节锅炉水水质，消除或减少锅炉水中的侵蚀性杂质。目前，锅炉内处理的方式有：磷酸盐处理、挥发性处理、中性处理。磷酸盐处理是应用得比较广泛的一种处理方式，它可以防止在锅炉内金属表面产生水垢，使锅炉水保持碱性，中和因凝汽器泄漏在锅炉内产生的酸。另外，协调 pH 值——磷酸盐处理，可消除锅炉水中的游离 NaOH。

二、水蒸汽腐蚀

当过热蒸汽温度高达 450℃时，它会与碳钢发生反应，在 450～570℃之间时，它们的产物为 Fe_3O_4，即

$$3Fe+4H_2O \longrightarrow Fe_3O_4+4H_2 \uparrow$$

当温度高达 570℃以上时，反应生成物为 Fe_2O_3

$$2Fe+3H_2O \longrightarrow Fe_2O_3+3H_2 \uparrow$$

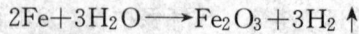

这两种反应所引起的腐蚀都属于化学腐蚀。当产生这种腐蚀时，管壁均匀地变薄，腐蚀产物常常呈粉末状或鳞片状，多半是 Fe_3O_4。在锅炉内，发生汽水腐蚀的部位，一般在汽水停滞部位和蒸汽过热器中。防止方法是，消除锅炉中倾斜度较小的管段，以保证水汽循环流畅。对于过热器，如果温度过高，应采用特种钢材制成。因超高压以上锅炉的过热蒸汽温度已达 550℃以上，不论是在机械性能方面（高温下发生蠕变），还是耐蚀性能方面，普通的碳钢都不能承受，必须用其他材料，如耐热的奥氏体不锈钢。

三、应力腐蚀

应力腐蚀是金属材料在受到机械应力和腐蚀性介质共同作用下产生的腐蚀。从广义上讲，这种腐蚀分为腐蚀破裂、腐蚀疲劳和碱性脆化，等几种不同类型。这是一种危险的腐蚀形式，常常会引起设备的突然断裂。

（一）腐蚀破裂

腐蚀破裂是金属在拉应力和特定的腐蚀介质共同作用下产生的破裂。

拉应力的来源主要有，金属部件在制造和安装过程中产生的残余应力；设备运行时产生的工作应力；温度变化时产生的热应力等。

另外，一定的金属材料只有在特定的介质环境中才能发生应力腐蚀破裂。例如，奥氏体不锈钢在只有几毫克/升的氯离子溶液中就能引起应力腐蚀破裂。

应力腐蚀破裂常常发生在高参数锅炉的过热器和再热器等奥氏体不锈钢部件上。为了防止不锈钢的腐蚀破裂，应消除在锅炉制造、安装或检修过程中在过热器和再热器管材内残余的拉应力，还应降低介质中腐蚀离子的浓度。例如，在锅炉化学清洗或部件水压试验时，应避免含有氯化物、硫化物、氢氧化物和水溶液进入或残留在过热器或再热器内。

（二）腐蚀疲劳

金属的腐蚀疲劳是金属在交变应力（方向变换的应力或周期应力）和腐蚀性介质同时作用下产生的。这是由于锅炉的金属材料在受到交变应力作用时，与水相接触的金属表面上的保护膜会被这种交变应力破坏，因而发生电化学不均一性，导致局部腐蚀所致。

在锅炉汽包的管道结合处，如给水管接头处、加磷酸盐药液的管道、定期排污管与下联箱的结合处等，因金属局部受到交变冷热应力的作用，会发生腐蚀疲劳。当钢铁表面有时干、有时湿，管道中汽水混合物时快时慢时，也会产生交变应力，产生腐蚀疲劳。

此外，锅炉启动频繁，启动或停用时锅炉水中含氧量较高，造成设备的点腐蚀。这些点蚀坑在交变应力作用下会变为疲劳源，产生腐蚀疲劳。

防止热力设备腐蚀疲劳的方法主要有以下几点。

（1）降低交变应力。如机炉启动和停用的次数不要太频繁，锅炉的负荷不要波动太大。

（2）机炉结构和安装要合理，避免产生交变应力。如在汽包的给水管接头处加特殊的保护套管，使汽包壁上管孔处的金属不与给水进水直接接触，而间隔一层蒸汽或炉水以消除温度的剧变。

（3）降低锅炉水和蒸汽中的 Cl^-、S^{2-} 等腐蚀性成分的含量，并做好停机保护，防止金属表面产生点蚀坑。

（三）碱性脆化

碳钢在氢氧化钠水溶液中产生的应力腐蚀破裂称为碱性脆化。受腐蚀的金属产生裂纹本身不变形，但发生脆性断裂，所以碳钢的这种应力腐蚀破裂称为碱脆，又称苛性脆化。

大多数汽包锅炉的水冷壁和联箱是用低碳钢制造的，在运行时，如果在水冷壁和联箱的局部位置出现游离的浓碱，又受到拉应力的作用，就会产生碱脆。

锅炉产生碱脆的条件如下。

（1）锅炉水中含有游离 NaOH。

（2）锅炉水产生局部浓缩。例如，胀接或铆接的锅炉，在胀口或铆接处可能有不严密的地方，因而发生水质局部浓缩。

（3）受拉应力的作用。

为了防止碱脆，近年来，锅炉都以焊接代替铆接和胀接。对于那些用铆接或胀接的锅炉，为了防止碱脆，应消除锅炉水的侵蚀性。消除方法有以下几种：

（1）保持锅炉水相对碱度小于 0.2。实践证明锅水相对碱度不大于 0.2 时，锅炉水没有侵蚀性。锅炉水相对碱度（相对碱度＝游离 NaOH 量/总含盐量）主要靠炉外水处理降低补给水含碱量来控制。应当指出，由于现代电厂锅炉补给水均做除盐处理，锅炉水碱度低，在这种情况下，已没有必要采用维持锅炉相对碱度方法来防止碱脆。

（2）选择合理的锅内水处理方法。对于中、低压锅炉，可进行 $NaNO_3$ 处理。对于高压锅炉，可进行协调磷酸盐处理（详见本章第六节）。

第四节　停用锅炉腐蚀与保护

一、停用腐蚀

锅炉停用时，如果不采取有效的保护措施，锅炉水汽侧的金属表面会发生严重的溶解氧腐蚀，这种腐蚀称为停用腐蚀。这是因为，当锅炉停用后，外界空气必然会大量进入锅炉水汽系统内，空气中的氧溶解在水中，引起金属的腐蚀。有的设备停用时，虽然把水放掉，但有的部位水无法放尽，积存水的不断蒸发仍使水汽系统内部湿度很大，金属表面形成水膜，空气中的氧便溶解在此水膜中，而使金属遭到腐蚀。

停用腐蚀的危害性有两方面：一方面，在短期内使停用设备金属表面遭到大面积腐蚀，而运行锅炉一般只在省煤器前部发生氧腐蚀；另一方面，加剧热力设备运行时的腐蚀。停炉腐蚀产物在锅炉运行时大量进入锅炉水中，使锅炉水含铁量增大，加剧锅炉炉管中沉积物的形成。停用腐蚀使金属表面上产生的沉积物及所造成的金属表面粗糙状态，会成为运行中腐蚀的促进因素。

由上述可知，停用腐蚀的危害性非常大，防止锅炉水汽系统的停用腐蚀，对锅炉的安全运行有重要的意义。为此，在锅炉停用期间，必须对其水汽系统采取保护措施。

二、停用保护的方法

停用锅炉的保护方法较多，按其作用原理大体上可以分成以下三类：

（1）阻止空气进入热力设备水汽系统内部。这类方法包括充氮法、保持蒸汽压力法等。

(2) 降低水汽系统内部的湿度。这类方法有烘干法、干燥剂法等。

(3) 加缓蚀剂，使金属表面生成保护膜；或者加除氧剂，除去水中的溶解氧。

现简要介绍几种常用的方法。

1. 联氨法

此法是在锅炉内充满联氨（N_2H_4）和氨（NH_3）的混合液。其防腐的原理是利用联氨的还原性，除掉水中的溶解氧。其反应为

$$N_2H_4 + O_2 \longrightarrow N_2 + 2H_2O$$

加氨的目的是调节水的 pH 值。为了保证保护效果，联氨的过剩量应维持在 200mg/L，pH 值应大于 10。在保护过程中，应定期检查联氨浓度和 pH 值，若不合要求，应及时采取措施。联氨法宜用于停用时间较长或备用的锅炉。使用联氨保护的锅炉，在启动前，应将联氨和氨水排放干净，并进行冲洗。在锅炉点火以后，应先向空排气，当蒸汽中氨含量小于 2mg/kg 时才可送汽，以免氨浓度过大腐蚀凝汽器铜管。

2. 保持蒸汽压力法

对于小容量锅炉或经常启停的锅炉，可在停用后，用间断点火的方法，保持锅炉蒸汽压力为 0.5～1.0MPa，以防止空气渗入锅炉水汽系统内。在保护期间，锅炉水的磷酸根应维持运行时的标准，每班分析锅炉水的 PO_4^{3-} 和溶解氧一次，并记录锅炉压力，当锅炉水中溶解氧不合格时，应增加排气。

3. 保持给水压力法

它是利用锅内给水的压力阻止空气进入锅炉内部。其方法是在锅炉内充满着除氧合格的给水，并用给水泵顶压，使锅炉水的压力为 1.0～1.5MPa，然后将水汽系统所有的阀门关闭，以防止空气渗入锅内。保护期间应严密监督锅炉内的压力，如发现水的压力下降，应再送给水顶压。保护期间应每天分析水中溶解氧一次，若含氧量超过给水允许的标准，应换水。

此法一般适用于短期停用的锅炉。

4. 碱液法

此法是将锅内充满一定浓度的碱液，保持锅水的 pH 值在 10 以上，使金属表面钝化，造成阳极极化，达到保护锅炉的目的。

所用的碱剂为 NaOH、Na_3PO_4 或两者的混合液。配制时应使用凝结水或软化水，不得使用生水。药液的配制见表 14-1。

锅炉保护期间，应经常进行系统严密性的检查，如发现漏泄，应予消除。每月应从各取样点取样 1～2 次，检查其碱的浓度，如发现下降，应查明原因并加以消除，并补加碱液。

表 14-1　各种碱液的配制浓度

药剂名称	凝结水（kg/m³）	软化水（kg/m³）
NaOH	2	5～6
Na_3PO_4	5	10～12
NaOH＋Na_3PO_4	1.5＋0.5	（4～8）＋（1～2）

碱液法一般只适用于保护长期停用的低压和中压的小容量锅炉。对于高参数锅炉，因其结构复杂，碱液难以排尽和冲洗干净，残留的碱液会严重地影响蒸汽品质，且考虑到碱液对奥氏体等合金钢的腐蚀，所以很少采用。

5. 烘干法

此法适用于从运行转入检修锅炉的保护。锅炉熄火后，当锅炉水水温大约降至 100～120℃时，进行放水。放水后，利用炉内余热或用点火设备在炉内点微火，将锅内金属表面烘干，同时辅以负压系统抽出湿蒸汽，使锅炉金属表面干燥以防止腐蚀。锅炉检修完毕后如果不立即投入运行，应采取其他保护措施。

6. 干燥剂法

该法是采用吸湿能力很强的干燥剂，使锅炉水汽系统保持干燥，防止腐蚀的一种方法。

首先用烘干法使锅炉内金属表面干燥，然后按锅炉容积计算向锅炉放置干燥剂的用量，常用的干燥剂及用量如表14-2所示。

干燥剂应放在特制的小铁盘内，因 $CaCl_2$ 或生石灰（CaO）吸潮后变稀，难以取出，对于硅胶可装在布袋中。按预定的布点，分别放入汽包及各联箱内。干燥剂放入锅内后，应立即封闭汽包和联箱，关严各部阀门，使锅内与外界隔绝，提高保护效果，同时应定期检查保护情况，干燥剂失效后应及时更换。

此法保护效果良好，操作简单安全，但只适用于中、低压汽包锅炉。因高参数锅炉结构比较复杂，锅内各部位的水往往难以放尽，所以一般不采用此保护法。

表14-2　锅炉停用保护时干燥剂的用量

药　品　名　称	用量（kg/m^3）
无水 $CaCl_2$	1～2
生石灰（CaO）	2～3
硅胶	1～2

7. 充氮法

此法是将具有惰性的氮气充入锅内，并保持一定的压力，防止空气侵入锅内，以达到防止腐蚀的目的。其方法是，当锅炉停炉压力降至 $0.3～0.49MPa$ 时，接好充氮管路，当压力降至 $0.049MPa$ 时，开始充氮气，所用氮气的纯度应大于99%。充氮时，可将锅炉水汽系统中的水放掉，也可以不放水。对于未放水的锅炉或锅炉中不能放尽水的部分，充氮前最好在锅炉内存水中加入一定量的联氨（参见联氨法）。充氮后，锅炉水汽系统中氮气的压力应为 $0.049MPa$ 以上。充氮时要保证系统的严密性，以维持系统内氮气的压力，防止空气进入。在保护期间，要经常监督锅炉水汽系统中氮气的压力和锅炉的严密性。

充氮法适用于各种参数的锅炉，对于高参数大容量的机组，可普遍采用。此法既可保护长期停用的锅炉，又可保护短期停用的锅炉。

8. 气相缓蚀剂法

气相缓蚀剂是近年来应用到锅炉防腐方面的新型药剂，主要有无机的铵盐类和有机的胺类。例如碳酸铵、碳酸氢铵、碳酸环己胺等。

这类缓蚀剂的保护机理是由于它们在较低的温度下容易气化，气化的分子冷凝在金属表面后，发生水解或离解作用，生成缓蚀基团，而起到防腐作用。

目前，国内应用于停炉保护的气相缓蚀剂是碳酸环己胺[$(C_6H_{11}NH_2)2CO_2$]。加入气相缓蚀剂的方法是，在锅炉停用后，采用烘干法，排除锅内的存水，然后将白色粉末状的碳酸环己胺用加热的压缩空气（$40～50℃$）为载体送入锅内。当锅炉顶部排气的 pH 值达到10左右时，即可停止加药并将锅炉封闭。如果锅炉密封良好的话，可保护3个月左右。

碳酸环己胺易挥发，是一种较好的气相缓蚀剂，但由于气味难闻，使用受到一定限制。另外，胺类气相缓蚀剂对铜有一定的侵蚀作用，对于有铜部件的锅炉，可采用混合气相缓蚀剂。

在选择停用保护方法时，主要应考虑以下因素。

(1) 机组参数。

对于高参数机组，因其对水质要求较高，而且水汽系统结构复杂，系统内往往难以将水完全放尽，不宜采用碱液法和干燥剂法，一般采用联氨或充氮法；对于中、低压锅炉，因其对水质要求较低，而且结构较简单，可采用碱液法或干燥剂法，但对于具有立式过热器的汽包锅炉，因过热器底部易积水，如果不能将过热器存水吹净和烘干，不宜采用干燥剂法。

(2) 停用时间长短。

对于短期停运的锅炉，采用的保护法应能满足在短时间内启动的要求。例如，对热备用锅炉，必须考虑能够随时投入运行，这样要求所采用的方法不能排掉炉水，也不宜改变锅炉水的成分，以免延误投入运行时间，一般采用保持蒸汽压力法。对于长期停运锅炉，要求所采用的保护方法防腐作用持久，一般可采用干燥剂法、联氨法、充氮气法。

（3）现场条件。

选择保护方法时，要考虑采用某种保护方法的现实可能性。如果某一方法虽然从机组的特点和停用时间考虑是合理的，但现场条件不具备，也不能采用。现场条件包括设备条件、给水的水质、环境的温度、药品的来源等。例如，采用湿法保护的各种方法，对北方电厂，要具备防冻的条件。

除锅炉在停用时发生腐蚀外，汽轮机、凝汽器、除氧器及加热器等热力设备在停运期间，如不采取有效的保护措施，在金属表面也会发生较强烈的氧腐蚀。

汽轮机的停用腐蚀形态是点蚀。通常发生在喷嘴和叶片上，有时也在转子叶轮和转子本体上发生。腐蚀主要发生在有氯化物污染的机组。汽轮机和凝汽器在停用期间，应采用干法保护。停机后，首先将凝汽器内的水先排掉，使其自然干燥，同时在停用期间也要保持内部干燥（如在内部放入干燥剂）。国内有的电厂，在机组滑参数停运过程中，加月桂胺和正十八胺，使机组锅炉金属表面生成保护膜，来防止停用腐蚀。对于加热器除氧器等设备可根据金属材料的性质和停用时间的长短等具体情况，选择保护方法。

第五节 水垢形成及防止

锅炉给水总是或多或少带有某些杂质，这些杂质进入水循环系统中，由于压力和温度的变化，有的杂质就析出固体物质附着在受热面上，这种现象称为结垢，这些附着物称为水垢。另外，有些杂质析出的固体物质不附着在受热面上而是悬浮在锅炉水中，或沉积在汽包和下联箱底部水流缓慢的地方，这种悬浮物或沉积物称为水渣。某些水渣易粘附在受热面上，受高温烘熔之后又转变成水垢，这种垢称为二次水垢。

水垢和水渣的化学组成都比较复杂，通常是由许多化合物混合组成的。通过化学分析，可确定水垢的化学组成，一般用质量分数表示水垢的化学组成。目前电厂按垢的主要化学成分将垢分成：钙、镁水垢，硅酸盐水垢，氧化铁垢，磷酸盐铁垢和铜垢。水渣按其性质的不同，分为不会黏附在受热面上的水渣和易黏附在受热面上形成二次垢的水渣。

由于水垢的导热性能比钢铁低几十倍到几百倍，所以锅炉炉管结垢不仅浪费燃料，而且对高负荷受热面，因传热不良导致管壁温度过高，还会引起鼓包和爆管事故。此外，结垢还会引起沉积物下的腐蚀。锅炉水中水渣太多，会影响蒸汽品质，而且还可能堵塞炉管，威胁锅炉的安全运行。

一、各种水垢形成原因及部位

1. 钙、镁水垢

在此垢中钙、镁盐的含量常常很大，可达 90% 左右。这类水垢又可按其主要化合物的形态分成：碳酸钙水垢（$CaCO_3$）、硫酸钙水垢（$CaSO_4$、$CaSO_4 \cdot 2H_2O$）、硅酸钙水垢（$CaSiO_3$、$5CaO \cdot 5SiO_2 \cdot H_2O$）、镁垢 [$Mg(OH)_2$、$Mg(PO_4)_2$] 等。

碳酸盐水垢，易在省煤器、加热器、给水管道以及凝汽器冷却水通道中生成。硫酸钙和硅酸钙水垢，主要在热负荷较高的受热面上，如锅炉炉管、蒸发器等处生成。

钙、镁水垢形成的主要原因是水中钙、镁盐类在锅炉水中形成过饱和溶液而从锅炉水中析出，并粘附在受热面上。钙、镁盐形成过饱和溶液的原因有以下几方面。

(1) 随着水温的升高，某些钙、镁盐类的溶解度下降，如 $CaSO_4$、$CaCO_3$。

(2) 在水不断受热被蒸发时，水中盐类逐渐被浓缩。

(3) 在水被加热和蒸发的过程中，水中某些钙、镁盐类因发生化学反应，从易溶于水的物质变成了难溶于水的物质而析出。

水中析出物之所以能附着在受热面上，是因为受热面金属表面粗糙不平，有许多微小的凸起的小丘。这些小丘，能成为从溶液中析出固体时的结晶核心。此外，金属表面上的氧化膜有相当大的吸附能力，能成为金属壁和由溶液中析出物的粘结层。

2. 硅酸盐水垢

硅酸盐水垢的化学成分，绝大部分是铝、铁的硅酸化合物，它的化学结构较复杂。在这种水垢中二氧化硅的含量为 $40\%\sim50\%$，铁和铝氧化物的含量为 $25\%\sim30\%$。此外，还有少量的钠氧化物和钙、镁化合物。

硅酸盐水垢常常匀整地覆盖在热负荷很高或水循环不良的炉管内壁上。

锅炉给水中铝、铁和硅的化合物含量较高，是在热负荷很高的炉管内形成硅酸盐水垢的主要原因。例如，以地面水源作为生水的发电厂，若补给水的预处理过程不当或者凝汽器发生漏泄，就会使给水中含有一些极微小的黏土和较多的铝、硅化合物，它们进入锅内就可能形成硅酸盐水垢。

3. 氧化铁垢

氧化铁垢的主要成分是铁的氧化物，其含量为 $10\%\sim90\%$，此外，往往还含有金属铜、铜的氧化物和少量钙、镁、硅和磷酸盐等物质。氧化铁垢的表面为咖啡色，内层是黑色或灰色，垢的下部与金属接触处常有少量的白色盐类沉积物。

氧化铁垢最容易在高参数和大容量的锅炉内生成，但在其他锅炉中也可能产生。铁垢的生成部位，主要在热负荷很高的炉管管壁上，如喷燃器附近的炉管等处。

形成氧化铁垢的原因，主要是锅炉水含铁量大和炉管上的局部热负荷太高。锅炉水的含铁量主要决定于给水的含铁量，炉管腐蚀对锅炉水含铁量的影响往往较小。锅炉水中铁化合物的形态主要是带正电的胶态氧化铁。当炉管上局部地区的热负荷很高时，该部位的金属表面因电子集中而带负电。这样带正电荷的氧化铁微粒就向带负电的金属表面聚集，结果便形成氧化铁垢。

另外，在锅炉运行时，如果炉管内发生碱性腐蚀或汽水腐蚀，其腐蚀产物附着在管壁上就会成为氧化铁垢；在锅炉安装或停用时，若保护不当造成腐蚀，这些腐蚀产物有的也附着在管壁上，锅炉运行后，也会转化成氧化铁垢。

4. 磷酸盐铁垢

磷酸盐铁垢的化学成分，主要是磷酸亚铁钠（$NaFePO_4$）和磷酸亚铁 [$Fe_3(PO_4)_2$]。这种水垢通常发生在分段蒸发锅炉的盐段水冷壁管上。颜色一般为灰色或接近白色，当敲击结垢的样管时，容易从管壁上脱落。

磷酸盐铁垢产生的主要原因，是由于锅炉水中 PO_4^{3-} 含量太大和含铁量较高。磷酸盐铁垢的形成过程，可概略地用以下的反应表示

$$Na_3PO_4 + Fe(OH)_2 \Longrightarrow NaFePO_4 + 2NaOH$$

从化学反应平衡的观点来看，当锅炉水中 NaOH 浓度超过平衡浓度时，由于化学平衡向左移动，就会使磷酸盐铁垢不能生成，所以磷酸盐铁垢能否生成与锅炉水 PO_4^{3-} 和 NaOH 浓度有关。

在凝汽式发电厂中，因为补给水量一般较小，因而给水碱度和锅炉水中的游离 NaOH 浓度较小，所以当分段蒸发锅炉的净段与盐段的浓缩倍率较高时，如果净段锅炉水中 PO_4^{3-} 含量控制

值较高，就会因盐段锅炉水中的 PO_4^{3-} 过高，而使盐段水冷壁管上产生磷酸盐铁垢。

5. 铜垢

当水垢中金属铜的含量达到 20%～30% 或更多时，这种水垢叫做铜垢。铜垢的生成部位主要在局部热负荷很高的炉管内。

关于铜垢的形成原因，目前的看法是，热力系统中铜合金制件遭到腐蚀后，铜的腐蚀产物随给水进入锅炉内。在沸腾着的碱性锅炉水中，铜的腐蚀产物主要是以络合物形式存在。在高热负荷的部位，一方面部分铜的络合物会被破坏成铜离子，使锅炉水中铜离子的浓度升高；另一方面，由于高负荷的作用，炉管中高热负荷部位的金属氧化膜被破坏，并且使局部热负荷大的区域电子较集中而带负电，结果铜离子就在该区获得电子而析出金属铜。

二、各种水垢防止方法

水垢的防止方法可以从下列三方面着手：

首先，采取各种措施防止杂质进入给水中；

其次，防止给水和汽水系统中的金属腐蚀；

最后，对已经积聚在炉水中的杂质进行补充水处理（锅内处理）。

1. 防止杂质进入给水

（1）制备高质量的补给水，彻底清除掉补给水中的各种易结垢的杂质。例如，利用软化、除盐系统彻底除去钙、镁硬度，利用阴离子交换彻底除去 SiO_3^{2-}、SO_4^{2-} 等形成水垢的阴离子。总之，根据机组参数的不同，制备出能满足各参数机炉的补给水水质。

（2）防止凝汽器泄漏，及时查漏、堵漏。根据机组参数要求，必要时对凝结水进行过滤和除盐处理，防止冷却水带入钙、镁等硬度和硅铝化合物以及一些极微小的黏土等杂质。

（3）对生产返回的凝结水和疏水的水质进行严格控制，必要时也应进行软化或除盐处理，同时还须进行必要的除油、除铁处理。

2. 防止水汽系统金属腐蚀，减少给水含铁量和含铜量

例如给水的除氧、加氨处理，凝汽器铜管的造膜、水质稳定处理等措施。

3. 锅内水处理

锅内水处理就是在锅炉水中投加某些药品，控制锅炉水水质，使锅炉水中的某些结垢杂质形成一种不粘附在受热面上的水渣，随锅炉排污除掉。目前高压电厂常用作锅内处理的药品是磷酸盐（详见本章第六节）。

另外，为了防止锅炉中产生磷酸盐铁垢，应严格控制锅炉水中的 PO_4^{3-} 含量，使其不超过规定值。对于凝汽式发电厂的分段蒸发锅炉，为了防止盐段水冷壁内产生磷酸盐铁垢，应特别注意严格控制净段锅炉水中的 PO_4^{3-} 含量，如果锅炉排污率小于 1% 时，盐段锅炉水和净段锅炉水的浓缩倍率很大，就应建议锅炉工作人员采取降低浓缩倍率的措施。

第六节　锅内磷酸盐处理

为了防止在汽包锅炉中产生钙垢，除了保证给水水质外，通常还需在锅炉水中投加某些药品，使随给水进入锅内的钙离子（补给水中残余的或凝汽器中漏入的）在锅内不形成水垢，而形成水渣，随锅炉排污排除。在发电厂的锅炉中，最宜用作锅内加药处理的药品是磷酸盐。向锅炉水投加磷酸盐的这种处理方法，简称为磷酸盐处理。

在符合特定的条件时，磷酸盐处理不仅可防止钙垢，还可起到防止碱性腐蚀的作用，此时，称为协调 pH 值—磷酸盐处理。

一、普通磷酸盐防垢处理

1. 原理

在锅炉水中加入一定量的磷酸盐，使锅水中维持一定量的磷酸根（PO_4^{3-}）。在沸腾的碱性条件（锅水的 pH 值一般在 9～11 范围内）下，锅水中的钙离子与磷酸根发生下列反应

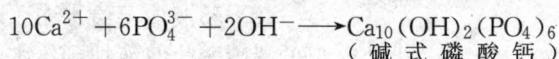

$$10Ca^{2+} + 6PO_4^{3-} + 2OH^- \longrightarrow Ca_{10}(OH)_2(PO_4)_6$$
$$（碱式磷酸钙）$$

生成的碱式磷酸钙是一种松软的水渣，易随锅炉排污排除，且不会粘附在锅内转变成水垢。

采用磷酸盐对锅炉进行处理时，常用的药品为磷酸三钠（$Na_3PO_4 \cdot 12H_2O$）。对于以钠离子交换水作为补给水的热电厂，有时因补给水率大，而使锅炉水碱度很高，为了降低锅炉水的碱度，可采用磷酸氢二钠（Na_2HPO_4）进行处理。此时，可以消除一部分游离 NaOH，其反应如下

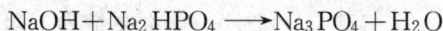

$$NaOH + Na_2HPO_4 \longrightarrow Na_3PO_4 + H_2O$$

2. 锅炉水中磷酸根浓度标准

为了达到防止在锅炉中产生钙垢的目的，在锅炉水中要维持足够的 PO_4^{3-} 浓度。锅炉水中 PO_4^{3-} 浓度应维持多大合适，从理论上无法估算，主要凭实践经验来确定。根据锅炉长期运行实践，为了保证锅炉磷酸盐处理的防垢效果，锅炉水中应维持的 PO_4^{3-} 量详见本篇第十六章第一节。

锅炉水中的 PO_4^{3-} 不应太多，太多不仅随排污水排出的药量会增多，使药品的消耗增加，而且还会引起下述许多不良后果。

（1）增加锅炉水的含盐量，影响蒸汽品质。

（2）有生成 $Mg_3(PO_4)_2$ 的可能。一般随给水进入锅内的 Mg^{2+} 常常是较少的，在沸腾着的碱性锅炉水中，它会与随给水带入的 SiO_3^{2-} 发生下述反应

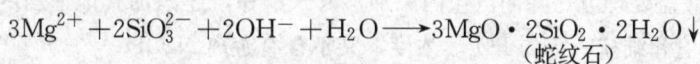

$$3Mg^{2+} + 2SiO_3^{2-} + 2OH^- + H_2O \longrightarrow 3MgO \cdot 2SiO_2 \cdot 2H_2O \downarrow$$
$$（蛇纹石）$$

蛇纹石呈水渣形态，易随锅炉水的排污排除。如果锅炉水中 PO_4^{3-} 过多，有可能生成 $Mg_3(PO_4)_2$，$Mg_3(PO_4)_2$ 易粘附在炉管内形成二次水垢。

（3）如果锅炉水含铁量较大时，有生成磷酸盐铁垢的可能。

（4）容易在高压和超高压锅炉中发生 Na_3PO_4 的"隐藏"现象（参见本章第七节）。

由上述可知，只要能达到防垢的目的，锅炉水中 PO_4^{3-} 的浓度以低些为好。

3. 加药方式

磷酸盐液加入锅内的方式有两种，一种将磷酸盐溶液直接加在汽包内的锅炉水中；另一种是将磷酸盐溶液加在锅炉给水中，由给水带入锅内。

（1）药液加至汽包内。这种加药方式是用高压力、小容量的活塞泵（泵的出口压力略高于锅炉汽包压力），连续地将磷酸盐溶液加至汽包内的锅炉水中。加药系统如图 14-4 所示。

加药时，先将药品溶解箱内的浓溶液放入计量箱内，稀释成浓度为 1％～5％ 的磷酸盐溶液，再用加药泵加至锅炉汽包内。汽包水室内设有磷酸盐加药管，此管应沿着汽包长度方向辅设，管上开有许多等距离的小孔。此管应装在下降管管口附近，并远离排污管处。

采用这种加药系统时，为了改变加入锅内的磷酸盐溶液量，可调节加药泵的活塞冲程或改变计量箱中磷酸盐溶液的浓度。在锅炉运行中，如果发现锅炉水中 PO_4^{3-} 过高时，可暂停加药泵，待锅炉水中 PO_4^{3-} 浓度正常后，再启动加药泵。

这种加药方式的优点是：进药量均匀，锅炉水中 PO_4^{3-} 浓度稳定。

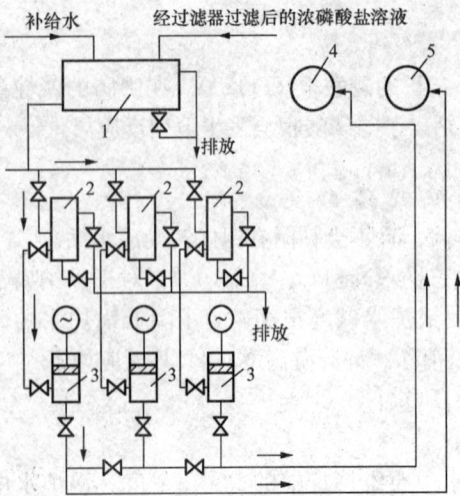

图 14-4　锅内磷酸盐加药系统

1—磷酸盐溶液储存箱；2—计量箱；3—活塞加药泵；

4、5—1、2号锅炉汽包

采用这种加药方式时，有的发电厂装设有锅炉水 PO_4^{3-} 浓度的自动调节设备，利用锅炉水 PO_4^{3-} 测试仪表的输出信号控制加药泵，能自动、精确地维持锅炉水中 PO_4^{3-} 量。

（2）药液加至给水中。这种加药方式是将配制好的稀磷酸盐溶液加到给水泵入口侧的给水中，药品即随给水进入锅内。此法的优点是：加药设备较简单，没有高压加药泵等设备。

采用这种加药方法时，应注意以下两点。

1）给水的硬度不能超过 $3\mu g/L$，否则不宜采用此法。这主要是为了避免在给水系统，尤其是在省煤器中生成大量水渣，危害省煤器的安全运行；同时还可能在给水管道、高压加热器和省煤器中生成磷酸钙水垢［$Ca_3(PO_4)_2$］。

2）加有磷酸盐溶液的给水，不能用作喷水式过热蒸汽减温器的减温水，否则会使过热蒸汽中含钠量剧增，造成蒸汽品质的严重恶化。

二、协调 pH—磷酸盐处理

协调 pH—磷酸盐处理是一种既严格又合理的锅内水质调节方法。它不仅能防止钙垢的产生，而且能防止锅炉管的腐蚀。

1. 原理

协调 pH—磷酸盐处理就是除向汽包内添加 Na_3PO_4 外，还添加其他适当的药品，使锅炉水既有足够高的 pH 值和维持一定的 PO_4^{3-} 浓度，又不含游离 NaOH。

我们知道，当向锅炉水中添加磷酸氢盐时，它可以与游离 NaOH 发生下列反应

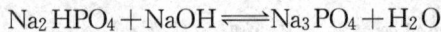

$$Na_2HPO_4 + NaOH \Longrightarrow Na_3PO_4 + H_2O$$

所以，只要加入的 Na_2HPO_4 量足够，使得锅炉水中的 NaOH 都成为 Na_3PO_4 的一级水解产物，就消除了锅炉水中的游离 NaOH。但是这样不能保证在发生盐类暂时消失现象时，锅炉炉管管壁边界层液相中因化学反应而产生游离 NaOH。

研究发现，磷酸盐溶液发生暂时消失现象时，析出的固相附着物是磷酸氢盐，它的组成与溶液中磷酸盐的组成有关。当磷酸盐溶液的 Na/PO_4 摩尔比（R）小于 2.85 时，即使发生盐类暂时消失现象，析出磷酸氢盐固相附着物时，炉管管壁边界层中也不会产生游离的 NaOH。

Na/PO_4 摩尔比（R）代表磷酸盐溶液中钠离子（Na^+）的摩尔数与磷酸根（PO_4^{3-}）的摩尔数之比，它反映了磷酸盐溶液的组分。Na_3PO_4 溶液中 Na/PO_4 摩尔比（R）为 3，Na_2HPO_4 溶液中 Na/PO_4 摩尔比（R）为 2，对于不同比例的 Na_3PO_4 和 Na_2HPO_4 混合溶液 Na/PO_4 摩尔比（R）在 2～3 之间，且 Na_2HPO_4 越多溶液的 Na/PO_4 摩尔比越接近于 2。

所以，如果能使锅炉水中同时含有 Na_3PO_4 和 Na_2HPO_4 这两种磷酸盐，并且使锅炉水的 Na/PO_4 摩尔比小于 2.85，那么，就可避免炉管发生碱性腐蚀。此外，为了减少炉管发生酸性腐蚀的可能性，必须保证锅炉水的 pH 值较高，因此锅炉水 Na/PO_4 摩尔比的下限应大于 2.2。

总之，协调 pH—磷酸盐处理，要求锅炉水的 Na/PO_4 摩尔比（R）在 2.85～2.2 的范围内。当锅炉水 Na/PO_4 摩尔比（R）大于 2.85 时，则相应地往锅内混加 Na_2HPO_4；若锅炉水 Na/PO_4 摩尔比（R）接近或小于 2.2 时，相应地往锅内混加适当量的 NaOH。在维持锅炉水 PO_4^{3-} 为正

常值的条件下，以保证锅炉水 pH 值（25℃）大于 9 为宜。

2. 水质控制

实施锅炉水的协调 pH—磷酸盐处理时，锅炉水实际上可看成 Na_3PO_4 和 Na_2HPO_4 的缓冲溶液。通过计算可得到各种不同组分的磷酸盐水溶液的 pH 值（25℃）和磷酸盐总浓度（以 PO_4^{3-} 表示）的关系，如图 14-5 所示。根据图 14-5，可由锅炉水的 pH 值和 PO_4^{3-} 查出锅炉水中磷酸盐的 Na/PO$_4$ 摩尔比。

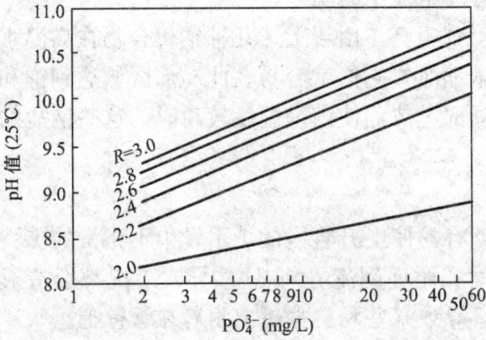

图 14-5　磷酸盐总浓度（以毫克/升 PO_4^{3-} 表示）和 pH 值（25℃）的关系

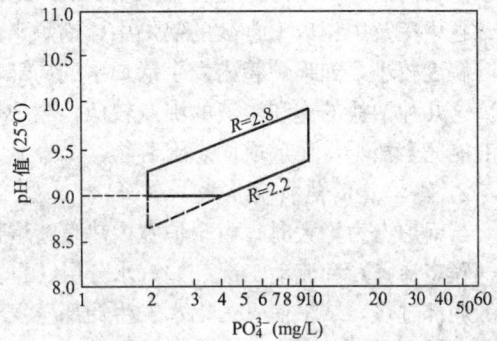

图 14-6　磷酸盐—pH 值控制图

图 14-6 是在图 14-5 的基础上得到的，它便于锅炉水磷酸盐—pH 控制时实际应用。在进行锅炉水的协调 pH—磷酸盐处理时，锅炉水的 pH 值（25℃）和 PO_4^{3-} 测定值，应落在图 14-6 中实线的图块中。

3. 适用范围

锅炉水的协调 pH—磷酸盐处理法，虽然能防垢和防止腐蚀，但并不是所有的锅炉都能采用。一般只宜用于具备下列两个条件的锅炉：一是此锅炉的给水以除盐水或蒸馏水作补给水；二是与此锅炉配套的汽轮机的凝汽器较严密不会经常发生泄漏。否则，难以保持锅炉水中 PO_4^{3-} 与 pH 值的关系符合协调 pH—磷酸盐处理的要求。

协调 pH—磷酸盐处理的加药系统、方法、锅炉水中应维持的 PO_4^{3-} 量等，与一般的锅炉水磷酸盐处理相同。

第七节　盐类暂时消失现象

当汽包锅炉负荷增高时，锅炉水中某些易溶钠盐（如 Na_2SO_4、Na_2SiO_3、Na_3PO_4）有一部分从水中析出，沉积在炉管管壁上，使它们在锅炉水中的浓度明显降低，而在锅炉负荷减小或停炉时，沉积在炉管管壁上的钠盐又被溶解下来，使它们在锅炉中的浓度重新增高，这种现象称为盐类暂时消失现象，也称为盐类"隐藏"现象。

一、危害

在炉管管壁上形成的易溶盐附着物，其危害性和水垢相似，有以下几点。

（1）能与炉管上的其他沉积物，如金属腐蚀产物和硅化合物等作用，变成难溶的水垢。

（2）传热性能差，在某些情况下也可能直接导致炉管金属严重超温，以至烧坏。

（3）能引起沉积物下的金属腐蚀。例如，当 Na_3PO_4 发生暂时消失现象时，在高热负荷处的炉管管壁上会形成 $Na_{2.85}H_{0.15}PO_4$ 的固相易溶盐附着物。当它从溶液中析出时，在炉管管壁边界层的液相中，有游离 NaOH 产生。当炉水局部高度浓缩时会引起炉管金属的碱性腐蚀。

二、发生盐类暂时消失现象原因

1. 与易溶盐特性有关

在高温水中，某些钠化合物在水中的溶解度是随着水温升高而下降的。例如，Na_2SO_4、Na_2SiO_3 和 Na_3PO_4 在水中的溶解度，先随水温升高而增大，当温度达到某一数值继续升高时，其溶解度是下降的。这种变化以 Na_3PO_4 最为明显，尤其当水温超过 200℃ 以后，它的溶解度随着水温升高而急剧下降，在高温水中 Na_3PO_4 的溶解度是很小的。

在中压及中压以上参数的锅炉中，锅炉水的温度都很高，由于上述几种钠化合物在高温水中的溶解度较小，如果炉管内发生锅炉水的局部蒸发浓缩时，它们就容易在此局部区域达到饱和浓度。这几种钠盐的饱和溶液的沸点较低，当炉管因局部过热而使内壁温度较高时，这些钠盐的水溶液能完全蒸干，而形成固态附着物。

2. 与炉管的热负荷有关

当锅炉出力增大时，由于炉膛内热负荷增加，就容易使上升管内的炉水发生不正常的沸腾工况（膜态沸腾）和流动工况（如汽水分层、自由水面和循环倒流等）。这些异常工况都会造成炉管的局部过热，结果使管内锅水发生局部蒸发浓缩，导致某些易溶盐析出附着在管壁上。

三、防止的方法

防止易溶盐"隐藏"现象的主要方法是改善锅炉的运行工况，这主要从以下两方面着手。

（1）改善锅炉燃烧工况，使各部分炉管上的热负荷均匀；防止炉膛内结渣，避免炉管上局部热负荷过高。

（2）改善锅炉炉管内炉水流动工况，以保证水循环的正常进行。例如，取消水平蒸发管并把炉管的倾斜度增加到 15°～30° 以上。

复习思考题

1. 何谓金属腐蚀？金属腐蚀的形式有哪几种？
2. 给水系统主要有哪几种腐蚀形式？腐蚀部位各发生在何处？
3. 给水系统腐蚀对锅炉设备运行有何影响？
4. 给水为什么要进行联氨处理？原理是什么？
5. 给水加氨的目的及原理是什么？
6. 锅炉汽水系统常有哪几种腐蚀？
7. 沉积物下腐蚀的基本原理是什么？如何防止沉积物下腐蚀的发生？
8. 什么叫水垢、水渣？两者有何区别？
9. 水垢和水渣是如何分类的？
10. 试述磷酸盐处理的目的及原理？
11. 锅内处理时，磷酸盐加入量过多或过低会产生哪些不良影响？
12. 什么叫盐类"隐藏"现象？产生此现象的原因是什么？怎样防止？

第十五章 蒸汽污染及防止

实践证明，从锅炉出来的蒸汽总是含有少量杂质的，当蒸汽中的硅酸、钠盐等物质含量超过了规定的标准，就叫蒸汽污染。

污染蒸汽中的杂质会沉积在蒸汽通过的各个部位（称为积盐）。如果过热器和汽轮机内积盐，会影响机组的安全、经济运行。例如，在过热器中积盐，由于各种盐的传热性能很差，使锅炉的热量随烟气流失，从而浪费燃料，还会引起爆管事故。在汽轮机调速系统或主汽门积盐，会使汽门产生卡涩现象，降低工作的可靠性，严重的还会导致危险事故的发生。在汽轮机的动、静叶片上积盐，会使蒸汽流通截面减小，因而阻力增加，使汽轮机的出力下降。同时，使汽轮机各级间的压降增大，使叶片应力和轴向推力增加，还会增加机组的振动。所以，研究蒸汽污染及获得清洁蒸汽的方法等问题是很重要的。

在汽包锅炉中，过热蒸汽的品质主要取决于汽包送出的饱和蒸汽品质（当过热蒸汽减温器运行正常时）。本章只讨论饱和蒸汽的污染。

第一节 饱和蒸汽污染原因

对于汽包锅炉，饱和蒸汽被污染主要是由蒸汽带水和蒸汽溶解杂质两个原因造成的。

一、饱和蒸汽带水

从汽包送出的饱和蒸汽常夹带有一些锅水的小水滴，这样锅水中的各种杂质，都随水滴带进蒸汽中，这种现象称为饱和蒸汽的机械携带。在实际工作中常用所谓的机械携带系数"K_J"来表示饱和蒸汽的带水量。K_J通常是按饱和蒸汽的含钠量S_B^{Na}与锅炉水的含钠量S_G^{Na}之比来计算的，它们之间有如下关系

$$K_J = \frac{S_B^{Na}}{S_G^{Na}}$$

这是因为饱和蒸汽的含钠量主要是由于水滴带入的，所以S_B^{Na}与S_G^{Na}的比值可表示蒸汽带水量。

二、饱和蒸汽溶解杂质

蒸汽有溶解某些物质的能力，蒸汽的压力愈高，蒸汽的溶解能力愈大，这是因为饱和蒸汽的压力愈高，它的密度愈大，蒸汽的性能愈接近于水的性能，所以高参数蒸汽溶解锅水中某些物质的能力就大。我们把饱和蒸汽因溶解而携带锅水中某些物质的现象称为蒸汽的溶解携带。饱和蒸汽溶解某物质的能力可用分配系数"K_F"来表示，它表示某物质溶解在饱和蒸汽中的浓度"S_B"与此蒸汽相接触的水中该物质浓度"S_{SH}"的比值。它们的关系如下

$$K_F = \frac{S_B}{S_{SH}}$$

由上式可知某物质的分配系数（K_F）越大，表示饱和蒸汽溶解该物质的能力越大。

锅炉水中常见物质按其在饱和蒸汽中溶解能力的大小，可划分为三类：第一类为硅酸（如H_2SiO_3、$H_2Si_2O_5$等），其分配系数最大；第二类为NaCl、NaOH等，它们的分配系数比硅酸

低得多；第三类为 Na_2SO_4、Na_3PO_4 和 Na_2SiO_3 等，它们在饱和蒸汽中很难溶解。由此可知饱和蒸汽的溶解携带是有选择性的，因此这种携带也称为选择性携带。

由上述可知，饱和蒸汽携带某物质的量，应为水滴携带量与溶解携带量之和。对于不同压力的汽包锅炉，蒸汽携带盐类物质的情况大体可归纳成以下几种。

(1) 在低压锅炉中（工作压力小于 2.5MPa），因蒸汽压力较低，饱和蒸汽对各种物质的溶解携带量都很小，所以蒸汽污染主要是由机械携带所致。

(2) 在中压锅炉中（工作压力为 2.5～5.9MPa），蒸汽中的各种钠盐，主要由机械携带所致，含硅量为机械携带和溶解携带之和，且溶解携带量大大超过水滴携带量。

(3) 在高压锅炉中（工作压力为 6.0～12.9MPa），蒸汽的含硅量，主要取决于溶解携带，至于蒸汽中的各种钠盐主要为机械携带所致。

(4) 在超高压以上锅炉中（工作压力＞13MPa），蒸汽的含硅量主要取决于溶解携带，蒸汽中的 NaCl 和 NaOH 量为两者携带之和所致，至于蒸汽中的 Na_2SO_4、Na_3PO_4 和 Na_2SiO_3 主要是由机械携带所致。

第二节　影响蒸汽带水和溶解杂质因素

一、影响饱和蒸汽带水因素

在锅炉汽包内，无论汽水混合物是直接引入汽空间，还是汽水混合物引入汽包水层下面，由于汽流的冲击及汽泡通过汽水分界面时，都溅出许多大小不等的水滴。对于那些微小的水滴，由于自身质量轻，在汽流对它的摩擦力与浮力的作用下，会被蒸汽带出汽包，同时，那些直接飞溅到汽包蒸汽引出管口附近的水滴，也会被高速流动的蒸汽带走。总之，在汽包内形成的水滴越多、越小和蒸汽的流速越大，蒸汽带水量就越大。下面就具体因素的影响加以说明。

（一）汽包水位对蒸汽带水的影响

汽包水位过高，会使蒸汽带水量增大。这是因为，汽包水位上升，会减小汽包上面汽空间高度，这样就缩短了水滴飞溅到蒸汽引出管口的距离，使大量水滴飞溅到蒸汽引出管口附近，被蒸汽带走，同时也不利水滴自然分离，使蒸汽大量带水。

（二）锅炉负荷影响

负荷增加时，来自上升管的蒸汽量增多，当汽水混合物从汽包水层下引入汽包时，会使汽水分界面的汽泡增多，由于汽泡膜破裂会使水滴量和动能均增加。当汽水混合物直接引入汽空间时，由于汽流的喷溅也会造成水滴量和动能的增加。另外，负荷增加时，蒸汽引出汽包的流速也增大，使蒸汽运载水分子的能力也增大，同时因水室中蒸汽泡增多，还会使汽空间的实际高度减小，不利于自然分离。

所以，锅炉负荷增加时会增大蒸汽的带水量。实践证明，随着锅炉负荷增加，蒸汽的带水量先是缓缓增大，当负荷增加到某一数值后，再增加负荷，蒸汽的湿分会急剧增加（见图 15-1），该转折点的锅炉负荷称为临界负荷。锅炉在运行时容许的负荷应低于此临界负荷。

（三）锅炉水含盐量对蒸汽带水的影响

锅炉水含盐量对蒸汽带水的影响，如图 15-2 所示。锅炉水含盐量增加，但未超过一定值时，蒸汽的带水量基本上不变，蒸汽的含盐量增加是由于蒸汽带出水滴含盐量增加造成的。当锅炉水含盐量超过某一数值时，蒸汽的带水量增加，结果造成蒸汽含盐量急剧增加。造成蒸汽含盐量开始急剧增加时的锅炉水含盐量，称为临界含盐量。

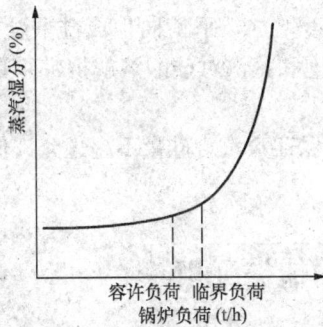

图 15-1 蒸汽湿分与锅炉
负荷的关系

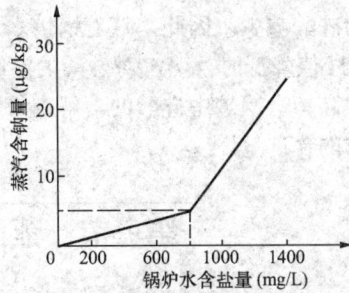

图 15-2 蒸汽含盐量与锅炉
水含盐量的关系

目前火力电厂中，蒸汽的含盐量是用其含钠量来表示的。

出现临界含盐量的主要原因有两个：①锅炉水含盐量增加时，会使锅水粘度增大，造成水位膨胀，使汽空间减小，不利于自然分离；②锅炉水含盐量增加时，在汽水分界面处会形成泡沫层，因而使蒸汽大量带水。当锅水中含有油脂、有机物或水渣较多或含有较多 NaOH 和 Na_3PO_4 等碱性物质时，更易形成泡沫层。

（四）锅炉压力对蒸汽带水的影响

锅炉压力越高，蒸汽越易带水。因为压力提高时，锅炉水的温度（即沸点）升高，水分子的热运动加强，这样削弱了水分子之间的作用，同时压力提高时，因蒸汽的密度增加，蒸汽对水分子的引力增大，这样会使锅水的表面张力下降，容易形成较多的小水滴。另外，压力增高蒸汽密度增大，汽流运载水滴的能力增强。

除上述因素影响蒸汽带水量以外，锅炉的结构不同对蒸汽带水量也有很大的影响。例如，锅炉汽包内的汽水分离装置不同时，因汽水分离的效果不同，蒸汽的带水量也会有较大的差别。对于高参数锅炉，因为锅炉压力高，蒸汽易带水，为了减少蒸汽带水，应在汽包内装设更有效的汽水分离装置。

二、影响饱和蒸汽溶解携带的因素

（一）锅炉压力对蒸汽溶解携带的影响

饱和蒸汽的溶解携带量随锅炉压力的提高而增大。这是因为锅炉的压力越高，饱和蒸汽的密度越大，蒸汽的性质越接近于液态水，所以蒸汽的溶解携带量增大。我们知道蒸汽的溶解携带是有选择性的，饱和蒸汽对锅水中硅酸的溶解能力最大。下面我们主要讨论饱和蒸汽对硅酸的溶解携带。

（二）锅水 pH 值对硅酸溶解携带系数的影响

饱和蒸汽对硅酸的溶解携带系数与饱和蒸汽的压力和锅炉水中硅化合物的形态有关。前一个因素反映了饱和蒸汽溶解携带的共同规律，即当锅水 pH 值一定时，随饱和蒸汽压力的提高，硅酸的溶解携带系数迅速增大；后一因素反映了硅酸溶解的特殊规律，因为饱和蒸汽溶解的主要是硅酸（H_2SiO_3、$H_2Si_2O_5$ 等），对硅酸盐（如 Na_2SiO_3）的溶解能力很小，所以硅酸的溶解携带系数与锅炉水中硅化物的形态有关。而锅炉水中硅化合物的形态，决定于锅炉水的 pH 值，所以锅炉水的 pH 值对硅酸溶解携带系数有影响。

在锅炉水中，硅酸与硅酸盐之间存在如下水解平衡状态

$$SiO_3^{2-} + H_2O \Longleftrightarrow HSiO_3^- + OH^-$$

$$HSiO_3^- + H_2O \rightleftharpoons H_2SiO_3 + OH^-$$

由此可知，当提高锅炉水的 pH 值时，锅水中的 OH^- 浓度增加，平衡向生成硅酸盐方向移动，使锅水中的硅酸减少。因此，随着锅炉水 pH 值的增大，饱和蒸汽对硅酸溶解携带系数减小。反之，锅水 pH 值降低时，蒸汽对硅酸的溶解携带系数增大。

因为在高参数锅炉中硅酸的溶解携带系数很大，为了保证蒸汽含硅量不超过允许值，应严格控制锅炉水的含硅量。

第三节　蒸汽流通系统的盐类沉积

一、过热器内的盐类沉积

（一）原因

如前所述，饱和蒸汽携带盐类物质，有两种状态：一种是蒸汽选择性携带盐类物质，主要是硅酸；另一种是呈液体状态，即主要含有钠盐的小水滴。当饱和蒸汽被加热成过热蒸汽时，它所含有的小水滴会发生下述两种过程：

（1）蒸发、浓缩直至被蒸干，水滴中的某些物质因而结晶析出。

（2）因过热蒸汽比饱和蒸汽具有更大的溶解能力，水滴中的某些物质会溶解在过热蒸汽中，使蒸汽中溶解物的含量增加。

所以，由饱和蒸汽带出的各种盐类物质，在过热器中会发生两种情况：当某种物质的携带量大于该物质在过热蒸汽中的溶解度时，该物质就会沉积在过热器中，称为过热器积盐；反之，如果饱和蒸汽中某种物质的携带量小于该物质在过热蒸汽中的溶解度，则该物质就会完全溶解于过热蒸汽中，带入汽轮机。

（二）盐类物质的沉积分布情况

过热器内沉积的盐类主要是钠化合物，硅化合物主要沉积在汽轮机内，因当饱和蒸汽变成过热蒸汽时，硅酸发生失水作用，而成为 SiO_2，SiO_2 在过热蒸汽中的溶解度比饱和蒸汽的溶解度大。

钠盐在过热器中的沉积情况与各种钠盐在蒸汽和水中的溶解特性以及锅炉的压力等因素有关。其沉积情况大致如下。

（1）低压和中压锅炉。在这类锅炉的过热器中，盐类沉积物的主要成分是 Na_2SO_4、Na_3PO_4、Na_3CO_3 和 $NaCl$。

（2）高压锅炉。在这类锅炉的过热器中，盐类沉积物主要是 Na_2SO_4，其他钠盐一般含量很少。

（3）超高压以上的锅炉。在这类锅炉的过热器中，盐类沉积物较少，因为这种锅炉的过热蒸汽溶解杂质的能力很大，饱和蒸汽中的杂质大都转入过热蒸汽中，带往汽轮机。

在各种压力汽包锅炉的过热器内，还可能沉积有铁的氧化物。这主要是过热器本身的腐蚀产物。

（三）过热器内盐类沉积物的清除

为了防止过热器沉积物过多，危害过热器的安全运行，当锅炉停炉或检修时，应将这些沉积物清除掉。因为过热器中的沉积物，主要是易溶于水的钠盐，因此采用水洗的办法就可清除。对于过热器内的金属腐蚀产物及其他难溶沉积物，应在锅炉进行化学清洗时，将过热器一并进行清洗。

过热器水洗一般用凝结水进行，为了提高冲洗效果，减少冲洗水耗，水温应尽可能地提高

（最少应不低于 70～80℃）。在不可能用凝结水的情况下，也可用除盐水或给水来冲洗。

过热器水洗的方法有公共式冲洗和单元式冲洗两种：

（1）公共式冲洗。公共式冲洗是将冲洗水送进过热器出口联箱，流经所有管子后，由过热器的进口联箱流出。冲洗时，先将冲洗水充满过热器并静置 1～2h。然后使水流动进行冲洗。冲洗时，应经常监督（一般是 15～20min）冲洗水的电导率或含钠量。冲洗过程一直进行到送入和流出的冲洗水水质相同为止。为了保证每根过热器管内都有冲洗水流过，并且能冲洗干净，故送入的冲洗水流量，应按每根管中平均流速为 1～1.5m/s 进行估算。

（2）单元式冲洗。单元式冲洗法是用专用的小型水泵、冲洗用水箱、软管、带橡皮接头的连接管等设备与一根过热器管连接成循环回路，用泵使冲洗水在循环回路中循环流动，当此冲洗水中杂质浓度不再上升时，表示该管已冲洗好，然后进行另一根管的清洗。清洗过程，就是这样一根一根地进行。冲洗时，也应经常监督冲洗水的电导率或含钠量。

单元式冲洗与公共式冲洗相比效果较好，但操作较麻烦，故只有在过热器积盐很多时才采用。

二、汽轮机内盐类沉积物

（一）盐类沉积物形成原因

锅炉过热蒸汽中的杂质一般有几种形态：一种是蒸汽溶液，这主要是硅酸和各种钠化合物；另一种是在过热器内没有沉积下来的固态钠盐以及铁的氧化物固态微粒。此外，对于中、低压锅炉的过热蒸汽中还有微小的氢氧化钠浓缩液滴。过热蒸汽中的杂质主要呈第一种形态，后两种形态的量通常是很少的。

带有各种杂质的过热蒸汽进入汽轮机后，由于压力和温度降低，钠化合物和硅酸在蒸汽中的溶解度随压力降低而减小，当其中某种物质的溶解度下降到低于它在蒸汽中的含量时，该物质就会以固态析出，并沉积在蒸汽通流部位。

（二）盐类沉积物在汽轮机中的分布规律

由于各种杂质在水中和蒸汽中的溶解特性不同以及压力的变化等原因，在汽轮机的不同级中，生成沉积物的情况是各不相同的，基本规律可归纳如下。

（1）不同级中沉积物量不一样。在汽轮机中除第一级和最后几级积盐量极少外，低压级的积盐量总是比高压级的多些。在汽轮机最前面的一级中，由于蒸汽压力和温度仍然很高，而且蒸汽流速很快，其中杂质不会从蒸汽中析出，因此往往没有沉积物。在汽轮机的最后几级中，由于蒸汽中含有湿分，杂质能转入湿分中，且湿分能冲洗掉汽轮机叶轮上已析出的物质，所以在这里也没有沉积物。图 15-3 是一台高压汽轮机各级中沉积物的量。

（2）不同级中沉积物的化学组成不同。由于 Na_2SO_4、Na_3PO_4、Na_2SiO_3 在蒸汽中的溶解度最小，当蒸汽压力稍有下降时，最先析出，故主要沉积在汽轮机高压级内；NaOH 和 NaCl 的溶解度较大些，主要沉积在汽轮机中压级内；而硅酸在蒸汽中的溶解度最大，因此当汽轮机中蒸汽的压力降到较低时，它们才能析出形成不溶于水的、质地坚硬的 SiO_2 沉积物，SiO_2 主要沉积在汽轮机的低压级内。至于固态微粒的氧化铁，在汽轮机各级中都可能沉积。

（3）供热机组和经常启、停的汽轮机内，沉积物

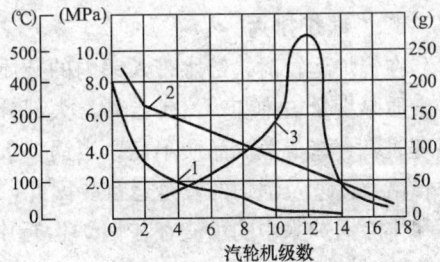

图 15-3 某高压汽轮机各级中沉积物的量
1—蒸汽压力；2—蒸汽温度；3—沉积物量

量较少。这是因为在汽轮机停机和启动时，都会有部分蒸汽凝结成水，这对于易溶的沉积物有清洗作用，所以在经常启、停的汽轮机内往往积盐量较少。此外，热电厂的供热汽轮机内，积盐量也往往较少。这是因为汽轮机的负荷往往有较大的变化（与热用户的用热情况和季节有关），在负荷降低时，汽轮机中工作在湿蒸汽区的级数增加，由于蒸汽中的湿分有清洗作用，能将原来沉积的易溶物质冲去。另外，供热抽气也能带走许多杂质。

汽轮机中的沉积物不仅在不同级中的分布不均匀，即使在同一级中，部位不同，分布也不均匀。例如，在叶轮叶片的边缘，复环的内表面，叶轮孔、叶轮和隔板的背面等处积盐量往往较多，这与蒸汽的流动工况有关。

（三）汽轮机内盐类沉积物的清洗

在汽轮机检修时如果发现有沉积物，应取样进行沉积物分析，以便确定清除的方法。沉积在汽轮机内的不溶于水的沉积物，一般是在汽轮机大修时，用机械的方法清除。例如，用喷砂法清除汽轮机的转子和隔板上的沉积物。对于结有 SiO_2 的中压汽轮机，可将转子吊出汽缸并放入浓度为 $3\%\sim5\%$ 的 NaOH 溶液内，通入蒸汽煮，煮后用水冲洗干净。

沉积在汽轮机内的易溶盐，可用湿蒸汽清洗的办法除掉。湿蒸汽清洗法是在汽轮机不停止运行的情况下，向送往汽轮机的蒸汽中喷加水分来进行清洗。这可以在汽轮机空载运行（即不带负荷运行）下进行，也可在带负荷下进行。

第四节 获得清洁蒸汽方法

大家知道，饱和蒸汽中的杂质来源于锅炉水，所以为了获得清洁蒸汽，以防止在蒸汽通流部位积盐，首先应减少锅炉水中杂质的含量，还应设法减少蒸汽的带水量和降低杂质在蒸汽中的溶解量。具体措施有如下几种。

一、减少进入锅炉水中杂质量

减少进入锅炉水中的杂质，主要应保证给水水质优良。保证给水水质优良的办法如下。

（1）减少热力系统的汽水损失，降低补给水量。

（2）采用优良的水处理工艺，降低补给水中杂质的含量。

（3）防止凝汽器漏泄，以免汽轮机凝结水被冷却水污染。

（4）采取给水和凝结水系统的防腐措施，减少给水中的金属腐蚀产物。

对于新安装的锅炉，在启动前应进行化学清洗，以除去锅内黏附的氧化铁、腐蚀产物、焊渣和硅化物等杂质，以减少启动后锅炉水中各种杂质的含量，使蒸汽品质较快达到合格。

二、锅炉排污

在锅炉运行时，给水带入锅内的杂质，随着锅水不断蒸发浓缩，锅水中的杂质逐渐增多。这些杂质除少量被饱和蒸汽带走外，大部分留在锅炉水中，当锅炉水中的含盐量和含硅量超过一定限度时，会造成蒸汽品质不良；当锅炉水中的水渣较多时，也会影响蒸汽品质，而且还可能造成炉管堵塞，危及锅炉的安全运行。因此，为了使锅炉水的含盐量和含硅量能维持在极限允许值以下和排除锅炉水中的水渣，在锅炉运行中，必须经常放掉一部分锅炉水，并且补入相同量的给水，这叫做锅炉排污。

（一）锅炉排污量确定

锅炉排污水量的大小常以排污率表示，排污率等于排污水量占锅炉蒸发量的百分数，可用下式表示

$$P = \frac{D_{污}}{D_{汽}} \times 100\%$$

式中　P——锅炉的排污率,%;

　　$D_{污}$——锅炉排污水量,t/h;

　　$D_{汽}$——锅炉蒸发量,t/h。

锅炉的排污率,一般不按上式计算,而是根据水质分析结果进行计算的,如果某物质在锅炉水中不会析出,由质量平衡的关系可知,该物质随给水带入锅内的量等于随排污水排掉的量与饱和蒸汽带走的量之和,如下式所示

$$D_{给}\,S_{给} = D_{汽}\,S_{汽} + D_{污}\,S_{污}$$

式中　$D_{给}$——锅炉给水量,t/h;

　　$S_{给}$——给水某物质的含量,mg/kg;

　　$S_{汽}$——饱和蒸汽中某物质的含量,mg/kg;

　　$D_{汽}$——锅炉蒸发量,t/h;

　　$D_{污}$——排污水量,t/h;

　　$S_{污}$——排污水中某物质的含量,mg/kg。

根据进出锅炉的水、汽量平衡的关系,可得出下式

$$D_{给} = D_{污} + D_{汽}$$

由上述关系式可推得下式

$$P = \frac{S_{给} - S_{汽}}{S_{污} - S_{给}} \times 100\%$$

因为排污水是排除的锅炉水,所以 $S_{污}$ 可以用锅炉水中某物质的含量($S_{锅}$)代替,则上式可写成下式

$$P = \frac{S_{给} - S_{汽}}{S_{锅} - S_{给}} \times 100\%$$

对于以除盐水或蒸馏水为补给水的锅炉,应该用日常水汽质量监测所测定的给水、锅炉水和蒸汽中的含硅量代入上式计算锅炉的排污率。

对于以软化水为补给水的锅炉,可用含钠量或含氯离子量代入上式计算锅炉排污率。因为这种锅炉蒸汽中的含钠量或含氯离子量远远小于给水中的量,所以可略去上式中的 $S_{汽}$,排污率可按下式计算

$$P = \frac{S_{给}}{S_{锅} - S_{给}} \times 100\%$$

锅炉的排污会损失一些热量和水量,所以在保证蒸汽品质合格的前提下,应尽量减少锅炉的排污率,据有关资料介绍,每减少1%的排污率,一般可节省0.2%的燃料,但是为了防止锅内有水渣积聚,锅炉的排污率也不应太小。

（二）锅炉排污方式

锅炉的排污方式有连续排污和定期排污。

（1）连续排污,是连续不断地将汽包中水面附近的锅水排出锅外。这种排污的目的,主要是防止锅炉水中的含盐量和含硅量过高,此外,它也能排除锅炉水中细微的或悬浮的水渣。

（2）定期排污,是定期地从锅炉水循环系统的最低点（如从水冷壁的下联箱处）排放掉部分

锅炉水。定期排污主要是为了排除水渣，而水渣大部分沉积在水循环系统的下部，所以定期排污点应设在水循环系统的最低点。

为了不影响锅炉的水循环，定期排污每次排放时间应该很短，一般不超过 0.5～1min，每次排污水量，一般为锅炉蒸发量的 0.1%～0.5%。定期排污时间间隔应根据锅炉水水质来决定，如有的锅炉每 8h 进行一次，有的锅炉每 24h 进行一次，定期排污最好在锅炉低负荷时进行，因为此时循环速度低，水渣下沉，故排放的效果较好。

（三）锅炉排污装置

连续排污装置如图 15-4 所示。此装置是一根沿着汽包长度水平安装的管子（直径为 28～60mm），沿管子的长度均匀地开有许多小孔（孔径为 5～10mm）。锅炉水从这些小孔进入取水管后通过导管引出。排污取水管一般安装在汽包正常水位下 200～300mm 处，安装在此处的主要原因有两点：①此处蒸发量大，锅水的局部浓度大，可减少排污水量；②可以避免吸入蒸汽。另外，取水管的位置和开孔部位，应避开给水管和磷酸盐加药管，以免吸入给水和磷酸盐溶液。

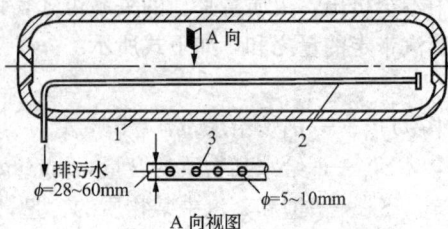

图 15-4　连续排污装置
1—汽包；2—排污取水管；
3—排污取水管上的小孔

为了减少因排污而损失的水量和热量，一般将连续排污水引进专用的扩容器，由于排污水在扩容器中压力突然降低，又使部分水转变为蒸汽，这部分蒸汽可回收利用，剩下的排污水还可通过表面式热交换器，利用其热量来加热锅补水，最后将通过热交换器的排污水排至地沟。

因为定期排污的时间间隔较长，排放的水量较少，故排放出的水一般不再利用。但为了避免排污时产生噪音或烫伤事故，应将定期排污水引入它专用的扩容器内进行降压降温，然后再排放至地沟。

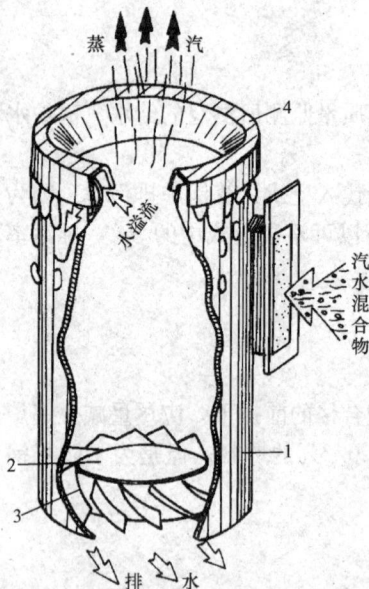

图 15-5　旋风分离器构造图
1—筒体；2—筒底；
3—导叶；4—溢流环

三、汽包内部装置

汽包内部装置，是指为了获得清洁蒸汽而设置在汽包内部的汽水分离装置、蒸汽清洗装置以及分段蒸发装置。现将常用的汽包内部装置，简单介绍如下。

（一）汽水分离装置

汽水分离装置的主要作用，是减少饱和蒸汽带水。常见的汽水分离装置有旋风分离器、波形百叶窗、多孔板等几种。下面简要叙述几种典型汽水分离装置的工作过程。

（1）旋风分离器。它是一圆筒形设备，其构造如图 15-5 所示。汽水混合物沿着圆筒的切线方向导入筒内，利用汽流在筒内急剧旋转所产生的离心力，使汽水混合物中的水滴被抛向旋风分离器的内壁，形成水膜向下流动，水经筒底导叶流入汇集槽，再从汇集槽侧的孔中流出，平稳地进入汽包水室。为了防止蒸汽从旋风分离器下部穿出，将旋风分离器筒体下缘沉入汽包正常水位下 180～200mm。分离器上部溢流环使沿筒体旋转上升的水流通过溢流环溢出。

（2）百叶窗分离器。它是由许多波形钢板平行组装而成，如图 15-6 所示。当蒸汽流进入波形板时，由于在板间迂回曲折流动，汽流中的水滴便因离心力被抛出来，附着在钢板表面，形成水膜，顺着波形板下流，进入汽包水室。

（3）多孔板。多孔板常装设在蒸汽引出管的前面，它可使沿汽包长度方向整个截面的蒸汽流速均匀，避免因局部蒸汽流速过高而使自然分离的效果恶化。

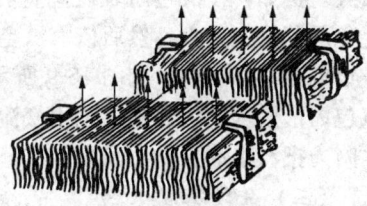

图 15-6　卧式布置的
百叶窗分离器

（二）蒸汽清洗装置

汽水分离装置只能减少蒸汽带水，不能减少溶解携带，对于高压以上汽包锅炉，由于蒸汽压力的提高，蒸汽的溶解携带量增大，所以仅有汽水分离装置，往往不能获得良好的蒸汽品质。为了减少蒸汽的溶解携带，还需在汽包内装设蒸汽清洗装置。

蒸汽清洗就是使饱和蒸汽通过含杂质很少的清洁水层。蒸汽通过清洁水层时，一方面它所溶解携带的杂质一部分转移到清水中，这样就降低了蒸汽中溶解携带杂质的量；另一方面蒸汽中原有的杂质较高的水滴，转入清洁水中，而由清洁水层出来的蒸汽虽然也带走一些清洗水水滴，而且水滴量与清洗前差别不大，但是清洗水水滴中的杂质含量比锅炉水水滴少得多，所以蒸汽清洗后，杂质含量降低很多。

通常采用的清洗装置，是以给水作为清洗水的水平孔板式装置，如图15-7所示。它装在汽包的汽空间，将部分给水（给水总量的 40%～50%）引至此装置上，使孔板上有一定厚度的清洗水层，蒸汽从其下部进入，穿过清洗水层，进入汽包上部汽空间。锅炉压力越高，汽水分离越困难，而且蒸汽溶解携带杂质的能力也越大，因而汽包内部装置也越完善。

对于高压和超高压锅炉常用的汽包内部装置，主要是由旋风分离器、百叶窗和多孔板以及蒸汽清洗装置相互配合组成的，如图15-7所示。在这种汽包内部装置中，汽水流程如下：由上升管来的汽水混合物先进入分配室，使它们均匀地进入各旋风分离器，在旋风分离器中分离出的水进入水室，分离出的蒸汽经分离器上部的百叶窗进入汽包的汽空间，进入汽空间的蒸汽先通过清洗装置，再经汽包上部的百叶窗分离器，最后经多孔板，由蒸汽引出管引出。

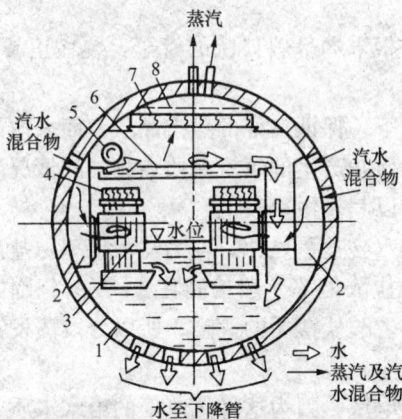

图 15-7　锅炉汽包内部装置
1—汽包；2—汽水混合物分配室；3—旋风分
离器；4—旋风分离器顶帽；5—给水管；6—
清洗装置；7—百叶窗分离器；8—多孔顶板

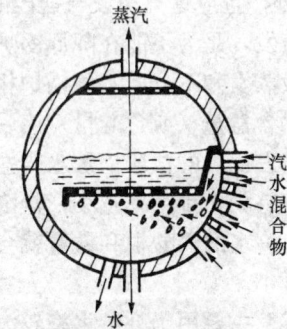

图 15-8　汽包内的
孔板装置

对于一些中、低压锅炉，汽包内的汽水分离装置往往比较简单，只用一些挡板、孔板或百叶窗等。例如,在汽包内装设垂直孔板或水下孔板,如图 15-8 所示。使汽流在汽包内均匀流动,避免局部流速过大,然后依靠汽空间的自然分离作用,减少蒸汽带水。也有在汽包内水汽混合物进口处装设挡板的,如图 15-9 所示。挡板有以下几种作用:降低汽水混合物的动能,以减少在汽包内形成水滴的数量;利用汽流通过挡板间隙转弯向上时产生的离心力,进行汽水分离,依靠黏附力把汽水混合物中较大的水滴从蒸汽中分离出来。

（三）分段蒸发

分段蒸发就是用隔板将汽包的水室分隔成几段,每段与同它相连的上升管和下降管组成独立的水循环回路。给水全部送入汽包的某一段,该段称为第一段,水经第一段的循环回路进行蒸发浓缩后,通过装在隔板上的连通管,送到下一段,该段称为第二段。即第二段的给水就是第一段的排水,由于第二段中的锅炉水是经过两段蒸发浓缩的,所以第二段的含盐量比第一段高得多。在两段蒸发的锅炉中,习惯上把第二段称为盐段,第一段称为净段。如图 15-10 所示,为两段蒸发锅炉示意图。

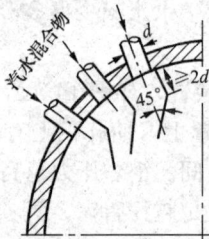

图 15-9 汽包内的
挡板装置

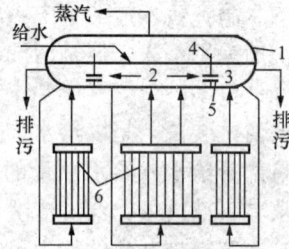

图 15-10 两段蒸发锅炉示意图
1—汽包;2—净段;3—盐段;
4—隔板;5—水连通管;
6—水冷壁

在这种两段蒸发锅炉中,以中间作为净段,左、右两端为盐段。在分段蒸发锅炉中,汽包内净段的水容积及其循环回路都比盐段大,大部分蒸汽是在净段水循环回路中产生的(占蒸汽总量的 $80\%\sim95\%$)。

分段蒸发锅炉的排污取水管装在盐段,它是一根末端呈斜口状的管子,装在正常水位下 200～300mm 处,且应远离净段与盐段的水连通管。

分段蒸发,是为了能在降低锅炉排污率的情况下,保证良好的蒸汽品质,而采取的一种有效措施。分段蒸发和不分段蒸发锅炉相比,在给水水质和产生的蒸汽品质均相同的情况下,由于前者的排污水含盐量(或含硅量)比后者高得多,所以其排污率较低。

两段蒸发锅炉的盐段锅炉水含盐量与净段锅炉水含盐量之比,称为盐浓倍率。盐浓倍率与锅炉的排污率有关,排污率越小,盐浓倍率就越大。盐浓倍率一般控制在 4～8 的范围内。如果过大,盐段锅炉水的磷酸根和铁量就会很高,有引起磷酸盐铁垢的危险,所以分段蒸发锅炉的排污率也不宜过小。

分段蒸发主要用于补给水率较大的高、中压热电厂,因为这种热电厂的给水水质一般较差。

四、调整锅炉运行工况

锅炉的负荷、负荷变化速度和汽包水位等运行工况,对饱和蒸汽的带水量有很大的影响,因而也是影响蒸汽品质的重要因素,即使汽包内部装置很完善也不例外。例如锅炉负荷过大,则由于汽包内蒸汽流速太大,旋风分离器等汽水分离装置会负担不了,就会使蒸汽流中的细小水滴不能充分分离出来而影响蒸汽品质。

能够保证良好蒸汽品质的锅炉运行工况，应通过专门的实验来确定，这种试验称为热化学试验（详见本章第五节）。在运行中应根据热化学试验的结果，调整锅炉的运行工况，以确保蒸汽品质合格。

五、化学除沫剂

近年来，开发了高效有机防沫剂。聚合的酯类、醇类和氨基化合物是目前已开发的最有效的防沫剂。其原理是防沫剂吸附在蒸汽发生表面，以产生疏水条件，形成迅速聚结的、为数较少、但体积较大的汽泡。这些表面活性剂使形成的汽泡壁变弱，而使汽泡在锅炉水表面迅速破裂，这样可避免形成很小的汽泡并使锅炉水不产生泡沫。实验结果证明，投加防沫剂时，不仅提高了蒸汽的纯度，而且降低了锅炉排污率。

第五节　汽包锅炉热化学试验

一、热化学试验目的

汽包锅炉的热化学试验，就是按照预定的计划，使锅炉在各种不同工况下运行以寻求获得良好蒸汽品质的最优运行条件的试验。通过热化学试验可查明，锅炉水水质、锅炉负荷及负荷变化速度、汽包水位等运行条件，对蒸汽品质的影响，从而可确定下列运行标准：

（1）锅炉水水质标准，如含盐量（或含钠量）、含硅量等；

（2）锅炉最大允许负荷和最大负荷变化速度；

（3）汽包最高允许水位。

另外，通过热化学试验还能鉴定汽包内汽水分离装置和蒸汽清洗装置的效果。热化学试验并不是经常进行的，当遇到下列情况之一时，才需进行：

（1）新安装的锅炉，投入运行一段时间后。

（2）锅炉改装后，汽水分离装置、蒸汽清洗装置和锅炉水汽系统等有变动时。

（3）锅炉的运行方式有很大变化时，例如：①改变锅炉负荷的变化特性，如从稳定负荷改为经常变动的负荷；②锅炉的燃烧工况改变，如从燃油改为燃煤或改变煤种；③给水水质发生改变，如补给水处理方法有改变等。

（4）已发现过热器和汽轮机积盐，需查明蒸汽品质不良的原因时。

二、试验方法

试验前应做好各项准备工作，准备工作包括检查和调整各取样器、检查和校正所有的仪表、准备好试验用品（如各种试剂、无硅水等）、拟好试验计划等。另外，由于试验要控制锅炉在一定条件下运行，所以试验前应向有关部门提出试验计划，以便早做安排。

当准备工作就绪后，即可进行试验。

（一）预备试验

预备试验就是在锅炉一般的负荷和正常运行的条件下，按试验的组织形式，进行1～2天的测定和记录。其目的是检查准备工作是否充分，并训练参加试验的人员。

一般每隔10～15min记录和测定一次。记录内容包括：锅炉蒸发量、过热器出口蒸汽的压力和温度、汽包的压力和水位、锅炉的排污量等；测定项目有蒸汽的含钠量、电导率和含硅量、锅炉水和给水的含钠量、电导率、含硅量、pH值、Cl^-离子、碱度和磷酸根等。

（二）锅炉水含盐量对蒸汽品质影响的试验

该试验是在维持锅炉额定压力、额定蒸发量和中间水位（汽包正常水位线±50mm 的范围内）的运行工况下进行的。通过该试验，可求得能够保证蒸汽品质合格，且合理的锅炉水所允许的最高含盐量。其方法如下：

（1）提高锅炉水含盐量。具体方法有以下两种。

1）对于以软化水作为补给水的锅炉，可采用停止排污、增加补给水率的办法来提高锅炉水的含盐量。

2）对于以除盐水作补给水的锅炉，可采用停止锅炉排污，并利用磷酸盐加药系统直接向锅炉水中加氯化钠、硫酸钠、氢氧化钠等各种盐类，它们的比值应与锅炉水成分相当。

提高锅炉水含盐量的速度，应根据汽包内部装置的不同而定：对于单段蒸发、汽包内汽水分离装置简单的锅炉，每小时增高不超过 50mg/L；汽水分离装置较完备的，每小时增高不超过 100mg/L；对于分段蒸发锅炉，盐段锅炉水含盐量每小时增高不超过 150mg/L。

根据上述方法和要求，使锅炉水含盐量从最低开始，逐渐提高，直到使蒸汽品质发生严重劣化时为止，否则容易发生"汽水共沸现象"。另外，对高参数、大容量的锅炉，其给水品质较好，含盐量极低，提高其锅炉水浓度较难，只有在特殊需要时，才可采用加药方式提高锅炉水含盐量。一般只要将其锅炉水浓度提高正常运行时的 4～5 倍即可，即使蒸汽无恶化趋势，也可停止试验。因为一般是为了求得运行中合理而安全的控制标准（锅炉水的含盐量），而人为加药提高锅炉水含盐量是正常运行中不可能出现的情况。

（2）测定和记录。在提高锅炉水含盐量的过程中，应按规定的时间取样和测定蒸汽品质和锅炉水水质。蒸汽测定项目为含钠量、含硅量；锅炉水测定项目为含钠量、电导率和含硅量等。取样时间每隔 10～15min 一次。在每次取样的同时，应记录汽温、汽压、水位、蒸汽流量、给水量、排污量和减温水量等。若发现蒸汽品质已明显变坏时，测定和记录时间间隔应缩短至每隔 3～5min 一次。

（3）求临界含盐量。当蒸汽品质严重劣化时，停止提高锅炉水含盐量，测定此时蒸汽含钠量、含硅量和锅炉水的含钠量、含硅量、电导率、碱度、氯根及 pH 值。此时锅炉水含盐量为临界含盐量。同时应取 3000mL 锅炉水水样贴上标签密封保留，以备进行全分析时使用。然后用增大连续排污的办法，降低锅炉水含盐量，直到蒸汽品质恢复正常。

（4）求允许含盐量。求得锅炉水临界含盐量后，再以临界含盐量的 80%、70%、60%、50%、40% 等不同浓度的锅炉水含盐量，作蒸汽品质试验。在每一种含盐量下，应连续测定 4～6h，测定项目、取样、记录时间间隔与上述相同。当每一浓度试验结束时，应取 3000mL 锅炉水水样密封保留，以备全分析时使用。通过该试验可求得能够保证蒸汽品质合格的最高允许含盐量，并可求得蒸汽品质与锅炉水含盐量的关系。

最后根据上述实验结果，选择能保证蒸汽品质且又使排污率较小的锅炉水含盐量，作为运行中的控制标准。

（三）测定蒸汽含硅量与锅炉水含硅量的关系

该项试验类似于上述试验（二）项，可不另作专门试验。由上述试验（二）项测定的水、汽含硅量，求出饱和蒸汽与锅炉水含硅量的关系，由此确定锅炉水的最高允许含硅量及运行中锅炉水含硅量的控制标准。

但是，当需要求得锅炉饱和蒸汽的硅酸携带系数或鉴定汽包内蒸汽清洗装置的效率时，就应进行专项试验。其方法与上述试验（二）项基本相同，只是当锅炉水含硅量不够高时，可通过磷酸盐加药装置直接向锅炉水中添加硅酸钠溶液。锅炉水含硅量的提高速度为：对于有蒸汽清洗装置的锅炉每小时不超过 10mg/L；对于没有蒸汽清洗装置的锅炉每小时不超过 3mg/L。

进行此项试验时，锅炉水含盐量应控制在允许含盐量附近，饱和蒸汽含硅量可以允许高一些，有时可允许其高达 70～80μg/L，以减少测定含硅量的相对误差。

（四）测定锅炉负荷对蒸汽品质的影响

通过本试验可确定能保证蒸汽品质合格的允许锅炉负荷，还可了解汽水分离装置在不同负荷下的分离效果。

这项试验应在锅炉额定压力和中间水位的条件下进行，锅炉水的含盐量和含硅量，应为最高允许含盐量和含硅量的70%～80%（用排污量调整）。其具体方法如下。

从锅炉额定负荷的70%～80%开始，逐渐增加到80%、90%、100%、120%等。在每一负荷下，运行3～4h，以确定蒸汽品质。在每一负荷试验中应维持负荷稳定，使其变动幅度不大于负荷间距的$\pm\frac{1}{4}$。负荷增长速度应保持每隔0.5h或更长时间增加5～10t/h，在超过额定负荷后每隔0.5h或更长时间增加3～5t/h。当在某一负荷下，蒸汽品质出现恶化现象时，就应降低负荷，再进行一次试验，以确定最高允许负荷值。如做到额定负荷的120%时，蒸汽品质仍合格，一般不需要再进行更高负荷的试验。

（五）测定锅炉负荷变化速度对蒸汽品质的影响

通过该试验可确定一个不会使蒸汽品质劣化的最大负荷变化速度。该试验的运行工况与上述试验（四）项相同。

试验时，锅炉选定几种负荷变化速度，通常每分钟变动量在额定负荷的5%～15%的范围内。蒸发量在400t/h以上的锅炉，宜在5%～10%内选取；小于100t/h的锅炉，宜在10%～15%内选取。试验时，锅炉先按选定的速度由最小负荷升到上述试验（三）项所确定的最大负荷，在此最大负荷下维持一段时间后，再以原来速度减至最小允许负荷。每分钟应进行一次蒸汽取样，测定蒸汽含钠量和含硅量（如有条件，蒸汽的含钠量应连续测定）。当发现以某一速度升降负荷会使蒸汽品质劣化时，应降低变化速度并再做试验，直到求得一个不会使蒸汽品质劣化的最大负荷变化速度。

（六）测定锅炉最高允许水位

此试验的目的是寻求能保证蒸汽品质合格的最高允许水位。该试验应在锅炉额定压力和负荷的条件下进行，锅炉水的含盐量，应维持在最高允许含盐量的70%～80%范围内。

实验时，应从低水位开始，逐渐地、均匀地、分阶段地提升水位。提升速度以每20min提升10mm左右；各水位点间隔一般为20mm。每次将水位升高到指定的位置时，应稳定运行3～4h，以确定蒸汽品质。

当水位提升到某一位置，发现蒸汽品质严重劣化时，应开始降低水位，降低的速度与提升的速度相同，在每一水位点也应稳定运行3～4h，并测定蒸汽品质。如此逐步降低水位，一直到蒸汽品质合格，这时的水位便是该锅炉的最高允许水位。

上述各项试验并不是每次热化学试验都需要进行的，可根据每次试验目的的不同，选择其中几项。另外，上面介绍的几项试验方法只是原则性的，仅供各厂拟订热化学试验具体计划时参考。

复习思考题

1. 造成蒸汽品质污染的原因有哪些？
2. 锅炉的运行工况对蒸汽品质有何影响？
3. 锅炉水的含盐量对蒸汽品质有何影响？
4. 饱和蒸汽溶解携带杂质有何规律？分别说明。

5. 过热器内盐类沉积物是怎样分布的?

6. 在汽轮机的不同级中沉积物的化学组成是否相同? 为什么?

7. 怎样清除过热器内的沉积物?

8. 怎样清除汽轮机内的沉积物?

9. 为了获得清洁蒸汽, 应采取哪些具体措施?

10. 什么叫分段蒸发? 为什么要采用分段蒸发?

11. 热化学试验的目的是什么? 在什么情况下锅炉需要进行热化学试验?

第十六章　汽包锅炉水、汽质量监督

热力设备及系统的化学监督有以下几种形式。

1. 运行监督

在热力设备运行过程中，为了防止锅炉及其热力系统的结垢、腐蚀和积盐等故障，水、汽质量应达到一定的标准。因此，应对各种水和蒸汽的一些主要指标进行连续的（如采用仪表）或间断的分析监督，看其是否符合标准，以便采取措施。

2. 汽水系统查定

汽水系统查定，是通过对全厂各种汽水的铜、铁含量以及与铜、铁有关的各项目（如 pH 值，CO_2、NH_3、O_2 含量等）的全面查定试验。其目的是了解汽水系统中腐蚀产物的分布情况和产生的原因，以采取措施。汽水系统查定，一般每月一次，在机组启动、运行工况异常时按实际情况增加监测项目和分析次数。

3. 热力设备及系统的检查监督

在热力设备及系统检修时，应检查设备内部的结垢、积盐和腐蚀情况，并采集必要的样品（如水垢、盐类附着物、腐蚀产物等）进行成分分析。对前一期的水汽质量作出评价，从中提出改进水处理设备和热力设备运行工况的措施。同时，根据热力设备的结垢、积盐、腐蚀等情况，提出设备清洗措施。

第一节　水、汽质量标准

为了防止锅炉及其热力设备及系统的结垢、腐蚀和积盐等故障，水汽质量应达到一定的标准。现对《火力发电机组及蒸汽动力设备水汽质量标准》（GB/T 12145—1999）作简要的介绍。

一、蒸汽质量标准

对于自然循环、强迫循环汽包锅炉的饱和蒸汽和过热蒸汽质量应符合表 16-1 的规定。

表 16-1　　　　　　　　　　　锅炉蒸汽质量标准

压力 （MPa）	钠（$\mu g/kg$）		二氧化硅 （$\mu g/kg$）
	磷酸盐处理	挥发性处理	
3.8～5.8		≤15	≤20
5.9～18.3	≤10	≤10*	

* 争取标准为不大于 $5\mu g/kg$。

表 16-1 中各个项目的意义如下。

（1）含钠量。因为蒸汽中的盐类主要是钠盐，所以蒸汽中的含钠量可以表征蒸汽含盐量的多少，故含钠量是蒸汽品质的指标之一，应给以监督。

（2）含硅量。蒸汽中的硅酸会沉积在汽轮机内，形成难溶于水的二氧化硅附着物，它对汽轮机的安全与经济运行有较大的影响。因此蒸汽含硅量是蒸汽品质指标之一，应给以监督。

为了防止汽轮机积结金属氧化物，还应检查蒸汽中铜和铁的含量。对于锅炉压力为 15.68～18.62MPa 的汽包锅炉，含铁量应不大于 20μg/kg，含铜量应不大于 5μg/kg（争取标准为 3μg/kg）。对于压力小于 15.68MPa 的锅炉，上述标准可作为参考。

二、锅炉水水质标准

汽包锅炉用磷酸盐处理，其锅炉水水质标准如表 16-2 所示。

表 16-2   锅炉水磷酸盐浓度标准

锅炉压力 (MPa)	磷酸根（mg/L）			pH 值 (25℃)
	单段蒸发	分段蒸发		
		净段	盐段	
3.8～5.8	5～15	5～12	≤75	9～11
5.9～12.6	2～10	2～10	≤50	9～10.5
12.7～15.6	2～8	2～8	≤40	9～10
15.7～18.3	0.5～3	—	—	9～10

注　当锅炉水 pH 值低于标准时，应查明原因，采取措施。

锅炉水的含盐量和二氧化硅含量的质量标准可参见表 16-3，必要时应通过热化学试验确定。

表 16-3   锅炉水含盐量和二氧化硅含量标准

锅炉压力（MPa）	含盐量（mg/L）	二氧化硅（mg/L）
5.9～12.6	≤100	≤2.00
12.7～15.6	≤50	≤0.45
15.7～18.3	≤20	≤0.25

表 16-2、表 16-3 中各项水质项目的意义如下。

（1）磷酸根。锅炉水中应维持有一定量的磷酸根，这主要是为了防止钙垢。如第五章中已经指出的，锅水中磷酸根不能太少或过多。

（2）pH 值。锅炉水的 pH 值不应低于 9，其原因如下。

1）pH 值低时，水对锅炉钢材的腐蚀增强；

2）锅炉水中磷酸根与钙离子的反应，只有在 pH 值足够高的条件下，才能生成易排除的水渣；

3）为了抑制锅炉水中硅酸盐水解生成硅酸，应减少硅酸在蒸汽中的溶解携带量。但锅炉水的 pH 值也不能太高，否则容易引起碱性腐蚀。

（3）含盐量（或含钠量）和含硅量。控制锅炉水中含盐量（或含钠量）和含硅量是为了保证蒸汽品质。锅炉水的最大允许含盐量和含硅量不仅与锅炉参数、汽包内部装置的结构有关，而且还与运行工况有关，每台锅炉最好通过热化学试验来决定。

三、锅炉给水质量标准

锅炉给水水质应符合表 16-4 的规定。

表 16-4 中各水质项目的意义如下。

（1）硬度。为了防止锅炉和给水系统中生成钙、镁水垢，所以应监督给水硬度。

（2）溶解氧。为了防止给水系统和锅炉省煤器等发生氧腐蚀，同时为了监督除氧器的除氧效果，所以应监督给水中的溶解氧。

表 16-4 锅炉给水水质标准

锅炉压力 （MPa）	硬度 （μmol/L）	溶解氧 （μg/L）	铁 （μg/L）	铜 （μg/L）	二氧化硅 （μg/L）	pH （25℃）	联氨 （μg/L）	油 （mg/L）
3.8～5.8	≤2.0	≤15	≤50	≤10		8.5～9.2	—	<1.0
5.9～12.6	≤2.0	≤7	≤30	≤5	应保证蒸 汽中二氧化 硅符合标准	8.8～9.3	10～50	
12.7～15.6	≤1.0	≤7	≤20	≤5		或	或	≤0.3
15.7～18.3	≃0	≤7	≤20	≤5		9.0～9.5 （加热器为钢管）	10～30 （挥发性处理）	

注 1. 用石灰、钠离子交换水为补给水的电厂，应改为控制凝结水的 pH 值，最大不超过 9.0。

2. 对于液态排渣锅炉和原设计为燃油的锅炉，其给水中的硬度和铜、铁的含量，应符合高一级锅炉的规定。

3. 对于有凝结水处理电厂的给水硬度应为 0μmol/L。

（3）铁和铜。为了防止在锅炉炉管中产生铁垢和铜垢，必须监督给水中的铁和铜的含量。给水中铁和铜的含量，还可作为评价热力系统金属腐蚀情况的依据之一。

（4）pH 值。为了防止锅炉给水系统的二氧化碳腐蚀，给水的 pH 值应控制在表 16-4 规定的范围内。

（5）联氨。给水中加联氨时，应监督给水中的过剩联氨，以保证完全消除热力除氧后残留的溶解氧，并消除因发生给水泵不严等异常情况时，偶然漏入给水中的氧。

（6）油。给水中如果含有油，油质附着在炉管管壁上并受热分解而生成一种导热系数很小的附着物会危害炉管的安全，同时会使锅炉水中生成漂浮的水渣并促进泡沫的形成，容易引起蒸汽品质的劣化。另外，含油的小水滴被蒸汽携带到过热器中，会因生成附着物而导致过热器管的过热损坏。因此，对锅炉给水中的含油量必须给以监督。

四、给水各组成部分

锅炉的给水是由补给水、汽轮机的凝结水、疏水箱的疏水以及生产返回凝结水等几部分组成的。为了确保锅炉给水的品质，对于给水各组成部分的水质也应监督。

汽轮机凝结水水质标准，如表 16-5 所示。

表 16-5 中各项水质的意义如下。

（1）硬度。冷却水漏入凝结水中，使凝结水中含有钙、镁盐类。为了防止凝结水中的钙、镁盐量过大，导致给水硬度不合格，所以对凝结水的硬度应进行监督。

（2）溶解氧。凝结水含氧量较大时（主要是凝汽器和凝结水泵的不严处漏入空气造成的），会引起凝结水系统的腐蚀，其腐蚀产物还会影响给水水质，所以应监督凝结水中的溶解氧。

（3）导电率。为了能及时发现凝汽器的泄漏，还应监测凝结水的导电率。

疏水和生产返回凝结水的水质标准以不影响给水质量为前提，其标准如表 16-6 所示。

表 16-5 汽轮机凝结水水质标准

锅炉压力 （MPa）	硬度 （μmol/L）	溶解氧 （μg/L）	电导率（氢离子交换后 25℃） （μS/cm）
3.8～5.8	≤2.0	≤50	—
5.9～12.6	≤1.0	≤50	—
12.7～15.6	≤1.0	≤40	≤0.3
15.7～18.3	—	≤30	≤0.3

表 16-6

表 16-6　疏水和生产回水水质标准

名　称	硬　度 (μmol/L)	铁 (μg/L)	油 (mg/L)
疏　水	≤5.0*	≤50	—
生产回水	≤5.0*	≤100	≤1 (经处理后)

* 争取标准为不大于 2.5μmol/L。

对于疏水和生产回水，在送入给水系统以前，应监督其水质，符合上述规定后方可送入给水系统，禁止不合格的水进入水汽系统。

当锅炉检修后启动时，由于锅炉水水质一般较差，常使蒸汽中杂质含量较大，如果使锅炉的蒸汽品质符合表 16-1 的规定标准后，再向汽轮机送汽，就需要锅炉长时间排汽。这不仅使机炉长时间不能投入运行，而且还会增大补给水率，又会使给水水质变坏。所以机组启动时的蒸汽标准可适当放宽。

五、低压锅炉水质标准

燃用固体燃料的水管锅炉、水火管组合锅炉及燃油、燃气锅炉的水质标准应符合表16-7的规定（GB/T 1576—2001）。

表 16-7　低　压　锅　炉　水　质　标　准

项　目	给　水			锅　水		
工作压力 (MPa)	≤1.0	>1.0 ≤1.6	>1.6 ≤2.5	≤1.0	>1.0 ≤1.6	1.6≤2.5
悬浮物 (mg/L)	≤5	≤5	≤5			
YD (1/2Ca^{2+}，1/2Mg^{2+}) (mmol/L)	≤0.03	≤0.03	≤0.03			
$JD_{总}$ (mmol/L) 无过热器				≤6~26	≤6~24	≤6~16
$JD_{总}$ (mmol/L) 有过热器					≤14	≤12
pH (25℃)	≥7	≥7	≥7	10~12	10~12	10~12
含油量 (mg/L)	≤2	≤2	≤2			
溶解氧 (mg/L)	≤0.1	≤0.1	≤0.05			
溶解固形物① (mg/L) 无过热器				<4000	<3500	<3000
溶解固形物① (mg/L) 有过热器					<3000	<2500
SO_3^{2-} (mg/L)					10~30	10~30
PO_4^{3-} (mg/L)					10~30*	10~30
相对碱度 (游离 NaOH / 溶解固形物)					<0.2	<0.2

① 如测定溶解固形物有困难时，可采用测定氯化物的方法来间接控制。

* 仅用于供汽轮机用汽的锅炉。

第二节　水、汽取样方法

在水汽质量监督时，从锅炉及其热力系统的各个部位，取出能反映设备和系统中水汽质量真实情况的代表性样品，是很重要的环节。否则，即使采用很精确的测定方法，测得的数据也不能真正表达水、汽品质。为了取得其有代表性的水汽样品，必须选择合理的取样点，正确地设计、安装和使用取样装置。

一、水的取样

1. 锅炉水的取样

锅炉水样品一般是从汽包的连续排污管中取出的，为了保证样品的代表性，取样点应尽量靠近排污管引出汽包的出口，并尽可能装在引出汽包后的第一个阀门之前。

2. 凝结水的取样

凝结水取样点一般设在凝结水泵出口端的凝结水管道上。

3. 疏水取样

疏水一般在疏水箱中取样，取样常设在距疏水箱底200～300mm处，用小管取出。

4. 给水取样

给水取样点一般设在锅炉给水泵之后，省煤器以前的高压给水管上。为了监督除氧器的运行情况，除氧器出口给水也应取样。为了保证样品的代表性，取样点应设在离出口不大于1m水流通畅处。

由于锅炉及其热力系统中的水温较高，这样既不便于取样也不便于测定，所以应将取样点的样品引至取样冷却器（见图16-1）内进行冷却，一般冷却到25～30℃。

取样器的取样导管应用不锈钢管或紫铜管，不能用普通钢管和黄铜管，以免样品被金属腐蚀产物污染。

取样管上，靠近取样冷却器处，装有两个阀门，前面一个为截止阀，后面一个通常用针形节流阀。取样器在工作中，前一个阀门应全开，后面一个阀门用来调节样品的流量，一般调至20～30kg/h。样品的温度一般用改变冷却水流量的办法调整。样品的流量和温度调好后，就可使样品不断地流出，取样时不再调动。另外，为了保证样品的代表性，机组每次启动时，必须将两个阀门全部打开，冲洗取样器和冷却器，冲洗后将样品的流量调至正常。在机组正常运行期间，也应定期进行这样的冲洗。

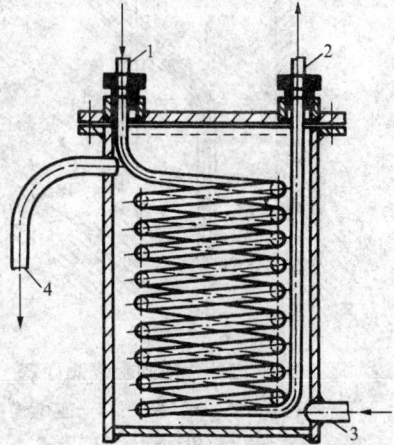

图 16-1　取样用的蛇形冷却器
1—样品进口管；2—样品出口管；
3—冷却水进口管；4—冷却水出口管

二、蒸汽的取样

蒸汽取样时，应将样品通过取样冷却器，使其凝结成水。取样器中蒸汽的流量，一般为20～30kg/h。对样品引出导管及冷却器的要求，与水的取样相同。为了免受取样管附着杂质的污染，在机组启动时也应冲洗取样装置。

（一）饱和蒸汽取样

饱和蒸汽中常携带着少量的锅炉水水滴，这些水滴在管内分布得不一定很均匀，这种特点使取得代表性样品比较困难。如蒸汽流速较低时，一部分水滴会黏在管壁上，形成水膜，如果将一根管子插在蒸汽管道中心，那么样品的湿度低，分析结果的含钠量（或含硅量）就较低；如果将取样管连在蒸汽管壁上，取得样品的湿度较大，分析结果的含钠量（或含硅量）就会偏高。要取得具有代表性的饱和蒸汽样品，必须满足以下几个条件。

（1）取样点应设在水分分布均匀的管道中。实践证明，当管内饱和蒸汽的流速加快到一定程度时，管壁上的水膜就会被汽流扯碎，此流速称为破膜速度（其大小随蒸汽压力增大而减小），当管道内饱和蒸汽流速超过破膜速度的5～6倍时，水分就会均匀分布。所以应将取样点设置在具有这样流速的管道中。

（2）取样器进口的蒸汽速度应与管内的蒸汽流速相等。否则，饱和蒸汽在取样器附近会发生汽流转弯现象，汽流中一些惯性较大的水滴将被甩出或抽入取样器，从而使杂质在样品中的含量偏低或偏高。

（3）取样器应装设在蒸汽流动稳定的管道内，并且应远离阀门、弯头等处。

饱和蒸汽取样有以下几种。

（1）探针式取样器（见图16-2）。探针式取样器是用一根较细的不锈钢管制成，这种取样器是直接装在汽包的饱和蒸汽引出管中的。因为饱和蒸汽刚刚从汽包内引出，它携带的水分分布均匀，所以这种取样器能取得有代表性的样品。

（2）乳头式取样器（见图16-3）。乳头式取样器的结构是：本体是一根不锈钢管，管上开有几个小孔，每个小孔上焊着一个用不锈钢制成的乳头。这种取样器应装在饱和蒸汽流速超过破膜速度5～6倍的管内。

此外，还有带混合器的单乳头取样器和缝隙式取样器等，这里不作介绍。

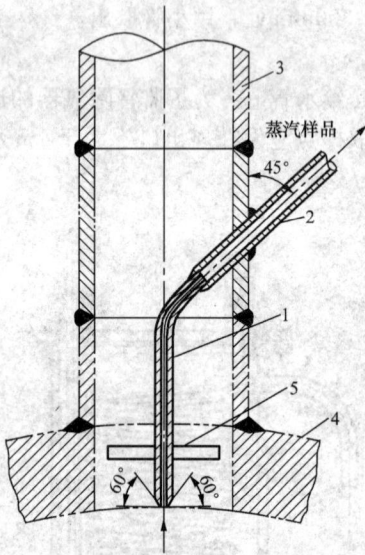

图 16-2 探针式饱和蒸汽取样器
1—取样管；2—取样导管；3—饱和蒸
汽管；4—汽包；5—定位支架

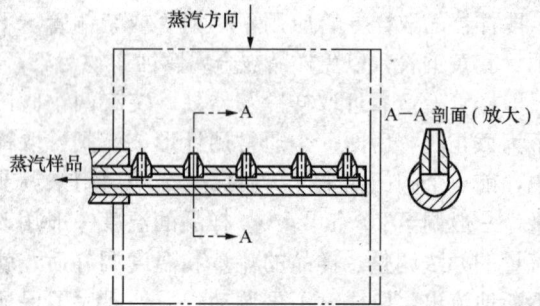

图 16-3 乳头式取样器

（二）过热蒸汽取样

在过热蒸汽中没有水分，它是单相介质，与饱和蒸汽比较容易取得代表性的样品。它的取样点，一般设在过热蒸汽母管上，一般采用乳头式或缝隙式取样器，只要保证取样孔中的蒸汽流速与蒸汽管道中的蒸汽速度相等即可。

第三节 水、汽质量劣化原因及处理

当锅炉及其热力系统中，某种水、汽样品的测试结果显示不良时，首先应检查其取样和测定操作是否正确，必要时应再次取样测定，进行核对。当确证水汽质量不合格时，应分析其原因，并采取措施，使其恢复正常。由于水、汽质量与锅炉及其热力系统的设备结构和运行工况等有关，所以各种情况下造成劣化的原因不一，下面我们将其常见的原因及处理方法介绍如下，以供参考。

一、汽轮机凝结水水质劣化原因及处理

（1）造成凝结水硬度或电导率不合格的主要原因是凝汽器铜管的漏泄。其处理方法是及时查

漏和堵漏。

（2）造成凝结水溶解氧不合格的原因一般有两点：①凝汽器真空部分漏气或凝汽器的冷却度太大；②凝结水泵在运行中不严密有空气漏入，如盘根漏气。其处理方法是：①检查凝汽器漏气部位并堵漏或调节凝汽器的冷却度；②启动备用水泵，并及时检修有故障的凝结水泵。

二、给水水质劣化的原因及处理

（1）造成给水硬度、含钠量（或电导率）、含硅量不合格的原因有两点：①组成给水的凝结水、补给水、疏水或生产返回水的硬度、含钠量（或电导率）、含硅量不合格。例如，凝汽器铜管漏泄、水质较差的水漏入疏水系统、热用户有不合格的水漏入蒸汽或凝结水系统中。②生水渗入给水系统中。其处理方法有：①查明不合格的水源并采取措施使此水源水质合格或减少其使用量。例如，凝汽器铜管的查漏和堵漏、查明疏水系统渗漏地点进行堵漏、要求热用户查漏和堵漏等。②消除生水渗入给水系统的可能性。

（2）造成给水溶解氧不合格的原因有两点：①除氧器运行不正常。例如解吸出来的气体不易排出等。②除氧器内部装置有故障。其处理方法是：①调节除氧器的运行工况。例如，通过调整实验来确定排汽阀的开度，使解吸出来的气体能通畅地排走。②检修除氧器的内部装置。

（3）给水含铁量或含铜量不合格的原因是组成给水的凝结水、疏水或生产返回水的含铁量不合格造成的。例如，凝汽器铜管、疏水箱、热用户的有关管道、生产返回水水箱腐蚀严重，含铁或含铜量大的疏水进入疏水箱等都会造成各水源的含铁或含铜量不合格等。其处理方法是：查明含铁或含铜量大的水源并采取措施。例如，对疏水箱、返回水水箱涂防腐漆，并进行定期排污和清洗或对返回水进行除铁处理。另外，对疏水箱、返回水箱内不合格的水应暂时排掉。

除上述原因外，当锅炉连续排污扩容器送出的蒸汽通向除氧器时，如果蒸汽严重带水，也会增加给水的含钠量（或电导率）、含硅量。此时应调整扩容器的运行。

三、锅炉水水质劣化原因及其处理

（1）造成锅炉水含钠量（或电导率）、含硅量、碱度不合格的原因一般有两点：①给水水质不良；②锅炉排污量不够或排污装置有故障。其处理方法是：①参见"给水水质劣化的原因及处理（1）"；②增加锅炉的排污量或消除排污装置的故障。

（2）造成锅炉水磷酸根不合格的原因有两点：①磷酸盐的加药量过多或不足；②加药设备存在缺陷或管道被堵塞。其处理方法是：①调节磷酸盐的加药量。同时应注意：如果磷酸盐浓度过高时，应增加锅炉的排污量，直至锅炉水磷酸根合格为止；如果磷酸根不足是由于给水硬度过高造成的，应首先降低给水硬度。②检修加药设备或疏通堵塞的管道。

四、蒸汽品质劣化的原因及处理

造成蒸汽品质劣化的原因一般有四种：①锅炉给水品质不良或锅炉排污不正常，使锅炉水的含钠量或含硅量超过标准。②锅炉的热负荷太大、水位太高、蒸汽压力和水位变化过快，造成蒸汽大量带水。③喷水式蒸汽减温器的减温水水质不良（如凝汽器铜管漏泄使减温用的凝结水水质不良、软化水或生水漏入减温系统）或表面式减温器漏泄。④汽包内部的汽水分离器或蒸汽清洗装置有故障。例如，各分离元件的结合处不严密，元件脱落或洗汽装置不水平及有短路现象。其处理方法是：①查明不合格的水源，并采取措施使此水源水质合格或增加锅炉的排污量以及消除排污装置存在的缺陷。②根据热化学试验的结果，严格控制锅炉的运行方式。③查明造成喷水式蒸汽减温器的减温水水质不合格的原因，并采取适应的措施。例如，凝汽器铜管的查漏和堵漏。当表面式减温器漏泄时，应停用减温器或停炉检修。④检修汽水分离器或蒸汽清洗装置，消除其存在的缺陷。

另外，锅炉加药浓度过大或加药速度太快也会造成蒸汽品质劣化。

第四节 热力设备腐蚀、结垢和积盐检查监督

在热力设备检修前，化学人员应提出与水汽质量有关的项目、要求和计划，并会同有关人员，在设备解体后，对内部进行详细检查、记录、采样和分析，作出综合判断。在化学人员检查前，不能消除设备内部沉积物，也不能在这些部位进行检修工作。

一、热力设备检查部位和内容

（一）水冷壁检查

锅炉大修时，为了掌握锅炉炉管内结垢和腐蚀的情况，有时应对水冷壁进行割管检查。

1. 割管部位

割管部位应按下列顺序进行选择。

（1）若有发生爆管的，则在爆破口附近（包括爆破口）割取；

（2）经外观检查，在有变色、胀粗、鼓包处割取；

（3）如无上述情况，应选择热负荷较大处和易发生结垢、腐蚀的地方（如焊口处）割取。

一般割管的根数不得少于两根（其中一根为监视管）。若为分段蒸发的锅炉，则割取的管段应包括盐段和净段炉管。

2. 割取管样方法

在每个选定的部位割取时，割取管样的长度不宜过短，一般应不少于 1.5m，以避免在割管时产生的铁渣沾染管样中用以分析检查的中间部位。

割下的管子，应立刻在外壁上刻记该管样的部位（如喷燃器区域等）、管子在锅炉中空间位置（如水汽的流向、背火侧与向火侧等）。管样送至试验室后，再用锯在管中间截取一段长为 50~150mm 的管样。注意不能用砂轮进行截取，以避免飞溅熔融的铁屑粘附在管子内表面。将截下的管样，沿管轴方向对半剖开，分成向火侧与背火侧两半，除去截口的毛刺，然后对这两半管子分别进行检查。

3. 垢量测定

炉管上垢量（包括腐蚀产物）的测定通常有以下两种方法。

（1）测定垢的厚度。用测微器、千分尺或显微镜测量管样上附着物的厚度，注意因炉管的向火侧与背火侧垢量不同，应分别测定。

（2）求出单位面积炉管上垢的重量。其具体方法如下：

1）将管样外表涂覆环氧树脂，然后准确称质量，记下管样的质量（m_1）和内表面积（F）。

2）将管样放入事先准备好的烧杯中，烧杯内盛有浓度为 5% 的盐酸溶液，此盐酸溶液内含浓度为 0.2% 的若丁（或 0.3% 乌洛托平）缓蚀剂，将此烧杯在恒温水浴内加热，维持温度为 50℃ 左右，浸泡至垢完全溶解或脱落。

3）将管样从烧杯中取出，然后用除盐水冲洗干净，最后在无水乙醇中浸一下，依靠乙醇挥发使之干燥，然后立即称质量（m_2）。若沉积物中有铜，溶液中的铜可能镀在管样表面。发生这种现象时，先将管样从酸液中取出，冲洗干净后，再用浓度为 0.5% 的过硫酸铵溶液浸泡，使铜溶解后，再用除盐水冲洗干净后称质量。

4）垢量的计算。按下式可计算出炉管单位面积上沉积物的量

$$m_D = \frac{m_1 - m_2}{F} \quad (g/m^2)$$

式中　m_D——炉管单位表面积上的垢量，g/m^2；

m_1——酸浸泡前的管样质量，g；

m_2——酸浸泡后的管样质量，g；

F——管样的内表面积，m^2。

待酸洗法测定垢量后，要检查管样的腐蚀状况，记录腐蚀坑的形状，测量其面积和深度，并由监视管计算出腐蚀速度（mm/a）。

4. 监视管段制作

取与运行设备规格、型号完全相同的一段新管，长约 1.5m 以上作监视管。监视管应选择其内表面基本无腐蚀、纹痕，溃疡点最少的。

用作监视管的内表面如果较清洁，只有一层很薄的氧化膜，没有明显的铁锈层，可直接使用。如果有铁锈层，则可在有缓蚀剂的浓度为 5％的盐酸中清洗，然后用水冲洗净并干燥备用。

（二）汽包检查

（1）汽包内检查部位与要求，见表 16-8。

表 16-8   汽包内部检查部位与要求

检查部位	测量与记录内容
汽包内壁	水汽侧颜色、有无黄点、水渣分布
下降管	水渣集结程度、厚度、颜色及分布
给水槽	内外表面水渣、结垢和腐蚀程度
百叶窗	铁锈厚度、颜色、有无黄点及盐类附着物
旋风子	内外表面水渣、结垢和腐蚀速度，有无脱落及其他缺陷
蒸汽孔板	铁锈厚度、颜色、有无黄点、有无盐类附着物
排污加药管	孔堵塞与否及外表腐蚀情况
上升管	有无集渣、腐蚀坑陷
导汽管口	颜色、有无黄点、有无盐类附着物

（2）汽包内采样部位与要求，见表 16-9。

表 16-9   汽包采样部位与要求

部位	点	方法与要求
下降管	2	选择水渣最厚与最薄的管内壁，采取水渣面积为 20mm×20mm，每个采样点不少于 4g，试样应有代表性
给水槽	1	
冲洗护板	2	
汽包壁	1	

注 将采集的样品，一部分用于化学分析，一部分装入试样瓶封盖保存，试样瓶应贴上标签，并注明炉号、采样位置与日期。

（三）水冷壁下联箱检查

检查联箱内及管口处的颜色、结垢与结渣厚度以及堆积水渣的数量，必要时还要割联箱堵头检查，同时刮取堵头上的水渣，烘干称质量（以 g/m^2 计算水渣量），并对其进行化学分析，以了解该运行周期排污及加药等运行中存在的问题。

（四）过热器、再热器检查

大修时应对过热器、再热器的下弯头进行割管检查。其检查内容如下。

（1）过热器及再热器管内的颜色、有无腐蚀点及腐蚀点的分布位置。

（2）有无盐类附着物以及集结的程度、位置。

除上述内容外，还应对过热器联箱（中间联箱、过热器出口联箱）和减温器内积盐情况进行检查，以鉴定该周期蒸汽品质监督情况，汽水共腾或减温器水质不良所造成的问题。

（五）省煤器检查

首先应对低温省煤器入口管做割管检查（其中一根为监视管），并检测其腐蚀情况和垢量，由监视管计算出腐蚀速度。如果低温省煤器腐蚀严重，还应对高温省煤器做割管检查。除上述内容外，还应对省煤器联箱的腐蚀情况进行检查，如联箱内的颜色、有无腐蚀点及分布情况，并清理联箱内堆积的铁渣。

（六）除氧器检查

对除氧器内部装置的腐蚀情况进行检查。如果除氧器内部腐蚀严重，确认不足以使用一个大修周期时，应更换。如果内部装置发生脱落、倾斜等故障，则应予以修复。

（七）汽轮机本体检查

对汽轮机本体检查的内容包括：对主汽门，调速汽门，高、中压转子及各级隔板，缸壁的积盐和腐蚀情况进行检查，并取样化验各主要部位积盐成分。对积盐严重的部位，应刮取垢样计算积盐量。

对低压缸的腐蚀情况，应仔细检查，如发现有损坏，应详细描述其具体部位、腐蚀特征及状况。

（八）凝汽器检查

对凝汽器检查的内容包括：

（1）检查铜管汽侧有无冲刷现象，铜管与隔板处有无附着物，抽管检查空气冷却区有无氨蚀现象。

（2）检查铜管水侧入口端有无冲蚀现象，铜管有无结垢，并测定垢的厚度及成分。

（3）抽查铜管水侧整个管段，有无异物堵塞及冲击腐蚀和其他类型的腐蚀。

（4）大修期间酌情对铜管进行涡流探伤，若需更换铜管时，应选用保证质量合格的产品，并抽样进行涡流探伤、氨熏试验。

（九）其他部位检修工作

热力设备大修时，还应对蒸发器、加热器、取样器、水箱进行必要的检查，发现问题，要采取相应的措施，加以解决。

二、垢样的采集及鉴定

为了全面了解热力设备腐蚀、结垢和积盐产物的成分和形成的原因，必须对它们进行分析，提供可靠的数据，以便正确地采取防垢和防腐措施。同时，它也是制订锅炉化学清洗方案不可缺少的环节。

（一）垢样采取

1. 垢样采集部位

原则上讲，在热力设备中，凡是结垢的地方，就属于取样的部位。例如，汽包内壁、水冷壁管、省煤器进口联箱、过热器等处。但是，由于热力设备种类繁多，热力系统内的结垢或腐蚀可能在多处发生。所以，为了采集有代表性的试样，采样部位应由化学人员根据结垢、腐蚀和热力设备的运行工况等实际情况来确定。

2. 垢样采集方法

垢样是在锅炉检修时，以人工刮取或割管后刮取的方法获得的。为了取得有代表性的垢样，应遵守如下规定。

（1）在取样部位确定的基础上，如热负荷相同，或者对称部位，可多点采集等量的单个试样，混合成平均样。但对同一部位，如果垢的颜色、坚硬程度有明显不同时，则应分别采取单个试样。

（2）采集样品的重量应不少于4g，呈片状或块状的不均匀垢样，一般不应少于10g。

（3）采样用的刮取工具不应过分的锐利和坚硬，以防止刮样时损坏金属管壁，带入金属屑。可用普通碳钢或不锈钢制成的小铲状的工具。

（4）割管采样时，若垢样不易刮取，可用车床将炉管外壁车薄，然后放在台钳上挤压变形，使附着在管壁的垢样脱落。

（5）刮取的垢样随后即应装入专用的广口瓶中存放，贴上标签注明日期、取样部位、锅炉的编号、取样人姓名等。

（二）分析试样制备

采集到的试样，经过破碎、缩分、研磨后，才能制成供分析用的分析试样。

首先将采集到的试样破碎成1mm左右，用四分法将试样缩分（若试样数量少于8g时，可不缩分）。取出一部分缩分后的试样（一般不少于2g），放在玛瑙研钵中磨细。氧化铁垢、硅酸盐垢等难溶垢样应磨细到0.1192mm（120目）左右，碳酸盐垢、磷酸盐垢等易溶的试样，磨到0.149mm（100目）左右即可。制备好的试样，应装入贴有标签的称量瓶中备用，没有研磨的试样，应妥善保存，作为复核校对用。

（三）垢样分解

垢样分解的目的是将固体试样制成便于分析的溶液。分解方法通常有酸溶法和熔融法两种（详见《火力发电厂垢和腐蚀产物分析方法》）。

（四）预备试验

预备试验是在试样测定之前进行的准备试验，包括主要成分的鉴定和对人工合成试样的测定（从略）。通过预备试验，可初步确定垢的主要成分，熟练分析操作。

垢的主要成分，可通过一些简易操作方法，根据特征反应进行定性的鉴别，其方法如下。

称取0.5g试样，置于100mL烧杯中，加50mL蒸馏水，配制成悬浊液。然后进行如下试验。

1. 水溶液试验

（1）测定水溶液的pH值。取澄清液20～30mL，用pH计测定水溶液的pH值。若pH值大于9，说明有氢氧化钠、磷酸三钠等强碱性盐类存在；若pH值小于9，说明试样中无强碱性水解盐类存在。

（2）硝酸银试验。取数滴澄清液，置于黑色滴板上，加2～3滴酸性硝酸银，若有白色沉淀物生成，说明有水溶性氯化物存在。

（3）氯化钡试验。取数滴澄清液，加2～3滴氯化钡溶液（10%），加两滴盐酸溶液（1+1）。若有白色沉淀物生成，而且加酸不溶解，说明有水溶性硫酸盐存在。

2. 加酸试验

取少量带悬浊物的试液注入试管中，加入1～2mL浓盐酸或浓硝酸，然后，分别加入其他试剂，根据发生的化学反应现象，可粗略地判断垢和腐蚀产物有哪些成分，见表16-10。

表16-10　　　　　　　　　　　　垢和腐蚀产物的定性鉴别方法

加入试剂	现　象	可能存在的成分
盐　酸	产生气泡。碳酸盐含量越高，泡沫越多	碳酸盐
盐酸和硝酸	溶解缓慢，可看到白色不溶物	硅酸盐

加入试剂	现　象	可能存在的成分
冷盐酸（难溶）加硝酸（加热后溶解）	溶解后溶液呈淡黄色。加 5%硫氰酸铵溶液数滴，溶液变红色。或者加入 5%亚铁氰化钾［$K_4Fe(CN)_4$］溶液数滴，溶液变蓝色	氧化铁
冷盐酸（难溶）加硝酸（加热后溶解）	溶解后溶液呈淡黄绿色或淡蓝色。取一部分溶液注入另一试管，加浓氨水，生成氢氧化铁和氢氧化铜沉淀物。继续加氨水，氢氧化铜溶解，生成铜氨络离子，蓝色加深。另取数滴溶液加数滴 5%亚铁氰化钾溶液，生成红棕色沉淀物	氧化铜
盐　酸	取一部分酸性溶液，加 10%钼酸铵溶液，生成黄色的磷钼黄沉淀物，加浓氨水至溶液呈氨碱性，黄色沉淀物溶解	磷酸盐
盐酸和硝酸	取一部分酸溶液，加入 10%氯化钡溶液数滴，溶液混浊，有白色沉淀物生成	硫酸盐

三、热力设备大修化学检查后总结

热力设备大修检查后，应对前一期的水、汽质量作出评价，从中提出改进水处理（锅内、锅外）和热力设备运行工况的措施。

由于目前的检查方法和手段不十分完备，因此评价只能是相对的，评价的标准也是大家共同遵循的相对标准。目前评价一般可按表 16-11 所列的标准进行。

表 16-11　　　　　　　　　　热力设备大修化学检查评价标准

类别\设备	一　类	二　类	三　类
汽　包	锅炉装置完好。无腐蚀，沉积物量小于 $15g/m^2$[2]	锅内装置尚完好。无腐蚀，沉积物量小于 $45g/m^2$	锅炉装置有缺陷（有倾斜、脱落），有腐蚀痕迹。沉积物量大于 $45g/m^2$
水冷壁	无腐蚀坑点。沉积率小于 $60g/(m^2 \cdot 年)$[3]	基本无腐蚀坑点。沉积率 $60 \sim 100g/(m^2 \cdot 年)$	有腐蚀坑点，沉积率大于 $100g/(m^2 \cdot 年)$
过热器	无积盐，下弯头无腐蚀	积盐厚度小于 0.1mm，腐蚀坑深小于 0.2mm	积盐厚度大于 0.1mm，腐蚀坑深大于 0.2mm
汽轮机	无盐类附着物	有很薄（白霜）一层附着物。腐蚀不明显	盐类附着物厚大于 0.3mm。有明显腐蚀
凝汽器	汽侧无氨蚀，水侧无泥垢，无腐蚀，无泄漏	汽侧有氨蚀迹象，水侧有薄层软垢，有轻微腐蚀、有微漏	汽、水侧有明显腐蚀，水侧附着物大于 0.3mm，有泄漏或因结垢而进行酸洗的
省煤器[1]	无（或不明显）腐蚀坑点	略有明显腐蚀坑点，最深的小于 0.2mm	有明显腐蚀坑点或坑点连片或坑点深度大于 0.3mm

①　指监视管段在一个大修间隔内的情况，安装监视管时，应进行化学清洗。

②　采用刮垢法。

③　指监视管向火侧垢量，除以两次大修之间的时间（年）。

复 习 思 考 题

1. 热力设备及系统的化学监督有哪几种形式？监督的意义是什么？
2. 蒸汽监督项目有哪些？为什么要监督这些项目？
3. 炉水、给水的监督项目有哪些？为什么要监督这些项目？
4. 造成蒸汽品质劣化的原因有哪些？怎样处理？
5. 造成给水水质劣化的原因有哪些？怎样处理？
6. 锅炉检修检查包括哪些内容？

第十七章　锅炉化学清洗

锅炉的化学清洗，主要包括新安装锅炉的化学清洗和运行锅炉的化学清洗两部分。该项工作对锅炉的安全运行和节能有着重要的意义。

第一节　锅炉化学清洗目的

锅炉的化学清洗，就是用某些化学药品的水溶液来清除锅炉水汽系统中的各种沉积物，并使金属表面上形成良好的防腐保护膜。

一、新建锅炉化学清洗必要性

新建锅炉通过化学清洗，可除掉设备在制造过程中形成的氧化皮和在储运、安装过程中生成的腐蚀产物、焊渣以及设备出厂时涂覆的防护剂（如油脂类物质）等各种附着物。此外，在设备内部还残留有砂子、尘土和保温材料的碎渣等，它们大都含有二氧化硅，若不清除，则会造成以下几种危害。

（1）妨碍炉管管壁的传热，造成炉管过热和损坏。

（2）导致水垢的产生，促使锅炉在运行中发生沉积物下腐蚀，以致使炉管变薄、穿孔而引起爆管。

（3）使锅炉水的含硅量等水质指标长期不合格，导致蒸汽品质不良，危害汽轮机的正常运行。

二、运行锅炉化学清洗决定

运行锅炉化学清洗的目的是，除掉锅炉运行过程中生成的水垢、金属腐蚀产物等沉积物，以免锅内沉积物过多而影响锅炉炉管的传热和水汽流动特性，威胁锅炉的安全运行。

锅炉在运行了一段时期后，是否需要进行化学清洗，应根据各台锅炉炉管内沉积物的量、锅炉的类型、工作压力和燃烧方式等因素来决定。

当锅炉水冷壁管的垢量（洗垢法、向火侧）达到下列数值时或锅炉运行时间达到下列年限时，应进行化学清洗，见表 17-1。此表是根据运行经验总结出来的，仅供参考。

表 17-1　　　　　　　　　　　　锅炉化学清洗参照标准

锅炉参数	垢量（g/m^2）	时间（a）
5.8MPa 及以下汽包锅炉	600～900	12～15
5.9～12.6MPa 的汽包锅炉	400～600	10
12.7MPa 及以上汽包锅炉	300～400	6

注　1. 燃烧方式以燃煤为主。

2. 燃油或燃用天然气的锅炉，可按表中工作压力高一级数值考虑。

第二节 化学清洗所用药品

化学清洗通常包括有几个不同的工艺过程，即碱洗→酸洗→漂洗→钝化等几个工艺过程。而每个工艺过程可用的药品有多种，其中以酸洗工艺过程中所用的药品最为重要。现将酸洗工艺所用的药品分别介绍如下。

一、清洗剂

用来进行酸洗的药品有多种，选用时要考虑以下几个问题。

1) 去除沉积物的效果如何；

2) 对金属材料的腐蚀怎样；

3) 是否经济，使用是否方便，是否易获得；

4) 清洗后的废液是否易处理。

酸洗时常用的清洗剂可分成无机酸和有机酸两大类。

（一）无机酸

适用于锅炉化学清洗的无机酸为盐酸和氢氟酸。

1. 盐酸

盐酸去除沉积物的机理有以下几点。

（1）溶解作用。盐酸能与紧靠金属基体的 FeO 与外表的 Fe_3O_4、Fe_2O_3 等氧化物反应生成溶于水的盐。其反应式如下

$$FeO + 2HCl \longrightarrow FeCl_2 + H_2O$$
$$Fe_2O_3 + 6HCl \longrightarrow 2FeCl_3 + 3H_2O$$

至于 Fe_3O_4，可看作是 FeO 和 Fe_2O_3 的混合物，它们分别与盐酸发生上述两种反应。

盐酸还能溶解碳酸盐水垢，反应式如下

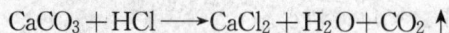

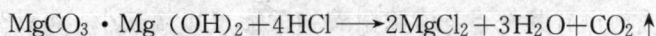

$$CaCO_3 + HCl \longrightarrow CaCl_2 + H_2O + CO_2 \uparrow$$
$$MgCO_3 \cdot Mg(OH)_2 + 4HCl \longrightarrow 2MgCl_2 + 3H_2O + CO_2 \uparrow$$

（2）剥离作用。盐酸不仅有溶解作用而且还有剥离作用。因为盐酸和一部分氧化物作用时，特别是和 FeO 反应时，破坏了附着物和金属的连接，使附着物剥离下来。

（3）气掀作用。盐酸不仅能与碳酸盐垢反应产生 CO_2 气体，而且还能与夹杂在沉积物中的铁微粒发生反应放出氢气，反应如下

$$Fe + 2HCl \longrightarrow FeCl_2 + H_2 \uparrow$$

这些气体在逸出过程中，对于难溶的或溶解速度较慢的附着物，具有一定的掀动力，使沉积物从管壁上脱落下来。

由上述可知，进行盐酸清洗时，所发生的反应不完全是它将附着物溶解的过程，还有使附着物从金属表面上脱落下来的作用。

盐酸是目前应用最广的清洗剂，其优点是：清洗效果好，价格较便宜，货源充足，清洗工艺容易掌握。盐酸作为清洗剂也有其局限性，如对于以硅酸盐为主要成分的水垢，清洗效果较差，不能用来清洗由奥氏体钢制造的设备，因为 Cl^- 会促进奥氏体钢发生应力腐蚀。

2. 氢氟酸（HF）

氢氟酸对 Fe_2O_3 和 Fe_3O_4 有很强的溶解能力。虽然是弱酸，但低浓度的氢氟酸却比盐酸对氧化铁有更强的溶解能力。这是因为 F^- 有很强的络合能力，能与 Fe^{3+} 形成 Fe (FeF_6) 络合物。

此外，氢氟酸还具有很强的除硅化合物能力其反应式为

$$SiO_2 + 6HF \longrightarrow H_2SiF_6 + 2H_2O$$

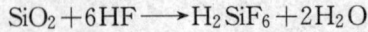

氢氟酸作为清洗剂的优点是：清洗效果好，通常是将清洗剂一次流过清洗的设备，无需像用盐酸清洗时那样，在清洗系统中反复循环流动，由于酸与金属接触时间短，加上酸液浓度、温度低，而且还可添加适当的缓蚀剂，所以对金属的腐蚀较轻。另外，由于腐蚀性小，所以清洗时可不必拆卸锅炉水汽系统的阀门，这样清洗时的临时装置就很简单。

氢氟酸作为清洗剂的缺点是：有毒、对人体侵蚀性大、来源不足、价格较贵。

（二）有机酸

目前已应用于锅炉化学清洗的有机酸有多种，其中主要有柠檬酸和乙二胺四乙酸（EDTA）。

有机酸作为清洗剂时，主要是利用它们有能与铁离子生成络离子的性能。

1. 柠檬酸

柠檬酸是目前化学清洗中用得较广的有机酸，它是一种白色晶体，分子式为 $H_3C_6H_5O_7$，在水溶液中它是一种三价酸。

柠檬酸与铁氧化物的反应较缓慢，而且生成的柠檬酸铁的溶解度较小，易产生沉淀

$$Fe_2O_3 + 2H_3C_6H_5O_7 \longrightarrow 2FeC_6H_5O_7 + 3H_2O$$

一般在用柠檬酸作清洗剂时，要在清洗液中加氨，将溶液的 pH 值调至 3.5～4。因为，在此条件下清洗液的主要成分为柠檬酸单铵，在此种溶液中铁离子会生成易溶的络合物，故有很好的清洗效果。总反应如下

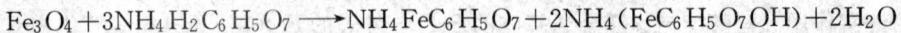

$$Fe_3O_4 + 3NH_4H_2C_6H_5O_7 \longrightarrow NH_4FeC_6H_5O_7 + 2NH_4(FeC_6H_5O_7OH) + 2H_2O$$

由于 Fe^{3+} 在清洗液中以络离子形式存在，使 Fe^{3+} 浓度较低，所以还能减轻其对金属的腐蚀。

用柠檬酸或其他有机酸作为清洗剂的优点是：首先，它们不会使清洗液中出现大量沉渣或悬浮物以至堵塞管道，这对高参数、大容量机组是非常有利的；此外，有机酸能用来清洗奥氏体钢或其他特种钢制成的锅炉设备。还有清洗后残留在系统中的有机酸废液的危险性较小。因为废液中的有机酸在高温下会分解成二氧化碳和水。

有机酸作为清洗剂也有其缺点：清除附着物的能力比盐酸小，而且只能除铁垢和铁锈（ETDA 除外），不能清除铜垢、钙镁水垢和硅酸盐水垢等；清洗时的温度要求高、流速较大；价格较贵。所以通常在不宜使用盐酸的情况下，才使用柠檬酸或其他有机酸。

2. EDTA

EDTA 分子中有 4 个乙酸基和 2 个氨基。其本身难溶于水，但它的钠盐或铵盐在水中的溶解性较好。这类清洗剂能与许多金属离子形成络合物，除具有一般有机酸清洗剂的优点外，还有对氧化铁和铜垢以及钙、镁垢类都有较强的清洗能力（但不能除硅垢），而且对金属的腐蚀性极小，清洗后在金属表面初步形成一层钝化膜，不易产生二次锈蚀；此外，它还有清洗时的临时装置较简单，废液对环境污染小，对人体无危害等优点。但目前，这类清洗剂的价格较贵，货源不足，且清洗效果尚不稳定。

二、缓蚀剂

为降低清洗剂对金属的腐蚀速度，使腐蚀速度在允许的范围之内，通常在清洗剂中加入少量的药剂以阻止或减缓金属腐蚀的速度，这种药剂称为缓蚀剂。用作缓蚀剂的药品应具备以下性能。

（1）加入极少量，就能大大地降低酸对金属的腐蚀速度，一般要求降至 $10g/(m^2 \cdot h)$ 以下；

（2）不会降低清洗液的清洗能力；

(3) 对金属的机械性能和金相组织无影响；

(4) 无毒，清洗后排放的废液，不会造成环境污染或公害。

1. 缓蚀剂作用机理

对于缓蚀剂的保护作用机理目前尚不十分清楚，现将常用来解释缓蚀剂作用的机理，简要介绍如下。

(1) 缓蚀剂的电化学理论。从电化学的观点出发，缓蚀剂会抑制腐蚀的阴、阳极过程或其中任一过程的进行，从而减缓金属腐蚀。

(2) 缓蚀剂的保护膜理论。这种理论认为，缓蚀剂通过化学的或物理化学的作用，在金属表面上形成一层连续性致密的保护膜，从而抑制了腐蚀过程。

2. 缓蚀剂缓蚀效率

评定缓蚀剂的缓蚀效果，通常是用缓蚀效率来表示。其计算公式如下

$$\eta = \frac{v_0 - v}{v_0} \times 100\%$$

式中　η——缓蚀剂的缓蚀效率，%；

v_0——未加缓蚀剂时金属的腐蚀速度，$g/(m^2 \cdot h)$；

v——加有缓蚀剂后金属的腐蚀速度，$g/(m^2 \cdot h)$。

金属的腐蚀速度，可由样品被腐蚀后质量的减少来计算（参见本篇第十四章第一节中金属腐蚀速度测定方法）。

3. 影响缓蚀剂缓蚀效率因素

缓蚀剂的缓蚀效率与清洗剂的性质、温度、浓度、流动状态有关；此外，还与被保护金属的性质，以及缓蚀剂本身的种类和浓度有密切的关系。也就是说，不同的缓蚀剂适用于不同的介质条件，并具有不同的最佳剂量范围。就大多数缓蚀剂而言，它们都有一个最高的温度、流速和浓度极限，超过这个极限，其缓蚀效果显著降低，甚至分解和增加腐蚀速度。因此，缓蚀剂的选用和条件的确定应通过有关小型试验结果来确定。

4. 锅炉酸洗常用缓蚀剂

目前我国生产的锅炉酸洗缓蚀剂的品种很多，现将国产缓蚀剂的特点加以简要介绍。

(1) 硫脲及其衍生物类。这类缓蚀剂使用较多的是硫脲和二邻甲苯硫脲，它们的结构如下

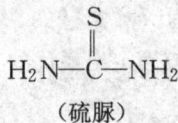

$$\underset{\text{(硫脲)}}{H_2N-\overset{\overset{S}{\|}}{C}-NH_2} \qquad \underset{\text{(二邻甲苯硫脲)}}{}$$

应用比较广泛的牌号是"天津若丁"，它是以二邻甲苯硫脲为主要组分的缓蚀剂，它的缓蚀效率比硫脲好，但水溶性差。使用时，需先用少量温除盐水将缓蚀剂调成糊状，再倒入酸箱进行搅拌，否则容易结块，难以起到应有的效果。

(2) 吡啶及其衍生物类。这类缓蚀剂的主要成分是吡啶和喹啉的衍生物的混合物，有的厂家将上述原料直接加入盐酸中，制成缓蚀酸出售。有的经过简单分离，然后混配其他成分制成缓蚀剂。其中普遍应用的牌号是"抚顺若丁"，这类缓蚀剂，具有较好的缓蚀性能和酸溶解性能。但是，吡啶的奇特臭味使其应用受到了一定的限制。因此，有的用氯代烷基对吡啶进行烷基化处理，使臭味减小，制成以氯代烷基吡啶为主要成分的缓蚀剂。

(3) 乌洛托品（六次甲基四胺）。该缓蚀剂的优点是，具有较高的缓蚀效率，易溶于水，不足之处是，对皮肤有刺激作用。

(4) 醛—胺缩聚物类。这类缓蚀剂是以甲醛和苯胺作为原料，在酸性介质中聚合而成的。其结构为

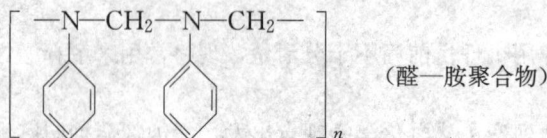

$$\left[-\text{N}-\text{CH}_2-\text{N}-\text{CH}_2-\right]_n$$

（醛—胺聚合物）

由于聚合度的不同，这类产品在我国有多种不同的牌号，如"IIB—5"、"北京—02"等。这类缓蚀剂的水溶性较好，但随缓蚀剂存放时间的不同以及聚合度的不同，对其缓蚀效率有明显的影响，因此性能不很稳定。

除上述缓蚀剂外，还有 2—巯基苯骈噻唑、苯骈三氮唑等多种缓蚀剂。

目前，在采用盐酸进行化学清洗时，常采用若丁、乌洛托品、醛—胺缩聚物类作缓蚀剂。用柠檬酸清洗时，常用二邻甲苯硫脲、2—巯基苯骈噻唑等作缓蚀剂。在采用氢氟酸或 EDTA 等进行化学清洗时，常用几种缓蚀剂（如吡啶、硫脲、噻唑等衍生物）组成的混合缓蚀剂。

目前在国内缓蚀剂的配方中，还常加有表面活性剂。表面活性剂是一类物质的总称，在清洗液中加入很少的这类物质，就能显著地改变水的表面张力，会起到使某些物质润湿、某些物质在水中发生乳化和促进某溶质在水中分散等作用。作为润湿剂，能使清洗液容易在金属或沉积物表面上展开，提高清洗效果，这类表面活性剂，常用的有平平加—20 等多种；作为乳化剂，当选用的缓蚀剂配方中有难溶组分时，能使混合缓蚀剂形成稳定的乳状液，以便于应用，这类表面活性剂，常用的有 OII—IS 或农乳 100 等。

第三节 化学清洗方案确定

锅炉的化学清洗是一项技术要求较高的工作，要求清洗效果好，对设备的腐蚀性小，并且经济性好。因此，首先要求制订一个好的化学清洗方案。化学清洗方案主要包括清洗工艺条件和清洗系统的确定。

一、工艺条件

在制订化学清洗方案时，一般先应进行专门的小型试验来确定合理的工艺条件，即将锅炉炉管的样品，在各种不同的温度、浓度等条件下的清洗液中浸泡（静态试验），或进行循环冲洗（动态试验），然后检查清洗效果及测定腐蚀速度，最后通过比较确定出最优的工艺条件。

（一）清洗剂

在选择清洗剂时，主要应考虑沉积物的组成和溶解性，以及锅炉的结构和材质等。例如对于有奥氏体钢的体系，不宜采用含氯离子的清洗液；对于铜合金和其他特种合金钢也要特别注意。

清洗剂浓度以确保清洗效果为原则，一般是根据系统内沉积物的量进行必要的计算，合适的经济用量主要由洗垢的小型试验来确定。至于缓蚀剂等防腐药品的浓度，以保证腐蚀速度最小为原则。

（二）清洗方式

锅炉化学清洗方式有静态浸泡和动态清洗两种。通常采用动态清洗，它的优点如下。

（1）锅炉各个部位清洗液的温度、浓度和金属的温度都很均匀，有利于避免因温差或浓度差而造成腐蚀。

（2）溶液的流动可以起搅拌作用，有利于清洗和排除清洗废液中的沉渣或悬浮物。

（3）容易根据化学监督的分析结果来判断清洗的进度和终点。

动态清洗法又分为闭式循环法和开路法：①闭式循环法是将要清洗的部位组成循环回路，清洗液在系统内，循环一定时间后排放废液。这种方法适用于盐酸、柠檬酸洗炉。②开路法是将清洗液一次通过被清洗的金属表面，不循环。开路法只适用于氢氟酸洗炉。

（三）清洗液温度

清洗液的温度对清洗效果影响较大。一方面，温度升高，清洗剂对铁氧化物的溶解速度增加；另一方面，缓蚀剂的缓蚀能力随温度升高而下降，当超过一定温度时甚至可能完全失效。所以，清洗液的温度要选取得合适，清洗温度的上限主要取决于缓蚀剂的容许温度。

（四）清洗流速

清洗流速高，对提高清洗效果，带走沉积物是有利的，但缓蚀效率会降低，增大金属的腐蚀速度。流速低，对金属的腐蚀速度小，但影响清洗效果，有些沉积物不能带走，甚至可能造成过热器的气塞。所以，清洗流速不能过大或过小。允许的最大和最小流速，可通过动态小型试验确定。

（五）清洗时间

清洗时间是指清洗液在系统中静止或循环的时间。因为各种清洗剂对沉积物的溶解速度不同，所以清洗时间随清洗剂种类而不同。清洗方案所预定的清洗时间，一般是根据试验结果和有关经验确定的。但实际的清洗终点，是参照这个预定时间，并根据化学监督数据和监视管样的清洗情况确定的。终点的标志是监视管已基本洗净，清洗液中的含铁量不再明显变化。如果清洗时间过长，可能发生"过洗"，增加对清洗面的腐蚀。反之，时间过短，系统内沉积物洗不干净，达不到清洗效果。

下面简要介绍常用的清洗工艺，以供参考。

1. 盐酸酸洗工艺

酸浓度为 $2\% \sim 6\%$，加 $0.2\% \sim 0.4\%$ 的若丁缓蚀剂，温度一般为 $50 \sim 60℃$，流速为 $0.2 \sim 0.5m/s$，清洗时间为 6h 左右，一般不超过 8h。

2. 柠檬酸酸洗工艺

酸浓度为 $2\% \sim 4\%$，加 $0.2\% \sim 0.3\%$ 的二邻甲苯硫脲作缓蚀剂，用氨液将清洗液 pH 值调至 $3.5 \sim 4.0$，温度为 $90 \sim 98℃$，流速为 $0.3 \sim 1m/s$，清洗时间 $3 \sim 5h$。

3. 氢氟酸酸洗工艺

酸浓度为 $1\% \sim 2\%$，加 $0.1\% \sim 0.4\%$ 的复合缓蚀剂，温度为 $30 \sim 60℃$，最低流速为 $0.15m/s$，清洗时间为 $2 \sim 3h$。

4. EDTA 清洗工艺

目前，不同国家不同电厂的工艺条件各不相同。例如，国外为了清除炉管内的氧化铁沉积物，常采用以"EDTA＋NH_3"为主的清洗液，并添加混合缓蚀剂，清洗液浓度为 $1\% \sim 2\%$、pH 为 $9 \sim 9.5$、温度为 $130 \sim 160℃$，循环时间为 6h 左右。

二、清洗系统

1. 化学清洗范围

在确定清洗系统之前，首先要确定清洗的范围。化学清洗的范围，因锅炉的类型、参数和清洗种类（新建炉启动前清洗还是运行炉清洗）不同而有所区别。新建炉水汽系统各部位都可能较脏，所以清洗的范围较广，一般高压及高压以下汽包炉，清洗范围包括锅炉本体的水汽系统（即省煤器、水冷壁和汽包等）；超高压及以上的锅炉，还应考虑清洗过热器和炉前系统。

对于运行汽包锅炉的化学清洗范围，一般只包括锅炉本体的水汽系统。

2. 化学清洗系统

在清洗工艺和清洗范围确定以后，应根据工艺要求和锅炉结构特点、沉积物状况和现场具体条件拟定合理的清洗系统。这是获得良好清洗效果的重要保证。拟定清洗系统的原则是：安全可靠，系统简单，临时管道和设备少，操作方便。在拟订时应考虑以下问题。

（1）必须保证清洗液在清洗系统各部分有适当的流速，清洗结束时废液能顺利地排掉。要特别注意设备的弯头部位和水平布置的管段，避免这些部位因流速过小而使洗下的不溶物沉积下来，以防止沉积物堵塞和产生气塞。

为了保证清洗系统各部位有适当的流速，必须根据系统的通流截面和流动阻力选择适当的清洗泵，以具有足够的流量和扬程。如果清洗泵的容量不够，或清洗溶液箱的容积太小，可将整个清洗系统分成几个独立的清洗回路，依次进行清洗。清洗回路划分不宜过多，以免系统复杂，增加临时工作量和清洗剂的用量。

（2）清洗的循环回路中应设清洗溶液箱，以便于清洗液的配制和清洗液的循环。在清洗箱内应装有蒸汽加热的表面式和混合式两种加热器，以保证清洗液维持一定的温度。另外，清洗箱还可以将清洗液中的沉渣分离出去。

（3）监测。为了及时掌握化学清洗的进程和为最后评价清洗效果提供某些依据，应考虑：①在清洗系统中，应安装监视管，并在系统中挂置主要材料的腐蚀试片。监视管是用系统中有代表性垢样的管段，并在两端焊上法兰，装在清洗旁路上。为保证样管内流速与系统流速一致，在旁路上应安装流量计来控制，每根监视管的出、入口处应安装阀门，以便在清洗过程中，切换检查。主要管材的腐蚀试片，一般安装在省煤器联箱、水冷壁联箱、监视管内和汽包内。②在系统

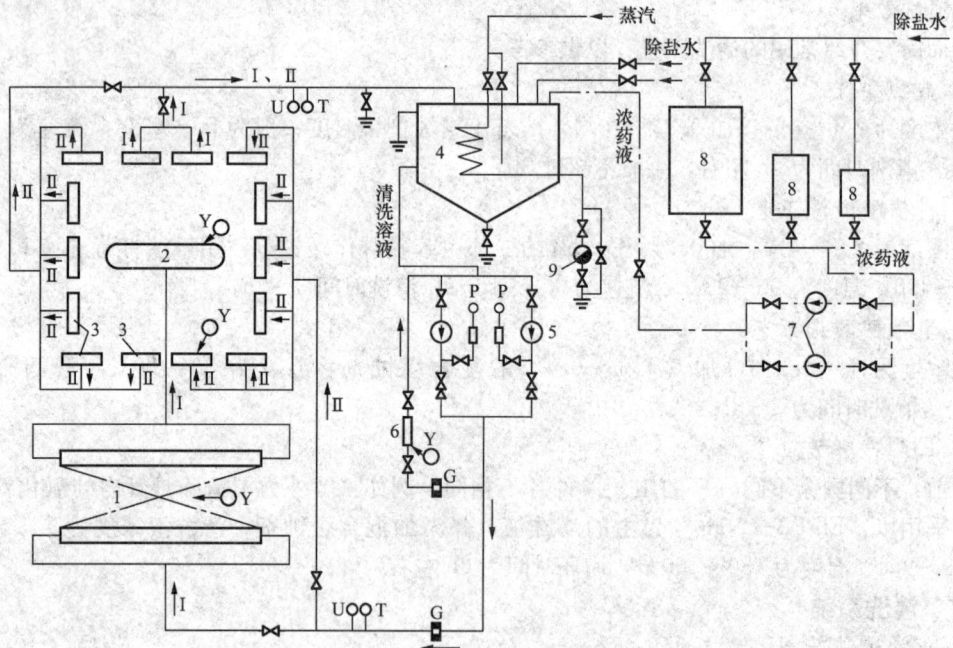

图 17-1 某超高压汽包锅炉化学清洗系统示意图

G—流量表；T—温度表；U—取样点；P—压力表；Y—腐蚀指示片安装处

1—省煤器；2—汽包；3—水冷壁下联箱；4—清洗溶液箱；5—清洗泵；
6—监视管；7—浓药泵；8—浓药箱；9—疏水器

上应设置足够的仪表和取样点，以便监测清洗流量、温度、压力和进行化学监督。

（4）对不能与清洗液接触的部件和不进行化学清洗的部件，应采取一定的措施隔离或拆除。

（5）为了避免酸洗时所生成的氢，引起爆炸事故或产生气塞而影响清洗，在清洗系统的最高点，应安装排氢管。对于汽包锅炉，可利用原有的汽包向空排汽管或自用蒸汽管，但应将其接长。

如图 17-1 所示是某超高压汽包锅炉化学清洗系统示意图。

该锅炉清洗系统分成两个回路：第一回路为（图 17-1 上标指 I）：清洗箱→清洗泵→给水总管→省煤器→汽包→前墙水冷壁中部管组→清洗箱；第二回路为（图 17-1 上标指 II）：清洗箱→清洗泵→给水总管→侧墙水冷壁管（另外还包括 1 个前墙水冷壁管组和 2 个后墙水冷壁管组）→汽包→另一侧水冷壁管组（还包括 1 个前墙水冷壁管组和 2 个后墙水冷壁管组）→清洗箱。清洗液从侧墙水冷壁管组下联箱手孔处进入水冷壁管中，流经水冷壁管后进入汽包，从汽包进入另一侧墙水冷壁管中，再从此水冷壁管下联箱手孔处引出。

第四节 化学清洗步骤

化学清洗系统确定之后，应做好各项准备工作，包括清洗用药、清洗用水、热源、电源、备用泵、废液的排放等准备工作，并落实好各项安全措施。准备工作做好之后，便可进行化学清洗。除 EDTA 洗炉工艺外，其他清洗剂洗炉的步骤一般有：水冲洗→碱洗（或碱煮）→酸洗→漂洗→钝化等步骤。

一、水冲洗

在化学清洗前，应先用清水将清洗系统进行冲洗，其目的是为了除去某些可被水冲掉的附着物。此外，水冲洗还可以检验清洗系统有无漏水之处。水冲洗的流速越大越好，但往往受现场条件（如泵的出力）的限制，但水冲洗的流速一般应保持大于 0.6m/s。当清洗系统复杂时，可考虑分组进行。冲洗时，可先用清水冲至透明后再用除盐水置换。

二、碱洗或碱煮

碱洗的目的主要是为了清除锅炉内表面的油污或硅的化合物，以改善被清洗表面的润湿性，为下一步的酸洗创造有利条件。

碱洗液常用以下两种配方。

（1）浓度为 0.2%～0.5% 的 Na_3PO_4 和 0.1%～0.2% 的 Na_2HPO_4 混合液。

（2）浓度为 0.5%～1.0% 的 NaOH 和 0.5%～1.0% 的 Na_3PO_4 混合液。另外，为了提高去污效果，通常还向碱液中添加少量的洗涤剂（如 601、401 洗涤剂）。

碱洗时，流速一般应大于 0.3m/s，碱液循环流动的时间为 8～24h，温度一般控制在 90～98℃。碱洗结束后，先放尽清洗系统内的碱洗废液，然后用除盐水（或软化水）冲洗回路，至出水 pH≤8.4，水质清澈为止。

在大多数情况下采用碱洗，但当锅内油脂较多或沉积物中含硅化物较多时，可考虑碱煮。

碱煮的目的，一是除油污；二是除二氧化硅和松动沉积物，以提高清洗效果。

碱煮使用的药品主要是 NaOH 和 Na_3PO_4 的混合液，两者总的浓度为 1%～2% 左右，有时还加少量的合成洗涤剂（如烷基磺酸钠等）。

碱煮的方法是，当锅内加入碱液以后，锅炉点火升温，使汽压升至 0.98～1.96MPa，并维持 4h，随后进行排污，排污量为额定蒸发量的 5%～10%。排污后再补水，然后升压碱煮、排污，如此反复几次，直至洗净为止。当药液浓度降到开始浓度的一半时，应适当补加药剂。最后当水温降到 70～80℃ 时即可排出全部废液，并用水冲洗。冲洗的要求和碱洗一样。

三、酸洗

酸洗是化学清洗的主要步骤。用盐酸或柠檬酸清洗时，通常采用闭式循环方式，加入清洗液的方法有两种：一种是边循环边加药，即用碱洗后留在系统中的合格冲洗水来配制。首先使除盐水在系统中循环，并加热到所需的温度，然后在循环过程中慢慢加入事先配好的浓药液。其顺序是先加缓蚀剂，循环均匀后再加清洗剂，此法一般用于高参数锅炉；另一种是在清洗溶液箱中配制成一定浓度的溶液，并加热到所需温度，然后泵入清洗系统，此法常用于低压或中压小容量锅炉。

在酸洗过程中，应经常测定清洗液的温度，并在各取样点取样测定含铁量和酸浓度。用柠檬酸清洗时，还应测定其 pH 值。当循环到预定时间或清洗液中含铁量趋于稳定或检查监视管认为清洗干净时便可结束酸洗。

酸洗结束后，不能用放空的方法排废酸，以免进入空气造成严重腐蚀，而必须用除盐水或软化水排挤酸液并进行冲洗。冲洗到排出水的 pH 值为 5～6，含铁量小于 20～50mg/L 为止。

四、漂洗

在酸洗结束，用除盐水冲洗后，还需要用稀柠檬酸进行一次漂洗。其目的是利用柠檬酸与铁离子的络合特性，除去系统内残留的铁离子以及冲洗时可能产生的二次铁锈，为钝化处理提供更有利的条件。此过程还可缩短酸洗后的冲洗时间，节省水耗。

漂洗时一般采用浓度为 0.1%～0.2% 的柠檬酸并添加适量的缓蚀剂，用氨水调节 pH 值为 3.5～4.0，温度维持在 60～90℃，循环冲洗 2～3h，漂洗即可结束。

漂洗结束后，不再进行水冲洗，直接加氨迅速将洗液的 pH 调节到 9～10，即可按下述方法进行 $NaNO_2$ 钝化处理。

五、钝化

这是对酸洗后的锅炉所采取的一种保护性措施。因酸洗后的金属表面较活泼，暴露于大气中时非常容易受到腐蚀，所以应立即进行防腐处理，使金属表面上生成保护膜。这种处理通常称为钝化。目前钝化有以下几种方法。

1. 亚硝酸钠钝化法

此法通常用浓度为 0.5%～2.0% 的 $NaNO_2$ 溶液，pH 值调节在 9～10（氨水调节），温度维持在 60～90℃，循环 6～10h，然后排去钝化液，用除盐水冲洗。此法能在金属表面上形成致密的、呈钢灰色（或银灰色）的保护膜。

2. 联氨钝化法

此法是在漂洗后将漂洗液放掉，立即注入 200～500mg/L 的联氨溶液，并加氨调节 pH 到 9.5～10，温度维持在 90～100℃，循环钝化 12～24h。此法能在金属表面生成棕红色或棕褐色的保护膜。

3. 磷酸盐钝化

此法是采用浓度为 2%～3% 的 Na_3PO_4 溶液，在 70～90℃ 的温度下循环 8～12h。此法能在金属表面上生成黑色的保护膜，此保护膜在高温下易溶解，一般只用于中、低压汽包锅炉。

除上述各步骤外，如果运行锅炉内沉积物的含铜量较高时，还应考虑化学清洗除铜步骤。因为，清洗含铜较多的沉积物时，清洗液含 Cu^{2+} 高，Cu^{2+} 能按下式反应使钢铁遭到腐蚀

$$Cu^{2+} + Fe \longrightarrow Fe^{2+} + Cu$$

Cu 会在钢铁表面析出，使金属表面不均匀地镀上了金属铜，由于铜、铁电极电位不同，所以铜和铁接触后，就形成了腐蚀电池，会造成被清洗金属严重的点蚀。

当锅内沉积物中 CuO 的含量低于 5% 时，可在清洗液中加掩蔽剂除铜，如在盐酸清洗液中加硫脲，硫脲与铜离子发生如下络合反应

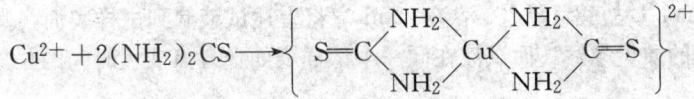

$$Cu^{2+}+2(NH_2)_2CS \longrightarrow \left\{ \begin{array}{c} NH_2 \quad\quad NH_2 \\ S=C \quad Cu \quad C=S \\ NH_2 \quad\quad NH_2 \end{array} \right\}^{2+}$$

当沉积物中 CuO 的含量大于 5% 时，可考虑增加氨洗步骤，其工艺条件为在浓度为 1.5%～3.0% 的氨液中，加入浓度为 0.2%～0.75% 的过硫酸铵，温度维持在 35～70℃，处理 4～6h。

氨洗除铜的原理主要在于，铜离子在氨水中能生成稳定的铜氨络离子，过硫酸铵能促进沉积物中铜的溶解。其反应如下

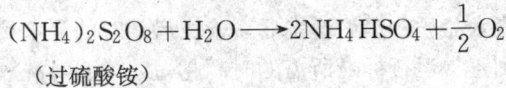

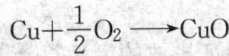

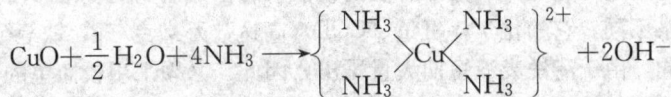

$$(NH_4)_2S_2O_8+H_2O \longrightarrow 2NH_4HSO_4+\frac{1}{2}O_2$$

（过硫酸铵）

$$Cu+\frac{1}{2}O_2 \longrightarrow CuO$$

$$CuO+\frac{1}{2}H_2O+4NH_3 \longrightarrow \left\{ \begin{array}{c} NH_3 \quad\quad NH_3 \\ Cu \\ NH_3 \quad\quad NH_3 \end{array} \right\}^{2+}+2OH^-$$

氨洗除铜按酸洗、氨洗的顺序不同分以下三种。

（1）氨洗—酸洗。这种方案是先进行氨洗除铜，然后酸洗。由于铜铁沉积物往往混杂在一起，所以氨洗可能使沉积物内层的铜残留下来，影响除铜效果。

（2）酸洗—氨洗。它是先酸洗，然后氨洗。该法除铜效果好，但在酸洗时可能出现 Cu^{2+} 的附加腐蚀。

（3）氨洗—酸洗—氨洗。它兼有两者的优点，但工艺过程较复杂。

第五节　清洗效果检查和清洗废液处理

一、清洗效果检查

化学清洗结束后，应检查清洗过的部件，以确定清洗效果，并写出相应的技术报告。具体的检查方法如下。

（1）检查锅炉能打开部位的清洗效果。对汽包、联箱等能打开的部位应进行检查，看是否清洗干净，同时清除沉积在其中的沉渣。同时还要检查过热器、再热器的弯管底部是否有沉积物和堵塞现象。

（2）割管检查除污效果。为了检查除污效果，必要时，应适当割取具有代表性的管样，观察管内是否洗净，并测定除污效率。除污效率，可根据代表性管样在清洗前后内部脏物量或厚度变化计算，其计算式为

$$\eta=\frac{W_1-W_2}{W_1}\times100\%$$

式中，W_1、W_2 分别为清洗前后管样内表面附着物的量（g/m²）。一般认为，$\eta>95\%$ 者为优良。

（3）割管检查金属表面状态。割取具有代表性的管样，检查有无点蚀，表面是否形成良好的保护膜。鉴定钝化膜质量的方法有多种，如借助电子探针、X 射线衍射机、电子显微镜等仪器进行微观检查。此外，还可采用以下较为简便而实用的方法进行检查。

1）湿热箱观察法：将样管悬挂在湿热箱内，在相对湿度为 95%±2%、温度为 40±2℃ 条件下，保持 16h，然后在温度为 30±2℃ 下继续保持 8h。连续观察试样表面变化，以试样表面最初

出现锈蚀点的时间为金属试样在湿热箱中的耐腐蚀时间。

2) 硫酸铜溶液法：硫酸铜试液的组成为 0.4mol/L 硫酸铜（$CuSO_4$）溶液 40mL 加 10％NaCl 溶液 20mL 加 0.1mol/L 盐酸（HCl）溶液 15mL。将上述试液滴到试样表面，其颜色由蓝转红的时间越长，表面膜的质量越好。而试液在同一个试样表面上各点变色时间的长短，则表示膜的均匀性。

（4）测定金属腐蚀速度。可根据监视管、省煤器联箱、水冷壁联箱和汽包内腐蚀指示片的失重，计算腐蚀速度。目前，一般认为，金属基体在酸洗时的腐蚀速度低于 $10g/(m^2 \cdot h)$ 是安全的，缓蚀剂的缓蚀效率高于 97％ 是可靠的。根据现有工艺水平，盐酸或柠檬酸洗炉时腐蚀速度可以控制在 $7g/(m^2 \cdot h)$ 左右。

（5）锅炉启动时检查汽水品质。锅炉清洗后，检查启动时的汽水品质也是评定清洗效果的一个重要标准。汽水品质达到正常运行标准所需的时间越短，说明清洗效果越好。

二、清洗废液处理

化学清洗废液必须进行处理，以保证排放的废液符合国家制定的标准，防止环境污染。清洗废液与一般工业废水不同，它的化学耗氧量（COD）高达数万毫克/升，铁等金属离子含量很高，颜色、气味也不相同。由于清洗废液短期大量排出，因此，必须采用较简单的工艺迅速处理。

复习思考题

1. 锅炉化学清洗的目的是什么？
2. 试述盐酸、氢氟酸及柠檬酸酸洗的原理。
3. 缓蚀剂为什么能起到缓蚀作用？酸洗时如何选择缓蚀剂？
4. 如何确定锅炉化学清洗所用的药品及工艺条件？
5. 运行锅炉酸洗时，有时会产生"镀铜"现象，其危害是什么？如何消除？
6. 锅炉化学清洗结束后，如何确定清洗效果？

第四篇

电 力 用 油

第十八章　电力用油分类和质量标准

第一节　电力用油分类

电力用油通常指绝缘油（或变压器油）、电缆油、汽轮机油及燃料油等。其中的绝缘油和汽轮机油尤为重要。因组成和性质不同，其使用性质也不相同，为便于区别应用而将电力用油进行分类，现将其分类及名称列表18-1。

由表18-1不难看出，名称与代号有密切联系，其实质在于油品性质的不同。10号、25号和45号变压器油的凝固点分别为—10℃、—25℃和—45℃。不同牌号的变压器油适用于不同地区，10号变压器油适用于长江以南地区，高牌号变压器油适用于北方地区。

汽轮机油的牌号是根据油品的运动黏度确定的，如32号汽轮机油，其40℃的运动黏度约为28～35mm^2/s。

表18-1　绝缘油和汽轮机油的分类及名称

类　别	名　称	代　号
绝缘（或变压器油）	10号变压器油	DB—10
	25号变压器油	DB—25
	45号变压器油	DB—45
汽轮机油	32号汽轮机油	HU—32
	46号汽轮机油	HU—46
	68号汽轮机油	HU—68
	100号汽轮机油	HU—100

第二节　标准分类及电力用油质量标准

一、石油产品试验方法质量标准

石油产品的质量标准是由生产和使用部门提出来的，以石油产品的主要物理、化学性质来表示。作为"标准"，要经有关部门批准、颁布，统一执行。

检定石油产品物理、化学性质的试验方法要经过主管部门审核批准。试验方法中对测定步骤、试验条件、使用仪器、试剂及精确度等一并作出具体规定，然后颁布执行。当前常用如下两级标准。

（1）国家标准。该标准是由国家主管部门批准并颁布，在全国范围内统一执行的试验方法。其"标准"由标准代号、顺序号及年代号等项组成。

例如，GB 265—1995，其含义如下：

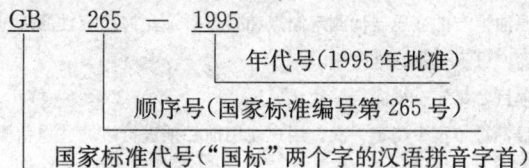

$$\underset{\text{国家标准代号（"国标"两个字的汉语拼音字首）}}{\underset{\text{顺序号（国家标准编号第265号）}}{\underset{\text{年代号（1995年批准）}}{\text{GB　265　—　1995}}}}$$

（2）部颁标准。该标准是由部主管部门批准并颁布，在全国有关系统和部门内部统一执行的试验方法。其"标准"由部标准代号、顺序号、方法代号及年代号等组成。

例如，YS-19-1-1998 的含义如下：

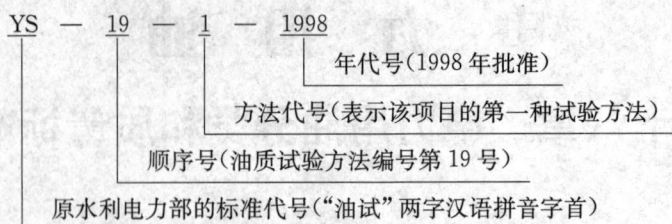

YS — 19 — 1 — 1998
- 年代号（1998 年批准）
- 方法代号（表示该项目的第一种试验方法）
- 顺序号（油质试验方法编号第 19 号）
- 原水利电力部的标准代号（"油试"两字汉语拼音字首）

二、变压器油汽轮机油的质量标准

国家标准变压器油，见表 18-2；国家标准汽轮机油见表 18-3。

表 18-2　国家标准变压器油

项　　目		质　量　指　标			试　验　方　法
牌　　号		10	25	45	
外观		透明，无悬浮物和机械杂质			目　测[1]
密度（20℃），kg/m³	不大于	895			GB/T 1884 GB/T 1885
运动粘度，mm²/s					GB/T 265
40℃	不大于	13	13	11	
−10℃	不大于	—	200	—	
−30℃	不大于	—	—	1800	
倾点，℃	不高于	−7	−22	报告	GB/T 3535[2]
凝点，℃	不高于	—		−45	GB/T 510[2]
闪点（闭口），℃	不低于	140		135	GB/T 261
酸值，mgKOH/g	不大于	0.03			GB/T 264
腐蚀性硫		非腐蚀性			SH/T 0304
氧化安定性[3]					SH/T 0206
氧化后酸值，mgKOH/g	不大于	0.2			
氧化后沉淀，%	不大于	0.05			
水溶性酸或碱		无			GB/T 259
击穿电压（间距 2.5mm 交货时）[4]，kV	不小于	35			GB/T 507[5]
介质损耗因数（90℃）	不大于	0.005			GB/T 5654
界面张力，mN/m	不小于	40		38	GB/T 6541
水分，mg/kg		报　告			SH/T 0207

注　1）把产品注入 100mL 量筒中，在 20±5℃下目测，如有争议时，按 GB/T 511 测定机械杂质含量为无。

2）以新疆原油和大港原油生产的变压器油测定倾点和凝点时，允许用定性滤纸过滤。倾点指标，根据生产和使用实际经与用户协商，可不受本标准限制。

3）氧化安定性为保证项目，每年至少测定一次。

4）击穿电压为保证项目，每年至少测定一次。用户使用前必须进行过滤并重新测定。

5）测定击穿电压允许用定性滤纸过滤。

表 18-3　　　　　　　　　　　　　　　　　　国家标准汽轮机油

| 项　目 | 质　量　指　标 | | | 试验方法 |
	优　级　品	一　级　品	合　格　品	
粘度等级（按 GB 3141）	32　46　68　100	32　46　68　100	32　46　68　100	—
运动粘度（40℃），mm²/s	28.8～35.2　41.4～50.6 61.2～74.8　90.0～110.0	28.8～35.2　41.4～50.6 61.2～74.8　90.0～110.0	28.8～35.2　41.4～50.6 61.2～74.8　90.0～110.0	GB 265
粘度指数[1]　　　　不小于	90	90	90	GB 1995
倾点[2]，℃　　　　不高于	—7	—7	—7	GB 3535
闪点（开口），℃，不低于	180　180　195　195	180　180　195　195	180　180　195　195	GB 3536
密度（20℃），kg/m³	报　告	报　告	报　告	GB 1884 GB 1885
酸值，mgKOH/g　不大于	—	—	0.3	GB 264
中和值，mgKOH/g　不大于	报　告	报　告	—	GB 4945
机械杂质	无	无	无	GB 511
水分	无	无	无	GB 260
破乳化值[3]， （40—37—3）mL 　54℃，min　　不大于 　82℃，min　　不大于	 15　15　30 　　　　　30	 15　15　30 　　　　　30	 15　15　30 　　　　　30	GB 7305
起泡性试验[4]，mL/mL 　24℃　　　　不大于 　93℃　　　　不大于 　后 24℃　　　不大于	 450/0 100/0 450/0	 450/0 100/0 450/0	 600/0 100/0 600/0	SY 2669
氧化安定性[5] 　a. 总氧化产物，% 　　沉淀物，% 　b. 氧化后酸值达 　　2.0mgKOH/g 时，h 　　　　　　　不小于	 报　告 报　告 3000　3000　2000　2000	 报　告 报　告 2000　2000　1500　1500	 — — 1500　1500　1000　1000	GB 8119 SY 2680
液相锈蚀试验（合成海水）	无　锈			GB 11143
铜片试验（100℃，3h），级 　　　　　　　不大于	1			GB 5096
空气释放值[6]（50C），min 　　　　　　　不大于	5　6　8　10	5　6　8　10	—	SY 2693

注　1）对中间基原油生产的汽轮机油，L-TSA 合格品粘度指数允许不低于 70；一级品粘度指数允许不低于 80。根据生产和使用实际，经与用户协商，可不受本标准限制。
　　2）倾点指标，根据生产和使用实际，经与用户协商，可不受本标准限制。
　　3）作为军用时，破乳化值由部队和生产厂双方协商。
　　4）测起泡性试验时，只要泡沫未完全盖住油的表面，结果报告为"0"。
　　5）氧化安定性为保证项目，一年抽查一次。
　　6）对一级品中空气释放值根据生产和使用实际，经与用户协商可不受本标准限制。

复 习 思 考 题

1. 电力用油可分哪几大类？不同用油的牌号是怎样确定的？

2. 制定统一的油品质量标准和试验方法，有何实际意义？

3. 试分析国家标准规定中变压器油和汽轮机油的试验项目有何异同。

4. 下列地区的最低气温为：哈尔滨－31.8℃；大连－16.5℃；上海－9.4℃；广州 0.0℃。问这些地区应使用哪种牌号的变压器油？

第十九章　油品物理性质及测定

第一节　密　　度

一、油品密度

油品的密度指该油品单位体积的质量，通常用符号 ρ 表示，其单位为 kg/m³ （目前也使用 g/cm³）。

油品的重度指该油品单位体积的重力，通常用符号 γ 表示，单位为 N/m³。

二、液体油品密度测定

测定液体油品密度的方法（见 YS-5-1）有密度计法、比重天平（或韦氏天平）法和比重瓶法。

因现场经常用密度计法，为此下面只介绍密度计法。

对于黏度不大的试油，可以直接进行测定；运动黏度超过 $0.02\text{m}^2/\text{s}$ （200St）的试油，直接测定有困难，可以将试油用同温度、同体积的煤油（密度已知）稀释，再测定混合油品的密度，然后用公式（19-1）计算其密度

$$\rho_t = 2\rho_1 - \rho_2 \quad (19\text{-}1)$$

式中　ρ_t——试油在 t℃时的密度；

　　　ρ_1——混合油在 t℃时的密度；

　　　ρ_2——煤油在 t℃时的密度。

用密度计法测定油品密度，要用规定的石油密度计，其类型有 SY-Ⅰ型和 SY-Ⅱ型两种，见图 19-1。测量范围见表19-1。

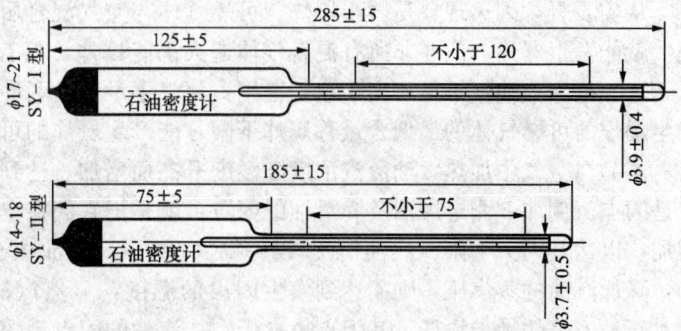

图 19-1　密度计

表 19-1　　　　　　　　　　两种石油密度计的测量范围

型　　号		SY-Ⅰ	SY-Ⅱ
分度值（kg/m³）		0.5	—
密度计支号及测量范围(kg/m³)	1	650～690	650～710
	2	690～730	710～770
	3	730～770	770～830
	4	770～810	830～890
	5	810～850	890～950
	6	850～890	950～1010
	7	890～930	
	8	930～970	
	9	970～1010	

测量密度时，要试油与环境温差在±5℃内。取一直径不小于 40mm 的玻璃量筒，放在平稳处，小心地倾入试油，然后手持洁净干燥的密度计上端，慢慢放入试油内，以油品弯月面的上边缘为读数基准，注意视线应水平，同时记录试油温度。

两次平行测定结果的差值，应符合表 19-2 的规定。

表 19-2　　　　　　　　　　　　　密度测量允许误差

密　　度　　计 型　　　　号	允　许　误　差　（g/cm³）	
	一　般　测　定	混　合　法　测　定
SY-Ⅰ	0.001	0.004
SY-Ⅱ	0.002	0.008

第二节　闪　点　和　燃　点

油品都是很容易着火的物质，因此研究油品与燃烧、爆炸等有关的性质是必要的。其中，油品的闪点、燃点和自燃点，对指导油品的生产、储存、运输和使用，有着重要意义。

一、闪点

闪点指可燃性液体的蒸汽与空气的混合物，在接触火焰时，能发生短暂闪火现象的最低温度。

从实质看，闪火现象是微小爆炸。可燃气体与空气混合后，能形成爆炸混合物，一旦接触火焰，就能发生爆炸。但并非所有混合气体遇火都能爆炸，只有可燃气体含量在一定范围内才行。低于这一范围，油气不足，高于这一范围，氧气不足，这两种情况，均不能发生闪火或爆炸。能产生爆炸的可燃气体的最低含量称爆炸下限，能产生爆炸的可燃气体的最高含量称爆炸上限。

油品在空气中加热，油蒸汽浓度随温度升高而增加，达到能产生爆炸的最低油品含量的油温就是闪点。例如，测定煤油及润滑油的闪点，就是把它们在空气中加热，使其蒸汽在空气中比例增加，以达其闪火下限。汽油情况较特殊，室温下，汽油在密闭容器中不能发生闪火，如若冷却，降低汽油的蒸汽压，则能达到发生闪火的温度，显然汽油的闪点是它爆炸的上限温度。通常，石油馏分的沸点愈低，其闪点也愈低。如汽油的闪点为 30～40℃，煤油的闪点为 26～50℃，润滑油的闪点则达 130～325℃。

油品的闪点与化学组成有关。含烷烃较多的油品的闪点较高；含挥发性成分多的油品，其闪点较低。当油品中混有惰性气体（如 N_2、CO_2 等）时，因可燃成分含量降低，使爆炸范围变窄，则闪点提高。但是，当可燃气体（如 C_2H_2、CO、H_2 等）溶于油品中，将使油品闪点大大降低。

油品闪点与物理条件有关。物理条件包括测定闪点的仪器和测定方法以及温度和压力等外界条件。

同一种油品，分别用开口杯和闭口杯测定闪点，数值相差很大，少则几十度，多则上百度。试验条件控制不严格，结果也将相差很大。如闭口杯的油面愈高，蒸发空间就愈小，愈容易达到闪光浓度，闪点将愈低。

油品的沸点愈高，说明馏分愈重，闪点必然愈高。

大气压力对闪点有一定影响，即闪点随压力升高而升高，随压力降低而降低。通常，测定油品闪点都以标准压力（101325Pa）数值为准。实验结果表明，压力每降低 133.3Pa（1mmHg），闪点约降低 0.033～0.036℃。

二、油品闪点测定

油品闪点的测定，需要在严格的条件下进行。例如，油品的升温速度、蒸发空间的大小、油面的高低及仪器的型式等，都必须严格规定，这样测定得到的各种油品的闪点，彼此可以比较，才可进一步评定油品质量。

测定闪点的仪器有两种，即闭口闪点仪和开口闪点仪。它们的区别在于加热蒸发及引火条件不同，测得闪点也不同。两种仪器适用于不同油种，开口闪点仪一般用来测定重质油料，如润滑油、残油等；闭口闪点仪对轻质、重质油品都适用。

闭口闪点是在闭口闪点仪中加热油品，使油面上部空间形成油汽和空气的混合气，当油汽浓度达到一定限度时，遇到明火即产生闪火现象，并随之立即熄灭，此时的油温称油品的闭口闪点。

开口闪点是在开口闪点仪中加热油品，当火焰移近油面发生闪火现象，并随之立即熄灭，此时的油温称开口闪点。

需要强调指出，闪点指能发生闪火现象的最低油温。因为超过此温度，其油面上混合气遇火也能发生闪火现象，且闪火时间随油温升高而加长，超过最低闪火温度的油温都不叫闪点。

在闭口闪点仪中，油品的蒸发是在基本密闭的闭口杯中进行，杯中空气量有限，混合气体容易达到爆炸下限；而在开口闪点仪中，蒸发的油蒸气自由扩散到空气中，使油面上混合气较难达到爆炸下限。所以，同一种油品的开口闪点比闭口闪点高。

三、燃点和自燃点

试油在开口杯中加热，达到闪点后继续提高油温，则可以继续发生闪火，随着温度的提高，闪火时间愈来愈长，达到某一温度时，闪火时间不少于 5s，此时油温即其燃点，即发生这种情况的最低油温称燃点。显然，燃点也是条件性的试验数值。

测定闪点和燃点需要从外面引火。如果将油品一直加热到很高温度，并使其油蒸汽与空气接触，在无需外界引火情况下，油品因剧烈氧化并产生火焰而自行燃烧，这就是自燃，能发生自燃的最低温度称自燃点。

油品的沸点愈低，愈不易自燃，自燃点就愈高。这一规律似乎与常规矛盾，通常油愈轻（沸点低）愈容易"着火"，但这里所谓的"着火"，指油品被"引着"（即燃点）。油愈轻，闪点和燃点愈低，自燃点却愈高。

自燃点与化学组成有关。烷烃比芳香烃容易自燃，所以烷烃的自燃点比较低。在同族烃中，分子量小的油品，自燃点就高，而分子量大则自燃点低。

第三节　油品低温流动性及凝固点

一、油品凝固点对使用的影响

油品随温度降低逐渐变黏稠，当温度降至某一范围时，油品就会失去正常的流动性能，逐渐发生凝固现象。通常将油品的这种特性称为"低温流动性"。油品的低温流动性常用凝固点来评定。

所谓凝固点，是指试油在规定的条件下，冷却到预期的温度，将盛油试管倾斜，观察液面是否流动，其停止流动的最高温度称为凝固点（或凝点）。

油品的凝固点对油品的储存、运输和使用都非常重要。各种油品都可能在低温时使用，在冬季，低温下使用油品机会更多。在低温下油品流动性能差，使用和管理部门都应充分重视这一特点。例如，汽轮机油在运行中，温度总在 40℃以上，一般情况是安全的，但是，如果在冬季停机，汽轮机油因静止将逐渐降温，最后接近环境温度，因而可能失去流动性，汽轮机再启动时容易扭坏大轴。若因为环境温度过低，停用的变压器内的油也将失去流动性，这时变压器就不能立即投入运行，否则变压器内会积热过多，热量散不出去，威胁设备的安全运行。若高压油开关内油失去流动性，会造成开关跳闸动作缓慢，电弧不能及时熄灭，使接触点熔化，造成设备损坏。

二、凝点测定

将有试油的试管，放入充有冷凝剂的容器内，以降低温度，当温度降低到某一数值时，将试管倾斜45°角，经过1min时间，若液面不发生移动时，此时试油温度即凝点。

凝点测定器，如图19-2所示。凝点测定器组成部件有：$\phi 20mm \times 160mm$ 圆底盛油玻璃管4，其外壁距底30mm外有一环状标线；$\phi 40mm \times 130mm$ 圆底套管6，用以套装管4；盛冷凝剂的容器，由盛冷凝剂的空间7、石棉保温层8及外容器9所组成；两支温度计（一支测量试油温度，另一支测冷凝剂温度）。

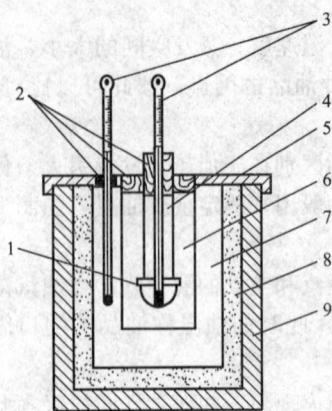

图 19-2 凝点测定器

1—环状标线；2—软木塞；3—温度计；4—盛油试管；5—盖；6—套管；7—盛冷凝剂空间；8—保温层；9—外容器

试验开始前，油品先进行脱水，否则，即便仅含有微量水，也会严重影响凝点的准确度。在干净且干燥的试管中，注入试油（试油量以达到环状标准线处为准），插上软木塞，装好温度计，放入 $50 \pm 1℃$ 的水浴中。从水浴中取出 $50 \pm 1℃$ 的盛油试管，于室温下冷却至 $35 \pm 5℃$，将外壁擦拭干净，用软木塞套入圆底套管，加盖（事先将酒精注入外容器的空间7内，然后一边慢慢投入干冰，一边搅拌，调到预定温度）。操作过程密切注视冷凝剂与试油的温度，在试油冷却过程中，冷却剂温度应低于试油预定凝点 $7 \sim 8℃$。试油温度达预定凝点时，冷却剂温度应稳定（变化在 $\pm 1℃$ 间）。然后将整个容器倾斜 45°角，1min后，小心取出试管，观察试油液面有无移动迹象。如果有移动时，应重新将装有试油的试管在水浴中加热至 $50 \pm 1℃$，再以温度较第一次测定时低 4℃测定，直到发生凝固为止。为求出较精确凝点，还应以 $\pm 2℃$ 的差值，再进行测定，直到提高 2℃时，液面即发生移动时的温度为止，此温度即试油的凝点。

为减小误差，试管中温度计必须垂直安装，且处于试管的中心轴线位置，水银泡的最低端在试油的1/3的高度处。若两次平行测定结果相差不大于 $\pm 2℃$，以两次平行测定值的算术平均值作为试油的凝点。

第四节 黏 度

黏度是评价油品流动性能的指标。在油品的输送过程中，黏度对流量和阻力降的影响很大，因此，工艺计算中，黏度是不可缺少的物理参数。

黏度是绝缘油重要性质之一。例如，变压器在运动中借助变压器油的不断循环，以实现散热，维持正常运转，油品黏度越小，流动越快，越有利散热；反之，不利散热。又如，开关油黏度大，开关动作时，局部产生的过多热量不易散发出去，油品的消弧能力降低。

黏度也是汽轮机油的一个重要性质。汽轮机油的生产和使用都是根据黏度决定的。例如，国产汽轮机油的牌号就是根据黏度划分的。使用时要选用黏度适当的汽轮机油，若黏度过大，增加摩擦阻力，浪费能量；黏度过小，油膜太薄，也将增大摩擦阻力，容易摩损设备。

汽轮机油在使用过程中，随使用时间增长，油品慢慢老化，黏度将逐渐增大。

一、黏度概念

流体（指液体和气体）在流动时，不同条件下分层流和紊流两种流态。在层流状态下，质点运动是有规律的，各层质点间互不混扰，作层流或流束状运动；当流动速度大于某一数值时，层流运动被破坏，变为紊流，这时流体质点交错而混乱地向前运动，除有顺着流动方向的运动外，还有附加的横向运动存在。液体的黏度是指在层流状态下，反映液体流动性能的指标。

当液体受外力作用作层流运动时，液体分子间就存在内摩擦阻力，因此流动的液体都表现出一定的黏滞性。黏滞性的大小由分子间内摩擦力的大小决定。例如，一桶柴油和一桶汽油在相同高度下，由同样粗细的管子流出，柴油流完的时间比汽油长，这一现象说明柴油的黏滞性比汽油大，或者说，柴油流动时分子间内摩擦力比汽油大。

根据牛顿关于液体的内摩擦定律，液体处于层流状态下，两层相邻液体作相对运动时，内摩擦力由下列因素决定。

（1）内摩擦力的大小与两层液体的相对移动速度成正比。

（2）内摩擦力的大小与两层液体的接触面积成正比。

（3）内摩擦力的大小随液体的化学组成不同而变化。

（4）当压力不太高（不超过 40 个大气压）时，内摩擦力的大小受压力的影响很小，可以忽略。

综上所述，液体内摩擦定律，可用下面数学式表示

$$F = \mu A \frac{\mathrm{d}u}{\mathrm{d}l} \tag{19-2}$$

或

$$\tau = \frac{F}{A} = \mu \frac{\mathrm{d}u}{\mathrm{d}l} \tag{19-3}$$

式中　F——两液层间的内摩擦力（或剪力）；

A——两液层间的接触面积；

τ——单位接触面积两液层间的内摩擦力（或剪应力）；

$\mathrm{d}u$——相邻两液层的相对运动速度；

$\mathrm{d}l$——两液层的距离；

$\dfrac{\mathrm{d}u}{\mathrm{d}l}$——与流动方向垂直的速度梯度；

μ——内摩擦系数，即液体的动力黏度。

动力黏度的物理意义可以这样理解：当两液体层面积各为 $1\mathrm{m}^2$，距离 $1\mathrm{m}$，相对移动速度为 $1\mathrm{m/s}$，此时液体所产生阻力的牛顿数。因此，动力黏度的单位是 $\mathrm{Pa \cdot s}$。从前，工程上常用泊表示动力黏度，1 泊等于 0.1 帕·秒，即 $1\mathrm{P} = 0.1\mathrm{Pa \cdot s}$，现已不提倡使用。

除了动力黏度之外，还经常使用运动黏度 v。运动黏度是动力黏度与同温同压下该液体密度之比，用公式表示如下

$$v = \frac{\mu}{\rho} \tag{19-4}$$

公式中，运动黏度采用 m^2/s 为单位，从前常用斯托克斯为单位，以符号 St 表示，两者关系是 $1\mathrm{m}^2/\mathrm{s} = 10^4\mathrm{St}$，现已不提倡使用。

生产单位使用较多的是各种条件黏度，如恩氏黏度、赛氏黏度及雷氏黏度等，它们都使用各自特定仪器，在规定条件下测定。

还须指出，公式（19-2）及式（19-3）的应用有一定范围，即只适用于牛顿型流体。所谓牛

顿型流体，就是当流动的流体中，任何微分单元体积上的剪应力 τ，与垂直于流动方向的速度梯度 $\frac{du}{dl}$ 之间呈直线关系，且直线的斜率 μ 为常数时的流体。

事实表明，大多数石油产品在浊点温度以上（接近浊点例外）时，都是牛顿型流体；如果析出蜡晶体则为非牛顿型流体。润滑油内加入高分子聚合物添加剂制成的稠化油，也是非牛顿型流体，沥青质在油品中呈悬浮状胶粒存在，对含沥青质较多的重质燃料油，也是非牛顿型流体。非牛顿型流体流动时，内部结构发生变化，黏度 μ 随速度梯度的变化而改变。但是，牛顿型流体，无论速度梯度如何改变，μ 总保持定值，只有温度改变时，黏度 μ 才改变。

二、黏度与组成关系

因为油品的黏度表示液体油品分子间的摩擦情况，因此黏度必然与其分子的大小及油品的组成等有密切关系。还应看到，油品的组成与其沸点、密度有着内在联系，所以油品的黏度必然与其沸点、密度等密切相关。

三、黏度与温度关系

油品的黏度随温度升高而降低，随温度的降低而升高，这种性质通常称为油品的黏温性。

对于润滑油，希望油品黏度随温度的变化越小越好，这种变化越小，就称油品的黏温性越好。黏温性好坏通常用黏度比和黏度指数表示。

黏度比是指某种油品 50℃时黏度与 100℃时黏度的比值，即 $\gamma_{50℃} \cdot \gamma_{100℃}{}^{-1}$。这种方法简单、直观、计算方便，比值越小，表示黏温性质越好。但黏度比只能反映出 50～100℃间的黏温性质，超出范围则无从得知。

黏度指数表达试油黏度随温度变化的程度与标准油黏度随温度变化程度相比较的相对数值。计算繁琐，不再赘述。

四、黏度测定

（一）恩氏黏度测定

恩氏黏度是一种条件黏度，用恩氏黏度计测定。按恩氏黏度的规定，试油在 t℃时的黏度，指 200mLt℃的油样流出恩氏黏度计所需要的时间，与同体积的蒸馏水在 20℃时流出同一黏度计所需时间的比值。恩氏黏度计如图 19-3 所示。

恩氏黏度计组成部件有：镀金的内锅 3（装试油），锅内装有 3 个尖钉，用来指示液面水平度，下端有一光洁度较高的白金管做试油流出孔。上盖为镀镍的铜制夹层，并设有两孔，中间孔插放硬木栓，侧孔插温度

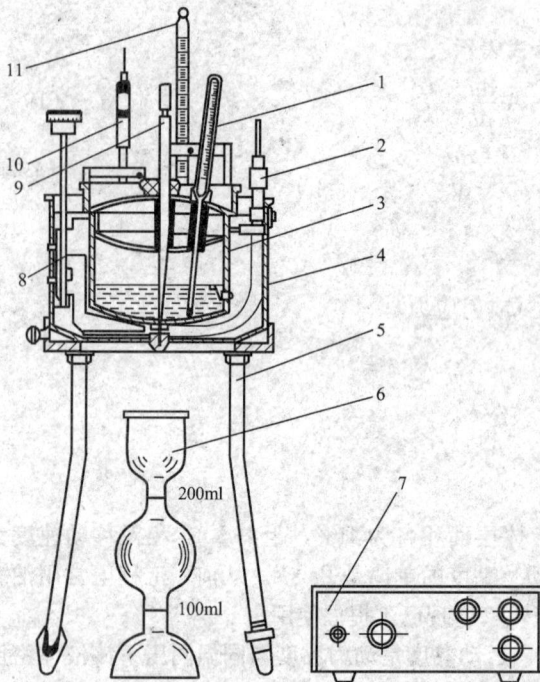

图 19-3　恩氏黏度计

1—温度计；2—加热器；3—内锅；4—外锅；5—三角架；
6—受瓶；7—温度调节控制器；8—搅拌器；9—木栓；
10—控制温度感受器；11—温度计

计。外锅 4 的内外层镀镍，内锅外壁有 3 个插座，分别安装温度计、搅拌器、自动控制温度器。三脚架 5 用以支撑内外锅，其上装有电炉（或用装在锅内电热管代替）。200mL 的量瓶用来承受试油。

试验前，首先测定恩氏黏度计的水值，水值是指 200mL 蒸馏水在 20℃的温度下，从恩氏黏度计中流出所需的时间。水值的标准值应在 50±1s 范围内。

恩氏黏度以符号 E 表示，$t℃$时的恩氏黏度以 E_t 表示，单位为恩氏条件度，以 E°表示。

（二）动力黏度及其测定

动力黏度和运动黏度的测定，最常用的方法是毛细管法。该法要点是：在恒定温度下，测定一定体积的试油，流经特制的毛细管所需的时间，再根据泊肃叶公式计算动力黏度及运动黏度。

根据泊肃叶定律，当黏滞液体通过圆管时，其体积流量可用下式表达

$$Q = \frac{\pi r^4 (p_1 - p_2)}{8\mu L} \tag{19-5}$$

若液体流过圆管需要时间为 τ，则流过圆管液体总体积为

$$V = Q\tau \tag{19-6}$$

将式（19-5）代入式（19-6），整理后得下式

$$\mu = \frac{\pi r^4}{8VL}(p_1 - p_2)\tau \tag{19-7}$$

式中　　　　μ——动力黏度，Pa·s；

$(p_1 - p_2)$——毛细管两端压力差，Pa；

　　　r——毛细管半径，m；

　　　L——毛细管长度，m；

　　　τ——液体流经毛细管时间，s；

　　　V——液体流经毛细管体积，m^3。

需要指出，这一公式由法国科学家泊肃叶在 1842 年通过实验证明：当流体的黏度越大、流速越小、管子越细，公式越准确。

根据流体静力学原理，有 $p = h\rho g$ 关系。其中，h 表示高度，ρ 为密度，g 为重力加速度。因此，$p_1 - p_2 = \Delta p = \Delta h \rho g$，将此式代入式（19-7）得

$$\mu = \frac{\pi r^4}{80VL} \Delta h \rho g \tau \tag{19-8}$$

式中　μ——黏滞液体的动力黏度，Pa·s；

　　　r——毛细管内半径，m；

　　　L——毛细管长度，m；

　　　V——液体流过毛细管体积，m^3；

　　　ρ——液体的密度，kg/m^3；

　　　g——重力加速度，m/s^2；

　　　τ——液体流经毛细管时间，s；

　　Δh——液体柱（毛细管）高度，m；

　　　π——圆周率。

对于一个固定的毛细管，r、L、V、Δh、g 等皆为常数，可以综合常数 c 表示，则公式（19-8）可简化成下式

$$\mu = c\rho\tau \tag{19-9}$$

根据运动黏度定义，则有

$$\gamma = \frac{\mu}{\rho} = \frac{c\rho\tau}{\rho} = c\tau \tag{19-10}$$

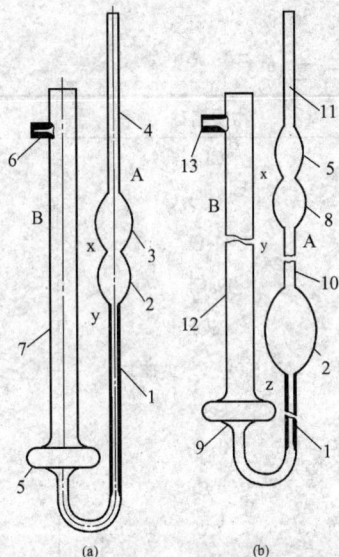

图 19-4　毛细管黏度计
(a) 品氏黏度计；(b) 伏氏黏度计
1—毛细管；2、3、5、8、9—扩张部分；
4、7、10~12—管身；6、13—支管；
x、y、z—标线

上二式中，c 称毛细管常数。实验开始前先测定常数 c。方法是选一已知黏度 μ_0 的液体，并测定其密度 ρ_0，再测定一定量该液体从已知毛细管流出的时间 τ_0，则该毛细管常数按下式计算

$$c = \frac{\eta_0}{\rho_0 \tau_0} \tag{19-11}$$

如果毛细管不变，流经毛细管流体的体积相同，则 c 为定值，因此只要将待测试油从已知毛细管中，流出同样体积的 τ、ρ 测出，即可由式（19-9）及式（19-10）求出动力黏度和运动黏度。

常用的仪器有品氏毛细管黏度计和伏氏毛细管黏度计，如图 19-4 所示。

第五节 表 面 张 力

简单地说，表面张力就是液体表面上各分子间的相互吸引力，这种引力有使表面积缩小的趋势，或反抗表面积增大的趋势，其单位为 N/m 或 J/m^2。

电力用油在使用过程中，表面张力呈有规律变化。掌握其变化情况，意义很大。汽轮机油使用过程反复循环（每小时达 6～8 次），因此空气很容易混入油系统，使油品表面张力下降，进一步造成油品的乳化和发泡，降低润滑性能，甚至造成短时供油中断，酿成事故。

绝缘油的表面张力也可以间接反映油品劣化程度。经验证明，当变压器油的表面张力（严格说是界面张力）降低到 $1.5 \times 10^{-2} \sim 1.8 \times 10^{-2}$ N/m 时，就有油泥沉淀出现，这就说明油品劣化与表面张力降低有密切联系。

一、影响表面张力因素

1. 表面张力与物质性质有关

物质不同，分子间相互作用力也不同，分子间作用力越大，表面张力也越大，如表 19-3 所示。

表 19-3　　　　　　　　　　　某些物质在液态时的表面张力

物质名称	温度（℃）	表面张力（$\times 10^3$ N/m）
Cl_2	-30	25.56
$(C_2H_5)_2O$	25	26.43
H_2O	20	72.88
NaCl	803	113.8
LiCl	614	137.8
Na_2SiO_3（水玻璃）	1000	250
FeO	1427	582
Al_2O_3	2080	700
Ag	1100	878.5
Cu	1038	1300
Pt	1773.5	1800

由表 19-3 中数据可以看出，金属键的物质（如银、铜、铂等）表面张力最大，其次为离子键物质（如熔融 FeO 及 Al_2O_3 等），再次为极性分子物质（如水等），非极性分子液体（如氯、乙醚等）的表面张力最小。另外，含相同碳数物质，芳香烃表面张力最大，烷烃最小，环烷烃居中。在石油产品中，航空汽油的表面张力最小，而润滑油的表面张力最大。

2. 物质表面张力与其接触的另一相物质性质有关

因为与不同性质的物质接触，表面层分子受到的力场不同，因此表面张力不同。表19-4列出了水与不同液体接触的表面张力。

表 19-4　　　　　　　　　20℃时水与不同液体相接触时的表面张力 σ

两相名称		σ_A（$\times 10^3$ N/m）	σ_B（$\times 10^3$ N/m）	σ_{AB}（$\times 10^3$ N/m）
A	B			
水	苯	72.75	28.9	35.0
水	四氯化碳	72.75	26.8	45.0
水	正辛烷	72.75	21.8	50.8
水	正己烷	72.75	18.4	51.1
水	汞	72.75	470.0	375.0
水	辛醇	72.75	27.5	8.5
水	乙醚	72.75	17.0	10.7

3. 表面张力随温度改变而改变

温度越高，表面张力越小。因为温度升高使体积膨胀，从而使分子间距离增大，分子间的引力就减小，表面张力也减小，见表19-5。

表 19-5　　　　　　　　不同温度下液体的表面张力 σ（$\times 10^3$ N/m）

液　　体	0℃	20℃	40℃	60℃	80℃	100℃
水	75.64	72.75	69.56	66.18	62.61	58.85
乙　　醇	24.05	22.72	20.60	19.01	—	—
甲　　醇	24.5	22.6	20.90	—	—	—
四氯化碳	—	26.8	24.3	21.9	—	—
丙　　酮	26.2	23.7	21.2	18.6	16.2	—
甲　　苯	30.74	28.43	26.13	23.81	21.53	19.39
苯	31.6	28.9	26.3	23.7	21.3	—

二、表面张力测定

在规定的条件下，用张力仪测定铂丝平面圆环从油水交界面向上拉脱时所需要的力，由此计算表面张力。

张力仪上装有一扭力丝，用作拉铂丝圆环，扭力丝与刻有张力读数的刻度盘相连接，铂丝圆环周长4～6cm，焊接在马蹄形铂丝拉圈上。

试验前将所有玻璃仪器依次用石油醚、乙醇、蒸馏水洗涤数次，再用热铬酸液冲洗，最后用蒸馏水洗净。铂丝环先用石油醚洗，再用丙酮洗，然后置于氧化焰上灼烧片刻。

根据仪器说明书要求，调整仪器的水平和零点，调整铂丝环，使其在试验中能垂直上下移动，铂丝环应保持同一水平。

准确称取0.5～0.8g的纸块（准至0.001g）放在铂丝环上，旋转旋钮，直至指针线与镜上的刻度重合，记录表盘读数。表盘读数应符合下式关系

$$P = \frac{Mg}{2L} \tag{19-12}$$

式中　P——表盘读数，N/m；

　　　M——纸片质量，kg；

L——铂丝环周长，m；

g——重力加速度，m/s²。

如果记录的读数大于计算值，应使两个调整螺丝缩短等值的臂长；若记录读数小于计算值，应使臂延长。如此调整数次，直至表盘读数与计算值一致为止。

向洁净的烧杯中倒入 50～75mL 温度为 25±1℃ 的蒸馏水，放在张力仪升降台上，将铂丝环挂在张力仪上，调节升降台，使环位于烧杯中心，并浸入水中不超过 6mm。慢慢放下升降台，保持扭力臂在零点位置，通过旋钮增加钢丝扭力，使液面始终张紧，直至薄膜破裂，读下刻度盘指示值，然后按式（19-13）算出水的张力，即

$$X = PF \tag{19-13}$$

式中　P——拉脱时的表盘读数；

　　　F——换算系数（准确至三位有效数字）；

　　　X——界面张力。

换算系数 F 按公式（19-14）计算

$$F = 0.7250 + \sqrt{\frac{0.01452P}{c^2(D-d)} + 0.04534 - \frac{1.679}{R/r}} \tag{19-14}$$

式中　c——铂丝环圆周长，cm；

　　　D——水在 25℃ 时密度，g/cm³；

　　　d——试油在 25℃ 时密度，g/cm³；

　　　R——铂丝环的半径，cm；

　　　r——铂丝的半径，cm。

计算水的表面张力时，水与空气的密度差（$D-d$）取 0.0997，计算结果应在 0.071～0.072N/m 之间。否则，可能因仪器调节不当，或仪器清洗不净所致，查清原因并消除后，重新测定。

过滤试油（每过滤 25mL 试油后，更换新滤纸），并测定 25℃ 试油密度。

将张力仪刻度调回到零点，调节升降台，使铂丝环浸入蒸馏水中约 5～7mm 深，将已过滤的 25±1℃ 试油，小心倒入水面上至 10mm 高度，注意勿使铂丝环触及油水交界面。

油水形成交界面 30±1s 后，慢慢降低升降台，增加铂丝环的扭力，维持扭力臂在零点位置，当水粘附在环上接近破裂时，慢慢进行调节，以保证移动部分拉脱时仍在零点，从界面处拉出环约 30s，接近拉脱时，操作应尽量缓慢，否则造成滞后现象，使结果偏高。从倒入试油到薄膜破裂的操作，应在一分钟内完成。记下铂丝环从界面拉脱时的表盘读数。试油的表面张力按式（19-13）及式（19-14）计算。

第六节　油品中水分

一、油品中水分来源及危害

商品电力用油是不准含有水分的。但是，油品在运输、储存过程中，由于保管不善，往往会从空气中渗入水汽。运行中的油品，尤其经常接触水汽的用油设备，水分侵入油品机会更多，如汽轮机油，其中所含水分主要由设备侵入。此外，油品在使用过程中，因缓慢氧化，也有少量水分生成。变压器内线圈干燥不彻底，充油时也会混入水分。

油品吸收水分的能力与水在油品中的溶解能力有关，而溶解能力又与油品的组成及外界条件（如温度、空气、湿度等）有关。

不同烃类，对水的溶解能力不同，一般芳香烃，不饱和烃对水分溶解能力最大，而正构烷烃的溶解能力最小，因此含芳香烃较多的油品吸收水分较多。

空气湿度越大，即空气中水蒸汽分压越大，油品吸收水分的量也越多。

如果油品中含有未除尽的酚类、酸类、树脂、皂化物等杂质，也会增大油品的吸湿能力。

水在油品中的溶解度，随温度增加而有规律增加，其关系可用式（19-15）表示

$$\log X_t = \log X_0 - \frac{K_1}{T} \tag{19-15}$$

式中　X_t——t℃时水在油品中的最小溶解度，%；

　　　X_0——某一测定温度（100℃）时水的最小溶解度，%；

　　　T——t℃对应的绝对温度，K；

　　　K_1——常数。

油品中绝大多数成分为非极性烃类化合物，不能与水形成氢键，因此，水在油品中溶解度不会很高，故不可能随温度升高无限制增加。

油品中存在水分，对油品的使用十分不利，会加速油品的氧化，进而引起设备的腐蚀。绝缘油含水就会降低其绝缘性能，汽轮机油含水，会破坏油膜的生成，降低润滑性能。因此，对油品的运输、储存和使用都应加强监督和管理。

二、油品中水分存在形态

油品的水分可以以下三种形态存在。

1. 沉积水

从外界侵入油品中的水分，如果水量较多，其水分必将很快与油分层，并且沉到油层底部。这种水就称沉积水或游离水。沉积水可以直接从油层底部排掉。因为易于除掉，所以危害性不大。

2. 溶解水

这种形态的水以极度微细的颗粒，机械地分散在油品内部。它们通常是从空气中吸进的水分，在油品中分布较均匀，能降低油品的绝缘性能。因分布均匀而相对地称为溶解水。溶解水用机械方法可除去一部分，但不能全部除去，除非在一定条件下，用高真空的雾化法才能除净。

3. 乳状水

油品精制不良，长期运行，将逐渐劣化，产生杂质，这样将会降低油品表面张力；一旦油品中含水，就使油与水很容易结合在一起，形成乳化状态，使油水难以分离，这种水称为乳状水。乳状水对油品的危害最大。欲除掉这种水，简单的物理方法是无能为力的，一般需加破乳剂，并配合适当的物理方法，才能除去乳状水。

三、油品中水分测定

1. 水分定性测定（见 YS-12-1—78）

测定要点是将试油加热至规定温度，用听响声的办法，判断油品中有无水分。测定装置，如图 19-5 所示。

按图 19-5 装好仪器，油浴中注入润滑油（闪点不低于 200℃），润滑油深约 80mm，将其加热至 155±5℃。试油充分摇匀后，注入干燥的试管至 80～90mm 高度（试管直径 10～15mm），待泡沫消失后将试管垂直插入油浴，观察 6min，根据产生的泡沫和响声判断油品是否含有水分。

如果听到明显响声两次以上，认为试油含水。如发生一次响声及泡沫，或无响声无泡沫，应进行第二次试验。此时如出现一次响声及泡沫，

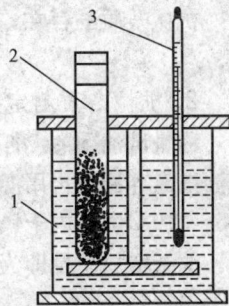

图 19-5　水分定性装置图
1—油浴；2—试管；
3—温度计

认为试油含水；如无响声无泡沫，或只有泡沫，则认为不含水。

水分定性试验，也可以用火焰直接加热代替油浴。

2. 水分定量测定

要点是将试油与无水溶剂混合，用蒸馏法测定水含量，结果以质量百分数表示。其试验装置见图19-6。

称量混合均匀的试油100g（称准至0.1g），注入干净的圆底烧瓶，量取100mL溶剂（脱水的汽油或正庚烷）也注入烧瓶，摇匀并投入一些无釉磁片（或浮石、玻璃毛细管）。

按图19-6装好仪器，冷凝器上口要塞上棉花，防止空气中水蒸气进入冷凝器。用可调温电炉加热烧瓶，控制回流速度，以冷凝器斜口每秒滴下2～4滴冷凝液为准。蒸馏接近完毕时，如冷凝器内壁沾有水珠，可使烧瓶混合液在短时间内进行剧烈沸腾，用冷凝的溶剂冲刷水珠，使其进入接受器。当接受器中水体积不再增加，且溶剂层透明时，就停止加热。回流时间不应超过1h。

由收集器中读出水的体积，室温下，水的密度取1g/cm³，故水的毫升数即代表水的克数。试油中水分含量按式（19-16）计算。

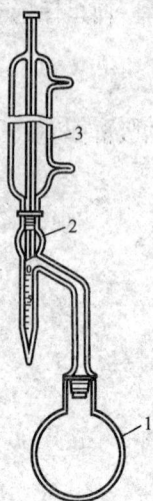

图19-6　水分测定试验装置图
1—烧瓶；2—接受器；3—冷凝器

$$X = \frac{V}{m} \times 100(\%) \tag{19-16}$$

式中　X——试油中水分的质量百分数，%；

　　　V——接受器中水的体积，mL；

　　　m——试油的质量，g。

平行两次测定的差值，不超过接受器的一个刻度，取两次结果的算术均值为试油的含水量。

第七节　油品中杂质

油品中除水外，其机械杂质、游离碳和灰分等，都是油品中的有害杂质。

一、机械杂质

1. 来源及危害

油品中机械杂质指油品中不溶解于溶剂（汽油或苯）的沉淀或悬浮状物质，如砂、黏土、铁屑及绝缘纤维等，还包括不溶于溶剂的有机成分，如氧化产生的碳化物等。

杂质主要来自油品的运输和储存过程。油品再生时，杂质也易侵入，油品使用过程，绝缘材料变质脱落也可混入油品。

机械杂质的存在，会破坏润滑油膜，磨损机件，堵塞滤油器，降低绝缘强度，加速油品劣化等。

2. 机械杂质测定简介

称量试油50g（准至0.1g），用150～200g溶剂汽油稀释，再用已恒重的滤纸过滤，用溶剂汽油洗涤容器，再用温热乙醇—苯混合液洗涤滤纸至滤液无色为止，而后将滤纸移入称量瓶，在105～110℃烘箱内干燥1h，冷却称量，反复干燥至恒重（连续两次质量差不大于0.0004g）为止。滤纸增加质量即为机械杂质的质量。计算按式（19-17）进行

$$X = \frac{m_2 - m_1}{m} \times 100(\%) \tag{19-17}$$

式中　X——机械杂质含量，%；

m_1——滤纸及称量瓶质量，g；

m_2——带机械杂质的滤纸和称量瓶的质量，g；

m——试油质量，g。

平行两次测定结果的差值，不应超过表19-6的规定。

二、灰分

1. 来源及危害

灼烧一定重量的试油，其不燃物占试油的质量百分数表示灰分产率。

油品中不燃物有两类，其一是悬浮的矿物质；其二是溶解于油中的盐类（主要是环烷酸盐）。

灰分对油品的影响与机械杂质相似，灰分越高，油品越易氧化。

根据新油灰分产率，可判断炼制质量；根据运行油灰分，可判断油品老化程度。

2. 灰分产率测定简介

准确称量25g试油（准至0.01g）放入已恒重的干净的坩埚内，用定量滤纸点燃试油（控制燃烧过程要均匀进行。然后将坩埚移入775±25℃高温炉灼烧至恒重（相邻两次称量差不大于0.0004g）。结果可按式（19-18）计算

$$X = \frac{m_2 - m_1}{m} \times 100(\%) \tag{19-18}$$

式中 X——试油的灰分产率，%；

m_1——定量滤纸灰分的质量，g；

m_2——试油与滤纸的总灰质量，g；

m——试油质量，g。

两次平行结果的差值，应满足表19-7的规定。

表 19-6 允许误差表（机械杂质）		表 19-7 允许误差表（灰分）	
机械杂质含量（%）	允许误差（%）	灰分（%）	允许误差（%）
<0.01	0.005	<0.005	0.002
0.01～0.10	0.010	0.005～0.01	0.003
0.10～1.00	0.020	0.01～0.1	0.005
>1.00	0.200	>0.1	0.01

复 习 思 考 题

1. 何谓油品的密度？运行中油品的密度为什么有可能增大？

2. 何谓油品的闪点？为什么要选用闭口闪点仪测定变压器油的闪点？试分析影响油品闪点的主要因素。

3. 油品凝固点的大小，对使用有哪些影响？

4. 油品黏度的大小与哪些因素有关？油品黏度过大或过小对电力用油的使用有哪些影响？

5. 汽轮机油为什么容易乳化？试简述常用的破乳化方法。

6. 运行油中为什么会存在水分？它对油品的使用有哪些影响？

7. 油品中的机械杂质对油品使用有何危害？

第二十章 油品化学性质及测定

第一节 水溶性酸碱和酸值

一、水溶性酸碱

油品的水溶性酸碱是指油中能溶于水的无机酸、无机碱、低分子有机酸及碱性氮化物等。

油品中水溶性酸碱的来源，一是油品在精制时因操作不善或精制与中和的程度不够而残留在油品中；二是油品在使用过程中由于污染和氧化作用而产生。该指标是表明油品氧化程度的重要指标之一。

油品中水溶性酸碱的危害极大，可加速油品的氧化；能直接腐蚀金属和绝缘材料；可降低油品的绝缘性能；直接影响用油设备的安全和使用寿命。

通常情况下，油品中不含水溶性碱，因此，人们更注意对水溶性酸的测定。水溶性酸的定性测定是目视比色法，其要点是：量取50mL70～80℃试油及同温度同体积蒸馏水（pH＝6～7）注入同一分液漏斗中，振荡5min，待冷却分层后，用试管取下层水10mL，滴加酚酞或甲基橙指示剂，观察颜色的变化，根据其颜色变化来判别有无酸的存在。此外，根据部颁标准还可用比色法来测定电力用油的水溶性酸。该法是以溴甲酚绿为指示剂，以邻苯二甲酸氢钾为pH缓冲液，用蒸馏水萃取油中的酸性组分，取萃取液进行比色测定，根据pH值的大小来判别水溶性酸是否存在。其测定方法见YS-16-1—84。

二、酸值

酸值是反映油品中酸性物质含量的一个指标。中和1g试油中含有的酸性组分所需要的氢氧化钾的毫克数，称酸值，其单位为mgKOH/g试油。

酸值的测定，目前常采用碱性蓝6B法。本方法适用于测定绝缘油和汽轮机油的酸值，它是以碱蓝6B为指示剂，采用沸腾乙醇抽出试油的酸性部分，再用氢氧化钾乙醇溶液滴定，以测定酸值。

1. 碱性蓝6B指示剂的配制

称取1g碱性蓝6B（准确至0.01g），放入锥形烧瓶中，加入5mL的乙醇，并在水浴上回流1h，冷却后过滤。为提高指示剂的灵敏性，煮沸的澄清滤液要用0.05mol/L氢氧化钾乙醇溶液或0.05mol/L盐酸溶液中和，直至加入1～2滴碱溶液能使指示剂从蓝色变成浅红色，而在冷却后又能恢复成蓝色为止。若碱性蓝6B不易溶解时，可先将指示剂干磨后，加适量的水溶解。

2. 试验和计算

称取试油8～10g（准至0.1g），注入锥形烧瓶中，再加入50mL乙醇，装上回流冷凝管，在水浴上加热，在不断摇动下回流5min。取下锥形瓶，加入0.2mL碱性蓝指示剂，趁热以0.05mol/L的氢氧化钾乙醇溶液滴定，至溶液由蓝色变为浅红色为止，记下消耗碱溶液的毫升数。如果滴定溶液不呈现由蓝色变成浅粉色，则以溶液的颜色发生明显的改变作为滴定终点。

每次滴定时，从停止回流到滴定完毕所用时间不得超过3min，以防止空气中的酸性气体（如CO_2）溶入滴定液，使试油酸值偏高。

取 50mL 乙醇，按上述步骤进行空白试验。

试油的酸值按公式（20-1）进行计算

$$酸值 = \frac{(V - V_1) \cdot c(\text{KOH}) \times 56.1}{m} \qquad (20\text{-}1)$$

式中　　V——滴定试油时消耗的氢氧化钾乙醇溶液的体积，mL；

　　　　V_1——滴定空白时消耗氢氧化钾乙醇溶液的体积，mL；

c（KOH）——氢氧化钾乙醇溶液浓度，mmol/mL；

　　56.1——氢氧化钾的摩尔质量；

　　　　m——试油的质量，g。

平行测定两个结果之间的差值不应超过表 20-1 的规定。

若两次平行测定的结果满足表 20-1 的规定，则取其算术平均值为试油的酸值。

表 20-1　　酸值与允许误差值

酸值（mgKOH/g 油）	允许误差值（mgKOH/g 油）
<0.05	0.01
0.05～0.1	0.02
0.1～0.5	0.03
>0.5	0.04

三、油品对金属器件的腐蚀性

目前，通常用腐蚀试验和液相锈蚀试验来观察油品对金属的腐蚀情况。通过试验可表明油品对用油系统和设备的金属部件有无产生腐蚀和锈蚀的可能性。

腐蚀测定法其要点是将试油在一定温度下与铜片相接触，经过一定时间作用后，观察铜片表面所发生的颜色变化，确定试油对金属的腐蚀状况。

先将铜片表面用砂纸磨光，置于瓷皿中，用汽油洗涤，然后用镊子取出，用蘸有无水乙醇的脱脂棉擦拭，最后用脱脂棉擦干，并用放大镜观察，铜片上不能有腐蚀的斑点及丝状痕迹等。

将试油注入试管至液面距试管口 2～3cm 处，用镊子取一块处理好的铜片，挂在塞子的小钩上，将塞盖住试管口，使铜片全部浸入油中，并不接触试管壁。将试管放在金属试管架上，置于 100±2℃ 的恒温箱中，保持 3h。

取出铜片，用乙醇-苯混合溶液冲洗几次，立即用脱脂棉花或定性滤纸擦干。用放大镜观察，结果判断如下。

（1）铜片表面上稍有颜色改变时，则认为试油合格；

（2）如铜片上覆有绿色、黑色、深褐色和钢灰色的薄层或斑点时，即认为试油不合格；

（3）在平行测定的两个试验中，如果其中有一块铜片上有腐蚀的痕迹，那么就应重作试验。第二次结果若和第一次相同，即认为试油不合格。

第二节　抗氧化安定性及其测定

油品在使用和储存过程中，不可避免的要接触到空气中的氧，从而发生化学反应，并产生极为复杂的氧化产物，使油品的性质变坏，导致其使用性能降低，使用油系统及设备中出现氧化产物及沉淀，这种现象称油品的氧化。

一、油品氧化后产物及对使用的影响

油品氧化后的产物一般分为酸性氧化产物和中性氧化产物。酸性氧化产物包括羧酸、羟基酸及酚类等酸性物质。中性氧化产物包括醇类、酯类、胶质和沥青质等，属中性物质。

低分子的有机酸对金属和绝缘材料都有较强的腐蚀作用。高分子的有机酸，在无水条件下，温度又不高时，几乎不腐蚀金属；反之，在有水的条件下，将腐蚀金属，生成皂化物。中性氧化

产物不溶于油，它们与油中的皂化物、灰尘、机械杂质等混合在一起，形成沉淀。沉淀物是十分有害的，不但能加速油的进一步氧化，而且降低绝缘油的绝缘程度，加速绝缘材料老化，沉积在变压器铁芯周围影响散热，使调速系统失灵、润滑油供油不足。

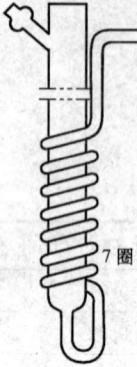

图 20-1　氧化管

油品的氧化是缓慢进行的，电力系统常把缓慢氧化称为"老化"或"劣化"。

抗氧化安定性，指油品在一定条件下，抵抗氧化作用的能力。抗氧化安定性是电力用油的重要性能之一。

汽轮机油抗氧化安定性以试油在氧化条件下生成沉淀物含量和酸值表示。

试验时称试油 30g（准确至 0.1g），注入氧化管（见图 20-1）内，并放入套着螺旋钢丝线的铜片，然后用清洁的软木塞或棉花塞好管口。将装有试油的氧化管浸入 125±0.5℃ 的油浴中，调节氧气流量，以每分钟 200mL 通入试油中，持续 8h，取出氧化管，冷却至 60℃ 后，用吹气法搅拌管内氧化油，使油温均匀。取 25mL（准确至 0.1mL）氧化油放入带磨口塞的 100mL 量筒内，并用汽油（或石油醚）稀释至 100mL，摇匀，在暗处静置 12h（试验装置见图20-2）。

测定氧化油中沉淀物时，将静置 12h 的混合油，用滤纸过滤到 250mL 量筒中，滤液用汽油（或石油醚）稀释至 250mL，以备测酸值。其沉淀物，用热乙醇-苯混合液溶解，溶解的液体倒入已恒重的 50mL 锥形烧瓶内，在水浴上加热，蒸出乙醇-苯混合液，再将锥形瓶放入 105±3℃ 的烘箱内，烘干并称重，直至连续两次称量差值不大于 0.0004g。

测定酸值时，将氧化油和汽油（或石油醚）的混合液摇匀后，量取 25mL 注入 250mL 锥形烧瓶中，加入乙醇-苯混合液 25mL 和 2% 碱性蓝 6B 指示剂 0.5mL，用 0.05mol/L 氢氧化钾乙醇溶液滴定，直至混合液蓝色褪尽或呈浅红色，则为滴定终点。

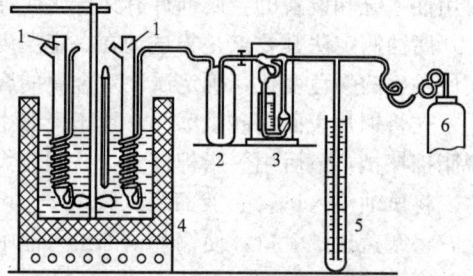

图 20-2　抗氧化安定性试验装置
1—氧化管；2—缓冲瓶；3—流量计；4—恒温油浴；5—气体稳压管；6—氧气瓶

取汽油或石油醚 22.5mL 和乙醇-苯混合液 25mL，按上述操作进行空白测定。

氧化后沉淀物的含量，可按公式（20-2）计算

$$X = \frac{m_1}{m} \times 100\% \qquad (20\text{-}2)$$

式中　X——沉淀物含量，%；

　　m_1——沉淀物质量，g；

　　m——氧化油质量，g。

氧化后试油的酸值，可按公式（20-3）计算

$$X = \frac{56.1c(\text{KOH})(V - V_1)m_1}{m} \qquad (20\text{-}3)$$

式中　　X——氧化油的酸值，mgKOH/g；

　　　V——滴定混合液消耗 0.05mol/L 氢氧化钾乙醇溶液的体积，mL；

　　　V_1——空白试验消耗 0.05mol/L 氢氧化钾溶液的体积，mL；

c（KOH）——氢氧化钾乙醇溶液的浓度，mmol/mL；

    m_1——全部氧化油和石油醚混合液与滴定用混合液的体积比；

    m——试油的质量，g；

  56.1——氢氧化钾的摩尔质量。

氧化油中沉淀物和酸值，当各自平行两次测定结果的差值，不超过算术平均值的 5% 时，取算术平均值作为试验结果。

二、影响油品氧化因素

影响油品氧化的主要因素有温度、油品与空气的接触面、金属、油品的精制深度、电场作用、光线、固体绝缘材料等。

1. 温度

温度不仅影响油品的氧化速度，而且影响氧化产物。在室温或较低温度下，油品与空气接触，其自动氧化较为缓慢。超过室温，自动氧化作用逐渐加强，一般从 60～70℃ 开始，每增加 10℃ 自动氧化速度增加一倍左右。可见，温度高，油品自动氧化速度快，从而导致油中出现更多的胶质、沥青质及其他不溶于油的沉淀物。

2. 油品与空气的接触面

液相油品的自动氧化，先从与空气的接触面开始，经过一段时间，逐渐生成沉淀物，这些沉淀具有活性物质的作用，能增大油品从空气中吸氧的能力，从而加速了油品的氧化。油品与空气的接触面愈大，油品的氧化过程愈快。

3. 金属

金属及其盐的存在，会加速油品的自动氧化。如果以不同的金属容器盛装相同的试油，在相同温度和相同时间条件下，进行氧化试验，其结果如图 20-3 所示。铜及铜＋铁对油氧化的催化作用最强。不同的金属加速油品氧化作用的强弱不同。

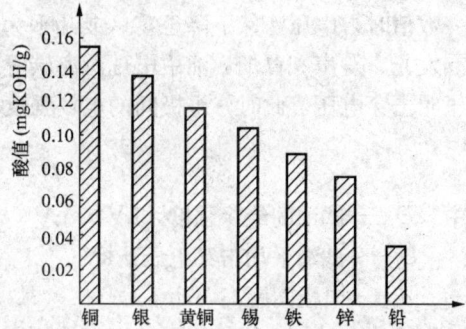

图 20-3　不同金属容器对油品酸值的影响

复 习 思 考 题

1. 油品氧化后有哪些变化？
2. 何谓油品的抗氧化安定性？
3. 影响油品氧化的因素有哪些？
4. 油品氧化后有哪些产物？它对油品使用有何危害？
5. 何谓油品的酸值？它是怎样测定的？

第二十一章　绝缘油电气性质及测定

绝缘油的重要作用之一是对充油电气设备的绝缘作用，确保设备在高电压下安全运行。为此，要求绝缘油的电气性能好，电气性能主要用绝缘强度和介质损失等表示。

没有污染、没有劣化的绝缘油的绝缘强度高，介质损失小，即电气性能好；反之，电气性能差。

第一节　绝缘油绝缘强度

一、绝缘强度

将缘绝油试样盛入装有一对电极的油杯中，在规定条件下，逐渐升高两电极间电压，当达到某一数值时，电压骤然下降至零（或几乎为零），此时，流过试油的电流瞬间突增，同时常常伴随有发光、发声、冒烟、油中出现游离碳等现象，这便是油品被击穿。油品击穿前所施加的最大电压叫击穿电压。此时，电极间的电场强度称为绝缘油的绝缘强度，可用公式（21-1）表示

$$E = \frac{U}{d} \tag{21-1}$$

式中　E——试油的绝缘强度，kV/cm；

U——试油平均击穿电压，kV；

d——电极间距离，cm。

绝缘油在外加电压作用下被击穿的原因有两个：其一，当油品中不含任何杂质时，在强电场作用下，阴极将发射具有一定能量的电子，该电子与油分子碰撞，油分子裂解并电离，产生正离子和电子，它们在强电场作用下发生移动，使电流剧增，即表现为绝缘油被击穿；其二，油品中含有水分、灰尘及劣化产物等杂质，在强电场作用下，这些杂质发生极化并沿电场方向顺序排列，形成导电的"小桥"，电流便沿着导电的"小桥"流过，即导致油品击穿。

油品中杂质含量越多，则即使电压较低，也能产生较多的游离体和"小桥"，油品就越易击穿，绝缘强度越低。因此，监测绝缘油的绝缘强度，可以估计其油品被水和其他杂质的污染程度，结合其他性能指标，可对油质作出正确评价。

二、绝缘强度测定

1. 准备工作

油杯与电极要保持清洁，停用期间，充满新变压器油加以保护，凡试验接触过劣质油的，都需要用溶剂汽油（或 CCl_4）洗净并烘干，方可继续使用。

油杯和电极使用一个月以上或长期放置后再使用时，应检查调整电极距离，并用麂皮等物擦净表面。

待试油瓶与室温接近时，方可开盖，将油注入油杯。操作过程中，手不得触及电极、油杯内部和试油，油杯盛满试油后，静置 10～15min，即可转入试验。升压前仔细检查电路，注意安全。

2. 试验步骤

当室温在 15～35℃、湿度不大于 75％ 时，可进行试验，接通电源，一切正常后，以每秒 3kV 的速度升压。

升压过程，如有微小破裂声或电压表指针微震，皆属正常。击穿后，立即将调压器把手倒回起点。记下击穿电压数值。打开油杯盖，用干净玻璃棒在电极间拨弄数次，除掉击穿试油时产生的游离碳，静置 5min 后，按上述试验步骤，连续试验五次。

取五次击穿电压的算术平均值，按式（21-1）计算绝缘强度。

第二节　绝缘油介质损失

一、介质损失

在电力系统中，把一切隔离电流用的绝缘材料统称为介质。例如，干燥空气、固体玻璃、陶瓷、塑料以及液体的绝缘油等都是介质。

在一定的交流电压作用下，电流流动时，对绝缘介质也有作用，在介质上要消耗一定的电能并转变为热量。单位时间内消耗于介质上的能量，称为介质损失。

由于绝缘材料存在介质损失，则电流通过充油电器时与其两端所加电压的相位差就不是 90°，而要比 90° 小一个 δ 角，此角称电气用油的介质损失角。绝缘油的介质损失，通常以介质损失角的正切（即 tgδ）来表示。

二、测定绝缘油介质损失的意义

通过测定绝缘油的介质损失，可以推测变压器绝缘特性好坏。介质损失大，表明绝缘油的绝缘强度降低。

根据介质损失大小，可判断绝缘油的劣化程度。当绝缘油污染或劣化时，介质损失都会增加。

对于新投入运行的绝缘油，测定介质损失大小，可以判断新油精制程度。精制良好的绝缘油，当温度升高时介质损失增加不大；但对精制程度不够或过度精制的绝缘油，当温度升高时，介质损失增加很快。

复 习 思 考 题

1. 什么叫油品的绝缘强度？它的大小对油品的使用有何影响？
2. 如何进行油品绝缘强度的测定？
3. 什么叫绝缘油的介质损失？介质损失的大小可说明哪些问题？

第二十二章 废油再生

轻度劣化的绝缘油和汽轮机油通过运行中的再生处理，亦可恢复其品质，继续使用，但劣化较严重的油则需更换。为了节约能源、提高经济效益，可将换下的废油集中在油处理室进行再生处理，下面将简介废油室内再生的常用方法、影响再生的因素等。

第一节 废油再生方法及其选择

一、再生方法分类

废油再生的方法较多，通常可分为以下几类：

(1) 物理净化法。这一方法主要包括沉降、过滤、离心分离和水洗等。具体再生时，可根据油质劣化程度、设备条件等，选择其中一种或几种单元操作作为废油再生方法，因而有时又将上述单元操作分别称为"沉降法"、"过滤法"、"离心分离法"等。

(2) 物理—化学净化法。这一方法主要包括凝聚、吸附等单元操作。

(3) 化学再生法。这一方法主要包括硫酸处理、硫酸—白土处理和硫酸—硫—白土处理等。

在废油的实际再生中，可根据需要选用其中某一种或将几种方法联合使用。为讨论方便，将物理净化法和物理—化学净化法统称"废油的净化处理"。

二、再生方法选择

合理再生废油是选择再生方法的基本原则，即应根据废油的劣化程度、含杂质情况、对再生油质的要求等，选用既能保证再生油的质量又能做到使用经济合理的工艺流程和设备来进行再生，以提高其经济效益，例如：

(1) 油的氧化不太严重，仅出现酸性或极少的沉淀物时，可采用过滤、吸附处理等方法。

(2) 油的氧化较严重，含杂质较多，酸值也较高时，除采用沉降（凝聚）法外，还可采用净化处理的其他方法。

(3) 绝缘油只因击穿电压或介质损失不合格时，可采用电净化法或真空滤油法。

(4) 酸值很高、颜色较深、沉淀物多，劣化严重的油品，应采用化学再生法。

净化处理的各种方法所需设备简单、操作较简便，适用油质劣化不太严重的油；而化学再生法制得的再生油，其质量较高，而所需设备较复杂，其再生技术也要求较高，适用于劣化严重、仅采用净化处理达不到油质要求的废油。

近年来，国外在废油再生技术方面，除采用传统的硫酸—白土处理法外，已逐步采用一些新技术和新工艺，如溶剂抽提—酸—白土处理法，溶剂抽提—加氢精制法等。这样可以提高油品的回收率，减少废水、废气和废渣的污染，减轻工人劳动强度。

第二节 废油净化处理

一、重力沉降法

该法是除去油中混杂物的常用方法之一。混杂物的密度通常皆比油品大，利用重力作用的原理,可使大部分混杂物从油中沉降而被分离。沉降速度是影响沉降分离的关键因素。若油中混杂物的密度或颗粒直径愈大,或油的黏度、密度愈小,则混杂物的沉降速度愈大,其分离效果也愈好。

二、压力过滤法

此方法通常是利用过滤介质两边的压力差,使废油通过过滤介质,油中混杂物等被截留在介质表面。目前国内多采用板框式压力过滤机滤油,这是除去废油中悬浮固体微粒较有效的方法之一。

三、离心分离法

该法是基于废油中的油、水、固体杂质及油泥沉淀物的密度不同,在离心力的作用下,其运动速度和距离也各不相同的原理,将废油置于离心机内,油最轻;聚集在旋转鼓的中心,水的密度稍大,被甩在油品的外层;油中杂质最重被甩在最外层,这样三种密度不同的物质在离心机的不同分层中被分开。该法处理含水较多,特别是含乳状水的废汽轮机油的效果较好。

四、吸附净化法

该法是利用吸附剂有较大的活性表面积,对废油中的酸性组分、树脂、沥青质、不饱和烃和水等有较强的吸附能力的特点,使吸附剂与废油充分接触时,从而除去上述有害物质。

五、电净化法

电净化法是利用废油流经直流电场时,油中的极性分子,如水、酸性组分、油泥等和其他极性杂质将被电场游离,从而变成阳离子,这些阳离子将被带负电荷的电极与阴极壁桶组成的静电场所吸附,而纯净的油品不易被吸附,在外部压力的作用下可强行通过电场,从而达到净化之目的。

废油电净化通常采用直流电源。在保证电场(介质)不发生击穿的前提下,尽量提高其电场强度可得到较好的净化效果。其电压范围为 $10 \sim 40kV$,电极间距离一般为 $15 \sim 45mm$,废油流速一般不大于 $1000L/h$。该法主要适用于废变压器油。

第三节 废油化学再生法

将废油集中起来进行室内化学再生,一般是先除去废油中的大量混杂物后再进行硫酸处理,从而得到酸性油,随后再除去酸性油中的杂质及非理想组分。酸性油的处理一般有三种方法:一是用白土接触处理,称"硫酸—白土再生";二是用碱液中和后进行水洗,称"硫酸—碱—水洗再生";三是用碱液中和、水洗后再用白土处理,称"硫酸—碱—白土再生"。

一、药剂作用

1. 硫酸作用

硫酸能与劣化油中的部分氧化产物作用生成酸渣。

2. 碱作用

再生中常用氢氧化钠溶液中和酸性油中的酸性组分,生成的主要产物(盐类)可溶于该碱液中形成碱渣,随碱液一并排出。残存的少许盐类可用水洗予以除去。

3. 水洗作用

水为强溶剂,除能溶解盐类物质外,还可溶解酸性油中的无机酸。悬浮于油中的多孔性杂质,因水渗入而增大其密度,易于沉降至水中。这些杂质形成水渣,可随水一并排掉。水洗后残存于油中的少量水分可用加热、压力过滤、吸附处理等方法予以除尽。

二、硫酸—白土再生

该法适用于废变压器油,更适用于黏度较大、因碱洗而易乳化的废汽轮机油。再生条件可通过小型再生试验确定，再生中的影响因素较多，主要有以下几方面。

1. 药剂浓度

再生中常用 98%的工业硫酸，若采用发烟硫酸再生废绝缘油时，油中水分能清除得较为彻底，绝缘性能较好，但易造成深度精制，这有可能对油品的部分使用性能造成不良影响，若硫酸的浓度过低，废油中的有害组分不易除尽，再生效果差。所用白土，应尽量除去其中的杂质，使用前应予以充分活化。

2. 药剂用量

硫酸的用量应与其浓度一并考虑。硫酸的最佳用量需由小型试验确定，一般根据再生后油的最佳抗氧化稳定性求出硫酸的最佳用量。如再生某废油的硫酸（98%）最佳用量为 1.5%～2%（油重）。为保证再生油的抗氧化稳定性符合新油的标准，实际再生中一般都需进行轻微的过度精制，然后加入 0.3%的 T501 抗氧化剂。白土用量一般可比硫酸用量大 2%～3%。对于黏度较大的汽轮机油或含酸性组分较多的酸性油，可适当增大白土的用量。

3. 再生温度

硫酸处理废变压器油的温度一般为 20℃左右，废汽轮机油为 30℃左右。若硫酸处理的温度过高，可增大酸渣中部分组分在油中的溶解度，不易于分离，其磺化反应也可加剧，油中磺酸增多，同样对分离不利。

白土接触处理废变压器油的温度一般为 50～80℃，废汽轮机油为 100℃左右。

4. 药剂接触时间

该时间包括加入药剂后搅拌时间和油渣沉降时间。加硫酸后一般应充分搅拌 20min 左右，沉降约 30min 左右。加白土后一般应充分搅拌 30min 左右，沉降 2～4h 以上。接触时间应由小型试验确定。若接触时间过短，反应不完全，沉降也不彻底，若白土处理的沉降时间过长，也会产生副作用，影响其再生效果。

再生时所需的硫酸和白土一般均分两次加入为好。

三、硫酸—碱—白土再生

此法适用于劣化特别严重的废油。硫酸处理后的酸性油若直接用水清洗，往往需要大量的纯水，成本较高，还不易清洗干净。此时可先用 2.5%～4%左右的氢氧化钠溶液进行中和以除去大量的酸性物质，最后再经水洗，白土处理即可制得质量较好的再生油。碱洗时，为了避免形成乳状液，其温度较高，一般约为 80～90℃。

四、硫酸—碱—白土—电净化法

该法是将上述的硫酸—碱—白土再生置于特制的管道中进行，在电场的作用下使酸、碱渣能迅速沉淀、及时排除。再生中利用真空吸附和刮板除白土渣的方法使再生连续化，有关设备及流程详见资料。目前，这一方法仍在个别单位试用，有待进一步完善后才能推广使用。

第四节　废油再生中污水和废渣治理

废油再生中排出的废水、废渣是污染环境的严重污染源，若不加以控制和治理，则危害较大。

一、污水处理

废油再生车间（站）所排放的污水，主要是含油污水，其排放量较大。据统计，每年再生 5000t 油品的车间，每天将排出 25t 以上的污水，若流入水域或农田，危害极大，必须加以治理。

含油污水中的油类，通常以浮油、乳化油和溶解油状态存在。浮油的含量较大，约占污水中含油量的 80%～90%，其颗粒也较大，易除去；乳化油的含量次之，其颗粒较小，不易除去；溶解油的含量较小，每升中仅几毫克。根据油类在污水中的存在状态和含量，可采用隔油、浮选和生物化学等处理方法将其除去。

1. 隔油处理

隔油是利用油、水密度差的重力分离原理，通过隔油池将浮至水面的浮油除去。常用的隔油池有平板式和斜板式两种。当污水在两块斜板之间流动时，油粒上浮碰斜板便聚集于板下，并沿斜板上浮至水面形成浮渣，从而将其除去。该隔油池的处理水量较大，约为平板式的 3～4 倍，隔油效率较高，使用较多。

2. 浮选处理

该法主要是除去污水中的乳状油。其基本原理是将带压（300～400kPa）的空气通入污水中，当突然减压时，可形成微小的气泡，利用气-油界面上的张力，乳状油被附着在气泡的周围并一起浮升至水面，从而将其分离。若溶气压力越高，污水中形成的气泡越多，浮选的效果越好。严重乳化的污水，可加入硫酸铝等混凝剂，使乳状油凝聚成较大的油粒便于除去。

3. 生物化学处理

含油污水必须经过生物化学处理。否则达不到排放标准。该法之一是利用好气微生物（主要是好氧细菌）对油类等有机污染物的降解作用（有氧存在），使之净化。因此，该法又称"好气生化处理"。处理过程中是通过细菌产生的酶将油类等有机物降解为较简单的物质，并组成新的原生质，这些原生质又可利用降解中放出的能量维持其生命活动，并逐步长大、分裂，产生更多的好气细菌，如此反复循环，可"吃掉"大量的有机污染物。

活性污泥法是好气生化处理的主要方法之一。曝气池是该法的主要设备。

二、废渣处理

废油再生中的废渣主要是酸、碱渣和白土渣。如果将这些废渣堆积在地面、填入坑中或投入江、河、湖、海中均能造成二次污染，危害较大。若将其焚烧，有机物可炭化，产生的气体必需充分净化后才能排放至大气中，否则，仍会造成二次污染。目前最好的治理途径是进行综合利用。

（1）酸、碱渣的利用。废油再生排放出的酸渣中，含有较多的稀硫酸，可予回收；还可从酸渣中制取硫酸钠、硫酸铵和磷肥等，也可从碱渣中制取亚硫酸钠、环烷酸等。

（2）废白土渣的利用。废白土渣中的含油量较大，一般可达 30% 以上，可作燃料用；也可回收油品，以提高油的再生率。

复 习 思 考 题

1. 废油的再生方法有哪些?
2. 试说明废油再生时，各种药剂的作用。

第五篇

电 厂 燃 料

第二十三章 煤在火力发电厂中的作用

第一节 概 述

火力发电厂中使用的燃料主要有三类，即固体燃料如煤，液体燃料如重油及石油产品，气体燃料如天然气及焦炉和高炉产生的煤气。我国煤的蕴藏量丰富，所以目前绝大多数火电厂都用煤做燃料。石油和天然气虽然有输送方便，构成火电厂燃料系统简单，热值高，易点火，灰分少，污染环境轻，热效率高等优点，但资源远比不上煤炭。为了合理地利用我国资源，我国在今后相当长的时期内仍将以烧煤为主，为了减少运输量，我国将多在煤矿附近建设电厂，称矿（坑）口电厂。

烧煤火电厂的能源完全来源于煤，由煤的化学能通过燃烧转化为热能，热能通过汽轮机转化为机械能，最后经发电机转变为电能。因此，火力发电厂实质上是能量转化工厂。

一个100MW的火电厂，每昼夜就需1000t以上的标准煤（标准煤是指低位发热量为29300kJ/kg的煤）。煤在发电成本中约占60%。可见，煤在电力生产中的重要性。

煤由化学能转化为电能的过程中，由于各种原因，其能量必然有一定的损失。为了减少这种损失，尽可能利用能源，必须对煤的各种性质进行研究和了解。

煤是一种有机岩石的混合体，依地质年代的长短或变质程度的深浅，粗略地分为以下几类：

（1）无烟煤。这种煤埋藏年代最久，呈灰黑或黑色，有光泽而质地坚硬，含碳量最高，挥发分最低，其热值为25120～33490kJ/kg。我国山西大同和阳泉等地，这种煤产量最多。

（2）烟煤。这种煤埋藏年代较长，呈灰黑色有光泽，质地较松，挥发分较低，其热值为20930～29300kJ/kg。我国中部和北部各地均产此煤。

（3）褐煤。这种煤埋藏年代较短，外表呈褐色，质脆易碎，水分较多，挥发分最高，其热值为10465～20930kJ/kg。我国东北、西南等地蕴藏较多。

（4）泥煤。这种煤色泽像褐色的泥土，水分大，挥发分高，灰分变化范围较大，其热值为8370～10465kJ/kg。产于我国西南和浙江等地。

此外，还有煤矸石，它一般来源于煤层的顶板和底板，质地硬，含碳量很少，其热值小于8370kJ/kg，煤矸石和其他煤适当混合使用，对燃烧仍有一定使用价值。

我国煤炭工业根据工业生产的特性，又将煤划分为十大类：无烟煤、贫煤、瘦煤、焦煤、肥煤、气煤、弱粘煤、不粘煤、长焰煤、褐煤。其中，贫煤、弱粘煤、不粘煤、长焰煤、褐煤都可作为电厂的燃料。

燃料化学的主要任务和内容是按照国家标准，利用化学的、物理的方法对燃料品质的各项指标进行分析化验，把得到的、准确可靠的分析数据，提供给有关的生产、科研和设计部门，其主要作用如下。

（1）对入厂燃料进行质量验收。把分析化验得到的结果，与入厂燃料各主要指标进行逐项核对，以便确保入厂燃料的质量与其价格相符合。

（2）对电厂经济效益进行评价。利用燃料发热量，可以对电厂煤耗、发电成本等项经济指标进行核算。

（3）对入炉前燃料进行品质检验。入炉前的燃料经过加工（如经磨煤机制成煤粉），某些特性已经发生变化。因此，通过对入炉前的燃料的品质检验，可对电厂安全运行进行预测。

（4）对设计部门提供锅炉设计原始数据。燃料的品质特性对锅炉的构造、燃烧方式和效果都有很大的影响。

（5）对锅炉运行人员提供调节锅炉运行方式的依据。

因此，燃料是火力发电厂安全经济生产、全面完成国家计划的物质基础，是生产管理的重要环节。燃料费用占发电成本的 75％左右，是企业经营管理的重要组成部分。所以，学好燃料化学对加强电厂燃料管理工作，降低发电成本，提高经济效益，保证火力发电厂安全经济生产，具有重要意义。

第二节 煤 燃 烧 效 率 和 煤 耗

一、煤燃烧效率

在煤的化学能转化为电能的一系列过程中，能量是有损失的。这种损失主要是热能的消耗。其表现在以下几方面。

（1）锅炉排烟温度偏高。正常锅炉排烟温度在 120～150℃之间，若排烟温度过高，就会带走超量热能。

（2）燃烧不完全，即炉烟中二氧化碳含量偏低。

（3）炉膛漏风，带走了一部分热能。

（4）炉膛中含有未燃尽的可燃物。

（5）凝汽器真空度低，热能消耗于循环水中。

（6）给水温度低，汽机抽汽热能没有很好利用。

（7）汽、水损失大，随汽、水损失带走一部分热能。

所有这些损失，大都发生在热能尚未转化为电能的过程中，这些损失虽然是不可避免的，但是如果运行检修工作做得合理，是可以尽量减少的。这种热能的损失，使煤的利用效率降低，在火力发电厂中称为热效率降低。

衡量热效率的另一个指标，就是"煤耗"。

二、煤耗及其计算

所谓"煤耗"是指每发 1kWh 电所耗费标准煤的克数，其表示单位为 g/kWh。因为煤的品种不一样，故在使用时，应将其换算成低位发热量千焦耳/千克（29300kJ/kg）的标准煤。

"煤耗"这一指标可以通俗地说明电厂发电成本和经济效益的高低。"煤耗"随着机炉设备的参数增高而下降，高温、高压机组可以节省更多的煤。

以上所指的"煤耗"叫"发电煤耗"。电厂生产本身需要消耗一部分电力，在本厂所发出的电力中减去自己生产中所消耗的电力，为电厂最后所供给用户的电力。每供给用户 1kWh 电所耗费标准煤的克数，称为"供电煤耗"，单位也为 g/kWh。下面举一例说明。

【例 23-1】 某发电厂某月耗低位发热量为 20930kJ/kg 的原煤 85888.6t，全月发电量为 14963 万 kWh。求该月发电标准煤耗率是多少？

解 全月耗标准煤量为

$$\frac{85888.6 \times 20930}{29300} \approx 61353(\text{t})$$

全月发电标准煤耗率为

$$\frac{61353 \times 10^6}{14963 \times 10^4} \approx 410(\text{g/kWh})$$

即该电厂某月发电标准煤耗率为 410g/kWh。

复 习 思 考 题

1. 火力发电厂煤质分析的主要作用是什么?
2. 什么是煤耗? 如何计算?
3. 煤的燃烧效率降低的主要因素有哪些?

第二十四章　煤组成、分析项目及成分
表达符号、分析基准

第一节　煤　组　成

煤是古代植物经亿万年质变而形成的复杂有机岩石。它的种类繁多，目前对其化学组成还不能作出确切的结论，对其性能也没有充分了解。但是，不同的使用目的，用不同的方法去研究和了解燃料的组成和特性，仍可获得有利于合理使用燃料的知识。煤的成分组成如下：

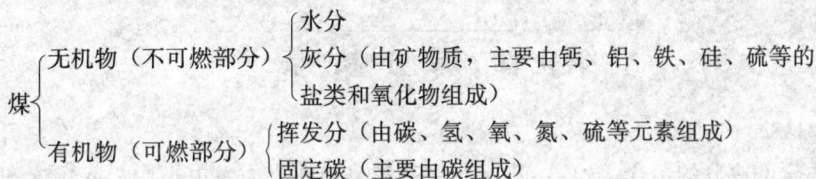

$$煤\begin{cases} 无机物（不可燃部分）\begin{cases} 水分 \\ 灰分（由矿物质，主要由钙、铝、铁、硅、硫等的 \\ \quad 盐类和氧化物组成） \end{cases} \\ 有机物（可燃部分）\begin{cases} 挥发分（由碳、氢、氧、氮、硫等元素组成） \\ 固定碳（主要由碳组成） \end{cases} \end{cases}$$

以上所列的最后成分（如灰分、挥发分和固定碳等），并不是煤中原有的形态，而是在一定条件下，用加热的方法，将煤中原有的极为复杂的成分，加以分解和转化而成的。这样就能用普通的化学方法去分析和研究，如灰分是在 800℃时，将煤充分氧化后的残留物，它与原煤中的矿物质不同，比如原煤中若有碳酸钙，则经燃烧分解后在灰分中的形态是氧化钙；又如挥发分是在 $900\pm10℃$ 的条件下，将煤隔绝空气加热 7min 所分解出来的气态有机物质，它与煤中原有的高分子有机物不同，是由高分子有机物转化而成的一部分产物（挥发物）。固定碳是煤除去挥发分、水分、灰分后的剩余物，它是高分子有机物分解转化而成的另一部分。

第二节　煤分析项目及成分表达符号

一、煤分析项目

（1）工业分析。工业分析是将煤的组成简单地分为水分、灰分、挥发分、固定碳四项成分，合计为 100%。这四项分析对煤燃烧过程的稳定性和经济性都有直接的参考价值。

（2）元素分析。元素分析是测定组成煤中有机物的碳、氢、氧、氮、硫元素这五种元素再加上水分、灰分合计为 100%。这五种元素是用一定化学方法将其组成的高分子化合物分解转化而得。对于煤中可能存在的微量可分解燃烧元素就忽略不计了。

（3）发热量测定。动力用煤的主要指标是发热量（发热量），由它决定煤的价值，是计算煤耗时不可少的参数，因此需要进行燃煤发热量的测定。

二、表达符号

1. 煤质分析中各项成分的代表符号

煤质分析的各项成分，通常都是用规定的统一符号来表示的，见表 24-1。

2. 煤质分析项目常用角注符号

由于煤质存在的形态不同，或试验时的条件和方法不同，仅用表 24-1 中简单的符号还不能说明其含义，如煤中的水分有内在水分和外在水分两种存在形态，只用 M 表示无法将它们区分开来，所以需要用角注加以区分，如表24-2所示。

表 24-1 　　　　　　　　　　　　　　煤质分析中各项成分符号表

名称	工 业 分 析				元 素 分 析					发热量
	水分	灰分	挥发分	固定碳	碳	氢	氧	氮	硫	
符号	M	A	V	FC	C	H	O	N	S	Q

表 24-2 　　　　　　　　　　　　　　煤质分析常用的角注符号

名称	水 分		硫					碳	发 热 量		
	外在水分	内在水分	硫化铁硫	有机硫	可燃硫	硫酸盐硫	全硫	固定碳	弹筒发热量	高位发热量	低位发热量
符号	M_f	M_{inh}	S_p	S_o	S_c	S_s	S_t	FC	Q_b	Q_{gr}	Q_{net}

第三节 煤 分 析 基 准

一、收到基

计算煤中全部成分的组合，如 A_{ar} 表示收到基灰分。在火力发电厂中，入场煤和煤厂存煤都应是收到基煤。这种煤除含有一切有机和无机成分外，还含有全部水分。

二、空气干燥基

除去外在水分的煤，剩下其余的成分组合称为空气干燥基灰分，如 A_{ad} 表示空气干燥基灰分。煤中的外在水分是最容易变化的，一般放在室内以空气干燥的方法除去。空气干燥基又简称空干基。

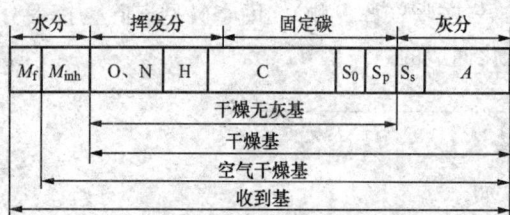

图 24-1　煤各种成分及其基准之间的关系

三、干燥基

除去全部水分的煤，剩下其余的成分组合称为干燥基，如 V_d 表示干燥基挥发分。

四、干燥无灰基

不计算不可燃成分的煤，剩下其余成分的组合称为干燥无灰基。它是一种假想的状态，如 V_{daf} 表示干燥无灰基挥发分。

煤的各种成分及其基准之间的关系，可用图 24-1 表示。

故有以下关系式。

收到基
$$M_{ar}+A_{ar}+V_{ar}+FC_{ar}=100$$
$$\text{或 } M_{ar}+A_{ar}+C_{ar}+H_{ar}+O_{ar}+N_{ar}+S_{c,ar}=100$$

空气干燥基
$$M_{ad}+A_{ad}+V_{ad}+FC_{ad}=100$$
$$\text{或 } M_{ad}+A_{ad}+C_{ad}+H_{ad}+O_{ad}+N_{ad}+S_{c,ad}=100$$

干燥基
$$A_d+V_d+FC_d=100$$
$$\text{或 } A_d+C_d+H_d+O_d+N_d+S_{c,d}=100$$

干燥无灰基
$$V_{daf}+FC_{daf}=100$$

或 $C_{daf}+H_{daf}+O_{daf}+N_{daf}+S_{c,daf}=100$

第四节 煤质基准换算

电厂用煤的计算，都是在收到基的状态下称量的，而对煤质分析则又是在空气干燥的状态下进行的。所以，中间必须进行换算，煤的基准之间的换算可用下式来进行

$$X=KX_0$$

式中 X_0——已知原基准中某一成分的百分含量；

      X——所求基准中该成分的百分含量；

      K——比例系数，如表 24-3 所示。

表 24-3 基准换算比例系数表

X X_0	收 到 基	空气干燥基	干 燥 基	干燥无灰基
收到基	1	$\dfrac{100-M_{ad}}{100-M_{ar}}$	$\dfrac{100}{100-M_{ar}}$	$\dfrac{100}{100-M_{ar}-A_{ar}}$
空气干燥基	$\dfrac{100-M_{ar}}{100-M_{ad}}$	1	$\dfrac{100}{100-M_{ad}}$	$\dfrac{100}{100-M_{ad}-A_{ad}}$
干燥基	$\dfrac{100-M_{ar}}{100}$	$\dfrac{100-M_{ad}}{100}$	1	$\dfrac{100}{100-A_d}$
干燥无灰基	$\dfrac{100-M_{ar}-A_{ar}}{100}$	$\dfrac{100-M_{ad}-A_{ad}}{100}$	$\dfrac{100-A_d}{100}$	1

【例 24-1】 实测 A、B 两种煤的结果如下：A 种煤 $V_{ad}=18.50\%$，$M_{ad}=1.60\%$，$A_{ad}=25.80\%$。B 种煤 $V_{ad}=15.95\%$，$M_{ad}=2.50\%$，$A_{ad}=40.50\%$。试分别计算两种煤的 V_d 和 V_{daf}。

解 A 种煤 $V_d=V_{ad}\times100/(100-M_{ad})$

                  $=18.50\times100/(100-1.60)$

                  $=18.80（\%）$

  B 种煤 $V_d=V_{ad}\times100/(100-M_{ad})$

                  $=15.95\times100/(100-2.50)$

                  $=16.36（\%）$

  A 种煤 $V_{daf}=V_{ad}\times100/(100-M_{ad}-A_{ad})$

                  $=18.50\times100/(100-1.60-25.80)$

                  $=25.48（\%）$

  B 种煤 $V_{daf}=V_{ad}\times100/(100-M_{ad}-A_{ad})$

                  $=15.95\times100/(100-2.50-40.50)$

                  $=27.98（\%）$

就 V_d 而言，A 种煤比 B 种煤大；就 V_{daf} 而言，B 种煤比 A 种煤大。

答： A 种煤 V_d 高，B 种煤 V_{daf} 高。

复 习 思 考 题

1. 煤的分析基准有哪些？
2. 怎样进行基准间的换算？

第二十五章 煤样采制

第一节 采 样

固体燃料与液体或气体燃料相比，最大特点是组成的不均匀性。因此，欲采取有代表性的固体试样，一方面应取得足够数量的试样；另一方面要科学地确定采样地点。

一、原始煤样确定

欲确定原始煤样数量，一要确定原始煤样的份数（或分样数）；二要确定每份煤样的质量。

1. 根据煤灰分产率确定分样数

对 1000t 入厂煤应采取的最少分样数，可根据煤的灰分产率按表 25-1 的规定确定。

表 25-1　　　　　　　　　　　　1000t 煤原始分样数目

燃煤品种	原　　　煤		洗中煤
	灰分≤20％	灰分＞20％	
分　样　数　目	30	60	20

如入厂煤量超过 1000t 时，应采取的分样数目按实际入厂煤量的多少，根据下列公式计算确定

$$m = n\sqrt{\frac{M}{1000}}$$

式中　m——实际应采取的分样数，个；

　　　n——表 25-1 中规定的分样数，个；

　　　M——实际入厂煤量，t。

如入厂煤量不足 1000t 时，应根据实际入厂煤量的多少，依据表 25-1 规定的数目按比例递减，但不得少于表 25-1 中规定数目的 1/3。

2. 每个分样质量的确定

每个分样的最小质量应根据入厂煤的最大粒度，按表 25-2 的规定确定。

表 25-2　　　　　　　　　　　分样质量与燃煤粒度的关系

燃煤粒度（mm）	＜25	＜50	＜100	＞100
每个分样最小质量（kg）	1	2	4	5

二、采样地点规定

对于确定的煤种，采集供制备分析试样的煤样，若粒度大于100mm的洗中煤，在火车上采样时，不论车皮容量大小，均按图25-1（a）所示，沿斜线方向在1、2、3、4、5位置上按五点循环采取一个分样；对于入厂原煤和筛选煤，不论车皮容量大小，均按图25-1（b）所示，沿斜线采取三个子样。斜线的始末两点应位于距顶点1m处，其余各点间距相等。各节车箱斜线方向应一致。

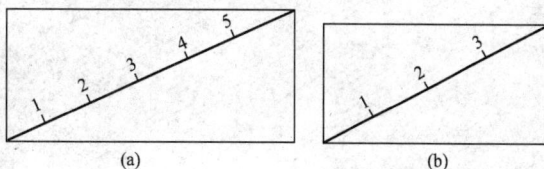

图 25-1 火车车皮上采样点分布
(a) 洗中煤；(b) 入厂原煤和筛选煤

采样时，应在采样点0.4m深以下采集。采样铲宽度约250mm，长度约300mm。

上述采样办法，原则上也适用于船舶及煤堆等处。

第二节 制 样

一、制样四个环节

原始煤样数量大，显然不能全部用来化验，但也不允许随便从中取一小部分用来化验，而是需要进行科学地缩制。缩制包括破碎、筛分、掺合、缩分四个环节，分析煤样是用原始煤样经上述四个环节反复操作制成的。

1. 破碎

破碎要依据现场条件，可采用机械方法或人工方法实现。为减轻工作量，破碎与缩分可结合进行，其破碎和缩制时质量与粒度关系如表25-3所示。

2. 筛分

为了使煤样破碎到必要的粒度，必须用各种筛孔的筛子进行筛分，过筛后，凡是未通过筛子的大粒煤都要重新破碎，直到全部通过筛子为止。

表 25-3 破碎与缩制时质量与粒度关系

煤样的最大粒度（mm）	煤样的最小质量（kg）
<25	60
<13	15
<3	0.5

3. 掺合

为使缩分后的煤样具有充分的代表性，因而每次缩分前都应将煤样加以掺合。掺合方法为堆锥法，将煤一铲一铲的铲在钢板上，堆成一个圆锥体（注意，每铲都要从锥顶自上向下洒落）。堆锥工作应重复进行三次。

4. 缩分

堆锥结束后，用圆铁板将煤锥体压成扁圆台，再用十字架缩分器将扁圆体分成四个相等的扇形体，弃去对角的两个扇形体，余下的两个继续进行掺合、缩分，直至与粒度相适应的质量为止，此法称为四分法。除此而外，也常用分样器进行缩分。

二、原始煤样缩制

原始煤样的质量和粒度都较大，通常以约300kg为一个缩制单元，如超过300kg，缩制工作可分成几个缩制单元进行。原始煤样缩制步骤可参见图25-2。

原始煤样 300kg，颗粒大于 25mm

↓

破碎到小于 25mm

↓

筛分、掺合、缩分

不小于 60kg → 抛弃

↓

破碎到小于 13mm

↓

筛分、掺合、缩分

(2 份)2×2kg
（测全水分专用煤样） | 不小于 15kg
破碎到小于 3mm → 抛弃

↓

筛分、掺合、缩分

不小于 0.5kg 实验室试样
（测全水分或制分析试样） | 不小于 3.75kg
破碎到小于 1mm → 抛弃

↓

筛分、掺合、缩分

不小于 0.5kg
（存查煤样） | 不小于 100g
分析试样 → 抛弃

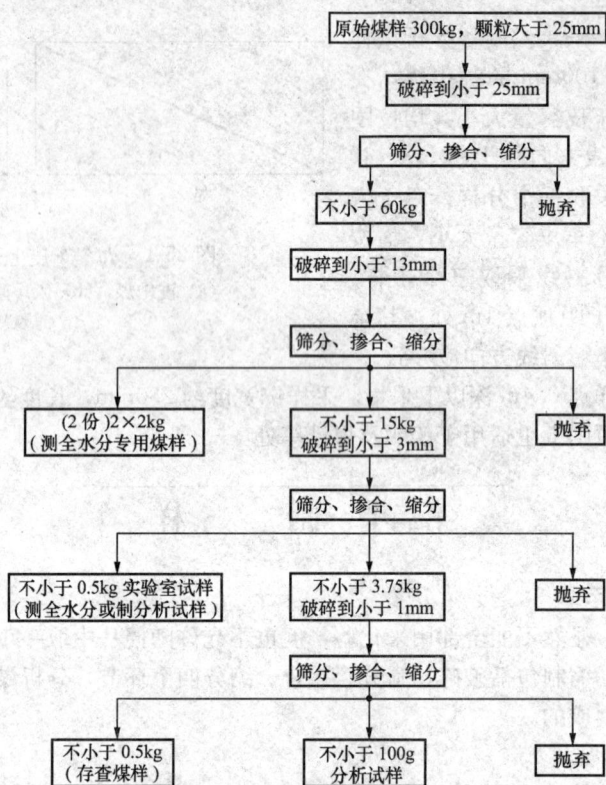

图 25-2　原始煤样缩制步骤

复 习 思 考 题

1. 煤样的采集有哪些原则要求？
2. 怎样进行分析煤样的制备？

第二十六章 煤工业分析

煤的组成和结构相当复杂，但做燃料使用时，只需要了解与燃烧有关的组成，就足以满足生产要求。与燃烧有关的成分并非煤中的固有形态，而是在特定条件下的转化产物。例如，煤的工业分析组成是煤在一定条件下受热分解或燃烧后得到的。工业分析成分包括水分、灰分、挥发分和固定碳，这四项组成的总和为100%。

第一节 水分测定

一、煤中水分存在的形态

煤中水分有三种不同的形态，它们分别是外在水分、内在水分和结晶水。

1. 外在水分

以机械方式附着在煤表面上及较大毛细孔（直径大于10^{-5} cm）中的水分叫外在水分。这种水分主要随气候条件改变。阴雨、雪天，这种水分含量会增加；另外，人工洗煤时也带入水，使外在水分增加。外在水分的蒸汽压力与同温度下纯水的蒸汽压力相同。

因为外在水分含量与外界条件有关，所以要严格规定测定条件。通常，把煤在环境温度为20℃、空气相对湿度为65%的条件下失去的水分，称为煤的外在水分。但在一般实验室内，这一条件难以实现，通常采用室温下自然干燥而失去的水分叫外在水分。

2. 内在水分

以化学力吸附在煤的内部小毛细管（直径小于10^{-5} cm）中的水分为内在水分。由于内在水分的蒸汽压力小于同温度下纯水的蒸汽压力，所以很难在室温下除去，当在1大气压下，必须在大于100℃的条件下才能将内在水分从煤中驱除。

内在水分含量与煤的变质程度有关，变质程度越深的煤，其内部空隙越多，总表面积越大，分子的极性基因越多，对水分子的亲和性也越强，内在水分含量就越多。

3. 结晶水

这种形态的水与煤中矿物质分子相结合，即称结晶水，它是分子的一个固定组成部分，如$CaSO_4 \cdot 2H_2O$、$Al_2O_3 \cdot 2SiO_2 \cdot 2H_2O$等分子中的水均为结晶水。结晶水在200℃以上才能从化合物中逸出，但在这样高的温度下，煤中有机质亦能部分分解，所以工业分析不作结晶水的测定。

二、煤中水分对燃烧的影响

水分是煤中杂质，它的存在使煤中可燃物质的含量相对减少。燃烧过程中，水分因为蒸发、汽化和过热而消耗大量热能，煤中含有1kg水分，将消耗2510kJ热量。因此，煤的低位热值（见本篇第二十七章第一节）随水分增加而降低。此外，煤中水分含量越多，着火越困难，影响燃烧速度，使炉温降低，造成机械和化学不完全燃烧，造成热损失。当煤中水分含量超过45%时，燃烧就非常困难。

含水较多的煤，燃烧后，烟气体积较大，排风机消耗的电能增加。

因为出炉烟气温度在130～150℃，煤中含水量越多，烟气体积越大，随烟气带走的热量越多，锅炉的热效率相应越低。

煤中水分含量高，将增加运输费用，同时在输煤过程中，容易造成煤仓、输煤管道堵塞。在冬季，由于结冰，使煤的运输和装卸都发生困难，为此而需增加解冻设备。

对于烟煤，外在水分含量超过 12%～15% 时，将影响火电厂的正常运行。

煤燃烧时生成的水蒸气，一方面使煤中的碳按 $C+H_2O$（气）$=CO+H_2$ 反应，使灰中残碳气化，减少机械不完全燃烧，有利煤中化学能的释放；另一方面水蒸气分子还可以在炉膛的高温下分解，产生相应量的 $H \cdot$ 和 $OH \cdot$ 等活性自由基，从而提高火焰的热传导和热辐射能力，使热量快速传至锅炉的水冷壁。

当煤在链条炉中燃烧时，煤中应含有适量的水分（6%～8%），以使煤粉黏结在一起，防止煤粉被鼓入的空气吹走造成浪费。煤燃烧放热令水汽化，使炉排上煤层形成孔隙，通风均匀，有利燃烧稳定进行，否则会因吹走煤粉，造成"火口"空洞，泄入冷空气，降低炉内温度。

三、全水分及分析基水分的测定

1. 原煤中全水分的测定

根据原煤样粒度不同，有两种测定方法。对粒度为 13mm 以下的试样，测定全水分分两步进行，即先测外在水分，然后把煤样破碎到 3mm 以下，并测定其内在水分，两次测定结果的总和就是全水分。

（1）外在水分的测定。取煤样 $500 \pm 50g$，倒入方形浅盘中，称准至 0.5g。将试样摊平，厚度不超过 25mm，放在 70～80℃ 的鼓风恒温箱中干燥 1.5h，然后在室温下进行自然干燥，并经常搅拌，每过 1h，称重一次。当质量变化不超出前次称重的 0.1% 时，可认为干燥完全。测定结果按式（26-1）计算

$$M_f = \frac{m_1}{m} \times 100 \tag{26-1}$$

式中　m_1——粒度为 13mm 以下煤样干燥后减轻的质量，g；

　　　m——粒度为 13mm 以下煤样质量，g。

（2）内在水分的测定。将上述已干燥到空气干燥状态的煤样，破碎到 3mm 以下，并缩分成 200～250g，用以测定内在水分。

称取试样 10～15g（称准至 0.01g），放入已知质量的大型扁形称量瓶中（直径 70mm，高 40mm），摊平，厚度不能超过 10mm，瓶盖半开，将称量瓶放在 105～110℃ 的恒温箱中干燥 1.5～2h，取出后盖好瓶盖，稍冷却，再放入干燥器内，冷却至室温并称重。以后每隔半小时进行一次检查性干燥试验，直到试样减质量小于 0.01g 或质量增加时为止。如试样增质量，采用增质量前称的质量作为计算依据。由于试样是失去外在水分的风干煤，所以测定结果是粒度小于 3mm 的风干煤的内在水分，计算式如下

$$M_{ad} = \frac{m_1}{m} \times 100 \tag{26-2}$$

式中　m_1——粒度在 3mm 以下煤样干燥后减轻的质量，g；

　　　m——粒度在 3mm 以下煤样质量，g。

（3）全水分的计算。上述 M_f 是以收到基为基准得到的，M_{ad} 是用失去外在水分的试样测得的，由于基准不同，在计算全水分时，就不能使两者直接相加，必须先将 M_{ad} 换算为 M_f 后，才可相加，即依公式（26-3）计算全水分

$$M_{ar} = M_f + M_{ad} \times (100 - M_f)/100 \tag{26-3}$$

对于粒度小于 3mm 的试样，按前述测定内在水分的方法测定全水分。煤中全水分按式（26-

4) 计算

$$M_{ar} = \frac{m_1}{m} \times 100 \qquad (26\text{-}4)$$

式中 m_1——粒度在 3mm 以下煤样质量减少量，g；

m——粒度在 3mm 以下原始煤样的质量，g。

为提高效率，生产中常用快速分析法来代替标准分析法。

煤中水分的快速分析法一般都是由提高温度来实现的。将试验温度从 110℃ 提高到 145±5℃，则干燥时间可以大大缩短，例如在此温度下，烟煤只需 30min，褐煤需 45min，无烟煤需 60min 即可驱除全部水分，而且不必作检查性恒重试验。但要注意，打开恒温箱时，必须维持温度不低于 145±5℃，为此恒温箱放试样前可升到 150～160℃。

2. 分析基煤样水分的测定

分析基试样中水分即内在水分。它是用粉碎到粒度小于 0.2mm 的空气干燥煤样按下述方法测定的。

(1) 常规法。此法适用烟煤和无烟煤。称取 1±0.1g，称准至 0.0002g 的试样，放入已知质量的小型扁形称量瓶（直径 40mm，高 25mm）中，摊平，半开瓶盖，将此瓶放入预先加热到 105～110℃ 的鼓风恒温箱中，在不断鼓风的条件下进行干燥，无烟煤干燥 1.5h，烟煤干燥 1h。干燥完毕取出称量瓶，盖上瓶盖，稍冷却，转入干燥器内，冷却至室温，称重。以后每半小时进行一次检查性干燥试验，直到前后两次试样称量减质量小于 0.001g 或质量稍有增加为止。在后一种情况下，用增质量前的质量进行计算，公式如下

$$M_{ad} = \frac{m_1}{m} \times 100 \qquad (26\text{-}5)$$

式中 m_1——试样干燥后的减质量，g；

m——试样质量，g。

(2) 快速法。此法适用于烟煤、无烟煤和褐煤的质量监测分析，不能作仲裁分析。

称取分析试样 1±0.1g，放入已知质量的小型称量瓶中，称准至 0.0002g，置入于事先加热到 150～160℃ 的恒温箱内，温度维持在 145±5℃ 并不断鼓风的条件下使烟煤、无烟煤干燥 10min，褐煤干燥 1h，试样质量的减少量占原试样质量的百分数，即为内在水分含量。

(3) 蒸馏法。由于褐煤易氧化，用烘干法测定褐煤的水分，不可避免地使部分有机质发生氧化和分解，放出气体，从而使水分测定结果偏高。用蒸馏法可避免上述情况发生，使测定值稳定，准确度较高，适用于褐煤的仲裁分析或校核试验。但由于该方法需使用有毒易燃溶剂——甲苯或二甲苯，所以在分析大量试样时不宜采用。

用该法测定水分时，首先称取 25g 分析试样，称准至 0.001g，置于如图 26-1 所示的水分抽提器的圆底烧瓶中，同时，加入约 80mL 甲苯（或二甲苯）。为防止沸溅，可加入适量干燥玻璃片或玻璃珠。如图 26-1 所示，装好仪器，打开冷却水阀门通冷却水，加热进行蒸馏，并保持沸腾状态，让冷凝管切口处以每秒钟约 2～4 滴的速度回流，直至馏出物中水分（在接受器中）不再增加为止。取下接受器，冷却至室温，读出接受器底部水的实际体积 V_0（mL），在图 26-2 所示的回收曲线上查出经校正后的体积 V（mL）。

绘制回收曲线的方法是，用微量滴定管准确量取 1、2、3、…、10mL 蒸馏水，分别放入蒸馏瓶中，并分别加入 80mL 甲苯（或二甲苯），然后依前述方法进行蒸馏，根据水的加入量 V 和实际馏出的水量 V_0，绘制回收曲线，得图 26-2。

图 26-1 水分抽提器

1—圆底蒸馏烧瓶；2—接受器；3—冷凝管

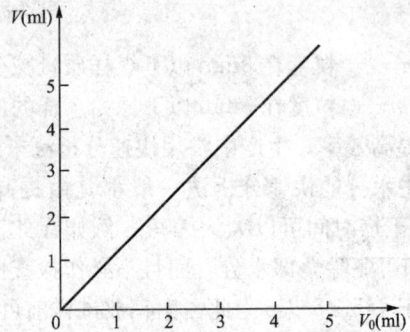

图 26-2 水分回收曲线

由回收曲线，查出 V 后，褐煤中水分含量按公式（26-6）计算

$$M_{ad} = \frac{V}{m} \times 100 \qquad (26\text{-}6)$$

式中 V——根据实测值 V_0，由回收曲线上查出的水的体积，mL；

m——褐煤试样的质量，g。

在室温下水的密度可取 1g/mL，所以 V（mL）水即 V（g）水。

第二节 煤中灰分产率测定

煤中灰分来自矿物质，但是它的组成和质量却与矿物质不同，灰分是在一定条件下，煤中矿物质在空气中经过一系列分解、化合等复杂反应后的产物，所以称为"灰分产率"较为确切，一般简称为灰分。由于矿物质的真实含量很难测出，所以常用灰分产率作为矿物质含量的近似值。

一、煤中矿物质组成及其在测定过程中的化学变化

煤中矿物质的组成极为复杂，所含元素多达 60 余种，其中含量较多的有硅、铝、铁、镁、钙、钠、钾、磷等。这些元素主要以硅酸盐、碳酸盐、硫酸盐、硫化物、氧化物和氯化物等形态存在。

煤是由古代植物在特定条件下演变而成的。煤中矿物质来自以下三个方面。

1. 原生矿物质

它是生成煤的植物本身所含有的，即成煤植物在生长过程中从土壤中吸收来的，主要含有碱金属及碱土金属的盐类。原生矿物质含量一般不超过 2%～3%，在煤中分布均匀，与有机质紧密结合，很难从煤中分离出来。这些矿物质含量虽不多，但对锅炉的结渣和腐蚀影响甚大。

2. 次生矿物质

在成煤过程中，从煤层裂缝渗入的各种矿物质的溶液积聚而形成次生矿物质，它的含量也较少，也较均匀分布于煤中，所以除去它也很困难。

3. 外来矿物质

它是煤在开采过程中混入的泥、砂、碱石等，这类矿物质在煤中的分布很不均匀，可以依密度的差别，用洗选的方法从煤中除去。

测定煤中的灰分产率，通常用燃烧法，在煤的燃烧过程中，所含矿物质发生下述一系列化学变化。

1. 失去结晶水

当温度超过 400℃时，含有结晶水的硫酸盐和硅酸盐发生脱水反应

$$CaSO_4 \cdot 2H_2O \xrightarrow{\triangle} CaSO_4 + 2H_2O \uparrow$$

$$Al_2O_3 \cdot 2SiO_2 \cdot 2H_2O \xrightarrow{\triangle} Al_2O_3 \cdot 2SiO_2 + 2H_2O \uparrow$$

2. 受热分解

碳酸盐在 600℃以上开始分解

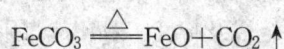

$$CaCO_3 \xrightarrow{\triangle} CaO + CO_2 \uparrow$$

$$FeCO_3 \xrightarrow{\triangle} FeO + CO_2 \uparrow$$

3. 氧化反应

在空气中氧的作用下，在 400～600℃时，发生下列氧化反应

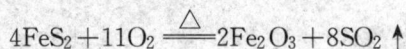

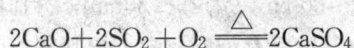

$$4FeS_2 + 11O_2 \xrightarrow{\triangle} 2Fe_2O_3 + 8SO_2 \uparrow$$

$$2CaO + 2SO_2 + O_2 \xrightarrow{\triangle} 2CaSO_4$$

$$4FeO + O_2 \xrightarrow{\triangle} 2Fe_2O_3$$

4. 挥发

碱金属化合物和氯化物在 700℃以上，部分挥发。

以上各种变化，在 800℃左右已基本完成，所以测定灰分产率，温度规定为 $815 \pm 10℃$。但在该温度下，某些反应需要经过一段时间才能完成，因此测定煤的灰分产率，必须进行检查性的灼烧过程。

此外，还应注意，反应过程中生成的 SO_2 及 CaO，如果在试验条件下互相接触，将转化生成 $CaSO_4$，会造成测定结果偏高，且数值不稳定。为避免这些情况发生，可安排适当的加热程序和通风条件，使 SO_2 在 $CaCO_3$ 分解之前完全排出反应区。黄铁矿中硫和有机硫的氧化反应在 500℃以前基本结束，而碳酸盐在 500℃时才刚开始分解，所以只要对测定灰分产率用高温炉安装一烟囱（孔径以不影响炉温为宜），在 500℃下保持一段时间，就可把 SO_2 排出反应区，使之不具备生成 $CaSO_4$ 的条件。

二、测定灰分产率意义

灰分代表煤中的不可燃成分（指矿物质），灰分越高，可燃成分相对越少，发热量也越低。煤中矿物质含量越高，会增大采煤、运输和制粉费用。煤燃烧时，灰分外壳将阻隔空气与内层可燃物质的顺利接触，使煤燃烧不完全。当炉内烟气流速高时，随烟气流动的灰粒使受热面磨损；而流速低时，灰分又易沉积在受热面上，使传热恶化，热量损失增加，排烟温度升高，使锅炉热效率降低。如果沉积在受热面上的积灰受热熔化，将黏附在水冷壁和炉墙上，这就是结渣，会破坏锅炉的正常运行，甚至无法运行。从燃烧的稳定性和运行安全性考虑，固体排渣煤粉炉用煤的灰分产率不许超过 40%；液体排渣炉，其灰分也不得超过 50%。

许多研究表明，煤灰中含量较少的碱金属氧化物和氯化物对锅炉结渣和腐蚀是关键物质。因碱金属氧化物在火焰中挥发为气体，它与烟气中 SO_3 结合，并在冷的受热面上凝结，形成易熔的 K_2SO_4 和 Na_2SO_4 表层，再黏附灰粒而成灰层，于高温下熔化形成灰渣层。当管壁温度大于600℃时，渣层与管壁的氧化铁膜发生下面反应

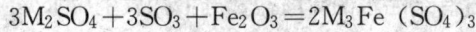

$$3M_2SO_4 + 3SO_3 + Fe_2O_3 = 2M_3Fe(SO_4)_3$$

式中，M 是指一价金属离子。上述反应使管壁上的氧化铁保护层受到侵蚀。

煤燃烧后，由烟囱排出的大量 SO_2 和粉尘等物质，会污染环境，毒化空气，危害人们身体健康。由锅炉排出的大量灰渣，日积月累，若任意堆放，将侵占农田，堵塞河道，污染水源。因此，电站的设计工作和运行管理人员，都应重视烟尘污染和对其治理。

灰分虽属有害物质，但可化害为利，变废为宝，进行综合利用。例如，用灰渣制砖、水泥、提取稀有金属、制绝热材料、复合肥料等。在我国，随着劣质煤在电厂的广泛使用，粉煤灰日益增加，因此灰的综合利用已成为一个急待彻底解决的课题。

综上所述，测定灰分产率，灰的组成及特性，对评定煤质，决定煤的使用价值，确保锅炉安全经济运行，防治环境污染以及选择综合利用途径等方面都有十分重要的意义。

三、灰分产率测定方法

1. 缓慢灰化法

称取分析试样 $1\pm0.1g$，称准至 0.0002g，置于已灼烧并恒重的瓷方皿内（底面长 45～50mm，宽 20～22mm，上口长 55～60mm，宽 25～30mm，方皿高 14～16mm），摊平，然后把瓷方皿放入温度低于 100℃的高温炉（炉后有烟囱）中，炉门留有 15mm 左右的缝隙，以保持空气流通。缓慢升温，在 30min 内逐渐升至 500℃（切忌着火），在 500℃下保持 30min，然后升温至 815 ± 10℃，关闭炉门，再灼烧 1h。然后，从炉中取出瓷方皿，在空气中冷却 5min，再移入干燥器内继续冷却至室温（约 30min）并称重。以后每隔 0.5h 进行一次检查性灼烧，直至质量变化小于 0.001g 为止。计算时取最后一次称得的质量。如灰分小于 15%，可不进行检查性灼烧。灰分产率按下式计算

$$A_{ad} = \frac{m_1}{m} \times 100 \tag{26-7}$$

式中 m_1——试样灼烧后残留物的质量，g；

m——试样的质量，g。

2. 快速灰化法

将测灰分的高温炉升温到 850℃，把装有试样的瓷方皿成四排放在耐热板上，打开炉门，把耐热板慢慢推进高温炉，先使第一排的瓷方皿中的试样慢慢灰化，约经 5～10min，试样不再冒烟时，再以每分钟不大于 2cm 的速度，把第二、三、四排瓷方皿依次推入炉内炽热区（如试样着火，作废），关闭炉门，令试样在 815 ± 10℃下灼烧 40min。将耐热板及瓷方皿从炉内一次取出，于空气中冷却 5min 后转入干燥器内，冷却至室温（约 30min）并称重。然后，在 815 ± 10℃下进行 20min 检查灼烧，直至前后两次质量差小于 0.001g 为止。计算时取最后一次称得的质量，其公式同式（26-7）。

快速灰化法测定结果较缓慢灰化法测定结果偏高，且结果随试样中钙、硫含量的增加而增加，这是因为快速灰化法中 SO_2 未及时排除而被 CaO 吸收之故。所以，对含钙、硫较高的煤样，不宜采用快速灰化法。

第三节 煤中挥发分产率测定

一、挥发分含义

把煤样与空气隔绝，在一定的温度条件下加热一定时间后，从煤中有机物质分解出来的液体（此时为蒸气态）和气体产物的总和称为挥发分。剩余的不挥发物称为焦渣。挥发分并不是煤中固有的形态，而是特定条件下的产物，因此，称为"挥发分产率"较为确切。一般可简称为挥发分。

煤的挥发分与测定时所用的容器，加热温度，加热时间等有关。为得到便于比较的结果，必须严格规定试验条件。国家标准规定，使用带有严密盖子的专用瓷制坩埚（见图26-3），在900±10℃下隔绝空气加热7min。

试验证明在上述条件下，煤的热分解反应趋于完全，挥发分基本析出，再提高温度，析出的气体极少。如延长时间，因气体已析出，坩埚内压力会下降，空气将渗入，造成煤氧化，使结果偏高。

煤在上述试验条件下析出的物质，包括有机质的分解产物和矿物质的分解产物及其水分等。根据定义，挥发分产率只限于有机物质，因此测定终止时，试样减轻质量扣除无机挥发分和水分质量，才是挥发分质量。当然，一般情况下矿物质的分解产物甚少，影响不大，只有当煤中碳酸盐二氧化碳含量大于2%时，才需考虑其影响，并对试验结果加以校正。

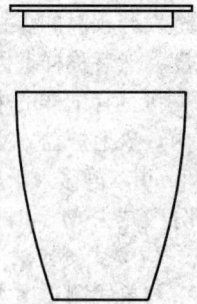

图26-3 挥发分坩埚

二、测定挥发分产率意义

煤的挥发分也是一个重要指标，在科学研究和工业生产中都要用到，它也是煤炭分类的主要依据之一。

对于动力用煤，煤的挥发分及发热量对煤的着火和燃烧情况都有较大影响。当煤受热时，挥发分首先析出，并最先燃烧。一般挥发分较多的煤，易于着火，燃烧稳定，但火焰温度低。煤的挥发分过少时，炉内易产生下列问题。

(1) 不易点燃，燃烧不稳定，甚至熄火；

(2) 若燃烧不稳定，易造成炉膛内煤粉爆燃，引起事故；

(3) 炉温较低，造成化学不完全燃烧；

(4) 火焰的热辐射能力降低。

控制燃烧过程，通常根据挥发分多少调整一二次风量。确定的挥发分有对应的最佳一次风率，此时燃烧工况最佳。

需要指出，煤的燃烧工况并非只与挥发分有关，还与煤的发热量、煤粉细度、喷燃器结构、灰分产率以及气粉浓度比有关，在调整锅炉燃烧工况时，要综合考虑上述各因素。

三、挥发分测定方法

测定挥发分，有单式和复式两种方法。单式法每次只能测定一份试样，试样放入图26-4所示专用坩埚炉中加热。复式法可同时测定多份试样，试样放入箱形高温炉中进行加热，如图26-5所示。无论哪种电炉，其炉内必须有一个900±10℃的恒温区。此外，炉子上必须设有排除挥发分的小孔，热电偶的热接点在坩埚底部以下5mm处，坩埚放在由镍铬丝制成的耐火架上，不能直接接触炉壁。有关设备见图26-5和图26-6。

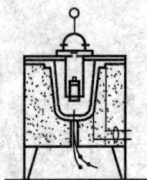

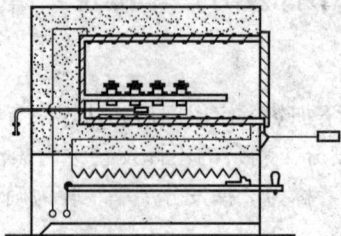

图 26-4 坩埚炉　　　　　图 26-5 箱形电炉　　　　　图 26-6 挥发分坩埚架及钳

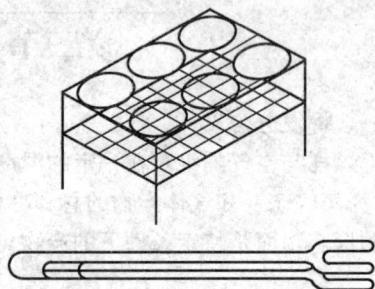

1. 单式测定法

精确称取 $1\pm0.01g$ 分析试样，精确到 $0.0002g$，置于 900℃下灼烧至恒重的挥发分坩埚内。对挥发分较高的煤种，如褐煤、长焰煤，应先将试样用压型机压成饼状，再破碎成 0.3mm 以下粒度，然后称样，因为这类煤受热易爆溅，造成试样损失，导致试验失败。

将盛有试样的坩埚盖上盖子，放在吊环上，迅速将其置于预先加热到 900 ± 10℃的电炉恒温区内，盖上炉盖，立即打开秒表，让试样在炉内准确加热 7min，然后自炉内取出，在空气中冷却 5min，再移入干燥器内继续冷却至室温（约 30min）后，称重。由试样减少的质量占试样质量百分数减去 M_{ad}，即得到试样挥发分产率。

2. 复式测定法

与单式测定法类似，将已盛好试样的挥发分坩埚摆在坩埚架上，立即送入已预热到 900℃的箱形高温电炉的恒温区内，关闭炉门，在 920 ± 10℃下准确加热 7min，取出后在空气中冷却 5min，再移入干燥器内冷却至室温（约 30min）后，称重，再计算出试样的挥发分产率。

不论单式法或复式法，当坩埚一放入电炉内，因坩埚吸收一部分热量，炉温往往稍有下降，但在 3min 内炉温必须恢复到 900 ± 10℃。如若不然，则试验作废，复式法要求先将箱形高温电炉预热到 920℃，以防打开炉门会使炉温降到 900℃以下而达不到要求。单式法因其电炉容量小，不必提高预热温度。

挥发分产率的计算公式如下

$$V_{ad} = (m_1/m) \times 100 - M_{ad} \tag{26-8}$$

式中　V_{ad}——空干基试样的挥发分产率，%；

　　　m_1——空干基试样在加热 7min 后的质量减少量，g；

　　　m——空干基试样的质量，g；

　　　M_{ad}——空干基试样中的水分含量，%。

当分析试样中的碳酸盐的二氧化碳含量 $CO_{2,ad}$ 为 2%～12%时，则需按下式计算挥发分产率

$$V_{ad} = (m_1/m) \times 100 - M_{ad} - CO_{2,ad} \tag{26-9}$$

当分析试样中的碳酸盐二氧化碳含量大于 12%时，在试验条件下碳酸盐的分解不完全，焦渣会残留碳酸盐，因而需要测定焦渣中二氧化碳含量，其挥发分产率按下式计算

$$V_{ad} = (m_1/m) \times 100 - M_{ad} - [CO_{2,ad} - CO_{2,ad}(焦渣)] \tag{26-10}$$

式中，$CO_{2,ad}$（焦渣）——焦渣中碳酸盐二氧化碳占煤的百分比例，%。

第四节　焦渣特征鉴定和固定碳产率计算

煤样测过挥发分产率后，残留物称为焦渣。试样燃烧后，煤中的灰分转入焦渣中，焦渣质量

减去灰分质量，就是固定碳质量。

焦渣外形特征与煤中有机质的性质有一定关系，所以焦渣特征也用作煤质分类的一项参考指标。焦渣特征和固定碳的含量对锅炉的燃烧工况有一定影响。如锅炉的二次风量就应根据焦渣特征和固定碳含量来决定，因为只有在挥发分充分燃烧后，才能引起固定碳的燃烧，而挥发分主要靠一次风燃烧；焦渣中固定碳的燃烧又与焦渣特征密切相关，尤其在链条炉中，呈粉状的焦渣，易被空气带走，造成燃烧不完全；粘性焦渣易黏附在炉栅上，增加空气流通阻力；多孔性的焦渣，因为表面积大，与空气接触面积也大，因而较容易燃烧。

焦渣特征按以下标准进行区分：

（1）粉状——全部呈粉状，没有互相黏着的颗粒；

（2）黏结——以手指轻压即成粉状或基本上是粉状；

（3）弱黏结——用手指轻压即碎成小块；

（4）不熔融黏结——手指用力压才能裂成小块，焦渣上表面无光泽，下表面稍有银白色光泽；

（5）不膨胀熔融黏结——焦渣形成扁平的饼状，煤粒的界限不易分清，上表面有明显银白色金属光泽，焦渣下表面的银白色光泽更明显；

（6）微膨胀熔融黏结——用手指压不碎，在焦渣的上下表面均有银白色金属光泽，但在表面上有微小的膨胀泡（或小气泡）；

（7）膨胀熔融黏结——焦渣上、下表面有银白色金属光泽，体积明显膨胀，但高度不超过15mm；

（8）强膨胀熔融黏结——焦渣上，下表面有银白色金属光泽，高度大于15mm。

煤的固定碳产率是根据已测得的水分、灰分、挥发分，用公式（26-11）进行计算

$$FC_{ad} = 100 - (M_{ad} + A_{ad} + V_{ad}) \qquad (26-11)$$

式中 FC_{ad}——分析试样的固定碳产率，%；

其他符号含义同前。

工业分析的各项指标的允许误差，如表 26-1 所示。

表 26-1   工业分析各项指标的允许误差

分 析 项 目		同一实验室两次平行测定结果（%）	同一煤样不同实验室中测定的结果（%）
M_{ar}（%）	<20	0.4	—
	≥20	0.5	—
M_{ad}（%）	<5	0.2	—
	5~10	0.3	—
	>10	0.4	—
A_{ad}（%）	<15	0.2	0.3
	15~30	0.3	A_d（%）0.5
	>30	0.5	0.7
V_{ad}（%）	<20	0.3	0.5
	20~40	0.5	V_d（%）1.0
	>40	0.5	1.5

复习思考题

1. 煤的工业分析项目有哪些?
2. 煤中水分存在的形态有几种? 它对燃烧有何影响?
3. 测定灰分产率的意义是什么?
4. 什么是煤的挥发分? 它的大小对燃烧有何影响?
5. 煤的固定碳产率是怎样确定的?

第二十七章 燃料发热量测定

燃料的发热量是表达动力燃料的主要性能。煤耗是火电厂的主要经济指标，它必须根据发热量进行计算。此外，锅炉的热平衡、热效率计算，燃料工段的配煤，估算燃烧时理论最高温度等，都需要发热量。为此，准确地测定燃料的发热量，对掌握并改善燃烧工况，降低火电厂煤耗，改进生产技术，意义十分重大。

第一节 发热量定义

一、发热量单位

燃料的发热量是指单位质量的燃料完全燃烧时释放出来的热量，其单位为 MJ/kg 或 J/g。

二、发热量三种表示法

燃料的发热量主要取决于燃料中可燃物质的化学组成，其次与燃烧条件有关。一定种类的燃料，化学组成可以认为是确定的，而燃烧条件则是可以变化的。因此，需要明确规定燃烧条件，才能得到科学而准确的发热量定义。燃烧条件之一，保证燃料完全燃烧，即使碳变成二氧化碳，氢变成水，硫变成二氧化硫，使燃料中化学能以热量的形式全部释出。其次，对燃烧产物的最终温度和状态也有明确规定。产物状态是指水的状态，可以是气态，也可以是液态。根据不同情况，燃料的发热量有下列三种规定值。

1. 弹筒发热量 Q_b

弹筒发热量是实验室用"氧弹式量热计"（见图 27-1）的实测值。将燃料试样置于氧弹（见图 27-2）中，在有过剩氧的条件下燃烧，之后使产物冷却到燃料的原始温度（室温约 25℃），其单位质量的燃料所放出的热量称弹筒发热量。这时，试样中碳完全转化成二氧化碳，氢燃烧并冷却成液态水，硫和氮（包括弹筒内空气中氮气）在氧弹内的燃烧温度下（最高约 1500℃）与过剩氧作用生成三氧化硫和少量氮氧化物，并溶于水生成硫酸和硝酸。由于这些化学反应都是放热反应，因而，弹筒发热量较实际燃烧过程（常压下，空气中燃烧）放出的热量高，故弹筒发热量是燃料的最高发热量。实际应用中，需要换算成下述的两种发热量。

2. 高位发热量 Q_{gr}

燃料在常压下的空气中燃烧时，其中的硫只能生成二氧化硫，氮变为游离氮，燃烧产物恢复到燃料的原始温度（约 25℃），水呈液态，显然，上述结果与燃料在弹筒内的燃烧情况有所不同。由弹筒发热量减去硫酸和硝酸的形成热及溶解热的剩余值，即为高位发热量。高位发热量是燃料在空气中完全燃烧时所放出的热量，能反映动力燃料的质量，所以在评价燃料的质量时可用高位发热量作标准值。

3. 低位发热量 Q_{net}

燃料在工业炉中燃烧与在氧弹中燃烧情形不同，前者燃烧产物的温度较高，其水呈蒸气状态，随烟气排出炉外，而后者燃烧产物终温一般约为 25℃，其水蒸气凝结成液态水，并释放出相应数量的相变热。所以不难看出，燃料在工业炉中燃烧时被利用的热量比在氧弹中燃烧时测出的热量少，两者之差等于水的相变热。由高位发热量减去水的相变热，即得到低位发热量。低位发热量

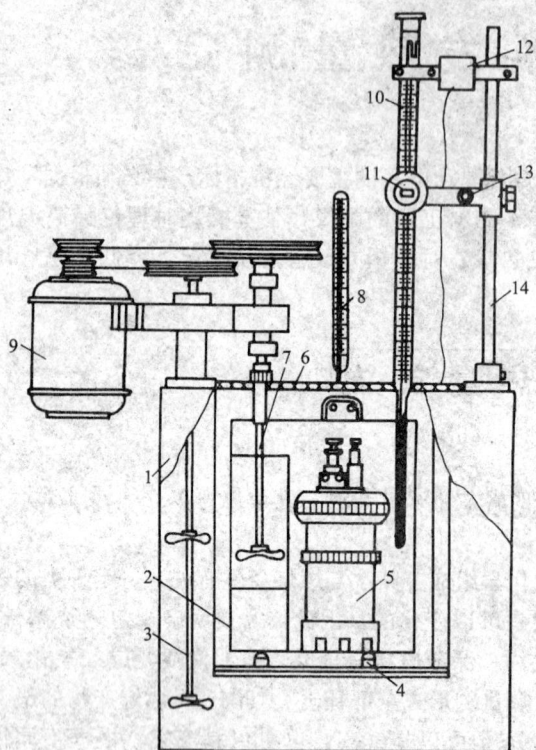

图 27-1　氧弹式量热计

1—外筒；2—内筒；3—外筒搅拌器；4—绝缘支柱；5—氧弹；6—盖子；7—内筒搅拌器；8—普通温度计；9—电动机；10—贝克曼温度计；11—放大镜；12—电动振动器；13—记时指示灯；14—导杆

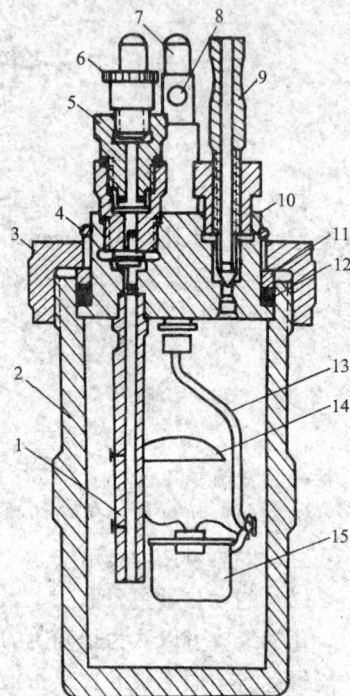

图 27-2　氧弹

1—空心金属管（进气管）；2—弹筒；3—盖圈；4—弹簧环；5—进气阀；6—电极柱（进气阀螺帽）；7—电极柱；8—圆孔；9—针形阀；10—弹头；11—金属垫圈；12—橡胶垫圈；13—金属导杆；14—防火罩；15—燃烧皿

才是燃料能够有效地利用的发热量。

三、各种发热量计算

以上三种发热量各有不同含义，数值各不相同，但有内在联系，根据需要，可由一种发热量求出另一种发热量。

1. 由弹筒发热量计算高位发热量

燃料试样在氧弹中燃烧时，形成硫酸的热化学方程式如下

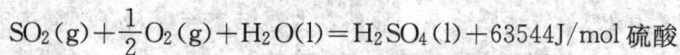

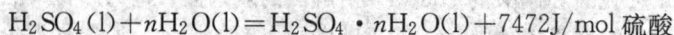

$$SO_2(g) + \frac{1}{2}O_2(g) + H_2O(l) = H_2SO_4(l) + 63544J/mol \text{ 硫酸}$$

$$H_2SO_4(l) + nH_2O(l) = H_2SO_4 \cdot nH_2O(l) + 7472J/mol \text{ 硫酸}$$

总反应式如下

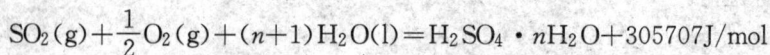

$$SO_2(g) + \frac{1}{2}O_2(g) + (n+1)H_2O(l) = H_2SO_4 \cdot nH_2O + 305707J/mol$$

305707J 为每摩尔二氧化硫（或 32.06g 硫）形成硫酸并溶于水时所放出的热量，每克硫放出热量则为 9536J，对煤中每含 0.01g 硫（即 1%硫）形成硫酸溶液放热为 95.36J，一般近似按 95J 计算。

研究工作证明，硝酸的形成热与燃料的弹筒发热量 Q_b 成正比，比例系数 α 与煤的变质程度有关，变质程度与发热量密切相关。当 $Q_{b,ad} < 16.70 kJ/g$ 时，$\alpha = 0.001$；当 $16.70 kJ/g < Q_{b,ad} < 25.10 kJ/g$ 时，$\alpha = 0.0012$；当 $Q_{b,ad} > 25.10 kJ/g$ 时，$\alpha = 0.0016$。

根据上述分析，不难得到弹筒发热量与高位发热量的关系。如用分析基试样，则有

$$Q_{gr,ad} = Q_{b,ad} - (95 S_{b,ad} + \alpha Q_{b,ad}) \tag{27-1}$$

式中　$Q_{gr,ad}$——空干基高位发热量，J/g；

　　　　$Q_{b,ad}$——空干基弹筒发热量，J/g；

　　　　$S_{b,ad}$——由弹筒洗液测得煤中空干基的硫含量，%，当煤中的硫含量小于 4% 或 $Q_{b,ad}$ 大于 $14636 J/g$ 时可用全硫或可燃硫代替 $S_{b,ad}$。

因为弹筒发热量是在恒定的弹筒容积中测定的，所以由弹筒发热量计算出来的高位发热量称为恒容高位发热量。燃料在大气中燃烧产生的高位发热量是在恒压条件下得到的，称为恒压高位发热量。这两种高位发热量之间差别很小，一般对煤来说，恒容高位发热量比恒压高位发热量略低 $8.3632 \sim 20.908 J/g$ 左右，在热力计算时可以忽略不计。

2. 由高位发热量计算低位发热量

高位发热量减去水的汽化热即得低位发热量。水的汽化热随汽化时水的温度变化而稍有变化，汽化热随温度降低而增加。恒压下的汽化热要比恒容下的汽化热略高，由弹筒发热量计算的低位发热量属于恒容状态下的，为了简化计算，国家标准规定水在恒容下的汽化热近似为 $2500 J/g$，即燃烧产物中每含 $1g$ 水蒸气就失去 $2500 J$ 的热量。燃烧产物中的水分包括燃料中原有的水分和燃料中的氢元素燃烧后生成的水。按反应式

$$2H_2 + O_2 = 2H_2O$$

$$Q_{net,ad} = (Q_{gr,ad} - 206 H_{ad}) \times (100 - M_t) / (100 - M_{ad}) - 23 M_t \tag{27-2}$$

式中　$Q_{net,ad}$——空干基的低位发热量，J/g；

　　　　$Q_{gr,ad}$——收到基的高位发热量，J/g；

　　　　M_t——煤中全水分，%；

　　　　H_{ad}——煤中空干基 H 含量，%；

　　　　M_{ad}——煤中空干基水分含量，%。

第二节　测定发热量基本原理

用氧弹量热计测定燃料的发热量，是将一定量的试样（约 $1g$）置于氧弹内的燃烧皿中，为保证燃烧完全，在氧弹内充入 $2735775 \sim 3546375 Pa$ 的氧气。将氧弹浸入盛有一定量纯水的量热筒（或称内筒）中，量热筒放入一个保持一定温度的水夹套（或称外筒）内，用电流熔断金属点火丝将试样引燃。试样燃烧后，释放的热量即被内筒中的水和量热体系中的各有关部件吸收（有关部件指内筒、氧弹、搅拌器及温度计的入水部分），并使其温度上升，根据热量守恒原理，应有

$$QG = cM(t_n - t_0) + c_1 M_1(t_n - t_0) + c_2 M_2(t_n - t_0) + \cdots$$
$$= (cM + c_1 M_1 + c_2 M_2 + \cdots)(t_n - t_0) \tag{27-3}$$

式中　Q——燃料的发热量，J/g；

　　　　G——试样的质量，g；

　　　　M——内筒中水质量，g；

　　　　c——水的比热，$J/(g \cdot ℃)$；

c_1、c_2、……——量热计中相应各部件的比热，J/（g·℃）；

t_0——吸热各介质在试样燃烧前的起始温度，℃；

t_n——吸热各介质升温后的最终温度，℃。

上式中的 c、M、G 都是已知的，t_n 与 t_0 是试验过程中测定的，因此，为求出燃料的发热量 Q，还需要知道 c_1M_1、c_2M_2……数值，这些数值虽然难以直接测定，但对一确定的量热计来说，它们都有一个确定的数值，试验时装水量也是确定的，因而 cM 也是一个确定的数值，故可以用 $K=cM+c_1M_1+c_2M_2+\cdots$ 表示，如此上式可简化为

$$QG = K(t_n - t_0) \qquad (27\text{-}4)$$

式中，K 称为量热计中的热容量，即为整个量热体系升高 1℃ 所需要的热量，单位为 J/℃。

从式（27-4）不难看出，只要知道量热计的热容量 K 值，就可以方便地测定出燃料的发热量的原始数据，而后按下式计算 Q 值

$$Q = \frac{K(t_n - t_0)}{G} \qquad (27\text{-}5)$$

量热计热容量是用已知发热量的标准物质（通常用苯甲酸）来标定的。标准苯甲酸的发热量在 20℃ 时为 26465J·g^{-1}。称取一定质量的苯甲酸（G），根据它在热量计中燃烧后的温升值（$t_n - t_0$），按下式求出 K 值

$$K = \frac{QG}{t_n - t_0} \qquad (27\text{-}6)$$

对一确定的量热计，当试验条件（如内筒装水量、测温范围、温度计的浸没深度以及环境温度等）确定时，热容量可视为常数。热容量标定后，在测定发热量时，如能严格遵照这些试验条件，将给发热量的测定和计算带来诸多方便。当量热体系中的任何部件更换或修理时，或环境温度有较大的变动时（大于5℃），都应重新标定热容量。

为了减少测热误差，对测热室有一定要求，原则上应使室温保持恒定，一定实验过程中的室温变化不应超过1℃，在季节变化时，测热室的温度也应在 15~35℃ 的范围内为宜。为此，测热室应为专用室，其最好面朝北，避免阳光直接照射，在做实验过程应关闭门窗，室内不应有强烈的空气对流及热源，不得在该室内进行其他试验。

热容量的标定是测热工作中十分重要的一环，是确定测定燃料发热量的基础，必须认真对待。再次标定不得少于5次实验，5次实验结果的最大值和最小值之差不应大于41.816J/℃，此时，取此5次试验结果的平均值（一般用算术平均值）作为该量热计的热容量。

第三节 冷 却 校 正

一、冷却校正意义

式（27-5）及式（27-6）是量热计处于绝热状态下的计算公式。所谓绝热就是在测热过程中，测热系统与环境（外筒）之间没有热量交换，量热计的温度变化不受环境（外筒）温度的影响，这样得到的温升值（$t_n - t_0$）才是真实可靠的。这种理想的绝热过程，只有使内外筒温度一致时才能达到。由于内筒温度在测热过程中是随时间变化的，因此只有使外筒温度随内筒温度变化而变化，两者温度始终相同时，才能得到真正的绝热过程。绝热式量热计就是基于这一原理设计的，其绝热过程是利用晶体管放大器和可控硅控制线路，使外筒温度通过自动控制系统，自动地跟踪内筒水温而变化，实现在测热过程中内外筒水温始终相同。由这种量热计测得的升温值不需要作冷却校正。

对于恒温式量热计，在测温过程中，其外筒温度一般保持恒定，而内筒温度因试样燃烧放热而不断上升，这样内外筒之间就存在温差，因而有热的传导、辐射、对流和蒸发发生，造成内外筒之间的热量交换，从而影响温升值（$t_n - t_0$），只有对其加以校正后才能得到绝热过程中的温升值。这一校正值称为冷却校正值，以符号 c 表示，单位为℃。冷却校正值的计算较为复杂，所以恒温式量热计不如绝热式量热计使用方便。对于同一种试样，恒温式量热计的试验结果经过冷却校正后，和绝热式量热计所测得的结果是一致的。

经过冷却校正后的发热量计算公式如下

$$Q = \frac{K(t_n - t_0 + c)}{G} \tag{27-7}$$

式中，c 值可为正值，亦可为负值，随每次测定时的具体情况而变，由冷却校正公式的计算结果确定。当内筒温度比外筒温度低时，测热体系除了吸收试样的燃烧热外，还要吸收环境热，因而内筒温度多升高 c 度，故校正值 c 应取负值；反之，当内筒比外筒温度高时，量热体系向环境散热，内筒少升高 c 度，校正值 c 应取正值。

二、冷却校正公式

（1）煤研公式。此公式由我国煤炭科学研究院提出，所以简称为煤研公式。我国国家标准中试验方法采用此公式计算冷却校正值 c。煤研公式如下

$$c = (n - a)v_n + av_0 \tag{27-8}$$

式中　n——由点火到燃烧终点的时间，min；

　　　a——与升温速度有关的参数，min。

参数 a 可由表 27-1 查出。

表 27-1 $\qquad\qquad\qquad\qquad\qquad$ a 与 Δ/Δ_1 的关系表

Δ/Δ_1	1.00~1.60	1.61~2.40	2.41~3.20	3.21~4.00	4.01~6.00	6.01~8.00	8.01~10.00	>10.00
a	1.0	1.25	1.50	1.75	2.00	2.25	3.20	4.00

表 27-1 中 $\Delta = t_n - t_0$，$\Delta_1 = t_1 - t_0$，t_0 为点火时内筒温度，t_n 为终点时内筒温度，t_1 为点火后 1min 时内筒温度。v_0 为点火时，由内外筒温差的影响所造成的内筒降温速度，单位为℃/min，v_n 为终点时，由内外筒温差的影响所造成的内筒降温速度，单位为℃/min。v_0、v_n 按下述公式计算

$$v_0 = K'(t_0 - t_j) - A \tag{27-9}$$

$$v_n = K'(t_n - t_j) - A \tag{27-10}$$

式中　K'——量热计的冷却常数，min^{-1}；

　　　A——量热计的综合常数，℃/min；

　　　t_j——外筒温度，℃。

K'、A 的数值在标定量热计热容量时一起确定。

（2）本特公式。本特公式沿用已久，存在一定的系统误差，准确度较煤研公式略差，但计算简单。本特公式形式如下

$$c = \frac{m}{2}(v_0 + v_n) + rv_n \qquad (27\text{-}11)$$

式中　m——主期升温速度不小于 $0.3℃/0.5min$ 的单位时间数，若升温速度一直小于 $0.3℃/$

　　　　$0.5min$，则 m 一律规定为 4；

　　　　n——从点火到终点经历的半分数目，其 $r=n-m$。

　　　其中，v_0 和 v_n 按下式计算

$$v_0 = \frac{t'_0 - t_0}{10} \qquad (27\text{-}12)$$

$$v_n = \frac{t_n - t'_n}{10} \qquad (27\text{-}13)$$

式中　t'_0——初期的第一次温度读数，$℃$；

　　　　t'_n——末期的最后一次温度读数，$℃$；

　　　　10——初、末期各经历 $5min$，即 10 个 $0.5min$。

　　实质上本特公式和煤研公式为同一公式的两种形式，既有区别，又有联系。若以 $\frac{m}{2}$ 代替 a 代入煤研公式，则煤研公式就变成了本特公式。

第四节　发热量测定中温度测量

　　发热量测定过程中的温度测量是保证测定结果准确的关键，温度测量误差是发热量测量误差的主要来源。因此，对温度计的选择、使用均有严格规定，否则测定的结果是不可信的。

一、温度计类型及其结构

　　测量发热量使用水银温度计，它有两种类型，一种是有固定量程；另一种是可调量程的贝克曼温度计，如图 27-3（a）所示。两种温度计的最小分度值皆为 $0.01℃$。

　　固定量程温度计的量程，一般不超过 $10℃$，例如 $15\sim25℃$，如果测量温度超过这个范围，就要另换一支量程合适的温度计，因此固定量程温度计通常由几支（如 7 支）不同量程的温度计构成一组。

　　贝克曼温度计的量程是可调的，因此只备一支即可，虽然量程示值范围只有 $5℃$，但经调节，可以测量 $-20\sim+155℃$ 的温度范围。贝克曼温度计所以有这样宽的测温范围，是由其结构特殊所决定，它除了在下部有一个主水银泡和主标尺外，在上部还有一个 U 形储存泡和一个副标尺，主泡中的水银量可以调节，即可将水银从主泡中移出一部分置于储存泡中，或从储存泡移出部分水银到主泡中。主泡中水银的多少与待测介质温度高低有关，待测温度越低，主泡中的水银应越多，反之，待测温度越高，主泡中水银应越少。贝克曼温度计不能直接测量温度的绝对值，只能测量温度差。固定量程温度计主泡中的水银量是固定的，它不仅可以测量温度差，也可以直接指示温度的绝对值。由于贝克曼温度计的示值范围只有 $5℃$，因此它只适用于测量温差小于 $5℃$ 的温度改变。测定发热量时，只要求知道试样燃烧前后内筒水的温度差，然而此温度差一般不超过 $2\sim3℃$，所以可以用贝克曼温度计来测定发热量。

　　贝克曼温度计的副标尺，其示值范围为 $-20\sim+120℃$，最小分度值为 $4℃$。当倒置温度计，使储存泡中的水银与主泡中的水银接通时，副标尺上指示的数值反映主泡中的水银量，也反映被

测介质绝对温度的粗略数值，可参考此数值调整主泡的水银量。例如，被测介质为 20℃，则应使储存泡内的水银柱指在副标尺的 20℃上下，此时表明主泡中的水银量可以测量范围约为 20～25℃的温度。

副标尺上的读数称为贝克曼温度计的基点温度。准确地讲，当主泡中水银量一定时，水银柱指在主标尺零刻度时的实际温度称为基点温度。例如，贝克曼温度计的水银柱指在主标尺的零刻度处，实测温度为 20℃，则基点温度就是 20℃。知道基点温度后，就可由贝克曼温度计上的示值算出实测的温度；反之，若实测温度 20℃，水银柱指在 2 刻度处，则基点温度应为 18℃。由此可见，基点温度加上温度计量程（5℃）就是这支温度计在这一水银量下的测温范围。例如，基点温度为 20℃时，测温范围就是 20～25℃，若基点温度改变（水银量改变），测量范围也就随之改变。

二、贝克曼温度计使用和调整

测定发热量时，通常被测温度只升高 2～3℃，因此在调整基点温度时，应使水银柱在被测温度下指在合适的刻度上，不一定指在零刻度上，只要留有能测 2～3℃的裕度就够了。如果水银柱指示过高，表明主泡中水银量过多，不便测量，这时需从主泡中倒出一部分水银至储存泡中。方法是将温度计倒置，使主泡中的水银流入储存泡中（若水银不流动，可轻敲持温度计的手背，使温度计振动，不可直接敲击温度计，以免损坏）。当流入储存泡适量水银后，迅速将温度计复原，主泡在下，并用手掌轻击持温度计的手背，因受振动，水银柱将断开，多余的水银就存在储存泡中，直至主泡中水银量合适为止。

如果主泡中水银量过少，可将储存泡部分水银移入主泡。方法仍将温度计倒置，使主泡中水银流入储存泡，并于其中水银连接起来，然后小心倒转温度计，此时储存泡中水银即被转移至主泡中，可通过副标尺观察水银转移量的多少，当主泡中水银达到足够数量时，使主泡水银与储存泡水银断开。然后，将温度计浸入被测介质观察水银柱是否指在合适的刻度上，如不合适，仍继续调节，直至合适为止。

三、温度测量误差校正

温度测量的主要误差来自温度计本身，由于设计和制造上的原因，各种温度计都有一定的误差，因此必须经过有关计量机关的检定，求出校正值后再使用，才能达到准确测温的目的。检定的项目有如下两种。

（一）刻度校正

刻度校正又称毛细管孔读数校正。

温度计上的温度刻度线是把起点和终点刻度之间的长度进行平均分度后刻画的。例如，一支量程为 0～5℃、最小分度为 0.01℃的温度计，其刻度是把 0 到 5 两个刻度线之间，分成 500 等分后刻画的，最小分度值为 0.01℃。但由于装水银的毛细管内径不可能完全均匀，同一长度内的水银量不可能完全相等，因此使得每一个温度读数都有一定的误差，对这一误差的校正称为刻度校正，以符号 h 表示。通常在计量机关中是用标准温度计对温度计刻度进行校正的。例如，某支温度计的刻度校正值如表 27-2 所示。

表 27-2　　　　　　　　　　　　某支温度计的刻度校正值

刻度值	0	1	2	3	4	5
校正值（℃）	0.000	−0.002	−0.003	+0.004	+0.002	0.000

起点（0）和终点（5）的校正值都是 0，这是因为以两端读数为基准点对中间的毛细管孔径的不均匀性进行校正的，所以两端的校正值必然为 0。在实测温度时，读数通常不是整数值，此时，需要根据检定证书上给出的校正值，用内插法求出该读数的校正值。例如，读数 2.856 的校正值在 2 与 3 的校正值之间，查前表 27-2，得到 2 的校正值为 -0.003℃，3 的校正值为 $+0.004$℃，按内插法，设 2.856 的校正值为 h，则有

$$\frac{3-2}{0.004-(-0.003)} = \frac{2.856-2}{h-(-0.003)} \tag{27-14}$$

解出 $h=0.0029$℃≈ 0.003℃。

为了使用方便，可根据检定证书上的校正值，画出曲线图 27-3（由表 27-2 数得出）。使用时由测得的读数，从图 27-3 中直接查出相应的校正值。

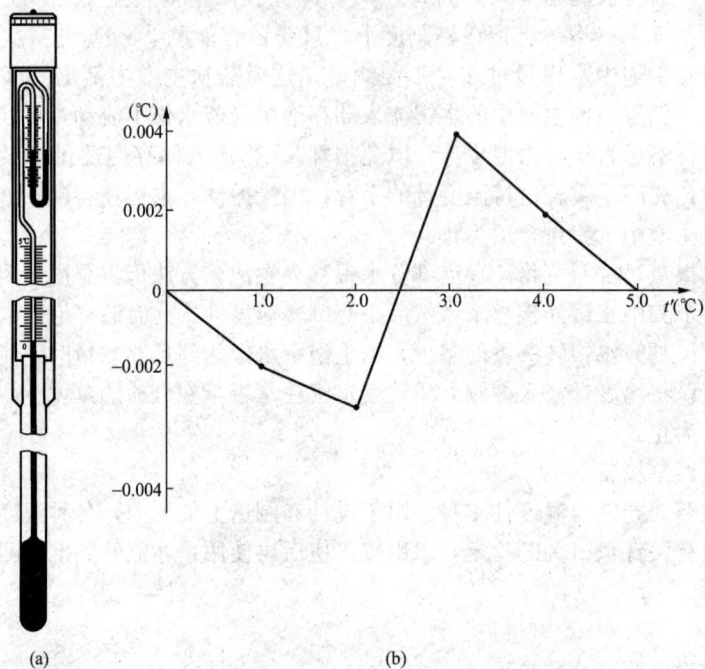

图 27-3　贝克曼温度计及其刻度校正曲线
（a）贝克曼温度计；（b）刻度校正曲线

国家标准规定，温度计 1℃ 间隔的两相邻温度点的刻度校正值之差，不得超过 0.015℃。否则，温度计因刻度误差太大而不能使用。

（二）平均分度值的校正

1. 平均分度值的含义

任何类型的液体温度计都有一个基准温度。基准温度就是对温度计的主标尺进行分度时的起始温度。例如，一支测温范围为 20～25℃ 的固定量程温度计，20℃ 是起始温度，也就是基准温度。以 20℃ 为起点（基准），25℃ 为终点，把起点与终点之间平分成 5 个等分，则每个等分代表的温度为 1℃。所谓平均分度值，就是指平均每一等分（称为分度）所代表的温度数（℃），以符号 H 表示。

由于固定量程温度计的水银量是固定的，按上述方法进行分度时，其平均分度值恰好为1.000℃。贝克曼温度计的水银量则随基点温度的不同而改变，若用上述方法对贝克曼温度计进行分度，以某一基点温度作为基准温度，其平均分度值也应为1.000℃，当然，此时基点温度和基准温度是统一的。对贝克曼温度计而言，基准温度是唯一的，而基点温度却不是唯一的，当基点温度与基准温度不一致时，平均分度值就不能为1.000℃，即可能大于1.000℃，也可能小于1.000℃，这由主泡中水银量比在基准温度时的水银量少或多而定。因为盛水银的玻璃泡的体积是固定的，若其中水银量不同时，实际温度每变化1.000℃，水银体积的伸缩量就不会都恰为一个分度。例如，基点温度高于基准温度时，主泡中的水银量较正常情况少，温度变化1.000℃时，水银体积的变化就小于1个分度，如为0.980℃，此时平均分度值应为

$$H = \frac{1.000}{0.980} = 1.020$$

也就是说，在这一基点温度下，贝克曼温度计主标尺上的每一分度应是1.020℃。

若基点温度低于基准温度时，主泡中水银比正常情况多，温度变化1.000℃，水银体积变化就必然大于1个分度，如为1.003℃，此时平均分度值应为

$$H = \frac{1.000}{1.003} = 0.997$$

也就是说，在这一基点温度下，贝克曼温度计主标尺上每一分度应是0.997℃。

由上述可知，由贝克曼温度计所测得的温度差，乘以该基点温度下的平均分度值后，才是真正的温度差。例如，测定发热量时，将测得的温升值（$t_n - t_0$）乘以相应的平均分度值H后，才可得出准确的温升值。

2. 影响平均分度值的因素

(1) 测温范围（基点温度）。如上所述，贝克曼温度计的H值随基点温度不同而异，当基点温度与基准温度相同时，$H = 1.000$；然而，基点温度高于基准温度时，$H > 1.000$；基点温度低于基准温度时，$H < 1.000$。例如，标准贝克曼温度计基准温度为0℃，其测温范围为0～5℃，平均分度值$H = 1.000$。当测温范围高于0～5℃时，$H > 1.000$；当测温范围低于0～5℃时，$H < 1.000$。表27-3即为标准贝克曼温度计（用耶那玻璃16Ⅲ制造）在不同温度范围内的平均分度值表。

从表27-3看出，每一基点温度都有一相应的平均分度值。因主泡水银量随基点温度改变，因此，平均分度值也随基点温度按比例改变，根据表内数据，用内插法可求出任何一个基点温度下的平均分度值。例如，基点温度为13℃时的标准平均分度值可按下式计算

$$\frac{20 - 10}{1.009 - 1.005} = \frac{20 - 13}{1.009 - H} \tag{27-15}$$

得$H = 1.006$。

(2) 露出柱温度。平均分度值不仅受基点温度的影响，而且也受露出柱所处环境温度的影响。露出柱是指温度计露出水面以上的水银柱。当露出柱所处环境的温度高于被测介质温度时，示值将高于被测温度；反之，则示值将低于被测温度，即平均分度值受露出柱温度的影响。所以，在检定平均分度值时，规定在每一基点温度下，都有一相应的露出柱温度，如表27-3所示。用贝克曼温度计测温时，如发现露出柱温度高于或低于检定证书中规定值，则每偏高或偏低

6℃，分度值应分别减少或增加 0.001℃，若偏差小于 6℃，则此修正值可以忽略不计。

表 27-3 标准分度值表

基点温度（℃）	测温范围（℃）	露出柱温度（℃）	平均分度值（℃）
−20	−20～−15	10	0.991
−10	−10～−5	10	0.996
0	0～5	15	1.000
+10	10～15	17	1.005
+20	20～25	20	1.009
+30	30～35	22	1.013
+40	40～45	24	1.017
+50	50～55	26	1.021
+60	60～65	28	1.025
+70	70～75	30	1.028
+80	80～85	31	1.032
+90	90～95	32	1.035
+100	100～105	33	1.038

在发热量测定的国家标准方法中规定露出柱温度对平均分度值的影响用下式进行修正

$$H = H° + 0.00016(t°_e − t_e) \tag{27-16}$$

式中　$t°_e$——贝克曼温度计某基点温度所对应的标准露出柱温度，℃；

　　　t_e——实际试验中的露出柱温度，℃；

　　　$H°$——对应标准露出柱温度时的平均分度值；

　　　H——实际试验中的平均分度值。

温度升高时，水银和玻璃同时膨胀，水银的体胀系数为 0.000182，玻璃的体胀系数为 0.000024，故水银对玻璃的相对膨胀系数为 0.00016。若测定发热量时的露出柱温度较标准露出柱温度高 6℃，则修正值为 0.00016×（−6）＝−0.001℃，即应将标准平均分度值减去 0.001℃。通常将测定发热量与标定热容量时使用温度计的基点温度相同，此时 $H°$、$t°_e$ 分别为标定热容量时的平均分度值及露出柱温度，式（27-16）仍然适用。

露出柱温度是用普通温度计放在贝克曼温度计水银柱露出部分附近测得的，其数值与室温相近。

（三）贝克曼温度计平均分度值的检定

由于制造上的原因，每支温度计的基准温度不可能相同，所以每支温度计都应进行平均分度值的检定。检定方法是将待检温度计和标准温度计（一般用铂电阻温度计）放入同一水浴中，同时升温，对比它们的测量结果。在待检温度计上捆住一支小温度计，随时观察露出水柱的温度变化，应保持该温度变化自始至终不超过 3℃。然后按式（27-17）计算平均分度值

$$H = \frac{t_n − t_0}{Q_n − Q_0} \tag{27-17}$$

式中　t_n——终点时的实际温度，℃；

　　　t_0——起点时的实际温度，℃；

　　　Q_n——在 t_n℃时贝克曼温度计的示值；

　　　Q_0——在 t_0℃时贝克曼温度计的示值。

通常只检定 20～25℃和 30～35℃两个测温范围的平均分度值。如果这两个测温范围的平均分度值之差恰为 0.004℃，则其他各测温范围的平均分度值就可推算出来，不需要再检定。推算的方法是，按式（27-18）算出 20～25℃范围内待检温度计的平均分度值与标准温度计平均分度值（见表 27-3）的差数 ΔH

$$\Delta H = H_{20\sim25} - 1.009 \qquad (27\text{-}18)$$

然后将此差值分别加到表 27-3 中各基点温度的平均分度值上，就可得出这支待测温度计的平均分度值表 27-4。表 27-4 中，20～25℃与 30～35℃的平均分度值之差恰为 0.004℃，按式（27-18）推算，$\Delta H = 1.004 - 1.009 = -0.005℃$，将此差值加到表 27-3 中各平均分度值上，即编制出平均分度值表 27-4。

如果待测温度计的 20～25℃与 30～35℃时的平均分度值的差数不等于 0.004℃，则需根据需要，对所需各测温范围分别进行平均分度值的检定。

表 27-4   平均分度值表

温度范围 （℃）	露出柱温度 （℃）	平均分度值 （℃）
0～5	15	0.995
10～15	17	1.000
20～25	20	1.004
30～35	22	1.008
40～45	24	1.012
50～55	26	1.016
60～65	28	1.020

第五节　测热设备——量热计

量热计主要有两种类型，一种为恒温式；另一种为绝热式，组成这两种量热计的主要部件是相同的。恒温式量热计构造较简单，但测定结果需要作冷却校正，而绝热式量热计的测定结果不必作冷却校正，但构造较复杂。

一、恒温式量热计

国产 GR—3500 型量热计为恒温式量热计，其结构如图 27-1 所示，现将其各部件详述如下。

（一）量热计的主体

量热计的主体由氧弹、内筒、外筒和搅拌器四个部件组成。

1. 氧弹

氧弹的结构如图 27-2 所示，它是供燃烧试样并释放热量用的，由弹筒、弹头和盖圈组成。弹筒 2 的容积为 300mL。用厚壁不锈钢筒制造，弹头 10 与盖圈 3 用弹簧环 4 固定在一起。盖圈可旋在弹筒上，旋接处有橡胶垫圈 12 和金属垫圈 11 密封。当氧弹内充入氧气时，压力越大，垫圈与弹筒接触处的密封越严密，从而保证氧弹的气密性。

弹头上有供通入氧气的进气阀（此阀为逆止阀）5，它与弹头下的空心金属管 1 连接，氧气由此管导入弹筒内。旋下进气阀上的螺帽 6，将氧气瓶上的导气管接上，即可通氧气，螺帽兼作点火用的一个电极。弹头上还有一个排气阀（针形阀）9，供排出燃烧后产生的废气。弹头下面安有一金属导杆 13，它与弹头上的电极柱 7 连接，导杆的末端弯成环状，供安放燃烧皿 15 用。电极柱上端有一个圆孔 8，供钩子钩氧弹用。空心的金属管和金属导杆构成两个电极，电极与弹头是绝缘的，点火丝系在两个电极上，供点燃试样用。燃烧皿的上部有一个遮火罩 14，它可防止试样燃烧时火焰直接喷向弹头，并能反射热量，使热量均匀分布于弹筒内。

因为试样在弹筒内燃烧时产生的温度可达 1500～1600℃，压力急剧增加，而且燃烧产物中

343

有腐蚀性的物质，所以氧弹是具有耐热、耐腐蚀的镍铬或镍钼等合金钢制成的耐高压容器。为确保使用安全，每年都需要进行 200 大气压的水压试验。当氧弹经修理或更换零件后，要及时作水压试验，合格后方能使用。每当热量测定完毕，应将弹簧圈取下，解开弹头与盖圈，用布擦干。氧弹上不准沾有油污，不允许使用润滑油等一切可燃物质润滑弹头，以防充氧时，因摩擦起火而导致爆炸。

2. 内筒（或称量热筒）

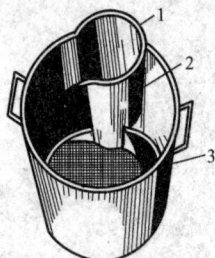

图 27-4　量热计内筒
1—搅拌器室；2—金属叶片
3—氧弹室

内筒为盛水和放置氧弹用的，试样在氧弹中燃烧放出的热量即被筒内的水吸收，并使水温上升，内筒是一个用铜或不锈钢制成的容器，如图 27-4 所示，筒内可盛约 3000g 蒸馏水，铜制内筒外表面需镀镍并经抛光，以减少热量的辐射。筒内安装一个金属叶片，将内筒分割为两室，一室放置搅拌器，另一室放置氧弹和温度计，测温时，蒸馏水在两室间对流使温度均匀。内筒放置在外筒底板的绝热支柱上，以减少与外筒间的热交换。内、外筒间有空气层存在，总会因对流给热造成内、外筒间有部分热交换而影响升温，但通过冷却校正而得到补偿。

3. 外筒

外筒用来保持测热系统环境温度的恒定（与室温基本一致），它是一个具有夹层的套筒，如图 27-1 所示。试验时，夹层内注满水，外筒夹层内亦安装一搅拌器，使其夹层内水温均匀，对内筒而言，外筒就是一个恒温环境。在外筒上部配置一绝热盖，在盖的内表面衬有镀镍并经抛光的金属板，增强盖板对热辐射的反射能力，以减少内筒的热辐射。

4. 搅拌器

前已述及，整个量热体系有两个搅拌器，即一个放在内筒的搅拌室内，另一个放在外筒内。它们由一个电动机带动，该电机功率为 40W、电压为 220V、电流为 0.2A、转速为 1440r/min。经弹簧带传送，内筒转速为 500r/min，外筒转速变为 300r/min。内筒中水自氧弹室下部流入搅拌室，再自上部流回氧弹室，水不断循环流动，使内筒各处水温均恒。搅拌作功而转化为相应搅拌热也能使水温升高，选择搅拌器不宜过大，当内外筒与室温相同时，10min 内产生的搅拌热不应使水温升高超过 0.01℃。由搅拌热造成的测定误差在冷却校正中应得以修正。

（二）量热器附属设备

1. 测温放大镜

贝克曼温度计的最小分度为 0.01℃，通过测温放大镜能估读到 0.001℃。测温放大镜如图 27-5 所示。其放大倍率为 5～10 倍，镜片 1 放在镜筒 2 内，可前后移动以调节焦距使读数清晰。在镜筒后面有一个照明灯 4，用以照亮温度计刻度，温度计插在照明灯与镜片之间的插孔 3 内。测温放大镜通过插孔 5 固定在竖立的导杆上。转动手轮可使放大镜在导杆上移动，以使温度变化进行跟踪测读。

2. 温度计振动器

当温度计的水银柱在毛细管中运动时，由于毛细管壁的阻滞作用，妨碍水银运动，有可能造成温度指示的滞后现象，使读数不能及时反映真实温度，为了消除这一影响，量热计都附有振动器，每当读数前，开动振动器将温度计轻微振动 5～10s，就可克服毛细管

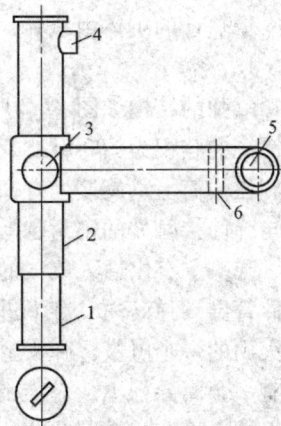

图 27-5　测温放大镜
1—放大镜；2—镜筒；3—温度计插孔
4—照明灯；5—插孔；6—记时指示灯

壁对水银运动的阻滞作用而得到真实读数。GR—3500 型量热计中是将振动器与记时装置联接在一起，每隔 0.5min 或 1min 自动接通电流振动一次。

3. 氧气瓶

氧气瓶是盛装压缩氧气的钢瓶，一般可充入 14.71MPa 氧气，在瓶身上应涂有浅蓝色标志，不允许压缩氧气接触油类，以免引起燃烧和爆炸。

测定发热量用的氧气，应由空气中制得，不能使用由电解法制得的氧气，因后者含有微量氢气，充入氧弹测燃料发热量时，氢也会燃烧放热，引起误差。

4. 减压阀、压力表和导气管

高压氧气瓶必须备有减压阀，减压阀是与压力表装在一起的，它与氧气瓶、导气管的连接如图 27-6 所示。高压表指示氧气瓶的压力，其量程为 0～29.42MPa；低压表指示充入氧弹内的氧气压力，量程为 0～3.92MPa。充氧时将接头连在氧弹的进气阀上，按反时针方向打开氧气瓶的开关，再按顺时针方向转动减压阀，氧气则由导气管进入氧弹内，调节减压阀至所需的压力后，再关氧气瓶。

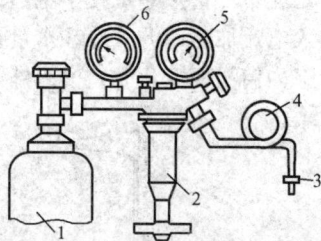

压力表应由计量机关检验，以保证压力指示准确，导气管也应作静水压试验。

图 27-6　氧气瓶减压阀和导气管的连接

1—氧气瓶；2—减压阀；3—接头（接氧弹进气阀）；4—导气管；5—低压压力表；6—高压压力表

5. 燃烧皿

燃烧皿是盛装试样并在其中燃烧用的，以铂制品最为理想，因为它具有催化作用，有助于试样燃烧完全。由于铂制品价格较贵，一般可使用镍铬钢制造的燃烧皿，但不能用碳素钢，因为后者在高压氧气下能氧化而放热，给测量带来误差。燃烧皿厚约 0.5mm，上口为 $\phi 26～27$mm，下口 $\phi 19～20$mm，高 17mm，皿底与侧壁以圆弧过渡，不要留折角。

6. 点火器

点火器由电源变压器、可变电阻器、指示灯及开关组成，点火器电源输出的最大电压为 24V，氧弹的两个电极接入 24V 电路中，当电流通过点火丝时，点火丝过热并熔断着火，同时引燃试样。

点火器的电路中串联一个可变电阻，用以调节点火电流，使点火丝的熔断时间不超过 1s，否则电流的热效应将增加测量误差。在电路中并联一个指示灯，当点火丝烧断时，指示灯熄灭。

7. 记时装置

图 27-7　压型机

1—螺杆；2—横架；3—支柱；4—压杆；5—模具；6—可动模板；7—衬垫；8—模具的槽

GR—3500 型量热计的记时装置是由 TD2A 型同步电机带动的齿轮减速系统，在其同轴凸轮上有两对触点，每当凸轮转动半周（0.5min）就有一双触点相接触，电路接通 3s，指示灯闪亮一次或振动器振动一次，用以自动指示读数的时间。

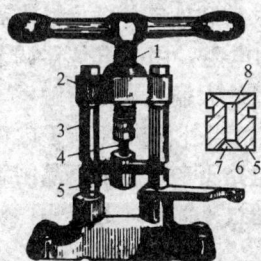

8. 压型机

压型机是压制煤样或苯甲酸成饼用的，易爆燃的煤样或苯甲酸都需先压制成饼状后才能燃烧完全。图 27-7 为螺旋式压型机，螺杆 1 在横架 2 的螺纹孔内可旋转，横架 2 被两根支柱 3 固定住。与螺杆相连的压杆 4 可自由进入模具 5 的槽 8 中，粉状试样放入槽 8 中，槽的下端用衬垫 7 堵住，以免试样散落。将模具夹在中间模板的缺口中，用可动模板 6 支住模具的衬垫，旋转螺杆下压时，压杆将试样压成直径约为10mm的圆饼。以后将螺杆上旋，退出模具，将可动模板推向一边。再次下旋丝杆压出试样，使圆饼落在纸上或玻璃片上，清除表面的碎屑后可称重待用。

9. 弹头座

弹头座为放置氧弹用。

二、绝热式量热计

图27-8为国产JR—7A型绝热式量热计结构示意图，它与恒温式量热计主要区别是盖子有夹层，夹层内充满水，外筒水借水泵压力与盖子中水一起循环，水循环过程可看图27-9。这样就使量热体系完全处于外筒水的包围中，只要外筒温度能够跟踪内筒温度变化并保持在同一温度时，就可使量热系统处于绝热过程。为此，外筒中装有加热电极和冷却蛇形管，利用水的电阻，通入电流加热，调节冷却水量，使冷却水带走加热电极产生的多余热量，以保证外筒温度在自动追踪内筒温度变化时，使内外筒水温一致。

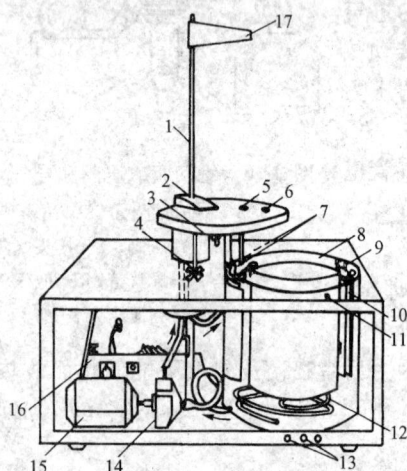

图 27-8　绝热式量热计

1—测温架；2—振动器；3—点火电极；4—搅拌器；5、6—温度计插孔；7—铂电阻；8—外筒；9—内筒；10—加热极板；11—溢水孔；12—蛇形冷却管；13—冷却水管接头处；14—水泵；15—电动机；16—控制线路；17—贝克曼温度计夹子

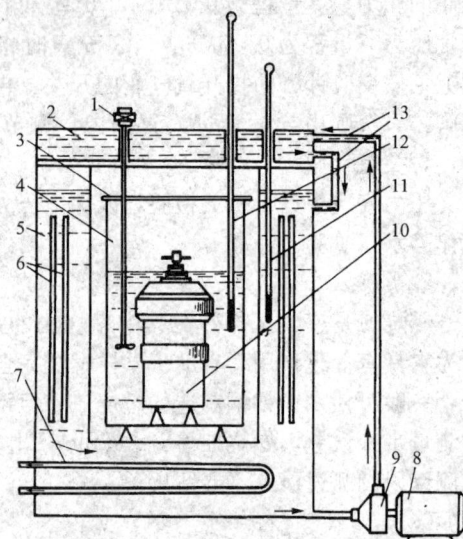

图 27-9　绝热式量热计外筒水循环图

1—内筒搅拌器；2—顶盖；3—内筒盖；4—内筒；5—绝热外套；6—加热极板；7—冷却水蛇形管；8—水泵电动机；9—水泵；10—氧弹；11—普通温度计；12—贝克曼温度计；13—循环水连接管

外筒温度追踪内筒温度的变化是靠一个电桥和放大系统来控制，在内筒和外筒各插入一支高灵敏度的测温元件（铂电阻），构成电桥的两臂，另外两臂为两个固定的电阻，用一电位器调节电桥平衡。当内筒温度超过外筒温度时，电桥失去平衡输出信号，信号经放大输入晶体管触发电路产生脉冲信号，又触发可控硅导通，于是接通外筒中的加热器；反之，当外筒温度高于内筒时，电桥虽有信号输出，但控制电路中的相敏器抑制了这个信号，触发电路不产生脉冲，晶闸管不导通，加热电极停止加热。因此，外筒中的加热电极只有当内筒温度超过外筒时才起作用，使外筒温度自动追踪内筒温度的变化，从而达到绝热的目的。

由于采用水电阻加热，水的导电率将影响加热电流强度。若水的导电率大，加热电流就大，同样的信号将产生较大的热量，以致使外筒温度迅速追踪内筒温度。当外筒温度超过内筒时，晶闸管不导通，停止加热，多余的热量将被冷却水不断带走，所以调节外筒水的导电率和冷却水的流速，对控制加热电流的强度和外筒温度对内筒温度的追踪速度有一定作用。

自动控温装置的灵敏度，应能足以使点火前和终点后的内筒温度保持稳定（5min内内筒温度平均变化速度不超过$0.0005℃/min$）。在一次试验全过程中，内外筒间热交换量应不超过21J。

<h1>第六节　热容量标定</h1>

热容量是量热计的主要参数，它是决定发热量测定结果准确度的关键因素之一。当测定发热量和标定热容量的操作条件保持一致时，可使某些引起误差的因素相互抵消。这些条件是：

（1）相同的内筒装水量，水量相差不超过1g；

（2）用同一支温度计，在同一基点温度（内筒水温应接近）和相同的浸没深度下，进行温度的测量。

一、恒温式量热计法

1. 准备工作

（1）标准物质的准备。标定热容量所用的标准物质是经过国家计量机关标定过，具有标准发热量的苯甲酸，纯净苯甲酸容易制得，且不易分解和氧化，并且几乎不吸收水分，缺点是必须压成块状才能很好地燃烧。

试验时，先将苯甲酸研细，然后置于硫酸干燥器内干燥3天或在$40\sim50℃$干燥箱内放置$3\sim4h$，取出冷却后，取$1.0\sim1.2g$在压形机内压成圆饼，再将其放在已知重量的燃烧皿内，称重，称准至0.0002g。

（2）内筒的准备。在内筒中注入蒸馏水，水量以氧弹盖圈顶面距水面约$10\sim20mm$为准，称量水重，称准至1g。水量在各次试验中应保持不变。

内筒水初温，依燃烧后终点温度与外筒水的温差（最好为$0.8\sim1.3℃$）确定。如果温差太小，则终点温度t_n不易判断；温差太大又会使冷却校正值c增大。对热容量为$14636J/℃$的量热计，其点火时内筒水温低于外筒$0.5\sim1.0℃$为宜。如此，1g苯甲酸燃烧后，内筒水约升温$1.8℃$，达终点t_n时，内外筒温差将为$1.3\sim0.8℃$。测定发热量时，也用同样办法，控制终点时内外筒温差为$1.3\sim0.8℃$。

外筒水温应尽量接近室温，两者相差不应超过1℃。

（3）氧弹的准备。把弹头放在弹头座上，将盛有试样的燃烧皿安放在弹头的环形支架上，取一根导火丝连通弹头两极，另用一根棉线，两头分别搭在试样与点火丝上。从内筒中取10mL蒸馏水注入弹筒内，使其充满饱和蒸汽，以防燃烧产物中水分蒸发而损失热量，也为使产物中的酸溶于水中，并释放出溶解热。氧弹装好后，接通氧气导管，缓慢向氧弹中充氧，至弹内压力约为2.75MPa为止。

（4）仪器的安装。将备好的内筒放在外筒的绝缘支柱上，用钩子钩住氧弹头上的圆孔，把氧弹小心地送入内筒，注意观察氧弹的气密性，如果漏气，立即找出原因并消除，再重新充氧。确认不漏气时，将点火导线接在电极柱上，装上搅拌器，盖好绝缘盖，插上温度计，温度计的水银泡应位于弹筒高度的一半处，温度计和搅拌器均不得触碰氧弹和内筒筒壁。在温度计露出柱部位悬挂一支普通温度计，以备测定露出柱温度。

由于温度计是量热计最脆弱的部件，因此每次试验都要小心安放。设备安装时，要最后装温度计，而拆卸时应最先取下。

2. 操作方法

使用不同的冷却校正公式，操作方法也不同。下面介绍三段法和国家标准法。三段法采用本特公式，计算简便。国家标准法采用煤研公式，计算繁琐。两种方法的主要区别为v_0和v_n的算法不同。三段法在点火前和终点后都设有测温阶段，以分别求出其降温速度 v_0 和 v_n。国家标准法不设这两个阶段，而根据内外筒温差和仪器常数，用公式算出 v_0 和 v_n。

(1) 三阶段法。当仪器装好后，开动搅拌器，使内外筒水温都趋于均匀。用放大镜观测内筒温度，观测时应使眼睛、放大镜中线及水银柱弯月面最高点位于同一水平线，读数应准至 0.001℃。搅拌 5min 后，若内筒温度变化在每分钟为 0.003℃ 内，则可按下述三个阶段记录温度。

1) 初期。初期是试样燃烧前内、外筒进行热量交换阶段，此时因内筒水温低于外筒，内筒受外筒热辐射，温度将缓慢均匀上升。

初期每隔 1min 记录一次温度，共记 6 次（5min），读完末次温度后立即点火，末温即点火温度 t_0，以后试验转入主期。

根据初期记录温度，用式（27-19）计算平均冷却速度 v_0

$$v_0 = \frac{t'_0 - t_0}{10} \tag{27-19}$$

由于点火时内筒温度通常低于外筒温度，故 v_0 为负值，但是，如果测定发热量较低的燃料时，常将点火时内筒温度调成高于外筒，此时 v_0 为正值。

2) 主期。主期是试样燃烧放热阶段，且内筒温度一直升到最高值。

主期内，每隔半分钟记录一次温度，直至温度稳定或下降为止。因开始升温快，读数不易准确，因此作出规定：当 0.5min 升温大于 0.5℃ 时，应读准到 0.1℃；等于 0.5~0.1℃ 时，读准到 0.01℃；小于 0.1℃ 时，读准到 0.001℃。

当升温到最高点后，将开始降温，取第一个下降温度为终点温度 t_n，至此主期结束。有时因试样发热量不高，主期温度一直缓慢上升。遇此情况，判断终点温度的办法是：当每 0.5min 温度升高不超过 0.003℃ 时，后面一次读数作主期的终点温度 t_n，而不管温度是否继续上升。注意每次读温度前，皆应将温度计振动 3s。主期内 0.5min 记录一次温度，目的是为取得冷却校正公式中的参数 m 及 r。

3) 末期。末期是试样燃烧完毕，温度从最高值逐渐下降的阶段，此阶段内每过一分钟读一次温度，共读 5 次，试验即告结束。末期平均冷却速度 v_n 可按式（27-20）计算

$$v_n = (t_n - t'_n)/10 \tag{27-20}$$

(2) 国家标准法。用此法标定热容量 K 时，要同时求出量热计的冷却常数 K' 和综合常数 A，这两个常数是计算 v_0 和 v_n 所必须的，而 v_0 和 v_n 又是用煤研公式求冷却校正值 c 所必须的。

求 K' 和 A 类三段法。先将试样搅拌 5min 后，准确读取一次内筒温度 t'_0，经 10min 后，再读一次内筒温度 t_0，然后立即点火，记下外筒温度 t_j 和露出柱温度 t_e（准确到 0.1℃）。经过 1min 后，记录一次内筒温度 t_1（准确到 0.01℃）。接近终点时（约 6~7min），再每隔 1min 记一次内筒温度，以第一个下降温度作为终点温度 t_n。然后继续搅拌 10min，记下末温 t'_n，试验即告结束。

冷却常数 K' 和综合常数 A 可遵照式（27-9）及式（27-10）联立计算，即

$$v_0 = K'(\overline{t'_0} - t_j) - A$$

$$v_n = K'(\overline{t'_n} - t_j) - A$$

式中，$\overline{t'_0}$ 和 $\overline{t'_n}$ 为点火时和终点时的内筒平均温度；v_0 和 v_n 为点火时和终点时的内筒冷却速度，因此上两式可写成

$$\frac{t'_0 - t_0}{10} = K'\left(\frac{t'_0 + t_0}{2} - t_j\right) - A \tag{27-21}$$

$$\frac{t_n - t'_n}{10} = K'\left(\frac{t_n + t'_n}{2} - t_j\right) - A \tag{27-22}$$

解上面联立方程，即可求出 K' 和 A。式中外筒温度 t_j 用普通温度计（分度值为 $0.1℃$）测量，代入公式前，需换算成相应贝克曼温度计读数，即用普通温度计实测外筒温度减去贝克曼温度计的基点温度即可。

取多次标定结果的平均值为量热计的 K' 及 A 值。

例如，设在一次热容量的标定中得到：$t'_0 = 1.254$，$t_0 = 1.278$，$t_n = 3.274$，$t'_n = 3.258$，$\bar{t_j} = 18.5℃$，贝克曼温度计基点温度为 $16.2℃$。外筒温度换算为 $18.5 - 16.2 = 2.3$。代入联立方程得

$$\begin{cases} \dfrac{1.254 - 1.278}{10} = K'\left(\dfrac{1.254 + 1.278}{2} - 2.3\right) - A \\[3mm] \dfrac{3.274 - 3.258}{10} = K'\left(\dfrac{3.274 + 3.258}{2} - 2.3\right) - A \end{cases}$$

化简，得

$$\begin{cases} -0.0024 = -1.034K' - A \\ 0.0016 = 0.966K' - A \end{cases}$$

解出 $K' = 0.002℃/min$，$A = 0.0003℃/min$。

有了仪器的 K' 和 A 值后，即可根据试验数据计算 v_0 和 v_n，如下例。

又例如，一次发热量测定中测得 $t_0 = 1.356$，$t_n = 3.123$，外筒温度及贝克曼温度计基点温度同上例，$K' = 0.0020$，$A = 0.0003$。将有关数值代入式（27-9）及式（27-10）得

$$v_0 = 0.0020(1.356 - 2.3) - 0.0003 = -0.002(℃/min)$$
$$v_n = 0.0020(3.123 - 2.3) - 0.0003 = 0.001(℃/min)$$

3. 结尾工作

测试结束后，切断电流，停止搅拌，首先取下温度计，擦净后妥为保管。打开绝缘盖，取出氧弹，打开氧弹放气阀，缓慢放出废气。旋开弹盖，仔细检查弹筒和燃烧皿内部，如认为试样燃烧不彻底时，则本次试验作废，重新测定；如认为试验成功，可用蒸馏水洗涤氧弹内部、燃烧皿以及排气阀等，所有洗液皆转入烧杯内，其体积约 $150\sim200\text{mL}$，用以测定硝酸的形成热和溶解热。将烧杯用表面皿盖住，煮沸 5min，逐出其中二氧化碳，冷却后加入两滴甲基橙至玫瑰红色不消失时为止。

量出未燃尽的点火丝长度，以便计算实际燃烧的点火丝的质量。

4. 测定结果计算

量热计的热容量 K 按下式计算

$$K = \frac{QG + q_1 + q_n}{H[(t_n + h_n) - (t_0 + h_0) + c]} \tag{27-23}$$

其中 $\qquad\qquad q_n = 5.98V$

式中　Q——苯甲酸的燃烧热，标准苯甲酸燃烧热为 6329cal/g（26465J/g）；

$\quad\ G$——标准苯甲酸质量，g；

$\quad\ q_1$——点火丝产生热量，J/g；

$\quad\ q_n$——硝酸溶液形成热，J；

$\quad\ V$——消耗 0.1mol 氢氧化钠溶液体积，mL；

5.98——1mL 的 0.1mol 氢氧化钠溶液所相当的硝酸溶液的形成热，J/mL；

t_n——终点温度,℃;

h_n——温度为 t_n 时的刻度校正值,℃;

t_0——点火温度,℃;

h_0——温度为 t_0 时的刻度校正值,℃;

c——冷却校正值,℃;

H——贝克曼温度计的平均分度值,℃。

常用点火丝发热量,如表 27-5 所示。

表 27-5　　　　　　　　　常用点火丝发热量一览表

材料名称	铁　丝	铜镍合金丝	铜　丝	铜镍锰丝	未漂白、未上蜡细棉线
发热量（J/g）	6691	3136	2509	3241	17479

二、绝热式量热计法

1. 准备工作

与恒温式量热计法相同,调节内筒水温使其尽量接近室温,相差不要超过 1.5℃,以稍低于室温为宜,这样做,可以较快地使内外筒温度达到平衡。

2. 试验步骤

绝热式量热计法不需设置三个读温阶段。

打开总电源、水泵、加热器以及冷却水开关,先调整电桥平衡位置,转动桥路平衡电阻旋钮,增大加热电流,使外筒水温升高到与内筒接近,待内筒温度趋于稳定后,调节冷却水流速,使内筒温度达到稳定,此时加热器中应有微弱电流通过（电流由电流计指示）,读取内筒温度,若在 5min 内,内筒温度平均变化不超过 0.0005℃/min 时,可认为平衡已调好。电桥平衡点调好后即可点火,并记下 t_0。点火后内筒温度开始上升,过 6～7min 后,每隔 1min 读数一次,一直到连续三次读数的差值不超过 0.001℃为止。取最高一次数值作为终点温度 t_n。每次读数前均开振荡器（3s）。

3. 结尾工作

关闭加热器和搅拌器,但让循环水水泵继续运转,以加速外筒水的冷却,准备下次测定。然后按恒温式量热计测定发热量的相同步骤结束试验。

4. 计算公式

除不需作冷却校正外,与恒温式量热计法相同,即

$$K = \frac{QG + q_1 + q_n}{H[(t_n + h_n) - (t_0 + h_0)]} \qquad (27\text{-}24)$$

式中,符号意义同前。

三、热容量标定结果的处理

热容量的标定结果,应取极限误差（最大值和最小值之差）不超过 41.816J/℃的 5 次测定结果的算术平均值,并修约为整数。若任何五次的测定结果的极限误差都超过 41.816J/℃,则应舍弃全部测定结果,检查试验条件和操作技术,纠正存在问题,重新标定。

从测定发热量原理得知,热容量与量热体系中各部件的比热、质量和温升有关,因此遇有下列情况之一时,热容量都要重新标定。

（1）更换量热计零件（指大部件如氧弹盖、内筒等,小部件不在此列）;

（2）更换量热温度计或改变贝克曼温度计的基点温度;

（3）标定热容量与测定发热量时,两者内筒温度相差5℃以上。

上述（2）、（3）项的规定是为了在标定热容量和测定发热量时，对温升用相同的平均分度值校正（当然以两种情况的浸没深度和露出柱温度不改变为前提，否则为此亦需校正分度值）。避免上述情况发生，就能保持热容量不变，避免因此给发热量测定带来的误差。否则，就需重新标定热容量，或按贝克曼温度计的基点温度每变化1℃，分度值一般变化0.0004℃。设标定热容量时基点温度为t_1℃，测定发热量时基点温度为t_2℃，则可把原热容量乘上一个系数，即把$K[1+0.0004(t_2-t_1)]$作为新的热容量。

第七节　发热量测定

测定发热量的步骤与标定热容量完全相同，只是试样的准备工作不同。燃料试样数量的多少是根据其发热量的大小来确定的，最好应使测定发热量和标定热容量时，试样所放出的热量使量热体系的温升值大致相同，这样可以使试验过程中的一些不易消除的或不作校正的误差相互抵消，从而增加测定结果的精确度。一般来说，热容量为10454～14636J/℃的量热计，试样量以能得到1.5～2.5℃的温升值较为合适。例如，对发热量为20908～29271J/g的燃料，可称取0.8～1.2g。

一、固体燃料试样的准备

为使试样燃烧完全，可在金属燃烧皿底铺一层在800℃下灼烧过的石棉衬垫（大小合适的石棉纸或石棉绒，并用手指压紧）。在已知质量的燃烧皿中放入0.8～1.2g分析试样，称准至0.0002g。测无烟煤和烟煤时，最好用粉状试样。对一些特殊试样，可做适当处理。

（1）对含有较高挥发分或在燃烧时易于爆燃的试样，应先在压型机中压成饼状，然后破碎成2～4mm的小块。

（2）对特别容易爆炸的煤样，可酌情减少试样质量，并掺加适量（0.5g左右）的石英砂，并混合均匀。

（3）对不易燃烧完全的试样，除应提高充氧压力外，还可用已知质量和发热量的擦镜纸包紧后放入燃烧皿。

（4）对燃烧后易形成熔珠、且包含有可燃物的煤样，也要掺加适量的石英砂。

（5）对发热量过低，灰分过大的煤样，其温升值不易达到1～1.5℃，可以用擦镜纸包紧，不然，也可以用已知质量和发热量的苯甲酸合在一起（事先压制成型）燃烧。

二、液体燃料试样准备

对于不易挥发的重油、渣油等液体燃料，可以如固体燃料试样一样，直接放在已知质量的燃烧皿中称量。对于易挥发的轻质油，原油等，为确保试验安全，避免在充氧时因试样与氧气直接接触引起着火爆炸，必须用已知发热量的胶片覆盖燃烧皿内试样，或用聚乙烯塑料按瓶封存试样，也可以用医药用的胶壳封存试样，详见RS-31-1—83中有关规定。

三、燃料发热量测定和计算

按照标定热容量的操作手续，测定燃料的发热量。

为计算燃料的高位发热量，需要将弹筒洗液收集起来，测定其中硫的含量，或用0.1mol/L标准氢氧化钠溶液滴定洗液，求出总酸度，然后用下面公式计算高位发热量

$$Q_{gr,ad} = Q_{b,ad} - (15.05V - 6.27\alpha Q_{b,ad}) \tag{27-25}$$

式中　V——滴定弹筒洗液时所消耗的0.1mol/L氢氧化钠标准溶液的体积，mL；

α——硝酸形成热校正系数。

如果直接测出$S_{b,ad}$（通常用$S_{t,ad}$代替），则直接用式（27-1）计算高位发热量。

（1）恒温式量热计法，其弹筒发热量的计算公式如下

$$Q_{b,ad} = \frac{KH[(t_n + h_n) - (t_0 + h_0) + c] - \Sigma q}{G} \qquad (27\text{-}26)$$

式中　$Q_{b,ad}$——空干基试样的弹筒发热量，J/g；

　　　G——燃料试样的质量，g；

　　　Σq——点火丝及添加物所释放的总热量，添加物如包镜纸、苯甲酸、胶片等，J；

　　其他符号的意义同前。

（2）绝热式量热计法的弹筒发热量计算公式中，不考虑冷却校正

$$Q_{b,ad} = \frac{KH[(t_n + h_n) - (t_0 + h_0)] - \Sigma q}{G} \qquad (27\text{-}27)$$

式中，符号意义同前。

（3）发热量测定结果的允许误差规定，如表27-6所示。

表 27-6　发热量测定的允许误差一览表

发热量名称	同一化验室	不同化验室
高位发热量 $Q_{gr,ad}$（J/g）	170	420

四、计算举例

1. 三段法

一次测定的数据为：试样质量 $G=1.2543g$，热容量 $K=14569J/℃$，贝克曼温度计的基点温度为 18℃，露出柱温度 $t_e=22℃$，试样的全硫含量 $S_{t,ad}=1.62\%$。点火丝校正值 $\Sigma q=63J$。

贝克曼温度计的刻度校正值，如表27-7所示。

表 27-7　　　　　　　　　贝克曼温度计的刻度校正值

刻度值	0	1	2	3	4	5
校正值（℃）	0.000	+0.001	+0.002	+0.004	−0.002	0.000

贝克曼温度计的平均分度值，如表27-8所示。

表 27-8　　　　　　　　　贝克曼温度计的平均分度值

测温范围（℃）	0～5	10～15	20～25	30～35
露出柱温度（℃）	15	17	20	22
平均分度值（℃）	0.999	1.004	1.008	1.012

试验过程中的温度记录，如表27-9所示。

表 27-9　　　　　　　　　温　度　记　录

顺序（0.5min）	初　期	主　期	末　期
0	2.283		
1	—	2.51 ⎫	4.326
2	2.287	3.5 ⎬ $m=3$	4.324
3	—	4.0 ⎭	4.323
4	2.291	4.11 ⎫	4.321
5	—	4.23	4.320
6	2.294	4.31	4.318
7	—	4.32 ⎬ $r=8$	4.317
8	2.300	4.325	4.315
9	—	4.328	4.314
10	2.304（点火）	4.328	4.312
11		4.327 ⎭	

冷却校正：根据式（27-11）、式（27-12）以及式（27-13）得到

$$v_0 = \frac{2.283 - 2.304}{10} = -0.0021(\text{℃}/0.5\text{min})$$

$$v_n = \frac{4.327 - 4.312}{10} = 0.0015(\text{℃}/0.5\text{min})$$

$$c = \frac{3}{2} \times (-0.0021 + 0.0015) + 8 \times 0.0015$$

$$\approx 0.011\text{℃}$$

贝克曼温度计的刻度校正值，按内插法算得

$$t_0 = 2.304 \text{ 时}, h_0 \approx 0.003$$

$$t_n = 4.327 \text{ 时}, h_n \approx -0.001$$

贝克曼温度计的平均分度：

基点温度为18℃时，对从 $t_0 = 2.304$ 到 $t_n = 4.327$ 的实际测温范围为从（18+2.304）20.304 到 22.327（18+4.327），若测热容量时露出柱温度 t_e 为20℃，则按式（27-14）计算得

$$H = 1.008 + 0.00016(20 - 22) \approx 1.008(\text{℃})$$

将上列数据代入式（27-26），则弹筒发热量为

$$Q_{b,ad} = \frac{14569 \times 1.008[(4.327 - 0.001) - (2.304 + 0.003) + 0.011] - 63}{1.2543}$$

$$\approx 23717(\text{J/g})$$

若 $\alpha = 0.001$，则高位发热量为

$$Q_{gr,ad} = 23171 - (95 \times 1.62 + 0.001 \times 23717)$$

$$\approx 23539 \approx 23540(\text{J/g})$$

表 27-10　读温记录

时间(min)	内筒温度（℃）	外筒温度（℃）
0	1.357 (t_0)	20.85
1	2.70 (t_1)	
⋮		
6	3.372	
7	3.374	
8	3.372 (t_n)	$n=8$

2. 国家标准法

一次测定的数据如下：试样质量 $G = 1.008$g，热容量 $K = 14376$J/℃，露出柱温度 $t_e = 21$℃，仪器常数 $K' = 0.0020$min⁻¹，$A = 0.0004$℃/min，读温记录如表27-10所示。

把贝克曼温度计和测外筒的普通温度计同时放入内筒中，贝克曼温度计为1.550℃，普通温度计为20.05℃，则校正后的外筒温度为

$$t_j = 1.550 + (20.85 - 20.05) = 2.35(\text{℃})$$

（1）冷却校正

$$V_o = 0.0020(1.357 - 2.35) - 0.0004 \approx -0.0024$$

$$V_n = 0.0020(3.372 - 2.35) - 0.0004 \approx 0.0016$$

$$\Delta = 3.372 - 1.357 = 2.015$$

$$\Delta_1 = 2.70 - 1.357 = 1.343$$

$$\Delta/\Delta_1 = 1.5, \text{查表得} a = 1.0, \text{则}$$

$$c = (8 - 1) \times 0.0016 - 0.0024 \approx 0.009(\text{℃})$$

（2）温度计读数校正。由检定证书查得 $h_0 = 0.008$，$h_n = -0.002$。

（3）贝克曼温度计的平均分度值校正

$$H = 1.008 + 0.00016(19 - 21) = 1.0077$$

1.008 是由检定证书查到的，19 是测 K 时的露出柱温度。

（4）点火丝热量校正

$$q = 63(J)$$

（5）发热量的计算

$$Q_{b,ad} = \frac{14376 \times 1.007[(3.372 - 0.002) - (1.357 + 0.008) + 0.009] - 63}{1.0080}$$

$$= 28882(J/g)$$

复 习 思 考 题

1. 什么是燃料的发热量？它有哪几种表示方法？其含义有什么不同？

2. 概述各种发热量的计算方法。

3. 发热量测试计算过程中为什么要进行冷却校正？怎样进行冷却校正？

4. 发热量测试过程中的温度计类型有哪几种？其结构特点是什么？

5. 概述贝克曼温度计的使用和调整。

6. 怎样进行温度测量的误差校正？

7. 概述发热量测定的操作方法。

第二十八章 煤元素分析方法

煤的元素分析是对组成煤的有机质的元素含量的分析，包括煤中碳、氢、氮、硫和氧。在这些分析项目中，碳、氢、氮、硫是测定得出的，氧则是由计算确定的。

第一节 煤中碳、氢、氮和氧的存在形态和测定意义

煤由有机物质和无机物两部分组成。无机物主要是矿物质和水；有机质主要由碳、氢、氧、氮和硫等元素组成。其中，碳、氢、氧的总和一般占有机质的 95％以上。氮含量变化范围不大，一般在 0.5％～3％之间。

煤中各种元素的赋存形态不尽一致，其中碳、氢、氧主要以芳香族结构、脂肪族结构以及脂环族结构存在。少量碳以碳酸盐形式存在，少量氢、氧以结晶水方式存在。煤中氮，主要由成煤植物中的蛋白质转化而来的，通常为有机氮，其中有些是杂环型。在泥炭和褐煤中又以蛋白质氮（各种氨基酸及其衍生物）形态存在。

由于在煤的无机组分中也含有少量碳、氢、氧和硫等元素，因此在了解煤中有机质的元素组成及对褐煤和烟煤分类时，应以重液（密度为 1.4 或 1.35）中洗选后的浮煤来测定。

煤的工业用途主要由煤中有机质的性质所决定。因此，了解煤中有机质的组成是必要的。

煤的元素组成可用来计算煤的燃烧热、理论燃烧温度和燃烧产物的组成及热平衡。另外，也可用来估算和预测某些年轻煤的低温干馏产物和褐煤蜡产率。

煤中碳、氢、氧是其有机质的主要组分，能反映煤的变质程度，其中碳含量随着煤的煤化程度的加深而增加，所以常称煤的煤化程度为煤的碳化程度；氢含量则随煤的煤化程度的加深而减少；氧含量也随煤的煤化程度的加深而显著降低。因此，人们很早就以煤的元素组成作为煤炭科学分类的指标之一。如中国煤分类国家标准 GB 5751—1986 中，就以干燥无灰基氢作为划分无烟煤小类的指标。

第二节 煤中碳、氢测定

一、煤中碳、氢测定基本原理

（一）测定原理

煤样在氧气流中燃烧反应如下：

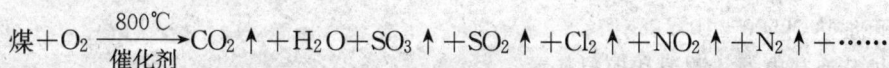

$$煤 + O_2 \xrightarrow[\text{催化剂}]{800℃} CO_2\uparrow + H_2O + SO_3\uparrow + SO_2\uparrow + Cl_2\uparrow + NO_2\uparrow + N_2\uparrow + \cdots\cdots$$

煤样在氧气流中燃烧，煤中的碳生成二氧化碳，氢生成水。生成的二氧化碳和水分别被二氧化碳吸收剂和吸水剂吸收。根据吸收剂的增量，计算煤中碳和氢的百分含量。煤样中硫和氯对测定的干扰在三节炉中分别用铬酸铅和银丝卷消除，在两节炉中用高锰酸银热解产物消除。氮的干扰用粒状 MnO_2 消除。对 CO_2 和 H_2O 的吸收反应如下

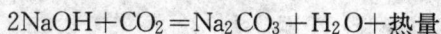

$$2NaOH + CO_2 = Na_2CO_3 + H_2O + 热量$$

$$CaCl_2 + 2H_2O = CaCl_2 \cdot 2H_2O + 热量$$
$$CaCl_2 \cdot 2H_2O + 4H_2O = CaCl_2 \cdot 6H_2O$$

（二）碳、氢测定中的干扰因素及其排除方法

由以上反应可知，煤燃烧时，除生成二氧化碳和水以外，还有硫的氧化物，氮的氧化物和氯等气体生成，这些酸性氧化物和氯如不除去，将全部被二氧化碳吸收剂吸收，使得碳的测值偏高。

为排除这些干扰因素，一般采取以下措施。

1. 脱硫

（1）三节炉法，以铬酸铅为脱硫剂。其反应如下

$$4PbCrO_4 + 4SO_2 \longrightarrow 4PbSO_4 + 2Cr_2O_3 + O_2 \uparrow$$
$$4PbCrO_4 + 4SO_3 \longrightarrow 4PbSO_4 + 2Cr_2O_3 + 3O_2 \uparrow$$

（2）两节炉法，以高锰酸银的热解产物为脱硫剂同时又脱除氯。其反应如下

$$2Ag + SO_2 + O_2 \longrightarrow Ag_2SO_4$$
$$4Ag + 2SO_3 + O_2 \longrightarrow 2Ag_2SO_4$$

2. 脱氯

三节炉法的银丝卷脱氯，两节炉法在脱硫过程中又将氯脱除。其反应如下

$$2Ag + Cl_2 \longrightarrow 2AgCl$$

3. 脱氮

$$MnO_2 + 2NO_2 \longrightarrow Mn(NO_3)_2$$

二、仪器、设备

（一）碳氢测定仪

碳氢测定仪包括净化系统、燃烧装置和吸收系统三个主要部分。

1. 净化系统

净化系统包括以下部件。

（1）鹅头洗气瓶。容量 250～500ml，内装 40％氢氧化钾（或氢氧化钠）溶液。

（2）气体干燥塔。容量 500ml 的两个，一个上部（约 2/3）装氯化钙（或高氯酸镁），下部（约 1/3）装碱石棉（或碱石灰）；另一个装氯化钙（或高氯酸镁）。

（3）流量计。量程 0～150mL/min。

2. 燃烧装置

燃烧装置由一个三节（或二节）管式炉及其控制系统构成，主要包括以下部件。

（1）电炉。三节炉或二节炉（包括双管炉或单管炉），炉膛直径约 35mm。三节炉第一节长约 230mm，可加热到 800±10℃并可沿水平方向移动；第二节长约 330～350mm，可加热到 800±10℃；第三节长 130～150mm，可加热到 600±10℃。

二节炉第一节长约 230mm，可加热到 800±10℃并可沿水平方向移动；第二节长 130～150mm，可加热到 500±10℃。

每节炉装有热电偶、测温和控温装置。

（2）燃烧管。瓷、石英、刚玉或不锈钢制均可，长 1100～1200mm（使用二节炉时，长约 800mm）。内径 20～22mm，壁厚约 2mm。

（3）燃烧舟。瓷或石英制，长约 80mm。

（4）保温套。铜管或铁管，长约 150mm，内径大于燃烧管，外径小于炉膛直径。

（5）橡皮帽（最好用耐热硅橡胶）或铜接头。

3. 吸收系统

吸收系统应包括以下部件。

(1) 吸水 U 形管。装药部分高 100～120mm，直径约 15mm，进口端有一个球形扩大部分，内装无水氯化钙或无水高氯酸镁。

(2) 吸收二氧化碳 U 形管。两个。装药部分高 100～120mm，直径约 15mm，前 2/3 装碱石棉或碱石灰，后 1/3 装无水氯化钙或无水高氯酸镁。

(3) 除氮 U 形管。装药部分高 100～120mm，直径约 15mm，U 形管前 2/3 装二氧化锰，后 1/3 装无水氯化钙或无水高氯酸镁。

(4) 气泡计。容量约 10mL。

(二) 分析天平

分析天平。感量 0.0001g。

(三) 储气桶

储气桶。容量不小于 10L。

(四) 下口瓶

下口瓶。容量约 10L。

(五) 其他

带磨口塞的玻璃管或小型干燥器（不装干燥剂）。

三、试剂和材料

(1) 碱石棉：化学纯，粒度 1～2mm。或碱石灰（HGB3213）：化学纯，粒度 0.5～2mm。

(2) 无水氯化钙（HGB3208）：分析纯，粒度 2～5mm。或无水高氯酸镁：分析纯，粒度 1～3mm。

(3) 氧化铜（HGB3438）：分析纯，粒度 1～4mm，或线状（长约 5mm）。

(4) 铬酸铅（HGB1071）：分析纯，粒度 1～4mm。

(5) 银丝卷：银丝直径约 0.25mm。

(6) 铜丝卷：丝直径约 0.5mm。

(7) 氧气：不含氢。

(8) 三氧化二铬（HGB－933）：化学纯、粉状，可由重铬酸铵或铬酸铵加热分解制成。

制法是：取少量化学纯重铬酸铵或铬酸铵放在较大的蒸发皿中，微微加热，铵盐立即分解成墨绿色、疏松状的三氧化二铬。收集后放在马弗炉中，在 600±10℃下灼烧 40min，放在空气中使呈空气干燥状态，保存在密闭容器中备用。

(9) 粒状二氧化锰：用化学纯硫酸亚锰（HGB1081）和化学纯高锰酸钾（GB643）制备。

制法是：称取 25g 硫酸亚锰（$MnSO_4 \cdot 5H_2O$），溶于 500ml 蒸馏水中，另称取 16.4g 高锰酸钾，溶于 300ml 蒸馏水中，分别加热到 50～60℃。然后将高锰酸钾溶液慢慢注入硫酸亚锰溶液中，并加以剧烈搅拌。之后加入 10mL（1+1）硫酸（GB625，化学纯），将溶液加热到 70～80℃并继续搅拌 5min，停止加热，静置 2～3h。用热蒸馏水以倾泻法洗至中性，将沉淀移至漏斗过滤，然后放入干燥箱中，在 150℃左右干燥，得到褐色、疏松状的二氧化锰，小心破碎和过滤。取粒度 0.5～2mm 的备用。

(10) 氧化氮指示剂：其制法是：在瓷蒸发皿中将粒度小于 2mm 的无色硅胶 40g 和浓盐酸 30mL 搅拌均匀。在沙浴上把多余的盐酸蒸干至看不到明显的蒸气逸出为止。然后把硅胶粒浸入 30mL 的 10％硫酸氢钾溶液中，搅拌均匀取出干燥。再将它浸入 30mL 的 0.2％的雷伏奴耳（乳酸-6、9-二氨基-2-乙氧基吖啶）溶液中，搅拌均匀，用黑色纸包好干燥，放在深色瓶中，置于暗处保存，备用。

(11) 高锰酸银热解产物：当使用二节炉时，需制备高锰酸银热解产物。

制法是：称取 100g 化学纯高锰酸钾（GB643），溶于 2L 沸蒸馏水中，另取 107.5g 化学纯硝酸银（GB670）先溶于 50mL 蒸馏水中，在不断搅拌下，倾入沸腾的高锰酸钾溶液中。搅拌均匀，逐渐冷却，静置过夜。将生成的具有光泽的、深紫色晶体用蒸馏水洗涤数次。在 60～80℃下干燥 4h。将晶体一点一点地放在瓷皿中，在电炉上缓缓加热至骤然分解，得疏松状、银灰色产物，收集在磨口瓶中备用。

未分解的高锰酸银不宜大量储存，以免受热分解爆炸，不安全。

四、测定准备

(一) 净化系统各容器的充填和连接

在净化系统各容器中装入相应的净化剂，然后将各容器连接好。

氧气可采用储气桶和下口瓶或可控制流速的氧气瓶供给。为指示流速，在两个干燥塔之间接入一个流量计。

净化剂经 70～100 次测定后，应进行检查或更换。

(二) 吸收系统各容器的充填和连接

在吸收系统各容器中装入相应的吸收剂，然后按顺序将各容器连接好。

吸收系统的末端可连接一个空 U 形管（防止硫酸倒吸）和一个装有硫酸的气泡计。

如果作吸水剂用的氯化钙含有碱性物质，应先以二氧化碳饱和，然后除去过剩的二氧化碳。其处理方法如下。

把无水氯化钙破碎至需要的粒度（如果氯化钙在保存和破碎中已吸水。可放入马弗炉中在约 300℃下灼烧 1h）装入干燥塔或其他适当的容器内（每次串联若干个）。缓慢通入干燥的二氧化碳气体 3～4h，然后关闭干燥塔，放置过夜。通过不含二氧化碳的干燥空气，将过剩的二氧化碳除尽。处理后的氯化钙储于密闭的容器中备用。

当出现下列现象时，应更换 U 形管中试剂：

(1) U 形管中的氯化钙开始溶化并阻碍气体畅通；

(2) 吸收二氧化碳的第二个 U 形管做一次试验时其质量增加达 50mg 时，应更换第一个 U 形管中的二氧化碳吸收剂；

(3) 二氧化锰一般使用 50 次左右应进行检查或更换。

检查方法是：将氧化氮指示剂装在玻璃管中，两端堵以棉花，接在除氮管后面。或将指示剂少许放在二氧化碳吸收管进气端棉花处。燃烧煤样，若指示剂由草绿色变成血红色，表示应更换二氧化锰。

上述 U 形管更换试剂后，通入氧气待质量恒定后方能使用。

(三) 燃烧管的填充

首先制作三个长约 30mm 和一个长约 100mm 的铜丝卷（丝的直径约 0.5mm），卷的直径稍小于燃烧管的内径，使之既能自由插入管内又与管壁密接。制成的铜丝卷应在马弗炉中于 800℃左右灼烧 1h 后再用。

燃烧管出气端留 50mm 空间，然后依次充填 30mm 的直径约 0.25mm 银丝卷，30mm 铜丝卷，130～150mm（与第三节电炉长度相等）铬酸铅（使用石英管时，应用铜片把铬酸铅与管隔开），30mm 铜丝卷，330～350mm（与第二节电炉长度相等）粒状或线状氧化铜，30mm 铜丝卷，310mm 空间（与第一节电炉上燃烧舟长度相等）和 100mm 铜丝卷。

燃烧管两端装以橡皮帽或铜接头，以便分别同净化系统和吸收系统连接。橡皮帽使用前应预先在 105～110℃下干燥 8h 左右。

燃烧管中的填充物（氧化铜、铬酸铅和银丝卷）经 70～100 次测定后应检查或更换。

注明一下，下列几种填充剂经处理后可重复使用。

(1) 氧化铜用 1mm 孔径筛子筛去粉末，筛上的氧化铜备用。

(2) 铬酸铅可用热的稀碱液（约 5% 氢氧化钠溶液）浸渍，用水洗净、干燥，并在 500～600℃下灼烧 0.5h 以上后使用。

(3) 银丝卷用浓氨水浸泡 5min，在蒸馏水中煮沸 5min，用蒸馏水冲洗干净，干燥后再用。

首先制成两个长约 10mm 和一个长约 100mm 的铜丝卷。再用 3～4 层 100 目铜丝布剪成的圆形垫片与燃烧管密接，用以防止粉状高锰酸银热解产物被氧气流带出。

（四）炉温校正

将工作热电偶插入三节炉的热电偶孔内，使热端稍进入炉膛，热电偶与高温计连接。将炉温升至规定温度，保温 1h。然后将标准热电偶依次插到空燃烧管中对应于第一、第二、第三节炉的中心处（注意勿使热电偶和燃烧管管壁接触）。调节电压，使标准热电偶达到规定温度并恒温 5min。记下工作热电偶相应的读数，以后即以此为准控制温度。

（五）空白试验

将装置连接好，检查整个系统的气密性，直到每一部分都不漏气以后，开始通电升温，并接通氧气。在升温过程中，将第一节电炉往返移动几次，并将新装好的吸收系统通气 20min 左右。取下吸收系统，用绒布擦净，在天平旁放置 10min 左右，称量。当第一节和第二节炉温达到并保持在 800±10℃，第二节炉温达到并保持在 600±10℃后开始作空白试验。此时将第一节炉移至紧靠第二节炉，接上已经通气并称量过的吸收系统 U 在一个燃烧舟上加入氧化铬（数量和测定煤样时相当）。打开橡皮帽，取出铜丝卷。将装有氧化铬的燃烧舟用镍铬丝推至第一节炉入口处。将铜丝卷放在燃烧舟后面，套紧橡皮帽，接通氧气，调节氧气流速为 120ml/min。移动第一节炉，使燃烧舟位于炉子中心。通气 23min，将炉子移回原位。2min 后取下 U 形管，用绒布擦净，在天平旁放置 10min 后称量。吸水 U 形管的质量增加数即为空白值。重复上述试验，直到连续两次得到空白值相差不超过 0.0010g，除氮管、二氧化碳吸收管最后一次质量变化不超过 0.0005g 为止。取两次空白值的平均值作为当天氢的空白值。

在做空白试验前，应先确定保温套管的位置，使出口端温度尽可能高而又不会使橡皮帽热分解。如空白值不易达到稳定，则可适当调节保温管的位置。

五、试验步骤

(1) 将第一节和第二节炉温控制在 800±10℃，第三节炉温控制在 600±10℃，并使第一节炉紧靠第二节炉。

(2) 在预先灼烧过的燃烧舟中称取粒度小于 0.2mm 空气干燥煤样 0.2g（称准到 0.0002g）并均匀铺平。在煤样上铺一层氧化铬。可把燃烧舟暂存入专用的磨口玻璃管或不加干燥剂的干燥器中。

(3) 接上已称量的吸收系统，并以 120mL/min 的速度通入氧气。关闭靠近燃烧管出口端的 U 形管，打开橡皮帽，取出铜丝卷，迅速将燃烧舟放入燃烧管中，使其前端刚好在第一节炉口。再将铜丝卷放在燃烧舟后面，套紧橡皮帽，立即开启 U 形管，通入氧气，并保持 100mL/min 的流速。1min 后向净化系统方向移动第一节炉，使燃烧舟的一半进入炉子。过 2min，使燃烧舟全部进入炉子。再过 2min，使燃烧舟位于炉子中心。保温 18min 后，把第一节炉移回原位。2min 后，停止排水抽气。关闭和拆下吸收系统，用绒布擦净，在天平旁放置 10min 后称量（除氮管不称量）。

（4）也可使用二节炉进行碳、氢测定。此时第一节炉控温在 $800\pm10℃$，第二节炉控温在 $500\pm10℃$，并使第一节炉紧靠第二节炉。每次空白试验时间为 20min。燃烧舟位于炉子中心时，保温 13min，其他操作同上述四（五）空白试验和本项试验步骤中的（1）和（2）。

（5）为了检查测定装置是否可靠，可称取 0.2～0.3g 分析纯蔗糖（HGB100）或分析纯苯甲酸（HGB987），加入 20～30mg 纯"硫华"进行 3 次以上碳、氢测定。测定时，应先将煤样放入第一节炉炉口，再升温，且移炉速度应放慢，以防标准有机试剂爆燃。如实测的碳、氢值与理论计算值，氢不超过 $\pm0.10\%$，碳不超过 $\pm0.3\%$，并且无系统偏差，表明测定装置可用，否则须查明原因并彻底纠正后才能进行正式测定。如使用二节炉，则在第一节炉移至紧靠第二节炉 5min 以后，待炉口温度降至 100～200℃，再放入有机试剂，并慢慢移炉，而不能采用上述降低炉温的方法。

六、结果计算

测定结果按下列公式计算

$$C_{ad}=0.2729m_1\times100/m$$

$$H_{ad}=0.1119（m_2-m_3）\times100/m-0.1119M_{ad}$$

式中　C_{ad}——空气干燥煤样中碳的含量，%；

　　　H_{ad}——空气干燥煤样中氢的含量，%；

　　　m——煤样质量，g；

　　　m_1——吸收二氧化碳的 U 形管的质量增量，g；

　　　m_2——吸收水分的 U 形管的质量增量，g；

　　　m_3——水分空白值，g；

　　0.2729——将二氧化碳折算成碳的因数；

　　0.1119——将水折算成氢的因数；

　　　M_{ad}——空气干燥煤样的水分含量，%。

当煤中碳酸盐二氧化碳含量≥2%时，则

$$C_{ad}=0.2729m_1\times100/m-0.2729CO_{2,ad}$$

式中　$CO_{2,ad}$——空气干燥煤样中碳酸盐二氧化碳的含量，%。

七、方法精密度

碳、氢测定的允许差规定，如表 28-1 所示。

表 28-1　　　　　　　　　　碳、氢测定的允许差值

项　目	重复性　（同一化验室，%）	项　目	再现性　（不同化验室，%）
C_{ad}	0.50	C_d	1.00
H_{ad}	0.15	H_d	0.25

第三节　煤中氮测定

一、煤中氮测定基本原理

对煤中氮的测定，目前一般都采用开氏法或改进的开氏法。其主要反应原理是煤在加热的浓硫酸中，在催化剂的作用下，使煤有机质中碳和氢被氧化成二氧化碳和水，煤中氮则转化为氨，再与硫酸作用生成硫酸氢铵，当加入过量氢氧化钠中和硫酸后，氨即可从氢氧化钠溶液中蒸馏出来，被硼酸吸收，最后用酸碱滴定法求出煤中的氮含量。

二、反应过程

在煤中氮的测定过程中，其反应大致可用下列方程式表示。

（一）消化反应

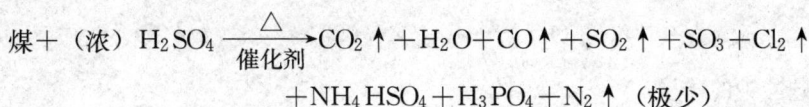

$$煤＋（浓）H_2SO_4 \xrightarrow[催化剂]{\triangle} CO_2\uparrow＋H_2O＋CO\uparrow＋SO_2\uparrow＋SO_3＋Cl_2\uparrow$$

$$＋NH_4HSO_4＋H_3PO_4＋N_2\uparrow（极少）$$

在消化时所用催化剂为硫酸钾和硫酸铜，硫酸钾主要用来提高浓硫酸的沸点，使消化温度提高，有利于缩短消化时间，硫酸铜则主要起催化作用。

（二）蒸馏反应

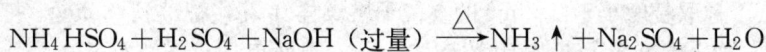

$$NH_4HSO_4＋H_2SO_4＋NaOH（过量）\xrightarrow{\triangle} NH_3\uparrow＋Na_2SO_4＋H_2O$$

（三）吸收反应

$$H_3BO_3＋xNH_3 \longrightarrow H_3BO_3 \cdot xNH_3$$

（四）滴定反应

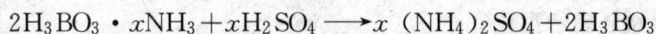

$$2H_3BO_3 \cdot xNH_3＋xH_2SO_4 \longrightarrow x(NH_4)_2SO_4＋2H_3BO_3$$

三、仪器设备

(1) 开氏瓶：容量 50mL 和 250mL。

(2) 直形玻璃冷凝管：长约 300mm。

(3) 短颈玻璃漏斗：直径约 30mm。

(4) 铝加热体：使用时，四周围以如石棉绳等绝热材料。

(5) 开氏球。

(6) 圆盘电炉：带有调温装置。

(7) 锥形瓶：容量 250mL。

(8) 圆底烧瓶：容量 1000mL。

(9) 万能电炉。

(10) 微量滴定管：10mL，分度值为 0.05mL。

四、试剂

(1) 混合催化剂：将分析纯硫酸钠（GB629）32g 和化学纯硫酸汞（HGB905）5g 和分析纯硒粉 0.5g 研细，混合均匀备用。

(2) 铬酸酐：分析纯。

(3) 硼酸：分析纯，3％水溶液，配制时加热溶解并滤去不溶物。

(4) 混合碱溶液：将分析纯氢氧化钠 37g 和化学纯硫化钠 3g 溶解于蒸馏水中，配制成 100mL 溶液。

(5) 甲基红和亚甲基蓝混合指示剂：

1) 称取 0.75g 分析纯甲基红（HGB958），研细，溶于 50mL、95％中性乙醇（GB679）中。

2) 称取 0.083g 亚甲基蓝（HGB3394）溶于 50mL 的 95％中性乙醇中。

将溶液 1 和 2 分别存于棕色瓶中，用时按（1＋1）混合。混合指示剂使用期不应超过 1 周。

(6) 蔗糖（HGB1001）：分析纯。

(7) 硫酸标准溶液：$c(1/2H_2SO_4)＝0.025mol/L$。于 1000mL 容量瓶中，加入约 40mL 蒸馏水。用移液管吸取 0.7mL 相对密度 1.84 的分析纯硫酸（GB625）放入容量瓶中，加水稀释至刻度处，充分振荡均匀。标定时称取 0.05g 预先在 130℃下干燥到恒重的优级纯无水碳酸钠

（GB639）放入锥形瓶中，加入 50～60mL 蒸馏水使之溶解，然后加入 2～3 滴甲基橙，用标准硫酸溶液滴定到由黄色变橙色。煮沸，赶出二氧化碳，冷却后，继续滴定到橙色。

硫酸浓度 c 用下式计算

$$c\ (1/2\mathrm{H_2SO_4})\ =m/\ (V\times 0.053)\qquad (\mathrm{mol/L})$$

式中　m——碳酸钠的质量，g；

　　　　V——硫酸溶液用量，mL；

　0.053——碳酸钠（$1/2\mathrm{Na_2CO_3}$）的毫摩尔质量，g/mmol。

五、试验步骤

（1）在薄纸上称取粒度小于 0.2mm 的空气干燥煤样 0.2g，称准到 0.2mg。把煤样包好放在 50mL 开氏瓶中，加入混合指示剂 2g 和浓硫酸 5mL。在瓶口插入一小漏斗，防止硒粉飞溅。在铝加热体中心的小孔内放温度计。接通电源，缓缓加热到 350℃ 左右，保持此温度，直到溶液清澈透明，漂浮的黑色颗粒完全消失为止。遇到分解不完全的煤样时，可将 <0.2mm 的空气干燥煤样磨细至 0.1mm 以下，再按上述方法消化，但必须加入铬酸酐 0.2～0.5g。分解后如无黑色粒状物且呈草绿色浆状，表示消化完全。

（2）将冷却后的溶液，用少量蒸馏水稀释后，移至 250mL 开氏瓶中。充分洗净原开氏瓶中的剩余物，使溶液体积约为 100mL。然后将盛溶液的开氏瓶放在蒸馏装置上准备蒸馏。

（3）把直形玻璃冷凝管的上端连接到开氏球上，下端用橡皮管连上玻璃管，直接插入一个盛有 20mL 的 3% 硼酸溶液和 1～2 滴混合指示剂的锥形瓶中。玻璃管浸入溶液并距离底约 2mm。

（4）在 250mL 开氏瓶中注入 25mL 混合碱溶液，然后通入蒸汽进行蒸馏，蒸馏至锥形瓶中溶液的总体积达到 80mL 为止，此时硼酸溶液由紫色变成绿色。

（5）蒸馏完毕后，拆下开氏瓶并停止供给蒸汽。插入硼酸溶液中的玻璃管内、外用蒸馏水冲洗。洗液收入锥形瓶中，用硫酸标准溶液滴定到溶液由绿色变成微红色即为终点。由硫酸用量（校正空白）求出煤中氮的含量。

空白试验采用 0.2g 蔗糖代替煤样，试验步骤与测定煤样时相同。

六、结果计算

测定结果按下式计算

$$N_{ad}=c\ (1/2\mathrm{H_2SO_4})\ (V_1-V_2)\ 0.014\times 100/m$$

式中　　　N_{ad}——空气干燥煤样中氮的含量，%；

$c(1/2\mathrm{H_2SO_4})$——硫酸标准溶液的浓度，mmol/mL；

　　　　V_1——硫酸标准溶液的用量，mL；

　　　　V_2——空白试验时硫酸标准溶液的用量，mL；

　0.014——氮（$1/2\mathrm{N_2}$）的毫摩尔质量，g/mmol；

　　　　m——煤样的质量，g。

七、方法精密度

氮测定的允许差规定，如表 28-2 所示。

表 28-2　氮测定的允许差值

重复性（同一化验室） N_{ad}（%）	再现性（不同化验室） N_{ad}（%）
0.08	0.15

第四节　重量法测定煤中全硫

一、测定原理

重量法测定煤中全硫是经典的测定方法。本法的最大特点是精确度高、重现性好，适用于成批测定，因此它在国家标准中一直作为仲裁的分析方法，缺点是：操作繁琐、费时较长，不适于单个测定以及急需知道化验结果的煤样。

艾士卡重量法测定煤中硫，是用艾士混合剂（碳酸钠和氧化镁以质量比 1：2 的混合物）与煤样均匀混合，在高温下缓慢燃烧进行半熔，其目的是使各种形态硫都转化为可溶于水的硫酸钠和硫酸镁。其主要的化学反应方程式如下。

（1）煤的氧化

$$煤 \longrightarrow CO_2 + H_2O + N_2 + SO_2 + SO_3 + \cdots$$

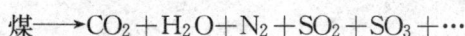

（2）硫氧化物的固定作用

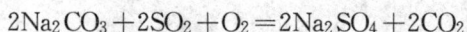

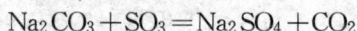

$$2Na_2CO_3 + 2SO_2 + O_2 = 2Na_2SO_4 + 2CO_2$$
$$Na_2CO_3 + SO_3 = Na_2SO_4 + CO_2$$
$$MgO + SO_3 = MgSO_4$$

（3）难溶于水的硫酸钙等，在高温下同样可与艾士剂作用，反应如下

$$CaSO_4 + Na_2CO_3 = CaCO_3 + Na_2SO_4$$

生成的碳酸钙是不溶于水的。因此，无论是煤中的可燃硫或不可燃硫在半熔过程中均能转化成能溶于水的硫酸钠。

经半熔后的熔块，用水抽提，硫酸钠则溶入水中，并部分进行水解，因此水溶液呈碱性。

滤渣进行洗涤，洗液和滤液合并后，调节溶液酸度，使其呈碱性（pH 值约为 1～2），其目的是驱除 CO_3^{2-}，因为它也会和 Ba^{2+} 在中性溶液中形成碳酸钡沉淀，影响全硫的测定。在此条件下加入氯化钡溶液，使可溶性硫酸盐全部转变为硫酸钡沉淀，即

$$MgSO_4 + Na_2SO_4 + 2BaCl_2 = 2BaSO_4 \downarrow + 2NaCl + MgCl_2$$

最后，将沉淀洗涤、烘干、灰化、灼烧，即可称出硫酸钡质量，算出煤中全硫含量。

二、试剂和材料

（1）艾士剂：以 2 份质量的化学纯轻质氧化镁与 1 份质量的化学纯无水碳酸钠研细至小于 0.2mm 后，混合均匀，保存在密闭容器中。

（2）盐酸：化学纯，配成 1+1 溶液。

（3）氯化钡：化学纯，10% 水溶液。

（4）甲基橙：0.2% 水溶液。

（5）硝酸银：分析纯，1% 水溶液，储于深色瓶中，并加入几滴硝酸。

三、仪器和设备

（1）分析天平：感量 0.0001g。

（2）马弗炉：附有热电偶高温计，能升温到 900℃，并可调节温度，进行的通风。

（3）坩埚：容量 30mL 和 10～20mL 的两种。

四、测定步骤

称取粒度小于 0.2mm 的空气干燥煤样 1g（全硫含量超过 8% 时称取 0.5g，称准到 0.2mg）和艾士剂 2g 于 30mL 坩埚内，仔细混合均匀，再用 1g 艾士剂覆盖（艾士剂称准到 0.1g）。

将装有煤样的坩埚移入通风良好的马弗炉中，必须在 1～2h 内将马弗炉温度逐渐升到 800～

850℃，并在该温度下加热 1～2h。将坩埚从电炉中取出，冷却到室温再将坩埚中的灼烧物用玻璃棒仔细搅松捣碎。然后放在 400mL 烧杯中，用热蒸馏水冲洗坩埚内壁，将冲洗液加入烧杯中，再加入 100～150mL 刚煮沸的蒸馏水，如果此时发现尚有未烧尽的黑色颗粒漂浮在液面上，则本次试验作废。

将烧杯中的煮沸物用中速定性滤纸以倾斜法过滤，用热蒸馏水仔细冲洗，其次数不得少于 10 次，洗液总体积为 250～300mL。向滤液中滴入 2～3 滴甲基橙指示剂，然后加 1＋1 盐酸至中性，再过量加入 2mL 盐酸，使溶液呈微酸性。将溶液加热到微沸，用玻璃棒不断搅拌，并缓缓滴入 10％氯化钡溶液。溶液冷却（或静止过夜）后用致密无灰定量滤纸过滤，并用热蒸馏水洗至无氯离子为止（用硝酸银检验）。

将沉淀连同滤纸移入已知质量的瓷坩埚中，先在低温下灰化滤纸，然后在温度为 800～850℃的马弗炉内灼烧 20～40min，取出坩埚在空气中稍加冷却后，再放入干燥器中冷却到室温（约 25～30min），称重。

五、结果计算

测定结果按下式计算

$$S_t = (m_1 - m_2)\, 0.1374 \times 100/m$$

式中　S_t——空气干燥煤样中全硫含量，％；

　　　m_1——硫酸钡质量，g；

　　　m_2——空白试验的硫酸钡质量，g；

　0.1374——由硫酸钡换算为硫的系数；

　　　m——空气干燥煤样的质量，g。

六、允许差

全硫测定的最大允许差不得超过表 28-3 中的规定。

表 28-3　　　　　　　　　　　　　全硫测定的最大允许差值

S_t（％）	最大允许差（％）	
	同一化验室 $S_{t,ad}$	不同化验室 $S_{t,ad}$
＜1	0.05	0.10
1～4	0.10	0.20
＞4	0.20	0.30

第五节　煤中氧计算

氧是煤中主要元素之一，氧在煤中的形态和含量与煤化程度有很大的关系，因此了解煤的有机质中氧含量是很重要的。但是，煤中氧含量除存在于有机质中外，水分和矿物质中的碳酸盐、硫酸盐以及结晶水中都含一定的氧，因此测定煤的有机质中的氧含量的方法比较复杂，在国际标准中也制订了煤中氧含量的直接测定方法（ISO1994—1976），但采用的不多，在我国对煤中氧含量多采用计算方法即差减法求出，这样用计算方法得出的氧含量因为包括了测定碳、氢、氮和硫等元素时所有误差的总和，所以以准确度一般不太高，而只是一个近似数，但对年轻煤来说，这个近似值基本上能满足工业利用的要求。

煤中氧的含量按下式计算

$$O_{ad} = 100 - C_{ad} - H_{ad} - N_{ad} - S_{t,ad} - M_{ad} - A_{ad}$$

当煤中碳酸盐二氧化碳含量≥2%时

$$O_{ad} = 100 - C_{ad} - H_{ad} - N_{ad} - S_{t,ad} - M_{ad} - A_{ad} - CO_{2,ad}$$

式中　O_{ad}——空气干燥煤样中氧含量,%;

$S_{t,ad}$——空气干燥煤样中全硫含量,%;

M_{ad}——空气干燥煤样的水分,%;

A_{ad}——空气干燥煤样的灰分,%;

$CO_{2,ad}$——空气干燥煤样中碳酸盐二氧化碳含量,%。

复 习 思 考 题

1. 试说明煤中碳、氢的测定原理。
2. 试说明煤中含硫量的测定原理,并写出有关的化学反应方程式。
3. 试说明煤中含氮量的测定原理。
4. 试写出煤中含氧量的计算公式。

参 考 文 献

1. 刘天新. 煤炭检测新方法与动力配煤. 中国物资出版社.
2. 尹世安. 燃料. 中国电力出版社.
3. 肖作善. 热力发电厂水处理. 中国电力出版社.
4. 承慰才，王中甲. 电厂化学仪表. 中国电力出版社.
5. 李龙泉等. 定量分析化学. 中国科学技术大学出版社.
6. 郝景泰等. 工业锅炉水处理技术. 气象出版社.
7. 戴广华. 电厂水处理与化学监督. 中国电力出版社.
8. 戴广华. 电厂化学仪表. 中国电力出版社.